船舶及海洋工程材料与技术丛书

防腐蚀涂料技术及工程应用

Anti – corrosion Coating Technology and Engineering Applications

中国船舶集团有限公司第七二五研究所

叶章基　徐飞鹏　王洪仁　编著

国防工业出版社

·北京·

内 容 简 介

本书以防腐蚀涂料技术开发及其在国民经济建设重点行业、领域的工程应用为主线,前半部分介绍了防腐蚀涂料设计开发、生产、施工和性能评价方面的基础知识,并重点论述了几种典型防腐蚀涂料开发相关技术内容;后半部分重点论述了环境腐蚀特点、防腐蚀涂料体系设计、施工和工程应用案例等相关技术内容。全书共分 11 章,内容包括腐蚀与防护技术、防腐蚀涂料配方技术基础、涂料防腐蚀及特种性能评价方法、典型防腐蚀涂料、典型船舶涂料体系工程应用、典型海洋工程防腐蚀涂料体系工程应用、桥梁工程防腐蚀涂料体系应用、码头工程防腐蚀涂料体系应用、埋地管道工程防腐蚀涂料体系应用、石油化工工程防腐蚀涂料体系应用和电力工业工程防腐蚀涂料体系应用等。

本书的读者主要是从事防腐蚀涂料开发的研发人员,从事防腐蚀工程设计、施工及技术服务的技术人员。

图书在版编目(CIP)数据

防腐蚀涂料技术及工程应用/叶章基,徐飞鹏,王洪仁编著 . —北京:国防工业出版社,2022.8
(船舶及海洋工程材料与技术丛书)
ISBN 978 – 7 – 118 – 12577 – 1

Ⅰ.①防… Ⅱ.①叶… ②徐… ③王… Ⅲ.①防腐—涂料 ②防腐—涂漆 Ⅳ.①TQ639

中国版本图书馆 CIP 数据核字(2022)第 139126 号

※

国防工業出版社 出版发行

(北京市海淀区紫竹院南路 23 号 邮政编码 100048)
雅迪云印(天津)科技有限公司印刷
新华书店经售

*

开本 710×1000 1/16 印张 31¼ 字数 608 千字
2022 年 8 月第 1 版第 1 次印刷 印数 1—2000 册 定价 278.00 元

(本书如有印装错误,我社负责调换)

国防书店:(010)88540777 书店传真:(010)88540776
发行业务:(010)88540717 发行传真:(010)88540762

船舶及海洋工程材料与技术丛书

编 委 会

海洋在世界政治、经济和军事竞争中具有特殊的战略地位,因此海洋管控和开发受到各国的高度重视。船舶及海洋工程装备是资源开发、海洋研究、生态保护和海防建设必要的条件和保障。在海洋强国战略指引下,我国船舶及海洋工程行业迎来难得的发展机遇,高技术船舶、深海工程、油气开发、海洋牧场、智慧海洋等一系列重大工程得以实施,在基础研究、材料研制和工程应用等方面,大批新材料、新技术实现突破,为推动海洋开发奠定了物质基础。

中国船舶集团有限公司第七二五研究所(以下简称"七二五所")是我国专业从事船舶材料研制和工程应用研究的科研单位。七二五所建所60年来,承担了一系列国家级重大科研任务,在船舶及海洋工程材料基础和前沿技术研究、新材料研制、工程应用研究方面取得了令人瞩目的成就。这些成就支撑了"蛟龙"号、"深海勇士"号、"奋斗者"号载人潜水器等大国重器的研制,以及港珠澳大桥、东海大桥、"深海"一号、海上风电等重点工程的建设,为我国船舶及海洋工程的材料技术体系建立和技术创新打下了坚实基础。

"船舶及海洋工程材料与技术丛书"是对七二五所几十年科研成果的总结、凝练和升华,同时吸纳了国内外研究新进展,集中展示了我国船舶及海洋工程领域主要材料技术积累和创新成果。丛书各分册基于船舶及海洋工程对材料性能的要求及海洋环境特点,系统阐述了船舶及海洋工程材料的设计思路、材料体系、配套工艺、评价技术、工程应用和发展趋势。丛书共17个分册,分别为《低合金结构钢应用性能》《耐蚀不锈钢及其铸锻造技术》《船体钢冷热加工技术》《船用铝合金》《钛及钛合金铸造技术》《船舶及海洋工程用钛合金焊接技术》《船用钛合金无损检测技术》《结构阻尼复合材料技术》《水声高分子功能材料》《海洋仿生防污材料》《船舶及海洋工程设施功能涂料》《防腐蚀涂料技术及工程应用》《船舶电化学保护技术》《大型工程结构的腐蚀防护技术》《海洋环境腐蚀试验技术》《金属材料的表征与测试技术》《装备金属构件失效模式及案例分析》。

丛书的内容系统、全面,涵盖了船体结构钢、船用铝合金、钛合金、高分子材料、树脂基复合材料、海洋仿生防污材料、船舶特种功能涂料、海洋腐蚀防护技术、海洋环境试验技术、材料测试评价和失效分析技术。丛书内容既包括船舶及海洋工程涉及的主要金属结构材料、非金属结构材料、特种功能材料和结构功能一体化材料,也包括极具船舶及海洋工程领域特色的防腐防污、环境试验、测试评价等技术。丛书既包含本行业广泛应用的传统材料与技术,也纳入了海洋仿生等前沿材料与颠覆性技术。

　　丛书凝聚了我国船舶及海洋工程材料领域百余位专家学者的智慧和成果,集中呈现了该领域材料研究、工艺方法、检测评价、工程应用的技术体系和发展趋势,具有原创性、权威性、系统性和实用性等特点,具有较高的学术水平和参考价值。本丛书可供船舶及海洋工程装备设计、材料研制和生产领域科技人员参考使用,也可作为高等院校材料专业本科生和研究生参考书。丛书的出版将促进我国材料领域学术技术交流,推动船舶及海洋工程装备技术发展,也将为海洋强国战略的推进实施发挥重要作用。

王其红,中国船舶集团有限公司第七二五研究所所长,研究员。

前言

PREFACE

自然界中,金属腐蚀是自发过程,普遍存在于日常生活和国民经济各行各业中。金属腐蚀导致结构材料破坏,影响人工设施和设备的正常使用,严重时诱发重大安全事故,导致人员伤亡和环境灾害,造成巨大经济损失。根据中国工程院《中国腐蚀调查报告》,我国每年因腐蚀造成的经济损失达到 GDP 的 2% ~ 4%。涂料防腐是应用最为广泛的防腐蚀手段。随着我国"一带一路"战略的实施和推进,国民经济快速发展,海洋产业迎来了蓬勃生机,基础设施建设在较长一段时间内处于繁荣期。海洋产业及大型基础设施建设对防腐蚀涂料提出了高性能、长寿命和环保的技术要求,使得防腐蚀涂料技术得到快速发展,新技术、新产品在工程中得到了应用。

长期以来,环保性与经济性是推动防腐蚀涂料技术进步的原动力。现代防腐蚀涂料技术的发展主要有以下发展趋势:①高性能、长寿命,防腐蚀涂料使用寿命已从 10 年延长至 25 年以上;②易施工,高性能防腐蚀涂料厚膜化,配合先进的涂装装备,使得施工方便,减少施工道数,具有显著经济效益;③环保化,不含污染环境成分的防腐蚀涂料以及高固体分、无溶剂和水性防腐蚀涂料是未来开发的重点。

本书从舰船长效防腐防污涂料技术开发、测试方法研究及工程应用的角度撰写。本书前半部分侧重于防腐蚀涂料的开发、生产、施工和性能评价方面的基础理论知识,产品开发技术内容围绕近年来国内外高性能、长寿命和环保型涂料技术进行论述。后半部分围绕防腐蚀涂料在国民经济建设重点行业、领域的工程应用,以环境腐蚀特点分析、防腐蚀涂料体系设计、施工和典型工程应用为技术主线,将产品开发和工程应用紧密结合进行论述。

全书共 11 章,内容包含笔者所在研究团队多年的研究成果,由多位作者共同完成。第 1 章简要介绍了金属腐蚀基本概念、腐蚀的危害和腐蚀控制的意义,介绍了防腐蚀涂料技术的基本原理、类型和技术发展趋势,由王洪仁研究员、陈凯锋高工共同完成。第 2 章阐述了研制防腐蚀涂料所需掌握的基础知识,主要内容包括涂料用原材料、涂料配方设计、涂料制备、涂料及涂膜性能和涂料施工等内容,由方大庆研究员、叶章基研究员和李松高工共同完成。第 3 章介绍了常用的防腐蚀涂料性能评价方法,主要内容包括涂料防腐蚀性能和特种性能评价方法,由陶乃旺高工和王洪仁研究员共同完成。第 4 章围绕典型防腐蚀涂料产品开发,详细论述了配方设计、性能影响因素及产品技术性能等内容,由叶章基研究员、方大庆研究员、苏雅丽高工和杨名亮博士共同完成。第 5 章主要内容包括船体结构和腐蚀环境分析、船舶防腐涂料体系设计、涂装及典型应用案例,由郑添水研究员完成。第 6 章重点介绍了典型海洋工程结构特点及腐蚀环境分析、防腐蚀涂料体系设计、海洋工程涂装及典型应用案例,由王红锋研究员和李松高工共同完成。第 7 章主要论述了桥梁工程结构类型与腐蚀环境分析、桥梁工程防腐蚀涂料设计体系、涂料施工及典型应用案例,由刘翰锋高工完成。第 8 章主要介绍了码头工程腐蚀环境分析、防腐蚀涂料设计体系、涂料施工及典型应用案例,由张东亚高工完成。第 9 章重点论述了埋地管道工程腐蚀环境分析、防腐蚀涂料设计体系、涂料施工及典型应用案例,由郑添水研究员完成。第 10 章主要内容包括石油化工工程腐蚀环境分析、防腐蚀涂料设计体系、涂料施工及典型应用案例,由张乐显高工完成。第 11 章围绕电力工业工程腐蚀环境分析、防腐蚀涂料设计体系、涂料施工及典型应用案例进行论述,由徐飞鹏高工和张延奎高工共同完成。

在本书编写过程中,厦门材料研究院、洛阳双瑞防腐工程技术有限公司和厦门双瑞船舶涂料有限公司研发和技术团队提供了大量翔实的技术资料,陈珊珊工程师协助完成书稿的编排和整理工作,在此致以深深的谢意!

全书成稿之际,中国船舶集团有限公司第七二五研究所科学技术委员会组织专家张东亚、庄海燕和韦璇审阅了书稿,并提出有益的建议和意见,在此表示衷心的感谢!

防腐蚀涂料技术涵盖的知识面广,新技术发展迅速。编著者尽力提供最新且实用的内容,但难免有疏漏和不妥之处,恳请读者批评指正。

作　者

2022 年 1 月

目

录

第 1 章　腐蚀与防护技术

第 2 章　防腐蚀涂料配方技术基础

第 3 章　涂料防腐蚀及特种性能评价方法

第6章　典型海洋工程防腐蚀涂料体系工程应用

第9章　埋地管道工程防腐蚀涂料体系应用

第10章　石油化工工程防腐蚀涂料体系应用

第1章

腐蚀与防护技术

1.1 概 述

腐蚀是材料和周围环境发生作用而被破坏的现象,是一种自发进行的过程。腐蚀广泛存在于大气、水和土壤等各种环境中。金属的腐蚀严重影响生产安全,并造成巨大的资源浪费和经济损失,甚至引发人员伤亡和环境污染等重大社会事件。随着世界经济的发展,腐蚀损失仍在不断上升。世界各国专家普遍认为,如能合理利用腐蚀科学知识和防腐蚀技术,腐蚀的经济损失可降低 25% ~ 30%。

1.1.1 腐蚀的定义

关于腐蚀的定义,早期的提法是:"金属和周围介质发生化学或电化学作用而导致的消耗或破坏,称为金属的腐蚀"。这一定义没有包括非金属材料。事实上,非金属材料如混凝土、塑料、橡胶、陶瓷和木材等,在介质的作用下也会发生消耗或破坏。于是广义的"腐蚀"定义范围扩大到所有的材料,即"腐蚀是物质由于与周围环境作用而引起的损坏"[1]。在所有的材料中,金属材料的腐蚀在自然界中最为普遍而严重,是腐蚀领域最为关注的问题。因此,本书关注的也是金属的腐蚀和相关防护技术。

1.1.2 腐蚀的危害

金属材料的腐蚀所带来的危害是巨大的,不仅仅表现在经济损失层面上,对于资源和环境,甚至社会公共安全方面都会产生严重的影响。海洋产业已经成为当今世界经济发展的重要支柱,然而,在严酷的海洋服役环境中,腐蚀已成为影响船舶、近海工程、远洋设施等服役安全、寿命、可靠性的严重问题。金属腐蚀的危害主要体现在以下几个方面[2]。

1. 严重影响生产安全并造成环境污染

金属腐蚀已给人们的生产生活造成了极大的影响。腐蚀引起设备故障损坏、管道泄漏,对生产安全造成极大的威胁。特别是在石油化工行业,因使用的介质大部分是易燃易爆、有毒有害的物质,腐蚀造成泄漏,可能会引发火灾爆炸事故。2013 年 11 月 22 日,青岛黄岛中石化东黄输油管道因外腐蚀导致泄漏爆炸,共造成 62 人遇难、136 人受伤,直接经济损失 7.5 亿元。金属腐蚀造成的物料泄漏,会造成不同程度的环境污染,有的物料因易挥发进入大气造成大气污染,有的物料会渗入地下污染地下水,损失不可估量。

2. 造成自然资源的极大浪费

金属腐蚀还会造成自然资源的极大浪费,仅仅钢铁腐蚀一项每年造成的资源浪费就让人触目惊心。据有关文献统计,每年有 10% ~20% 的钢铁会因腐蚀而转化成铁锈。按照年产 1 亿吨钢来计算,就会有 1000 万吨的钢材被腐蚀掉,这个量相当于一个大型钢铁企业一年的钢产量。因此,金属腐蚀造成的资源消耗严重性可见一斑。

3. 腐蚀产生巨大的经济损失

中国工程院"我国腐蚀状况及控制战略研究"结果显示,2014 年中国腐蚀总成本超过 2 万亿元人民币,约占当年 GDP 的 3.34%。美国国家标准局(NBS)的调查显示:在美国,目前整个混凝土工程的价值约为 6 万亿美元,而每年用于维修或重建的费用高达 3000 亿美元。

1.1.3 腐蚀控制的意义

当今人类社会正面临着"人口剧增、资源匮乏、环境恶化"三大问题。随着陆地资源消耗的日益减少,科学家预言:开发占有地球表面面积70%的海洋,将成为21世纪人类社会发展和资源可持续开发利用的重要方向。全球海洋经济总产值以每10年翻一番的速度迅速增长,身处海洋经济时代,随着我国"一带一路"建设的推进,我国基础设施建设及海洋相关产业迎来了蓬勃的发展。这些行业的飞速发展对金属防腐技术需求强烈。研究腐蚀机理和防护技术,有助于控制金属腐蚀,为生产的稳定可靠和高效运行提供强有力的保障。腐蚀控制的意义主要体现在以下几个方面[1]。

1. 提高设施设备的运行安全

因腐蚀造成的安全事故层出不穷,给人们的生命安全造成严重威胁。当腐蚀得到更加有效的控制时,工业生产、生活以及重要基础设施运行中腐蚀造成的潜在安全隐患将会明显减少,重大安全事故发生的概率将会明显降低,人们的生命安全将会得到更好的保障。

2. 减少腐蚀危害产生的巨大经济损失

据前面所述,腐蚀造成的国民经济损失是巨大的,而有效的腐蚀控制和管理则可以明显减少这种损失。数十年来,由于我国防腐蚀工程技术的不断发展和提高,已经从巨大的腐蚀损失中挽回了相当比例的经济损失,为保障我国国民经济建设做出了重要贡献。

3. 保护地球有限的可利用资源

腐蚀造成了严重的资源浪费。地球是人类共同的家园,但地球上可利用的资源是有限的。腐蚀的控制将会大大延长各种金属材料的使用寿命,减少资源浪费,为社会可持续性发展添砖加瓦。

4. 建立更宜居的生存环境

金属腐蚀造成的物料泄漏,可造成严重的大气污染、土壤污染、地下水污染和海洋环境污染。使用有效的腐蚀防护手段,可延长金属材料的有效服役年限,减少乃至避免各种物料的泄漏,大大降低因腐蚀而造成的环境污染,使人类拥有一个更宜居的生存环境。

1.2 金属腐蚀

1.2.1 金属腐蚀机理

金属材料的腐蚀是一个十分复杂的过程,在受到不同外界因素的作用下,会导致不同类型的腐蚀发生。按照金属的腐蚀机理,金属腐蚀可以分为化学腐蚀和电化学腐蚀两大类,其实质都是金属被氧化而转化成金属阳离子的过程[3-4]。

1. 化学腐蚀

金属材料的化学腐蚀是金属与介质直接发生纯化学作用而引起的破坏。当腐蚀介质被金属表面吸附后,直接与金属表面的原子相互作用而形成腐蚀产物。不同于电化学腐蚀,在化学腐蚀过程中,电子的传递是在金属和氧化剂之间直接进行的,没有电流产生。化学腐蚀有高温气体腐蚀、氢腐蚀等形式。高温气体腐蚀主要有高温氧化、脱碳及硫化等。高温氧化是金属在空气中加热时产生的氧化反应,其氧化速度随着温度的升高而加快。脱碳是指空气中的水、二氧化碳、氧气等在高温条件下与金属渗碳体中的碳反应;硫化是金属在高温含硫蒸气条件下,生成金属硫化物的过程。

2. 电化学腐蚀

电化学腐蚀是指金属表面与电解质发生电化学反应而产生的破坏。电化学腐蚀反应至少包含两个相对独立且在金属表面不同区域同时进行的过程。金属材料通常存在各种杂质,与电解质发生接触时,杂质与金属基材间构成微观上的原电池。金属在阳极区失去电子而被氧化,相对应的阴极过程是介质中的氧化剂吸收来自于阳极的电子的还原过程。金属与电解质界面的区域有电流流过。金属的腐蚀主要是电化学腐蚀。

金属腐蚀按照腐蚀的环境、形态进行分类。根据腐蚀的环境,腐蚀可以分为干腐蚀和湿腐蚀两大类,干腐蚀可以细分为硫腐蚀和高温氧化所产生的腐蚀两种;湿腐蚀可以细分为大气腐蚀、土壤腐蚀、海水腐蚀、微生物腐蚀以及工业介质中的酸碱盐溶液的腐蚀、工业水中的腐蚀及高温高压水中的腐蚀。按照形态分为全面腐蚀(或均匀腐蚀)以及局部腐蚀两种。全面腐蚀是指发生在整体表面上的均匀腐蚀。局部腐蚀包含的破坏形态较多,相较于均匀腐蚀,它对金属的危害也大很多。局部腐蚀可分为电偶腐蚀、点蚀、缝隙腐蚀、晶间腐蚀、剥蚀、丝状腐蚀和选择性腐蚀等 7 种。

1.2.2　金属腐蚀影响因素

金属的腐蚀主要受所处环境的影响。腐蚀环境泛指影响材料腐蚀的一切外界因素,包括化学因素、物理因素和生物因素。化学因素指介质的成分与性质,如溶液成分、pH 值、溶解物相等;物理因素指介质的物理状态与作用场,如温度、压力、速度、机械作用(冲击、摩擦、振动、张力等)、辐射强度及电磁场强度等;生物因素指生物种类、群落活动特性及代谢产物,如细菌、黏膜、藻类、附着生物及其排泄物等。下面具体介绍 3 种常见腐蚀环境中金属腐蚀的影响因素[3]。

1. 大气腐蚀环境影响因素

由于大气中的水和氧等的化学和电化学作用而引起的腐蚀称为大气腐蚀。影响大气腐蚀的主要因素有湿度、温度、降雨量和有害杂质等。空气的湿度对金属的腐蚀具有重要的影响,环境温度及其变化可影响金属表面的水分凝聚,进而加快电化学腐蚀的反应速度[5]。降雨量对大气腐蚀的影响是双方面的。一方面,雨水沾湿金属表面且冲刷掉腐蚀产物可以促进腐蚀进一步发展;另一方面,雨水可以把金属表面的灰层、盐粒冲掉,可在一定程度上减缓腐蚀。此外,不同地域大气中的有害成分不同,工业废气中的氮硫化物、CO、CO_2 以及沿海大气中的 Cl^- 都可对金属大气腐蚀产生较大影响。空气中的常见污染物多为酸性气体,这类气体对腐蚀同样起到加速作用。

2. 海水腐蚀环境影响因素

海水腐蚀环境的影响因素主要包括盐度、pH 值、含氧量、海水流速、海水温度和海洋生物等。海水中盐类以 NaCl 为主,盐度越高,腐蚀越严重。但在接近于最大腐蚀速度的浓度范围,若盐度继续增加,则由于氧溶解度降低而使金属腐蚀速度降低。金属腐蚀速度随海水的含氧量增加而增加,海水流动可加快空气中的氧扩散到金属表面的速度,使金属表面氧的供应量增加,导致腐蚀加速。此外,海水的流动还可冲刷掉金属表面所形成的各种保护膜,也可促进腐蚀的发生与发展。海水的温度增加,腐蚀反应速度加快,腐蚀加剧。比如,在南海行驶的船舶由于海水和大气的温度高导致腐蚀严重。此外,海洋生物也可对海洋中的金属腐蚀产生明显的影响。海洋生物可释放出 CO_2 和 H_2S,从而使海水酸化,使金属的腐蚀速度加快[5]。海洋微生物腐蚀主要是以局部腐蚀的形式存在,如孔蚀、缝隙腐蚀和应力开裂腐蚀等,因而其危害性更大。

3. 土壤腐蚀环境影响因素

影响土壤中金属腐蚀的几个主要因素有透气性、含水量、pH 值、含盐量、电阻率、氧化还原电位等。土壤透气性有利于氧和水的渗透,透气性好可促使腐蚀的发生和发展,但腐蚀产物保护层在透气性好的土壤中也更易形成,因而土壤透气性对腐蚀的影响是双方面的。含水量对土壤中金属腐蚀的影响比较复杂,当含水量很高时,氧扩散受阻、腐蚀减轻;当含水量降低,氧扩散得到改善,腐蚀加剧。但当含水量继续下降,土壤电阻率增加,腐蚀减轻。土壤 pH 值体现了土壤的酸度,土壤腐蚀性随酸度增加而增加。一般情况下,土壤含盐量大,腐蚀性增强。但 Ca^{2+}、Mg^{2+} 在中性及碱性土壤中会形成难溶氧化物和碳酸盐,在金属表面形成保护性的覆盖层,阻碍腐蚀的进一步发展。土壤电阻率与土壤的透气性、含水量、含盐量均有关系,一般情况下电阻率越小,腐蚀越严重。氧化还原电位和氧水平存在直接的关系,一般氧化还原电位越低,氧水平越低,从而有利于厌氧微生物的活动,土壤的生物腐蚀性增强。

1.2.3 钢筋混凝土结构腐蚀

1. 混凝土劣化

混凝土的劣化是指因受环境、物理、化学或生物因素的作用而使混凝土原有性能发生下降、破坏的现象。环境对混凝土材料的作用因素主要包括温度、湿度及其变化(干湿交替、冻融循环),以及水、气、盐、酸等介质。常见破坏作用有碳化作用、溶蚀作用、盐类侵蚀作用、碱−骨料反应、酸碱腐蚀作用、干湿交替破坏作用以及冻融循环作用等[6]。

1)碳化作用机理

碳化作用是指混凝土硬化后,外界中的 CO_2 侵蚀混凝土结构内部,与结构中的氢氧化钙反应,经过一系列化学反应生成碳酸钙,并使混凝土结构的 pH 值迅速降低。

2)溶蚀作用机理

溶蚀作用是指混凝土中 $Ca(OH)_2$ 的溶出。溶出性侵蚀对混凝土的损害表现在两个方面：一是混凝土碱性降低；二是混凝土的抗渗性下降，为有害介质的侵入提供了条件。

3）盐类侵蚀作用机理

盐类侵蚀主要包括氯盐、镁盐和硫酸盐的侵蚀以及盐类结晶侵蚀。其中，氯盐的侵蚀最为常见。氯盐会和混凝土中的 $Ca(OH)_2$ 发生离子置换反应，破坏混凝土结构。土壤中的氯盐种类有 NaCl、KCl、$MgCl_2$ 等，其与 $Ca(OH)_2$ 反应方程式为

$$Ca(OH)_2 + 2NaCl \longrightarrow CaCl_2 + 2NaOH \qquad (1-1)$$

$CaCl_2$ 和 NaOH 都易溶于水，一定程度上降低混凝土的抗渗性。$MgCl_2$ 与 $Ca(OH)_2$ 反应除生成易溶于水的 $CaCl_2$ 外，还生成难溶于水的 $Mg(OH)_2$，破坏混凝土材料的微观结构。

4）碱 – 骨料反应

碱 – 骨料反应是水泥中的碱（K_2O、Na_2O）与骨料中的活性氧化硅成分反应产生碱硅酸盐凝胶或称碱硅凝胶，碱硅凝胶固体体积大于反应前的体积，而且有强烈的吸水性，吸水后膨胀引起混凝土内部膨胀应力，而且碱硅凝胶吸水后进一步促进碱骨料反应的发展、使混凝土内部膨胀应力增大，导致混凝土开裂，严重的会使混凝土结构崩溃。混凝土发生碱 – 骨料反应需要具有 3 个条件。首先是混凝土的原材料（水泥、掺和料、外加剂和水）中含碱量高；其次是骨料中有相当数量活性成分；最后是潮湿环境，有充足的水分或湿空气供应。

5）酸碱腐蚀作用机理

水泥水化产物 $Ca(OH)_2$ 是酸性物质侵蚀的主要对象。酸性侵蚀中常见的酸主要包括 H_2CO_3、H_2SO_4 和 H_2S。这些酸可以和 $CaCO_3$、$Ca(OH)_2$ 反应生成可溶性反应产物。反应产物的可溶性越高，被侵蚀性溶液带走的数量越多，混凝土的破坏速度就越快。碱金属盐和硫酸盐一样，也会对混凝土造成盐类侵蚀。当混凝土有蒸发面时，由于毛细作用，NaOH 或 KOH 溶液达到蒸发面后，一方面碱碳化后分别生成 Na_2CO_3 或 K_2CO_3，另一方面是水的蒸发，结果 $Na_2CO_3 \cdot 10H_2O$ 或 $K_2CO_3 \cdot 15H_2O$ 晶体积聚在混凝土蒸发表面的孔隙中，造成盐的结晶侵蚀。

6）干湿交替破坏作用机理

干湿交替环境的破坏作用在盐浓度较高的盐雾环境、水位升降较为频繁的水中表现较为突出。在干湿交替的环境条件下，潮湿时盐溶液侵入混凝土孔隙中，当环境转为干燥后，盐溶液因过饱和而结晶，会产生极大的结晶压力使混凝土破坏。

7）冻融循环作用机理

混凝土受冻融循环作用破坏的根本原因是水结冰时产生约 9% 的体积膨胀。混凝土的饱水度越高，结冰速度越快，混凝土的静水压力和破坏力就会越大。冻和

融反复进行,则会使混凝土承受疲劳作用而不断加重破坏。

此外,还有干燥对混凝土的作用、机械磨损冲击及振动对混凝土的作用引起混凝土物理形态的破坏的机理,在此就不再一一赘述。

2. 钢筋混凝土的腐蚀机理

钢筋混凝土是工程中用途最广、用量最大的一种结构材料。混凝土在水化作用时,硅酸盐水泥中的 $CaCl_2$ 与 H_2O 反应生成 $Ca(OH)_2$,使 pH 值大于 12.5。钢筋处于混凝土的高碱环境下表面形成一层致密的钝化膜(钝化膜主要成分为 Fe_2O_3、Fe_3O_4)对钢筋起到很好的保护作用。但钢筋混凝土结构服役过程中,由于混凝土受环境因素作用而劣化,混凝土抗渗透性下降,pH 值降低,从而丧失了对钢筋的保护作用。当钢筋表面有水分和氧存在时,在阳极发生氧化反应,铁不断失去电子生成 Fe^{2+} 而溶于水,在阴极发生还原反应,氧和水从阴极得到电子生成 OH^-,并与 Fe^{2+} 结合生成 $Fe(OH)_2$,形成铁锈。钢筋锈蚀产物体积膨胀,使得钢筋与混凝土的黏结力下降,致使混凝土保护层产生顺筋开裂与脱落。

海洋环境下钢筋混凝土结构更易于发生锈蚀破坏,主要原因是氯离子诱发混凝土中钢筋锈蚀。混凝土中水泥水化产物的高碱性使钢筋表面形成一层致密的钝化膜,可对钢筋产生很强的防护作用。当 Cl^- 进入混凝土到达钢筋表面时,会吸附于局部钝化膜处,使其局部酸化,pH 值迅速降低。当 pH 值降低到钝化膜破坏的临界点时,钝化膜开始变得不稳定,当 pH 值降到 9.88 以下时,钝化膜开始破坏,同时伴随着锈蚀产生。Cl^- 在钢筋混凝土结构破坏过程中既不消耗,也不充当腐蚀产物,而是起到了一定的催化作用,是极强的阳极活化剂,使得反应非常迅速。被破坏的小面积钝化膜充当阳极,表面完好的钝化膜充当阴极。腐蚀电池的阳极钝化膜反应生成 Fe^{2+},Fe^{2+} 与 Cl^- 反应生成 $FeCl_2$,加速阳极过程,$FeCl_2$ 在混凝土孔隙液中迁移,进一步分解为 $Fe(OH)_2$,使混凝土 pH 值降低(图 1 - 1)。Cl^- 的存在同时降低了腐蚀电池中的电阻,加强了阴阳离子的结合,使钢筋混凝土结构破坏得更迅速。

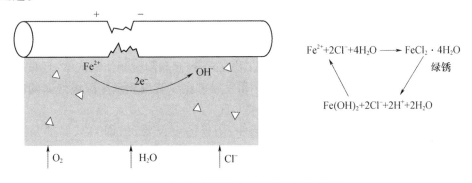

图 1 - 1 钢筋腐蚀中 Cl^- 的去极化作用

1.3 防腐蚀技术

虽然金属腐蚀是一个自发的过程,但是一个可控制的过程。控制腐蚀首先要正确选用金属材料和合理设计金属的结构,以避免因材料选择不当或结构设计不当造成腐蚀破坏。此外,根据金属腐蚀的基本原理,已经发展了多种控制腐蚀的方法。防止金属腐蚀的常用方法有电化学保护、改变腐蚀环境(介质)和使用涂覆层等[5]。电化学保护是利用金属电化学腐蚀过程的极化特性来控制金属腐蚀的方法。具体地说,就是对金属施加一定的保护电流,使金属在外电流的作用下极化到非腐蚀区或钝化区,从而获得保护的防腐蚀技术,主要分为阴极保护和阳极保护。改变腐蚀环境(介质)就是通过应用物理或化学方法改变环境(介质),使其腐蚀性减弱,如添加缓蚀剂或去除对腐蚀有害的成分等。防腐涂覆层则是通过将基体金属与腐蚀性介质隔离开来以达到减缓腐蚀的目的。

1.3.1 电化学保护

1. 阴极保护

阴极保护在石油管道、海洋工程、船舶等钢结构设施上的应用已十分广泛,其机理是通过导电介质向被保护结构提供阴极电流,使被保护的钢质结构变成阴极,从而得到防腐保护。阴极保护法包括牺牲阳极阴极保护法和外加电流阴极保护法[7]。

1)牺牲阳极阴极保护法

牺牲阳极阴极保护法同腐蚀电池的原理相同,如图 1 - 2 所示,在原来的电化学腐蚀系统中接入更活泼的金属作为阳极(如在钢上连接锌块),不断向被保护金属提供电子使其阴极极化,而所接入的活泼金属自身的腐蚀加快,从而减缓了被保护金属的腐蚀程度。牺牲阳极的方法的优点在于不需要外部电源、安装简单、选材方便。这种方法的缺点是,金属的防腐体系是处于一个动态的过程,牺牲阳极在使用过程中无法有效检测其消耗情况,从而增加了维修和阳极制作的成本,且只适用于小电流的场合,调节电流困难。设计和发展可在线监测和预测阳极寿命的牺牲阳极装置已成为一个亟待解决的具有重大意义的问题。

作为牺牲阳极材料应具备以下条件:阳极的电位要负,即与被保护金属之间的电位差要大;在使用过程中阳极极化要小,电位能够保持稳定;单位重量的阳极产生的电量大,即理论电容量高;价格低廉,来源充分,无公害。牺牲阳极可直接安装在被保护结构上,需要注意其与被保护结构之间的良好绝缘。

另外,为了使电位分布更加均匀,应在阳极周围的阴极表面上涂覆绝缘层作为屏蔽层。

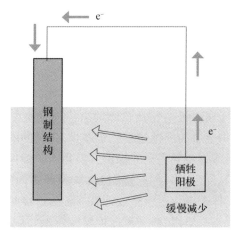

图 1 - 2   牺牲阳极阴极保护法原理示意图

2)外加电流阴极保护法

外加电流阴极保护法是利用电化学腐蚀的原理,由外部直流电源的负极直接和被保护金属结构相连,使电子在金属表面富集,并通过控制金属结构电位使之发生阴极极化,从而达到降低或抑制金属结构腐蚀的目的,其原理如图 1 - 3 所示。外加的电流阴极保护系统可随外界条件变化实现自动控制,参数可调,使用周期长,适用范围广。其缺点是要有直流电源设备,需要经常维修检修,会对周围的结构产生干扰。该方法主要用于保护大型或处于高电阻率土壤中的金属结构,如长埋地管道、大型罐群。

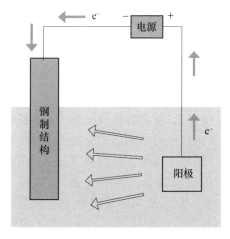

图 1 - 3   外加电流阴极保护法原理示意图

外加电流保护系统中,对阳极的要求如下:在所有介质中耐蚀;具有良好的导电性和较好的力学性能。阳极材料种类很多,一般包括石墨、高硅铸铁、铅银合金、铅银嵌铂丝、镀铂钛等。阳极安装时要求与导线接触良好、牢固,阴、阳极之间要有良好的绝缘。

3)阴极保护的主要参数

在阴极保护系统运行过程中,通常采用保护电位和保护电流密度两个参数判断被保护金属是否获得保护。通过与外部电源的负极相连或阳极保护,使被保护金属阴极极化,从而使金属电极电位从自腐蚀电位负移至金属表面腐蚀电池阳极的开路电位,此时被保护金属的腐蚀过程完全停止,此时的电位值被称为最小保护电位。低于此电位金属将得不到完全的保护。但是当阴极保护电位过负以至达到析氢电位时,将发生析氢反应,将导致金属材料氢脆破坏,并使防腐层从被保护金属表面剥离。这种由于保护电位过负造成的破坏称为过保护破坏。而且过负的电位会增加电能损耗和成本。所以,对于被保护腐蚀体系而言,还存在一个最大保护电位。

为达到规定保护电位所需施加的阴极极化电流称为保护电流。相应地,单位面积上的保护电流称为保护电流密度。为达到最小保护电位所需要施加的阴极极化电流密度称为最小保护电流密度。最小保护电流密度的大小主要与被保护金属的种类、腐蚀介质的种类、保护系统中电路总电阻、金属表面是否有防腐层、防腐层的种类、质量和环境条件有关。

阴极保护中为了监测电位,确保其处于保护电位的范围,需要一个已知电位的电极作为参考,该电极称为参比电极。可逆电极饱和甘汞电极(中性介质)、$CuSO_4$电极(土壤、中性电极)、AgCl电极(Cl^-浓度稳定的中性介质)、$HgCl_2$电极(碱性介质)等常被用作参比电极,但是上述电极比较昂贵,安装时易被损坏。使用不方便。一些金属电极如不锈钢、铸铁、锌、碳钢和铜也可作为参比电极,这些固体电极安装方便且牢固耐用。但是由于其不可逆性,稳定性和精确性较差,使用前需要进行标定。

2. 阳极保护

将被保护设备与外接直流电源的正极相连,使之阳极极化到一定的电位,获得并维持钝态,导致腐蚀速度降低,被称为阳极保护。阳极极化的局限性在于需要金属在所处的介质中进行阳极极化时呈现出明显的钝化特征。阳极保护的主要参数包括致钝/维钝电流密度、钝化区的电位范围和最佳保护电位。致钝电流密度越小越好,这样可选用小容量的电源设备,减少用电量,也可减少致钝过程中的阳极溶解。维钝电流密度也是越小越好,金属溶解越少,保护效果越明显。钝化区的电位范围越宽越好,电位就可在较大的数值范围内波动而不至于发生进入活化区的危险,影响钝化区电位范围的主要因素是金属材料和介质的性质。当处于最佳保护电位时,维钝电流密度及双层电容值最小,表面膜电阻值最大,钝化膜最致密,保护效果最好。只有具备活化-钝化转变行为的材料体系,阳极保护才能成为一种成功的腐蚀控制方法。阳极保护所需的费用比阴极保护的高,目前主要应用于 H_2SO_4、H_3PO_4、有机酸、纸浆和液体肥料生产系统中。

1.3.2　改变腐蚀环境

改变腐蚀环境主要是通过在环境(介质)中去除或添加一些成分来降低金属在介质中的腐蚀。这种方法只能在介质体积有限的条件下使用,所需要去除的组分主要包括溶解在介质中的氧。除氧是锅炉用水处理的主要技术,可有效地控制锅炉系统的水腐蚀。目前常用的除氧方法主要包括热力法和化学法。热力法主要通过提升介质温度降低氧在介质中的溶解度来实现。化学除氧法主要是往介质中加入化学试剂将氧消耗掉来实现除氧。若介质的 pH 值过低,也可通过加入碱性物质来提高 pH 值。比如工业冷却用水中可通过加氨提高水的 pH 值,防止氢去极化。对于气体介质而言,还需要去除里面的水和水蒸气,众所周知,钢铁在潮湿大气中的腐蚀比干燥大气中的腐蚀要严重。常用的降低和去除水分的方法有采用干燥器吸收、冷凝和提高气体温度等。

添加缓蚀剂也可有效抑制金属在介质中的腐蚀[8]。缓蚀剂又称腐蚀抑制剂,是指将一些抑制金属腐蚀的物质少量地添加到腐蚀环境中,在金属与腐蚀介质的界面产生阻滞腐蚀的作用,从而有效地减缓或阻止金属腐蚀。由于使用量很少,介质环境的性质基本上不会改变,也不需要太多的辅助设备,因此,使用缓蚀剂是一种适应性强、经济而有效的金属防腐蚀措施。缓蚀剂具有多效性、针对性、非永久性、灵活性及系统性。

缓蚀剂按化学成分可分为无机缓蚀剂和有机缓蚀剂。早期的无机缓蚀剂主要集中在无机盐中,由于其极性基体容易形成氧化型膜和沉淀型膜,形成的膜阻止了介质对基体的腐蚀,但由于无机盐的缓蚀效果有限且污染严重,逐渐被有机缓蚀剂取代。有机缓蚀剂一般是由电负性较大的 N、S、O 及 P 等原子为中心的极性基团组成,这种基团一般为非极性基团。当腐蚀溶液中添加这类缓蚀剂后,缓蚀剂会被吸附在金属表面,此时缓蚀剂的极性基团为电子给予体,它与腐蚀的金属发生配位结合,形成表面吸附膜,改变腐蚀表面双电层结构,这种膜提高了金属腐蚀过程的活化能。缓蚀剂在金属表面定向排布形成了具有疏水功能的薄膜,此疏水功能的薄膜屏障阻止了溶液中腐蚀性离子向金属界面的扩散,使腐蚀性离子难以与金属表面作用,达到阻止腐蚀的目的。现有的研究表明,如果缓蚀剂中含有环状基团,其空间位置大,使形成的膜覆盖较完全,能够提高缓蚀剂的缓蚀率。因此,国内外开发了一系列含环状结构的新型缓蚀剂,常见的有苯环、咪唑等。

缓蚀剂按作用机理可分为阳极型缓蚀剂、阴极型缓蚀剂、吸附型缓蚀剂和沉淀膜型缓蚀剂。阳极型缓蚀剂是通过抑制阳极反应从而抑制腐蚀,由于阳极型缓蚀剂可导致金属的钝化现象,故又称为钝化剂。阴极型缓蚀剂也称为阴极抑制型缓蚀剂,主要是通过抑制腐蚀中的阴极反应,使腐蚀电极电位负移来抑制腐蚀的发生。其与阳极型缓蚀剂的作用相反,主要是在金属的活性区起抑制腐蚀反应的作用。吸附型缓蚀剂在金属表面吸附,使金属的表面状态发生变化从而抑制腐蚀,所以是一种表面活性剂。这种表面活性剂是由含有电负性大的 O、N、S、P 等元素的极性基和以 C、H 为主的非极性基所构成的。前者是亲水性的,它使缓蚀剂吸附到金属上,后者则为疏水性的烷基 C_nH_{2n+1}。

缓蚀剂按物理状态分类可分为油溶性缓蚀剂、气相缓蚀剂、水溶性缓蚀剂。油溶性缓蚀剂一般作为除锈油的添加剂,基本上由有机缓蚀剂组成。由于存在极性基,这类缓蚀剂分子被吸附于金属表面,从而在金属和油的界面上隔绝腐蚀介质。气相缓蚀剂是在常温下能挥发成气体的金属缓蚀剂,因此它是固体状态就必须具有升华性,它是液体就必须具有一定数值的蒸气分压。水溶性缓蚀剂常被用于冷却剂,具有防止铸铁、钢、铜、铝合金及材料的小孔腐蚀、晶间隙腐蚀以及不同金属接触腐蚀的能力,且缓蚀作用具有一定的持续性。一般来说,无机类和有机类缓蚀剂均可用于水溶性缓蚀剂。

缓蚀剂的优点是:防护效果好,良好的缓蚀剂的缓蚀率可达 99% 以上;不同材料可选择不同类型的缓蚀剂,配方调整方便;不仅对全面腐蚀有缓蚀作用,对局部腐蚀也有抑制作用;不仅提高材料的耐蚀性,也会改善材料的其他性能,同时改善工作环境。缓蚀剂的缺点是:有一定的局限性,不是一种缓蚀剂对所有介质的腐蚀均可起作用;使用温度较低,一般低于 150℃;高温不仅使缓蚀剂分解,也使其脱附性能增强,降低缓蚀效果;主要用于循环体系或封闭系统,有些缓蚀剂含有毒性成分,直接排放会污染环境。

1.3.3　防腐涂覆层

在金属表面制备一层防腐涂覆层,实现金属基底与腐蚀介质之间的物理隔离,从而提高金属的耐蚀性。防腐涂覆层可以是比金属基底耐蚀性更强的金属涂覆层,也可以是非金属涂覆层。一般要求涂覆层与基体金属结合力好、孔隙率低、力学性能良好、厚度适中。

金属涂覆层也称为金属涂镀层,主要采用热浸镀、渗镀、电镀、化学镀、热喷涂(火焰、等离子、电弧)等方法,在基材表面上形成一层耐蚀的金属涂镀层。金属涂镀层可分为阳极性镀层和阴极性镀层,如钢基材上的锌镀层就是一种阳极性镀层。在电化学腐蚀过程中,锌镀层的电位比铁低,是腐蚀电池的阳极,锌被腐蚀而铁被保护。阴极性镀层电位比基材高,是腐蚀电池的阴极。使用阴极性金属镀层要特别注意涂层的完整性,一旦涂层破损,裸露出的基材与涂层间将构成腐蚀电池,加速基材腐蚀。在各种金属涂镀层的制造方法中,热浸镀和热喷涂形成的涂镀层附着力高、厚度大,具有较长的防腐蚀寿命,常用于大型防腐工程。

热浸镀是把金属构件浸入熔化的镀层金属液中,经过一段时间取出,在金属构件表面形成一层镀层,其特点是:形成的镀层较厚,具有较长的防腐蚀寿命;镀层和基体之间形成合金层,具有较强的结合力。热浸镀可以进行高效率大批量生产。目前,热浸镀锌、铝、锌铝合金等得到了广泛应用,如高速公路护栏、输电线路铁塔等。热喷涂(金属)是一种使用专用设备利用热能和电能把金属熔化并加速喷射到构件表面上形成金属涂层的涂层技术,其特点是:喷涂效率高;可使基体保持在较低的温度,保证基体不变形;可适用于各种尺寸工件的喷涂;涂层厚度较易控制等。目前,热喷锌、铝、锌铝合金等在大型钢构工程防腐中得到了较为广泛的应用。

防腐蚀衬里具有保护金属基体免受各种介质侵蚀的能力,可耐受酸、碱、无机盐及多种有机物的腐蚀,并有良好的弹性、耐磨性、抗冲击性及和基体的黏合性能。防腐蚀衬里是一种综合利用不同材料的特性、具有较长使用寿命的防腐方法。根据不同的介质条件和设备及管道需求,可选取不同的衬里材料。常见的衬里材料有聚氯乙烯塑料衬里、铅衬里、玻璃钢衬里、橡胶衬里和砖板衬里。

涂料是一种涂覆在各种物体表面的保护材料,通常是黏稠的液体或粉末状,具有流动性。涂料通过特定的施工工艺涂覆在物体表面,通过干燥固化后形成的黏附牢固、具有一定强度、连续的固态涂膜。液态涂料是涂料发展历史最为悠久、应用最为广泛的涂料品种。早在数千年前,桐油、大漆等天然树脂就作为涂料的主要原料,因此人们称它“油漆”。液态涂料具有施涂方便以及不受物体大小、形状的限制等特点,广泛应用于各行各业。涂料不仅具有保护物体免受环境侵蚀破坏的功能,还有装饰美化物体的作用,赋予被涂物体靓丽的色彩和外观。现代一些特殊涂料品种还具有保护和装饰功能之外的性能,如建筑上用的低红外吸收涂料、船舶用的导静电涂料、防污涂料等,这类涂料通常称为特种功能涂料。防腐蚀涂料是以防腐蚀为主要功能的涂料类别,主要应用在金属材料上。

1.3.4　联合保护

在实际应用中,单一的防腐技术难以较好地解决腐蚀问题。复合防腐法是根据上述不同腐蚀防护技术的特点,将两种或两种以上的方法联合使用[8]。

阴极保护与防腐蚀涂层联合被公认为是最经济有效的防护方法,尤其是对于涂层,一旦破损难以重新修补的地下和水下设施设备。若单独使用涂料防腐,涂层不可避免存在孔隙等微观缺陷,这些缺陷处优先腐蚀导致涂层脱落失效,裸露出的金属部分和涂层部分可形成小阳极大阴极的局部电池,使金属局部腐蚀趋于严重。两者联合使用则可以有效提高保护效果。海洋船舶通常采用阴极保护与涂层防护相结合的方法,水线以下的设备多采用外加电流阴极保护和长效防腐防污涂层相结合的保护方法,压载水舱、污油水舱多采用高效牺牲阳极和长效防腐涂层相结合的保护方法等。

阴极保护与防腐蚀涂层联合使用的优点:降低电流消耗,缩短极化时间;改善电流分布,使设备各部分分布比较均匀。需要注意的是,阴极保护时,金属表面附近溶液碱性会有所增强,可使涂层发生碱性剥离以致脱落,因而需要选择耐碱性强的涂层。另外,阴极保护电位有时过负,涂料的耐电性问题也需要考虑。

1.4 防腐蚀涂料技术

1.4.1 涂料的基本组成和作用原理

防腐蚀涂料主要成分包括基料和具有防腐蚀功能的防锈颜料。基料是防腐蚀涂料的主要成膜物质,对涂层的附着力、强度等性能起主要作用。防腐蚀涂料成膜物质可采用无机材料,也可采用有机材料。防锈颜料是能起防腐蚀作用的物质,如红丹、铁红、三聚磷酸铝等。防腐蚀涂料作用原理可分为3个方面,即阳极钝化作用、阴极保护作用和涂层屏蔽作用。

1. 阳极(钝化、缓蚀)作用

利用钝化、缓蚀机理的防腐涂料主要是在涂料中加入一些能够对钢铁等金属起到钝化、磷化缓蚀作用的颜料。当涂层中含有具有缓蚀、钝化的防锈颜料,且有微量水存在时,就会从涂层中离解出具有缓蚀功能的离子,使腐蚀电池的一个电极或两个电极极化,抑制腐蚀进行。该类颜料主要品种有红丹类、磷酸盐类和铬酸盐类等颜料。它们对底材具有一定的钝化作用。当水透过涂膜时,少量被溶解的颜料利用其强氧化性将金属表面氧化生成钝化膜,这种不通过电流而使金属阳极钝化的现象称为金属的"自钝化"。红丹及铬酸盐类颜料虽然具有极高的防腐蚀性能,但是对人体健康和生态环境产生极大的危害。随着国内外对环境保护的逐步重视,目前部分该类颜料已经被市场逐步淘汰,如含 Cr^{6+} 的颜料已被禁用。

2. 阴极保护作用

如果涂层中含有能成为被保护金属的牺牲阳极的活泼金属颜料(如锌粉),且金属颜料的含量很高,以使涂层中金属微粒之间、金属微粒与被保护金属之间达到电接触的程度,就能使阴极金属基体免受腐蚀,如富锌涂料中锌粉的功能就是阴极保护作用。富锌涂料在钢基体受到腐蚀的初期,剧烈的电化学反应导致锌粒子先于铁粒子被腐蚀,从而起到牺牲阳极保护阴极的效果,另外腐蚀过程中不断生成的腐蚀产物堵塞孔隙也能提供有效的隔离防护作用。

3. 涂层屏蔽作用

涂层的屏蔽作用在于使基体和环境隔离以免基体受到环境中腐蚀性成分的腐蚀,涂层的存在阻止了腐蚀介质与材料的接触,可以阻止或抑制水、氧和离子透过涂层,从而防止形成腐蚀电池。屏蔽效果与涂层的抗电解质渗透性和厚度密切相关。通过在涂层中添加阻隔型颜料,如玻璃鳞片、云母粉、不锈钢鳞片等,切断了涂层中的针孔通道,起到了屏蔽水、溶解氧和离子等腐蚀介质向基体金属表面扩散的作用。同时,这些平行交叠起来的片状颜料在涂层中起到了"迷宫效应"[9],如图 1-4 所示,腐蚀介质无法穿透鳞片,只能绕过其进行扩散,这种结构在涂料内部形成曲折的防扩散渗透路径,从而延长了腐蚀介质的渗透时间,提高涂层的抗渗透性与使用寿命。此外,鳞片将涂层分割成许多小间,隔开了涂层中的气泡和裂纹,改善涂层的收缩应力和膨胀系数,延缓腐蚀介质扩散和侵入基体的时间。由于涂层的介电常数很小,电绝缘性良好的涂层可以抑制阳极金属离子的溶出和阴极的放电现象。因此,涂层能够显著阻挡阳极或阴极与溶液间的离子运动,产生了在腐蚀电池回路的溶液区域介入电阻的效果。

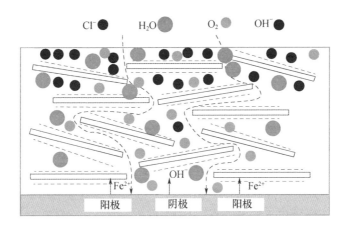

图 1-4　涂料中片状颜料对腐蚀离子的阻隔示意图

1.4.2　涂料分类与命名

1. 涂料的分类

涂料有很多种分类方法,可从不同角度对涂料进行分类,如根据成膜物、溶剂、颜料、成膜机理、施工顺序、作用及功能等。按涂料中所含主要成膜物质分类,可分为油脂涂料、酚醛涂料、酚醛环氧涂料、环氧涂料、醇酸涂料、氯化橡胶涂料、聚氨酯涂料、丙烯酸涂料、氟碳涂料和聚脲等。按涂料的外观和基本性能分类,可分为清油(防锈油)、清漆、调和漆、磁漆等。按涂料的基本功能分类,可分为腻子、底漆、中间层漆、面漆、罩光漆等。按涂料形态分类,可分为溶剂型涂料、乳胶涂料、粉末涂料等。按涂膜的光泽度分类,可分为有光涂料、亚光涂料、无光涂料等。按涂膜的特殊功能分类,可分为车间底漆、富锌底漆、阻尼涂料、耐高温涂料、电绝缘涂料、防霉涂料、防污涂料等。按涂膜固化方法分类,可分为常温固化涂料、烘干涂料、光固化涂料等。鉴于涂料产品日新月异,一些新型涂料可根据实际情况按照需求进行分类,如纳米涂料、石墨烯涂料等。

2. 涂料的命名

根据《涂料产品分类和命名》(GB/T 2705—2003),涂料全名一般是由颜色或颜料名称加上成膜物名称,再加上基本名称组成。颜色通常有红、黄、蓝、白、黑、绿、紫、棕、灰等。成膜物质名称可做适当简化,如聚氨基甲酸酯简化成聚氨酯、环氧树脂简化成环氧、硝酸纤维素简化为硝基等。漆基中含有多种成膜物质时,选取起主要作用的一种成膜物质命名。基本名称表示涂料的基本品种、特性和专业用途,如清漆、磁漆、底漆、甲板漆等。在成膜物质名称和基本名称之间,必要时可插入适当词语来标明专业用途和特性等,如白硝基球台磁漆、绿硝基外用磁漆等。需烘烤干燥的漆,名称中应有"烘干"字样。如名称中无"烘干"一词,则表明磁漆是自然干燥或自然干燥、烘干干燥均可。凡双(多)组分的涂料,在名称后应增加"双组分"或"三组分"等字样,如聚氨酯木器漆(双组分)[10]。

1.4.3 防腐蚀涂料的涂装

涂料从流动的液体经干燥成膜转化为固态涂层的工艺过程称为涂料涂装。涂料应用到基材上形成涂层包含两个主要过程:一是将液态的涂料施工到基材上,形成厚度均匀的液态涂膜,通常称为"湿膜",这个过程称为"施涂";二是在一定条件下,"湿膜"转变为固态、连续的"干膜",这个过程称为涂料的"干燥"或"固化"。涂料的涂装和干燥过程直接影响涂层外观、厚度,也影响涂料附着力、力学性能和应用性能。因此,要根据涂料的特性,选择合适的施工工艺,以获得性能符合要求的涂层。

涂料成膜与所采用的基料树脂类型密切相关,不同类型的基料树脂,其成膜方式不同。涂料成膜主要有两种方式:一种是物理成膜方式,通过涂料中溶剂挥发干燥形成涂膜,其基料树脂通常为热塑性树脂;另一种是化学成膜方式,通过基料树脂发生化学反应而成膜。

物理成膜方式:涂料涂装后,湿膜中有机溶剂挥发到大气中,湿膜黏度逐步增大,直至固化成涂膜。以这种方式成膜的涂料类型有沥青涂料、乙烯树脂涂料、氯化橡胶涂料和丙烯酸树脂涂料等。这类涂料成膜过程中不发生化学反应,可自干,且表面干燥极快,其干燥速度取决于溶剂的挥发速度。以这种方式成膜的涂料并未发生化学反应,因此涂层仍然可被同类涂料溶剂或强溶剂所溶解,涂层具有较好的复涂性和较差耐溶剂性能。

水性乳胶涂料成膜方式也是物理成膜方式,但与上述成膜过程有所不同。乳胶漆湿膜在水挥发过程中,聚合物粒子彼此接触挤压,最终相互融合,形成连续的涂膜。这个过程同样没有发生化学反应,涂层具有较好的复涂性和较差耐溶剂性能。

化学成膜方式:这类涂料成膜依赖于化学反应,成膜物质在干燥过程中发生了聚合反应,形成高聚物而成膜。以这种方式成膜的涂料类型有醇酸涂料、酚醛涂料、环氧酯涂料、环氧树脂涂料、聚氨酯涂料、不饱和树脂涂料等。这类涂料形成的涂层通常耐溶剂性能较好。化学成膜方式主要包括氧化聚合反应成膜和交联反应固化成膜。以植物油和改性植物油为基料的涂料就是通过氧化聚合反应成膜的,代表性的涂料类型就是醇酸树脂涂料。交联反应固化成膜则是通过固化剂进行交联反应,形成高分子聚合物而成膜。以这种方式成膜的涂料有环氧漆、聚氨酯漆等。

防腐蚀涂层体系的应用性能与涂装工艺密切相关,为了获得与底材附着良好的耐蚀性涂层,必须选择合适的涂装系统,并进行合理涂装。为了获得良好的防腐蚀涂层,表面处理是很重要的准备工作。据报道,钢基材除锈质量差被认为是防腐涂层寿命缩短的最主要原因。表面处理的目的除了除锈去污外,还有一个重要作用,即提高表面粗糙度以增加涂层附着力。

1.5　防腐蚀涂料技术发展趋势与展望

近年来,经济、节能和保护环境要求推动世界防腐蚀涂料技术向高性能方向发展。采用厚浆型、快干、高固体分或无溶剂涂料来达到高效节能的目的;采用高压无气喷涂来提高施工效率;使用不含铅、铬等重金属的颜料,不使用有机锡、焦油等有害物质,降低涂料中有机溶剂含量,以达到环保要求。未来随着科学技术的发展和绿色理念的推进,防腐蚀涂料将朝着环保(无溶剂、无毒化)、多功能化、智能化的方向发展。

1.5.1　环保涂料

传统的防腐涂料多为溶剂型产品,可造成严重的环境污染,威胁人类身体健康。例如,船舶涂料中可能的有害物质主要包括挥发性有机化合物(volatile organic compounds,VOC)、有毒防污剂、颜料中的重金属以及其他有害物质如石棉、短链氯化石蜡等。VOC挥发到空气中后会伤害人体呼吸系统、肝脏、肾脏及神经系统。某些有机化合物如苯、甲苯等是强致癌物质,严重危害涂装人员健康,在涂料干燥后还会继续缓慢释放,危害船员的身体健康。此外,VOC还是主要的空气污染源之一,有些可与大气中氮氧化物、硫化物发生光化学反应,形成有毒性的光化学烟雾。20世纪60年代,日本发生的"水俣病"使人们认识到重金属污染物可通过食物链进入人体并造成严重危害。铅几乎对人体所有的器官都能造成危害,镉会使骨骼严重软化并会致癌,汞可造成神经性中毒和深部组织病变。铬化合物中以Cr^{6+}毒性最强,会引起肠胃疾患、白血球下降等病症。

近年来,随着环保理念的推行,传统的溶剂型涂料已经受到应用限制,无溶剂涂料、水性涂料等环境友好型涂料逐渐成为行业的主流选择。下面将详细介绍几种目前正在大力发展的环境友好型涂料。

1. 高固体分、无溶剂涂料

通常行业内将不挥发物体积分数为70%~80%且VOC小于150g/L的溶剂型涂料称为高固体分涂料;不挥发物质量分数大于97%且VOC小于60g/L的涂料可称为无溶剂涂料。高固体分涂料由于少用有机溶剂,减少VOC的排放,从而符合环保要求。高固体分涂料固化快,一次施工就可获得所需膜厚,减少了施工道数,节省了重涂时间,提高了工作效率。此外,较少溶剂挥发降低了涂层的孔隙率,从而提高了涂层的抗渗能力和耐腐蚀能力。近年来,高性能、高固体分(不挥发物体积分数大于70%)环氧通用底漆得到了广泛的应用,成为新造船涂装的主力。由于其优异防腐蚀性能、较高的耐磨性,极大地提高了船舶的整体保护性;由于其通用性,大大提高了船厂的制造效率,降低了船厂的库存量,节约了制造成本。

无溶剂环氧防腐涂料具有诸多优点,如对多种基材具有极佳的附着力、固化后涂膜的耐腐蚀性和耐化学品性优异、涂膜收缩性小、硬度高等,特别是其无VOC排放,不造成环境污染,符合环保要求,具有十分广阔的应用前景。但是现有的无溶剂环氧涂料大多存在一次成膜厚度较大时,涂层的韧性和抗流挂性较差的问题,需要对涂料配方进行优化来加以解决。

2. 粉末涂料

粉末涂料的形态和一般的涂料完全不同,它是以微细粉末的固态形式存在,是一种完全不含溶剂的涂料。粉末涂料通常以粉末形态喷涂在金属表面并熔融成膜[11],施工损耗少、利用率高。粉末涂料具有无溶剂、无污染、省资源、环保和涂层机械强度高等优点,涂层缺陷少,耐久性好。环保优势和技术优势是粉末涂料替代液体涂料的关键。目前,粉末涂料已越来越多地应用于管道防腐,存在的问题是耐冲击性及吸湿性有待提高,解决这些问题成为研究者们未来的一个重点研究方向。

3. 水性防腐涂料

涂料水性化是研发的另一个重要方向。水性涂料是以水为稀释剂,不含苯、醛、游离甲苯二异氰酸酯(TDI)等有毒物质,其 VOC 远低于国家环保限制线以下,对节能减排、发展低碳经济、保护环境及可持续发展都有重要意义。

水性防腐涂料主要有水性丙烯酸涂料、水性环氧涂料、水性无机硅酸锌涂料等几大类。水性丙烯酸防腐涂料以丙烯酸树脂为基料,用改性树脂、颜料、助剂、溶剂等配制而成,具有耐候、保光、保色等特点。水性环氧防腐涂料是以环氧乳液或水可稀释型树脂为基料,辅以防锈颜料如氧化铁红、磷酸锌等,以及助剂和助溶剂配制而成。水性无机富锌涂料是以无机物为主要成膜物、高含量的锌粉为防锈颜料、水为分散介质等配制而成,具有快干、优异的抗腐蚀性和耐磨性,具有广阔的发展和应用前景[12]。

对于水性防腐涂料而言,普遍存在固含量低的缺点,因此发展高固含量的低成本水性防腐涂料成为研发的重点。此外,和同树脂类型的溶剂型涂料相比,水性涂料的成膜性、力学性能和耐腐蚀性能都有一定的差距,需要进行改善。

1.5.2 多功能涂料

近年来,多功能涂料的发展引起了人们的广泛关注。多功能涂料可以集防腐、防水、防火、防潮、防霉以及其他特殊物理性能等多种功能于一体。例如,德国研发的隔热涂料由极小的真空陶瓷微球和环保乳液组成,与墙体、木制品和金属都有较强的结合力,直接在基体表面涂抹 0.3mm 即可达到隔热保温的目的。国内也有研究人员以环氧树脂为基料、磷酸锌和三聚磷酸铝为防锈颜料、腰果油改性酚醛胺为固化剂、醇和芳烃组成的混合物为溶剂研制成了一种具有防锈、带潮涂装、低温固化、底面合一及长效防腐功能的环氧防腐涂料,可以提高作业效率、实现长效防腐[13]。

纯聚硅氧烷涂料具有优异的耐高低温性、耐候性、耐化学腐蚀性、耐磨性、憎水性及低表面能等特点,但也存在着强度低、与基材黏结性差等缺点。因此采用有机树脂对其进行改性,可以使两种材料形成一个具有共价键的聚合物网络,新材料保留了有机物的最佳特性(容易加工、挠性、韧性、光泽和室温固化)和无机物的最佳特性(惰性、硬度、附着力和耐化学性、耐高温、耐候、耐紫外线和耐磨)等。这类新材料包括了脂肪环氧改性聚硅氧烷、丙烯酸改性聚硅氧烷、丙烯酸尿烷改性聚硅氧烷、硅溶胶混接物和有机硅溶胶等。目前研究认为,由脂肪族环氧和丙烯酸尿烷接枝的聚硅氧烷具有非常优异的制漆性能、耐候性、保光保色性和耐化学性。以这种技术开发的聚硅氧烷防腐涂料产品已获得成功的应用。

1.5.3 智能型涂料

智能防腐涂料是指对涂层的机械损伤或膜下腐蚀做出及时反应,并具备自修复能力,阻止腐蚀进一步发展的一种智能涂料。和传统防腐涂料相比,智能防腐涂料可明显提高涂料的防腐寿命,减少涂料的修复工作。智能防腐涂料主要包括防腐层、直观显示层以及自修复层,其中直观显示层和自修复层包含了智能防腐涂料的关键技术,分别实现了其自诊断、自修复的功能。

目前智能型涂料中的自修复技术主要包括微胶囊自修复技术、可逆反应技术和腐蚀电位自修复技术。微胶囊自修复技术是利用惰性成膜材料包覆具有分散性的固体物质、液滴或气体而形成微粒的一种技术,在涂层产生微裂纹后,埋置于基体内部的微胶囊受外力作用破损,释放出内部的色素和修复剂,实现自诊断和自修复(图 1 - 5)[14]。这一技术的局限性在于对于划痕宽度较大的涂层,修复效果大幅降低,克服这一问题将成为未来微胶囊自修复技术的重点研究方向。可逆反应技术是利用高度交联的聚合物具有热可逆反应的特性实现对破损部位的自修复。与微胶囊技术相比,可实现多次修复,并能够在修复后保持材料最初的结构。腐蚀电位自修复技术是利用腐蚀发生时阴阳两极的电位差来驱动防腐物质释放的一种自修复技术,如图 1 - 6 所示[15]。智能防腐技术目前主要局限于实验室研究,离产业化还有一定的差距,还需进行大量的研究工作。

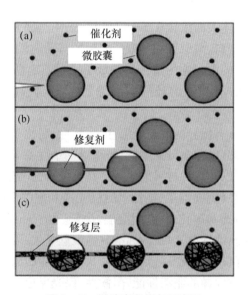

图 1 - 5　微胶囊自修复示意图

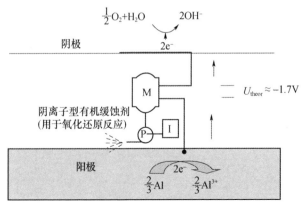

（金属表面是阳极，涂层表面是阴极）

图 1－6　电位差驱动防腐蚀物质释放示意图

　　目前防腐涂料正沿着高性能、低污染和多功能的方向前进。走循环经济、可持续发展之路，就需要相关领域的科研人员和工程师们研发出能够符合"节资、节能、降耗、减排、与人友好、与环境友善"的新型绿色防腐蚀涂料和技术，不断加强专业水平，提供优质产品，为我国广阔的防腐蚀涂料市场做出更多贡献。

参考文献

[1] 王庆璋,杜敏.海洋腐蚀与防护技术[M].青岛:中国海洋大学出版社,2001.

[2] 宋海军.浅谈金属材料的腐蚀与防护[J].中小企业管理与科技,2008(23):47.

[3] 林玉珍,杨德钧.腐蚀和腐蚀控制原理[M].北京:中国石化出版社,2014.

[4] 杨世伟,常铁军.材料腐蚀与防护[M].哈尔滨:哈尔滨工程大学出版社,2003.

[5] 王思伟,易学平.海洋设备防腐机理及其发展趋势[J].机械工程与自动化,2015(01):224－226.

[6] 杨卫东,姜成岭.混凝土结构劣化原因分析[J].山东交通科技,2006(02):41－43.

[7] 吴荫顺,曹备.阴极保护和阳极保护[M].北京:中国石化出版社,2007.

[8] 赵麦群,雷阿丽.金属的腐蚀与防护[M].北京:国防工业出版社,2002.

[9] 李焕.新型防锈颜料在工业涂料中的应用[J].涂料技术与文摘,2015,36(4):25－29.

[10] 全国涂料和颜料标准化技术委员会.涂料产品分类和命名:GB/T 2705—2003[S].北京:中国标准出版社,2003:7.

[11] 邓桂芳.防腐涂料发展趋势分析[J].化学工业,2015,33(2－3):28－32.

[12] 王亦工,陈华辉,裴嵩峰.水性无机硅酸锌涂层的结构及耐蚀性研究[J].腐蚀科学与防护技术,2006,18(1):41－44.

[13] 杨红波,李祥超,汪耿豪,等.新型多功能环氧防腐涂料的研制[J].上海涂料,2014,52(2):24－26.

[14] 张勇,樊伟杰,张泰峰,等.涂层自修复技术研究进展[J].中国腐蚀与防护学报,2019,39
    (4):299-305.
[15] 黄杰,彭晓阳,杨黎敏,等.智能防腐涂料国内外研究综述[J].材料开发与应用,2011,26
    (01):89-91.

第2章

防腐蚀涂料配方技术基础

2.1 概　述

涂料是复杂的多组分混合物,主要由四大类原料组成,即树脂、溶剂、颜料和助剂等。树脂是涂料的最基本成分,能附着在底材上,并能形成连续膜的材料。溶剂用于溶解树脂,使涂料保持适当黏度,有利于施工,并可改善涂膜的性能。颜料是涂料中的重要组分,以颗粒形式分散于树脂中,增加涂料的防锈、装饰等功能。助剂是涂料中使用量很少的一类添加剂,但在生产制造、施工中发挥重要作用,如改善涂料在施工中的抗流挂和流平性,防止出现气孔、发花和流挂等现象。

涂料的制备过程主要是物理混合过程,其目的是将固体的颜料与树脂溶液混合形成均匀而稳定的混合物。主要的工艺步骤有树脂溶解、颜料分散与研磨、调漆等,其中颜料的分散与研磨是涂料制备的关键步骤。

人们使用涂料,并不是直接用液体涂料来保护基材。涂料经施工应用到基材上,并固化形成涂膜,最终保护基材的是涂膜。因此,严格意义上来讲,涂料是一个半成品。正如俗语所言,三分涂料七分工艺。涂料施工过程中,基材表面处理、环境温度、湿度等影响涂料的附着和干燥等,对涂膜外观和保护效果产生重大影响。因此衡量涂料好坏不仅仅是涂膜性能的优异与否,还要评价涂料是否能长期贮存而不变质、是否具有良好的施工性能。

涂料配方设计应充分考虑应用场合,了解底材的特性和施工环境,厘清环境因素和涂料技术要求。从原材料选材角度,应选择适于应用环境的树脂、颜料体系,还要考虑材料成本。从配方开发过程的角度,应考虑颜料体积浓度、黏度、触变性等。此外,还要考虑工业化生产的效率和成本。本章从涂料原材料、配方设计、性能检测、生产和施工等几方面,论述涂料开发所必须具备的基础知识。

2.2 涂料原材料

2.2.1 成膜物质

1. 成膜物质的分类

能作为防腐蚀涂料成膜物质的化合物种类繁多。根据成膜前后结构的比较,可分为两大类,即转化型成膜物质和非转化型成膜物质[1-2]。

1)转化型成膜物质

转化型成膜物质在涂料成膜过程中化学组成结构发生了变化,一般具有可反应的官能团,在热、氧或其他物质的作用下聚合成不溶解、不熔融的网状高聚物,即热固性高聚物,属于这类成膜物质的品种有以下几种。

(1)干性油和半干性油,主要来源于植物油脂,它们是具有一定数量官能团的低分子化合物。

(2)天然漆和漆酚,也属于含有活性基团的低分子化合物。

(3)低相对分子质量化合物的加成物或反应物,如多异氰酸酯的加成物。

(4)合成聚合物,如酚醛树脂、环氧树脂、聚氨酯预聚物、丙烯酸酯齐聚物等。现在还开发了多种新型聚合物,如互穿网络聚合物,采用溶胶凝胶技术合成的有机-无机杂化成膜物。

2)非转化型成膜物质

非转化型成膜物质在涂料成膜过程中化学结构不发生变化,具有热塑性、受热软化、冷却后又变硬等特点,大多具有可溶解性和可熔融性。属于这类成膜物质的有以下几种。

(1)天然树脂,包括来源于植物的松香、来源于动物的虫胶、来源于矿物的天然沥青。这类成膜物质的涂料特点是施工性能好、廉价,但干性慢、机械力学性能差,只具有一般的保护性能,不适应严酷腐蚀环境的防护要求。

(2)天然高聚物的加工产品,如硝基纤维素、氯化橡胶等。

(3)合成的高分子线型高聚物即热塑性树脂,如过氯乙烯树脂、聚乙酸乙烯树脂、热塑性丙烯酸树脂等,涂料用的热塑性树脂与用于塑料、纤维的同类品种相比,在相对分子质量、化学组成等性能上有所不同。

2. 防腐蚀涂料常用成膜物质

防腐蚀涂料常用成膜物质分别如下[3-9]。

1)松香

松香是一种来源广泛可再生的天然树脂,来源于松树,主要由各种树脂酸组成,分子式为 $C_{19}H_{39}COOH$,结构为三环骨架结构(图 2-1),含有两个双键和一个羧基两种活性中心。涂料工业中多用松香的初级混合物,主要用以改性中低档涂料产品。通过与羧基的酯化、中和及与双键的加成、氢化、歧化、聚合等,可改变松香的理化性能,拓展其应用领域,这些经过改性的产物,统称为改性松香树脂。松香深度加工产品应用于合成聚酯、聚氨酯,可明显改进树脂性能,赋予许多新的用途,扩大了松香在高档涂料中的应用,展示了良好的应用前景。

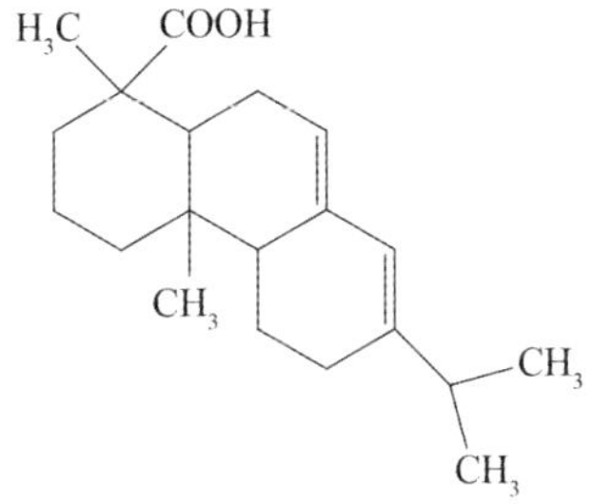

图 2-1　松香结构式

2)沥青

沥青是由不同分子量的碳氢化合物及其非金属衍生物组成的黑褐色复杂混合物,可分为煤焦沥青、石油沥青和天然沥青 3 种。煤焦沥青是炼焦的副产品,石油沥青是原油蒸馏后的残渣,天然沥青又叫岩沥青,通常是储藏在地下形成矿层或在地壳表面堆积,常用作基质沥青改性剂。沥青防腐涂料对混凝土、金属等表面都具有很强的黏结力,能够有效抵抗酸、碱及其他各种腐蚀性介质的侵蚀,能长期在浸水、阴暗潮湿、干湿交替等恶劣环境中使用,如地下管道、污水容器管道内壁、地下仓库等。

3)醇酸树脂

醇酸树脂是以多元醇、多元酸经脂肪酸改性共缩聚而成的线性聚酯,分子结构是以多元醇的酯为主链、以脂肪酸酯为侧链。一种简单的醇酸树脂结构见图 2-2。醇酸树脂涂料具有涂膜附着力好、光亮、丰满等特点,且具有很好的施工性。但其涂膜较软,耐水、耐碱性欠佳。醇酸树脂可与其他树脂(如硝化棉、氯化橡胶、环氧树脂、丙烯酸树脂、聚氨酯树脂、氨基树脂)配成多种不同性能的自干或烘干漆,广泛用于桥梁、机械、车辆、船舶、飞机和仪表等涂装。

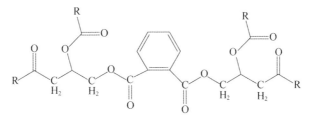

图 2-2　醇酸树脂结构

4) 氨基树脂

氨基树脂是以氨基化合物(含—NH₂官能团)与醛类(主要为甲醛)经缩聚反应得到的(含—CH₂OH官能团)产物,再与脂肪族一元醇部分醚化或全部醚化得到的树脂。典型的氨基树脂(三聚氰胺-甲醛树脂)结构见图2-3。氨基树脂与多种类型树脂有良好混溶性,可与带有羟基、羧基、酰氨基的聚合物反应,如醇酸树脂、丙烯酸树脂、饱和聚酯树脂、环氧树脂、环氧酯树脂等交联,成膜后得到韧性的三维网状结构的涂膜,在车辆、家用电器、轻工产品、机床等方面得到了广泛的应用。

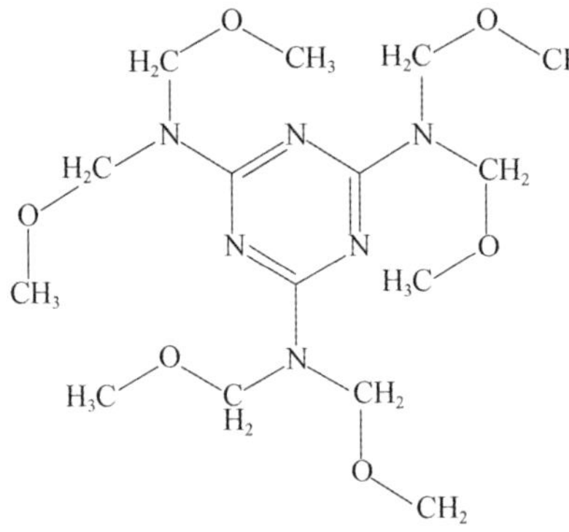

图2-3 三聚氰胺-甲醛树脂结构

5) 烯类树脂

乙烯基酯树脂是由双酚型或酚醛型环氧树脂与甲基丙烯酸反应得到的一类改性环氧树脂,通常称为乙烯基酯树脂(VE),为热固性树脂,其结构如图2-4所示。乙烯基酯树脂秉承了环氧树脂的优良特性,固化性和成型性方面更为出色,能溶解于苯乙烯以及丙烯酸系单体,由于兼具环氧和丙烯酸的优点,常用于防腐蚀内衬、防腐蚀涂料等。特别是乙烯基酯树脂的优异耐腐蚀性使它在原油储罐、船舶等领域得到了越来越多的应用。

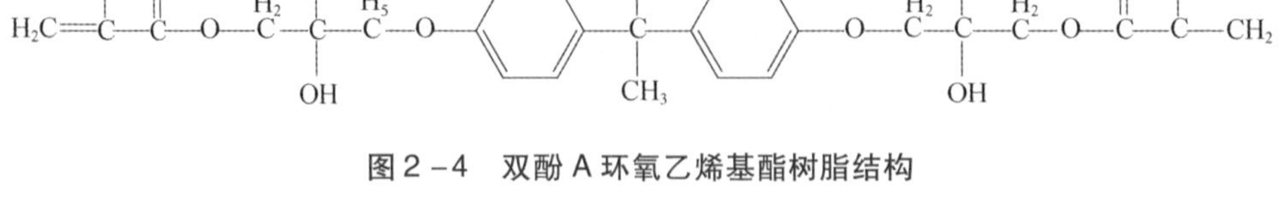

图2-4 双酚A环氧乙烯基酯树脂结构

6) 丙烯酸树脂

丙烯酸树脂由丙烯酸(酯)类、甲基丙烯酸(酯)类和其他烯类单体共聚而成,典型单体如图2-5所示。涂料用丙烯酸树脂按其成膜特性分为热塑性和热固性两种。热塑性丙烯酸树脂成膜主要靠溶剂挥发使大分子或大分子颗粒聚集融合成膜,成膜过程中没有化学反应发生,为单组分体系,施工方便,但涂膜的耐溶剂性较差。热固性丙烯酸树脂也称为反应交联型树脂,其成膜过程中伴有可反应基团的交联反应,涂膜具有网状结构,因此其耐溶剂性、耐化学品性好,适合于制备防腐涂料。

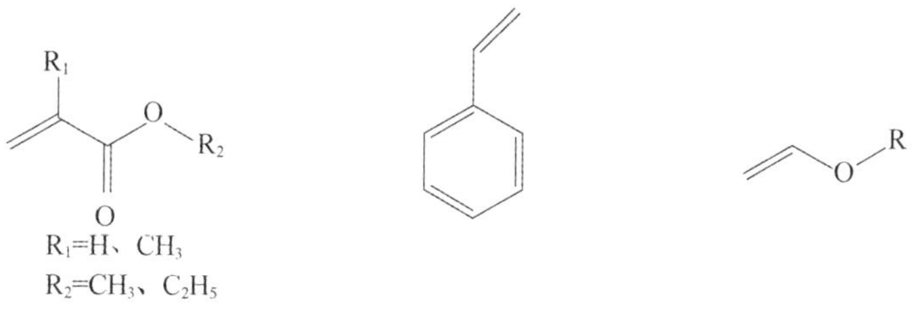

图2-5　用于丙烯酸树脂合成的单体
(a)(甲基)丙烯酸酯;(b)苯乙烯;(c)乙烯基醚。

7) 聚酯树脂

聚酯树脂通常由二元醇、三元醇和二元酸等混合物通过缩聚反应制得,一般是低相对分子质量、无定型、含有支链可交联的聚合物。根据其结构的饱和性,聚酯可以分为饱和聚酯和不饱和聚酯。饱和聚酯包括端羟基型和端羧基型两种,它们也分别称为羟基组分聚酯和羧基组分聚酯。羟基组分可以同氨基树脂组合成烤漆,也可以同多异氰酸酯组成室温固化双组分聚氨酯漆。饱和聚酯有更好的耐候性和保光性,且硬度高、附着力好,属于高端的烘漆体系,但是聚酯极性较大,施工时易出现涂膜病态。

不饱和聚酯与不饱和单体如苯乙烯通过自由基共聚后成为热固性聚合物,构成涂料行业的聚酯涂料体系。为了获得无定型结构,通常要选用3种、4种甚至更多种单体共聚酯化,因此它是一种共缩聚物。不饱和聚酯涂料具有较高的光泽、耐磨性和硬度,而且耐溶剂、耐水和耐化学品性良好,其涂膜丰满,表面可打磨、抛光,装饰性强。其缺点是由于成膜伴有自由基型聚合,涂膜收缩率大,对附着力有不良影响,同时涂膜脆性较大。

8) 环氧树脂

环氧树脂是指分子结构中含有2个或2个以上环氧基并在适当的化学试剂存在下能形成三维网状固化物的化合物的总称,是一类重要的热固性树脂。环氧树脂及其固化物具有力学性能高、附着力强、固化收缩率小、工艺性好、电绝缘性优良、稳定性好和抗化学药品性优良的优点,但也有耐候性差和低温固化性能差的缺点。

按化学结构差异,环氧树脂可分为缩水甘油类环氧树脂和非缩水甘油类环氧树脂两大类。缩水甘油类环氧树脂包括缩水甘油醚类、缩水甘油酯类和缩水甘油胺类。目前应用最广的双酚 A 型环氧树脂分子结构(图 2-6),其分子中的双酚 A 骨架提供强韧性和耐热性,亚甲基链赋予柔软性,醚键赋予耐化学药品性,羟基赋予反应性和粘接性。非缩水甘油类环氧树脂主要是通过醋酸等氧化剂与碳-碳双键反应而得,是指脂肪族环氧树脂、环氧烯烃类和一些新型环氧树脂。

环氧树脂作为黏结剂、涂料和复合材料等的树脂基体,广泛应用于水利、交通、机械、电子、家电、汽车和航空航天等领域。

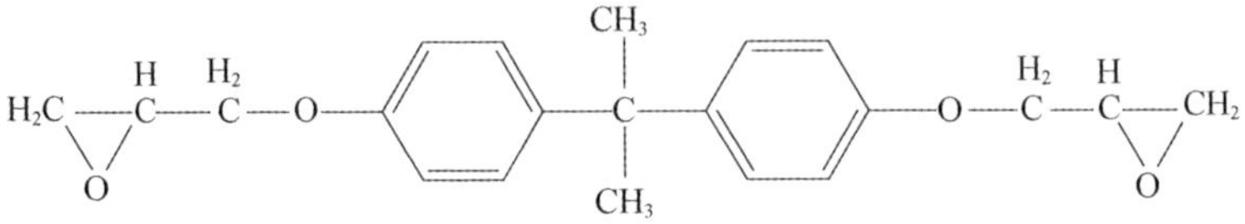

图 2-6 双酚 A 型环氧树脂分子结构

9)聚氨酯树脂

聚氨酯树脂是由多异氰酸酯与多元醇等含有活性氢原子和基团反应而成的(图 2-7)。在实际生产中常用的是二异氰酸酯,其结构为:$O=C=N—R—N=C=O$,其中 NCO 称为异氰酸酯基或异氰酸基,二异氰酸酯与多元醇发生逐步聚合,在反应中一个分子中的活泼氢原子转移到另一个分子中去。在固化过程中没有副产物分离出来,体积收缩小。涂料用聚氨酯树脂一般分为单组分聚氨酯树脂和双组分聚氨酯树脂。

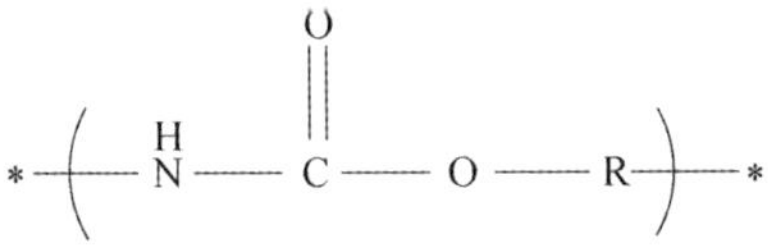

图 2-7 聚氨酯树脂的基本结构单元

单组分聚氨酯树脂主要包括线型热塑性聚氨酯、聚氨酯油、潮气固化聚氨酯和封闭型异氰酸酯,前 3 种树脂都可以单独成膜。单组分聚氨酯漆具有热塑性好、涂膜柔韧性好、低温下柔韧性也能很好保持的特点。

双组分聚氨酯为双罐包装,一罐为羟基树脂组分,所采用的羟基树脂有短油度的醇酸型、聚酯型、聚醚型和丙烯酸树脂型 4 种类型;另一罐为多异氰酸酯组分。使用时两个组分按一定比例混合,施工后由羟基树脂的—OH 基团同多异氰酸酯的—NCO 基团交联成膜,既有很好的保护性,又有很好的装饰性。

10)元素有机聚合物

元素有机聚合物主要包括有机硅和有机氟聚合物。

有机硅树脂是以 Si—O 无机键为主链的有机硅氧烷聚合物,侧链连接硅原子上有烷基(主要是甲基)或者芳基(主要为苯基),如图 2-8 所示。有机硅涂料是以有机硅或改性有机硅树脂为主要成膜物质的一种元素有机聚合物涂料,主要分为纯有机硅涂料和改性有机硅涂料。有机硅涂料耐热耐寒性强,绝缘性、附着力、柔韧性、防霉性等性能优异,应用广泛。

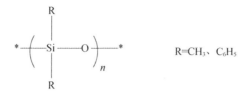

$$*\!\!-\!\!\left(\!\!\begin{array}{c} R \\ | \\ Si\!-\!O \\ | \\ R \end{array}\!\!\right)_n\!\!-\!\!*\qquad R=CH_3\text{、}C_6H_5$$

图2-8　有机硅树脂结构

有机氟树脂的主链为C—C键,侧链以氟原子取代聚烯烃上的氢原子为特征。C—F键的键能比C—H、C—O、C—C键的键能高很多,因此含氟聚合物具有优良的耐热性、耐化学药品性和耐候性。有机氟树脂主要有聚四氟乙烯、聚偏氟乙烯、四氟乙烯-乙烯共聚物、丙烯酸全氟烷基酯共聚物、乙烯基醚-氟烯烃乙烯共聚物和有机氟硅共聚物。有机氟防腐涂料以含氟聚合物为主要成膜物质,氟原子电负性大、半径小,C—F键键长短、键能强、极化率低,有机氟树脂涂料表现出超强的耐候性、耐热性和耐化学品性,具有优异的自清洁性能、防污性能和超强的耐腐蚀性能。

11）橡胶

橡胶涂料以天然橡胶衍生物或合成橡胶为主要成膜物质。涂料中应用比较广泛的橡胶涂料成膜物是氯化橡胶和氯磺化聚乙烯橡胶。

氯化橡胶是一种氯化合成树脂,是由天然或合成橡胶聚戊二烯与氯气反应制得,结构见图2-9,是橡胶领域中第一个工业化的橡胶衍生物,工业用氯化橡胶一般呈白色或乳白色粉末状、片状或纤维状,氯含量在62%~65%之间,具有良好的耐热性。氯化橡胶按黏度大体分为:低黏度(0.01Pa·s)、中黏度(0.01~0.03Pa·s)和高黏度(0.01~0.3Pa·s)产品,其中中黏度产品主要用于配制涂料。

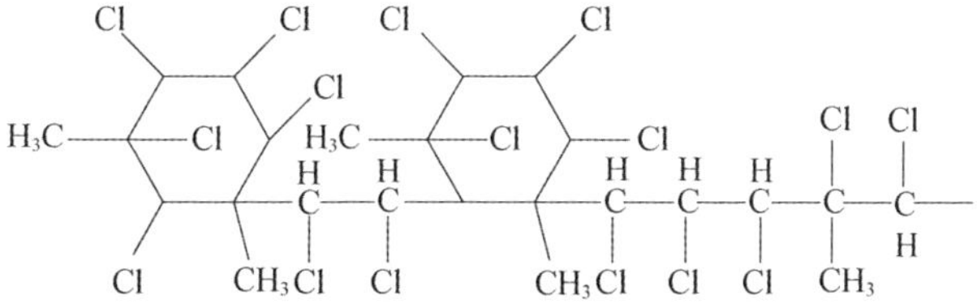

图2-9　氯化橡胶树脂结构式

氯磺化聚乙烯橡胶(CSM)分子结构式见图2-10,是具有完全饱和的主链和侧基,可采用各种硫化方法硫化的弹性体。这种结构,CSM的硫化胶的抗臭氧性、抗氧性和耐老化性极好。另外,适当配合的 CSM 硫化胶具有极好的耐热性、耐油性、耐化学药品和耐老化性能。基于氯磺化聚乙烯橡胶的特有性能,以其为基料的防腐涂料拥有优异的屏蔽性,漆面平整光滑,无发色基因,附着力强,常温成膜,干燥速度快,有着广泛的应用。

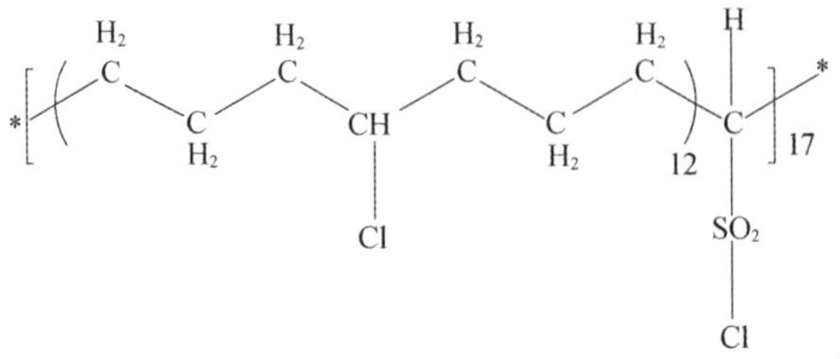

图 2-10　氯磺化聚乙烯分子结构式

2.2.2　溶剂

1. 溶剂的性能

涂料中的溶剂具有促进涂料成膜、控制和改善涂料性能等多重作用,归纳其主要作用有以下几个。

（1）溶解树脂。

（2）使组成成膜物的组分均一化。

（3）改善颜料的润湿性,减少颜料的漂浮。

（4）延长涂料的存放时间。

（5）在生产中用溶剂来调整操作黏度,优化涂料性能,减少问题的发生。

（6）改善涂料的流动性,增加涂料的光泽。

（7）在涂刷时可以帮助被涂表面与涂料之间的润湿。

（8）当涂刷垂直物体表面时,可校正涂料的流挂性及物理干燥性。

2. 常用的溶剂

1）石油溶剂

这类溶剂属于烃类,是从石油中分馏而得。常用的有石油醚、汽油、松香水等。汽油挥发性极大、危险性大,一般情况下不用它作溶剂。石油醚是石油低沸点馏分,为低级烷烃的混合物,不溶于水,能与丙酮、醋酸己酯、苯、氯仿以及甲醇以上的高级醇类混溶,能溶解甘油松香脂,部分溶解松香、沥青和芳香烃树脂。200 号涂料溶剂油是由含 $C_4 \sim C_{11}$ 的烷烃、烯烃、环烷烃和少量芳香烃组成的混合物,主要成分是戊烷、己烷、庚烷和辛烷等,历史上也称为"松香水"。松香水是油漆中普遍采用的溶剂,其特点是毒性小,一般用在油性漆和磁性漆中。

2）芳香烃溶剂

这类溶剂也属于烃类,由煤干馏而得,常用的有苯、甲苯、二甲苯等。苯为无色透明液体,有芳香烃特有的气味,难溶于水,除甘油、乙二醇等多元醇外,它能与大多数有机溶剂混溶。苯的溶解能力很强,是天然干性油、树脂的强溶剂,但不能溶解虫胶。由于苯毒性大,挥发性快,油漆中不常使用。

甲苯为无色透明液体,有时可能含有很少比例的相同沸程的脂肪烃。有类似苯的气味。甲苯不溶于水,能和甲醇、乙醇、氯仿、丙酮等有机溶剂混溶。由于甲苯的挥发速度较快,故很少作为涂料溶剂使用,目前主要用作乙烯类和氯化橡胶涂料混合溶剂中的组分之一。

二甲苯既可以用于常温干燥涂料,也可用于烘漆。二甲苯不溶于水,能与乙醇、乙醚、芳香烃和脂肪烃溶剂混溶。二甲苯的溶解性略低于甲苯,挥发比甲苯慢,毒性比苯小,可代替松香水作强溶剂。溶解力强、挥发速率适中,是醇酸树脂、乙烯树脂、氯化橡胶和聚氨酯树脂的主要溶剂,是目前涂料工业中应用面最广、使用量最大的一种溶剂。

3）萜烯溶剂

萜烯溶剂绝大多数来自松树分泌物,常用的有松节油、松油等。

松节油分为4类,即松树脂松节油、木材松节油、分解蒸馏木材松节油和硫酸木材松节油。涂料中使用的为前两类。松节油对天然树脂和合成树脂的溶解能力大于普通的香蕉水,小于苯类。松节油挥发速度适中,符合油漆刷涂及干燥的要求,是传统涂料产品中广为应用的溶剂。但由于价格高,资源也相对少,加之气味较大、溶解力范围窄,故近年逐渐被200号油漆溶剂油所取代。因松节油中含有不饱和化合物,可以被氧化或聚合成为涂膜的一部分,有促进涂料干燥的作用。目前松节油尚少量用于油基涂料和醇酸树脂涂料中,以提高涂料的贮存稳定性。

松油是通过松树干、松树籽和松针的蒸气蒸馏和分解蒸馏而得,其成分比较复杂,主要成分是萜二醇。松油的沸点比双戊烯高,因而具有相对低的挥发速率及高的溶解力,在涂料中的应用主要是提高涂膜的流平性,然而往往要和挥发速率快的溶剂混合使用。

4）酯类溶剂

酯类溶剂是低碳的有机酸和醇的结合物,常用的是乙酸乙酯(醋酸乙酯)、乙酸丁酯等。乙酸乙酯和乙酸丁酯是无色透明液体,有水果香味,能与大多数有机溶剂混溶。乙酸乙酯是快干涂料中最重要的溶剂之一,常用于聚氨酯涂料,能增加非溶剂与稀释剂的可稀释度。与其他低级同系物相比,乙酸丁酯毒性小、挥发速度慢,一般用在喷漆中,便于施工,还可以防止树脂和硝酸纤维析出。两者相比,乙酸乙酯溶解力比乙酸丁酯好,乙酸乙酯的味道容易让人接受,是醋酸酯类溶剂中应用比较广泛的一种。

5）酮类溶剂

涂料用重要的酮类溶剂有丙酮、甲基异丁基酮(MIBK)和环己酮。

丙酮挥发速度很快,能以任意比溶于水,常和其他溶剂合用。由于其快速挥发的冷却作用,能引起空气中水蒸气在涂膜表面冷凝,而导致涂膜表面发白,故常和能起防白作用的低挥发醇类和醇醚类溶剂共同使用。

甲基异丁基酮是一种中沸点的酮类溶剂,用途和甲乙酮相似,但挥发速率稍慢一些,是一种溶解力强、性能良好的溶剂。甲基异丁基酮是一种无色有甜味的液体,与水部分相溶,与有机溶剂完全混溶,是合成树脂如环氧树脂、丙烯酸树脂、醇酸树脂、古马隆和茚树脂的溶剂。甲基异丁基酮也作为中沸点溶剂组分用于钢、马口铁板或铝材的压花漆,并用于丙烯酸漆中。甲基异丁基酮可赋予硝基纤维素清漆良好的流动性和光泽度,提高抗泛白能力;可降低醇酸树脂漆的黏度;是聚氨酯涂料中非常重要的无水和不含羟基的溶剂。

环己酮挥发慢,是一种优良的溶剂,对多种树脂有良好的溶解能力,挥发速率较慢,但气味难闻。主要用于聚氨酯涂料、环氧树脂涂料和乙烯树脂涂料,可提高涂膜的附着力,并使涂膜平整、美观。

6）醇类溶剂

醇类主要有甲醇、乙醇和正丁醇等,能与水混合,醇类对涂料树脂的溶解性较差。甲醇为无色透明有特殊气味的液体。有吸湿性,与水和很多有机溶剂可以任意比相混溶,几乎不溶于脂肪和油,与脂肪烃溶剂仅部分相溶。甲醇对于极性树脂、硝基纤维素和乙基纤维素有良好的溶解力,也能溶解聚乙烯吡咯烷酮,但不能溶解其他聚合物。

乙醇为无色透明液体,具有特殊芳香气味,能与水、乙醚、氯仿、酯和烃类衍生物等混溶。乙醇极性较弱,挥发速度很快,常用作聚醋酸乙烯酯、虫胶等的溶剂,还可以溶解聚酯树脂等。乙醇一般很少单独使用,大多和其他溶剂配合,得到较好的综合性能。例如,乙醇和醚类溶剂混合可以提高对硝基纤维素的溶解能力,在硝基纤维素涂料中用作稀释剂可以降低溶液黏度。

正丁醇为无色透明液体,有特异的芳香气味,能和醇、醚、苯等多种有机溶剂混溶。正丁醇有3种异构体,即仲丁醇、叔丁醇和异丁醇。正丁醇的挥发速度较慢,有"防白作用"。正丁醇溶解能力低于乙醇,性质和乙醇相似,黏度较高,常与乙醇共用,可用作油基漆、氨基树脂的溶剂。丁醇还可以防止油漆的胶化,降低黏度。丁醇用在水性涂料中,可以降低水的表面张力,促进涂料的干燥,增加涂膜的流平性。

7）其他溶剂

常用的其他溶剂有含氯溶剂、硝基烷烃溶剂等。含氯的溶剂主要有二氯乙烷、三氯甲烷、1,1,1-三氯乙烷、三氯乙烯和四氯乙烷,硝基烷烃溶剂主要是硝基甲烷等。含氯溶剂有很好的溶解性能,但毒性大,不宜在涂料中大量使用。硝基烷烃挥发速度和乙酸丁酯类似,可溶解硝化纤维。

2.2.3　颜料

1. 颜料的分类[1-2,10]

颜料按化学成分划分,可分为无机颜料和有机颜料。无机颜料主要包括炭黑,铁、锌、铅、铬和钛等金属的氧化物和盐。有机颜料可分为偶氮颜料类、色淀类及有机大分子颜料。根据来源可分为天然颜料和合成颜料,天然颜料主要是天然矿物,合成颜料如钛白粉及铁红等。颜料按照作用的不同可分为着色颜料、功能颜料、体质颜料。颜料的分类五花八门,不同领域均有其习惯的分类方式,很难统一。对于涂料领域,通常习惯按照颜料的化学组成、颜色以及功能、性能进行分类。

2. 颜料的性质

颜料除了赋予涂层色彩和遮盖的作用外,还具有增加涂层强度和附着力、改善涂层耐候性能、赋予涂层特殊功能、降低涂层光泽和成本等作用。为了使所选择的颜料起到相应的作用,必须了解颜料的以下基本性质。

1）颜色

颜色是颜料最为重要的性能指标之一,取决于颜料的化学性质和结构,与颜料粒子的大小与晶型有关,是构成涂料色彩多样化的基础。颜色大致可分为红、橙、黄、绿、青、蓝、紫、黑、灰与白等色。颜色通常通过色调、明度和饱和度来表述鉴别。

2）颗粒粒径与粒径分布

颜料粒子的粒径和粒径分布会影响颜料的遮盖力、着色强度、色光、耐光性、耐候性和牢度等,颜料粒子粒径应控制在适当的范围内。涂料中的颜料粒子粗大,分布较宽,色光发暗;反之则鲜艳。

3）吸油量

吸油量指 100g 干粉颜料所能吸收的精制亚麻仁油的最低值,单位为 g/100g,它反映颜料吸附油性介质的能力。吸油量与颜料化学组成、粒径形状、表面积、颗粒表面的微观结构、颗粒间的自由空隙大小等因素有关。

4）比表面积

基于化学结构、生产工艺及后处理方法的不同,颜料产品具有不同的颗粒状态,因而具有不同的比表面积。比表面积数值越小,粒径越粗,颜料透明度越低。而具有孔隙特征结构的颜料粒径细,比表面积大。

5）耐光性与耐候性

颜料耐光性主要是耐日光照射能力,耐候性则是指耐大气环境侵蚀的能力。

耐光和耐候是衡量颜料应用性能的重要指标。决定颜料耐光性和耐候性的主要因素是颜料的化学组成和结构,还与周围介质、粒径和表面处理等因素有关。

6)着色力

着色力是一种颜色抵消另一种颜色的能力。着色力越强,折射率越大,消色力越强,彩色颜料的着色力是以其本身的色彩来影响整个混合物颜色的能力,着色力与颜料本身特性相关,也与其粒径大小有关。

7)遮盖力

颜料的遮盖力指颜料遮盖住被涂物表面,使被涂物底色不能透过漆膜而显露的能力。遮盖力跟颜料化学成分有关。化学成分相同的颜料,其遮盖力和颜料结晶类型、折射率、粒径大小和体积浓度等有关。涂料中颜料折射率大于基料的折射率时就出现遮盖两者差距越大,遮盖力越强。

3. 常用颜料

1)着色颜料

常用的着色颜料有白色颜料、黑色颜料、彩色颜料等。

(1)白色颜料:二氧化钛(钛白粉)、锌钡白、氧化锌(锌白)。钛白粉分为锐钛型和金红石型,具有较高的消色力和遮盖力,白度好,耐光、耐晒和耐热等,是最好的白色颜料。钛白粉经过包膜处理后,可提高其耐候性、分散性、光泽度及化学稳定性。锌钡白又称立德粉,分子式为 $BaSO_4 \cdot ZnS$,为白色晶状物质,具有良好的化学惰性和耐碱性,廉价无毒。与钛白、锌白比较具有良好的分散性、耐碱、耐热性和贮存稳定性。锌钡白主要应用于中、低档涂料。氧化锌具有良好的耐热性和耐光性,不粉化,可用于外用漆,氧化锌的遮盖力和消色力低于钛白和锌钡白。

(2)黑色颜料:炭黑、铁黑、乙炔黑。炭黑为最重要的黑色颜料,由于生产工艺的不同,炭黑的色相、着色力、分散性都有很大的差别。炭黑具有良好的抗紫外线性能。

(3)彩色颜料包括以下几种。

① 红色:如镉红、钼铬红、氧化铁红等。镉红是牢固的红颜料,形态为球形,晶体结构主要为六方晶型。镉红的耐候性和耐腐蚀性优良,遮盖力强,不溶于碱、水、溶剂和油。微溶于酸,广泛用于涂料、油墨和皮革等行业。钼铬红颜色为橘红或红色,具有高着色力、耐光热及溶剂,在涂料中可以与白色防锈颜料配合使用。氧化铁红为红色粉末,比表面积和吸油量大,具有遮盖力强、耐热稳定、耐水和溶剂等特点,是一种最经济的红色颜料,广泛用于各类涂料。

② 蓝色:如酞菁蓝等。酞菁蓝主要成分是细结晶的酮钛菁,具有鲜明的蓝色,着色力强、耐光性、耐热性、耐碱性和耐化学药品性优良。

③ 黄色:如耐晒黄、异吲哚黄、铬黄等。耐晒黄能改进着色强度,耐晒和耐热性较好,耐酸、耐碱性较差,不受硫化氢作用影响。异吲哚黄为红光黄色粉末,具有

高的着色力与耐光性能,分子中含有形成分子间氢键的基团,因此耐热、耐迁移、耐光性能均优良。铬黄又名铬酸铅,黄色单斜晶体,可溶于碱液、无机酸,不溶于水、油类。

④ 绿色:如酞菁绿、氧化铬绿等。酞菁绿化学成分为多氯代铜钛菁。色光呈蓝光绿色,具有良好的耐热稳定性、耐溶剂性、耐候性和耐光性。氧化铬绿为六方晶系或无定形深绿色粉末,具有金属光泽。氧化铬绿具有高的化学及热稳定性,常用于高温漆制造。

2) 功能颜料

功能颜料有导电颜料、珠光颜料、防锈颜料、荧光颜料、示温颜料、耐高温颜料等,以下主要介绍导电、珠光、防锈颜料。

(1) 导电颜料。导电涂料中用将较多的是炭黑、金属粉末等作为颜料。对于炭黑来说,粒子小并能形成粒子链结构,导电性能好。金属粉末一般用银粉、镍粉和铜粉。由于导电性和粒子间是否接触良好有关,所以微粒的形状、粒径和粒径分布对涂料的导电性能也有影响。

(2) 珠光颜料。珠光颜料是一种片状效应颜料,折射率高,由于光的干涉作用呈现珠光色泽。天然珠光颜料来自珍珠、鱼鳞。工业生产的珠光颜料以云母钛型为主,主要是氧化钛包覆的鳞片状云母,因其光泽强、装饰效果好、无毒、耐光、耐候、耐酸碱、耐热、分散性好、不导电、不导磁等优良特性,广泛用于汽车漆等涂料上。

(3) 防锈颜料。防锈颜料的主要功能是防止金属腐蚀,提高漆膜对金属表面的保护作用。根据防锈颜料的作用机理分为物理性防锈颜料和化学性防锈颜料两类。物理性防锈颜料是借助其细密的颗粒填充漆膜,提高了漆膜的致密性,起到屏蔽作用,降低了漆膜渗透性,从而起到了防锈作用,最常用的如结构呈片状的铝粉、玻璃鳞片和云母氧化铁等。

化学性防锈颜料分为化学缓蚀性防锈颜料和电化学作用型防锈颜料。化学缓蚀性防锈颜料主要依靠某种化学反应改变金属表面的性质或反应生成物的特性来达到防锈目的。化学缓蚀性防锈颜料能与金属表面发生钝化、磷化等作用,产生钝化膜、磷化膜等新的表面膜层。这些膜层的电极电位较原金属为正,使金属表面部分或全部避免了成为阳极的可能性。另外,膜层上存在许多微孔,便于漆膜的附着。防锈颜料还可以与某些漆料中的成分发生化学反应,生成性能稳定、耐水性好、渗透性小的化合物。某些颜料在涂料成膜过程中形成阻蚀型络合物,提高了防锈效果。常用的化学缓蚀颜料有铅系颜料、铬酸盐颜料、磷酸盐颜料等。

电化学作用型防锈颜料最主要的是锌粉,锌的电极电位比铁低,根据金属的电化学腐蚀原理,以锌粉为颜料的富锌漆,在钢铁表面形成导电的保护涂层,锌作为阳极用来防止钢铁的腐蚀。

3）体质颜料

体质颜料又称填料,是和着色颜料一样不溶于基料和溶剂的固体微细粉末。体质颜料通常对涂膜没有着色和遮盖作用,但能影响涂料的流动特性以及涂膜力学性能、渗透性、光泽和流平性等。常见的体质颜料有重晶石粉、沉淀硫酸钡、滑石粉和云母粉等。

重晶石粉和沉淀硫酸钡的主要化学成分都是 $BaSO_4$。重晶石粉是天然重晶石矿研磨粉碎后的产品,其硬度高、稳定性好、耐酸、耐碱。人工合成的 $BaSO_4$ 为沉淀硫酸钡。它对光的吸收能力高,可以吸收 X 射线,外观为白色粉末,密度较大。重晶石粉在涂料工业中主要用于底漆中,利用它的低吸油量,可制成厚膜底漆。重晶石粉填充性好、流平性好、不渗透性好,可增加涂膜硬度和耐磨性。合成硫酸钡性能要优于天然产品,其白度高,质地细腻,抗起霜,抗铁锈污染。但其缺点是密度大,漆料易沉淀。

滑石粉是天然矿石粉,为片状和纤维状两种结构形态的混合物,纤维状的结构粉体对涂膜起到增强作用,增加涂膜的柔韧性,而片状结构粉体可以提高涂膜的屏蔽效果,减少水分对涂膜的穿透性。此外,滑石粉还可以改善涂料的施工性能。

云母粉是硅酸铝钾天然矿物,经粉碎研磨成云母粉,其结构为片状,有优良的屏蔽性能,可以提高漆膜的防腐性能、耐候性和耐水性。云母粉还可提高漆膜的耐磨性能,减少漆膜的开裂和粉化,或赋予漆膜光泽、闪光或者反光。

2.2.4 助剂

1. 助剂的分类[2-3,11]

助剂按其在涂料制备和涂装过程的作用,可分为以下几类。

（1）涂料生产过程调节涂料性能,如分散剂、乳化剂、消泡剂、流变剂、增稠剂和防流挂剂等。

（2）保证涂料贮存、运输过程性能稳定,如防沉剂、防结皮剂、防霉剂、防浮色、分色剂等。

（3）改善涂料施工涂装性能和成膜性,如流平剂、消光剂、防流挂剂、成膜助剂、固化剂及催干剂等。

（4）改进涂层特殊性能,提高耐久性,如紫外线吸收剂、热稳定剂、防霉剂、耐划伤剂、憎水或亲水处理剂等。为了更好地发挥助剂的作用,首先要协调助剂与基料之间的相容性;其次是助剂与助剂之间的协同性;最后是用助剂协调平衡涂料性能。

2. 常用助剂

1）润湿分散剂

润湿分散剂是界面活性剂,能降低液－固之间的界面张力,增强颜料表面的亲液性,提高机械研磨效率,润湿分散剂吸附在颜料的表面构成电荷作用或空间位阻效应,使分散体处于稳定状态。润湿分散剂使用时应综合考虑在极性活性基料中的作用、在非极性基料中的作用、润湿分散剂的添加量及添加顺序。常用的润湿分散剂有阴离子型油酸钠、阳离子型油酸铵、非离子型聚乙二醇和多元醇型、嵌段共聚聚氨酯和长链线型聚丙烯酸酯。

2）流平剂

涂料的表面张力是影响涂料流平性的最重要因素。流平剂能促使涂料在干燥成膜过程中形成一个平整、光滑、均匀的涂膜,改善成膜过程中湿膜产生的表面张力梯度,使之均匀化。在涂料配方中,改善涂料的流平性需要加入合适的助剂,使涂料具有合适的表面张力和降低表面张力梯度的能力。常用的流平剂为丙烯酸酯类流平剂、有机硅类流平剂。

3）防沉剂

防沉剂是一类使涂料具有触变性的流变助剂。颜料粒子在涂料中沉降速率与粒子半径、粒子和液体的密度差以及液体黏度有关。不同的防沉剂有不同的极性,不同极性的涂料体系应选择对应极性的防沉剂。常用的防沉剂主要有膨润土、气相二氧化硅、氢化蓖麻油蜡、聚酰胺和改性聚脲。

4）消泡剂

消泡剂是一种表面活性剂,能消除涂料生产和施工时所产生的泡沫,包括抑泡和破泡两个方面。泡沫体系的破除要经过 3 个过程,即气泡的再分布、膜厚的减薄和膜的破裂,最终达到消泡。对于稳定的泡沫体系,自然消泡需要很长时间,使用消泡剂可以实现快速消泡。消泡剂多为液体复配产品,主要分为 3 类,即矿物油类、有机硅类、聚合物类。

5）催干剂

催干剂是一类能加速醇酸类涂膜氧化、聚合、干燥的有机酸金属皂,主要由某些变价金属和其他金属与含 7～22 碳的一元羧酸反应而得。常用的催干剂通式为 RCOOMe,Me 表示金属部分,RCOO 表示有机酸部分。在涂料生产中,将金属皂溶于有机溶剂中,配制成不同浓度的催干剂溶液使用,通称皂液。催干剂特性取决于金属部分,实际使用最多的为钴、锰、锌、钙、铁、锆等催干剂。影响干性的因素有温度、湿度、光照、树脂类型、溶剂、涂膜厚度和颜料等。

6）防结皮剂

防结皮剂是用于防止氧化干燥型涂料在贮存过程中因氧化聚合形成凝胶皮膜的助剂。防结皮剂主要有:酚类抗结皮剂,如 2,6－二叔丁基苯酚、邻甲氧基苯酚和邻异丙基苯酚;肟类抗结皮剂,常用的有甲乙酮肟、丁醛肟、环己酮肟和丙酮肟。

7）光稳定剂

光稳定剂是一种能抑制或减缓高分子材料长期暴露在日光下发生氧化、降解、变色、发脆、性能下降的物质。光稳定剂用量极少,通常仅需高分子材料重量的0.01%~0.5%。常用的光稳定剂主要有两大类:第一类是紫外线吸收剂,通过吸收紫外线达到保护效果,如苯并三唑(BTZ)类等;第二类是受阻胺稳定剂,通过捕捉自由基从而防止树脂降解,如癸二酸酯等。

2.3 涂料配方设计

涂料配方设计开发涉及的学科众多,主要涉及材料科学、聚合物化学、有机化学、无机化学、物理化学、界面化学、流变学等学科,设计防腐涂料配方时要考虑诸多因素。

(1)从材料角度,需要考虑树脂、溶剂、颜料和助剂等因素,包括材料的成本,适于应用环境的树脂体系、树脂理化性能,溶剂对树脂的溶解力、相对挥发速度、沸点、溶解度参数,颜料的着色力、遮盖力、在树脂中的分散性、细度、耐候性、吸油量,助剂与体系的相容性,相互间的配伍性,可能的负面作用等。

(2)从应用场景对涂料性能的要求的角度,应考虑被涂覆底材的特性、涂料施工环境、涂料固化方式、颜色外观、耐腐蚀性、力学性能和特殊功能等。

(3)从配方开发过程的角度,设计配方时应考虑颜基比、PVC、固体分、黏度、触变性等。

2.3.1 树脂体系设计

树脂类型、化学结构、成膜机理和涂层网络结构等都会影响涂料的应用性能,因此设计配方时应首先根据使用场景进行树脂体系设计。不同环境下所推荐使用的树脂体系也不尽相同,表2-1列举了不同环境下推荐使用的树脂体系。

表2-1 不同环境下推荐使用的树脂体系

应用环境	环境描述	推荐的树脂体系
大气环境	裸露在大气中	醇酸、丙烯酸、环氧树脂、聚氨酯、硅酸乙酯和氟碳等
淡水环境	浸淡水	环氧树脂、聚氨酯、硅酸乙酯
海水环境	浸海水或淡咸水	环氧树脂、改性环氧树脂
土壤环境	埋于土壤中	沥青、改性环氧树脂

在设计涂料树脂体系时,应综合考虑树脂的理化性质、被涂覆基材的种类(木质基材、金属、砖石、皮革等)和使用环境(室外、室内、高温、低温、UV环境、酸碱条件等)以及性价比等因素,才能得到合理的树脂体系设计方案,为防腐涂料配方设计打下基础。

1. 环氧树脂体系设计选型

环氧树脂是防腐涂料领域最常用的树脂体系,特别是有重防腐需求的场所,可广泛用于船舶、海洋工程、化工、地坪、储罐、管道等腐蚀防护。涂料中常用的环氧树脂除了双酚 A 型环氧树脂外,还有双酚 F 型环氧树脂、酚醛环氧树脂等。在分子结构上,典型的环氧树脂含有两个或两个以上环氧基团(图 2-6),基团可以位于分子链的末端、中间或呈环状结构,可与多种类型的固化剂发生交联反应,形成不溶、不熔的具有三维网状结构的高聚物。环氧树脂的性能与结构密切相关,主要结构特征包括:相对分子质量及相对分子质量分布、聚合度;主链的结构以及侧链的结构;是否有特殊官能团,官能团的结构及分布;室温交联或高温交联;软硬链段的比例及分布等。进行环氧涂料配方设计时,应当结合涂料技术指标与环氧树脂结构特征进行综合考虑,高固体分环氧涂料往往采用低聚合度环氧树脂,粉末环氧涂料采用高聚合度环氧树脂,高温腐蚀环境下的环氧涂料可以采用官能度更高的酚醛环氧树脂等。

相对分子质量对环氧树脂性能的影响突出。环氧树脂的常规性能与其相对分子质量密切相关,如表 2-2 所列,在配方设计中,可以通过混拼不同当量环氧树脂等方式改变树脂体系相对分子质量,对树脂体系性能进行调节。

表 2-2　环氧树脂的常规性能与相对分子质量的关系

常规性能	环氧树脂	
	相对分子质量低	相对分子质量高
单位质量树脂所含环氧基团数量	多	少
交联度	高	低
硬度	好	一般
柔韧性	一般	好
抗冲击性	一般	好
耐溶剂性	好	一般
底材润湿性	一般	好
附着力	一般	好
黏度	低	高

设计环氧树脂体系时,另一个重要内容在于固化剂的选择。环氧树脂的固化反应可分为室温固化和高温固化。室温固化的固化剂主要有脂肪族多元胺、多元胺加成物和聚酰胺。采用胺类固化剂的固化机理及结构如图 2-11 所示。多元胺包括乙二胺、二乙烯三胺、三乙烯四胺和四乙烯五胺等。以多元胺加成物代替多元胺,固化速度减慢,涂膜的韧性和柔软性更好。例如,以聚酰胺作固化剂,涂膜的强度、冲击强度、附着力和柔软性通常较好。

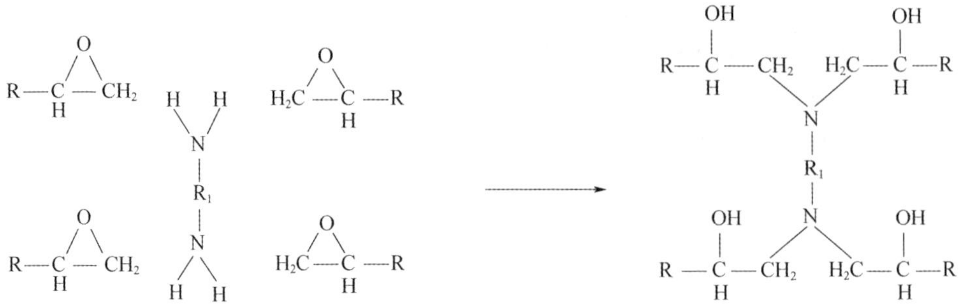

图 2-11　环氧树脂的固化机理及结构

不同固化剂固化环氧树脂的性能如表 2-3 所列[12]，设计树脂体系时，应考虑使用环境对涂料物理性能、耐化学腐蚀性、施工性等性能要求，有针对性地选择符合需求的固化剂。

表 2-3　不同固化剂固化环氧树脂的性能

性能	脂肪胺固化	聚酰胺固化	芳香胺固化	酚醛胺固化
物理性能	硬	韧	硬	硬
耐水性	好	很好	很好	极好
耐酸性	好	尚可	很好	极好
耐碱性	好	很好	很好	极好
耐盐性	很好	很好	很好	极好
耐芳烃溶剂	很好	尚可	很好	很好
耐脂肪烃溶剂	很好	好	很好	很好
耐含氧类溶剂	尚可	差	好	很好
耐温性/℃	95	95	120	120
耐候性	尚可,粉化	好,粉化	好	尚可
耐久性	很好	很好	很好	很好
最好的特性	强耐腐蚀性	耐水性、耐碱性	耐化学性	耐化学性
最差的特性	再涂性	再涂性	固化慢	空气固化很慢
再涂性	难	难	难	难

筛选固化剂时，除了考虑上述主要性能外，还要注意在温度低、湿度大的环境下，胺固化环氧涂料可能引起涂膜发汗、油面、雾面的弊病，通常称为胺白。发生这类弊病的主要原因是涂膜中游离胺太多。以聚酰胺固化剂为例，其活性基团包括结构胺和游离小分子胺，游离小分子胺会与水和 CO_2 反应生成氨基甲酸铵盐，引起

胺白现象。为解决此问题,可以从多个角度入手来降低湿膜表面的氨基浓度:①延长熟化时间;②提高胺固化剂的活泼氢当量;③采用聚酰胺环氧加成物;④加入高级醇类物(壬基酚);⑤加催化剂;⑥采用高环氧当量的环氧;⑦加活性稀释剂;⑧采用多官能的固化剂;⑨提高固化温度。

综上所述,环氧树脂应用于防腐涂料时主要考虑涂层使用环境,结合树脂的相对分子质量、官能度、固化剂种类、基团特性等因素进行综合设计,为环氧防腐涂料配方设计奠定基础。

2. 丙烯酸树脂体系设计选型

丙烯酸涂料是指以丙烯酸树脂为主要成膜物质而制备的涂料,具有很多优良的性能,主要有:①具有优良的色泽,可制成透明度极好的水白色清漆和纯白磁漆;②耐光耐候性好,耐紫外照射不分解或变黄;③保光、保色、能够长期保持原有色泽;④耐热性好;⑤可耐一般的酸碱、醇和油脂等;⑥可加入铜粉、铝粉等,使涂层具有靓丽色泽;⑦长期贮存不变质。

使用丙烯酸树脂制备涂料时,需要考虑的因素主要有树脂固含量、相对分子质量及其分布、玻璃化转变温度(T_g)、溶剂等。树脂的相对分子质量主要影响树脂的黏度,间接影响涂料的光泽、丰满度等性能。T_g 对树脂的影响主要是柔韧性,T_g 越高,树脂的硬度越高,制成的涂料越脆;T_g 越低,树脂柔韧性越好,涂料能用在容易发生弯曲变形的底材上,但与此同时也影响涂料对高温的耐受性。一般用于丙烯酸涂料的树脂相对分子质量 M_n 为 35000 ~ 80000,玻璃化转变温度为 50 ~ 80℃。随着对丙烯酸树脂的改性创新研究,丙烯酸树脂在涂料中的应用范围也不断拓宽,如有机硅改性丙烯酸树脂可以提高丙烯酸涂料的耐候性、氟树脂改性丙烯酸树脂可以应用于防涂鸦涂料等。

3. 聚氨酯树脂体系设计选型

聚氨酯涂料是指以聚氨酯树脂为主要成膜物质制备的涂料,一般为双组分涂料。聚氨酯涂料的树脂体系包含两部分,即含羟基树脂和异氰酸酯类固化剂。其中含羟基组分可以采用聚酯、聚醚、丙烯酸树脂、环氧树脂、蓖麻油或其预聚物、氟碳树脂等,固化剂一般是含多异氰酸酯基(—NCO)的加成物(或预聚物),两者分别包装。使用时按一定比例混合均匀后涂装应用。该涂料的固化机理为含羟基树脂中的—OH 基团与固化剂中的—NCO 基团进行逐步加成聚合反应,固化成膜,如图 2 – 12 所示。为了加速该类涂料的固化速度,常常可以加入少量的二月桂酸二丁基锡等催化剂。由于固化剂中的—NCO 基团化学性质活泼,易与 H_2O 发生反应而变质,因此双组分聚氨酯涂料所采用的溶剂必须严格限制含水率,且密闭保存。

在聚氨酯涂料中,羟基丙烯酸树脂是常用的含羟基树脂,主要优点是与多异氰酸酯固化剂反应后,耐候性优良、干燥速度快,脂肪族主链结构耐水解,交联成网,

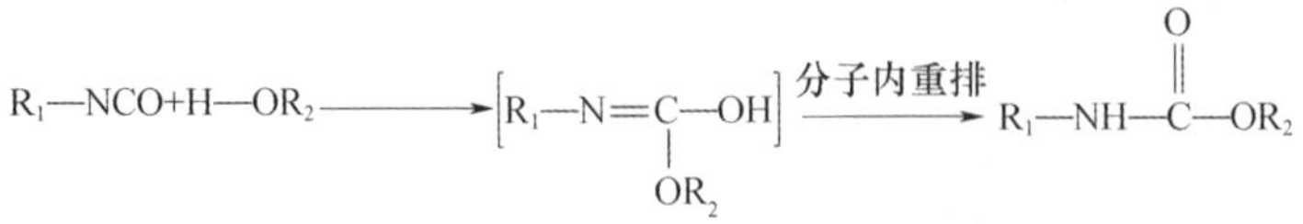

$$R_1-NCO+H-OR_2 \longrightarrow \left[R_1-\underset{\underset{OR_2}{|}}{N}=C-OH\right] \xrightarrow{\text{分子内重排}} R_1-NH-\overset{\overset{O}{\|}}{C}-OR_2$$

图2-12 聚氨酯树脂固化机理

具有良好的力学性能。羟基丙烯酸树脂对聚氨酯涂料性能的主要影响因素是羟基含量,羟基含量越高,漆膜越饱满,装饰性效果越好,耐候性越好。高羟基含量的树脂可以制备汽车漆、高级木器漆,低羟基含量的树脂可用于制备建筑外墙漆。选择羟基丙烯酸树脂时应根据应用场合选择合适羟基含量的树脂。

常见的聚氨酯固化剂是由三类异氰酸酯单体在催化剂存在下自聚为三聚体或二聚体而得,即甲苯二异氰酸酯、二苯甲烷二异氰酸酯、己二异氰酸酯。此外,还有一些单体也有涂料上的应用,如异佛尔酮二异氰酸酯、苯二亚甲基二异氰酸酯等。异氰酸酯反应速率快慢主要受到分子链上取代基的电子效应和位阻效应的影响,从反应速率上来看,芳香族异氰酸酯与羟基的固化反应迅速,脂肪族异氰酸酯反应速率慢,需要视情况加入催化剂,异佛尔酮二异氰酸酯反应最慢。在耐候性上,环酯族的异氰酸酯优于脂肪族,而芳香族异氰酸酯耐候性最差。应用在配方设计时可以根据固化剂特性、涂装环境、服役环境进行选择。

4. 醇酸树脂体系设计选型

醇酸树脂按植物油或脂肪酸的种类可分为干性、不干和半干性3种;按脂肪酸在树脂中的含量可分为长油度、中油度、短油度醇酸树脂。醇酸树脂的综合性能与所用油或脂肪酸的种类和油度密切相关。醇酸树脂油度、干性对涂料的影响如下,设计树脂体系时可参考。

干性短油度醇酸树脂,含油或脂肪酸量为30% ~40%,主要由亚麻油、部分桐油、豆油、蓖麻油、梓油和其他的干性油及其脂肪酸为主要原料制成,树脂黏度高。应用该类醇酸树脂的涂料,一般采用喷涂或浸涂。室温下能自动氧化干燥,自干性能良好,柔韧性一般,具有良好的光泽性、保光保色性、耐候性,干燥速度较快。短油度醇酸树脂的硬度大,光泽性、耐磨性均较好,可应用于汽车、机器零部件等金属制品,能作为面漆和底漆使用。短油度醇酸树脂能单独作烘干漆使用,也可和氨基树脂、脲醛树脂等混合使用。

干性中油度醇酸树脂,含油或脂肪酸量为40% ~60%,在醇酸树脂中最为常用,其制成的漆能够喷涂、刷涂、辊涂,漆膜实干较快,光泽性和耐候性很好,能单独烘干,也可混合氨基树脂烘干。烘干时间较短油度醇酸树脂漆长,保光保色性略差些。干性中油度醇酸树脂用作干清漆、底漆等,也可作装饰漆、建筑用漆、家具漆等,能够施工于金属、木材及其他材质上。

不干性油醇酸树脂,可选用椰子油、蓖麻油等,也可用月桂酸和某些饱和脂肪酸、中低碳合成脂肪酸制得,极性大,以芳香烃类作为溶剂。不干性油醇酸树脂常应用于硝酸纤维素漆、氨基树脂漆等。

长油度醇酸树脂,含油或脂肪酸量为 60% ~ 70%。干性长油度醇酸树脂具有良好的干燥性能,漆膜弹性好,有良好的保光保色性和耐候性,但漆膜硬度、耐磨性等比中油度醇酸树脂差。长油度醇酸树脂溶于脂肪烃类溶剂,黏度低,易于刷涂施工,流平性能好,可用于户内外建筑用涂料和船舶涂料,能与油基树脂漆相容,可用来增强油基树脂漆和乳胶漆。

极长油度醇酸树脂,含油或脂肪酸量大于 70%,溶于脂肪烃类溶剂,能与油基树脂漆相容。这种醇酸树脂干燥慢,但其刷涂性和耐候性优良,可用于油墨、调色基料、户外房屋用漆。

2.3.2　溶剂体系设计

溶剂的选择需要考虑溶剂的溶解度参数、挥发速率、体系黏度、VOC 要求、毒性等因素,进行综合优化。

1. 树脂与溶剂体系的相溶性

涂料树脂通常为高分子材料,它们与溶剂之间的相溶性或发生扩散的必要条件是自由能变化 ΔG,即

$$\Delta G = \Delta H - T\Delta S \qquad (2-1)$$

式中:ΔH 为焓度;T 为温度;ΔS 为熵变。

ΔG 越负值,越有利于相容和扩散。ΔH 具有如下定义:

$$\Delta H = V\varphi_1\varphi_2(\delta_1 - \delta_2)^{1/2} \qquad (2-2)$$

式中:V 为平均摩尔体积;φ_1、φ_2 为溶剂和树脂的摩尔分数;δ_1、δ_2 为溶剂和树脂的溶解度参数[10]。

当 $\delta_1 = \delta_2$ 时,$\Delta H = 0$,表明相溶性极好;当 $|\delta_1 - \delta_2| > 2$ 时,$\Delta H \gg 0$,表明不相溶;一般 $|\delta_1 - \delta_2| < 2$ 时才相溶。树脂溶解原则是"相似相溶",溶剂的选择对涂料体系黏度、生产施工都有很大影响,因此在配方设计时应对溶剂做出合理的选择。溶剂、树脂的溶解度参数(25℃)见表 2-4[10]。

表 2-4　溶剂和树脂的溶解度参数(25℃)

溶剂	溶解度参数	树脂	溶解度参数
甲苯	8.9	聚酯	7.0 ~ 12.0
二甲苯	8.8	聚氨酯	10.0
醋酸	8.5	环氧树脂	9.6 ~ 10.9

续表

溶剂	溶解度参数	树脂	溶解度参数
200 号溶剂油	7.9	聚酰胺	12.7 ~ 13.6
丙酮	10.0	聚氯乙烯	9.5 ~ 9.7
丁酮	9.3	醇酸树脂	7.4 ~ 11.0
丁醇	13.6	丙烯酸树脂	9 ~ 13
环己酮	10.4	氨基树脂	7.4 ~ 11.0
异丁醇	11.0	—	—

2. 溶剂挥发过程及速率

各种溶剂的挥发速率不尽相同,表2-5列出了一些常用溶剂的相对挥发速率。

表2-5 溶剂的相对挥发速率

溶剂	相对挥发速率	溶剂	相对挥发速率
醋酸丁酯	1.0	丙酮	5.7
甲苯	1.9	二甲苯	0.7
乙二醇丁醚	0.07	乙二醇乙醚	0.4
正丁醇	0.44	乙醇	1.7
甲乙酮	0.46	环己酮	0.3
醋酸乙酯	4.1	丙二醇甲醚	0.7

混合溶剂挥发速率为

$$V_{mix} = \sum_1^n \varphi_i V_i \qquad (2-3)$$

式中:V_{mix}为混合溶剂挥发速率;φ_i为组分i的体积分数;V_i为组分i的挥发速率。

例如,二甲苯:醋酸丁酯 =1:1,则有

$$V = (0.7 \times 1/2) + (1.0 \times 1/2) = 0.85 \qquad (2-4)$$

溶剂在涂料中的挥发一般分两个阶段:挥发速率控制阶段和扩散控制阶段。在第一阶段,溶剂的挥发与温度、挥发速率、蒸汽压、表面气流以及涂膜厚度有关。在第二阶段,溶剂的挥发受溶剂的扩散难易控制,与体系中是否有自由体积有关,受温度T与树脂体系T_g关系的影响。如果$T \gg T_g$,将不受扩散限制;但若$T_g \gg T$,此时无自由体积可供溶剂分子扩散,溶剂将会残留在漆膜内部;当T和T_g接近时,扩散控制为主。当涂料在施工、固化过程中出现弊病时,可以对溶剂体系选择是否得当进行考虑。

配方设计中选择溶剂时,首先要通过溶解度参数选择能溶解树脂的溶剂或混合溶剂,混合溶剂的溶解度参数$\delta_{mix} = \sum_1^n \varphi_i \delta_i$,其中,$\varphi_i$为组分$i$的体积分数,$\delta_i$为

组分 i 的溶解度参数。其次,慢挥发的溶剂最好是树脂的真溶剂,避免干膜发雾;然后,根据溶解度参数、挥发速率以及体系的黏度、VOC 含量、表面张力、固体分要求等进行优化;最后,制样进行实际验证。

2.3.3　颜料体系设计

颜料是涂料重要的组分之一,以颗粒状态分散在涂料中。在配方设计中,颜料需要考虑的主要因素包括颜料体积浓度(PVC)、临界颜料体积浓度(CPVC)、密度、吸油量、pH 值以及颜料的形状等。

1. PVC 与 CPVC 的影响

配方设计中应考虑 PVC 和 CPVC,计算公式为

$$PVC = \frac{V_p}{V_p + V_b} \tag{2-5}$$

式中:PVC 为颜料体积浓度;V_p 为颜料体积;V_b 为基料体积。

$$CPVC = \frac{1}{1 + \dfrac{\sum(OA_i \cdot \rho_i)}{\rho_{oil} \cdot 100}} \tag{2-6}$$

式中:CPVC 为临界颜料体积浓度;OA_i 为吸油量;ρ_i 为颜料密度;ρ_{oil} 为亚麻油密度。

通过上述公式可以发现,PVC 与 CPVC 主要是由树脂的密度和用量以及颜料的密度、用量和吸油量所决定的。通过实验,可以做出 PVC 与防腐性的关系曲线图,如图 2-13 所示。

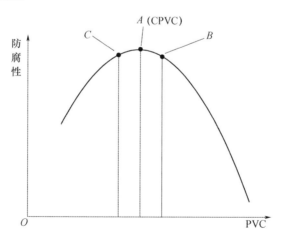

图 2-13　颜料体积浓度与防腐性的关系曲线

图 2-13 中 A 点为 CPVC,在 PVC < CPVC 时,随着颜料含量增加,防腐性能提高。但当 PVC 高于 CPVC 时,树脂将不能很好地包覆颜料,导致颜料之间出现孔

隙,这为氧和水的侵入提供了渗透路径,防腐性能下降。不同类型的涂料 PVC 设计也有所区别。例如,对面漆,C 点是最佳防腐颜料的用量,设计 PVC < CPVC;作为底漆,PVC 可稍高于 CPVC,选择 B 点。

2. 吸油量、密度、遮盖力、pH 值等影响

吸油量是颜料的主要性能指标之一。吸油量的大小影响颜料的分散效果、体系黏度、树脂及溶剂用量等,吸油量低的填料容易与树脂混合均匀,涂料的黏度低,生产、施工性能好,可以减少树脂、溶剂、分散剂的用量。影响吸油量的主要因素是颜料粒度大小、粒度分布、颗粒形状、比表面积等。粒度越细,比表面积越高,其吸油值越大。对于相同细度的同类无机矿物填料,表面有机改性可以降低无机矿物填料的吸油量。

颜料的密度主要与自身颗粒形状、物理性质有关,可分为堆砌密度和材料密度。前者主要与颜料颗粒堆砌松散程度、形状、粒径分布等有关,后者取决于材料自身物理性质。不过在涂料领域,大多数情况下颜料均匀分散在树脂中,完全被树脂包裹,因此体现出来的是颜料的材料密度。颜料的材料密度通常比树脂、溶剂大,因此在相同用量树脂、溶剂的情况下,颜料用量越高,涂料的密度越高,从而间接影响涂料的 VOC、体积固体分等参数。

颜料的 pH 值主要与自身化学性质有关,在设计配方时需要考虑树脂体系与颜料的兼容,如醇酸树脂耐碱性差,因此一般不宜在配方中使用碱性强的颜料。此外,在水性涂料中,pH 值对涂料的稳定性有较大影响,应选择与体系 pH 值搭配的颜料,防止对涂料产生不利影响。

常用颜料的密度、吸油量及 pH 值数据如表 2-6 所列。

表 2-6 常用颜料的密度、吸油量和 pH 值

颜料名称	密度/(g/cm³)	吸油量/(g/100g)	pH 值
钛白粉	3.9 ~ 4.2	18 ~ 27	6.5 ~ 8
氧化锌	5.6 ~ 5.7	11 ~ 27	6 ~ 8
高岭土	2.58 ~ 2.63	60 ~ 65	6.7 ~ 7.6
硅微粉	2.8 ~ 2.85	19 ~ 25	9 ~ 10
铬黄	5.8 ~ 6.4	12 ~ 25	5 ~ 8
锌铬黄	3.4 ~ 3.5	24 ~ 27	6 ~ 8
酞菁绿	1.7 ~ 2.1	33 ~ 41	7 ~ 10
铁蓝	1.85 ~ 1.97	44 ~ 58	3.0 ~ 4.5
酞菁蓝	1.5 ~ 1.6	35 ~ 45	7 ~ 10
氧化铁红	4.1 ~ 5.2	15 ~ 60	5 ~ 7
炭黑	1.7 ~ 2.2	100 ~ 200	—

续表

颜料名称	密度/(g/cm³)	吸油量/(g/100g)	pH 值
磷酸锌	2.3	15 ~ 22	6 ~ 8
锌粉	7.06	—	—
重晶石粉	4.25 ~ 4.5	6 ~ 12	9 ~ 10
云母粉	2.8 ~ 3.0	30 ~ 75	8 ~ 10
滑石粉	2.65 ~ 2.8	27 ~ 30	9 ~ 9.5
碳酸钙	2.53 ~ 2.71	13 ~ 22	8 ~ 10

3. 颜料的形状影响

颜料的形状一般分 3 种:球状或近似球状、针状和片状。在涂料中,针状颜料可以提高涂料的机械强度,起到类似水泥中钢筋的作用。片状颜料层叠分布在涂层中,可延长腐蚀物质渗透路径(图 2 - 14),从而增强涂层的屏蔽作用。

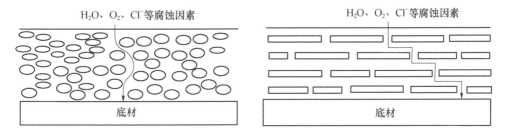

图 2 - 14　球状颜料与片状颜料阻隔性对比

2.3.4　助剂体系设计

在设计配方时,助剂选择原则大致有以下几点:高效、负面影响小、性价比高和符合环保要求等。为了更好地发挥助剂的作用,一定要注意助剂的整体匹配性。首先是助剂与基料之间的相容性;其次是助剂与助剂之间的协同性;最后是用助剂协调涂料性能要求之间矛盾的平衡性。

1. 配伍性

使用助剂时必须注意助剂与基料体系的配伍性问题。很多助剂为了实现某种功能,都具有特定的化学结构及相对分子质量,而涂料树脂也是具有特定结构及相对分子质量的高分子化合物,两者必须相互匹配才能发挥助剂的功能。

2. pH 值

强酸性(碱性)的助剂使用时要考虑到体系的 pH 值;否则易引起化学反应,产生负面影响。

3. 助剂特性与涂膜性能矛盾

特定助剂的特性与涂膜其他性能会产生冲突和矛盾并导致漆膜弊病,例如,抗流挂剂导致涂膜流平性变差,消泡剂导致涂膜缩孔,增滑剂影响涂膜重涂性,成膜助剂导致涂膜的抗沾污性变差(沸点高,易滞留),乳化剂残留会影响涂膜耐水性,光引发剂残留导致涂膜泛黄。因此,在使用助剂时需要结合树脂体系、溶剂体系、颜料进行考虑,避免引起破坏性的负面作用。以涂料中应用最广的消泡剂为例,若过多地追求消泡效果,则可能会出现缩孔弊病;若过多追求相容性,则消泡效果差。

2.3.5 涂料性能影响因素

涂料在用户涂装之前本质上只是半成品,用户最终需要的是涂层,在这一过程中涂料的整体性能受多种内部和外部因素的综合影响。外部影响因素可归类为环境条件、底材性质,内部影响因素主要是涂料自身属性。

1. 环境条件

环境条件是影响涂料性能的重要因素之一,可进一步分为两大类:涂层所处的大环境(如大气区、飞溅区、全浸区等),以及该环境下的腐蚀因素(如温度、湿度、腐蚀性化学品、微生物、阳光等)。同一涂料在不同环境条件下表现的性能可能完全不同。例如,富锌底漆在大气区有良好的防腐性能,但在水下环境往往容易快速失效;环氧面漆用于室内环境防腐性能优异,但在室外阳光照射的环境下会发生粉化降解。

2. 底材性质

涂料发挥良好防腐作用的一个重要前提是牢固附着于底材,底材类型及其不同的表面处理条件会对涂料性能发挥带来影响。表面处理条件包括表面清洁度、粗糙度、预处理、重涂间隔等,需清理表面油脂、老旧涂层、表面污物、铁锈等,处理干净的表面有益于涂料对底材的润湿铺展,粗糙不平的结构能为涂层提供良好的机械锚定作用、增大接触面积,从而使涂料牢固地附着于底材表面。常见的底材类型有碳钢、有色金属、不锈钢、高分子材料等,不同类型的底材所适用的涂料往往有所区别。大多数涂料能在碳钢表面良好附着,但对于有色金属、不锈钢表面则附着欠佳,影响涂料性能。对于高分子底材,主要需考虑涂料中所含溶剂对底材的影响,有些溶剂会对底材造成破坏,也有时溶剂只是造成底材溶胀,从而促进涂料对底材的附着。

3. 涂料属性

涂料属性是涂料从生产商出货之后自身携带的性质,涵盖了涂料原材料种类及性能、生产工艺、涂装厚度、自身耐化学品性、力学性能等因素的综合作用,对涂料性能起决定性作用。对用户而言,使用涂料之前应对防腐需求进行详尽分析,挑选符合使用要求的品种。对生产商而言,以用户防腐需求作为输入条件,分析解决防腐需求所适用的材料体系,设计开发涂料配方,通过合适的工艺进行批量生产,为用户提供预期性能符合要求的涂料。涂料属性与应用需求相互匹配,充分发挥涂料性能,才能获得所需要的防腐效果。

2.4　涂料制备及生产

2.4.1　概述

涂料的制备过程主要是物理混合过程,在大部分情况下,涂料生产时必须将颜料和其他功能材料粉末(一种或多种)分散在涂料的浆料中。颜料和其他功能材料粉末的分散研磨是制备色漆的关键步骤,其分散的好坏直接影响涂料的质量以及生产效率。

分散研磨是一个复杂的过程,包括颜料的润湿、分散、稳定 3 个过程。这 3 个过程不是截然分开的,而是同时发生、交替进行的。三者的关系是:润湿是基础,分散是为了更充分地润湿,而达到稳定状态是最终目的[13]。

2.4.2　颜料分散与研磨

颜料颗粒表面通常吸附着水和空气,颗粒之间的空隙被它们所填充,因此在颜料的分散过程中,首先是颜料表面的水分、空气被逐出,而由树脂溶液所取代,即颜料被树脂溶液所浸湿。浸湿后的颜料需在一定的机械外力(撞击和剪切力)作用下将团聚在一起的大颗粒颜料进行机械分离,使其成为符合涂料工艺要求的细小粒子。颜料粒子润湿的好坏以及颜料在分散过程中所受机械外力的大小会影响到颜料分散研磨的效率。

1. 研磨漆浆的组成

研磨漆浆由树脂液、颜料、功能颜料和溶剂等组分组成,其中树脂液、溶剂是液体组分,颜料、功能颜料是固体组分。

2. 颜料的润湿与分散

润湿是固体和液体接触时固 – 液界面取代固 – 气界面,分散是借助机械作用把固态组成物的凝聚体和附聚体解聚成接近原始粒子的细小粒子,并均匀分散在连续相中,而在无外力作用下处于稳定的分散悬浮状态。

1)颜料的润湿

液体和固体接触时,常用接触角来衡量液体对固体的润湿程度,如图 2 – 15 所示。

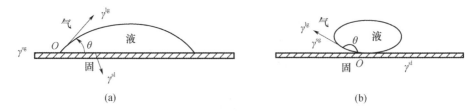

图 2 – 15 接触角示意图

(a)润湿;(b)不润湿。

各种界面张力的作用关系可以用杨氏方程表示,即

$$\gamma^{\mathrm{lg}}\cos\theta = \gamma^{\mathrm{sg}} - \gamma^{\mathrm{sl}} \qquad (2-7)$$

式中:γ^{lg} 为液体、气体之间的界面张力;γ^{sg} 为固体、气体之间的界面张力;γ^{sl} 为固体、液体之间的界面张力;θ 为固体、液体之间的接触角。

润湿效率(BS)为

$$\mathrm{BS} = \gamma^{\mathrm{sg}} - \gamma^{\mathrm{sl}} \qquad (2-8)$$

即

$$\mathrm{BS} = \gamma^{\mathrm{lg}}\cos\theta \qquad (2-9)$$

由此得出,接触角越小,润湿效率越高。Washborre 用下式表示了润湿初始阶段的润湿效率,即

$$\mathrm{BS} = K\frac{r^{3}}{\eta l}\gamma F_{1}\cos\theta \qquad (2-10)$$

式中:K 为常数;γF_{1} 为基料的表面张力;θ 为接触角(基料 – 颜料界面);r 为颜料粒子的间隙半径;l 为颜料粒子间隙长度;η 为基料的黏度。

降低基料黏度和使用润湿剂来降低颜料和基料之间的界面张力以缩小接触角可以提高润湿效率,但基料黏度的降低有一定限度,所以使用润湿剂是常用提高润湿效率的手段。一般情况下,接触角要达到不大于 90°的状态,才能称为可以润湿。

2) 颜料的分散

工业级颜料均以其原级粒子、附聚体和聚集体的混合体存在。仅仅将颜料润湿是不够的,因为这种大粒径而小表面积的粒子团不能形成稳定的分散状态,必须施以外加机械力将这种大颗粒解聚,使其恢复或接近恢复到原级粒子的大小,以颗粒大表面积的形式暴露在漆料中,并使其所有暴露出来的表面都被树脂润湿。这种借助外加机械力,将二次粒子恢复成或接近恢复成原级粒子的过程,叫分散过程。

3) 颜料的稳定

颜料润湿分散后,如果不发生颜料的沉降和絮凝,则可认为颜料分散体系处于

稳定状态。通常,利用表面活性剂吸附在颜料表面,阻止颜料沉降。增加涂料黏度,提高涂料体系触变性,也可以防止颜料沉降。在颜料体系中添加表面活性剂并调整良溶剂和不良溶剂的比例,从而避免涂料粒子间的絮凝[14]。

3. 主要研磨设备

颜料的研磨是色漆制造中主要的、消耗能量最大的工序,它需要借助外界机械力才能进行,这种机械力由研磨设备提供,主要为各类型砂磨机、高速盘式分散机等。研磨分散的效率将直接影响色漆生产线的单位时间产量和能量消耗。如何在尽量短的时间内消耗尽量少的能量和生产出尽量多而稳定性好的涂料,是涂料生产所追求的目标。

1）砂磨机

砂磨机依靠研磨介质在冲击和相互滚动时产生的冲击力和剪切力进行研磨分散,由于效率高、操作简便,成为当前最主要的研磨分散设备。砂磨机主要分为立式砂磨机、卧式砂磨机和篮式砂磨机。立式砂磨机研磨分散时由于重力作用,研磨介质与涂料容易沉底;卧式砂磨机研磨分散介质在轴向分布均匀,避免了此问题;篮式砂磨机则采用填装有高强度研磨介质(一般使氧化锆珠)的研磨篮对涂料进行研磨及分散。

（1）立式砂磨机。

立式砂磨机结构简图如图2-16所示,由机身、主电机、传动部件、筒体、分散器、送料系统和电器操纵系统组成。

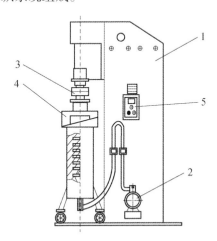

图2-16　立式砂磨机结构简图
1—机身;2—隔膜泵;3—传动部件;4—筒体研磨腔;5—电器操纵系统。

工作原理:经预分散的漆浆由送料泵从底部输入,流量可调节,底阀是特制的单向阀,可防止停泵后玻璃珠倒流。当漆料送入后,启动砂磨机,分散轴带动分散盘高速旋转,分散盘外缘线速度达到 10m/s 左右(分散轴转速在 600 ~ 1500r/min)。靠近分散盘周围的漆浆和玻璃珠受到黏度阻力作用随分散盘运转,抛向砂磨机的筒壁,又返回到中心,颜料粒子因此受到剪切和冲击,分散在漆料中。分散后的漆浆通过筛网从出口溢出,玻璃珠被筛网截流。

涂料经一次分散研磨后仍达不到细度要求,可再次经砂磨机研磨,直到合格为止。也可将几台砂磨机串联使用。使用砂磨可使涂料研磨至细度 20μm 左右。

一般来说,敞开式立式砂磨机,由于其不封闭的研磨筒体结构,使得溶剂挥发严重,其可以加工的涂料黏度一般小于 2000cP[①],而封闭式立式砂磨机,可以研磨黏度在 5000cP 左右的涂料。

(2)卧式砂磨机

卧式砂磨机可以看作把立式砂磨机横过来水平放置,其结构简图如图 2 – 17 所示,是一种水平湿式连续性生产的研磨分散机。其原理是主电机通过三角皮带带动分散轴做高速运动,经过预分散的涂料浆料送入主机的研磨槽,研磨槽内填充适量研磨介质,经由分散叶片高速转动,赋予研磨介质以足够的动能,与被分散的颗粒撞击产生剪力,达到分散的效果,再经由特殊的分离装置,将被分散物与研磨介质分离排出。

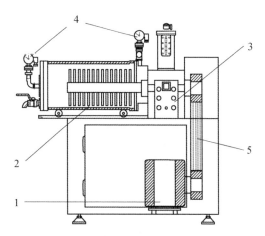

图 2 –17　卧式砂磨机结构简图

1—主电机;2—研磨腔;3—电器控制系统;4—压力表;5—传动系统。

与立式砂磨机相比,卧式砂磨机采用了机械密封使之达到全密闭,从而消除了生产中溶剂挥发损失,减轻了空气污染。由于防止了空气进入工作筒体,避免了物

---

① 　1cP = 10⁻³Pa · s。

料在生产过程中可能形成的固化结皮,保证了产品的质量。卧式砂磨机克服重力对研磨介质的影响,大幅提高介质的填充率,研磨效果更好,生产效率更高,可实现大批量连续生产。

可以使用卧式砂磨机进行研磨生产的涂料黏度范围比立式砂磨机更大,根据不同的研磨介质材质及尺寸,可以研磨黏度为 1500 ~ 35000cP 的涂料。使用时,根据具体生产涂料的黏度选择合适尺寸及材质的研磨介质,达到卧式砂磨机的最佳研磨效率。

(3) 篮式砂磨机。

篮式砂磨机是近年来发展起来的一种集研磨、分散两道工序于一体的多功能涂料生产设备,具有节能、高效、操作维修方便等特点[15]。

篮式砂磨机由电器柜、转轴、研磨器、泵叶、分散盘及填充了高强度研磨介质的研磨篮组成。工作时,转轴及转轴上的研磨器、泵叶、分散盘高速旋转,研磨器带动研磨介质与物料产生强烈的剪切、碰撞,达到磨细物料和分散聚集体的作用,同时,经研磨的物料在泵叶强大吸力的作用下被吸出研磨篮,再由分散盘进行分散,故可在短时间内获得良好的研磨效果。

篮式砂磨机主要的优点:①相比卧式砂磨机的生产工艺,篮式砂磨机不需要工人值守;②残存少,得品率高,相比卧式砂磨机,篮式砂磨机残存可以忽略,得品率极高,特别适合于小批量、多品种的生产;③结构简单,容易拆卸和清洗,特别是不使用进料泵及相应管路,使得清洗换色工作更容易。

篮式砂磨机对于研磨漆料的黏度相比卧式砂磨机范围略窄,根据其研磨篮内研磨介质的尺寸及材质区别,适合研磨的涂料黏度在 10000cP 以内。篮式砂磨机更适合面漆类涂料的生产。

2) 高速盘式分散机

高速盘式分散机由机身、传动装置、主轴和分散盘组成,其结构简图见图 2 - 18,主要对于易分散颜料或分散细度要求不高的涂料进行研磨分散使用。工作时分散盘的高速旋转使漆浆呈现滚动的环流,并产生一个很大的旋涡,位于顶部表面的颜料粒子很快呈螺旋状下降到旋涡的底部,在分散盘边缘 2.5 ~ 5cm 处形成一个湍流区。在湍流区,颜料的粒子受到较强的剪切和冲击作用,很快分散到漆浆中。在湍流区外,形成上、下两个流束,使漆浆得到充分循环和翻动。同时,由于黏度剪切力的作用,使颜料团粒得以分散。

高速盘式分散机的关键部件是锯齿形分散盘(图 2 - 19),分散盘的选择直接影响高速盘式分散机的分散效率。分散盘直径与分散缸选用大小有直接关系(图 2 - 20)。经验数据表明,分散缸直径由 $\varphi = 2.8D \sim 4.0D$(D 为分散盘直径)计算,分散盘的转速以分散盘外缘线速度计,速度达到约 20m/s 时,可获得满意的分散效果,过高会造成漆浆飞溅,增加功率消耗。分散盘外缘最大线速度不应该超过 30m/s。

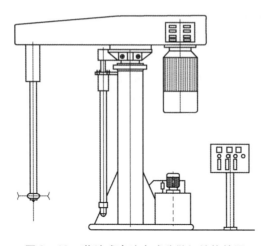

图 2-18　落地式高速盘式分散机结构简图

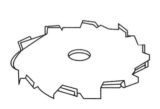

图 2-19　锯齿形分散盘

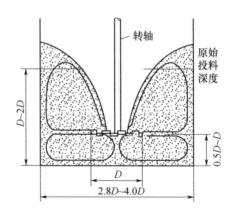

图 2-20　分散盘与分散缸尺寸比例关系图

2.4.3　涂料生产

涂料的生产制备过程通常采用 4 个步骤:预分散、研磨分散、调漆、包装。

1. 涂料的预分散

预分散的目的是将涂料中各个组分进行充分的混合,同时,预分散的工艺步骤也要根据涂料的配方进行调节,不同组分的投入顺序、分散时间、分散转速都要根据实际情况进行调节,以达到最佳的预分散效果。预分散的设备主要是高速盘式分散机。

2. 涂料的研磨

将预分散后的涂料浆通过研磨分散设备进行充分分散并进行研磨,研磨的目的就是把团聚在一起的固态颗粒分开,使其恢复为原级粒子并保持稳定,或是将较大粒径的固态颗粒进行破碎,使其粒径符合涂料的设计要求。

研磨效率:研磨体系中待研磨漆料的黏度是影响研磨效率的客观因素,研磨机本身的转速及研磨介质的添加量是影响研磨效率的主观因素。研磨体系中,待磨漆料的黏度过高或过低都会影响体系的研磨效率,所以找出不同配方涂料的最佳研磨黏度是提高研磨效率的关键,可以大幅度提高不同涂料的生产效率。

3. 涂料调漆

涂料生产过程中,需要根据不同的生产工艺步骤调节涂料的各项性能,从而提高涂料生产的效率和涂料产品的质量稳定性。

(1)黏度调节。在生产过程中根据不同的工艺步骤调节漆料的黏度使生产效率达到最佳,在涂料包装前,还需要根据用户的使用需求及产品的实际应用环境的要求,调节涂料产品的黏度,使其适应实际的施工及应用环境。

(2)颜色调节。根据涂料设计的颜色需求,对涂料进行调色,根据国标色卡或客户提供的颜色标准样板,采用各类色浆,对涂料进行颜色调节。

(3)工艺性能调节。根据客户对涂料性能的要求或涂料设计要求,根据涂料的实际施工方式,如辊涂、刷涂、无气喷涂等,对涂料工艺性能进行最终调节,使涂料产品在出厂后具备最佳的使用状态。

4. 检验包装

涂料在生产结束后,需要在实验室进行产品出厂前的最后检验,检验合格后,根据不同的实际需求,对涂料进行不同规格的包装。涂料包装前的出厂检验通常包括表 2-7 所列的几种测试项目。

表 2-7　出厂检验测试项目

项目	检测设备	检测标准
黏度	旋转黏度计或涂 -4 杯	GB/T 1723
细度	刮板细度计	GB/T 1724
流挂性	抗流挂测定仪	GB/T 9264
干燥时间	漆膜干燥时间测定仪	GB/T 1728
固含量	天平及烘箱	GB/T 1725
密度	密度杯	GB/T 6750

5. 涂料过滤包装

检验合格的涂料产品,通过过滤设备除去各种杂质和大颗粒,包装制得成品涂料。目前全自动包装设备已经比较普及,大部分涂料生产厂家都拥有了全自动包装线,可以进行涂料的全自动化灌装。

2.5 涂料及涂膜性能

涂料产品的完整指标体系包含了液态涂料产品性能指标、施工性能指标和涂膜性能指标。液态涂料产品性能指标是指通过生产加工获得的涂料成品的性能指标,主要包括涂料颜色和外观、密度、不挥发物含量、黏度、细度、贮存稳定性等。衡量涂料施工性能的指标主要包括涂料施工性、遮盖力、流平性、防流挂性、使用量、干燥时间等。涂膜性能的指标则是涂料经施工形成的涂膜所表现出来的装饰性能、力学性能、应用性能等。具有一定的装饰性是涂料最基本要求之一。即便对装饰性要求不高的某些特种功能涂料而言,通常也要求涂膜平整、颜色均匀。力学性能指标包括附着力、柔韧性、耐冲击、硬度等。应用性能指标体现涂膜在应用环境下所表现出来的性能,由于应用环境千差万别,涂料品种也是多种多样,涂料应用性能难以一一罗列,本节仅列出防腐蚀涂料主要应用性能。

2.5.1 液态涂料的性能

涂料本质上是可流动的液体,具备流体的一些基本性质,如流体的黏度和流变性。对涂料贮存稳定性和施工性能都产生影响。

1. 流体黏度及触变性

1)流体黏度

流体没有固定的形状,在力的作用下会产生流动和形变。流体在外力作用下产生不可逆形变的性质称为流变性。当流体承受剪切力时,流体会在剪切力方向上流动。在进行液体的流变性研究时,剪切应力与剪切速率的比值是一个很重要的参数。在简单剪切模型中,剪切应力与剪切速率成正比,比例系数定义为该液体的动力黏度(也写为"黏度"),单位是 Pa·s。动力黏度可以采用图 2-21 所示的简单剪切模型加以说明[16]。

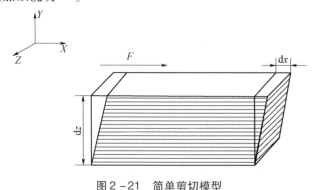

图 2-21 简单剪切模型

如图 2 - 21 所示,液体可以看作由若干液体薄层叠放在一起,当液体受到简单剪切时,流体以平行的薄层在流动,液体薄层的层与层之间有速度差。把单位面积液层上所受的剪切力叫作剪切应力,用 τ 表示。当剪切力 F 作用于面积为 A 的液层上时,则所受的剪切应力为

$$\tau = \frac{F}{A} \tag{2-11}$$

把单位厚度液层间液层移动的距离差叫作剪切形变。假设在厚度为 dz 的液层间移动的距离差为 dx,则剪切形变为 $\frac{dx}{dz}$;把单位时间内发生的剪切形变称为剪切速率,用 D 表示。剪切速率为

$$D = \frac{\dfrac{dx/dz}{dt}}{dt} \tag{2-12}$$

在简单剪切模型中,剪切应力 τ 与剪切速率 D 成正比,即

$$\tau = \eta D \tag{2-13}$$

比例系数 η 就是黏度。

把动力黏度与液体密度的比值定义为液体的运动黏度,单位是 m^2/s。

2)流体触变性

如果在剪切过程中,剪切应力随剪切速率比值保持恒定,这种液体就叫作牛顿液体。牛顿液体的黏度不随剪切速率的变化而变化。当流体的黏度随剪切速率变化时,称为非牛顿流体。当液体的黏度随剪切速率的增大而减小时,这种液体称为假塑液体。当液体的黏度随剪切速率的增大而增大时,这种液体称为膨胀流体。大多数涂料是假塑性流体,很少是膨胀性流体。若涂料的黏度随着剪切速率的增大而减小,一旦剪切停止,黏度又会逐渐恢复。把这种被剪切时黏度减小,静置后又返稠(黏度变大)的性质叫作触变性。涂料的触变性对涂料的贮存稳定性、施工性能和成膜性能有很大影响。

涂料触变性与涂料中某些成分的相互作用有关。液体涂料中,成膜物质、颗粒、溶剂、助剂的分子之间,通过相互作用构成了一种弱相互作用的网络结构。这种结构在剪切力作用下会被破坏,产生流动现象,当剪切速率逐渐增大时,网状结构逐渐被破坏,液体黏度逐渐降低。一旦剪切停止,网络结构逐步恢复,黏度开始回升。通常网络结构恢复的速度较慢,表现出来的就是黏度回升较慢。流动曲线中,剪切速率上升曲线与下降曲线并不重合,而是剪切速率下降曲线表现为滞后。这两条曲线间所包围的面积越大,触变程度越大。对于触变性流体,通常用"表观黏度"来表征其黏度。表观黏度是某一条件下测得了触变液体的黏度,只是黏度剪切速率时间关系曲线上的一个点。因此,在测定触变液体的黏度时,应注明检测条件(剪切速率和时间)。触变性液体黏度特性通常用黏度分布图来表示流变性的全貌。

触变性可使涂料施工性能得到改善。涂刷时,剪切力高,涂料黏度降低,可使涂料具有良好的流动性,便于涂刷;涂刷后,剪切力低,黏度升高,可防止流挂和颜料沉降。涂料可以通过加入触变剂而获得触变性。

2. 涂料状态及性能

1)在容器中的状态和贮存稳定性

涂料从出厂到使用往往需在容器中贮存一段时间,理想的状况是具有良好开罐效果。涂料仍然保持其原有的流体特性,不出现沉淀、凝胶、结皮、分层等现象。在容器中状态用于评价涂料的开罐性能。将贮存涂料的容器打开,用搅拌棒或搅拌器搅拌涂料,允许容器底部有沉淀,若经搅拌易于混合均匀,则可评为搅拌后无硬块,呈均匀状态。

涂料在搬运和贮存期间,受环境温度、湿度以及震动等因素的作用,涂料物理性状可能发生了变化,如黏度降低、颜料絮凝、沉淀等。某些涂料品种存在反应性基团,甚至可能发生了化学变化,如氧化干燥型涂料的结皮等。这些都严重影响涂料的使用。贮存稳定性就是用于评价在特定贮存条件下涂料产品性能的稳定性。

涂料贮存稳定性是指液态色漆和清漆在密闭容器中放置于自然环境中或加速条件下贮存后,测定所产生的黏度变化,色漆中颜料沉降,色漆重新混合以适于使用的难易程度以及其他按产品规定所需检测的性能变化。涂料贮存稳定性检测按《涂料贮存稳定性试验方法》(GB/T 6753.3—1986)进行。

2)涂料黏度

在涂料生产制备过程中,黏度过高会降低漆浆研磨效率,严重时使漆浆胶化。黏度过低则影响涂料贮存稳定性,使涂料在贮存期间产生颜料沉降,甚至出现严重的分层现象。在施工过程中,黏度过高会使涂料难以施工,涂膜流平性差;黏度过低则会造成涂膜流挂等弊病。因此,在涂料生产和施工过程中,均要进行涂料黏度的检测,确保涂料产品黏度处于合理范围,以保证最终产品的质量。液体涂料的黏度检测方法很多。黏度较低的涂料通常采用涂-1和涂-4黏度计测定,涂-1黏度计适用于测定流出时间不低于20s的涂料产品,涂-4黏度计适用于测定流出时间在150s以下的涂料产品,测定方法按《涂料黏度测定法》(GB/T 1723—1993)规定进行。现代防腐蚀涂料大多设计为可厚膜施工,涂料通常具有很好的触变性,静止状态下涂料黏度高,超出了涂-1和涂-4黏度计测定范围。对于这类涂料通常通过测定不同剪切速率下应力的方法来测定黏度。主要测定方法有《涂料黏度的测定 斯托默黏度计法》(GB/T 9269—2009)、《旋转黏度计测定非牛顿材料流变性能的标准试验方法》(ASTM D2196—2015)等。

3)不挥发物含量

液态涂料含有挥发性成分,除去挥发性成分之外的物质为涂料不挥发物。不挥发物是涂料有效的成膜成分,和单位质量涂料形成的涂膜厚度有着直接关系。涂料不挥发物含量可以定量表示出涂料内用于成膜的物质含量的多少,有两种表示方式,一种表示方式是质量分数,采用涂料干燥后剩余物质量与试样质量的比值;另一种表示方式是体积分数,是由涂布成膜的一定体积的液体涂料经规定条件固化后,所得干涂层的体积。不挥发物含量的测定常用于涂料出厂检验和涂装厂的入厂检验。

质量分数的测定按《色漆、清漆和塑料　不挥发物含量的测定》(GB/T 1725—2007)中的规定进行。不挥发物质量分数测定要注意测试温度和时间的选择,主要是避免涂膜滞留溶剂、成膜物热分解和低分子量组分的挥发,影响测试结果的准确性。体积分数按《色漆和清漆　通过测量干涂层密度测定涂料的不挥发物体积分数》(GB/T 9272—2007)的规定进行。

4)密度

涂料密度用于配方设计、生产、包装等工序的物料质量和容积的换算,施工阶段则用于计算涂料用量。涂料生产中通过监控产品密度,可以验证配料和投料是否准确。通常采购方也将密度列为复验项目之一。涂料密度按《色漆和清漆　密度的测定　比重瓶法》(GB/T 6750—2007)的规定进行。该方法利用比重瓶(质量体积杯),在规定的温度下测定固定体积液体的质量,从而计算获得液体的密度。涂料密度是多种成分混合的混合物密度,因而测定前应将涂料彻底搅拌均匀。对于黏度较高的厚浆型涂料,可采用负压装置脱除气泡,避免产生误差。

5)细度

涂料细度主要用于评价色漆或漆浆内颜料、填料等颗粒的大小或分散的均匀程度。研磨细度对涂料的贮存稳定性、成膜质量、涂膜的光泽、耐久性等均有很大的影响。由于品种和使用要求不同,通常不同种类底漆、面漆的研磨细度是不一样的。研磨细度通常用于评价涂料生产中研磨的合格程度,也用于比较不同研磨工艺的合理性,评价所使用的研磨设备的研磨效率。涂料细度通常采用刮板细度计测定,按《色漆、清漆和印刷油墨　研磨细度的测定》(GB/T 1724—2019)规定的方法进行。该方法不适用于含片状颜料(如玻璃鳞片、云母氧化铁和鳞片状锌片等)的涂料产品细度的测定。

2.5.2　涂料施工性

1. 涂料混合性与适用期

涂料施工性是指涂料采用规定的工艺(刷涂、辊涂或喷涂等)施涂的难易程度。涂料采用规定的工艺施涂,涂料流平性良好,涂膜平整均匀,不出现流挂、起皱、缩边、渗色或咬底等现象,表明涂料有良好的施工性。涂料施工依赖于操作人员的工艺水平,施工性评价存在一定的主观因素,通常采用与标准样品比较的方法,获得客观的评价结果。

混合性是指双组分(或多组分)涂料按规定比例混合的可混合性,涂料混合后应能很快混合均匀。涂料混合性测定方法是将组分按产品规定的比例在容器中混合,用玻璃棒进行搅拌,如果很容易混成均匀的液体,则认为混合性合格。

适用期则是涂料混合后,在使用期间性能不发生较大的变化,如变稠、胶化等,以保证施工所得涂膜质量一致。适用期的测定是将组分按产品规定的比例在容器中混合成均匀液体后,按规定的条件放置,达到规定的最短时间后,检查涂料搅拌难易程度、黏度变化和凝胶情况;涂刷样板,并将涂刷样板放置一定时间后与标准样板作对比,检查涂膜外观有无变化或缺陷产生。如果不发生异常现象,则认为适用期合格。

2. 流平性

流平是指涂料施涂后,湿膜由不规则、不平整的表面流展成平坦而光滑表面。涂料流平的动力来自于液体的表面张力。由于不平整表面的面积比平整表面面积大,在表面张力作用下,涂料会自发流平。然而,涂料能否流平与涂料的黏度和溶剂挥发速度有关,溶剂挥发速度越快,涂料黏度越高,由于没有足够的时间,涂料仍然不能流平。涂料流平性测定是将涂料刷涂或喷涂在表面平整的底板上,经一定的时间后观察,以刷纹消失和形成平滑涂膜表面所需的时间来表示。

3. 抗流挂性

涂料施涂在倾斜的物体表面,在固化前,湿膜受重力作用向下流动,这种流动称为流挂。流挂的典型表观特征通常有流淌状、泪滴状、垂挂状和幕状。涂料抗流挂性是在规定的施涂条件、底材和环境条件下,倾斜放置的涂料样板在干燥过程中不会产生流动趋势的最大湿膜厚度,以 μm 为单位。涂料黏度越大,涂料越不容易产生流动,因此要防止涂料流挂需提高涂料触变性,另外适当让涂料溶剂挥发快一些,也可以迅速提高湿膜黏度,减少流挂产生。流挂还与涂料湿膜厚度有关,厚度越大越容易产生流挂现象。涂料抗流挂性通常采用流挂性测定仪测定。测定方法是用刮涂器将涂料涂于玻璃板或测试纸上,立即垂直放置,使湿膜呈横向水平,保持上薄下厚,观察各条不同膜厚的涂层在干燥过程中有无下坠而并拢的倾向。没有流坠在一起的最后一道涂层的厚度,就是施工时不产生流挂的最大厚度。通过流挂性测定,可检验涂料配方是否合理、施工方法是否正确。《色漆和清漆 抗流挂性评定》(GB/T 9264—2012)详细描述了涂料抗流挂性操作规程和评定方法。

4. 干燥性能

涂料由液态涂膜变成固态涂膜的转变是连续变化的过程,根据干燥程度分为表面干燥、实际干燥和完全干燥 3 个阶段。从涂料施工角度看,涂膜的干燥时间越短越好,可以避免表面被污染,并可大大缩短施工周期。但干燥时间过短,可能带来涂膜不能流平、气泡不能及时消除等施工弊病。因此,干燥时间应合理,才能保证涂膜的质量。

涂膜干燥时间的测定按《漆膜、腻子干燥时间测定法》(GB/T 1728—2020)的规定进行。在规定的干燥条件下,涂膜表层成膜时间为表面干燥时间,全部形成固体涂膜的时间为实际干燥时间。表面干燥时间测定方法有吹棉球法、指触法;实际干燥时间测定方法有压滤纸法、压棉球法等。涂料的干燥和涂膜的形成是一个进行得很缓慢和连续的过程,为了能观察到干燥过程中各个阶段的变化,可以采用自动干燥时间测定仪来测定,应用较普遍的有落砂法、划针法等。

5. 涂料使用量

使用量是指涂料在单位面积上制成一定厚度的涂膜所需的涂料质量,以 g/m^2 表示。涂料使用量通常用于估算单位面积涂料用量。涂料使用量采用刷涂法或喷涂法测定。刷涂法:先称出漆刷及盛有试样容器的质量,用刷涂法制板,再称出漆刷及盛剩余试样容器的质量,通过计算获得涂料使用量。喷涂法:先称出马口铁板质量,用喷涂法制板,干燥后再称重,通过计算获得涂料使用量。

6. 涂膜厚度

在涂料生产、施工、检验和应用过程中,涂膜厚度是一项很重要的控制指标。由于涂膜厚度不均匀或厚度未达到规定要求,均会对涂层防护性能产生很大的影响。涂膜厚度测定分为湿膜厚度测定和干膜厚度测定。

1)湿膜厚度的测定

湿膜厚度测定主要用于涂装现场,及时检验涂料湿膜厚度,以及保证涂膜的干膜厚度达到设计要求。湿膜厚度的测量必须在涂料涂装后立即进行,以免由于溶剂挥发而使涂膜收缩,影响测量准确。测定按标准《色漆和清漆　漆膜厚度的测定》(GB/T 13452.2—2008)的规定进行,使用仪器为轮规或梳规。采用轮规测定时,将轮规垂直置于湿膜上,使两个外轮的最大刻度与底材接触,沿表面滚动轮子180°,检查中间轮缘与湿膜首先接触的位置,标定的尺度将指出这一点的湿膜厚度。采用梳规测定时,把梳规垂直压在被测试表面,部分齿被沾湿,湿膜厚度为沾湿的最后一齿与下一个未被沾湿的齿之间的读数。轮规适用于实验室和施工现场,梳规通常只用于施工现场测定。

2)干膜厚度的测定

涂料干膜厚度的测量主要有两类测定方法:一类是非破坏性测量方法,主要有磁性测量法、涡流测量法和超声波法等,测量过程中不用破坏涂层;另一类是破坏性测量方法,测量过程中要破坏涂层,主要有指示表法、显微镜法等。涂装在金属基材上的防护涂层最为常用的是非破坏性干膜厚度测量方法,其中磁性金属底材

（如碳钢等）通常采用磁性测量法；非磁性金属底材（如铝合金等）通常用涡流测量法。国家标准《色漆和清漆　漆膜厚度的测定》（GB/T 13452.2—2008）中对测试方法进行了详细描述。

7. 遮盖力

涂料遮盖力是指将色漆均匀地涂刷在基材上，使基材底色不再呈现的最小用量，用单位面积所需的最小用漆量表示。涂料遮盖力主要取决于涂膜中的颜料对光的散射和吸收，也取决于颜料和漆料两者折光率之差。为了获得理想的遮盖力，颜料颗粒的大小及其在漆料中的分散程度也是很重要的。以恰好将底色遮盖为涂装标准，涂料遮盖力越高，单位面积涂料用量就越少，单位质量的涂料产品可涂装的面积就越大。

遮盖力的测定主要采用黑白格法，以遮盖住单位面积（黑白格）所需的最小用漆量来测定色漆的遮盖力。涂装涂料可以采用刷涂，也可以采用喷涂。刷涂是用漆刷将涂料均匀地涂刷在玻璃黑白格板上，至看不见黑白格为止，将所用的涂料量称重，再按公式计算得遮盖力。喷涂是将涂料薄薄地分层喷涂在规定尺寸的玻璃板上，然后放在黑白格木板上，直至看不见黑白格为止。将喷漆的玻璃板称重，再按公式计算得遮盖力。测定方法详见《涂料遮盖力测定法》（GB/T 1726—1979(89)）。

2.5.3　涂膜应用性能

涂膜应用性能全面反映涂料形成的涂膜在应用环境下所表现出来的物理和化学特性。全面评价涂膜应用性能为预测涂料使用寿命、设计选材提供了重要依据。涂膜应用性能通常可以归结为以下几类：①装饰性评价，主要评价涂层颜色外观、光泽和色泽等；②力学性能，如附着力、柔韧性、耐冲击、硬度、耐磨性等；③耐环境应用性能，如耐大气暴露、耐水浸泡、耐热性、耐化学性、防腐蚀性等。对于特殊环境下应用的涂料还涉及某些特殊性能，如防污涂料的防污性能、雷达吸波涂料的吸波性能、电磁屏蔽涂料的屏蔽性能等。

1. 涂膜的装饰性

1）颜色和外观

测定涂膜颜色一般方法是按标准的规定将试样与标准样同时制板，在相同的条件下施工、干燥后，在天然散射光线下目测检查，如试样与标准样颜色无显著区别，即认为符合技术容差范围。也可以将试样制板后，与标准色卡进行比较，或在比色箱标准光源的人造日光照射下比较。

涂膜的外观一般是采用目测的方法，通过与标准样板对比观察涂膜表面有无缺陷现象。涂膜样板使其干燥后，在散射日光下肉眼观察，检查涂膜是否均匀平整，有无缺陷，如流挂、发花、针孔、开裂和剥落。

2）光泽

涂膜光泽是涂膜表面的一种光学特性,是将照射在涂膜表面上的光线向镜面方向反射出去的能力,也称镜面光泽度。反射的光强度越大,则其光泽度越高。涂膜表面平整度越高,反射光越强,光泽度就越高。而粗糙度大的表面光泽度低一些。涂膜的光泽可分为有光、半光和无(平)光。

涂膜光泽度通常采用光泽计测定。在同一个涂膜表面上,以不同入射角投射的光,会出现不同的反光强度。因此,在测量涂膜的光泽时,必须先固定光的入射角度。对于高光泽涂膜通常采用30°入射角测量;对于低光泽涂膜通常采用60°入射角测量。

2. 涂膜的力学性能

1）附着力

附着力指涂层与被涂物表面之间或涂层之间相互黏结的能力。涂层附着力的大小,一方面取决于成膜物对基材润湿程度的好坏;另一方面也涉及基材表面的清洁度和表面处理方法。此外,成膜物质对基材的相互作用力是关键因素,极性基团的增大会提高附着力,因此成膜物质中含有极性较强基团可提高涂层附着力。

常见的附着力测试方法包括拉开法、划格法、划圈法和划叉法等。拉开法测试结果不仅能直观反映涂层附着力实际力值大小,还可通过分析涂层破坏形式以研究涂层配套体系的结合力,该方法已成为涂料配方筛选、性能验证、现场涂装质量检查等场合下的主要试验方法。划格法、划圈法及划叉法无法直接读出附着力的实际力值。划圈法附着力测试仪由于工作原理特殊且体积较大,只适合在实验室内使用。划格法、划叉法由于设备体积小、易携带且操作简便,适合于在现场进行涂装质量检测。相关测试标准主要有《色漆和清漆　拉开法附着力试验》(GB/T 5210—2006)、《色漆和清漆　漆膜的划格试验》(GB/T 9286—1998)、《漆膜划圈试验》(GB/T 1720—2020)等。

2）柔韧性

表面涂有保护涂层的基材受外力作用会产生形变,表面涂层也跟着发生形变。这种形变常常导致涂层破坏。涂层破坏与变形的时间和速度有关。柔韧性就是用于评价漆膜随其基材一起变形而不发生损坏的能力。漆膜的柔韧性与成膜物质的韧性和固化的交联密度有关,过高的交联密度会导致柔韧性下降。柔韧性还与涂层的附着力有关。现有的漆膜柔韧性能测试方法包括漆膜柔韧性测试和弯曲试验等多种测试方法,测试原理基本相同,都是将涂装漆膜的试样进行弯曲后,观察漆膜是否出现开裂或脱落,从而评价涂层的柔韧性能。主要的测试标准有《漆膜、腻子膜柔韧性测定法》(GB/T 1731—2020)、《色漆和清漆　弯曲试验(圆柱轴)》(GB/T 6742—2007)、《色漆和清漆　弯曲试验(锥形轴)》(GB/T 11185—2009)和《预涂钢板的涂层柔韧性测试方法》(ASTM D4145—2018)等。

3）耐冲击

漆膜耐冲击性又称漆膜冲击强度,系指涂于底材上的漆膜在重锤冲击下发生快速变形而不出现开裂或从金属底材上脱落的能力。该性能与成膜物质的韧性、涂层附着力有关。对于经常受到剧烈震动或机械冲击的物体涂层的抗冲性能尤为重要。漆膜耐冲击通常采用落锤式漆膜冲击器测定,以一定质量的重锤落到涂膜样板上,试板有无裂纹、皱纹及剥落等现象。使涂膜经受伸长变形而不引起破坏的最大高度,作为漆膜耐冲击性等级。常用试验标准主要有《漆膜耐冲击测定法》(GB/T 1732—2020),《色漆和清漆 快速变形(耐冲击性)试验 第1部分:落锤试验(大面积冲头)》(GB/T 20624.1—2006)和《色漆和清漆 快速变形(耐冲击性)试验 第2部分:落锤试验(小面积冲头)》(GB/T 20624.2—2006)以及《有机涂层抗快速形变(冲击)的作用》(ASTM D2794—2004)等。

4）硬度

干燥后的涂层应具有一定的坚硬性,以承受外来损害而起到保护物面的作用。硬度为漆膜抵抗诸如碰撞、压、刮、擦、划等机械力作用的能力,是表示涂层机械强度的重要性能之一。一般情况下,成膜物质的玻璃化转变温度越高、交联程度越大,涂膜的硬度越高,则承受外力而免遭破坏的能力越强,同时硬度高,漆膜的耐打磨性能、耐沾污性能、耐回黏等性能均提高。硬度的测定方法有摆杆硬度测定法和铅笔硬度测定法两种。主要的测试方法标准有:《铅笔法测定涂膜硬度》(GB/T 6739—2006)、《涂膜硬度测定法 摆杆阻尼试验》(GB/T 1730—2007)和《色漆和清漆 耐划痕性的测定》(GB/T 9279—2015)等。

5）耐磨性

耐磨性是指涂层对摩擦机械作用的抵抗能力。实际上是漆膜的硬度、附着力和内聚力综合效应的体现,与基材种类、表面处理及漆膜在干燥过程中的温、湿度有关。测定方法一般是采用砂粒或砂轮等磨料来测定漆膜的耐磨程度,常用的有落砂法、喷射法、橡胶砂轮法,主要测定方法标准有《采用落砂法测定有机涂层耐磨性的标准试验方法》(ASTM D968—2017)、《采用气流磨料测定有机涂层耐磨性的标准试验方法》(ASTM D658—1991)和《色漆和清漆 耐磨性的测定 旋转橡胶砂轮法》(GB/T 1768—2006)等。

3. 漆膜的应用性能

漆膜的应用性能通常是指漆膜对环境破坏性因素的耐受能力。暴露在环境中的涂膜受阳光、水、氧、温度变化和各种腐蚀性介质的侵蚀和作用,不可避免地产生破坏现象。漆膜对环境因素耐受能力越强,涂膜的应用耐久性就越高。自然环境下,评价防腐蚀涂层应用性能的方法主要有耐老化性、耐盐雾性、耐湿热性、耐水性和耐霉菌性能等。

漆膜不仅会受自然环境因素的影响,也会受到人为施加的应用环境因素的影响,如化工厂的高温管线、热电厂的脱硫烟塔等。这些部位会形成苛刻的局部腐蚀环境条件,对金属基材及防腐蚀涂膜造成严重的破坏。由于不同的工程有不同的应用环境条件,因而也有不同的性能评价方法。常见的性能评价方法有耐热性、耐化学腐蚀性等。

防腐蚀涂料的主要应用性能评价方法如表2-8所列,相关测试方法将在第3章详细介绍。

表2-8 防腐蚀涂料的主要应用性能评价方法说明

应用性能	说 明
耐老化性能	用于表征漆膜在大气环境下的应用性能。试验方法主要包括大气老化试验和人工加速老化试验
耐湿热性	用于表征涂膜在湿热环境下应用性能
耐盐雾性	用于表征涂膜在盐雾环境下应用性能
耐热性	用于表征涂膜对热的稳定性
耐霉菌性	用于表征涂膜防止霉菌生长的性能
耐水性	用于表征涂膜耐水浸泡性能。根据不同要求,耐水性浸泡试验可使用蒸馏水、盐水、海水、热水等作为浸泡介质
耐化学腐蚀性	用于表征漆膜对化学介质的耐受性。常见的化学介质包括酸、碱、盐、溶剂等

2.6 涂料施工

2.6.1 被涂物的表面处理

1. 钢材表面处理

1)溶剂清洗

溶剂清洗是除去基材表面的油、脂、污垢、润滑剂等可溶污染物的一种方法,通常作为正式表面处理前的预处理方法。溶剂清洗主要包括:用布或抹布进行溶剂擦洗;将基材浸入溶剂;溶剂喷雾;蒸汽脱脂;蒸汽清洗;化学脱漆;乳化清洗;碱性脱脂剂等。

2)手动工具清理

手动工具清理是使用非动力手工工具处理钢材表面的一种方法。手动工具可以去除松散的氧化皮、铁锈、旧涂层和其他杂质。附着牢固的氧化皮、铁锈和旧涂层一般无法用这种方法去除。氧化皮、铁锈和旧涂层如果用钝的油灰刀不能去除,即认为是牢固附着的。用于手工清理的工具包括钢丝刷、刮刀、凿子、錾平锤等。

3）动力工具清理

常见的动力工具有旋转砂轮片、针束除锈机、活塞式除锈机、旋转钢丝刷、MBX钢丝刷（可产生粗糙度）等。

4）磨料喷砂

磨料喷砂的方法有干钢砂喷砂清理（空气喷砂）、离心式喷砂、湿磨料喷砂、水浆喷洗、注入砂式喷水除锈法。

干钢砂喷砂是涂料施工表面处理最常用的方法,使适用高度集中的钢砂流射向基材表面,以清除氧化皮、旧涂层、锈蚀或其他污染物,获得洁净而粗糙的表面。

5）水喷射

在表面处理中,由于水能抑制灰尘,且水可以冲掉干磨料喷砂很难清理掉的可溶性污染物,因此已发展成一个相对新的表面处理方法。磨料和水一起使用称为水喷砂,仅使用水称为水喷射。水喷射根据清理压力大小分为低压水清洗（LPWC,清理压力低于34MPa）、高压水清洗（HPWC,清理压力为34～70MPa）、高压水喷射（HPWJ,清理压力为70～210MPa）和超高压水喷射（UHPWJ,清理压力超过210MPa）。

6）火焰除锈

火焰除锈是利用火焰产生的高温将钢材表面的油污、旧涂层燃烧去除,同时在高温下,铁锈和氧化皮与钢材的膨胀系数不同,产生开裂、凸起,从而与钢材剥离,达到清理表面的目的。火焰除锈后,应以钢丝刷清除加热后附着在钢材表面的产物。

7）酸洗

酸洗是应用无机酸或有机酸与钢材表面的氧化皮、铁锈进行化学反应,生成可溶性铁盐,从而将氧化皮、铁锈从钢材表面清除的工艺方法[17]。酸洗常用的无机酸有硫酸、盐酸、磷酸、硝酸、氢氟酸等。常用的有机酸有柠檬酸、葡萄糖酸、低碳脂肪酸等。由于酸洗处理速度慢、处理后表面粗糙度难以达到要求、废酸会污染环境等因素,在一些现代化的大型工厂仅用于处理薄板、管材等。

2. 其他基材表面处理

1）镀锌表面

新的镀锌钢板应在24h内进行涂装,或让它充分氧化,然后在涂装之前,按照技术规格书的要求进行处理。关于镀锌表面的处理可以参考《锌（热浸镀锌）涂层钢铁制品和五金件表面在油漆前处理的标准做法》（ASTM D6386—2016）。

2）铝表面

铝表面会产生附着力很差的氧化膜,因此涂装前应去除该氧化膜。但对于做过"阳极化处理"的铝表面,其氧化膜与底材则有很强的附着力。涂装前,对铝表面进行脱脂或冲水或轻度打磨,有时用细粒砂或塑料磨料对表面进行湿或干磨料喷砂处理。关于铝表面的处理可以参考,《涂装用铝和铝合金表面的处理》(ASTM D1730—2020)。

3)不锈钢表面

不锈钢表面与大气中氧发生反应生成一层保护膜,该保护膜既坚硬又附着牢固。不锈钢基材的表面处理,应采用非金属磨料进行干或湿磨料喷砂或用水和猪鬃刷子或板刷进行刮擦处理。

2.6.2　涂料施工方法

涂装是使涂料在被涂表面均匀成膜的工作过程。根据涂装工作的环境、场所、被涂装物的形状、大小和涂料的性能特点,通常涂料施工的方法有刷涂、辊涂、有气喷涂、高压无气喷涂(单组分、多组分)、热喷涂、静电喷涂、离心式喷涂、高容低压喷涂、空气辅助式无气喷涂、火焰喷涂、蘸涂、桶涂、流涂和黏辊、电泳等。本节简要介绍防腐涂料常用的刷涂、辊涂、有气喷涂和无气喷涂方法。

1. 刷涂

刷涂是最简单的手工涂装方式。刷涂工具简单、操作方便、灵活、适应性强、应用较为普遍。其优点是:刷涂具有较强的渗透力,能使涂料渗透到细孔和缝隙中去,通常被用于焊缝、边缘、型材反面和狭小区域的预涂装;刷涂的涂料浪费较少,对环境的污染也较小。缺点是:刷涂费时、费力,工作效率低,因此,大面积施工中基本被淘汰;刷涂对于干燥快、流平性差的涂料不大适合,易留下明显的刷痕。

2. 辊涂

辊涂适合于难以喷涂作业的大平面的涂装。其优点是:辊涂可以较长距离作业,较少脚手架的搭建;辊涂的涂料浪费也较少,对环境的污染也较少。缺点是:对于结构复杂和凹凸不平的表面,辊涂方式受到限制。

3. 有气喷涂

涂料通过压缩空气流(0.2~0.5MPa)进行雾化,并由气流带至表面。空气和涂料通过单独的通道进入喷枪,进行混合,并通过喷气嘴以控制好的喷涂形状进行喷涂。其优点是:涂层均匀,高质量的外观效果,适用于实验室制板以及家具漆的涂装等。缺点是:施工时需要添加较多的稀释剂,单道干膜厚度较低。

4. 无气喷涂

涂料不使用压缩空气进行雾化,而通过流体压力为10~25MPa的喷枪,将涂料送至表面。涂料在高压下被抽至无气喷枪,在那里,涂料在被推向表面的同时,会被强制通过一个经精确调整的形状和尺寸的开口,即喷枪口。无气喷涂最大的优点是效率高,比刷涂或辊涂高几十倍甚至百倍,因此,非常适合大面积的涂装,如船舶涂装。另外,无气喷涂不需添加稀释剂,即可施工高固体含量的涂料,单次施工膜厚较高,可减少施工道数。无气喷涂缺点是:施工涂料损耗较大,损耗系数通常达 1.6 ~ 1.8。

2.6.3 检验

1. 表面处理检验

1)表面清洁度

喷砂前,钢材锈蚀状态评级可依据《涂覆涂料前钢材表面处理 表面清洁度的目视评定 第 1 部分:未涂覆过的钢材表面和全面清除原有涂层后的钢材表面的锈蚀等级和处理等级》(GB/T 8923.1—2011)的规定进行,共分为 A、B、C、D 四种锈蚀状态,如图 2 - 22 所示。钢材表面处理主要有喷砂、动力工具和火焰除锈 3 种方法,工程中常用喷砂和动力工具进行表面处理。喷砂表面处理分为 4 个等级,分别为 Sa 1、Sa 2、Sa 2½ 和 Sa 3。动力工具处理分为 2 个等级,分别为 St 2 和 St 3。国外也有表面处理标准,国内外基材表面处理标准间的对应关系如表 2 - 9 所列。在防腐蚀涂装工程中,一般要求喷砂后的钢板表面处理等级达到 Sa 2½,即在不放大的情况下观察时,表面应该看不见残油、油脂和灰尘,没有不牢固的氧化皮、铁锈、油漆和异物,任何残留污物的痕迹应该只显示为点状和条状的轻微色斑。

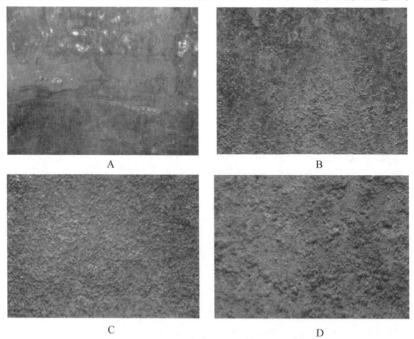

图 2 - 22　初始锈蚀状态

表 2 – 9　国内外基材表面处理标准间的对应关系

表面处理等级	GB/T 8923.1	ISO 8501	SSPC
表观清洁喷砂/出白级喷砂	Sa 3	Sa 3	SP5
非常彻底喷砂/近似出白级喷砂	Sa 2½	Sa 2½	SP10
彻底喷砂/商业级喷砂	Sa 2	Sa 2	SP6
轻度喷砂/清扫级喷砂	Sa 1	Sa 1	SP7
动力工具清理	St 2	St 2	SP3
动力工具清理	St 3	St 3	SP11[①]
手动工具清理	—	—	SP2
溶剂清洗	—	—	SP1

① 要求粗糙度不小于 25μm。

2）表面粗糙度

表面粗糙度是指钢板表面微小的峰谷高低程度及其间距状况,主要是为了增加钢板表面与涂层的接触面积,从而增加涂层附着力。表面粗糙度表示方式可分为 Ra、Ry、Rz 等 3 种,如表 2 – 10 所列。粗糙度太低或不均匀意味着低附着力,太高则会导致油漆覆盖能力差和点锈。

表 2 – 10　表面粗糙度的表示方法、含义及示意图

表示方法	含　义	示意图
Ra	波峰到波谷到这条中心线的平均距离	
Ry	波峰到波谷的最大值,也称为 R_{max},应用触针法可以测定 Ry	
$Rz(Ry5)$[①]	波峰到波谷的平均值,上下各取 5 个点,$Rz(Ry5) = 1/5(Y_1 + Y_2 + \cdots + Y_9 + Y_{10})$	

① 通常使用 $Rz(Ry5)$ 来描述表面粗糙度,$Rz(Ry5)$ 和 Ra 的关系为 $Rz(Ry5) = (4 \sim 6)Ra$。

实验室内测试粗糙度的方法主要是触针法、比较样块法及复制胶带法。触针法根据被测表面轮廓峰谷起伏,触针将在垂直于被测轮廓表面方向上产生上下移动,其移动距离即为该点的粗糙度。常见的仪器有数字式表面粗糙度仪,在测量前需用校准片先对仪器进行校准,校准后将仪器垂直于被测钢板表面按下仪器,即可在显示屏上显示出该点粗糙度。

比较样块法采用标准比较样块以视觉和触觉对钢板和比较样块进行对比,从

而得出钢板的粗糙度等级。ISO 8503 – 1 粗糙度比较样块分为钢砂(G)和钢丸(S)喷射处理两种,每一种粗糙度样板分为 4 块,即 Ⅰ ~ Ⅳ。在实验室一般采用钢砂处理,其等级一般为中级。几种比较样块对应关系如表 2 – 11 和表 2 – 12 所列。

表 2 – 11　比较样块(G:钢砂处理)

等级	等级描述	粗糙度
细	表面轮廓等于样板 Ⅰ ~ Ⅱ,但不包括 Ⅱ	R_y 典型值:25 ~ 45μm
中	表面轮廓等于样板 Ⅱ ~ Ⅲ,但不包括 Ⅲ	R_y 典型值:55 ~ 80μm
粗	表面轮廓等于样板 Ⅲ ~ Ⅳ,但不包括 Ⅳ	R_y 典型值:85 ~ 129μm

表 2 – 12　比较样块(S:钢丸处理)

等级	等级描述	粗糙度
细	表面轮廓等于样板 Ⅰ ~ Ⅱ,但不包括 Ⅱ	R_y 典型值:25 ~ 30μm
中	表面轮廓等于样板 Ⅱ ~ Ⅲ,但不包括 Ⅲ	R_y 典型值:40 ~ 55μm
粗	表面轮廓等于样板 Ⅲ ~ Ⅳ,但不包括 Ⅳ	R_y 典型值:65 ~ 80μm

复制胶带法测试粗糙度,是将带有一块不可压缩塑料膜和可压缩泡沫塑料小方块的胶带,粘贴在喷砂清理过的表面上并挤压泡沫,在泡沫上形成实际表面粗糙度的确切反压印(复制品)。用测微计测量泡沫和塑料膜的厚度即可获得表面粗糙度。常用复制胶带型号有:粗级,适用于测量 20 ~ 50μm 的表面粗糙度;特粗级,适用于测量 37 ~ 112μm 的表面粗糙度。通常在一定的区域内测量 3 点,考核粗糙度是否均匀以及求得其平均值。

3)表面可溶性盐含量

表面可溶性盐含量主要是测量钢板表面水溶性盐的含量,盐含量太高会导致涂层渗透压增大并可能导致涂层渗水起泡。测量方法是 Bresle 方法,测量工具主要有 Bresle 胶粘贴、电导率仪、一次性针筒、50mL 烧杯以及电导率不大于 0.1mS/m 的蒸馏水或去离子水。首先将胶粘贴贴到被测样板表面,往烧杯中倒入 50mL 蒸馏水或去离子水,并将针筒伸入烧杯中进行反复抽水、排水后测量烧杯中水的初始电导率。接着用针筒抽取烧杯中适量的水注射入胶粘贴中,再抽出注射入烧杯中,重复 3 ~ 5 次,最后尽可能抽空胶粘贴内的水,并注入烧杯中,测量烧杯中的电导率,即可用两次电导率差计算出最终盐含量。

4)表面灰尘

经喷砂处理的钢板表面残留的灰尘在涂装时会造成涂层附着力下降或缩孔等不良现象。钢板表面灰尘等级评定时,用胶带粘贴在钢板表面来回摩擦后,撕下放在白色背景上进行观察,灰尘的大小评定等级可分为 0 ~ 5 六个等级,如表 2 – 13 所列;灰尘的分布分为 1 ~ 5 五个等级,如图 2 – 23 所示。在实际应用中,喷砂磨料选择对基材灰尘等级也有重要影响:①石榴石等非金属磨料喷砂过程嵌砂明显,喷砂后如果缺少扫砂步骤,其灰尘等级对涂层性能影响极大;②由于部分业主及施工单位不专业或出于成本控制考虑,采用钢砂或铜矿喷砂处理不锈钢基材,由此金属磨料嵌砂与基材性能可能导致异种金属电偶腐蚀,有可能会加速涂层基材界面腐蚀失效。

表 2-13 灰尘的大小评定等级

等级	描 述
0	10 倍放大镜下不可见的微粒
1	10 倍放大镜下可见但肉眼不可见(直径小于 50μm)的颗粒
2	正常或矫正视力下刚刚可见(直径为 50~100μm)的颗粒
3	正常或矫正视力下明显可见(直径小于 0.5mm)的颗粒
4	直径为 0.5~2.5mm 的颗粒
5	直径大于 2.5mm 的颗粒

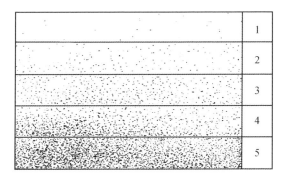

图 2-23 灰尘的分布等级

2. 涂装检查

涂装后漆膜的检查通常包括:①漆膜外观的检查,检查其是否有漏涂、流挂、气孔等缺陷;②漆膜厚度的检查,通常使用磁性干膜测厚仪进行非破坏性检测,PIG 仪为破坏性涂层膜厚检测仪,它可以检测每道涂层的厚度;③涂层孔隙检测,涂层孔隙检测通常有两种,一种是低压湿海绵针孔检测仪,另一种是高压电火花针孔检测仪;④涂层附着力检测,涂装现场涂层附着力检测通常有划格法、划叉法以及拉拔法检测。

参考文献

[1] 高瑾,米琪. 防腐蚀涂料与涂装[M]. 北京:中国石化出版社,2007.

[2] 刘登良. 涂料工艺[M]. 北京:化学工业出版社,2009.

［3］潘祖仁．高分子化学［M］．北京:化学工业出版社,2015.

［4］刘国杰．涂料树脂合成工艺［M］．北京:化学工业出版社,2012.

［5］沈钟昌,周山,陈人金．防腐涂料生产与应用技术［M］．北京:中国建材工业出版社,1994.

［6］《涂料技术与文摘》编辑部．防腐蚀涂料行业发展现状综述［J］．涂料技术与文摘,2008,29(3):3－13.

［7］刘歌．防腐蚀涂料行业现状与市场浅析［J］．染料与染色,2017,54(5):19－23.

［8］张超智,蒋威,李世娟,等．海洋防腐涂料的最新研究进展［J］．腐蚀科学与防护技术,2016,28(3):269－275.

［9］王博,魏世丞,黄威,等．海洋防腐蚀涂料的发展现状及进展简述［J］．材料保护,2019,52(11):132－138.

［10］洪啸吟,冯汉保,等．涂料化学［M］．北京:科学出版社,2005.

［11］叶扬祥,潘肇基．涂装技术实用手册［M］．北京:机械工业出版社,2003.

［12］武利民,李丹,游波．现代涂料配方设计［M］．北京:化学工业出版社,2000.

［13］张卫中,虞建新,赵惠东,等．中国涂料装备行业发展40年［J］．中国涂料,2019,34(1):33－42.

［14］付学勇．颜料分散机理的探讨及新的分散方法［J］．涂料工业,2010,40(7):67－72.

［15］周铭．颜填料的结构与物性对涂料性能的影响［J］．中国非金属矿工业导刊,2006,55(3):24－26.

［16］周强,金祝年．涂料化学［M］．北京:化学工业出版社,2007.

［17］金晓鸿．船舶涂料与涂装手册［M］．北京:化学工业出版社,2016.

第3章

涂料防腐蚀及特种性能评价方法

3.1 盐雾试验

3.1.1 概述

盐雾试验是模拟大气盐雾环境的实验室环境试验方法,是金属、电工电子产品、涂层、汽车装备等最常用的防腐蚀性能检测方法之一。

盐雾的主要腐蚀介质是氯化钠。氯离子的离子半径小,容易穿透金属表面氧化层,破坏金属的钝态。同时,氯离子水合能低,容易被吸附在金属表面,取代金属表面氧化层中的氧,使金属表面形成微电池,加速了电化学腐蚀过程,从而使金属腐蚀生锈。

根据不同的喷雾方式,盐雾试验分为连续盐雾及交变盐雾。连续盐雾是指在整个试验过程中,盐雾箱内喷雾介质、温度、湿度等参数保持恒定,雾化器连续喷出溶液的形式。主要方法有《人造环境中的腐蚀试验　盐雾试验》(ISO 9227：2017)[1]、《盐雾试验标准》(ASTM B117—2019)、《色漆和清漆　耐中性盐雾性能的测定》(GB/T 1771—2007,等同采用 ISO 7253：1996)等,虽然适用的检测对象不同,但盐雾原理基本一致。ISO 9227：2017 规定了中性盐雾试验(NSS 试验)、乙酸盐雾试验(AASS 试验)和铜加速乙酸盐雾(CASS 试验)3 种试验。其中,中性盐雾试验应用范围最广,适用于金属及其合金、金属镀层、阳极氧化膜及有机涂层。乙酸盐雾试验和铜加速乙酸盐雾试验一般只用于金属镀层,如铜＋镍＋铬或镍＋铬装饰性镀层以及铝阳极氧化膜,而不用于有机涂层评价。

干湿交变盐雾是通过程序控制器设置一定的步骤,让盐雾试验箱先喷盐雾一段时间,再暴露在一定湿度或干燥空气中,如此不断循环的过程。与连续盐雾相比,干湿交替的过程会导致涂层更容易发生鼓泡剥离,涂层会更快失效。《军用装备实验室环境试验方法 第 11 部分:盐雾试验》(GJB 150.11A—2009[2])推荐使用交替的 24h 喷雾和 24h 干燥两种状态共 96h(2 个喷雾湿润阶段和 2 个干燥阶段)的试验程序,经验证明,这种交变方式和试验时间,能提供比连续喷雾 96h 更接近真实暴露情况的盐雾试验结果,并具有更大的潜在破坏性,因为在从湿润状态到干燥状态的转变过程中,腐蚀速率更高。如果需要比较多次试验之间的腐蚀水平,为了保证试验的重复性,要严格控制每次试验干燥过程的速率,将装备干燥 24h。为了对装备耐受腐蚀环境的能力给出更高置信度的评价,可以增加试验的循环次数,也可采用 48h 喷盐雾和 48h 干燥的试验程序。

3.1.2 试验设备

盐雾试验箱由耐盐水溶液腐蚀的材料制成或用它衬里,为保证喷雾均匀分布,箱体内容积应不小于 $0.4m^3$,示意图见图 3-1。盐雾箱的大小和形状应能将喷雾收集器收集到的溶液的量保持在标准方法中规定的范围内。盐雾箱通常由底部加热板进行箱内温度加热,通过箱内的温度元件控制,使得盐雾箱内各部件保持在规定温度范围内。该元件距箱壁应至少 100mm。盐雾箱喷雾装置由压缩空气供给器、盐雾溶液储罐和喷嘴组成。供给喷雾的压缩空气应通过装填水的饱和塔柱使其加湿。为防止盐雾箱内形成压力,通常把装置内的空气排放到实验室外大气中。

盐雾箱中,试样支架应能与垂直面成 15°~25° 的角度支撑试板,通常为玻璃钢、塑料等惰性非金属材料。如需悬挂试板,所使用材料应是合成纤维、棉纱线等惰性绝缘材料。试验支架应避免盐溶液液滴从一个水平面上的试板或支架上滴到下面的试板上,箱体顶部为可防止冷凝水滴落在试板上的罩盖。

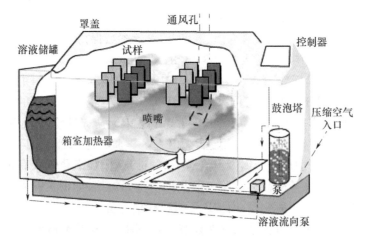

图 3-1 盐雾试验箱示意图

3.1.3　试验样板

试板的类型、数量、形状和尺寸应根据被试材料有关标准进行确定。涂层试板尺寸一般为 150mm × 70mm × 2mm,涂层样板边缘进行封边处理。试验前试板必须清洗干净,不能使用具有腐蚀性的溶剂。如果试板是从工件上切割下来的,不能损坏切割区附近的涂层,切割区域用石蜡或涂层等进行保护。

3.1.4　试验过程

1. 试验溶液的配制

先配制质量分数为 5% 的氯化钠溶液,再根据试验要求,配制成不同的试验溶液。配制时,将纯度至少为化学纯的氯化钠试剂溶于电导率不超过 20μS/cm 的蒸馏水或去离子水中,浓度为 (50 ± 5) g/L。在 25℃ 时,配制溶液密度在 1.029 ~ 1.036g/cm³ 范围内。氯化钠中的杂质会影响金属腐蚀速率,应控制铜总量低于 0.001%,镍含量低于 0.001%,碘化钠含量不超过 0.1%。

根据收集的喷雾溶液的 pH 值调整盐溶液到规定的 pH 值。中性盐雾试验调节收集液 pH 值在 6.5 ~ 7.2 之间。乙酸盐雾试验则通过加入适量冰乙酸到氯化钠溶液中,使收集液的 pH 值为 3.1 ~ 3.3。铜加速乙酸盐雾试验通过往溶液中加入氯化铜$(CuCl_2 \cdot 2H_2O)$,浓度为 (0.26 ± 0.02) g/L$((0.205 \pm 0.015)$ g/L 无水氯化铜),使收集液的 pH 值为 3.1 ~ 3.3。

2. 试验条件

试验条件如表 3 - 1 所列。

表 3 - 1　试验条件

试验方法	中性盐雾试验 （NSS 试验）	乙酸盐雾试验 （AASS 试验）	铜加速乙酸盐雾试验 （CASS 试验）
温度/℃	35 ±2	35 ±2	50 ±2
80cm² 水平面积的平均沉降率/（mL/h）	1.5 ±0.5		
氯化钠溶液的浓度（收集溶液）/（g/L）	50 ±5		
pH 值（收集溶液）	6.5 ~ 7.2	3.1 ~ 3.3	3.1 ~ 3.3

3. 试验操作

首先确认盐雾箱的溶液储罐是否有溶液,如果溶液不足或者没有溶液,应按照相应标准要求进行配制补充。在控制面板按下停止键,先不打开主箱体,等待 1 ~ 2min 让箱体盐雾排出。

打开试验箱体,将试验样板插在试验架上,被试面朝上放置,让盐雾自由沉降在被试表面上,被试表面不能受到盐雾的直接喷射。在盐雾箱中被试表面与垂直方向成15°~25°,并尽可能成20°。工件等不规则试样应按此参照角度放置。试样可以放置在箱内不同水平面上,但不得接触箱体,也不能相互接触。试样之间的距离应不影响盐雾自由降落在被试表面上,试样上的液滴不得落在其他试样上。关闭试验箱体,根据相应标准试验条件要求设置盐雾箱试验参数,按下控制面板开始键,同时记下试验时间。推荐试验周期为2h、6h、24h、48h、96h、168h、240h、480h、720h、1008h。试验周期内喷雾不得中断,只有当需要短暂观察试样时才能打开盐雾箱。

定期检查试板,同时注意不应损伤待测表面,每天盐雾箱停止时间不得超过30min,不允许使试板变干。检查过程中,不能破坏被试表面,每天开箱检查时间应不超过1h。如有可能应在每天的相同时间内检查。

3.1.5 结果评价

在规定的试验周期结束时,从设备中取出试板,用清洁的温水冲洗以除去试板表面上的试验溶液残留物。而后立即把试板弄干并检查试板表面的受损现象。

对于金属试样及无机涂层试样,试验结束后取出试样,为减少腐蚀产物脱落,试样在清洗前放在室内自然干燥0.5~1h,然后用温度不高于40℃的清洁流动水轻轻清洗以除去试样表面残留的盐雾溶液,再立即用吹风机吹干。《金属和合金的耐腐蚀性腐蚀试样中腐蚀生成物的清除》(ISO 8407:2009)[3]提供了化学酸洗、电解处理及机械处理等3种方法,适用于铝、铜、铁、锌、镁、不锈钢等金属及合金的试验后处理。处理后的试样进行腐蚀失重、显微形貌、力学性能等测试。

对于有机涂层试样,试验结束后取出试样,用清水洗去试样表面的残留溶液,根据涂层性能的变化进行破坏等级评定,主要评价涂层的起泡、开裂、生锈和剥落情况。《色漆和清漆 涂层老化的评价方法》(GB/T 1766—2008[4],等同采用ISO 4628:2003)采用0~5的6级评定方法,0级无变化,5级破坏最严重。按照涂层的破坏程度,从涂层破坏的数量和大小分别评级,见表3-2和表3-3。

表3-2 涂层破坏的数量等级

等级	起泡	开裂	生锈	剥落(面积)/%
0	无泡	无可见的开裂	0个锈点	0
1	很少,几个泡	很少几条,小得几乎可以忽略的开裂	≤5个锈点	≤0.1
2	有少量泡	少量,可以察觉的开裂	6~10个锈点	≤0.3
3	有中等数量的泡	中等数量的开裂	11~15个锈点	≤1
4	有较多数量的泡	较多数量的开裂	16~20个锈点	≤3
5	密集型的泡	密集型的开裂	>20个锈点	>15

表3-3　涂层破坏的大小等级

等级	起泡	开裂	生锈	剥落(面积)/mm²
S0	10倍放大镜下无可见的泡	10倍放大镜下无可见开裂	10倍放大镜下无可见的锈点	10倍放大镜下无可见剥落
S1	10倍放大镜下才可见的泡	10倍放大镜下才可见开裂	10倍放大镜下才可见的锈点	≤1
S2	正常视力下刚可见的泡	正常视力下目视刚可见开裂	正常视力下刚可见的锈点	≤3
S3	<0.5mm的泡	正常视力下目视清晰可见开裂	<0.5mm的锈点	≤10
S4	0.5~5mm的泡	基本达到1mm宽的开裂	0.5~5mm的锈点	≤30
S5	>5mm的泡	超过1mm宽的开裂	>5mm的锈点(斑)	>30

若是划痕试样,则用小刀沿着划痕将涂层剥起,记录划痕处锈蚀的蔓延程度。

3.2　湿热试验

3.2.1　概述

涂层耐湿热试验分为恒定湿热试验和交变湿热试验。恒定湿热试验是指温湿度不随时间变化的湿热试验,主要适用于温度变化不大的环境,涂层表面不会产生凝露。交变湿热试验是指温度、湿度呈周期性变化,即由高温高湿、低温高湿之间变化的一种试验方法。根据涂层样板放置类型,耐湿热试验又可分为湿热试验及冷凝试验。湿热试验用于模拟材料直接暴露于空气中服役工况;冷凝试验用于模拟结构物内表面及存在内外温度差表面水冷凝工况。其中工业用涂料、船舶涂料和风电涂料等重防腐涂料在户外实际工况下涂层表面具有冷热温差的变化,因此连续冷凝法在这类涂料中的应用最为广泛。国内外涂层耐湿热性主要测试标准见表3-4。

表3-4　国内外涂层耐湿热性主要测试标准

测试方法	方法概述
GB/T 1740—2007[5]	涂层样板置于规定温、湿度的试验箱中,在规定时间内测定涂层耐湿热性
ASTM D1735—2014[6]	通过雾化器将水转化为水雾,自由沉降到试板表面,在规定时间内测定涂层的耐湿热性

续表

测试方法	方法概述
GB/T 13893—2008[7]、ISO 6270 – 1：2017[8] 和 ASTM D4585—2018[9]	通过样板内外面温差形成凝露的连续冷凝法,在规定时间内测定涂层耐湿热性
GB/T 13893.2—2019[10]、ISO 6270 – 2：2017[11]	将试板暴露于冷凝箱内,通过控制冷凝水环境[冷凝条件为恒定湿度的冷凝环境(CH)或交替变化的冷凝环境(AHT、AT)],在规定时间内测定涂层耐湿热性
ASTM D2247—15(2020)[12]	在100% 相对湿度时,试板与周围蒸汽之间微小温差形成凝露,在规定时间内测定涂层的耐湿热性

3.2.2　试验设备

1. 冷凝试验箱

冷凝试验箱由带有加热功能的水槽和试样架构成,其结构示意图见图3 – 2。试验箱底部含有加热水槽,通过加热水产生饱和水蒸气,在试板上形成凝露。水槽的边缘应适当隔开,保证水面上方试板以下约25mm 空间的气温测量值符合标准要求。试验箱通过一个自动控制装置将水槽液面维持在一定的水平。

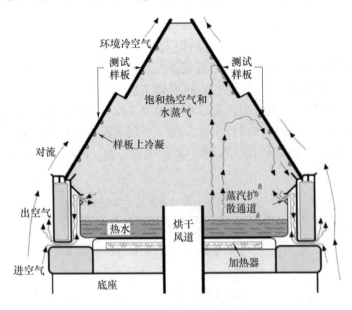

图3 – 2　冷凝试验箱示意图

冷凝试验箱中安装有与垂直面成 15° 的试样支架,当试样安装后,有充分的自由空气冷却试样背面从而在试样暴露面产生凝露。试验支架应避免液滴从一个水平面上的试板或支架上滴到下面的试板上。

2. 环境箱

在温热、潮湿的环境中进行试验应使用一个气密性好的环境箱,通常在底部配有水槽,环境箱示意图见图 3-3。试验箱底部装有加热水槽,用于存放符合标准要求的水,环境箱应能通过加热底部水槽中的水来控制温、湿度。如果没有配置底部加热水槽,应另外有装置来保证试样表面形成足够的冷凝水。试验箱应有一个能关闭的合适的门或其他开孔,便于放置试样和进行通风。

环境箱安装有与水平面成不小于 60° 的试样支架,试板间不互相接触且能充分辐射能量。不允许箱体壁或顶棚或其他试板上的冷凝水滴落到试板上。

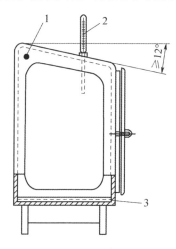

图 3-3　环境箱示意图

1—减压阀;2—温度测量装置;3—装有水的底部水槽。

3.2.3　试验样板

试板尺寸一般为 150mm×70mm×(1~3)mm,每块试板的正面涂上待测涂料或涂料体系,试板的背面及边缘涂装保护性涂料。对于每一种涂层,平行试板数量应不少于 3 个。

3.2.4　试验过程

1. GB/T 1740—2007

试板垂直悬挂于隔板上,试板的正面不允许互相接触。箱体内加入符合《分析实验室用水规格和试验方法》(GB/T 6682—2008)规定的至少为3级水,应将箱体内温度预先调至为(47±1)℃,相对湿度预先调至为(96±2)%,并在整个测试过程中维持该参数(也可采用其他商定值)。当温度和湿度达到设定值时,开始计算试验时间。试验过程中试板表面不应出现凝露。若连续试验48h,检查一次。两次检查后,每隔72h检查一次。为确保试验均匀性,每次检查后应将试板变换位置。

2. ASTM D1735—2014

在垂直方向上呈15°放置试板,或悬挂试板。试板的最小间距为30mm,使试板上的水滴不会滴到其他试板上。在水槽中加入符合《试剂水规范》(ASTM D1193—2006(2018))规定的至少4级水,精确控制水的温度为(38±2)℃,并在整个测试过程中维持该参数。水槽中水在空气压缩机作用下经过雾化塔形成水雾沉降到试板表面。在测试过程中,沉降量是试验有效性关键指标,标准中规定的沉降量为1.0~3.0mL/h。试验过程中,允许每天一次短时间检查样板。到达规定的时间后结束试验,或观察到涂层表面出现起泡等变化时结束试验。

3. GB/T 13893—2008 和 ISO 6270-1:2017

在水平面上呈60°±5°或15°±5°放置样板于试验箱顶部,便于冷凝水的排出,同时应避免水流到其他样板上,试验面应朝向箱体内部。在水槽中加入符合GB/T 6682中规定的3级水。精确控制距水面上方试板以下约25mm处的气温保持在(38±2)℃,并在整个测试过程中维持该参数(如38℃太低,也可设置49℃或60℃等商定值)。为确保产生足够的凝露,外部环境应控制在(23±2)℃的不通风环境。在整个规定的试验周期内设备应连续运转,当进行试板检查、放入或取出时,允许每日短时间停止。到达规定的时间后结束试验,或观察到涂层表面出现起泡等变化时结束试验。

4. GB/T 13893.2—2019 和 ISO 6270-2:2017

在水平面上呈不小于60°角放置样板于试验箱内,试板的最小间距为20mm,距箱壁不少于100mm,离水面不少于200mm,不允许冷凝水滴到试板上,同时确保所有试板上形成凝露。箱体底部水槽注入水深至少10mm高的水。将试板就位,关闭环境箱,冷凝箱放置室内温度控制在(23±5)℃、相对湿度最高不超过75%。按照选定的冷凝条件开机将箱体加热至规定试验第一阶段要求的空气温度,应在1.5h内达到该温度,此时试验箱内冷凝空气温度为(40±3)℃。如为恒定冷凝环境,则在试验过程中保持该条件,如选择交变冷凝环境,在试验期间按表3-5规定保持试验箱内的空气温度,交变冷凝试验应16h观察水槽内水位。试验过程中如检查试板,应在30min内将试板放回。当出现规定的涂层破坏程度、达到规定的试验时间或循环次数时终止试验。

表 3 – 5　冷凝试验环境

试验环境		循环时间		工作箱内达到平衡时的条件	
类型	代号	试验周期	总计	空气温度/℃	相对湿度
恒定湿度下的冷凝环境	CH	从开始加热至暴露结束	—	40 ± 3	相对湿度约为 100% , 在试板表面凝露
交替冷凝环境	空气温度和湿度交替变化　AHT	8h 加热	24h	40 ± 3	相对湿度约为 100% , 在试板表面凝露
		16h 冷却（箱体打开或通风）		18 ~ 28	与周围环境接近
	空气温度变化　AT	8h 加热	24h	40 ± 3	相对湿度约为 100% , 在试板表面凝露
		16h 冷却（箱体关闭）		18 ~ 28	相对湿度约为 100%（接近饱和）

5. ASTM D4585—2018

箱体底部水槽注入 25mm 高的水,水的质量没有特别要求,因为在蒸发和冷凝过程中产生的是蒸馏水,但是用自来水会导致残余物积聚在水箱中。试样架上排放试板,其余用防腐蚀空白板填充,试验面应朝向箱体内部。试板之间应无空隙,从而可以阻止水蒸气的流失和温度的变化。调节温度控制器,以维持饱和空气和水蒸气混合所需的温度。建议水蒸气温度为 38℃、49℃ 或 60℃。为确保产生足够的凝露,室温和蒸汽维持至少 11℃ 的温差。试验过程中可以检查试板,移出时,在空缺处放置防腐蚀的试板。到达规定的时间后结束试验,或观察到涂层表面出现起泡等变化时结束试验。

6. ASTM D2247—15（2020）

用至少符合 ASTM D1193—06（2018）规定的 4 级水通过蒸汽发生器产生饱和水蒸气,调节饱和空气和水蒸气的温度,使试板附近的空气温度达到 38℃,在平衡过程中,温度变化最大不超过 ±2℃。试验时不设定蒸汽发生器的水温,水蒸气的温度应高于试板附近的空气温度,从而确保冷凝更加均匀,使试验正常进行。试验过程中,允许每天一次短时间检查样板。到达规定的时间后结束试验,或观察到涂层表面出现起泡等变化时结束试验。

3.2.5　结果评价

当达到规定的试验周期后取出试样,以适当的吸湿纸或布擦拭表面除去残留液体,根据《色漆和清漆　涂层老化的评价方法》(GB/T 1766—2008)对涂层进行破坏等级评定,主要评价涂层的起泡、生锈和剥落情况,见表 3 - 2 和表 3 - 3。如果需要检查底材腐蚀的情况,可以使用无腐蚀性的脱漆剂将涂层除去。

3.3　人工气候老化试验

　　基于老化因素的多样性及老化机理的复杂性,自然老化无疑是最可靠的老化试验方法。但自然老化试验周期漫长,不同年份、季节、地区气候条件的差异性往往造成试验结果不可比,试验结果的重复性和可再现性很差。而人工气候老化试验模拟强化了自然气候中的某些重要因素,如阳光、温度、湿度、降雨等,有效缩短了试验周期,且由于试验条件可控,试验结果再现性强,有效解决了自然老化试验的缺陷,加之其试验条件选择方便、针对性强,因此,人工气候老化作为自然老化试验的重要补充,已广泛运用于涂料、塑料、油墨和其他高分子材料的研究、开发和检测。

　　人工气候老化大致包括碳弧灯老化、荧光紫外灯老化、氙弧灯(氙灯)老化三大类。碳弧灯老化试验箱是最早出现的,因为维修费用高、不能校正、模拟光谱范围狭窄等缺点,现已很少使用。目前使用较多的是荧光紫外灯及氙灯老化试验。人工气候老化试验相关标准如表 3 - 6 所列。

表 3 - 6　荧光紫外灯和氙灯老化试验标准

人工气候老化试验类型	符合标准
荧光紫外灯老化试验	GB/T 14522—2008
	ISO 16474 - 3:2021
	ASTM D4587—11(2019)E1
氙灯老化试验	GB/T 1865—2009
	ISO 11341—2004
	ASTM G155—13

3.3.1　荧光紫外灯老化试验

1. 概述

荧光紫外灯老化试验是一种用人造光源来模拟太阳光的紫外波段,从而验证有机涂层、塑料和橡胶等高分子材料抗环境老化能力的试验方法。荧光紫外灯老化试验可以分为光照、冷凝和喷淋3种模式。光照阶段用于模拟自然环境中的阳光,并可以控制光照强度;冷凝阶段用于模拟夜晚样品表面结露的现象,冷凝阶段关闭荧光紫外灯(黑暗状态),只控制试验温度和湿度;喷淋阶段通过向样品表面持续喷水模拟下雨的环境。

2. 试验设备

紫外老化试验箱由耐光老化的铝合金构成,平板式样品放置结构示意图见图3-4。荧光紫外灯放置位置应能保证试样表面的辐照度均匀。试验箱底部含有加热盘,通过加热水产生饱和水蒸气,然后在试样上形成凝露。试验箱靠近灯管侧部配备喷水装置向试样间歇性地喷水,水可均匀地喷洒在试样上。

紫外老化试验箱试样支架由不影响试验结果的耐腐蚀材料制成,当设备提供凝露方式时,试样架可确保试样安装后,有充分的自由空气冷却试样背面,从而在试样暴露面产生凝露。

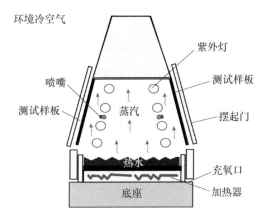

图3-4　紫外老化试验箱示意图

在进行紫外老化试验时,还应根据应用条件选择合适的紫外灯管、设置合适的辐照度。

1)紫外灯管的选择

荧光紫外灯常见的有UVA-340、UVA-351和UVB-313这3种灯管,所有类型的灯管都发出紫外光而不是红外光或可见光。由于这些灯管发出的总能量和光谱分布不同,因而具体使用哪种灯管应视具体条件而定。

UVA灯在发射300nm以下的光能低于总输出光能的2%,在295nm的普通太阳光波长截止点以下几乎没有任何的紫外线输出,它们通常不像短波紫外线破坏材料那么快,但它们比较接近真实的户外老化。常见的有UVA-340、UVA-351两种灯管。

UVA-340灯管的光谱分布和正午太阳光的紫外波段相近(图3-5),一般用于常规户外产品的光老化试验。UVA-340灯管能发出295~365nm之间的最接近太阳光的光谱,它的辐射峰值是在340nm。UVA-340灯对不同试验方法的测试对照具有较好的参考作用。UVA-351灯管可以模拟透过玻璃窗户的太阳光的紫外线部分,主要用于室内产品的老化测试。

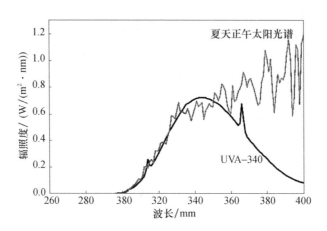

图3-5　UVA-340灯管的光谱分布与正午太阳光光谱的比较

短波紫外线灯辐射波长低于295nm的非自然短波紫外线,使材料老化得较快,常见的有UVB-313灯管。UVB-313灯管产生较高强度的短波紫外线,比UVA灯管更快引起材料老化。采用UVB灯管试验条件最为严格,对特别经久耐用材料的检测非常有用。

2)辐照度控制

大多数紫外老化设备都装备有日光眼光强控制器,利用日光眼的反馈循环系统,可以连续自动地控制且精确地保持辐照度。日光眼能依靠调整灯的功率来自动补偿因灯管老化和其他因素造成的光强变化。

3. 试验样板

涂层试样尺寸一般为150mm×70mm×2mm,每块试样的正面涂上待测涂料或涂料体系,试样的背面及边缘涂装保护性涂料。对于每一种涂层,应采用数量适量的试样在同一台设备上进行试验,一般不少于3个。

4. 试验过程

将试验样板放置在试验架上,被试面朝向光源放置,试板周围的空气应能流通。为了保证试板均匀暴露,试板应在不多于3天间隔内对放置位置进行重排。

紫外灯暴露试验的典型试验条件见表3-7。

表3-7 紫外灯暴露试验的典型试验条件

暴露周期类型	暴露段	紫外灯类型	辐照度/(W/(m²·nm))	控制波长/nm	黑板温度计温度/℃
1	8h 干燥 4h 冷凝	UVA-340	0.89 ± 0.02 0.00	340	60 ± 3 50 ± 3
2	8h 干燥 4h 冷凝	UVA-340	0.76 ± 0.02 0.00	340	60 ± 3 50 ± 3
3	8h 干燥 4h 冷凝	UVA-340	1.55 ± 0.02 0.00	340	60 ± 3 50 ± 3
4	8h 干燥 4h 冷凝	UVA-340	1.55 ± 0.02 0.00	340	70 ± 3 50 ± 3
5	8h 干燥 0.25h 喷水 3.75h 冷凝	UVA-340	0.76 ± 0.02 0.00 0.00	340	50 ± 3 不控制 50 ± 3
6	8h 干燥 0.25h 喷水 3.75h 冷凝	UVA-340	1.55 ± 0.02 0.00 0.00	340	60 ± 3 不控制 50 ± 3
7	4h 干燥 4h 冷凝	UVB-313	0.71 ± 0.02 0.00	310	60 ± 3 50 ± 3
8	8h 干燥 4h 冷凝	UVB-313	0.49 ± 0.02 0.00	310	70 ± 3 50 ± 3
9	20h 干燥 4h 冷凝	UVB-313	0.62 ± 0.02 0.00	310	80 ± 3 50 ± 3
10	24h 干燥	UVA-351	0.76 ± 0.02	310	50 ± 3
11	8h 干燥 4h 冷凝	UVA-340	不控制 0.00	—	60 ± 3 50 ± 3
12	4h 干燥 4h 冷凝	UVA-340 或 UVB-313	不控制 0.00	—	60 ± 3 50 ± 3
13	8h 干燥 4h 冷凝	UVA-340 或 UVB-313	不控制 0.00	—	70 ± 3 50 ± 3
14	24h 干燥	UVA-351	不控制	—	50 ± 3

注:1. 表中所列所有条件都不控制相对湿度。

2. 表中辐照度为0.00,表示紫外灯熄灭。

3. 暴露周期11~14适用于无辐照度控制的设备。

5. 结果评价

在规定的试验周期结束时,从设备中取出试板,试板一般不应清洗或抛光,然后根据委托方要求的相关标准进行性能检测,如果需评定试板的失光或变色,则应在干燥阶段的最后取出试板进行评定,按照《色漆和清漆 涂层老化的评级方法》(GB/T 1766—2008)检查涂层的起泡、剥落、锈蚀、裂纹等情况,见表3-2和表3-3。若是考察力学性能,则按有关标准对测试样板及对照板进行检测,记录试验结果。

3.3.2 氙灯老化试验

1. 概述

氙灯能模拟完整的全太阳光光谱,包括紫外光、可见光和红外光光谱。未经滤光的氙灯会发射过多的短波紫外线,不能很好地模拟自然暴露。因此,氙灯试验箱使用不同类型的过滤器来减少不必要的短波射线。过滤器的选择取决于材料的使用环境。氙灯试验箱中最常见的过滤器是日光过滤器,它可以产生类似于夏日正午阳光的光谱。经过过滤的氙灯是测试颜料、染料等产品的光稳定性的最佳光源,可以模拟各种条件下的自然光,包括从大气层外的太阳光到透过窗玻璃的日光。

2. 试验设备

氙灯老化试验箱体由耐腐蚀材料制成,其内装置包括滤光系统的辐射源、样板架等,示意图如图3-6所示。试验箱的辐射源由一个或多个氙灯组成,产生光经

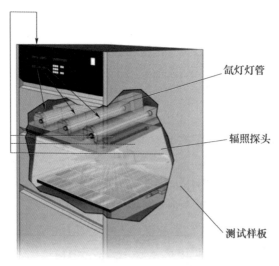

图3-6 氙灯老化箱示意图

氙灯灯管

辐照探头

测试样板

过不同滤光片过滤后,得到辐照度、相对光谱能量分布与太阳的紫外光和可见光近似,或与通过 3mm 窗玻璃滤光的太阳紫外光和可见光辐照近似。根据灯源放置方式,主要有风冷平板式和水冷旋转式两种。旋转式辐照度更均匀,平板式需不定期更换试板位置。箱体内空气的温度和相对湿度由温度、湿度传感器控制,传感器不直接受到辐射。采用辐射量测定仪监测试板表面的辐照度 E 和暴露辐射能 H。所采用的辐射量测定仪应是具有 2π 球面视场和良好余弦对应曲线的光接收器。

在氙灯测试系统内,辐照度控制非常重要。氙灯辐照度传感器有 3 种不同的型号,即 340nm、420nm、300 ~ 400nm,对应于检测不同波长的光的强度。如果测试材料主要是被短波紫外光破坏,则可用 340nm 点控传感器进行检测;如果测试材料主要是被可见光破坏,则可用 420nm 点控传感器进行检测;如果需检测整个紫外线波段,一些标准规范中建议使用 300 ~ 400nm 段控传感器进行检测。

340nm 的控制是通过一个装有过滤器的紫外线传感器,它只允许以 340nm 为中心的狭窄波段通过。340nm 控制点广泛地应用于加速老化测试中,对于户外耐久性产品的老化测试来说,短波紫外线区域能量最高。340nm 控制点对于涂料、塑料是理想的控制点,最常用的辐照度控制点是 $0.55W/m^2$。

平板型和旋转鼓型氙灯试验通常装有 300 ~ 400nm 宽带辐照度控制系统,用于检测整个紫外线波段的辐照强度。300 ~ 400nm 的平均辐照度,室外模拟为 $180W/m^2$,室内模拟为 $162W/m^2$。

由于氙灯本身的光谱稳定性不如荧光紫外灯的好,氙灯的固有特点是灯管老化会使光谱发生漂移,随着氙灯的老化,光谱会发生明显的变化。因此,需要定期更换灯管来减少灯管老化造成的影响。

3. 试验样板

涂层试板尺寸一般为 150mm ×70mm ×2mm,每块试板的正面涂上待测涂料或涂料体系,试板的背面及边缘涂装保护性涂料。对于每一种涂层,应采用适量数量的试板在同一台设备上进行试验,一般不少于 3 个。

4. 试验过程

将试验样板放置在试板架上,被试面朝向光源放置,试板周围的空气应能流通。为了保证试板均匀暴露,试板应在不多于 3 天间隔内对放置位置进行重排。

氙灯老化试样暴露一般采用连续(连续运行)或周期性改变辐照度(非连续运行)的方式,如表 3 – 8 所列。无论哪种方式都连续使用黑标温度计或黑板温度计监测箱体内的温度。对于非连续方式运行时,通过试板架翻转 180° 使试板转向或转离辐射源来产生周期性的变化。

表 3 – 8 　氙灯老化试样暴露循环方式

循环方式	A	B	C	D
运行模式	连续运行	非连续运行	连续运行	非连续运行
润湿时间/mim	18	18	—	—
干燥时间/min	102	102	持续光照	持续光照
干燥期间的相对湿度/%	40~60	40~60	40~60	40~60

　　循环 A 和循环 B 用于人工气候老化,循环 C 和循环 D 用于模拟窗玻璃下的暴露辐射。润湿过程中,辐射暴露不应中断。

　　5. 结果评价

　　在规定的试验周期结束时,从设备中取出试板,试板一般不应清洗或抛光,然后根据委托方要求的相关标准进行性能检测,如果需评定试板的失光或变色,则应在干燥阶段的最后取出试板进行评定,按照《色漆和清漆　涂层老化的评级方法》(GB/T 1766—2008)检查涂层的起泡、剥落、锈蚀、裂纹等情况,见表 3 – 2 和表 3 – 3。若是考察力学性能,则按有关标准对测试样板及对照板进行检测,记录试验结果。

3.4　循环老化试验

3.4.1　概述

　　安装在海上或是沿海地区的钢结构都要面临海洋性气候中高湿、高盐以及强紫外线辐射等腐蚀性因素作用,因此对钢结构涂层防腐提出了更高的技术和性能要求。在涂层配套选择过程中,相比单纯的盐雾或是人工气候老化试验,盐雾—紫外线—温度循环加速模拟试验更接近钢结构涂层的实际使用环境,试验结果更科学、有效。

3.4.2　试验设备

　　循环老化试验由紫外老化箱 + 盐雾试验箱 + 低温试验箱完成,设备详见 3.3.2 小节、3.1.2 小节和 3.6.2 小节。

3.4.3　试验样板

　　1. 表面预处理

　　循环老化试验样板尺寸为 150mm × 75mm,板厚至少 3mm。如采用碳钢基材,试板表面应经喷射清理至少达到 Sa 2½级,表面粗糙度(轮廓)应符合中级。如为热浸镀锌钢试板,基材应符合《钢铁制件热镀锌涂层 技术条件与试验方法》(ISO 1461:2009)[13]要求。如为热喷涂金属涂层试板,基材采用按《热喷镀 锌、铝及合金 腐蚀防护系统的实施》(ISO 2063:2017)[14]规定进行了热喷涂金属涂层的钢板。每项测试要准备3块试板。

2. 涂装要求

尽量采用喷涂施工制板,每种涂层在外观和厚度上应是均匀的,没有流挂、下垂、漏涂、针孔、起皱、光泽不匀、缩孔、颗粒、干喷和起泡现象。

对于经喷射清理钢材和热喷涂金属涂层,检查干膜厚度的方法和程序应按《色漆和清漆 防护涂料体系对钢结构的腐蚀保护 粗糙面上干膜厚度的测量和验收准则》(ISO 19840:2004)[15]的规定进行;对于热浸镀锌钢表面应按《色漆和清漆 漆膜厚度的测定》(ISO 2808:2019)[16]的规定进行。每道涂层的最大干膜厚度应:对于名义干膜厚度,NDFT≤60μm,最大干膜厚度应不大于 NDFT 的1.5倍;如果 NDFT>60μm,最大干膜厚度应不大于 NDFT 的1.25倍。试板的边缘和背面应采取适当保护措施。

3. 样板加速线制备

在每一个待测试板涂层上划一条露出所有涂层的加速线(图3-7),长50mm、宽2mm,距离两长边12.5mm和一边短边25mm。划线要和板面垂直,加速线应该完全划透涂层露出金属底材。在热浸镀锌和热喷涂金属涂层上,划线应完全通过油漆涂层和金属层直至碳钢。钢的切割深度应该尽可能低。

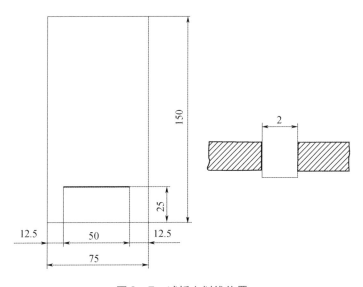

图3-7 试板上划线位置

3.4.4　试验过程

依据 ISO 12944 - 6:2018[17] 或 ISO 12944 - 9:2018[18] 规定的暴露循环程序(图 3 - 8)。采用的暴露循环持续一周(168h)时间,包括:①72h 的紫外线和水的暴露;② 72h 盐雾试验;③ 24h 低温暴露试验(- 20 ±2)℃。

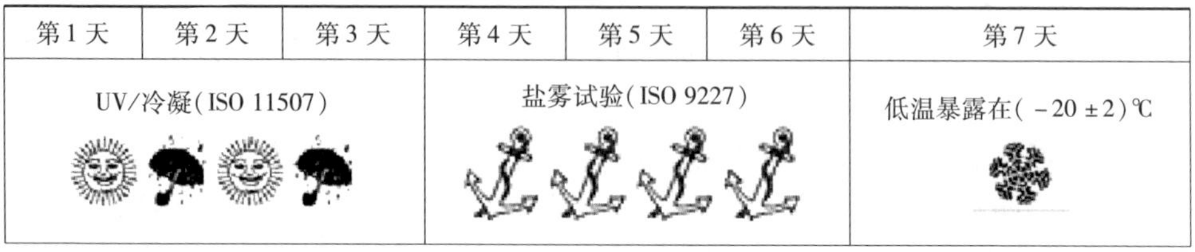

第 1 天	第 2 天	第 3 天	第 4 天	第 5 天	第 6 天	第 7 天
UV/冷凝(ISO 11507)			盐雾试验(ISO 9227)			低温暴露在(- 20 ±2)℃

图 3 - 8　暴露循环程序

在 UV/冷凝循环期间,以 UV 开始,以冷凝结束;在盐雾和低温暴露之间,用去离子水清洗试板,但不用干燥;低温暴露开始阶段,温度应在 30min 内达到(- 20 ±2)℃。

3.4.5　结果评价

试验结束后,立即评价涂层起泡、锈蚀、开裂、剥落等情况。采用尖锐的刀具去除加速线周边的可被剥离涂层,在加速线的中间点和每离中间点 5mm 取一个测量点,测量腐蚀的宽度,共测量 9 个点,计算划线处腐蚀宽度平均值,精确到 0.1mm,并按照《色漆和清漆　拉开法附着力试验》(ISO 4624:2016)[19] 要求进行试验后涂层附着力测试。

按表 3 - 9 评定试验结果,3 块试板中至少要有 2 块符合要求。试板边缘 1mm 范围内出现的任何缺陷都不计入结果。

表 3 - 9　老化试验结果评价

评价方法	要求	评价时间	备注
ISO 4628 - 2	起泡 0(S0)	立即	—
ISO 4628 - 3	锈蚀 Ri0	立即	—
ISO 4628 - 4	开裂 0(S0)	立即	—
ISO 4628 - 5	剥落 0(S0)	立即	—
循环试验后划线处腐蚀	腐蚀平均值不大于 3mm	试验结束后 8h 内尽快进行	不用考虑保护钢材的腐蚀防护体系类型,只考虑钢基材划线处的锈蚀。热浸镀锌层和热喷涂金属涂层视为腐蚀防护体系的一部分而不是基材,结果精确到 0.1mm

续表

评价方法	要求	评价时间	备注
ISO 2409[20] 划格试验	0 ~ 2 级	标准环境条件下 调节 7 天后进行	涂层体系干膜厚度不大于 250μm
ISO 4624 附着力,拉开法	① 每一个拉开强度值不小于 2.5MPa ② 没有第一道涂层与钢材/金属涂层之间的附着破坏(除非拉开强度值不小于 5MPa)	标准环境条件下 调节 7 天后进行	涂层体系干膜厚度不小于 250μm 时,且每块试板测试 3 个附着力数据

3.5　介质浸泡试验

3.5.1　概述

对于长期处于液体环境中的保护涂层,耐液体介质性试验是一项必要的试验项目。根据液体介质种类的不同,一般分为耐水性、耐酸碱性、耐油性和其他介质。耐水性试验介质主要为盐水(包括天然海水和人造海水)、淡水和蒸馏水。耐酸碱试验介质主要为不同浓度的氢氧化钠、碳酸氢钠、盐酸、硫酸等溶液。耐油性试验介质主要为汽油、柴油、煤油等。部分其他涂层则根据其使用条件选择对应的液体介质进行试验。

表 3 – 10 列举了几种涂料耐盐水性的部分试验项目,根据盐水温度不同,还可分为常温盐水和热盐水试验,适用范围、试验条件有一定差异。

表 3 – 10　耐盐水性和耐热盐水性试验方法和标准比较

项目名称	相关标准	试验条件	适用范围
耐盐水性	GB/T 6822—2014[21]	(23 ± 2)℃,20 个周期 (每周期为 7 天)	船体水下防锈漆
耐热盐水性 (抗起泡性)	GB/T 6822—2014[21]	(88 ± 3)℃,14 天 (38 ± 3)℃,14 天	船体水下防锈漆
耐热盐水性	NORSOK M – 501:2012[22]	40℃,180 天	海洋平台防腐蚀涂料

3.5.2　试验设备

耐介质浸泡试验箱一般是由惰性材料制成的水槽,配有盖子和恒温加热系统,并能保持一定的液面高度。

3.5.3　试验样板

试样尺寸一般为150mm×70mm×2mm,每块试样的正面涂上待测涂料或涂料体系,试样的背面及边缘涂装保护性涂料。涂层样板应在温度(23 ± 2)℃和相对湿度(50 ± 5)%、具有空气循环、不受阳光直接暴晒的条件下调节至少16h。对于每一种涂层,平行试样应不少于3个。必要时还应为每一种涂层准备至少一个存放样品,并贮存在室温、避免潮湿和光照的环境下。

3.5.4　试验过程

1. 浸泡法

当浸泡介质为单相介质时,将足够的试液倒入一适当的容器中,以完全或部分(2/3)浸没规定的试样,可用适当的支架使试样以几近垂直位置浸入。如果规定鼓入空气搅拌或循环时,应采用经脱除油脂的空气流缓慢鼓气,并在适当时间补加测试液或蒸馏水,保持溶液体积或浓度。

当浸泡介质为两相液体时,每种溶液需要在使用前即时制备。使用时,先将密度大的溶液自容器边缘倾入,至试样被浸没达60mm深度。以同样的方式加入第二种液体至试样全部浸没。盖上容器,不要搅动,静止放置。

2. 使用吸收性介质

吸湿盘:本身不应受测试液影响,一般可采用厚度1.25mm、直径25mm左右的压层纸板。

使吸湿盘浸入适当的试液,然后让多余的液体滴干,将盘放至试板上,使盘均匀分布,并且至少离试板边缘12mm。用直径约40mm且曲面接触不到圆盘的表面皿盖上,使试板在受试期妥善处于无风环境中。如采用挥发性液体,就可能有必要以新浸透的圆盘加以代替。

3. 点滴法

将试板水平放置,在涂层上滴加数滴试液,每滴体积约0.1mL,滴液中心至少间隔20mm,并且至少离试板边缘12mm。在规定时间内,使试板不受干扰,充分接触空气。

3.5.5　结果评价

当达到规定的浸泡期终点时,如果用的是水溶液,就用水彻底清洗试样。如果是非水测试液,则用已知对涂层无损害的溶剂来清洗。自试液中取出试样,以适当的吸湿纸或布擦拭表面除去残留液体,并立刻检查试件涂层与液相接触部位的变化现象。如有需要,可与同样制备未浸泡试件对比。如果有规定恢复期,那么应在所规定的恢复期后重复此检查和对比。

根据涂层性能的变化进行破坏等级评定,主要评价涂层的起泡、生锈和剥落情况,详见表 3 - 2 和表 3 - 3。

3.6　温度冲击试验

3.6.1　概述

温度对涂层性能的影响主要源于涂层各组分有不同的热膨胀系数。树脂和颜料由于受热而产生的自由热膨胀不同,会在树脂和颜料接触的界面上产生内应力,热残余应力会导致材料性能下降。目前考察涂层耐温性能主要有两种方法:一是恒定温度试验,即在恒定的温度条件下保持一定时间,考察涂层耐温性能;二是高低温交变试验,即模拟涂层在经受环境温度急剧变化时,是否产生物理损伤或性能下降。对涂层进行高低温交变试验,可以在短时间内考察涂层因热胀冷缩的影响。

测试方法主要有《色漆和清漆　耐热性的测定》(GB/T 1735—2009)[23]、《评估高温使用涂层的标准试验方法》(ASTM D2485—2018)[24]以及锅炉、钢质储罐等防腐蚀规范中所指定的测试方法。

3.6.2　试验设备

温度冲击试验所用的测试设备有干燥烘箱、马弗炉/高温炉和高低温试验箱等。干燥烘箱应具有强制通风,能在安全条件下进行试验,空气应水平流动,精度为 ±2℃。马弗炉/高温炉的控制温度为 200 ~ 900℃,并可快速升温至设定温度。高低温试验箱的温度范围为 - 70 ~ 180℃,相对湿度范围为 10% ~ 98%,并通过程序控制可试验温度、湿度交变。

3.6.3　试验样板

试样尺寸一般为 150mm × 70mm × (1 ~ 3) mm,每块试样的正面涂上待测涂料或涂料体系,试样的背面及边缘涂装保护性涂料。每一种涂层平行试样应不少于 3 个。

3.6.4　试验过程

1. 色漆和清漆耐热性的测定

色漆和清漆耐热性的测定主要依据 GB/T 1735—2009 的规定进行。将 3 块涂漆样板放置于设定温度的鼓风恒温箱或高温炉内,待达到规定的时间后将样板拿出。

2. 涂层的耐高温性能评估

涂层的耐高温性能评估主要依据 ASTM D2485—2018 的规定进行,涂层在205℃温度下放置 8h 后,放入冷水急速冷却;转入 260℃温度下测试 16h,放入冷水急速冷却;接着在 315℃下放置 8h 后,放入冷水急速冷却;又在 370℃测试 16h 后放入冷水急速冷却;最后在 425℃测试 8h 后放入冷水急速冷却。

3. 锅炉及辅助设备耐高温涂料

锅炉及辅助设备耐高温涂料性能评价主要依据《锅炉及辅助设备耐高温涂料》(HG/T 4565—2013)[25]标准规定进行,涂层样板在 400℃下试验 24h,要求涂层不起泡、不起皱、不脱落、不开裂,粉化不大于 2 级,划格试验不大于 2 级。

涂层试板耐热后进行盐雾试验,涂层试板养护后放入高温炉中连续进行 5 个不同温度条件下加热试验,条件为 200℃/8h、250℃/16h、300℃/8h、350℃/16h、400℃/8h。加热后的试板在 23℃放置 1h 后按 GB/T 1771—2007 进行中性盐雾试验 24h,要求不起泡、不起皱、不脱落、不开裂。

涂层还需进行耐骤冷试验,将试板进行 400℃/24h 试验,取出后立即浸没于23℃自来水中,10min 后取出,用 4 倍放大镜检查涂层是否起泡、起皱、脱落及开裂。

4. 钢质储罐外防腐层耐冻融循环试验方法

该试验方法依据《钢质储罐外防腐层技术标准》(SY/T 0320—2010)[26]附录 B的规定进行。将试板放入(−20±2)℃的低温箱中保持 62h;从低温箱中取出在常温下放置 6h;将试板放入烘箱中,防腐层使用温度不超过 60℃时,试板在(60±2)℃的温度下保持 6h;防腐层使用温度超过 60℃时,试板在(100±2)℃的温度下保持 6h。重复以上操作进行 5 次循环试验后,取出试板。

3.6.5 结果评价

达到规定时间后,将试板从试验箱体中取出并使之冷却至室温。检查试板并与在同样条件下制备的未经加热的试板进行比较,看涂膜的颜色是否有变化或涂膜是否有其他破坏现象。以至少两块试板现象一致为试验结果。

3.7 阴极剥离试验

船舶、海洋等钢结构由于在服役过程中腐蚀非常严重且维护成本高,通常都采用阴极保护和重防腐蚀涂层共用的保护技术。在阴极保护作用下,涂层破损处充当阴极并产生大量阴极产物,阴极产物造成涂层破损处面积增大并失效。阴极剥离试验即是指在实验室内,通过外加电流或者牺牲阳极等方法,模拟涂层在阴极保护下的抗剥离性能。目前国际上耐阴极剥离试验方法主要有 20 多个,常用的主要有 ISO 15711、SY/T 0037 等,用于船舶、海洋钢结构、埋地钢质管道等防腐蚀涂层的耐阴极剥离性能评价。

3.7.1　暴露在海水中的涂层耐阴极剥离性能的测定

1. 概述

暴露在海水中的涂层耐阴极剥离性能的测定方法适用于船舶及海洋工程结构物等暴露在海水中的金属基材上的防护涂层的耐阴极剥离性能评价,在重防腐蚀涂料领域应用十分广泛。主要测试方法标准有《色漆和清漆　暴露于海水的涂层耐阴极剥离的测定》(ISO 15711:2003)[27]、《色漆和清漆　暴露在海水中的涂层耐阴极剥离性能的测定》(GB/T 7790—2008)等。标准规定了方法 A(外加电流法)、方法 B(牺牲阳极法)两种测试方法。在已涂覆的试样上制备人造漏涂孔,然后将其分别暴露于试验溶液中,其中两块与阴极保护电路或牺牲阳极连接,另外两块试样连接作为对照试样,试验结束后考察涂层人造漏涂孔周边涂层的附着力下降情况。

2. 试验设备

外加电流法采用恒温水槽,水槽尺寸应满足标准要求。槽内可连接试板、阳极,通过恒电位/恒电流控制阴极保护电路,见图 3-9 和图 3-10。水槽中应带有加热功能,且在试验中能不断充气,确保试验溶液中氧含量。牺牲阳极法同样采用恒温水槽,只是少了电路控制。

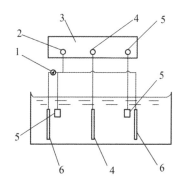

图 3-9　恒电位控制阴极保护电路

1—直流电压表;2—工作电极;3—恒电位仪;

4—阳极参比电极;5—电极;6—试样。

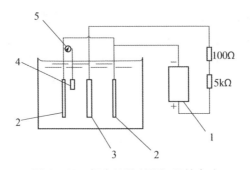

图 3 - 10　恒电流控制阴极保护电路

1—直流电源;2—试样;3—阳极;4—参比电极;5—直流电压表。

3. 试验样板

1）外加电流法

试样材质为热轧普通碳素钢,最小尺寸为 150mm × 70mm × 2mm,共 4 块试样,2 块用于阴极保护,2 块作为对照板。用自攻螺钉(也可采用小螺栓和螺母或其他导电性良好且不受腐蚀影响的连接方法)在 2 块试验样板上连接一条绝缘导线。

2）牺牲阳极法

试样材质为热轧普通碳素钢,最小尺寸为 300mm × 150mm × 2mm,共 4 块试样,2 块用于阴极保护,2 块作为对照板。将镀锌低碳钢螺栓点焊到两块热轧普通碳素钢试板的一个长边上,螺栓的螺纹用耐溶剂的塑料保护套包裹,避免在涂装时被涂料污染,见图 3 - 11。

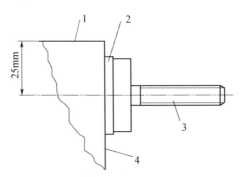

图 3 - 11　镀锌螺栓结构(方法 B)

1—试验样板;2—焊缝;3—镀锌螺栓;4—样板的长边。

采用喷砂或抛丸对钢板进行表面处理,使表面清洁度达到 Sa 2½ 级,表面粗糙度达到 Rz 30 ~ 75 μm。采用刷涂或喷涂方法对样板进行涂装。试样背面及边缘也应一同涂装,试样边缘、试样与绝缘导线的连接处均采用无溶剂环氧或其他合适涂料做封闭处理。涂层干燥固化后,用涂层检漏仪检测涂层的完整性,若涂层有意外漏涂点等缺陷应进行修补。对于方法 B,除去螺纹上的塑料保护套并清洁螺纹,用锯齿镀锌低碳钢锁紧垫圈、螺母,将阳极安装在试样上,紧固螺母,见图 3 – 12。

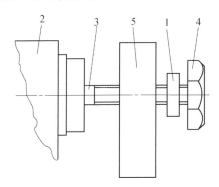

图 3 – 12　阳极装配图
1—镀锌垫片;2—试样;3—镀锌螺杆;4—镀锌螺帽;5—锌阳极。

3）人造漏涂孔的制备

试验前,在每块试样的正面涂层上的中心位置,采用适当方法制备一个圆形人造漏涂孔,清除孔内所有涂层漏出平滑钢板表面。人造漏涂孔的尺寸:方法 A 为 $\phi(10 \pm 1)$mm,方法 B 为 ϕ3mm。

4）试验过程

（1）外加电流法。将阳极置于试验容器中央,并与阴极保护电路阳极端相连。将试样固定在试验容器的试样架上,每块试样与阳极距离相等且不小于300mm,距离试验容器底部不小于50mm,且应完全浸没在溶液中。试验过程中,试样间不相互接触、不与试验容器壁相接触,试样上的人造漏涂孔不被障碍物遮住,且槽内试验溶液流通顺畅。通过恒电位仪控制输出的保护电位,试验中保持试样与参比电极的电位为（ – 1050 ±5）mV 并每天监测电位变化。

（2）牺牲阳极法。采用阴极保护的试样放置于一个单独的试验槽中,锌阳极相对饱和甘汞参比电极的电位为（ – 1040 ±10）mV。对照板放置于另一个试验槽中,两个槽试验条件相同。将试样置于样板架上,并完全浸入溶液中,水位高于样板顶部50mm。

两种试验方法温度为（23 ±2）℃,试验时间至少182 天。通过在试验容器底部注入经充气的新鲜试验溶液并让其溢流,使试验溶液连续流经试验容器,不超过7 天（方法 A）或28 天（方法 B）全部更换一次。

试验过程中应每月进行一次中间检查,检查时注意不要破坏涂层和覆盖在人造漏涂孔上的阴极产物。检查过程应越快越好,不要使漆膜变干。记录试样正、反两面样板的起泡等级及泡与人造漏涂孔之间的距离。

5）结果评价

试验结束时,将试样放入自来水中彻底漂洗。用锋利的小刀划刻,制作两个透过涂层直达基材的切口（交叉于人造漏涂孔中心），以评估人造漏涂孔处涂层附着力的降低情况，用刀尖尽可能地挑起并剥离人造孔周围的涂层。记录被剥离涂层距人造漏涂孔外缘的最大、最小距离。

3.7.2 管道防腐层阴极剥离试验方法

1. 概述

该方法适用于埋地管道绝缘外防腐涂层阴极剥离性能的测定。主要测试标准为《管道防腐层阴极剥离试验方法》（SY/T 0037—2012[28]，等同采用 ASTM G8：2003）。标准提供了一种使防腐层产生加速剥离的条件，用来测定防腐层的耐阴极剥离性能，包括方法 A（镁阳极）、方法 B（镁阳极或强制电流）两种测试方法。

试验方法 A 由镁阳极提供试件与阳极间的电位差，试验期间无须电参数监控。试验方法 B 可使用镁阳极或强制电流装置提供试件与阳极间的电位差，试验期间应测量电路中的电流及电位。测试前，试件管件上防腐层制备人造漏涂孔，将试件浸入高导电的碱性电解液中，防腐层会受到电应力的作用。试验结束后，将管道试件取出，用尖锐刀具剥离浸没区域人造漏涂孔的周边涂层。试验结果与未浸没区域的涂层剥离结果进行对比，以评估涂层的耐阴极保护性能。

2. 试验设备

阴极剥离试验采用恒温水槽进行试验。方法 A 如图 3-13（a）所示，将试样与镁阳极进行连接。方法 B 试验装置与方法 A 一致，不过需要在试验时检测阴极保护电位、阴极保护电流以及极化电位，装置原理见图 3-13（b）。

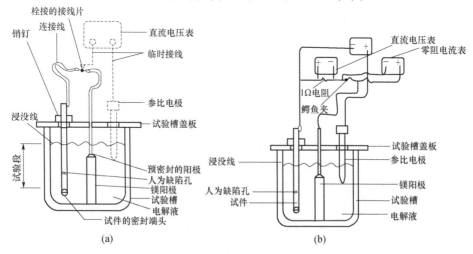

图 3-13 试验装置原理图

(a)方法 A；(b)方法 B。

3. 试验样板

选取可代表工业生产情况的防腐管作为试件,其中一端用端帽加以密封。每个试件上钻一个或 3 个人造漏涂孔,推荐采用 3 个孔。单孔试件应将孔钻在浸没段的中间。如钻 3 个孔,孔的方位应各差 120°,中孔钻在浸没段的中间,另外两个孔分别位于距离浸没线和试件底端的 1/4 处。每个孔要钻到使锥部完全浸入钢管壁,且锥部边缘与钢管表面齐平。钻头直径应大于防腐层厚度的 3 倍,且不得小于 6.4mm。管壁不得钻透。

对于小口径的试件,可先用 60° 的钻头开钻,最后用平头钻头来完成。测试面积为试件端部密封边缘到浸没线之间的面积,浸没面积应大于 23227mm^2,以 92900mm^2 为宜。

4. 试验过程

将 NaCl、Na$_2$SO$_4$、Na$_2$CO$_3$ 按质量分数 1∶1∶1 的比例加入自来水中,配制成质量分数为 3% 的碱性电解液,试验温度为 (23 ± 2)℃。方法 A 按图 3-13 所示,将试件与镁阳极进行连接。方法 B 试验装置与方法 A 一致,不过需要在试验时检测阴极保护电位、阴极保护电流及极化电位。

放置试件时,试件上人造漏涂孔应背向镁阳极放置,用万用表检测试件电位为 (-1.43 ± 0.05)V(饱和甘汞参比电极)。

试验周期为 30 天。如有需要,也可为 60 天或者 90 天。

5. 结果评价

试验结束后,用温自来水清洗试件。擦干后,立即观察试样漏孔处涂层是否剥起,以及试件其他部位涂层是否有起泡、开裂等现象。

在浸没线以上防腐层中,距试验槽盖板和浸没线约 1/2 处钻一个新的对比孔。用刀尖挑起对比孔和人造漏涂孔处的防腐层,以对比孔防腐层的黏结程度为参考,将那些比对比孔更易挑起或剥离的防腐层面积定为剥离面积。

3.7.3　防腐层在高温条件下的耐阴极剥离试验

1. 概述

该方法适用于钢质管道熔结环氧粉末、液体环氧、环氧煤沥青等防腐层在高温条件下的耐阴极剥离试验。测试方法按《钢质管道熔结环氧粉末外涂层技术规范》(SY/T 0315—2013)[29]附录 C 进行。钢质管道不同类型的防腐层耐阴极剥离性能要求见表 3-11。

2. 试验设备

试验设备参照图 3-13。

表3-11　钢质管道不同类型的防腐层耐阴极剥离性能要求

标准	适用范围	性能要求	
SY/T 0315—2013	工作温度为-30~80℃的埋地或水下环境,钢质管道单层、双层结构熔结环氧粉末外涂层	实验室涂覆件	65℃,48h:≤6.5mm 65℃,28天:≤15mm
		工艺性试验钢管试件	65℃,24h:≤8mm
SY/T 0447—2014	输送介质温度不超过80℃、埋地钢质管道外壁环氧煤沥青防腐层	无溶剂型	65℃,48h:≤8mm 23℃,28天:≤10mm
		溶剂型	65℃,48h:≤10mm 23℃,28天:≤12mm
SY/T 0442—2010	工作温度不超过80℃,输送各种油品、天然气、污水的钢质管道及给排水钢质管道熔结环氧粉末内防腐层	实验室涂覆件	65℃,48h:≤6.5mm
		工艺性试验钢管试件	65℃,48h:≤6.5mm
SY/T 7041—2016	设计温度为-20~110℃的埋地或水下钢质管道挤压聚丙烯防腐层	熔结环氧涂层	65℃,48h:≤5mm 65℃,30天:≤15mm
		工艺性试验钢管试件	65℃,48h:≤5mm 最高设计温度, 30天:≤15mm
SY/T 6854—2012	输送介质温度不超过80℃、埋地钢质管道外壁无溶剂液体环氧外防腐层	65℃,48h:≤8mm 65℃,30天:≤15mm	
HG/T 4337—2012	输送淡水的钢质管道内外壁防腐用无溶剂液体环氧涂料	65℃,48h:≤8mm	

3. 试验样板

如为实验室涂装的试验样板,试样尺寸约为100mm×100mm×6mm。如为管段试件,则试样尺寸约为100mm×100mm×管壁厚度。试件数均为3件。试验前,按5V/μm的检漏电压对试件进行检测,确保试件无漏点。在试件的中心钻一个直径3.2mm的人造漏涂孔,透过涂层露出钢基板。

4. 试验过程

把塑料圆筒中心对准人造漏涂孔放在试件上,并用密封胶粘好,应不漏水。往筒内注入至少300mL的预先加热到试验温度的3% NaCl溶液,并在筒上做出液面位置标记。将电极插入溶液中与直流电源的正极连接,再将裸露漏涂孔的试件与负极连接。试验过程中,按需要添加蒸馏水以保持液面高度。施加电压于试件(对甘汞参比电极为负),在下列一种或多种试验条件下,保持温度不变:①1.5V,

$(65\pm3)℃,28$ 天;②1.5V,$(65\pm3)℃,48h$;③3.5V,$(65\pm3)℃,24h$。

5. 结果评价

试验结束后,拆除电解槽,取下试件,将试件置于空气中冷却到 20℃。在开始离开热源的 1h 内,对试件的耐阴极剥离性能进行测试。以人造漏涂孔为中心,用小刀划出放射线,如图 3 - 14 所示。划线应划透涂层到达基底,并且从漏涂孔算起,延伸距离至少达到 20mm。

用刀尖从漏涂孔处开始,以水平方向的力沿射线方向撬剥涂层,直到涂层表现出明显的抗撬剥性能为止。从漏涂孔边缘开始,测量各个撬剥距离并计算平均值,即为该试件的阴极剥离距离。

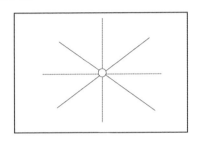

图 3 - 14　在试件上划透防腐层的放射线

3.8　涂料特种性能检测技术

3.8.1　船舶压载舱模拟试验

1. 概述

压载舱主要作用是为船舶提供稳定性以及调整船舶吃水量,以满足船舶良好的操纵性能要求,从而改善船舶航行性能。压载舱是船舶内舱中数量较多、腐蚀环境最为严重、涂装施工和维修最为困难、与保护海洋环境直接相关的舱室。压载舱腐蚀是影响船舶安全的重要因素之一,要求防腐蚀涂层具有长效的使用寿命。

为提高船舶航行安全性,国际海事组织(IMO)在 2006 年 12 月 8 日的第 82 次大会上通过 MSC.215(82)海上生命安全公约第 Ⅱ -1/3 -2 条的修正案,其中附件1《压载舱保护涂层性能标准》(简称 PSPC)也成为强制性文件的一部分,它是国际海事组织专门为船舶涂层制定的第二个强制性公约。

PSPC 涵盖了涂层适用范围、对保护涂料和涂层的性能要求,详细地规定了保护涂层的涂装工艺要求。该标准的颁布和实施引起了造船界、涂料生产厂商、各国船级社和船东的密切关注和重视,尤其对中国造船界更是造成了极大的震动,使得造船界对涂装工艺进行了全面的技术改造和人员培训,也使得中国造船界的涂装工艺大大前进了一步。我国在 2008 年对原先的国家标准《船舶压载舱漆通用技术条件》(GB/T 6823—1986)进行了修订,修订后的国家标准《船舶压载舱漆》(GB/T 6823—2008)在试验方法上,等效采用了 PSPC 标准。

2. 试验设备

1)模拟压载舱波浪舱试验

模拟压载舱波浪舱试验装置示意图如图 3–15 所示。

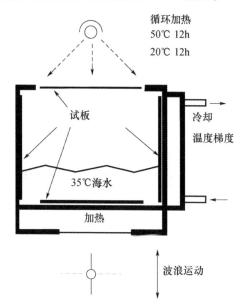

图 3–15　压载舱波浪舱试验装置示意图

2)冷凝舱试验

冷凝舱试验装置示意图如图 3–16 所示。

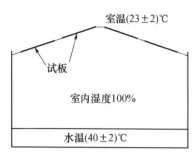

图 3–16　冷凝舱试验装置示意图

3. 试验样板

模拟压载舱试验样板尺寸为 200mm × 400mm × 3mm,每个配套试验需要 5 块样板,其中的两块样板(样板 3 和样板 4)焊上 U 形条,U 形条距一条短边 120mm,距长边各 80mm,见图 3 – 17。冷凝舱试验的试验样板尺寸为 150mm × 150mm × 3mm,需要 3 块样板,其中 2 块为试验样板,1 块为对照样板。

仅在试板与U形条外侧焊接　　40mm　　15mm　25mm长　2mm厚

图 3 – 17　U 形条示意图

试验样板应按照规定的要求处理,涂层系统的涂装按规定的要求进行。车间底漆露天老化至少 2 个月并用低压水清洗或其他温和的方法清洁,不应采用扫掠式喷射或高压水清洗,或其他去除底漆的方法。露天老化方法和程度应考虑底漆是 15 年目标使用寿命系统的基础。试验样板的背面应适当涂装,避免对试验结果产生影响。

4. 试验过程

1)模拟压载舱条件试验

模拟压载舱条件试验时间为 180 天,其一个试验循环为 2 个星期装载天然或人工海水(海水温度保持在大约 35℃),1 个星期空载。

模拟压载舱条件试验样板 1 用于模拟上甲板的状况,试板 50℃ 加热 12h,20℃ 冷却 12h。试验样板周期性地用天然或人工海水泼溅,模拟船舶纵摇和横摇运动。泼溅间隔为 3s 或更短,板上有横贯试板宽度、深到底材的划线。试验样板 2 用于固定锌牺牲阳极,试验样板上距离阳极 100mm 处开有直径 8mm 的至底材的圆形人工漏涂孔,以评估阴极保护的效果。试验样板循环浸泡在天然或人工海水中。试验样板 3 背面冷却,形成一个温度梯度,以模拟一个顶边压载舱的冷却舱壁。用天然或人工海水泼溅,模拟船舶纵摇和横摇运动。温度梯度大约为 20℃,泼溅间隔为 3s 或更短。板上有划破涂层至底材的、有一定长度的横向横贯宽度的划线。试验样板 4 用于天然或人工海水循环泼溅,模拟船前后颠簸和摇摆的运动,泼溅间隔为 3s 或更短,板上有横贯试板宽度且深至底材的划线。试验样板 5 应在干燥且温度为 70℃ 条件下暴露 180 天,模拟双层底加热的燃料舱和压载水舱之间的隔板。

2)冷凝舱试验

冷凝舱试验依据《色漆和清漆　耐湿性的测定　第 1 部分:冷凝(单侧曝露)》(ISO 6270 – 1:2017)进行,暴露时间为 180 天。

将样板按图 3 – 16 所示放入冷凝舱中进行试验。试验过程中,应随时检查并记录试验参数情况;要定期检查并记录所有试验样板表面的锈蚀、起泡、开裂等情况,必要时应拍照片记录。试验结束时,应小心取出所有试验样板,用滤纸或软布轻轻擦干,然后按照规定试验方法进行试验结果检测。

3)指纹测试

压载舱的腐蚀防护主要采用的是环氧基系统,根据要求,应对车间底漆和主涂层进行指纹测试,以对环氧基系统和非环氧基系统进行区别。指纹测试项目包括车间底漆和主涂层的基料和固化剂组分的红外光谱鉴定和密度测试、混合密度和体积分数。红外光谱鉴定主要是采用红外光谱仪,对涂层配套体系中各道涂层的基料和固化剂组分的树脂类型进行定性分析。基料、固化剂以及混合密度采用比重杯进行测量。涂料体积分数采用排水法进行测量。

5. 结果评价

模拟压载舱条件试验结果应满足表 3 – 12 的要求。

表 3 – 12 模拟压载舱条件试验结果要求

项目	环氧基体系	替代系统
样板起泡	没有	没有
样板锈蚀	Ri0 级(0%)	Ri0 级(0%)
针孔数量	0	0
附着力	大于 3.5MPa 基材和涂层间或各道涂层之间的脱开面积在 60% 或以上	大于 5.0MPa 基材和涂层间或各道涂层之间的脱开面积在 60% 或以上
内聚力	不小于 3.0MPa,涂层中的内聚破坏面积在 40% 或以上	大于 5.0MPa,涂层中的内聚破坏面积在 40% 或以上
按重量损失计算的阴极保护需要电流	$<5mA/m^2$	$<5mA/m^2$
阴极保护: 人工漏涂处的剥离	<8mm	<5mm
划痕附近的腐蚀蔓延	<8mm	<5mm
U 形条	若在角上或焊缝处有缺陷、开裂或剥离都将判定系统不合格	若在角上或焊缝处有缺陷、开裂或剥离都将判定系统不合格

冷凝舱试验结果应满足表 3 – 13 的要求。

表 3 – 13 冷凝舱试验结果要求

项目	环氧基体系	替代系统
样板起泡	没有	没有
样板锈蚀	Ri0 级(0%)	Ri0 级(0%)
针孔数量	0	0

项目	环氧基体系	替代系统
附着力	大于 3.5MPa,基材和涂层间或各道涂层之间的脱开面积在 60% 或以上	大于 5.0MPa,基材和涂层间或各道涂层之间的脱开面积在 60% 或以上
内聚力	不小于 3.0MPa,涂层内聚破坏面积在 40% 或以上	大于 5.0MPa,涂层内聚破坏面积在 40% 或以上

3.8.2　原油油船货油舱模拟试验

1. 概述

油船海难事故造成的海洋环境的污染越来越引起人们的关注,国际海事组织(IMO)针对不断出现的海损和污染事件,推出一系列提高安全性的强制要求,除了从设计方面要求取消单壳油船,改成双壳油船外,还对油船货油舱本身的防腐涂层提出更严格的要求。2010 年国际海事组织(IMO)通过了 MSC.288(87)决议案,《原油油船货油舱保护涂层性能标准》(PSPC – COT)在 2012 年 5 月正式生效,并通过 MSC.291(87)决议案,关于 SOLAS 公约第 Ⅱ – 1/3 – 11 条的修正案,正式将 PSPC – COT 写入 SOLAS 公约,成为强制性标准。这是国际海事组织在 2001 年通过《船底有害防污体系》公约和 2006 年通过《船舶专用海水压载舱保护涂层性能标准》之后的第 3 个与船舶涂料直接有关的强制性标准。

PSPC – COT 规定原油油船货油舱保护涂层系统按照该标准附件1《原油油船货油舱保护涂层合格测试程序》进行预合格测试,必须通过 90 天的气密柜试验和 180 天的浸泡试验。国内现行的油舱涂料标准《原油油船货油舱漆》(GB/T 31820—2015)是参照 IMO MSC.288(87)及其附件 1 制定的,并引用了试验条件和指标要求。

2. 试验设备

试验分别在浸泡试验箱及气氛试验箱中进行。浸泡试验箱要求:温度范围为室温至 100℃,精度 0.1℃,箱内波动度不大于 3℃。装有冷凝回流装置,见图 3 – 18。气氛试验箱应装配有自动气体分配装置,实现 O_2、CO_2、N_2、H_2S、SO_2 等 5 种试验气体按照流量自动、定期注入。产生的废气因具有较强的环境危害性,应通过尾气吸收塔予以吸收。

3. 试验样板

样板尺寸为 150mm × 100mm × 3mm,浸泡试验样板 3 块,气密柜试验样板 2 块。试验样板的背面和边缘须适当涂装,以避免影响试验结果。当涂层体系中使用了车间底漆时,采用喷涂方式进行车间底漆涂装,涂装完成并经过养护后将已涂装车间底漆的试样置于露天环境中自然老化至少2个月。

图3－18　浸泡试验箱

4. 试验过程

1) 浸泡试验

浸泡试验用于模拟原油舱处于装载状态时涂层所处的环境。由于原油是一种成分复杂的化学物质,在贮存的过程中,原油组成成分也会随着时间的流逝而变化。因此,在实际试验中,使用人工配制的浸没液体模型模拟原油进行浸泡试验。原油模型系统的配方如下。

(1) 首先是蒸馏船用燃料,DMA 级 15℃时最大密度为 890kg/m^3,40℃时黏度最大为 6mm^2/s。

(2) 加入环烷酸至酸值为(2.5±0.1)mgKOH/g。

(3) 加入苯:甲苯(体积比1:1)至酸性 DMA(见(2))总质量的 8.0%±0.2%。

(4) 加入人造海水至混合物(见(3))质量的 5.0%±0.2%。

(5) 加入溶于液体载体的 H$_2$S(以便达到试验液体总质量的 $\frac{5}{10^6} \pm \frac{1}{10^6}$ 的 H$_2$S)。

临使用前,对以上成分作充分混合,混合完成后进行测试,确认该混合物符合试验液体浓度。配制完成后,将浸泡液注入一个具有内平底的容器,形成高度为 400mm,并且生成 20mm 水相的浸泡环境(可使用惰性材料如大理石等适当调节液位)。

2) 气密柜试验

气密柜试验是模拟货油舱暴露在蒸气环境下进行的试验。根据货油舱蒸气环境特点,试验要求在密闭的气密柜中进行,气密柜中须有水槽一具,其中注入 (2 ± 0.2)L的水。该槽中的水须在每次重新进行试验之前排空并换新。气密柜的蒸气空间充以 N_2、O_2、H_2S、CO_2 和 SO_2 混合气体,气密柜中混合气体浓度标准要求为 N_2($83\% \pm 2\%$)、CO_2($13\% \pm 2\%$)、O_2($4\% \pm 1\%$)、SO_2((300 ± 20)$\times 10^{-6}$)、H_2S((200 ± 20)$\times 10^{-6}$)。气密柜采用多组分动态配气系统与定量加注单元实现计算机智能化配气、加气,利用质量流量混合法的原理,由3个质量流量控制器计量和加入 N_2、O_2 和 CO_2,同时用向上排气法排出试验箱内的废气,当试验箱内的气体成分保持在标准要求的 N_2、O_2 和 CO_2 范围之内后,由2个定量加注单元定量加入 SO_2 和 H_2S。

气密柜中的气体环境须在试验期间加以保持,为确保气密柜中混合气体浓度符合标准要求,每48h对箱体内混合气体进行更新。试验柜中的空气应随时保持 $95\% \pm 5\%$ 的相对湿度、(60 ± 3)℃的温度。样板支架须使用适宜的惰性材料制作,将样板垂直夹持,样板之间的间距至少为20mm。该支架在试验柜中的位置须使样板的下缘距水面的高度至少为200mm,距试验舱壁至少100mm。如试验柜中有两层,须小心保证溶液不致滴落到下层样板上。

3)指纹测试

对于原油油船货油舱的腐蚀防护,主要采用的是环氧基涂料体系,包括与其配套的车间底漆。对于原油油船货油舱防护涂层体系的研究及规定也是基于环氧基涂料体系而建立起来的,因此应对车间底漆和主涂层进行指纹测试,以对环氧基和非环氧基涂料体系进行区别。指纹测试项目包括基料和固化剂组分的红外光谱鉴定和密度测试、混合密度和体积分数。红外光谱鉴定主要是采用红外光谱仪,对涂层配套体系中各道涂层的基料和固化剂组分的树脂类型进行定性分析。基料、固化剂以及混合密度采用比重杯进行测量。涂料体积分数采用排水法进行测量。

5. 结果评价

在气密柜试验完成之后,将箱体内的气体排空,取出样板并用干布擦干,在试验完成后24h之内对样板进行结果评定。评定结果取两块相同样板中性能最差者。经过气密柜试验后,要求涂层不出现起泡、生锈等涂膜弊病,鉴定样板时,位于边缘5mm之内的起泡或锈蚀需忽略不计。

原油油船货油舱试验结果要求见表3-14。

表3-14　原油油船货油舱试验结果要求

测试项目		环氧基系统	替代系统
起泡及生锈	起泡	无起泡	无起泡
(气密柜试验样板)	生锈	Ri0(0%)	Ri0(0%)
起泡及生锈	起泡	无起泡	无起泡
(浸泡试验样板)	生锈	Ri0(0%)	Ri0(0%)

3.8.3 船舶防污漆性能检测方法

海洋环境除对船舶、钢结构等产生严重的腐蚀影响外,还会带来另一个问题,即生物污损。各种海洋生物附着生长,增加了船舶航行阻力、降低了航速、增加了燃油消耗,也增加运营成本。另外,随着防污漆中杀生剂的大量使用,一些有毒有害物质降解缓慢,在海水中会长期残留,对海洋环境造成危害,并通过食物链传导,最终威胁到人类健康。因此,为保障海上生产活动的健康有序发展、保护海洋环境,各国相继制定了法规、缔结了国际公约加以规范。我国也制定了相应的标准,《船体防污防锈漆体系》(GB/T 6822—2014)作为船舶防污涂料配套体系的总纲式标准,规定了防污涂料配套体系性能指标和检测技术。目前而言,考察船舶防污漆性能的主要方法包括浅海浸泡试验、动态模拟试验、磨蚀率试验及表面阻力性能试验。

1. 浅海浸泡试验

1)概述

浅海浸泡试验是防污涂料检测技术的核心内容,也是防污涂料性能考核最基本、最可靠的方法。浅海浸泡试验标准主要有《防污漆样板浅海浸泡试验方法》(GB/T 5370—2007)[30]以及《在线浸状态下防污板的标准试验方法》(ASTM D3623—78a(2020))[31]等,试验原理及过程相似,即将涂装好防污漆配套的样板固定浸没在表层海水中,使其暴露于自然海水环境下,考察防污涂层在流速小于2m/s海水下的防污性能。

2)试验设备

钢质、木质、钢筋混凝土等结构的浮筏泊放地点应在海湾内海洋生物生长旺盛、海水潮流小于2m/s的海域中,不应放在河口或工业污水严重的海域。

试验样板底材为3mm厚的低碳钢板,推荐尺寸为380mm×250mm,平行样3块。样板安装示意图见图3-19。

图3-19 浅海浸泡试验样板安装示意图

3）试验过程

防污漆样板浅海浸泡试验应至少在试验所在海域海洋生物旺季前 1 个月开始。以厦门海域为例,厦门海域全年都有污损生物附着,附着最高峰期出现在 7—8 月,次高峰出现在 3—4 月,12 月至次年 2 月为污损生物附着淡季,所以每年 3—11 月为污损生物附着旺季。试验样板浸泡深度在 0.2～2m 之间,平行样垂直分布,表面与海水主潮流方向平行。固定样板的框架间距不小于 200mm。样板不应与框架或其他金属接触。

样板浸海后,前 3 个月每月观察 1 次,之后每季度观察 1 次,1 年后每半年观察 1 次(海洋生物生长旺季每季度观察 1 次)。观察时应轻轻除去附着在样板上的海泥,但不得损伤漆膜表面;记录样板上污损生物的附着数量及其生长状况、漆膜表面状态(如裂纹、起泡、剥落等),试样边缘 20mm 范围不计入检查,样板拍照。观察应尽量缩短时间,完成后立即投回原位,避免已附着生物死亡。

4）结果评价

(1)防污性能评价。根据污损生物在试样表面附着的数量和覆盖面积评定防污漆的防污性能。若表面只附着藻类胚芽和其他生物淤泥,则试样的表面污损可评定为 100。若仅有一些初期污损生物附着则降至 95。若有成熟的污损生物附着,则评分的方法为:以 95 为总数扣除个体附着的污损生物的数量和群体附着污损生物的覆盖面积百分数。使用与样板评级面积相同的百分格度板测量群体附着污损生物的覆盖面积百分数。

(2)物理性能评价。试样表面漆膜无物理损伤则评定为 100,从 100 扣除被破坏的面积百分数即可得到漆膜破损程度的评估。

当试样污损生物覆盖面积或破坏程度大于 10% 时,或按《防污漆样板浅海浸泡试验方法》(GB/T 5370—2007)中防污性能评定低于 85(不含 85)时,判定为防污性能失效,可终止试验,并作为最终试验结果。

2. 动态模拟试验

1）概述

动态模拟试验旨在模拟船舶运营时“航行－停泊”反复循环的状态,通过周期试验考察防污漆的综合性能。试验标准为《船舶防污漆防污性能动态试验方法》(GB/T 7789—2007)[32]。国外标准中,与 GB/T 7789—2007 较为相似的有《在天然海水中使船舶防污涂层遭受生物污损和流体剪切力的试验方法》(ASTM D4939—2013)[33],暴露试验由 30 天动态暴露和 30 天静态暴露交替进行,即 60 天为一个试验周期。与 GB/T 7789—2001 相似,动态暴露也是通过将试样安装在转鼓上,转鼓在水下以一定线速度旋转来完成,线速度通常设定为 15kn;静态暴露则参照 ASTM D3623—78a(2020),采用浅海挂板方式开展。另外,在进行“动态－静态”周期循环试验之前有个最初的 30 天静态暴露试验,主要模拟船只建造后从干坞出来停靠码头这一时期状态;在涂层性能评定方面也是参照 ASTM D3623—78a(2020),采用百分制进行评定。

2)试验设备

动态模拟试验装置包括动力、传动、样板固定架 3 部分,试验装置见图 3 - 20。

图 3 - 20　动态模拟试验装置

3)试验样板

试验样板底材为低碳钢,尺寸为 260mm × 100mm × 3mm,平行样 3 块。

4)试验过程

动态模拟试验时,样板必须在液面 20cm 以下运行,整个运行过程不可脱离海水。试验样板线速度为(18 ± 2)kn。连续运行 200h 后,检查漆膜表面状态,然后将样板转入浅海试验浮筏,进行为期 1 个月的浅海浸泡试验。每个动态试验周期包含 200h 动态旋转及 1 个月浅海挂板,每周期试验后需对样板表面进行观察、记录、拍照。

5)结果评价

动态模拟试验结果评价按 GB/T 5370—2007 的规定进行。

3.8.4　混凝土防腐蚀涂层性能检测

1. 概述

混凝土是一种多孔的材料,在海上工程使用时,海水中的氯离子等腐蚀介质容易从孔隙中渗透进去,对金属产生电化学腐蚀,造成钢筋混凝土结构强度下降,从而影响工程的服役寿命。水面以上的混凝土结构还会受到较强的太阳辐射,造成表面防护涂层粉化、开裂甚至脱落。因此,涂层的黏结力、抗氯离子渗透性能、耐老化性能是混凝土防腐蚀涂层的重要考核项目。同时混凝土属于强碱性材料,要求防腐蚀涂层具有良好的耐碱性。

目前国内对海洋工程混凝土防腐涂层性能检测主要依据《海港工程混凝土结构防腐蚀技术规范》(JTJ 275—2000)[34]。

2. 试验设备

（1）黏结力:采用便携式液压附着力测试仪。

（2）耐老化性:氙灯老化试验箱。

（3）抗氯离子渗透性:设备如图3-21所示。

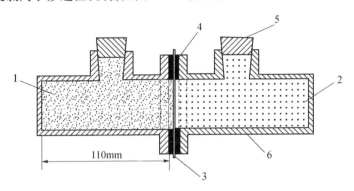

图3-21　涂层抗氯离子渗透性试验装置示意图

1—3%氯化钠溶液;2—超纯水;3—试件(活动涂层片);4—硅橡胶填料;

5—硅橡胶塞;6—内径为40~50mm的试验槽。

3. 试验样板

所有试验样板应采用混凝土基材制备,并在标准条件下养护28天后,进行表面处理与防腐蚀涂层涂装。

1）黏结力

黏结力测试采用C30混凝土试件,试件尺寸为500mm×500mm×500mm,数量10件。涂装前应进行混凝土表面处理,用水泥砂浆或与涂层涂料相容的填充料修补蜂窝、露石等明显的缺陷;用钢铲刀清除表面碎屑及不牢的附着物;用汽油等适当溶剂抹除油污;最后用饮用水冲洗,使处理后的混凝土表面无露石、蜂窝、碎屑、油污、灰尘及不牢附着物等。

表干试件涂装完成后在室内自然养护7天。表湿试件按以下程序进行养护处理:涂装完成经4h后,浸没在3%氯化钠溶液中,12h后捞起,再过12h又浸没,如此反复进行养护7天。

2）耐老化性

样品尺寸为70mm×70mm×20mm的砂浆试件。

3）耐碱性

耐碱性试验采用不低于C25的混凝土,水泥宜采用32.5级普通硅酸盐水泥。试样尺寸为100mm×100mm×100mm,数量为6件。

涂装前,每个混凝土块的任一个非成型面,用饮用水和钢丝刷刷洗。如有气孔,用普通硅酸盐水泥砂浆填补。处理完毕后,置于室内,用纸覆盖,自然干燥7

天,即可涂装。

将试验的配套涂料,依照其使用说明书要求,按底层、中间层、面层的顺序分别涂装,同时控制涂层的干膜总厚度为 $250 \sim 300 \mu m$,涂装过程用湿膜厚度规检测各层的湿膜厚度,并用称重法核实各层涂料的涂布率。样品制成后,置于室内自然养护 7 天。

4)抗氯离子渗透性

抗氯离子渗透性试验采用 150mm × 150mm 的涂料细度纸作增强材料,将涂料细度纸平铺于玻璃板上,根据配套涂层体系要求进行涂装。用湿膜规控制涂料干膜总厚度为 $250 \sim 300 \mu m$,按此方法共制作 3 张活动涂层片。制成后,悬挂在室内自然养护 28 天,再用磁性测厚仪测量涂层片的厚度。将制得的涂层片剪成直径为 60mm 的样品。

4. 试验过程

1)黏结力

取经 7 天养护的表干或表湿样品各 3 件,在每一试件的涂层面上随机找 3 个点,每点约 30mm × 30mm 大小的面积,经过打磨和清洁后,将试柱黏结到处理好的涂层上。待黏结剂固化后,采用附着力测试仪测定涂层与混凝土表面的黏结力。

2)耐老化性

依据《色漆和清漆 人工气候老化和人工辐射暴露》(GB/T 1865—2009)标准规定的方法对混凝土防护涂层进行 1000h 的氙灯人工气候加速老化。

3)耐碱性

涂层耐碱性试验参见图 3 - 22。取 3 个试件,涂料涂层面朝上,半浸于水或饱和 Ca(OH)$_2$ 溶液中 30 天。试验过程中,每隔 1 ~ 2 天检查涂层外观是否起泡、开裂或剥离等。将余下的 3 个涂层试件,用显微镜式测厚仪检测涂层干膜总厚度,并计算至少 30 个测点的平均厚度。

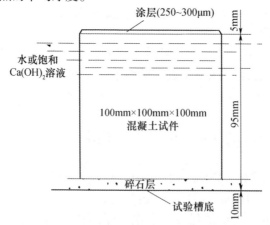

图 3 - 22　涂层耐碱性试验示意图

4) 抗氯离子渗透性

按图 3 - 21 所示试验装置进行抗氯离子渗透性试验。使试件涂漆的一面朝向3% 氯化钠溶液,细度纸的另一面朝向超纯水,共用 3 组装置。置于室内常温条件下进行试验 30 天。试验到期后,用离子色谱仪测定超纯水中的氯离子含量。

5. 结果评价

1) 黏结力

表干或表湿试件各取 9 个试验点的实测数据分别计算其算术平均值代表涂层的黏结力。要求涂层与混凝土表面的黏结力不小于 1.5MPa。

2) 耐老化性

老化试验结束后,观察漆膜表面有无粉化、起泡、龟裂、剥落等现象。

3) 耐碱性

试验结束后,漆膜表面不起泡、不龟裂、不剥落。

4) 抗氯离子渗透性

试验结束后,氯离子穿过涂层片的渗透量小于 $5.0 \times 10^{-3} mg/(cm^2 \cdot d)$。

参考文献

[1] Corrosion tests in artificial atmospheres—Salt spray tests:ISO 9227:2017[S]. International Standards Organization,2017:1 - 11.

[2] 中国人民解放军总装备部电子信息基础部.军用装备实验室环境试验方法 第 11 部分:盐雾试验:GJB 150. 11A—2009[S]. 北京:中国标准出版社,2009:1 - 6.

[3] Corrosion of metals and alloys—Removal of corrosion products from corrosion test specimens:ISO 8407:2009[S]. International Standards Organization,2009:1 - 4.

[4] 全国涂料和颜料标准化技术委员会.色漆和清漆 涂层老化的评级方法:GB/T 1766—2008[S]. 北京:中国标准出版社,2008:1 - 9.

[5] 全国涂料和颜料标准化技术委员会.漆膜耐湿热测定法:GB/T 1740—2007[S]. 北京:中国标准出版社,2007:1 - 2.

[6] Standard practice for testing water resistance of coatings using water fog apparatus:ASTM D1735—2014[S]. United States:ASTM International,2014:1 - 3.

[7] 全国涂料和颜料标准化技术委员会.色漆和清漆 耐湿性的测定 连续冷凝法:GB/T 13893—2008[S]. 北京:中国标准出版社,2008:2 - 3.

[8] Paints and varnishes—Determination of resistance to humidity—Part 1:Condensation(single - sided exposure):ISO 6270 - 1:2017[S]. International Standards Organization,2017:2 - 4.

[9] Standard Practice for Testing Water Resistance of Coatings Using Controlled Condensation:ASTM D4585—2018[S]. United States:ASTM International,2018:1 - 3.

[10] 全国涂料和颜料标准化技术委员会.色漆和清漆 耐湿性的测定 第 2 部分:冷凝(在带有加热水槽的试验箱内曝露):GB/T 13893.2—2019[S]. 北京:中国标准出版社,2019:2 - 5.

[11] Paints and varnishes—Determination of resistance to humidity—Part 2：Condensation (in - cabinet exposure with heated water reservoir)：ISO 6270 - 2：2017[S]. International Standards Organization,2017：2 - 5.

[12] Standard Practice for Testing Water Resistance of Coatings in 100% Relative Humidity：ASTM D2247—15(2020)[S]. United States：ASTM International,2020：2 - 6.

[13] Hot dip galvanized coatings on fabricated iron and steel articles - Specifications and test methods：ISO 1461：2009[S]. International Standards Organization,2009：4 - 8.

[14] Thermal spraying—Zinc, aluminium and their alloys—Part 2：Execution of corrosion protection systems：ISO 2063.2：2017[S]. International Standards Organization,2017：3 - 7.

[15] Paints and varnishes—Corrosion protection of steel structures by protective paint systems—Measurement of, and acceptance criteria for, the thickness of dry films on rough surfaces：ISO 19840：2004[S]. International Standards Organization,2004：3 - 7.

[16] Paints and Varnishes - Determination of Film Thickness：ISO 2808：2019[S]. International Standards Organization,2019：5 - 40.

[17] Paints and varnishes—Corrosion protection of steel structures by protective paint systems—Part 6：Laboratory performance test methods：ISO 12944.6：2018[S]. International Standards Organization,2018：3 - 7.

[18] Paints and varnishes—Corrosion protection of steel structures by protective paint systems—Part 9：Protective paint systems and laboratory performance test methods for offshore and related structures：ISO 12944.9：2018[S]. International Standards Organization,2018：12 - 15.

[19] Paints and varnishes. Pull - off test for adhesion：ISO 4624：2016[S]. International Standards Organization,2016：2 - 8.

[20] Paints and varnishes - Cross - cut test：ISO 2409：2020[S]. International Standards Organization,2020：2 - 10.

[21] 全国涂料和颜料标准化技术委员会. 船体防污防锈漆体系：GB/T 6822—2014[S]. 北京：中国标准出版社,2014：6 - 7.

[22] Surface preparation and protective coating：NORSOK M - 501：2012[S]. Standards Norway,2012：15.

[23] 全国涂料和颜料标准化技术委员会. 色漆和清漆　耐热性的测定：GB/T 1735—2009[S]. 北京：中国标准出版社,2009：1 - 2.

[24] Standard Test Methods for Evaluating Coatings For High Tempe：ASTM D2485—2018[S]. United States：ASTM International,2018：2.

[25] 全国涂料和颜料标准化技术委员会. 锅炉及辅助设备耐高温涂料：HG/T 4565—2013[S]. 北京：化学工业出版社,2013：3 - 4.

[26] 石油工程建设专业标准化委员会. 钢制储罐外防腐层技术标准：SY/T 0320—2010[S]. 北京：石油工业出版社,2010：25.

[27] Paints and varnishes—Determination of resistance to cathodic disbonding of coatings exposed to sea water：ISO 15711：2003[S]. International Standards Organization,2003：2 - 11.

［28］石油工程建设专业标准化委员会. 管道防腐层阴极剥离试验方法:SY/T 0037—2012［S］.
北京:石油工业出版社,2012:2 - 8.

［29］石油工程建设专业标准化委员会. 钢质管道熔结环氧粉末外涂层技术规范:SY/T 0315—
2013［S］.北京:石油工业出版社,2013:17 - 18.

［30］全国涂料和颜料标准化技术委员会. 防污漆样板浅海浸泡试验方法:GB/T 5370—2007［S］.
北京:中国标准出版社,2007:1 - 4.

［31］Standard Method for Testing Antifouling Panels in Shallow Submergence:ASTM D3623—78a
(2020)［S］. United States:ASTM International,2020:2 - 3.

［32］全国涂料和颜料标准化技术委员会. 船舶防污漆防污性能动态试验方法:GB/T 7789—
2007［S］.北京:中国标准出版社,2007:1 - 4.

［33］Standard Test Method for Subjecting Marine Antifouling Coating to Biofouling and Fluid Shear
Forces in Natural Seawater:ASTM D4939—1989(2020)［S］. United States:ASTM International,
2020:1 - 5.

［34］中华人民共和国交通部水运司. 海港工程混凝土结构防腐蚀技术规范:JTJ 275—2000［S］.
北京:人民交通出版社,2000:34 - 36.

第4章

典型防腐蚀涂料

4.1 概　述

在腐蚀性介质作用下,服役于环境中的金属结构材料会产生腐蚀破坏。同样,作为金属结构的防腐蚀保护涂层,在服役中也会发生破坏现象。涂层受阳光、水、氧、温度变化以及各种腐蚀性介质的侵蚀和作用,不可避免地产生了粉化、开裂甚至脱落,这种现象称为涂层的老化。有机涂层老化的主要原因是其基料(高分子聚合物)的降解。在大气腐蚀环境下,光、氧和水是导致有机涂层材料降解破坏的主要因素,主要引起基料树脂光氧化降解和水解等[1]。因此,服役在大气环境下的防腐蚀涂层要有很好的耐紫外老化性能、抗氧化性和耐水解性能。而在水环境和土壤环境下,导致涂层失效的主要因素是水和溶解在水中的氧、腐蚀性离子等。有机涂层材料存在微观孔隙,水和腐蚀性离子会沿着微观孔隙渗透到涂层内,使涂层溶胀,并致使涂层中易水解的基团水解。腐蚀性介质到达金属/涂层界面时,还会使金属产生膜下腐蚀,导致涂层起泡而失效。因此服役在这类环境中的防腐蚀涂层要求有很好的耐水性和抗介质渗透性。大型工程主体结构大多服役于大气、水和土壤环境中,所用的防腐蚀涂料性能要求高、用量大,因此本章主要探讨这类环境下应用的典型防腐蚀涂料开发。

4.1.1 防腐蚀涂料类型

大型工程通常建设规模大,投资动辄数十亿甚至上百亿。为了提高工程投资收益,投资方提出的设计使用年限往往很长,甚至提出了长达百年的使用寿命。这类工程对防腐蚀涂料提出了很高的要求。防腐蚀涂料不仅要求使用寿命长,而且要有很好的施工性能。涂料厚膜化,单道干膜厚度甚至高达 $1000\mu m$,满足户外大面积施工要求。因此,防腐蚀涂料虽然类型繁多,但适合在这类工程上应用的类型却不多。大型工程上应用的防腐蚀涂料类型如表 4-1 所列。

表 4-1　常用大型工程用防腐蚀涂料的类型及特点

涂料类型	组分	树脂组分	固化剂组分	溶剂类型	特点
醇酸涂料	单组分	醇酸树脂	无	溶剂型	通过溶剂的挥发和基料与大气中的氧气反应而干燥成膜
氯化橡胶涂料	单组分	氯化橡胶树脂	无	溶剂型	涂层耐溶剂性能不佳
乙烯涂料	单组分	乙烯树脂	无	溶剂型	涂层耐溶剂性能不佳
氯醚涂料	单组分	氯醚树脂	无	溶剂型	涂层耐溶剂性能不佳
丙烯酸涂料	单组分	丙烯酸树脂	无	溶剂型或水性	涂层耐溶剂性能不佳
硅酸乙酯涂料	单组分双组分	硅酸乙酯树脂	双组分涂料另一组分为锌粉	溶剂型	固化受空气相对湿度影响,厚涂下有开裂风险
环氧涂料	双组分	环氧、环氧乙烯/环氧丙烯酸、环氧/碳氢树脂等	聚胺、聚酰胺或加成物	溶剂、水性或无溶剂型	大多数环氧涂层暴露在阳光下会粉化
聚氨酯涂料	单组分双组分	含活泼羟基的聚酯、丙烯酸、环氧、聚醚,可与不反应的基料共混(如碳氢化合物)	含芳香族或脂肪族异氰酸酯	溶剂、水性或无溶剂型	芳香族聚氨酯涂料有粉化倾向,不推荐用作户外面漆
氟碳涂料	双组分	含氟聚合物/乙烯基醚共聚物(FEVE)	异氰酸酯固化剂	溶剂型或水性	具有优异的耐候性能
聚硅氧烷涂料	单组分双组分	采用丙烯酸、丙烯酸酯或环氧改性的硅树脂	硅烷偶联剂等	溶剂型	具有优异的耐候性能

4.1.2　防腐蚀涂料体系

对于长寿命防腐要求,防腐蚀涂料大多采用多道涂装的方式,使得涂层达到一定的涂装厚度。多道涂装的防腐蚀涂料可以是同一种涂料,也可以是不同种类涂料。多道涂装的防腐蚀涂料也称为涂料体系。涂料体系中,底漆、中间漆和面漆通常设计成可明显区分的不同种颜色,多道涂装的同一种防腐蚀涂料通常也设计成两种可明显区分的颜色,以避免涂料体系涂装施工时出现漏涂现象。

1. 防腐蚀涂料体系组成

1)底漆

底漆包括防锈底漆、金属涂层等。防锈底漆直接涂装在金属基材上,与基材直接接触,因此要求涂料具有良好的润湿性能,干燥后具有优异的附着力。底漆一般添加一定量的防锈颜料,根据所添加的防锈颜料类型,其保护原理可分为屏蔽、钝化、电化学保护等。各类防锈底漆中,富锌漆具有极佳的防腐蚀性能,通常作为长效防锈底漆使用。

富锌漆根据所采用的树脂基料类型,可分为有机富锌漆和无机富锌漆。富锌防锈漆防腐蚀性能和耐久性与锌粉含量密切相关,美国钢结构涂装协会 SSPC 规定了富锌底漆中锌粉最低含量:无机富锌漆中锌粉占干膜质量不小于74%,有机富锌漆中锌粉占干膜质量不小于77%。我国行业标准将不挥发分中金属锌含量不小于60%定义为富锌涂料,将不挥发分中金属锌含量30%~60%定义为含锌涂料(包含30%,不包含60%)。由于锌不耐酸碱,富锌底漆使用时须罩上耐化学品的面漆。

2)中间漆

中间漆涂装在底漆之上,其功能是增加涂层体系总厚度,增强涂层体系的屏蔽性能。中间漆通常设计成屏蔽型防锈漆,主要采用片状颜料来提高涂层屏蔽性能。常用的片状颜料有云母氧化铁、玻璃鳞片和铝粉浆等。中间漆通常要求与底漆、面漆都具有良好的配套性能。某些中间漆品种也可作为防锈底漆使用。

对于水下应用的防锈防污油漆体系而言,其中间漆是一种特殊品种的涂料。通常水下应用的防锈漆的主体基料为环氧树脂,防污漆的主体基料为改性丙烯酸酯树脂,环氧树脂与改性丙烯酸酯树脂具有不同的分子结构和极性,因而具有不相容性。当防污漆直接涂装在防腐蚀涂层上时,防污漆干燥过程中,随着溶剂挥发,树脂在界面张力的作用下收缩,从而在涂层界面上留下微观附着缺陷,在海水浸泡下,容易导致防污涂层脱落。因此,涂装在防锈漆与防污漆之间的中间漆主要起到连接作用,提高涂层层间附着强度。

3)面漆

面漆与外界环境直接接触,因此要求面漆具有良好的耐环境暴露性能。如用于户外环境的面漆应具有优异耐大气暴露性能、耐盐雾性能。此外,面漆外观上要有良好的装饰性,一些特殊部位使用的面漆还应具备标志的功能。

面漆根据所采用基料树脂类型可分为双组分固化型涂料和单组分溶剂挥发型涂料。双组分固化型涂料通常是由环氧、环氧酚醛、聚酯或某些聚氨酯及固化剂组成。通常涂层耐溶剂性能极为优异。除聚氨酯外,这些涂层暴露在紫外线中有粉化倾向。溶剂挥发型涂料通常采用聚乙烯类或氯化橡胶为树脂基料,涂料借助溶剂挥发来干燥。这类涂料有极好的耐海洋环境性能,而且重涂性能好。

2. 典型长效防腐蚀涂料体系

自然环境下金属结构的防腐蚀涂料体系主要依据腐蚀环境特点及该腐蚀环境对涂料的技术要求来选择和构建。大气环境下,盐雾、湿热和紫外光辐照是典型的腐蚀作用因子,服役于该环境的防腐蚀涂料体系不仅要有很好的耐腐蚀性能,还要有很好的耐老化性能。该环境下,钢结构通常采用底漆、中间漆和面漆 3 层结构的长效防腐涂层体系防护,底漆采用富锌漆,中间漆采用云铁防锈漆,面漆采用耐候面漆。海洋环境是腐蚀最为严重的水环境。在潮差飞溅区,海水含氧量高,盐雾和紫外老化作用强,海浪冲击作用大,要求涂层体系具有优异的耐腐蚀性能、耐浸泡性能和耐老化性能,对防腐蚀涂料体系要求最为苛刻。暴露在该环境下的钢结构通常采用底面合一的重防腐蚀涂料保护。海水全浸区,面临海水长期浸泡腐蚀和海洋生物污损。该区域使用的涂层不仅要求具有良好的耐海水浸泡性能和耐腐蚀性能,而且能防止海洋生物污损。各种腐蚀环境下最常采用的涂料体系如表 4 - 2 所列。

表 4 - 2　典型长效防腐涂料体系

腐蚀环境	涂料	典型涂料类型	备注
大气区	底漆	环氧富锌防锈漆、无机富锌防锈漆等	—
	中间漆	环氧云铁防锈漆等	
	面漆	聚氨酯面漆、有机硅面漆、氟碳面漆等	
潮差飞溅区	底漆	环氧玻璃鳞片、超厚膜环氧重防腐蚀涂料等	—
	面漆	环氧玻璃鳞片、超厚膜环氧重防腐蚀涂料等	
全浸区	防锈漆	环氧、改性环氧防锈漆等	不需要防污的场合,可不用连接漆和防污漆
	中间漆	环氧改性乙烯、环氧改性丙烯酸连接漆等	
	防污漆	自抛光防污漆、磨蚀型防污漆或污损脱附型防污漆	
土壤	底漆	环氧煤沥青防锈漆等	也常用于水下环境
	面漆	环氧煤沥青防锈漆等	

本章主要选择无机富锌防锈漆、环氧云铁防锈漆、氟碳涂料、环氧玻璃鳞片重防腐蚀涂料、防污漆和无溶剂环氧煤焦沥青涂料等最为常用的涂料品种为研究对象,剖析产品开发过程中原材料选择、配方设计和性能影响因素,并介绍典型产品的应用性能。

4.2　大气环境用典型防腐蚀涂料

4.2.1　无机富锌防锈漆

1. 概述

无机富锌防锈漆发明于 20 世纪 30 年代,采用水玻璃加入等量锌粉配制而成,因需要高温烘干固化限制了其应用[2]。20 世纪 50 年代研发了后固化型无机富锌防锈漆,采用较高模数的水玻璃加入锌粉制成,涂装后漆膜须喷淋 H_3PO_4 或 $MgCl_2$ 溶液使之固化。20 世纪 60 年代研发了以硅酸钾、硅酸锂为基料的水性自固化型无机富锌漆和以正硅酸乙酯缩合物为基料的醇溶性无机富锌漆。在诸多无机富锌漆种类中,醇溶性无机富锌防锈漆应用最为广泛。

无机富锌防锈漆固化过程中与钢基体表面相互作用,使漆膜与基体间具有很高的结合力,对钢基体起很好的保护作用。防锈漆中锌粉添加量通常很高,使得锌粉颗粒之间、锌粉与钢基材之间保持金属的直接接触。如果水分入侵漆膜,锌粉和钢基材形成原电池,锌比铁活泼而被腐蚀,钢基材便受到了保护。锌粉反应后形成氧化锌、氢氧化锌、碱式碳酸锌、碱式氯化锌、硫酸锌等腐蚀产物,这些腐蚀产物堆积在漆膜内空隙上,增大涂层电阻,减弱电化学腐蚀速度,锌粉的消耗速度随之降低,漆膜耐久性便得以提高。

无机富锌防锈漆结合了热喷锌、铝与有机富锌的优点,具备防锈、耐候、耐热、耐溶剂等特点,广泛应用于海洋工程、跨海大桥、石化储罐等各类大气区钢结构以及高温管道、设备等。

根据行业标准《富锌底漆》(HG/T 3668—2020),无机富锌防锈漆不挥发分中的金属锌含量不应低于 60%,并按锌含量分为 3 类,主要技术性能指标如表 4-3 所列。

表 4-3 无机富锌防锈漆主要技术指标

项目	技术指标			检测方法
	1 类	2 类	3 类	
不挥发分中的金属锌含量/%	≥80	≥70	≥60	HG/T 3668—2020 附录 A 或附录 B
耐盐雾性/h (划痕处单向扩蚀不大于 2.0mm 未划痕区无起泡、生锈、开裂、剥落等现象)	1000	800	500	GB/T 1771

《富锌底漆》(HG/T 3668—2020)是针对富锌底漆的通用技术标准,规定了富锌底漆的分类和基本技术要求。当无机富锌防锈漆应用于特定行业,还需满足该行业的相关规定。根据《风力发电设施防护涂装技术规范》(GB/T 31817—2015)规定,用于法兰面的无机富锌防锈漆漆膜初始状态下涂层抗滑移系数不小于 0.50。《钢质石油储罐防腐蚀工程技术标准》(GB/T 50393—2017)规定应用于钢质石油储罐的无机富锌防锈漆需通过 1000h 耐湿热性试验和 168h 耐化学介质浸泡(3% 氯化钠溶液,常温),涂层不起泡、不生锈、不开裂、不剥落。当无机富锌防锈漆作为防锈底漆应用于大气极端腐蚀环境(《色漆和清漆 防护涂料体系对钢结构的防腐蚀保护 第 2 部分:环境分类》(ISO 12944-2:2017)规定的 CX 腐蚀环境)时,

包含中间漆和面漆组成的配套体系应通过《色漆和清漆 防护涂料体系对钢结构的防腐蚀保护 第 9 部分:海上建筑及相关结构用防护涂料体系和实验室性能测试方法》(ISO 12944 - 9:2018)规定的 4200h 循环老化试验。

2. 醇溶性无机富锌防锈漆配方设计

1)树脂的合成

(1)原材料。

醇溶性无机锌防锈漆采用部分水解的正硅酸乙酯为成膜物。为改善成膜物性能,硅酸乙酯水解时可加入部分钛酸烷基酯和硼酸烷基酯进行改性。市售正硅酸乙酯 Si - 28 分子式为 $Si(OC_2H_5)_4$,其 SiO_2 的含量为 28%。硅酸乙酯 Si - 32 和 Si - 40 为正硅酸乙酯预水解产物,SiO_2 含量分别为 32% 和 40%,工业生产中通常选用 Si - 40 作为原材料合成醇溶性无机锌防锈漆的成膜物。

(2)正硅酸乙酯的水解机理。

正硅酸乙酯水解反应在酸性或碱性条件下均可进行。以酸作为催化剂,水解反应较平缓,批量生产易于控制。此外,酸性条件下硅烷醇基团较为稳定,使得水解液贮存稳定性高。盐酸、硫酸、磷酸都可用于这一反应。

正硅酸乙酯在酸性条件下水解,质子进攻乙氧基的氧原子,发生 SE_2 亲电取代反应,生成硅烷醇和乙醇。生成的硅烷醇可进一步水解,发生二取代、三取代、四取代反应。硅烷醇之间同时会进行缩聚反应,发生 SN_2 亲核加成反应,如图 4 - 1 所示。水解 - 缩聚反应形成了链状或网络状的带有羟基和乙氧基的聚合物。

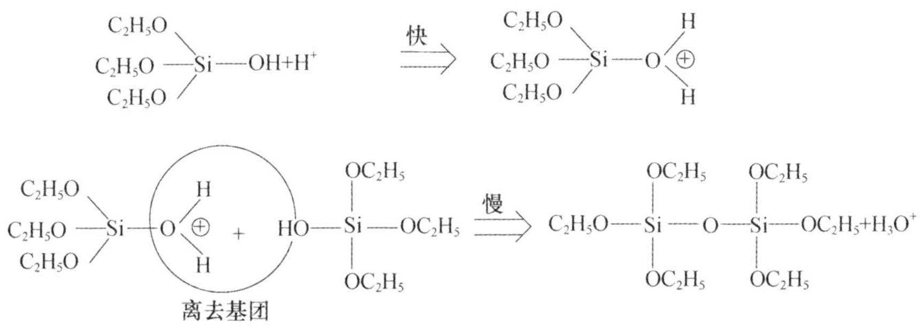

图 4 - 1 正硅酸乙酯缩聚反应

(3)正硅酸乙酯的水解工艺参数。

① 水解度对涂料性能的影响。正硅酸乙酯完全水解的最终产物为 SiO_2,其水解的反应式为

$$Si(OC_2H_5)_4 + 2H_2O \longrightarrow SiO_2 + 4C_2H_5OH \qquad (4-1)$$

部分水解的正硅酸乙酯,其化学反应方程式为

$$\begin{array}{c} OC_2H_5 \\ | \\ C_2H_5O-Si-OC_2H_5 + 2xH_2O \longrightarrow Si_{2x}(OC_2H_5)_{4(1-x)} + 4xC_2H_5OH \\ | \\ OC_2H_5 \end{array} \quad (4-2)$$

式中:x 为水解度,用以表征正硅酸乙酯的水解 – 聚合程度。从式(4 – 2)可知,1mol 正硅酸乙酯达到水解度 x 所需要的水量为 $2x$ mol,即 208g 正硅酸乙酯需要水量为 $36xg$ 水。若采用 Si – 40 为原料进行水解反应,则计算所需水量时应扣除从 Si – 28 水解到 Si – 40 的所需水量。

部分水解的正硅酸乙酯 $SiO_{2x}(OC_2H_5)_{4(1-x)}$ 带有羟基和乙氧基。如水解度过高,产物中羟基含量过多,容易胶化,贮存稳定性较差。而水解度过低,则漆膜的交联密度低,影响漆膜性能。工业生产中,水解产物水解度以 75% ~80% 为宜,贮存期不发生凝胶,制成涂料具有较高的附着力。

② 反应温度对水解液性能的影响。正硅酸乙酯水解反应是放热反应,室温下,反应体系可升温至约 40℃。正硅酸乙酯水解通常采用乙醇为溶剂,水解过程中有乙醇生成。如果反应温度高于乙醇沸点,反应体系易形成暴沸,造成乙醇大量逸出,安全性差。水解反应一般不超过 70℃。

③ 催化剂用量对水解液性能的影响。正硅酸乙酯水解反应以酸为催化剂,酸的添加量决定最终水解液的 pH 值。酸添加量过多则会加速硅烷醇基团或烷氧基硅基团缩聚,导致水解液贮存期缩短。酸添加量不足则会导致水解液沉析出 SiO_2。研究表明,选用 0.1mol/L 的盐酸为催化剂可使水解反应平稳,水解液稳定贮存。

④ 水解反应终点判断。水解反应终点采用吗啉滴定法测定,以水解液与吗啉反应的凝胶时间作为反应终点的判断。凝胶时间测试方法为:取 4.5mL 水解液于 10mL 带刻度的试管中,加入 0.5mL 吗啉,开始计时,同时震摇试管,待完全凝胶停止计时。水解度越高凝胶时间越短,水解度为 75% ~80% 的水解液(SiO_2 含量 20%)终点凝胶时间为 150 ~200s。

(4) 树脂的改性。

正硅酸乙酯预聚物固化成膜为纯无机物,漆膜柔韧性、附着力和致密性较差。通常采取有机物对正硅酸乙酯预聚物进行改性[3]。常用的改性物质有聚乙烯醇缩丁醛树脂(PVB)和含 NCO 基团的有机化合物等。PVB 是醇溶性无机锌防锈漆最常见的改性剂,与正硅酸乙酯预聚物相容性良好,一般选择低相对分子量的 PVB,黏度为 10s 左右。含 NCO 基团的有机化合物可与正硅酸乙酯预聚物羟基反应,将有机链段接枝于硅氧烷链段上,反应为

$$R-N{=}C{=}O + (C_2H_5O)_3SiOH \longrightarrow R-NH-\underset{\underset{O}{\|}}{C}-OSi(OC_2H_5)_3 \quad (4-3)$$

2）含锌组分的设计

醇溶性无机富锌防锈漆的含锌组分通常采用纯锌粉或锌粉与其他防锈颜料的混合物。只有相互接触并形成导电网络的锌粉粒子才能有效地参与阴极保护反应,因此设计配方时应尽量增大金属相的表面积/体积比。片状、针状和纤维状金属颗粒能增加表面积/体积比,改善漆膜的导电性,故而鳞片锌用于无机富锌防锈漆中,降低了漆膜中锌含量,也可达到很好的防锈效果。不同锌含量的无机富锌防锈漆(锌含量分别为 60%、70%、80%)耐盐雾性试验如图 4-2 所示。

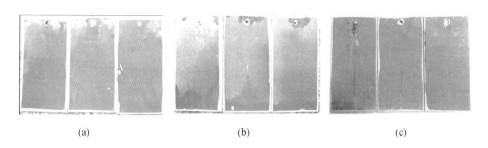

(a)　　　　　　　　　　(b)　　　　　　　　　　(c)

图 4-2　不同锌含量的无机富锌防锈漆耐盐雾性

(a)锌含量 60%(2500h);(b)锌含量 70%(3500h);(c)锌含量 80%(3500h)。

3）典型醇溶性无机锌防锈漆组成

典型醇溶性无机锌防锈漆组成如表 4-4 所列。

表 4-4　典型醇溶性无机锌防锈漆组成

组分	原材料	质量分数/%
甲组分	锌粉	100
乙组分	硅酸乙酯 Si-40	30~60
	无水乙醇	10~32
	0.1N 盐酸	2~7
	触变剂	0.5~1

甲组分制备工艺:锌粉分装。

乙组分制备工艺:用去离子水和浓盐酸预先配制浓度为 0.1mol/L 的稀盐酸,在搪瓷釜中加入硅酸乙酯 Si-40 和无水乙醇,搅拌下缓慢加入稀盐酸,加完后持续搅拌约 1h,取样测凝胶时间,合格后投放在拉缸中,加入触变剂,高速分散均匀。

使用时甲、乙组分混合均匀。夏季可用少量丁醇替代无水乙醇,以减缓干燥速度,防止干喷。

3. 水性无机锌防锈漆配方设计

1）硅酸盐溶液的选择

水性无机锌防锈漆的基料一般为高模数水溶性碱金属硅酸盐溶液。模数是指碱金属硅酸盐溶液中 SiO_2 与碱金属氧化物的摩尔比。硅酸钠不易制得高模数，更多应用于无机建筑涂料；硅酸锂受限于价格较高，应用较少；硅酸钾在防锈漆中应用较广。高模数硅酸钾指模数超过 4.8 的硅酸钾水溶液，一般设计模数为 5.0 ~ 6.0。高模数硅酸钾更容易与锌粉发生反应，固化时间大为缩短，形成的防腐涂层耐水性、耐冲击性和附着力均优于低模数硅酸钾[4]。

硅溶胶常被用于提高碱金属硅酸盐模数。硅溶胶为纳米 SiO_2 的分散体，加入硅酸盐溶液中可提高 SiO_2 和 Si – OH 含量。碱金属硅酸盐含有大量的钠、钾、锂离子，会导致涂膜有较强的吸水性。硅溶胶通过离子交换或电渗析，已经除去了碱金属离子，因而添加硅溶胶有助于减弱碱金属硅酸盐成膜后的吸水性。

2）改性乳液的选择

采用有机乳液进行改性，可减少碱金属硅酸盐固化收缩引起涂层开裂的问题。常用的乳液有硅丙乳液、苯丙乳液、醋丙乳液、改性水性环氧乳液等。碱金属硅酸盐溶液碱性很强，与乳液粒子的表面电荷不同时，易引起破乳和胶化。碱金属硅酸盐溶液与硅丙乳液相容性较好，硅丙乳液兼具有机硅和丙烯酸乳液的优点，与硅酸盐混合不易发生相分离。加料顺序一般是在搅拌条件下将硅酸盐溶液加入有机乳液中，反之有破乳的风险。

3）助剂的选择

锌粉相对密度大，而基料的黏度低，当两者混合时锌粉易沉降，应对基料预先进行抗沉降处理，通常可选用水性体系用的无机凝胶增稠剂或气相二氧化硅。Elementis公司的 BENTONE 系列无机凝胶增稠剂是精制锂蒙脱石黏土，其中 EW、DE、LT、DY 为不同有机改性的天然无机凝胶增稠剂，Rockwood 公司的 LAPONITE RD、LAPONITE RDS 无机凝胶是人工合成的片状硅酸盐，均可选用。

4）典型水性无机锌防锈漆组成

典型水性无机锌防锈漆组成如表 4 – 5 所列。

表 4 – 5　典型水性无机锌防锈漆配方组成

组分	原材料	质量分数/%
甲组分	锌粉	60 ~ 80
乙组分	高模硅酸盐溶液	16.6 ~ 32
	硅丙乳液	0 ~ 11
	稳定剂	0.5 ~ 0.8
	增稠剂	0.1 ~ 4.5
	消泡剂	0.1 ~ 0.2

甲组分制备工艺:锌粉分装。

乙组分制备工艺:室温下将硅丙乳液加入不锈钢杯中,搅拌下加入高模数硅酸盐溶液,再依次加入稳定剂、增稠剂和消泡剂,加完后高速搅拌 10 ~ 20min。

使用时甲、乙组分混合均匀,需在搅拌下将锌粉加入基料中。

4. 无机富锌防锈漆主要技术规格

典型醇溶性无机富锌防锈漆和水性无机富锌防锈漆主要技术规格如表 4 - 6 所列。

表 4 - 6　无机富锌防锈漆主要技术规格

项目		技术指标		检验方法
		醇溶性	水性	
不挥发物质量分数/%		≥70	≥80	GB/T 1725
干燥时间	表干/min	≤5	≤15	GB/T 1728
	实干/h	≤5	≤5	
附着力/MPa		≥4	≥4	GB/T 5210
不挥发分中金属锌含量/%		≥85	≥85	HG/T 3668
耐盐雾性/h (划痕处单向扩蚀不大于 2mm; 未划痕处无起泡、生锈、开裂、剥落等现象)		≥2000	≥2000	GB/T 1771

5. 无机硅酸锌车间底漆

无机硅酸锌防锈漆不仅具有优良的防锈性,而且快干、力学性能好、耐热性能优异、热加工损伤面积小、耐溶剂性能强,因而主要用途之一是作为船用车间底漆。无机硅酸锌车间底漆应满足《船用车间底漆》(GB/T 6747—2008)标准规定的技术要求,主要有:涂料快干,室温下((25 ± 1)℃),表干时间在 5min 以内;涂膜具有良好的防锈性能,干膜厚度 15 ~ 20μm,在海洋性气候中暴露 3 ~ 12 个月,生锈不大于1 级。该标准根据耐候性暴露时间,将含锌车间底漆分为 Ⅰ - 12 级、Ⅰ - 6 级和 Ⅰ - 3 级 3 个级别,方便船厂选用。

无机硅酸锌车间底漆不仅要求有良好的防锈性能,也要求有良好的焊接和切割性能。需要注意的是,涂装了无机硅酸锌车间底漆的钢板在焊接时可能会产生气孔弊病。其原因可能是焊接时高温导致漆膜中有机物分解,金属锌也会汽化(锌的熔点为 419.5℃)。当角焊第一面时,汽化物质可从钢板背面释放,当焊接第二面时,汽化物质释放出口减少,则可能形成气孔。进行钢板切割时,车间底漆对切割速度减慢应不超过 15%,而且切割缝两边漆膜烧蚀宽度不超过 20mm。据报道,各类车间底漆对切割速度影响可控制在 15% 以内,但热影响区域不尽相同。耐高温车间底漆在焊接切割方面有突出的表现[5]。此外,无机硅酸锌车间底漆焊接、切割时仍有一定量的氧化锌烟尘产生,但比环氧富锌车间底漆少很多。

船厂为减少分段二次喷砂除锈工作量,涂装主涂层前,对保持完好的车间底漆通常采用扫掠式喷砂、高压水洗或等效的方法进行表面处理,这就要求车间底漆与主涂层有很好的配套性。根据 IMO PSPC 和 COT 规定,对于涂装在压载舱和货油舱的车间底漆,还需通过与压载舱涂料、油舱涂料兼容性试验,才能采取上述表面处理方式。对于未通过认证的车间底漆,对保持完好的车间底漆也至少要除去70%,除锈等级达到 Sa 2 级才可涂装主涂层。PSPC 试验包含模拟压载舱试验和冷凝舱试验,COT 试验包含气密柜试验和浸泡试验。能否通过上述试验不仅取决于车间底漆,主涂层在车间底漆表面充分有效润湿、主涂层优异的屏蔽性也至关重要[6]。有研究表明[7],低锌含量的车间底漆与基材、主涂层的湿态附着力相对保持较好,有利于车间底漆通过与主涂层的兼容性试验。

1)无机硅酸锌车间底漆配方设计

(1)成膜物质组分选择。

无机硅酸锌车间底漆的成膜物质组分通常选用 Si – 40 为原材料进一步水解,水解工艺同无机锌防锈漆树脂的合成工艺。

(2)含锌组分的配方设计。

① 防锈颜填料的选择。由于车间底漆的漆膜厚度仅 $15 \sim 20\mu m$,一般选择粒径小而均匀的锌粉作为防锈颜料。车间底漆的防锈期效为 $3 \sim 12$ 个月,通常采用其他种类防锈材料替代部分锌粉,以达到降低成本的目的。

磷铁粉是一种带有棱角的不规则形状的黑灰色粉末,主要成分是 Fe_2P。磷铁粉具有耐酸、耐碱和良好的导电导热性,取代部分锌粉,能保持漆膜的整体导电性,从而既保障锌的电化学防锈性能,又有利于焊接切割时减少锌雾。磷铁粉主要技术要求见《涂料用磷铁粉防锈颜料》(HG/T 5068—2016)。

如采用不具备导电性能的材料作为车间底漆的防锈颜料,则须慎重考虑其用量。车间底漆是一类 PVC 大于 CPVC 的涂料,不具备导电性能的防锈颜料势必影响锌粉形成连续的导电网络。因此,低锌含量的车间底漆应通过化学钝化或屏蔽作用等弥补电化学防锈作用[8],防锈颜料选择具有化学钝化作用或片状屏蔽效果的材料,如磷酸锌、铁钛粉、云母氧化铁等。

② 助剂的选择。醇溶性车间底漆含锌组分添加的主要助剂是防沉剂,如有机膨润土、气相二氧化硅等。有机膨润土应预先制成凝胶,在车间底漆生产过程中于颜料加入前投入。由于醇溶性车间底漆中有大量的醇类溶剂,单独使用气相二氧化硅达不到良好的抗沉效果,一般配合使用聚羟基羧酸酰胺类液体流变助剂,以改善贮存稳定性。

2)典型车间底漆组成

典型船用车间底漆组成见表 4 – 7。

表 4 – 7 典型车间底漆组成

组分	原材料	质量分数/%
甲组分	聚乙烯醇缩丁醛	2 ~ 2.5
	无水乙醇	15 ~ 25
	二甲苯	5 ~ 10
	有机膨润土	1 ~ 2
	锌粉	30 ~ 50
	颜填料	15 ~ 30
乙组分	硅酸乙酯 Si – 40	45 ~ 55
	无水乙醇	40 ~ 50
	0.1N 盐酸	4.5 ~ 5.5

甲组分制备工艺:搅拌条件下往无水乙醇中缓慢加入聚乙烯醇缩丁醛,分散使之完全溶解,可静置 12h 以上,使聚乙烯醇缩丁醛在乙醇中溶解更充分。用二甲苯制备有机膨润土凝胶,加入到聚乙烯醇缩丁醛溶液中,分散均匀,加入锌粉和颜料,高速分散约 1h,过滤包装。

乙组分制备工艺:用去离子水和浓盐酸预先配制浓度为 0.1mol/L 的稀盐酸,在搪瓷釜中加入硅酸乙酯 Si – 40 和无水乙醇,搅拌条件下缓慢加入稀盐酸,加完后持续搅拌约 1h,取样测凝胶时间,合格后包装。

使用时甲、乙组分混合均匀。夏季可用少量丁醇替代无水乙醇,以减缓干燥速度,防止干喷。

3) 典型船用车间底漆的主要技术规格

典型船用车间底漆的主要技术规格如表 4 – 8 所列。车间底漆 6 个月耐候性测试结果如图 4 – 3 所示,在海洋性气候中暴露 6 个月,试验样板生锈 1 级,符合 6 个月船用车间底漆技术要求。车间底漆与压载舱涂层兼容性试验结果如图 4 – 4 所示,(a) 为波浪舱顶部样板,划痕处剥离最大值为 4.8mm,(b) 为波浪舱侧部冷却样板,划痕处剥离最大值为 7.2mm,(c) 为波浪舱侧部无冷却样板,划痕处剥离最大值为 5.1mm,平均 5.7mm,低于 PSPC 要求的小于 8mm。试验结果表明,典型船用车间底漆与压载舱涂层有良好的兼容性。

表 4 – 8 典型车间底漆的主要技术规格

项目	技术指标	检测方法
干燥时间((25 ± 1)℃),表干/min	≤5	GB/T 1728
附着力/级	≤2	GB/T 1720
不挥发分中的金属锌含量/%	≥25	HG/T 3668

续表

项目	技术指标	检测方法
耐候性(在海洋性气候中生锈,6 个月)生锈/级	≤1	GB/T 9276
焊接与切割	通过	GB/T 6747—2008 中附录 A.2
与压载舱涂料的兼容性	通过	GB/T 6823—2008 中附录 A、B
与油舱涂料的兼容性	通过	GB/T 31820—2015 中附录 A、B

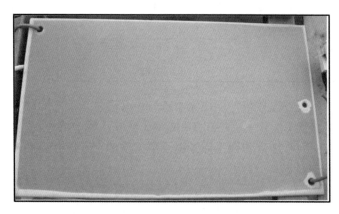

图 4-3　车间底漆 6 个月耐候性测试结果

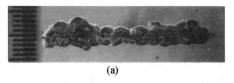

(a)

(b)　　　　　　　　　　(c)

图 4-4　车间底漆与压载舱涂层兼容性试验结果
(a)波浪舱顶部样板;(b)波浪舱侧部冷却样板;(c)波浪舱侧部无冷却样板。

6. 无机锌防锈漆技术发展趋势

无机锌防锈漆发展至今已经较为成熟,未来技术发展将持续关注防锈性能提升、施工性能的改善和水性化等方面。

1)防锈性能提升

提升无机锌防锈漆防锈性能主要通过成膜物的改性技术实现。无机类成膜物品种有限,以硅类成膜物应用最广,主要改性技术有有机 – 无机杂化、互穿网络等。尽管成膜物的改性研究很多,但实际应用不多,如何将改性技术应用于生产是未来的发展方向。

加入少量纳米材料的方法,可提高涂料的力学性能、耐腐蚀性、耐老化性等,如加入碳纳米管、石墨烯、纳米氧化硅、纳米氧化锌等。氧化锌与硅酸盐反应对漆膜固化及形成保护膜起着重要作用,导电氧化锌的应用可提高涂层的导电性和防腐性。添加超细氧化物可降低富锌涂料中锌的活泼性,防止白色沉淀物的产生,从而延长锌粉的作用时间,提升防腐效果。

2)施工性能的改善

无机锌防锈漆一般对底材的表面处理要求高,除锈等级需达到 Sa 2½ 级,甚至 Sa 3 级。有文献报道,在无机锌防锈漆中添加磷化底漆的成分或带锈涂料的成分,可降低基材表面处理等级。

3)水性化

水性无机锌防锈漆在施工现场将粉料与成膜物搅拌,粉料润湿不充分,分散效果不理想,将大大减弱其防锈效果,专利 CN102485806A 提出用杂环化合物和表面活性剂作为锌缓蚀的包裹物,将粉料制成分散在水中的浆料,可解决这一问题。研究如何保护锌粉,制成以水为溶剂的锌粉浆,也是发展方向之一。

4.2.2　环氧云铁防锈漆

1. 概述

云母氧化铁是氧化铁(Fe_2O_3)的一种特殊的晶体结构,具有类似云母的鳞片状结构。相比其他晶型的氧化铁,云母氧化铁是一种极度惰性的材料,具有不易氧化、不易腐蚀、不可燃、无毒、环境友好的特点,备受防腐蚀涂料业界青睐。

环氧云铁防锈漆是以环氧树脂为基料、云母氧化铁为主要填料的双组分涂料。云母氧化铁可增加漆膜表面的粗糙度,提高与后道涂层的层间附着力;其特殊片层结构可提供物理屏蔽性,并具有紫外光吸收的效果。因此,相对于普通环氧涂料,环氧云铁漆具有更便捷的施工性及更长的使用寿命。

由于云母氧化铁具有较高的片径比,当涂层中的云母氧化铁含量达到一定水平时,片状的云母氧化铁将在涂层中层层堆叠并排列在涂层表面。这种排列方式可延长水、氧气及其他腐蚀介质进入涂层 – 基材界面的腐蚀回路(图 4 – 5[9]),并使涂层的力学性能得到增强,有效提高了涂层的屏蔽作用和防腐效果。

当环氧云铁防锈漆暴露于太阳光下时,排列于涂层表面的云母氧化铁片层将吸收波长 100 ~ 300nm 的紫外光,从而防止被其覆盖的环氧树脂发生紫外光降解(图 4 – 6[9]),减少涂层粉化、开裂、黄变等问题。

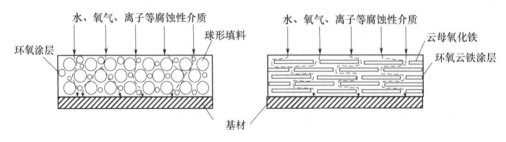

图4-5 环氧涂层和环氧云铁涂层中的腐蚀回路示意图

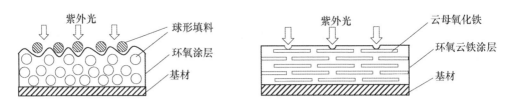

图4-6 环氧云铁防锈漆中云母氧化铁对紫外光的吸收效果示意图

环氧云铁防锈漆在配套涂层中一般作为中间漆使用,可增强与面涂层的附着力,实现漆膜的可复涂性。一方面,云母氧化铁片晶可降低涂层固化的收缩率及涂层缺陷,提高涂层的机械强度和与底涂层的附着力;另一方面,云母氧化铁可提高涂层表面的粗糙度,增强与后道涂层的附着力,从而延长了与后道涂层之间的涂装间隔,使得其施工过程更加灵活且易于控制。

环氧云铁防锈漆广泛用于桥梁、港口机械、风电塔筒及建筑钢结构等工程。作为中间漆,不仅可施工于环氧富锌漆、环氧锌粉漆、环氧磷酸锌底漆等环氧底漆上,也可作为无机硅酸锌涂料的封闭漆。

《环氧云铁中间漆》(HG/T 4340—2012)对环氧云铁防锈漆的基本技术性能做出了规定,主要包括附着力、耐冲击性和弯曲试验等。由于环氧云铁防锈漆主要作为中间漆配套使用,在特定行业中应用时,同样需满足该行业的相关标准要求。

2. 涂料配方设计及性能影响因素

1)原材料选择

(1)环氧树脂及固化剂。

环氧云铁防锈漆中,环氧树脂的选择直接关系到涂层的防腐性能。环氧云铁防锈漆一般选择双酚A型环氧树脂为主要成膜物质。成膜物质的选择需要考虑到漆膜的防腐蚀性及韧性,一般选择E44或者增韧改性的E51为环氧云铁防锈漆的成膜物。固化剂通常选用环氧树脂防锈漆中常用的胺类固化剂。冬用型及北方低温环境下应用的环氧云铁防锈漆中,可对胺类固化剂通过环氧加成的方式进行预处理,从而提高固化剂的分子量,避免胺白等漆膜弊病。

（2）云母氧化铁。

云母氧化铁源自镜铁矿,国外主要集中在奥地利及西班牙等地区,国内主要在安徽铜陵等部分地区。天然云母氧化铁的形貌包括片状、颗粒状及片状和颗粒状的混合态。《涂料用云母氧化铁颜料　规范和试验方法》（ISO 10601:2008）规定,云母氧化铁中片状物的含量要大于50%,其中 A 型的片状物含量需大于65%,主要技术要求如表4－9所列,两种类型云母氧化铁的形貌如图4－7所示。天然云母氧化铁多为灰色,也有部分红色是由于矿粉球磨过程中控制不当,过度研磨而制成的,一般优选灰色的天然云母氧化铁。云母氧化铁灰与云母氧化铁红性能对比见表4－10[10]。

表4－9　云母氧化铁的主要技术要求

检验项	A 型	B 型
氧化铁含量/%	≥85	≥85
水溶物含量/%	≤0.5	≤0.5
片状物含量/%	>65	50~65
大于150目（106μm）含量/%	≤0.1	≤0.1

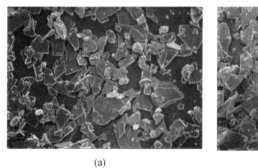

(a)　　　　　　　　　　　　(b)

图4－7　不同类型云母氧化铁的扫描电镜图

（a）A 型云母氧化铁;（b）B 型云母氧化铁。

表4－10　两种天然云母氧化铁的性能对比

项目	云母氧化铁灰	云母氧化铁红
粒径/μm	10~63	约10
Fe_2O_3 含量/%	98.95	90.85
SiO_2 含量/%	0.83	2.67

云母氧化铁的混拼颜料的选择将影响云母氧化铁的屏蔽性。适合与云母氧化铁混拼的颜料比例如表 4 – 11 所列[11]。

表 4 – 11 云铁涂料中混拼颜料的推荐比例

颜料名称	比例/%
云母氧化铁	≥80
微粉化重晶石粉	≤13
防沉剂	约2
滑石粉、云母粉等体质颜料	余量
合计	100

（3）助剂。

云母氧化铁的密度较大，在环氧云铁防锈漆中，与基体树脂和溶剂形成较大的密度差，易导致沉降等问题。一般通过在配方中引入防沉剂实现防沉效果。常用的防沉剂包括有机膨润土、气相二氧化硅和聚酰胺蜡等。

为实现云母氧化铁在涂料中的有效分散，通常可以添加部分润湿分散助剂，环氧云铁配方中，由于制备工艺不同，云母氧化铁表面的基团不同，润湿分散剂的选择也将产生差异，最终选择的类型应以试验结果为准。此外，还可通过添加硅烷偶联剂等附着力促进剂，提高对基材的附着力。

2）防腐性能的影响因素

（1）云母氧化铁。

云母氧化铁的形貌将影响涂层防腐性能[12]。采用不同形貌云母氧化铁制备的环氧云铁涂层在湿度箱中放置一定时间后，测定涂层阻抗随时间的变化曲线（图 4 – 8），采用片状云母氧化铁制备的环氧云铁涂层，其初始阻抗及阻抗下降速率均优于颗粒状云母氧化铁制备的环氧云铁涂层。

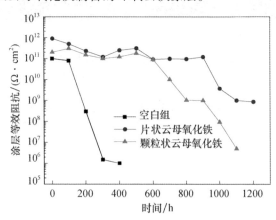

图 4 – 8 不同形貌云母氧化铁的环氧云铁涂层阻抗随时间的变化曲线

云母氧化铁的片径对涂层防腐性能也有影响[13]，采用不同片径的云母氧化铁制备涂层，结果表明，云母氧化铁片径越大，涂层耐湿热性越好，但采用片径 $40\mu m$ 以上的云母氧化铁所制涂层的附着力较差，因此片径 $36\mu m$ 云母氧化铁制备的涂层综合性能最佳，如表 4-12 所列。

表 4-12　不同片径的云母氧化铁制备的环氧云铁涂层防腐性能对比

云母氧化铁片径/μm	盐雾试验后的锈蚀等级/级		湿热试验后的起泡等级/级		盐雾试验后的附着力/(kg/cm^2)	
	1000h	2000h	1000h	2000h	1000h	2000h
28	10	10	6 – M	4 – MD	26	24
32	10	10	9 – M	8 – M	25	24
36	10	10	10	9 – F	28	25
40	10	10	10	9 – F	25	22

注：MD、M 和 F 表示起泡排列密集程度，MD 为严重，M 为中等，F 为轻微（参照 ASTM D714）。

云母氧化铁添加量对涂层的防腐性能也有较大的影响，通常随着云母氧化铁用量的增加，涂层屏蔽性能增强，防腐性能提高。但云母氧化铁添加量过大时，其无法被树脂完全包裹，涂层致密性降低，耐腐蚀效果变差，如表 4-13 所列[14]。

表 4-13　云母氧化铁含量对配套涂层体系耐盐雾性的影响

环氧云铁甲组分中云母氧化铁的含量/%（质量分数）	4.5	18.5	27.8	37	55.5
耐盐雾性/h	2000	3500	4000	4500	4500

注：配套涂层体系为环氧富锌底漆＋环氧云铁中间漆＋氟碳面漆。

（2）涂层厚度。

涂层厚度直接影响涂层防腐性能，涂层越厚，腐蚀回路越长，涂层的防腐性能越好[9]。图 4-9 所示为涂层厚度对漆膜水蒸气透过率的影响。结果表明，环氧云铁涂层膜厚在 $250\mu m$ 以上时防腐性能较好。

（3）颜料体积浓度。

在环氧云铁防锈漆中，随着 PVC 的提高，片状的云母氧化铁在漆膜中的含量增加，涂层的屏蔽性和防腐性增强，而当 PVC 升高到一定值后，继续提高 PVC，树脂无法完全包裹颜料，漆膜的防腐性能下降。在以云母氧化铁及无定形二氧化钛为主要原料的涂层中[11]，PVC 对水蒸气透过率的影响如图 4-10 所示，其结果表明，PVC 由 20% 增至 30% 时，涂层的水蒸气渗透率降低，PVC 超过 30% 时，继续增大涂层 PVC，涂层的水蒸气渗透率增高，涂层防腐性能变差。云母氧化铁涂层的 PVC 为 30% 时，水蒸气的透过率最低。

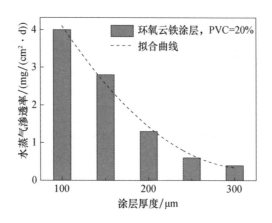

图 4-9　环氧云铁涂层厚度对漆膜水蒸气渗透率的影响

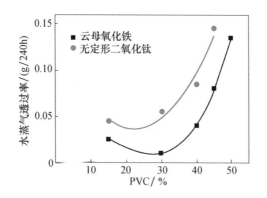

图 4-10　颜料体积浓度对漆膜水蒸气透过率的影响

3）抗沉降性的影响因素

（1）防沉剂对环氧云铁防锈漆抗沉降性的影响

不同类型防沉剂对环氧云铁防锈漆性能的影响如表 4-14 所列[15]，通常有机膨润土在高剪切力下即可分散，无须高温活化。聚酰胺蜡和改性脲溶液对涂料体系的黏度影响小，且具有优异的防沉流挂性，常在分散后期加入。因此可根据环氧云铁防锈漆配方特点及生产工艺要求，选择合适的防沉剂或复配防沉剂来提高产品的防沉性和贮存稳定性。

表 4-14　不同类型防沉剂对环氧云铁防锈漆性能的影响

流变助剂	类型	分散性	防沉防流挂	贮存稳定性	黏度影响
ULTRA 蜡粉	聚酰胺蜡粉	中等	优异	好	大
801-A 膨润土	有机膨润土	容易	良好	好	大

续表

流变助剂	类型	分散性	防沉防流挂	贮存稳定性	黏度影响
202P 防沉蜡	聚乙烯蜡	容易	一般	一般	小
VP031 蜡粉	聚乙烯蜡粉	中等	优异	一般	大
3300S 防沉蜡	聚酰胺蜡	容易	优异	好	小
BYK – 410	改性脲溶液	容易	优异	好	小

（2）生产工艺对环氧云铁防锈漆抗沉降性的影响。

生产过程的分散转速和分散时间直接影响云母氧化铁在漆膜中的分散性,并影响体系的抗沉降性。由表 4 – 15 和表 4 – 16 可以观察到分散转速和分散时间对环氧云铁防锈漆的防沉性有较大影响,这是由于聚酰胺蜡需要较大的剪切力解聚,并在一定的时间作用下,才能使它们充分活化,实现体系触变并产生防沉效果。过小的分散转速和过短的分散时间均对触变效果和防沉效果有影响。

表 4 – 15　分散转速对环氧云铁防锈漆抗沉降性的影响

分散转速/(r/min)	沉降性/级					漆膜表面状态
	1 天	2 天	4 天	7 天	14 天	
500	6	6	4	4	2	表面轻微颗粒
1000	10	10	8	8	6	光滑平整
1500	10	10	10	10	10	光滑平整
2000	10	10	10	10	10	光滑平整

表 4 – 16　分散时间对环氧云铁防锈漆抗沉降性的影响

分散时间/min	沉降性/级					漆膜表面状态
	1 天	2 天	4 天	7 天	14 天	
20	8	6	4	4	2	表面轻微颗粒
40	10	10	8	8	6	光滑平整
60	10	10	10	10	10	光滑平整

4）漆膜固化的影响因素

影响环氧云铁防锈漆固化的因素包括固化剂类型和环境温度等。如表 4 – 17 所列,腰果酚改性胺固化剂反应活性较高,表干速度较快。而聚酰胺固化剂分子量较大,反应活性较低,表干速度较慢。此外,在不同环境温度下漆膜干燥速度不同,温度越高,固化速度越快。

表 4 - 17　温度对采用不同类型固化剂的环氧云铁防锈漆干燥时间的影响

温度/℃	腰果酚改性胺固化剂		聚酰胺固化剂	
	表干/min	实干/h	表干/min	实干/h
-5	100	36	420	36
5	85	22	360	22
10	80	12	280	12
25	75	7	150	7
35	30	3	60	3

5）典型涂料产品的组成

环氧云铁防锈漆的主要原材料包括环氧树脂、胺类固化剂及云母氧化铁等,典型环氧云铁防锈漆的组成如表 4 - 18 所列。

表 4 - 18　典型环氧云铁防锈漆的组成

组分	原材料	质量分数/%
甲组分	环氧树脂	5 ~ 10
	体质颜料	26 ~ 40
	云母氧化铁	25 ~ 30
	触变剂	0 ~ 1
	二甲苯	10 ~ 15
乙组分	胺类固化剂	10 ~ 15

3. 典型涂料产品的主要技术规格

典型环氧云铁防锈漆的主要技术规格如表 4 - 19 所列。

表 4 - 19　典型环氧云铁防锈漆的主要技术规格

项目	技术指标	测试标准
在容器中状态	搅拌混合后无硬块,呈均匀状态	目测
黏度((23±2)℃)/(mPa·s)	1000 ~ 2000	ASTM D2196
不挥发物质量分数/%	≥75	GB/T 1725
闪点/℃	≥28	GB/T 5208
干燥时间/h	≤3(表干)	GB/T 1728
	≤24(实干)	
弯曲性/mm	≤2	GB/T 6742
耐冲击性/cm	≥50	GB/T 1732

续表

项目	技术指标	测试标准
耐盐水性(21天)	不起泡、不脱落、不生锈	GB/T 10834
附着力/MPa	≥5	GB/T 5210
耐盐雾性(≥500h)	不起泡、不脱落、不生锈	GB/T 1771
对面漆适应性	无不良现象	—
贮存期((50±2)℃,30天)	通过	GB/T 6753.3

4. 环氧云铁防锈漆的技术发展趋势

1)环保型环氧云铁防锈漆

传统的环氧云铁防锈漆在涂装过程中产生大量挥发性有机溶剂,这些挥发物的排放最终将影响大气环境质量,并可能带来人员中毒及火灾等安全隐患。随着挥发性有机物排放逐步纳入环境保护税征收政策的推广,传统的环氧云铁防锈漆的市场份额将进一步缩小。环保型环氧云铁防锈漆 VOC 含量较低,包括高固体分环氧云铁防锈漆和水性环氧云铁防锈漆。

2)快干型环氧云铁防锈漆

传统的环氧云铁防锈漆一般重涂间隔为24h,为减少后道涂装所需的涂装间隔、缩短涂装工期、适应工程需求,通过固化剂改性,研发和应用快干型环氧云铁防锈漆,可有效缩短涂装间隔,提高工作效率。

3)改性环氧云铁防锈漆

通过对云母氧化铁的表面修饰和改性及采用纳米材料复合等方式,可提高环氧云铁防锈漆的性能。N. Jadhav 通过有机-无机杂化技术将聚吡咯负载于云母氧化铁上,并将改性颜料用于制备环氧云铁防锈漆。结果表明,由于聚吡咯中含有共轭双键和—NH 极性基团,可增加与基材的附着力并能起到阻碍阳离子入侵的作用,此外,由于聚吡咯是一种导电聚合物,可捕获腐蚀反应产生的电子并延缓腐蚀的发生,从而提高涂层的防腐效果。M. R. Khorram 制备了一种环氧-二氧化钛-云母氧化铁纳米复合涂料,其耐盐雾性提升,并且划痕区的腐蚀扩散速度明显降低。

4.2.3 氟碳涂料

1. 概述

氟碳树脂(fluoro-olefine vinyl ether copolymer,FEVE)是由氟烯烃单体(三氟氯乙烯或四氟乙烯)与乙烯基单体(乙烯基醚或乙烯基酯单体或其混合单体)共聚

防腐蚀涂料技术及工程应用

而成的多元共聚物,可采用多异氰酸酯固化剂交联固化。以 FEVE 为成膜物质制备的涂料称为氟碳涂料。氟碳涂料因具有超常的耐候性、优异的耐化学品性和耐腐蚀性等特点,广泛应用于各种建筑、桥梁、机场、车站等的装饰保护[16-17]。

由于 FEVE 树脂中的 C—F 键的键能比 C—H 键的键能强,氟原子的电子云对C—C 键的屏蔽作用较氢原子强,在涂膜的固化过程中,氟原子发生迁移而富集到涂膜表面,含氟链可以向空气中伸展,占据了聚合物与空气的界面,降低了聚合物的表面能,有效保护 C—C 键免受紫外线和化学品的侵蚀,同时含氟链包围主链的螺旋状分子结构,起到了"屏蔽作用",使得含氟聚合物具有优异的耐候性、耐久性和耐化学品性能[18-19]。

国内外均制定了氟碳涂料的相关技术性能标准,如我国化工行业标准《交联型氟树脂涂料》(HG/T 3792—2014)和日本标准《钢结构物用氟树脂涂料》(JIS K5659—2002)。此外,在我国桥梁、石化等行业,针对行业内应用的氟碳涂料也制定了相应的技术标准,如《公路桥梁钢结构防腐涂装技术条件》(JT/T 722—2008)、《铁路钢桥保护涂装及涂料供货技术条件》(TB/T 1527—2011)以及《钢质石油储罐防腐蚀工程技术规范》(GB/T 50393—2008)等。上述标准中除规定了氟碳涂料常规性能指标外,还规定了基料中氟含量指标。根据 HG/T 3792—2014 要求,双组分氟碳涂料基料中氟含量应不低于 20%。氟碳涂料耐候性能优异,要求通过3000h 耐人工气候老化性试验,白色涂层保光率不小于80%。

2. 配方设计及性能影响因素

1)原材料选择

(1)氟碳树脂的选择。

溶剂型氟碳树脂是以多种含氟单体与带侧基的乙烯单体或其他极性乙烯单体共聚的方式制得的,减少了树脂结晶性,增强了树脂在溶剂中的可溶性。常见的可溶于溶剂的氟碳树脂有两种:一种为含三氟氯乙烯单体的三氟氯乙烯 - 醋酸乙烯酯共聚树脂,通常称为三氟树脂;另一种为含四氟乙烯单体的四氟氯乙烯 - 乙烯基醚类共聚树脂,称为四氟树脂。目前市场上作为商品供应的四氟氟碳树脂产品氟含量为23% ~26%,其主要技术指标如表4-20所列。

表4-20　市售四氟氟碳树脂技术指标

项　目	技术指标
色泽/(Fe/Co)	≤1
固含量/%	63~67
黏度((23±2)℃)/(mPa·s)	1100~1500
酸值/(mgKOH/g)	1.5~4.5
羟基值/(mgKOH/g)	55~65

（2）固化剂选择。

FEVE 氟碳树脂固化剂选择范围有限,目前主要采用固化剂有甲苯异氰酸酯(TDI)三聚体、六亚甲基二异氰酸酯(HDI)三聚体和 HDI 缩二脲。其中,TDI 三聚体价格便宜,且含有苯环,易黄变和粉化,不宜户外使用。而目前在重防腐涂料市场上应用以 HDI 三聚体和 HDI 缩二脲为主,均为脂肪族异氰酸酯的三聚体,耐候性优异,适用于开发户外要求耐久性高、防腐寿命长的面漆。HDI 三聚体由于分子间不能形成氢键,因此黏度要比 HDI 缩二脲低,更易于制得高固体分涂料,且用 HDI 三聚体制备的涂料硬度更高。上述两种典型异氰酸酯固化剂指标如表 4 - 21 所列。

表 4 - 21　市售异氰酸酯固化剂主要技术指标

项目	HDI 缩二脲	HDI 三聚体
外观	透明黏稠液体	透明黏稠液体
NCO 含量/%	16.5 ± 0.3	19.6 ± 0.3
固含量/%	75 ± 1	90 ± 1
黏度((23 ± 2)℃)/(mPa·s)	250 ± 50	550 ± 50

（3）颜料与填料选择。

氟碳树脂具有超常的耐候性和耐化学品性,使用颜料和填料的耐性也要与之匹配,所选用的颜料和填料必须具有优异的耐候性和耐化学品性。

涂料中的颜料主要包括有机和无机颜料两大类,其中无机颜料一般性能稳定,如铁红、铁黄等惰性无机颜料,具有很高的化学稳定性,耐碱、耐稀酸,对光的作用很稳定,而且强烈地吸收紫外线,因而可以保护高分子材料,避免发生降解、变色等现象,在高耐候色漆制备中应尽量选用这类颜料。金红石型钛白粉具有优异的耐候性和易分散性,是氟碳涂料的首选白色颜料。铝粉具有优异的金属装饰效果,也常被用于氟碳涂料中。铝粉分为浮型、非浮型、闪光型等品种。浮型铝粉浮在涂料表面,铝粉容易氧化,不适合用在装饰性氟碳涂料中。金属闪光铝粉属于非浮型铝粉,它比一般非浮型铝粉的光泽高、金属质感强、粒径分布窄,在涂膜中呈现平行于涂膜方向的定向排列状,从而呈现出强闪到柔和的系列闪光效果,提供了特殊的装饰作用,常应用于装饰性氟碳涂料中。

填料不但可以提高涂料的固体分含量,也可以改善涂膜的力学性能和耐候性能,应用较多的填料为滑石粉、沉淀硫酸钡、石英粉、长石粉、蒙脱土等。滑石粉对涂料黏度的影响较大。沉淀硫酸钡虽然吸油量低,但相对密度大,对高固体分设计有一定的影响。石英粉、长石粉具有低可溶性盐的化学惰性,硬度高,可以增加涂膜的耐磨性及耐候性,且对涂料黏度影响不大。改性蒙脱土可增加涂层致密性,提高涂层防腐蚀性能。以 TiO_2/Al_2O_3 复合颗粒为耐磨增硬填料,可提高涂层的硬度、耐磨性和耐候性等综合理化性能[19]。

（4）助剂的选择。

助剂是涂料不可缺少的组成部分，能改善涂料的生产和施工性能。其中，消泡剂、分散剂、流平剂等助剂的类型选择决定着所开发氟碳涂料的性能。

① 消泡剂。氟碳涂料的起泡现象要比一般的丙烯酸聚氨酯漆严重，因此，使用消泡剂消泡成了必然选择。消泡剂通常是低表面张力的液体，选择合适的消泡剂可表征为在相容性和不相容性之间寻找一个"平衡点"。相容性太好的消泡剂不能迁移进泡沫壁，而是溶入涂料的液体中，起不到消泡效果；反之，如果消泡剂太过不相容，则容易导致漆膜缺陷，如雾影或缩孔。因此，消泡剂的最佳选择要依据氟碳树脂结构特性和溶剂体系而定，一般选择氟碳改性有机硅消泡剂。

② 润湿分散剂。由于氟碳树脂分子结构特殊，对一般颜料的润湿分散性不好。虽然通过对氟碳树脂进行改性，可以改善树脂的润湿分散性能，但是无任何助剂的情况下，所配制的氟碳涂料浮色发花现象仍很严重。因此，润湿分散剂的选择显得尤为重要，通过高分子量聚合物型的解絮凝润湿分散剂试验验证，发现这类分散剂可以有效地解决颜料混配时漆膜的浮色、发花问题，这是因为这类助剂含有很多的黏附基团，能够在不同类型颜料上形成持久的吸附层，改善了颜料与树脂的相容性，从而获得最佳的稳定化作用。一般选用聚氨酯类型润湿分散剂。

③ 流平剂。氟碳涂料常用的流平助剂分为有机硅类和丙烯酸酯类两种助剂。有机硅类是通过降低表面张力来提高涂料对底材的润湿性，提高流平性，避免涂膜缩孔缺陷。丙烯酸酯类则是利用其与氟碳涂料树脂之间因溶解度参数差而存在的不相容性，但它们又不会明显降低涂料的表面张力，而是减少涂膜表面在表面张力上的局部差异来获得一个在物理上均匀的表面，从而减小表面高低不平的程度。氟碳涂料配方设计时一般选用有机硅类型流平剂。流平剂还有助于改善某些颜料体系的氟碳涂料存在轻微浮色发花问题。

2）氟碳涂料配方设计

氟碳涂料配方设计应遵循以下原则。

（1）基料应有合适的固化速度，涂膜防介质渗透能力强。

（2）涂膜确保在使用环境中有良好的附着强度、良好的装饰性。

（3）合理调节溶剂组分，在涂膜干燥过程中，不仅要有适当的溶剂挥发速度，同时要求溶剂组分比例处于相对稳定的挥发状态。

（4）确保涂料的施工和应用性能。

3）氟碳涂料性能影响因素

开发性能优异的氟碳涂料除了要选择合适的原材料外，涂料配方中固化剂添加量和颜料体积浓度也是主要的性能影响因素，是成功开发氟碳涂料的关键。

（1）固化剂添加量对氟碳涂料性能影响。

氟碳涂料中，含氟碳树脂的羟基组分（—OH）和异氰酸酯固化剂组分（—NCO）

配比对氟碳涂料最终性能影响较大。通过对不同比例—OH／—NCO 的氟碳涂层浸泡在 3.5% 的 NaCl 溶液中的电化学行为研究,结果表明,当异氰酸酯基过量较多时,涂层吸水率增大,金属表面与电解质接触面积增大,涂膜存在微观缺陷;当羟基过量较多时,由于羟基具有亲水性,也会使涂层吸水率增大。因此,—OH／—NCO 当量比值应略大于1,当—OH／—NCO 当量比值为 1.1 左右时,涂层体系性能最佳[20]。

（2）颜料体积浓度对氟碳涂料性能影响。

颜料体积浓度(PVC)是表征涂层性质的重要物理参数之一。PVC 不同,涂层中颜料与树脂界面间孔隙的数量和分布就不同,从而对腐蚀性介质在涂层中的传输行为产生显著影响。在颜料比例不变的前提下,通过对不同 PVC 的氟碳涂层浸泡在 3.5% 的 NaCl 溶液中的电化学行为研究,结果表明,PVC 达到 28.4% 时,涂层耐蚀性能显著下降。而耐蚀性相当情况下,PVC 高的涂料相对价格较低,此时具有最佳的性价比[20]。

4）典型氟碳涂料的组成

典型氟碳涂料的组成如表 4－22 所列。

表 4－22　典型氟碳涂料的组成

原材料	质量分数/%
氟碳树脂	50～60
分散剂	0.5～1
颜料	12～45
消泡剂	0.5～1
流平剂	0.5～1
溶剂	15～30
固化剂	5～15

3. 典型氟碳涂料的主要技术规格

典型氟碳涂料的主要技术规格如表 4－23 所列。

表 4－23　典型氟碳涂料的主要技术规格

项目	技术指标	测试标准
基料中氟含量/%	≥24	HG/T 3792
漆膜外观	表面色调均匀一致,漆膜平整	目测
干燥时间/h	≤2(表干) ≤24(实干)	GB/T 1728
不挥发物质量分数/%	≥55	GB/T 1725
细度/μm	≤35	GB/T 1724
耐冲击性/cm	≥50	GB/T 1732

项目	技术指标	测试标准
耐弯曲性/mm	≤2	GB/T 1731
附着力(拉开法)/MPa	≥5	GB/T 5210
适用期/h	5	—
耐湿冷热循环性(10次)	无异常	HG/T 3792
耐湿热性(1000h)	不起泡,不生锈,不脱落	GB/T 1740
耐盐雾性(1000h)	不起泡、不脱落、不生锈	GB/T 1771
耐50g/L H_2SO_4 溶液(168h)	试板表面无明显变色,无泡、无锈	GB/T 9274
耐50g/L NaOH 溶液(168h)	试板表面无明显变色,无泡、无锈	GB/T 9274
耐人工气候老化性(5000h)	不起泡,不脱落,不开裂,不粉化 $\Delta E \leqslant 3.0$,保光率≥80%	GB/T 1865

注:测定耐50g/L H_2SO_4 溶液、耐50g/L NaOH 溶液、耐湿冷热循环性、耐湿热性、耐盐雾性、耐人工气候老化性采用如下配套体系:环氧富锌底漆1道,干膜厚度(50±10)μm;环氧云铁防锈漆2道,干膜厚度(250±20)μm;氟碳面漆2道,干膜厚度(60±10)μm。

4. 氟碳涂料的技术发展趋势

氟碳涂料因具有其他涂料无法比拟的耐候性、耐腐蚀性和耐化学品性等优点而得到广泛应用,随着国家环保政策的日益严格,氟碳涂料逐渐向高固体分和水性化方向发展,此外,随着纳米技术快速发展和特殊功能需要,氟碳涂料也逐渐向功能型氟碳涂料方向发展,以满足各具特色的实际应用需求。

1)高固体分氟碳涂料

随着树脂合成技术的进步,高固低黏的氟碳树脂研发取得进展并投入商用,如霍尼韦尔公司开发的新型高固体分低黏度的氟丙烯乙烯基醚(EPVE)氟树脂,以其为基料树脂可制得一系列高固体分氟树脂涂料。

2)水性氟碳涂料

水性氟碳涂料因其具有优异的环保性能已成为涂料研究的热点,虽然当前水性氟碳涂料自身还存在一些不足,难以完全替代溶剂型氟碳涂料产品,但也取得一些进展,日本旭硝子公司开发的氟乙烯烷基乙烯基醚交替聚合物(PFEVE)乳液,可在较低温度下成膜,制备的水性氟碳涂料可以达到与溶剂型氟碳涂料相同的高耐候性能。

3)氟碳纳米涂料

氟碳涂料中加入一些功能填料能够开发出形形色色的功能氟碳涂料,如纳米 SiO_2 粒子的加入,可提高氟碳涂层的抗紫外老化性,力学性能较纯氟碳涂料有一定程度的提高。加入 Fe-Ag 双元素掺杂的纳米 TiO_2 改性 FEVE 氟碳涂料,超疏水的纳米氟碳涂层具有极强的耐水性和耐沾污性,自清洁功能良好。

4.3 水环境用典型防腐蚀涂料

4.3.1 环氧玻璃鳞片重防腐蚀涂料

1. 概述

玻璃鳞片最早是在 1950 年左右由美国欧文斯 – 康宁玻璃纤维公司开发的,作为一种增强材料用于聚酯采光天窗面板,提高面板的模量和尺寸稳定性,且不影响透光率,以代替价格高昂的增强纤维[21]。1971 年日本富士树脂公司成功开发树脂基玻璃鳞片涂料,并应用于火力发电的脱硫装置防腐。玻璃鳞片涂料由此进入了防腐领域。与采用一般填料的防腐蚀涂料相比,玻璃鳞片涂料具有优良的抗渗透性、耐化学腐蚀性和优良的力学性能。

玻璃鳞片在涂层中与基体平行排列,具有多层结构,延长腐蚀性介质渗透路径,提高涂层抗渗透性。玻璃鳞片化学性质稳定,在大多数混合物和环境中都是惰性,因而制备的涂层具有较强的耐酸碱、耐水和耐腐蚀性。玻璃鳞片可以将涂层内部缺陷如微裂纹、气泡等相互分隔,从而减缓介质的渗透,降低涂层的内应力,抑制涂层的龟裂、剥落。

玻璃鳞片涂料已广泛应用于海洋平台、石油化工和电力等行业。玻璃鳞片涂料根据树脂基体不同可分为聚酯玻璃鳞片涂料、乙烯基玻璃鳞片涂料、环氧玻璃鳞片涂料及氯化橡胶玻璃鳞片涂料等,具体特点及应用见表 4 – 24[22]。

表 4 – 24 不同类型的玻璃鳞片涂料及其应用

玻璃鳞片涂料种类	所用树脂	特点及应用
聚酯玻璃鳞片涂料	不饱和聚酯树脂	耐淡水和海水性能突出,具有高耐磨性和耐阴极剥离性,良好的耐化学品性。适用于甲板通道、钢结构或混凝土的潮差飞溅区
乙烯基玻璃鳞片涂料	环氧乙烯基酯树脂	比聚酯涂料具有好的耐酸碱性和耐化学品性,更优的耐高温性能
环氧玻璃鳞片涂料	环氧树脂	具有优异的防腐性能,常用于海洋平台、石油化工、储罐及埋地管道等重防腐领域
氯化橡胶玻璃鳞片涂料	氯化橡胶	具备耐磨、快干、抗腐蚀性、抗渗透性及难燃性,用于船舶漆、集装箱漆、道路标志漆等

不同环境下应用的玻璃鳞片涂料有不同的性能要求。《玻璃鳞片防腐涂料》(HG/T 4336—2012)规定了玻璃鳞片涂料分类和基本技术要求。涂料须含有玻璃

鳞片(玻璃鳞片的定性),环氧类玻璃鳞片涂料附着力不低于 8MPa,涂层需通过 1000h 耐盐雾性试验,不起泡、不生锈、不脱落,试验后附着力不低于 5MPa。当用于海洋工程混凝土基材,需通过抗氯离子渗透性试验,30 天氯离子渗透量不大于 5.0×10^{-3} mg/(cm^2·d)。

2. 涂料配方设计及性能影响因素

1)基料选择

环氧树脂是含有环氧基团的化合物,主要是由环氧氯丙烷和双酚 A 合成,不同牌号的环氧树脂其黏度或软化点不同,环氧值和羟值也存在较大差异。常用于开发玻璃鳞片涂料的环氧树脂及固化剂如表 4-25 所列。玻璃鳞片涂料以高固体分和无溶剂为目标,且大多为厚膜化涂料。为使涂料有良好的生产和施工性能,宜选择低黏度环氧树脂作为主体树脂。

表 4-25 常用于开发玻璃鳞片涂料的环氧树脂及固化剂

环氧树脂及固化剂		牌 号
环氧树脂	双酚 A 型	618(E-51),6101(E-44),601(E-20)
固化剂	小分子多元胺	乙二胺,三乙烯四胺,四乙烯五胺
	脂肪胺类	120,593,591
	聚酰胺类	200,203,500,651,3501
	腰果壳油类固化剂	NX-2040,NX-6070,NX-2015,NX-2018
	酚醛胺类	DMP-30(K-54)

2)玻璃鳞片选择

玻璃鳞片的制造有气泡法和玻璃丝法两种方法。气泡法是在高于 1000℃ 下,先将玻璃熔融吹胀拉伸使得玻璃分子取向后,迅速冷却以冻结取向结构,最后粉碎过筛得到玻璃鳞片。与缓慢冷却工艺相比,采用迅速冷却所制备的玻璃鳞片具有强度大、相对密度小和韧性高的特点,缺点是会产生弯曲的鳞片[21]。玻璃丝法采用熔融后拉伸冷却,优点是不会产生弯曲的鳞片,所制备的玻璃鳞片更薄,厚度能低至 100nm;缺点是成本高。

玻璃根据成分中的含碱量可分为 A 玻璃(高碱玻璃)、C 玻璃(中碱玻璃)和 E 玻璃(无碱玻璃)。C 玻璃是一种钠钙硅酸盐,其碱金属氧化物的含量为 12% 左右,有较好的耐酸性和耐水解性[23]。E 玻璃碱金属氧化物的含量小于 0.8%,有较高的强度、较好的耐老化性和良好的电性能,缺点是易被稀无机酸侵蚀。玻璃鳞片的性能直接影响鳞片涂料的性能,在防腐蚀工程中使用的玻璃鳞片应具有较好的耐化学品性能。因此,制造玻璃鳞片的玻璃主要为中碱玻璃(C 玻璃)。C 玻璃和 E 玻璃的通用配方和性能比较见表 4-26[23]。

表 4 – 26　不同类型玻璃成分和性能比较

成分和性能	玻璃类型	
	C 玻璃	E 玻璃
SiO_2	67.3	54
Al_2O_3	7.0	14.3
B_2O_3	—	7.2
CaO	9.5	22.5
MgO	4.2	
R_2O	12.0	<0.8
Fe_2O_3	<0.5	<0.4
F	—	0.3
TiO_2	—	<0.5
弹性模量/MPa	7.4×10^4	7.7×10^4
断裂伸长率/%	4.2	4.8
耐水性，失重/mg(蒸馏水煮 3h)	25.80	20.98
耐酸性，失重/mg(0.25mol/L H_2SO_4 煮 3h)	49.22	1063.9
耐碱性，失重/mg(1.25mol/L NaOH 煮 3h)	49.59	67.19

3）玻璃鳞片对涂层性能的影响

尽管玻璃鳞片会提高涂层抗渗透性，但玻璃鳞片种类选择不合理或添加量过多会对涂层产生负面作用。因此，需要对添加玻璃鳞片的厚度、片径、含量以及与基体的相容性进行考察，并考虑玻璃鳞片厚度、片径比、表面处理和用量对涂层性能的影响。

（1）玻璃鳞片厚度对涂层性能的影响。

玻璃鳞片厚度一般为 2 ~ 5μm。理论上玻璃鳞片越薄，单位厚度涂层中鳞片层数就越多，涂层的屏蔽性就越好，但厚度小于 0.5μm 的玻璃鳞片强度过低，大于 10μm 的玻璃鳞片，漂浮性较差，难以实现与基材平行的定向排列，单位厚度涂层内玻璃鳞片层数较少，抗渗透效果差[24]，因此需选择合适厚度的玻璃鳞片。

（2）玻璃鳞片径厚比对涂层性能的影响。

玻璃鳞片的片径大小应在合适的范围内。一般来说，片径大的玻璃鳞片，其径厚比（片径/片厚）大，有利于在涂层中定向排列，对腐蚀性介质的屏蔽作用强。但片径过大则会使涂料黏度增加，不利于玻璃鳞片在涂层中定向排列，使得涂层致密性受到影响，抗渗透性降低。其次是片径过大时，还会带来涂料吸附的气体多，脱泡困难，施工性不好等问题。而片径过小，径厚比小，同样不利于鳞片在涂层中排列，不能形成有效的片状阻隔层，从而降低涂层的抗渗透性。

（3）玻璃鳞片用量对涂层性能的影响。

一定范围内，玻璃鳞片含量越多，屏蔽介质的作用越强，防渗透效果就越好，但用量过大时，涂料黏度增加，甚至会使得树脂不能充分浸润鳞片表面，从而产生孔隙，抗渗性下降。若玻璃鳞片用量过小，则在防腐涂层中形成屏蔽层的数量少，阻隔作用变弱，达不到理想的防腐蚀效果。因此，在保证树脂能充分浸润玻璃鳞片的前提下，尽量加大玻璃鳞片的用量，增强抗渗透能力。

还需注意的是，在涂料中添加玻璃鳞片的多少还要结合玻璃鳞片的厚度与片径而定。在质量相同的情况下，薄的玻璃鳞片比厚的玻璃鳞片数量要多，表面积要大得多。这意味着相同质量的基料中，当添加质量分数为30%、片状分布厚度为 $2 \sim 9 \mu m$ 的玻璃鳞片时，体系未超过极限颜料体积浓度（CPVC），而添加相同质量分数片状分布厚度为 $1 \sim 3 \mu m$，则体系可能超过 CPVC，从而引起涂层性能发生很大的改变。因此，在考虑玻璃鳞片的用量时，不仅要考虑质量，还要结合厚度和片径进行综合衡量[21]。

（4）玻璃鳞片表面处理对涂层性能的影响。

玻璃鳞片具有极性高、亲水性强的特点。若采用表面未经处理的玻璃鳞片，一方面，玻璃鳞片在制造过程中易受污染，且在潮湿大气中易水解；另一方面，玻璃鳞片和树脂的黏附性较差，从而使水蒸气和腐蚀介质可以在玻璃鳞片与树脂之间的界面渗透、迁移。因此，须对玻璃鳞片进行表面处理，增强鳞片的憎水性，提高与树脂的黏结力，从而达到屏蔽和抑制水分子迁移的目的。通常使用偶联剂对玻璃鳞片进行表面处理。表面处理时，需注意控制偶联剂用量。偶联剂添加过多和过少，都会产生黏结效果不佳的问题，从而降低抗渗透性能。

此外，在进行玻璃鳞片表面处理时，可适当加入消泡剂和鳞片定向助剂。定向助剂能使鳞片向涂层表面迁移并取向排列，从而形成层叠的鳞片防护层，有效地防止腐蚀性介质的渗透。这种表面处理方式与其他处理方式相比，表面处理时间更短，所制备的涂料防腐性能更好，如表4-27所列[25]。

表4-27　表面处理方法及处理时间对玻璃鳞片涂料性能的影响

表面处理方法①	处理时间/h	涂料气泡数量（目测）	漆膜耐热盐水性能（50℃）/h
本方法	$0.3 \sim 0.5$	少	3000
方法 A	$10 \sim 24$	非常多	1500
方法 B	$2 \sim 3.5$	少	2000
方法 C	$2 \sim 3.5$	多	2000

①本方法为在环氧活性稀释剂中加入二甲苯、硅烷偶联剂、鳞片定向排列剂和消泡剂，获得表面处理溶液，然后向该表面处理的溶液中加入玻璃鳞片，室温高速搅拌20min。方法 A 为与本方法相比仅采用的是活性稀释剂与偶联剂，未加入消泡剂和鳞片定向排列剂。方法 B 与本方法相似，但未加入鳞片定向排列剂。方法 C 与本处理方法相似，但未加入消泡剂。

3）助剂的选择

（1）分散剂。

润湿分散剂能吸附在粉碎的新粒子界面上,形成一定厚度的分散剂层,依靠空间位阻或表面电荷相斥等作用,防止已粉碎的粒子再次团聚,起到颜料悬浮稳定的作用。各个体系树脂特性不同及颜料性质各不相同,因此要根据实际情况通过试验验证和优化。

（2）消泡剂。

玻璃鳞片容易吸附气体,溶剂挥发也会产生气泡,因此玻璃鳞片涂料生产及施工过程中不可避免会产生气泡。若气泡不能及时消除,则会在涂层中形成孔隙,从而为腐蚀介质的渗透提供路径。因此,加入消泡剂能消除气泡,增强涂层的防腐蚀性能。

（3）触变剂。

防止颜料和玻璃鳞片在存放过程中发生沉淀,且在施工时的高剪切速率下具有较低的黏度,有助于涂料流动和施工,在垂直面施工涂层不产生流挂现象。

4）颜料的筛选

大多数用于涂料的颜料和填料都可用在环氧玻璃鳞片防腐涂料中。但在特殊用途中需注意,如耐化学药品用漆须选用惰性无机颜料。颜料在涂料中的作用主要是提高遮盖力,改善物理力学性能及降低成本。但颜料加入后,颜料粒子会依附在玻璃鳞片表面,降低玻璃鳞片的屏蔽效果。通过研究涂层吸水率随铁红和钛白粉加量的变化关系[24],结果表明吸水率随着颜料含量的增加逐渐增加,而附着强度则随着颜料含量的增加而减小,颜料的添加量应控制在15%以下。在实际应用中,应综合考虑涂层的应用环境、配套体系、CPVC、PVC 及对涂层性能影响来确定所加的颜料的种类。

5）典型环氧玻璃鳞片涂料的组成

环氧玻璃鳞片重防腐涂料以环氧树脂为主要成膜物,玻璃鳞片为主要颜料,并添加各种助剂制备而成。该涂料制成的鳞片涂层具有优异的耐水、耐盐水、耐油、耐稀酸、耐稀碱、耐有机溶剂性及超强的耐磨性,在涂料防腐蚀领域应用广泛。典型环氧玻璃鳞片涂料的组成如表 4 - 28 所列[26]。

表 4 - 28 典型环氧玻璃鳞片涂料的组成

组分	原材料	质量分数/%
甲组分	环氧树脂 E - 44	25 ~ 35
	分散剂 BYK - ATU	0.3 ~ 0.5
	偶联剂	0.5 ~ 2
	玻璃鳞片	10 ~ 30
	消泡剂	0.5 ~ 0.8
	触变助剂	3 ~ 5

续表

组分	原材料	质量分数/%
甲组分	普通颜填料	10 ~ 15
	专用溶剂	适量
乙组分	固化剂	16 ~ 30
	溶剂	适量

3. 典型产品的主要技术规格

环氧玻璃鳞片涂料由于抗渗透性优良、防腐性优良,常被用于海洋飞溅区,在进行涂层设计时需要考虑满足不同标准要求。应用于海洋飞溅区典型环氧玻璃鳞片涂料的主要技术规格如表4-29所列。

表4-29 典型环氧玻璃鳞片涂料的主要技术规格

项　目	技术指标	检测标准
颜色及外观	红色或灰色,漆膜平整	目测
在容器中状态	搅拌后无硬块,呈均匀状态	目测
密度/(g/mL)	1.50 ± 0.10	GB/T 6750
黏度(4#转子,50r/min)/(mPa · s)	1000 ~ 2500	ASTM D2196
不挥发物质量分数/%	≥85	GB/T 1725
干燥时间((23 ± 2)℃)/h	≤2(表干) ≤24(实干)	GB/T 1728
附着力/MPa	≥5	GB/T 5210
耐盐雾性①(3000h)	无起泡,无生锈,无脱落	GB/T 1771
耐阴极剥离性②(4200h),剥离面积等效直径/mm	≤20	GB/T 7790
耐海水浸泡性③(4200h),划痕处腐蚀蔓延/mm	≤8	ISO 20340
循环老化试验④(4200h),划痕处腐蚀蔓延/mm	≤8	ISO 20340
贮存期((50 ± 2)℃,30 天)	通过	GB/T 6753.3

①涂层干膜厚度为(300 ± 30)μm;②、③、④涂层干膜厚度为(600 ± 50)μm。

根据《表面处理和防护涂层》(NORSOK M - 501:2012)要求,开展典型环氧玻璃鳞片涂料产品性能测试,测试结果如表4-30所列。试验结果表明,环氧玻璃鳞片涂料(2×300μm 涂层)相关技术指标符合 NORSOK M - 501:2012 中 No.7(飞溅区和水下区)涂层性能要求,表明该环氧玻璃鳞片涂料可应用于离岸结构物海水飞溅区、水下区的防护。

表4-30 典型环氧玻璃鳞片涂层试样检测结果

项目		技术指标	检测结果	通过/不通过
附着力/MPa		>5.0	平均11.4 最大12.3 最小9.2	通过
循环老化试验	针孔(无)	无针孔	无针孔	通过
	起泡、生锈、裂纹及剥落	无起泡、生锈、裂纹及剥落	无起泡、生锈、裂纹及剥落	通过
	粉化/级	≤2	1	通过
	划痕处腐蚀蔓延(平均值)/mm	非富锌底漆≤8.0	6.5	通过
	附着力(循环老化后)/MPa	>5.0 附着力下降值不超过原值的50%	平均6.8 最大8.4 最小5.7	通过
	附着力(重涂性)/MPa	>5.0	平均6.8 最大7.6 最小5.9	通过
耐海水浸泡性	针孔(无)	无针孔	无针孔	通过
	起泡、生锈、裂纹及剥落	无起泡、生锈、裂纹及剥落	无起泡、生锈、裂纹及剥落	通过
	划痕处腐蚀蔓延(平均值)/mm	非富锌底漆≤8.0	0.2	通过
	附着力(海水浸泡)/MPa	>5.0 附着力下降值不超过原值的50%	平均12.2 最大14.2 最小9.3	通过
耐阴极剥离性	针孔(无)	无针孔	无针孔	通过
	起泡、生锈、裂纹及剥落	无起泡、生锈、裂纹及剥落	无起泡、生锈、裂纹及剥落	通过
	剥离面积等效直径/mm	≤20	6.2	通过

4. 玻璃鳞片涂料发展趋势及新技术

1) 无溶剂玻璃鳞片涂料

随着人们环保意识的增强,环保型防腐蚀涂料成为发展方向,尤其是在密闭的环境条件下施工更需要不含挥发性、易燃和有毒溶剂的涂料。由于玻璃鳞片涂料具有优异的抗渗透性能,其应用越来越广。通常工程方要求玻璃鳞片涂料中尽可能不含或少含挥发性溶剂,为此开发无溶剂玻璃鳞片涂料是未来的发展趋势。

2)低表面处理用玻璃鳞片涂料

传统溶剂型涂料通常没有较为宽泛的表面处理容忍性,不能在低表面处理条件下进行涂装施工。由于涂料不能在潮湿带闪锈、瞬锈的表面直接涂装,在潮湿表面附着力更低,使得现场施工时喷砂带来粉尘和水溶性盐等腐蚀介质含量超标,也不能用水冲洗。因此,发展可在低表面处理等级下涂装的玻璃鳞片涂料,提高涂料施工适应性,也是未来发展方向之一。

4.3.2　改性环氧防锈漆

1. 概述

船舶不同部位处于不同的腐蚀环境,为了获得良好的保护效果,不同的部位通常采用不同的防腐蚀涂料体系。同时为了满足不同地域、不同季节的涂装需要,某些防腐蚀涂料还衍生出冬用型和普通型等多种类型,这使得船厂使用的涂料品种繁多。早期船舶使用的涂料品种至少二三十种,类型有环氧、环氧沥青、氯化橡胶类、乙烯树脂、油改性树脂(醇酸类、酚醛类)、丙烯酸等。这给船厂的物料管理和施工管理带来了巨大的工作量,并且增加了出差错的可能性。为适应航运业的迅速发展,现代船厂缩短了船舶设计和建造周期,从涂装和物料管理上也提出了零缺陷、零库存的目标,因此迫切需要减少船舶涂料的种类。改性环氧防锈底漆就是在这一背景下发展出的新型船舶涂料品种。

新型改性环氧防锈底漆不仅具有优异的耐盐雾、湿热性,而且具有优异的耐浸泡性,其技术性能满足船舶压载舱漆、船体防锈漆和船用防锈漆标准要求,可用于船舶各个部位,包括外壳、甲板、内舱(包括液舱)等,因此也称为改性环氧多用途底漆。这类底漆不仅能与绝大多数类型的面层涂料配套,而且在旧船维修时它能复涂在大多数类型的旧涂层上。改性环氧多用途底漆满足在北方寒冷和南方温暖的气候条件下施工要求,四季皆可干燥固化成膜,有灵活的复涂间隔,适应现场大面积涂装施工。

使用改性环氧多用途底漆极大地减少全船涂料品种,方便了涂装生产管理,缩短了涂装作业时间,减少了涂装作业出差错的可能性,并且由于使用同一种涂料,相应的损耗也明显减少,对提高船舶涂装的效率和效益的作用十分显著[27]。

2. 涂料配方设计及性能影响因素

1)环氧树脂

环氧树脂涂料具有性能可调节性的特点。通过改变涂料配方中的环氧树脂、稀释剂、固化剂、颜料和填料的种类和用量,可以设计开发出性能各异的环氧树脂涂料。这使得环氧树脂涂料在船用防腐蚀涂料开发中作为首选的树脂,其中应用最为广泛的是双酚 A 型环氧树脂。一般来说,低分子量的环氧树脂具有较低的黏度,易于制成高固体分涂料,同时它与固化剂形成较为致密的交联结构。而高分子量的环氧树脂分子链更长,富含更多的羟基官能团,使得涂膜具有更加优良的柔韧性和附着性能。改性环氧多用途底漆采用高、低分子量环氧树脂的复配使用,不仅兼具了两者的优点,更形成了结构上的"互穿网络"效应,能够有效地增加涂膜的交联密度,使涂层结构致密、坚韧、抗渗透性增强。为了进一步提高涂料性能,也可采用经化学改性的环氧树脂。例如,二聚酸改性的双酚 A 环氧树脂含有两个羟基和较长的碳链,使得树脂具有更低的黏度和更好的柔韧性,对基材的润湿性和附着力更好[28-30]。

2）固化剂

常用环氧树脂的固化剂有四十余种。为了满足改性环氧防锈漆的四季通用性,宜选用耐化学性能优异并适合于高低温度环境下使用的固化剂。在选择固化剂时,应充分考虑固化剂的结构特点和性能。可采用一种固化剂或多种固化剂复配的形式。根据固化剂的结构特点、选择性和交联固化反应效果,确定基料和固化剂配比。腰果油改性胺是酚醛胺和聚酰胺的有机结合,既保留了酚醛胺的快速固化和优异的耐水性能,又有聚酰胺的柔韧性、相对耐黄变、较长的可适用期以及较长的重涂间隔等优点,可作为多用途环氧的固化剂。

3）改性树脂

双酚 A 型环氧树脂分子中刚性结构的苯环使其成膜物质脆坚硬,不易与其他涂层交融渗透,影响涂层层间附着力。为了解决上述问题可以添加部分改性树脂,增强涂层韧性并提高涂层附着力。

增韧剂一般为低分子液体或柔性链聚合物,其主要作用原理是减少固化物交联点间链运动的势垒,利用基料大分子和增韧剂分子间相互作用代替大分子链段间相互作用使玻璃化温度降低,改善弯曲性,赋予柔韧性,提高延伸率和冲击韧性。增韧剂的选择原则如下:①可以有效地降低涂料的黏度;②可以有效地降低涂膜的内应力,改善涂膜的韧性;③不影响或可以有效地提高涂膜的耐水性;④不影响与面漆的配套性;⑤不影响涂膜的稳定性;⑥不影响或可以降低原材料成本。

环氧树脂中共混碳氢石油树脂,可以提高涂膜的韧性,主要起到外增韧作用。利用具有色浅、无毒、抗老化、耐酸碱性好、与环氧树脂相容性优良的碳氢树脂作为环氧树脂改性剂,调节好环氧树脂与碳氢树脂的比例,就能很好地防止渗色等现象产生,提升与面层涂料的相容性,改善涂层层间附着。碳氢树脂由于其良好的润湿渗透性,对于局部腐蚀坑中难以彻底清除的锈层,可以润湿、渗透整个锈层,将锈层包覆形成连续的封闭性涂层,抑制锈蚀继续发展,提高涂料对基材表面处理的适应性,在船舶维修上获得应用[30]。

4）颜料的选择和颜料体积浓度

物理防锈颜料(如铝粉、云母氧化铁、铁红、玻璃鳞片和纳米材料等)或通过提高漆膜致密度,或通过片状遮盖延长腐蚀介质渗透的途径来实现防锈。化学防锈颜料采用多种化学活性的颜料,依靠化学反应改变表面的性质及反应生成物的特性达到防锈的目的,如钼酸盐、磷酸锌、铁钛粉等。

体质颜料在涂料中的应用不仅可以提高涂膜的耐水性、耐磨性、柔韧性等物理力学性能,还可以有效地改善涂料的施工性能、生产和贮存性能,降低 VOC 值、降低成本。

采用不同的防锈颜料和体质颜料相互搭配,通过正交试验合理调配各类颜料和填料的用量,确定各类粉料的最佳配比,可以大幅度提高漆膜的施工性及防腐蚀性,满足通用防锈底漆对用于水下、水线及水上不同腐蚀环境的防腐蚀要求。

涂料的颜料体积浓度(PVC)直接影响成膜后涂层的耐腐蚀性介质渗透性能。改性环氧防锈底漆配方的 PVC 通常不超过 30% 。

5) 助剂的选择

选择带极性基团的树脂作为流平剂和润湿剂,对涂层层间附着力或涂层与钢板之间结合力具有良好的促进作用,对涂层性能具有提高作用。选用偶联剂对颜料进行表面处理,可降低颜料吸油量及疏水性,而且能很好地提高漆膜层与层之间、漆膜与钢板之间的附着力。

在流变助剂选择方面,选择聚酰胺蜡和高悬浮剂凹土复配,不仅不增加体系的黏度,而且抗流挂性能极佳,对溶剂的容忍度高,开罐效果极佳。凹土具有独特的三维空间链式结构,特殊的针、棒纤状晶体形态,因而有不同寻常的胶体和吸附性质。聚酰胺蜡触变效果好但成本较高,而凹土的成本低廉,通过复配可减少聚酰胺蜡用量,达到较高的性价比。

6) 典型改性环氧防锈漆的组成

典型改性环氧防锈漆的组成如表 4 - 31 所列。

表 4 - 31　典型改性环氧防锈漆的组成

组分	原材料	质量分数/%
甲组分	环氧树脂	17 ~ 25
	改性树脂	2 ~ 7
	防锈颜料	37 ~ 56
	填料	9 ~ 14
	着色颜料	3 ~ 5
	助剂	0.1 ~ 0.5
	混合溶剂	8 ~ 14
乙组分	腰果壳油改性胺固化剂	21 ~ 27
	混合溶剂	7 ~ 9

3. 典型产品的主要技术规格

1）改性环氧防锈漆的主要技术规格

改性环氧防锈漆的主要技术规格如表4-32所列。

表4-32 改性环氧防锈漆的主要技术规格

项 目	技术指标	检测方法
漆膜颜色及外观	灰色、红色	目测
在容器中的状态	搅拌混合后无硬块，呈均匀状态	目测
干燥时间/h	≤2(表干) ≤24(实干)	GB/T 1728
黏度(混合)/(mPa·s)	1000~3000	GB/T 2794
不挥发分质量分数/%	≥80	GB/T 1725
适用期((23±2)℃)/h	≥2	—
贮存稳定性((50±2)℃,30天)	通过	GB/T 6753.3

2）改性环氧防锈漆应用性能

改性环氧防锈漆要满足船舶各个部位,如舱内、舱外、上层建筑、水线以下,特别是在装载各种腐蚀介质的液舱(如压载舱)的使用要求。按船用防锈漆、船体防锈漆和压载舱漆的技术条件,对改性环氧防锈漆的性能进行检测,结果如表4-33~表4-35所列。

表4-33 与船用防锈漆技术要求的符合性

项 目	技术指标要求	测试结果	检测方法
耐冲击性/mm	≥40	50	GB/T 1732
柔韧性/级	≤2	1	GB/T 1731
与面漆适应性(聚氨酯、醇酸、氯化橡胶、氟碳、丙烯酸)	无不良反应(无起泡、无脱落、无咬起、无渗色等)	无起泡、无脱落、无咬起、无渗色	目测
耐盐雾性(1000h)	无起泡、无生锈、无脱落	无起泡、无生锈、无脱落	GB/T 1771

表 4 – 34　与船体防锈漆技术要求的符合性

项　目	技术指标要求	测试结果	检测方法
耐浸泡性(20 周期)	前 10 周期,起泡不超过 1(S2)级,20 周期漆膜生锈不超过 1(S2)级,起泡不超过 2(S3)级,外观颜色变化不超过 1 级。浸泡 20 周期后重涂面防锈漆体系与未重涂面附着力的比值不小于 50%	无生锈、无起泡、无脱落;浸泡后重涂附着力为未重涂面漆的 90%	GB/T 6822
抗起泡性	不起泡	无起泡	GB/T 6822
耐阴极剥离性试验,182 天,剥离涂层距人造漏涂孔外缘的平均距离/mm	≤8	1.3	GB/T 6822

表 4 – 35　与压载舱漆要求的符合性

项　目	技术指标要求	测试结果	检测方法
模拟压载舱条件试验	通过	通过	GB/T 6823—2008 中附录 A
冷凝舱试验	通过	通过	GB/T 6823—2008 中附录 B

2）复涂性能

涂装了改性环氧防锈涂层的钢板复涂同种涂料后,应用附着力测定仪测定了复涂涂层附着强度,测试结果如表 4 – 36 所列。改性环氧防锈漆复涂间隔为 1 天、3 天、5 天、7 天、15 天、30 天、90 天和 120 天,不同涂装间隔下复涂涂层附着力均大于 5MPa,表明涂层具有很好的复涂性。

表 4 – 36　改性环氧防锈漆的复涂性能

项目	技术指标要求	复涂间隔								检测方法
		1 天	3 天	5 天	7 天	15 天	30 天	90 天	120 天	
重涂附着强度/MPa	≥5	6.1	7.4	8.6	7.5	8.2	9.2	8.5	7.1	GB/T 5210

3）配套性能

作为船用防锈漆,改性环氧防锈漆应能与常用的船壳漆有较好的配套性能。选择较为常用的聚氨酯面漆、醇酸面漆、氯化橡胶面漆、氟碳面漆和丙烯酸面漆,测定了改性环氧防锈漆与面漆的适应性。试验结果如表 4 – 37 所列,所选择的

5 种面漆涂装在改性环氧防锈底涂层上均无起泡、无脱落、无咬起和无渗色等不良反应。采用附着力测定仪测定了面涂层在改性环氧防锈底涂层上附着力，测试结果如图 4－11 所示，各种面涂层在改性环氧防锈底涂层上的附着力均大于 3 MPa，满足船壳漆通用技术要求，表明改性环氧防锈漆与常用的船壳漆有很好的配套性能。

表 4－37　改性环氧防锈漆与面漆的适应性

项　目	技术指标要求	测试结果	检测方法
与面漆适应性(聚氨酯、醇酸、氯化橡胶、氟碳、丙烯酸)	无不良反应(无起泡、无脱落、无咬起、无渗色等)	无起泡、无脱落、无咬起、无渗色	目测
底漆 2h 后喷涂白色聚氨酯面漆，室内干燥 90 天	未出现渗色	未出现渗色	目测
底漆 4h 后喷涂白色聚氨酯面漆，室内干燥 90 天	未出现渗色	未出现渗色	目测
底漆 6h 后喷涂白色聚氨酯面漆，室内干燥 90 天	未出现渗色	未出现渗色	目测

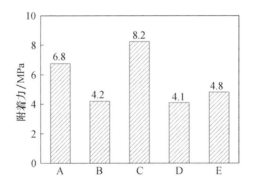

图 4－11　面漆在改性环氧防锈底涂层上的附着力

A—白色聚氨酯面漆；B—氯化橡胶面漆；C—氟碳面漆；D—醇酸面漆；E—丙烯酸面漆。

　　作为船体防锈漆，要求对改性环氧防锈漆与连接漆有良好的配套性。选择船用连接漆和防污漆，采用附着力测定仪测定了连接涂层在改性环氧防锈底涂层上附着力，以及防污涂层在防锈底涂层/连接涂层上的附着力，测定结果如图 4－12 所示、表 4－38 所列。结果表明，连接涂层在改性环氧防锈底涂层上附着力良好，涂装间隔超过 7 天，改性环氧防锈底漆与连接漆具有良好的配套性，满足船体防锈漆使用要求。

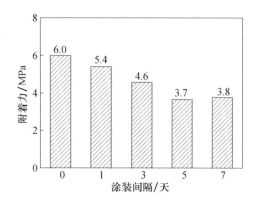

图 4 - 12　连接涂层在改性环氧防锈底涂层上的附着力

表 4 - 38　配套体系附着力

项　　目	技术指标要求	测试结果	检测方法
改性环氧防锈底漆	≥3.0MPa	6.1MPa	GB/T 5210
改性环氧防锈底漆/连接漆	≥3.0MPa	5.4MPa	GB/T 5210
改性环氧防锈底漆/连接漆/防污漆	≥3.0MPa 或防污涂层断裂	3.5MPa,防污涂层断裂	GB/T 5210

由此可见,改性环氧防锈底漆达到了《船舶压载舱漆》(GB/T 6823—2008)、《船用防锈漆》(GB/T 6748—2008)、《船体防污防锈漆体系》(GB/T 6822—2014)等标准要求。涂层致密,附着力强,防锈性和施工性能优异,能与各种面漆配套使用,与连接漆和防污漆配套良好,无涂装间隔,适用于船舶诸多部位,实现了多用途的目的。

4. 改性环氧防锈漆的发展趋势

改性环氧防锈漆综合性能优异,满足船舶水下、水上不同部位使用要求,且涂料没有严格的涂装间隔限制,简化了涂装工序,提高了涂装效率,符合现代造船的工艺要求,受到船厂和船东的认可和欢迎。随着海洋环境下防腐蚀涂层失效行为研究的深入,湿态附着力和涂层的致密性是影响防腐蚀涂层使用寿命的主要因素,因此如何提高涂层的湿态附着力和致密性一直是人们关注的焦点。

通常防腐蚀涂层在基材上附着依赖于界面的分子间作用力,界面间不可避免存在微观缺陷,同样涂层内共混的颜料与基料树脂间也存在界面微观缺陷,这些缺陷影响了涂层湿态附着力和致密性,进而影响涂层防腐蚀性能。通过在环氧树脂上接枝含活性基团的化合物(如酒石酸、含烷氧基硅基团的偶联剂),制备了新型改性环氧树脂。将新型改性环氧树脂添加到环氧树脂基料中,制备成涂膜。发现改性聚合物与钢基材间发生了化学键合,键合后环氧涂层附着力有大幅提升。通过甲苯二异氰酸酯(TDI)的桥接作用,将带有羟基的气相二氧化硅与环氧树脂接枝,制备了接枝改性的二氧化硅填料,并用于改性环氧防锈底漆中,大幅提升了改性环氧涂层的拉伸强度、断裂伸长率,涂层吸水率下降,环氧涂层的强韧性和致密性得到了大幅提高。上述研究为进一步提升改性环氧多用途底漆防腐蚀性能提供了可行的技术途径[31]。

　　未来改性环氧多用途底漆主要向长寿命和环保化的方向发展。通过新型树脂的推出、新型颜料的利用、功能性固化剂的研制、特效助剂的开发以及涂装技术的优化,全方位提升改性环氧多用途底漆的性能,并从溶剂型向少溶剂型和无溶剂型方向发展。

4.3.3　防污漆

1. 概述

　　污损生物对海洋中航行和作业的各种船舶危害极大。污损生物附着在船体表面,不仅增加了船舶的自身质量,而且改变了船体流线型结构,致使螺旋桨推进效率降低,航行阻力大幅增大[32],降低了船舶航行速度,并增加了燃油消耗,从而大幅增加 CO_2 等温室气体的排放。此外,大量的污损生物附着,还会导致船用声呐等设备和仪器受到干扰甚至失灵,通海管道堵塞和阀门失效。总之,严重的生物污损将迫使船舶提前进坞以清除污损生物,造成巨大经济损失。污损生物造成的经济损失主要包括额外增加的燃油费、船底清除费用、涂料和涂装费用等,其中,燃油消耗增加造成的损失占比最大。因此,开发和应用高性能长效防污涂料对于防止海洋生物污损、减少船舶摩擦阻力、节约燃料和能源消耗,具有十分重要的经济和社会效益。

　　从防污原理上区分,防污涂料主要分为两类:一类是在涂料中添加防污活性物质(也称为防污剂),通过活性物质渗出到海水中起到防止海洋生物附着的作用,即含防污活性物质的防污涂料;另一类防污涂料通过形成具有特殊表面特性的涂膜(非常光滑的、低摩擦力的表面),使污损生物不易附着,或附着不牢,在航行水流冲刷下易脱落,也可采用合适的水下清洗方法更新涂层表面,这类涂料被称为污损脱附型防污涂料(也称为污损释放型防污涂料,fouling release coating)。这两类防污涂料均已获得了商业应用。由于污损脱附型防污涂料成本高,施工现场条件控制要求十分苛刻,实际应用中还存在破损涂层难以修复、不能完全抑制生物黏膜污损以及需严格控制船舶停泊时间和最低航速等问题,制约了该类涂料推广应用。目前在船舶上应用最为广泛的是含防污活性物质的防污涂料,占据了市场份额的90%以上,因而本节主要围绕含防污活性物质防污涂料的设计开发展开论述。

含防污活性物质的防污涂料由基料(树脂)、防污剂、颜料、助剂和溶剂组成。采用不同的树脂和防污剂,其防污涂层作用原理也不完全相同,还可以分为溶解型、接触型、扩散型和自抛光型等几种子类型,各个子类涂料组成和作用原理如表4-39所列。

表4-39 含防污活性物质的防污涂料

类型	组成	作用原理
溶解型	采用松香或其衍生物为基料,氧化亚铜为防污剂。通常加入一定量的沥青或干性油等,以改善涂膜力学性能和耐水性	通过树脂及防污剂的溶解作用实现防污作用。涂膜溶蚀速率不可控,初期防污剂渗出率往往很高,而后期逐步降低,防污期效仅为1~1.5年
接触型	采用乙烯树脂、氯化橡胶等不溶性树脂为基料,共混一定量的松香,填充大量的氧化亚铜防污剂,其含量应确保防污剂颗粒在涂膜中相互接触	涂膜表面氧化亚铜溶解释放出Cu^{2+}离子,形成带孔隙的树脂骨架层(释出层)。海水通过孔隙渗透到涂膜内部,溶解内部氧化亚铜释放出Cu^{2+}。涂膜中相互接触的氧化亚铜颗粒,确保孔隙通道保持通畅。随着使用时间增加,释出层厚度同步增加,Cu^{2+}离子释放速率逐步降低,最终因涂膜表面海水中Cu^{2+}离子浓度达不到最低有效防污浓度而失效。涂膜氧化亚铜利用率较低,其失效时,涂膜中至少残留有30%。防污期效为2~3年
扩散型	以不溶性树脂为基料,共混一定量的松香,采用有机锡和氧化亚铜为复配防污剂	有机锡均匀分散在涂膜树脂中,当涂膜表面有机锡释放到海水中后,深层有机锡通过扩散作用迁移到表面并释放到海水中,从而使涂膜保持持续防污作用。由于采用复配防污剂,使得扩散型防污涂料具有广谱防污作用,防污期效可达到3年以上
自抛光型	采用丙烯酸三丁基锡树脂、丙烯酸锌树脂、丙烯酸铜树脂和丙烯酸硅烷酯树脂等聚合物为基料,氧化亚铜和有机杀生剂复配为防污剂	树脂通过离子交换或水解作用,释放出防污剂起到防污作用。水解后的树脂水溶性增强,溶于流动的海水中,从而露出"新"的防污涂膜,即"自抛光"作用。通常涂料树脂疏水性能优异,水解和自抛光作用发生在表层,释出层保持在极低的水平,防污剂释放稳定而持久。复配防污剂协同防污作用提高了涂膜广谱防污性能,延长了防污涂膜的使用年限,防污期效达到5年以上

作为船体水线以下应用的涂料,其涂装施工必须在船舶进坞后才能进行,因此防污涂料防污期效要求与船舶进坞周期相匹配。不同船舶有不同的进坞周期,对

防污涂料防污期效要求也不相同。小型渔船通常半年或一年就会进坞涂装,小型近海船舶(如近海运营的散货船)通常每隔 3 年进坞维修,大型的远洋船舶通常每 5 年进坞维修。防污涂料的防污期效与船舶航行海域、速度、航行与停泊时间比例(航停比)均有关系。开发海洋防污涂料首先要明确防污涂料应用目标,从而确定防污涂料的技术性能和拟采取的技术方案,选择合适的原材料进行配方设计和筛选,通过实验室和实海性能评价,确定防污涂料基本配方。

2. 配方设计及性能影响因素

1)防污涂料技术要求

防污涂料施工通常是在干船坞内进行,因此要求防污涂料常温下干燥性能良好,可户外大面积涂装,适应高压无气喷涂施工。防污涂料具有优异的附着力,在防锈或连接涂层上附着良好,防污涂料层间附着良好。防污涂层具有优异的耐海水浸泡性能,海水长期浸泡下涂层不起泡、不脱落。防污涂料不含有机锡、DDT 等危害环境和人体健康安全的防污剂,符合环境保护法规要求。防污涂料使用期内能防止海洋生物附着,防污期效满足用户使用要求。

由于许多造船厂位于江河入海口,新造船舾装期防污涂料将长期浸泡在淡海水交替环境中。在这些船厂中进行涂装的防污涂料还要具有良好的淡海水浸泡性能,淡水浸泡下涂层不起泡、不开裂、不脱落。

2)树脂体系设计。

(1)防污涂料用树脂。

树脂是防污涂料中黏结剂成分,将防污剂和颜料成分黏结成膜,是防污涂料中关键的组分,对防污涂料应用性能起重要作用。一方面,为保证防污涂料在使用期内具有良好的防污性能,涂料中添加了相当数量的防污剂,漆膜颜料体积浓度高,因此要求树脂成膜性好,具有较高的黏结强度和柔韧性;另一方面,漆膜要长期浸泡在海水中,要求涂膜耐水性要好。同时为使添加的防污剂成分可顺利渗出,又要求漆膜具有一定的水溶性。特别是漆膜耐水性与水溶性是互为矛盾的要求。根据以上要求,防污涂料中应用的树脂可以归为可溶性树脂和不可溶树脂两类。防污涂料用可溶性树脂有松香及其衍生物、带可水解侧链的丙烯酸树脂等。防污涂料用不可溶树脂包括沥青、乙烯树脂、氯化橡胶树脂、氯醚树脂和丙烯酸酯树脂等。防污涂料用可水解合成树脂通常设计成主链为丙烯酸树脂,侧链通过可水解基团(通常是酯基)连接到主链上。可水解丙烯酸树脂通常具有很好的力学性能、水解性能调控性。通过调节参与聚合的丙烯酸酯软硬单体种类及比例,可调节树脂柔韧性、硬度等力学性能;通过调节可水解单体侧链基团类型及比例,可调节树脂水解速度。各种类型树脂分类和特性如表 4-40 所列,其中常用的松香及其衍生物的主要技术指标如表 4-41 所列,市售自抛光树脂的主要技术指标如表 4-42 所列。

表 4-40 防污涂料用树脂分类和特性

类型		树脂	特性
可溶解/水解树脂	松香及其衍生物	松香	主要成分为树脂酸(枞酸、海松酸),外观为淡黄色至淡棕色,密度 $1.060 \sim 1.085 g/cm^3$。松香能溶于乙醇、甲苯、二甲苯、汽油等溶剂中,不溶于冷水,微溶于热水和弱碱性的天然海水中
		石灰松香	松香和消石灰在 $220 \sim 230 ℃$ 下反应获得,分子量 642.96,淡黄色近透明固体,成膜后硬度和光泽较松香好
		松香酸锌	松香和氧化锌在高温下进行脱水反应获得
	可水解合成树脂	丙烯酸三丁基锡酯树脂	由丙烯酸三丁基锡酯单体和丙烯酸酯类单体共聚而得,在海水中可缓慢水解释放出三丁基锡,具有很好的防污性能和自抛光作用。已被禁用
		丙烯酸锌树脂	由丙烯酸锌单体和丙烯酸酯类单体共聚而得,在海水中通过离子交换作用而水解,具有良好的自抛光作用
		丙烯酸铜树脂	由丙烯酸铜单体和丙烯酸酯类单体共聚而得,在海水中通过离子交换作用而水解,具有良好的自抛光作用
		丙烯酸硅烷酯树脂	由丙烯酸硅烷酯单体和丙烯酸酯类单体共聚而得,在海水中可缓慢水解,漆膜疏水性强,具有很好的自抛光作用
不可溶树脂		沥青	煤焦沥青是焦油蒸馏后残留在蒸馏釜内的黑色物质,具有优异的耐水性能,用于溶解型防污漆,以增强涂层耐水性能。煤焦沥青含有难挥发的蒽、菲、芘等,具有一定的毒性,已逐渐被禁止使用
		乙烯树脂	由氯乙烯、醋酸乙烯和马来酸酐共聚而来的三元共聚乙烯树脂,对金属基材附着力优异,具有优异的耐油、脂、稀酸、碱和盐水溶液的性能。乙烯树脂主要应用于船舶维修漆和层间附着涂料
		氯化橡胶	氯化橡胶是由天然橡胶或合成橡胶经氯化改性后得到的氯化高聚物
		氯醚树脂	由 75% 氯乙烯和 25% 乙烯基异丁基醚共聚而成。氯醚树脂内增塑作用良好,故用于制备涂料时不需添加增塑剂。氯醚树脂与底材有良好的附着力,制备的涂料具有优良的耐水性、耐化学品腐蚀性
		丙烯酸树脂	以丙烯酸酯类为单体聚合而获得的均聚物或共聚物,树脂具有良好的耐水性和耐化学药品性,干燥快

表 4 – 41　松香及其衍生物的主要技术指标

树脂名称	松香	石灰松香	松香酸锌
外观	透明而硬脆固体	近透明固体	透明液体
颜色	微黄色	黄色	棕黄至棕红色
酸值/(mgKOH/g)	130 ~ 170	90	≤130
软化点/℃	70 ~ 75	138 ~ 145	—
固体分/%	—	—	69 ~ 73
黏度(加氏,25℃)/s	—	—	≤20
乙醇不溶物/%	≤0.03	—	—
溶解性(树脂/溶剂 45 号机油, 3/7,250℃溶解)	—	室温全透明,无粒子	—

表 4 – 42　市售自抛光树脂的主要技术指标

树脂名称	丙烯酸锌树脂	丙烯酸硅树脂
外观	淡黄色液体	无色透明液体
黏度/(mPa·s)	1000	100 ~ 300
固体含量/%	42	≥50

（2）树脂体系设计。

为兼顾防污漆膜耐水性和水溶性,通常采用可溶性树脂和不溶性树脂复配,或者采用不同水解速度的可溶性树脂复配。通过树脂复配,调节漆膜水解速度,提高了防污涂膜对防污剂的控释能力,从而提高其防污期效。松香及其衍生物在海水中溶解速度快,通常防污涂料配方中加入松香可以提高防污剂释放速率,提高防污涂膜防污性能,如图 4 – 13 所示,随着涂料中树脂与松香比例增高(松香添加量减

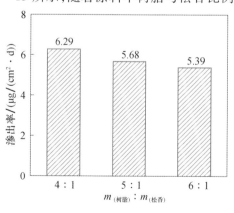

图 4 – 13　树脂与松香的比例对防污涂料性能渗出率的影响

少),渗出率呈现降低的趋势。防污涂料配方中,不宜过量添加松香,否则会出现漆膜加速溶解的现象。开发实用防污涂料通常根据防污涂料使用要求进行树脂体系设计,如表 4 – 43 所列。

表 4 – 43　防污涂料树脂体系设计

防污期效		防污机理类型	主体树脂									复配树脂		
			沥青	乙烯树脂	氯化橡胶	氯醚树脂	丙烯酸树脂	丙烯酸锌	丙烯酸铜	丙烯酸硅烷酯	降解树脂	松香	石灰松香	松香酸锌
短期效	小于1年	溶解型	●	○	○	○	○	○	○	○	○	●	○	○
	1~3年	接触型或自抛光型	○	●	●	●	●	○	○	○	○	●	○	○
中期效	3年	接触型或自抛光型	×	●	●	●	●	●	●	●	●	●	○	○
长期效	3~5年	自抛光型	×	×	×	×	×	●	●	●	●	●	○	○
	5年	自抛光型	×	×	×	×	×	●	●	●	●	●	○	○
	5年以上	自抛光型	×	×	×	×	×	×	×	●	●	●	○	○

注:●推荐采用;○可采用;×不推荐采用。

3)防污剂体系设计

防污剂是防污涂层中起防污作用的主要成分,早期大都采用对生物有毒杀作用的化合物(如铜、砷、汞或铅化合物等),因而防污剂也称为杀生剂。最有代表性的防污剂是氧化亚铜,它在防污涂料中使用已有 100 多年的历史。自第二次世界大战以来,人工合成杀菌剂获得了迅速发展,部分人工合成杀菌剂在防污涂料中获得了应用,并取得了良好的防污效果。典型的防污剂包括滴滴涕(DDT)和有机锡化合物(TBT)。根据国内外环境保护法规的要求,有机锡化合物、DDT 以及含铅、汞、砷化合物等对环境具有极强污染作用的防污剂已被禁止使用。因此,选择防污剂时,优先选用在海洋环境中可降解和生物累积性小的防污剂品种。

(1)常用防污剂。

① 氧化亚铜。氧化亚铜可微溶于海水中,形成 Cu^{2+} 离子而起到防污作用。一般认为,防污涂膜中 Cu^{2+} 离子渗出率不低于 $10\mu g/(cm^2 \cdot d)$,才能起到良好的防污作用。因此,漆膜需含有相当量的氧化亚铜才能有效。市售氧化亚铜的生产方法分干法和湿法两种,即通常所说的冶炼氧化亚铜和电解氧化亚铜。电解法生产的氧化亚铜颗粒尺寸小且均匀,粒径均小于 $5\mu m$,颗粒均匀性较好。冶炼氧化亚铜的颗粒均匀性较差,粒径为 $5 \sim 10\mu m$,如图 4 – 14 所示。氧化亚铜颗粒均匀性对防污涂层海水浸泡状态下涂层的表面粗糙度有一定的影响。采用电解氧化亚铜,涂层表面粗糙度更低。市售氧化亚铜主要性能指标如表 4 – 44 所列。

图 4 – 14　不同类型氧化亚铜的扫描电镜图

(a)干法;(b)湿法。

表 4 – 44　市售氧化亚铜的主要性能指标

项　　目	技术指标
总还原率/%	≥98
金属铜/%	≤1
氧化亚铜/%	≥96
总铜/%	≥86
筛余物(320 目)/%	≤0.1

② 吡啶硫酮锌(zinc pyrithione,ZPT)。分子式为 $C_{10}H_8N_2O_2S_2Zn$,分子量为 317.68。ZPT 是优良的真菌和细菌杀菌剂,具有广谱防污性能。ZPT 毒性低,对小鼠急性经口 $LD_{50}>1000mg/kg$。对皮肤无刺激性,作为高效安全的止痒去屑剂大量用于洗发水。其主要性能指标如表 4 – 45 所列。

表 4 – 45　吡啶硫酮锌的主要性能指标

项　　目	技术指标
外观	类白色粉末
含量/%	≥96
pH 值(5% 水溶液)	6.5 ~ 8.5
干燥失重/%	≤0.5

③ 吡啶硫酮铜(copper pyrithione,CPT)。分子式为 $C_{10}H_8N_2O_2S_2Cu$,分子量为 315.9。CPT 具有高效、低毒、广谱防污性能,对小鼠急性经口 $LD_{50}>1000mg/kg$,对皮肤无刺激性。其主要性能指标如表 4 – 46 所列。

表 4-46　吡啶硫酮铜的主要性能指标

项　目	技术指标
外观	草绿色粉末
含量/%	≥97
pH 值(5% 水溶液)	6.0~8.0
熔点/℃	≥260
干燥失重/%	≤0.5

④ 溴代吡咯腈(Econea)。分子式为 $C_{12}H_5BrClF_3N_2$，分子量为349.5337。溴代吡咯腈在海水中可降解，半衰期短，无环境累积性。溴代吡咯腈对硬壳污损生物防污效果好，可替代氧化亚铜，常用于制备无铜防污漆。其主要性能指标如表4-47所列。

表 4-47　溴代吡咯腈的主要性能指标

项　目	技术指标
外观	白色结晶粉末
含量/%	≥99
熔点/℃	252~253
颗粒度	粒径分布: $d_{50}=5~10\mu m$; $d_{99}=25\mu m$

⑤ 氧化锌。俗称锌白，外观为白色粉末，是一种白色颜料。氧化锌有一定杀菌能力，在防污涂料中作为辅助防污剂使用。其主要性能指标如表4-48所列。

表 4-48　氧化锌的主要性能指标

项目	优品级	一级品	合格品
氧化锌/%	≥99.7	≥99.5	≥99.4
筛余物(45μm)/%	≤0.10	≤0.15	≤0.20
水溶物/%	≤0.10	≤0.10	≤0.15
105℃挥发物/%	≤0.30	≤0.40	≤0.50
吸油量/(g/100g)	≤14	≤14	≤14

(2) 防污剂复配。

防污剂是涂料中起防污作用的活性成分。不同防污剂对污损生物防除效果不同，有些对动物类污损生物作用效果好，如氧化亚铜、Econea 等，有些则对藻类和海洋细菌类防除效果好，如 SeaNine 211、ZPT、CPT、Diuron 等。由于海洋污损生物具有多样性的特点，采用单一防污剂，防污剂使用量大，而且防污效果不理想。现代防污涂料中多采用复配方式添加防污剂，利用防污剂协同防污作用，达到广谱防污和长效防污的目的。将不同的复配防污剂添加至防污涂料的基础配方中，浅海挂板试验结果见表 4 - 49,采用 Cu_2O/CPT 复配防污剂具有较好的防污效果,而溴代吡咯腈/ZPT 复配防污剂可作为无铜防污涂料的防污剂复配方案[33]。

表 4 - 49　复配防污剂防污性能试验结果

复配防污剂	防污性能	备注
Cu_2O/CPT	24 个月完好	—
Cu_2O/ZPT	—	涂料凝胶
CuSCN/CPT	18 个月失效	—
Econea/ZPT	18 个月失效	—
SeaNine211/ZPT	9 个月失效	—
TCPM/ZPT	6 个月失效	—
TPBP/ZPT	3 个月失效	—

4)防污漆配方设计

(1)颜料的选择。

颜料主要用于着色和调节体系 PVC 等,常用的颜料包括氧化铁红、氧化铁黑、氧化铁黄、炭黑、甲苯胺红、酞菁蓝、酞菁绿、钛白粉等。填料主要用于调节体系 PVC,滑石粉是常用的填料,可改善涂料刷涂性能,还可改善涂料的防沉性能。由于颜料不可水解,加入颜料后会导致防污涂膜防污剂渗出率降低。

(2)助剂与溶剂。

触变剂主要用于防止颜料沉淀,提高涂料触变性能,防止涂料施工中出现流挂现象,导致干燥后涂层外观不平整。有机膨润土、气相二氧化硅和聚酰胺蜡等触变剂均有良好的触变效果,是涂料中常用的触变剂。溶剂是涂料的主要成分之一,主要根据所采用树脂的特性,采用混合溶剂溶解树脂,调节涂料黏度,改善施工性能。

(3)颜料体积浓度对防污涂料性能的影响。

① 颜料体积浓度。防污漆漆膜长期在水下使用,通常配方颜料(包括防污剂)体积浓度(PVC)低于颜料极限体积浓度(CPVC);否则水在漆膜中快速渗透,将导致防污剂渗出过快,漆膜物理性能迅速下降,影响其应用性能。因此,防污涂料配方设计中,颜料体积浓度是要重点考虑的因素之一。以接触型防污漆为例,理论上要求防污剂氧化亚铜颗粒在漆膜内连续接触,假定氧化亚铜颗粒为球形,氧化亚铜在漆膜内连续接触体积最小为 52.4%,最大为 74%。由此可见,设计接触型防污漆,漆膜内防污剂与可溶物总体积比应在 52.4% ~ 74% 之间。

② 颜料体积浓度对防污涂料防污性能的影响。防污涂料具有长效作用的关键是涂层中防污剂在天然海水中稳定渗出,在涂膜表面形成有效的防污薄液层,层内防污剂应能达到最小的有效防污浓度。影响防污剂渗出的影响因素很多,除环境影响因素外,原材料成分与用量影响也很大。此外,海水在涂层中渗透,涂层表

面水解和防污剂渗出,这些微观尺度上的变化对防污涂层力学性能有很大的影响,严重时会导致涂层起泡、开裂和脱落,影响防污涂层的服役。对于防污涂料防污剂渗出,可通过渗出率测试来表征,而对于防污涂料海水浸泡下力学性能的变化,可以通过防污涂层附着力测定来表征[34]。

通常随着防污涂料 PVC 的增高,涂层防污剂渗出率呈现增加的趋势(图 4 - 15)。但在海水及淡水浸泡状态下,随浸泡时间延长,防污涂层附着力均出现了降低现象,且淡水浸泡状态下,防污涂层附着力下降幅度大于海水浸泡(图 4 - 16)。防污涂层附着力下降的主要原因是:水渗入到防污涂层中,导致涂层微观结构致密性降低,表现出涂层附着力下降。与海水相比,淡水对涂层的渗透性更强,因而附着力下降更为明显。随着 PVC 的增高,涂层附着力下降更为明显[33]。从应用角度,防污涂料既要有足够高的渗出率,也要有足够高的力学性能,因此要通过试验获得合理的 PVC。

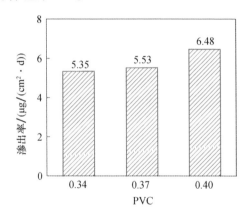

图 4 -15　PVC 对防污涂料渗出率的影响

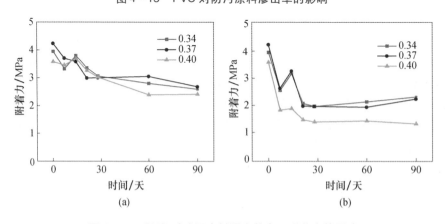

图 4 -16　PVC 对防污涂料浸泡状态下附着力的影响
(a)海水浸泡;(b)淡水浸泡。

3. 典型涂料产品组成及技术规格

传统溶解型、接触型和扩散型防污涂料典型配方如表4-50所列[35]。

表4-50 典型防污涂料配方表

溶解型防污涂料		接触型防污涂料		扩散型防污涂料	
原料名称	质量分数/%	原料名称	质量分数/%	原料名称	质量分数/%
氧化亚铜	27.7	氧化亚铜	55	氧化亚铜	30
氧化锌	25.5	乙烯共聚体	5.5	氧化锌	5
铁红	3.1	松香	5.5	铁红	5
DDT	3.1	磷酸三甲苯酯	2.1	滑石粉	5
辅助毒料	4.1	甲基异丁基酮	18.9	增塑剂	5
铜皂	6.4	二甲苯	13	松香	5
增塑树脂	4.1	—	—	三苯基氯化锡	10
煤焦沥青液	6.4	—	—	氯化橡胶	5
松香液	12.0	—	—	聚羟甲基丙烯酸甲酯	5
酚醛树脂液	2.0	—	—	二甲苯	15
200号煤焦溶剂	3.6	—	—	甲苯	10
防沉剂	2.0	—	—	—	—
合计	100	合计	100	合计	100

以新型主链降解丙烯酸硅烷酯树脂作为主体基料,采用防污效果较好的氧化亚铜/吡啶硫酮铜复配为防污剂,研发了主链降解型丙烯酸硅烷酯防污涂料,其组成如表4-51所列,主要技术指标如表4-52所列。

表4-51 主链降解丙烯酸硅烷酯防污涂料组成

原材料	质量分数/%
树脂	17~34
防污剂	35~50
颜料	5~10
触变剂浆	4~7
混合溶剂	4~8

表 4-52　主链降解丙烯酸硅烷酯防污涂料的主要技术指标

项目	技术指标	检测标准
颜色及外观	红色,涂膜平整	—
在容器中状态	搅拌后无硬块,呈均匀状态	—
施工性	施涂无障碍	—
黏度/(mPa·s)	1000~4000	ASTM 2196
挥发性有机化合物(VOC)/(g/L)	≤240	GB/T 23985
干燥时间/h	≤1(表干) ≤24(实干)	GB/T 1728
铜总量/%	≥25	GB/T 31409
锡总量/(mg/kg)	不含	GB/T 26085
滴滴涕/(mg/kg)	不含	GB/T 25011
磨蚀率/(μm/月)	3~10	GB/T 31411
浅海挂板试验(3年),防污评分	≥85	GB/T 5370
动态模拟试验(5周期),防污评分	≥85	GB/T 7789

4. 防污涂料技术发展

1)导电防污涂料

导电防污涂料的防污原理实际上是电解防污原理,是在船底涂上相当厚度的绝缘层,再在绝缘层上面涂覆导电层,以导电层为阳极,以船底及其与海水接触的部分为阴极[36],在两极之间通以弱电流(约10V、1A)使导电层表面产生痕量氯(Cl_2 和 ClO^-)达到抑制海洋生物的目的。该技术既节省资源,又不污染海洋环境。国内外在导电防污涂料技术研发上均进行了有益的尝试并取得了一定的效果,但尚未有商业化应用的报道。

2)含接枝防污功能侧基防污涂料树脂

传统的防污涂料均是将防污剂颗粒均匀分散在基料树脂中,涂层中防污剂均是通过“溶解”和“渗出扩散”的物理方式释放到海水中。这个过程中,涂层局部往往会出现微小防污剂颗粒脱落的现象,造成局部防污剂“暴释”,防污剂释放速率不平稳,利用率降低。如果将防污剂接枝到基料树脂上,防污剂则是通过“水解扩散”的化学方式释放到海水中,这样就避免了局部防污剂“暴释”现象,提高了防污剂的利用率,有利于提升防污材料防污性能。丙烯酸三丁基锡树脂就是一种典型的接枝防污功能侧基的防污树脂,且成功地获得了应用。禁用有机锡后,该方向上的研究热点转向了寻找新的防污功能基团及接枝技术。目前已发现可接枝的、具有防污活性的功能基团有酚类、咪唑、喹啉等,这些功能基团可通过酯键、酰胺键等可水解官能团接枝到树脂主链中。此外,利用改性技术在防污活性物质上创建接枝活性点,再将防污活性物质合成到树脂主链上,所采用的防污活性物质包括辣椒素、草甘膦、苯并异噻唑啉酮和 N-2,4,6 三氯苯基马来酰亚胺等,开发的新型防污材料均有较好的防污效果[37]。

目前含接枝防污功能侧基树脂技术大多未实现工业化应用,主要原因是接枝前防污剂往往需要改性,引入可参与树脂合成反应的基团,这个改性过程往往会降低防污剂的防污活性。此外,树脂上接枝防污剂往往需经过多步反应,合成工艺复杂,部分合成步骤产率低,生产成本较高。未来研发的热点在于寻找更高效的可接枝防污剂,简化合成工艺路线,提高产率等工作。

3) 可降解防污涂料树脂

自抛光防污涂层树脂水解后,残留在涂层表面的释出层不仅没有防污作用,而且会延长涂层内部防污剂渗出的通道,降低涂层表面海水中防污剂浓度。释出层清除过程依赖水流冲刷作用。因此,在航速较快的船舶上,水流冲刷作用明显,传统的自抛光防污涂料有很好的应用效果。但在静态环境下使用自抛光防污涂料,如海洋固定设施、长时间停泊的船舶和航行速度很低的船舶等,由于海水水流冲刷作用很弱,释出层不易清除而逐步累积,往往会出现防污失效现象,难以达到在高航速船舶上应用的防污效果。

降解型防污涂料采用可生物降解/水解的树脂为基料,添加防污剂制备而成。利用树脂在海水中的降解/水解作用,释放出防污剂以达到防污作用效果。与传统的侧链水解自抛光防污涂料树脂相比,可降解/水解的树脂在海水中可逐步降解成亲水性的小分子或小分子片段,进而分散和溶解在海水中,因此涂膜表面没有残留的树脂骨架层,在低流速环境下有更好的应用性能。

在各类可生物降解/水解的树脂中,国内外围绕聚酯及聚酯聚氨酯合成及降解性能的研究较为活跃。聚酯聚合物大多采用乙交酯、丙交酯、己内酯、戊内酯等作为单体,在引发剂和催化剂作用下聚合而得,其典型结构如图 4-17 所示。此外,采用膦腈碱($t-BuP_4$)催化环状单体和乙烯基单体的杂化共聚反应也用于制备降解聚酯树脂。聚酯聚合物可直接作为防污涂料基料使用,也可作为预聚物用异氰酸酯扩链或固化则可获得降解聚酯聚氨酯。

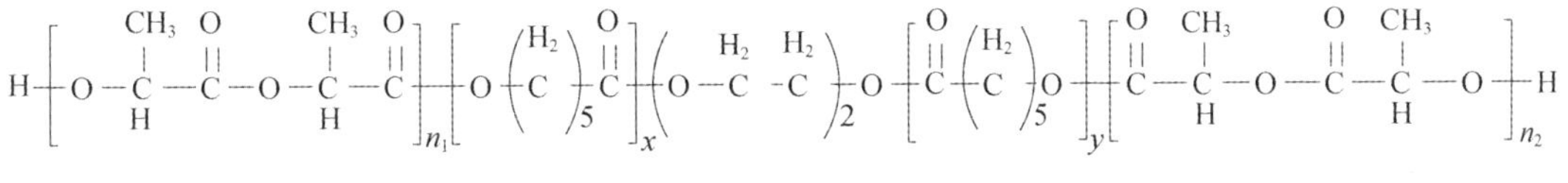

图 4-17　己内酯/丙交酯共聚物结构示意图

将可降解的链段引入传统的自抛光防污涂料树脂主链,可开发出新型主链可降解-侧链可水解的聚氨酯和聚丙烯酸硅烷酯树脂[38]。以甲基丙烯酸甲酯(MMA)、2-亚乙烯基-1,3-二氧杂环庚烷(MDO)和三丁基硅基甲基丙烯酸酯(TBSM)为单体,采用自由基共聚法进行共聚,将可降解酯键引入了丙烯酸类聚合物主链中,制备了主链可降解-侧链可水解的聚丙烯酸硅烷酯树脂(图4-18)。该树脂有效提高了树脂在静态环境下的抛光性能,从而提高了传统自抛光防污涂料的防污能力,具有良好的应用前景。

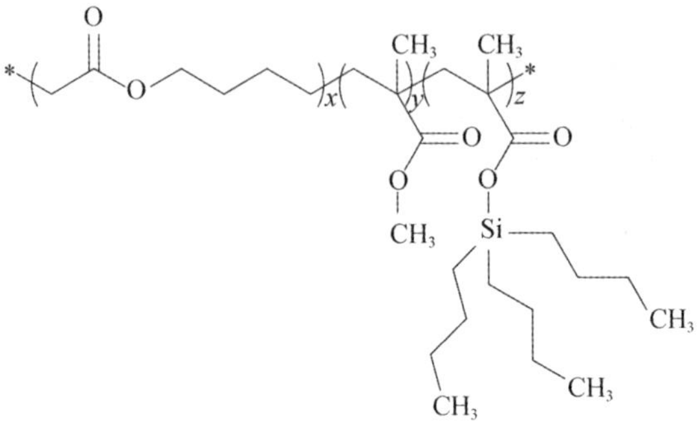

图4-18 主链可降解-侧链可水解的聚丙烯酸硅烷酯树脂结构示意图

4) 生物防污剂的研发进展

目前科学家已发现从海洋微生物、藻类和无脊椎动物(珊瑚和海绵)等海洋生物中分离提取出的天然有机化合物具有防污活性,这类化合物包括有机酸类、酚类、萜类、吲哚类等[39]。防污活性化合物的提取不仅局限于海洋生物,陆生植物(如辣椒、桉树等)也是研究的重点,如从中药中分离提取出具有良好防污效果的丹皮酚等。

然而,生物体内的天然防污活性化合物大多含量少,分离、提取和提纯工艺复杂,成本高。此外,天然防污活性化合物广谱性和稳定性差,防污活性不易长久保持,不利于工业化生产。这些因素制约了天然防污活性化合物推广应用。因此,以天然活性化合物分子结构为基础,通过化学改性,研发具有更强防污活性、广谱性和稳定性的化合物,并寻求其人工合成路径,是生物防污剂商品化和推广应用的主要途径。以丹皮酚为例,通过改造丹皮酚的结构,制备了丹皮酚衍生物,其防污活性远大于 Cu^{2+} 离子。丹皮酚衍生物已实现了人工合成。

5) 仿生污损释放型防污材料

某些海洋动物(如海豚、鲨鱼等)表皮形态、结构特征和表面特性不仅能防止污损生物附着,而且有助于减小游动摩擦阻力。研究发现,表皮的表面微观上呈现微纳米规则突起结构,使得污损生物不易在表面附着。通过模仿和制备这种微结构表面,可以研发仿生型防污材料[40]。目前仿生防污材料领域研究十分活跃,除了模仿纳米尺度微结构材料外,超疏水、亲疏水和超亲水表面材料、表面接枝功能聚合物刷材料、离子聚合物材料和水凝胶材料等也均有大量的研究报道,但这类材料的实用化还鲜有报道。

4.4　土壤环境用重防腐蚀涂料

4.4.1　概述

土壤环境中服役的埋地管道(钢质管道、混凝土管道),其腐蚀来源主要有以下几种:①空气中的水、氧气渗透到土壤中引起的腐蚀;②土壤中的酸性气体(如CO_2)引起的腐蚀;③微生物腐蚀;④杂散电流腐蚀。由于土壤腐蚀环境非常复杂,特别是长期处于潮湿或有地下水的环境中,管道腐蚀严重。埋地管道是半永久性设施,维护和维修难度大、成本较高。因此,埋地管道对防腐涂层的性能要求特别高,涂层须具有良好的电绝缘性、优异的附着力、良好的耐水性和防渗透性、优异的力学强度和抗土应力以及优异的耐微生物腐蚀性。

目前国内外埋地管道外表面防腐产品种类主要包括环氧粉末涂料、环氧煤焦沥青涂料、聚氨酯涂料、聚乙烯覆盖层、三层PE(聚乙烯)、橡胶涂料、聚脲涂料等,几种常用涂料的性能对比见表4-53。

表4-53　管道外表面常用涂料的性能对比

涂料品种	优点	缺点
环氧粉末涂料	附着力、耐磨性、耐阴极剥离性能好	耐冲击性欠佳、防水性差、修补困难
聚乙烯覆盖层	绝缘性好、力学强度高、吸水率低、耐土壤应力好	黏结力差
三层PE	防腐性能好、高抗渗性、力学性能和耐土壤应力性良好	价格高、涂覆工艺复杂
环氧煤焦沥青涂料	耐水性、耐微生物腐蚀及植物根茎穿透性好、耐磨性好、性价比高、耐土壤应力佳	耐紫外线性欠佳、阳光照射易黄变
聚氨酯涂料	柔韧性好,耐冲击,耐磨,防腐性好	价格较高
橡胶涂料	柔韧性好,耐土壤应力性优异,附着力好	耐酸碱性差
聚脲涂料	柔韧性好,耐土壤应力性优异,吸水率低	耐酸碱性差

其中,环氧煤焦沥青涂料有效综合了环氧树脂、煤焦沥青的优点,具有优异的耐化学介质腐蚀性和渗透性,良好的物理力学性能,以及优异的电绝缘性、抗水渗

透性、抗微生物侵蚀性、抗杂散电流、耐热性、耐高温骤变性等,是国内外普遍认可的埋地管道外防护涂料。

4.4.2 PCCP 用无溶剂环氧煤焦沥青涂料

1. 概述

预应力混凝土管道(pre - stressed concrete cylinder pipes,PCCP)是在带有钢筒的混凝土管芯外侧缠绕环向预应力钢丝并制作水泥砂浆保护层而制成的管道,PC-CP 具有工程适应性好、使用寿命长、造价低、抗震能力强、安装方便等优点,在大、中口径长距离输水工程领域得到了大力推广。

大多数 PCCP 工程管道处于埋地环境中,同普通埋地管道一样,面临的腐蚀包括土壤腐蚀、杂散电流腐蚀、微生物腐蚀等,因此用于 PCCP 的无溶剂环氧煤焦沥青涂料也应具有良好的耐水性、抗渗透性、耐化学腐蚀、耐油性和防霉性等。此外,由于 PCCP 管道特殊的施工要求(厚涂施工和快速吊装),无溶剂环氧煤焦沥青涂料还需要满足以下要求:①厚膜化,单道涂装干膜厚度不低于 $600\mu m$;②可在湿态基材上涂装,即在初凝的水泥砂浆保护层上涂装;③快速固化,固化 12h 后即可搬运吊装;④涂层力学性能优异,即硬度高、耐冲击、耐磨及良好的附着力。可见 PC-CP 用无溶剂环氧煤焦沥青涂料在选择原材料的时候要充分考虑快速固化和防腐性的要求。

我国发布《预应力钢筒混凝土管防腐蚀技术》(GB/T 35490—2017)标准,对预应力钢筒混凝土管外防腐涂料体系及性能要求做出了明确规定。对于埋地管道,水泥砂浆保护层外表面推荐采用无溶剂环氧煤焦沥青防腐涂料,涂装 1~2 道,干膜厚度 600~900μm。在强腐蚀的土壤环境中,无溶剂环氧煤焦沥青防腐涂料的干膜厚度应选择 900μm。对于架设在地面的管道,推荐采用由环氧封闭漆、环氧中间漆和耐候性好的防护面漆组成的涂料体系,涂装 3~4 道,干膜厚度 380~480μm。该标准还给出了 PCCP 管道外防腐涂层性能最低要求,要求涂料 VOC 低(埋地管道用不超过 100g/L,地面管道用不超过 120g/L),在混凝土上附着力不低于 1.5MPa(或破坏在混凝土砂浆内层)。埋地管道用外防腐涂层还要求耐酸和优异的耐盐水浸泡性能,涂层抗氯离子渗透性不大于 1×10^{-3}mg/($cm^2 \cdot d$)。

2. 涂料配方设计及性能影响因素

1)环氧树脂与活性稀释剂

无溶剂环氧煤焦沥青涂料要求具有优异的耐水性、防腐性,对钢板附着力好,能经受干湿交替、长期浸水和阴暗潮湿的环境。双酚 A 型环氧树脂分子结构中含有极性的羟基和醚键,兼有刚性的芳核和柔性的烃链,使得树脂固化产物附着强度高、柔韧性好、耐磨性高,防腐性能优异,是防腐蚀涂料的首选成膜物。无溶剂环氧煤焦沥青涂料一般采用低分子量、低黏度的环氧树脂(环氧当量 180 ~ 240)[41]与活性稀释剂,其用量对涂层力学性能影响较大,如表 4 - 54 所示。环氧树脂含量太少则涂层机械强度较低,影响 PCCP 管道涂装后的吊装。

表 4 - 54　环氧树脂含量对涂层力学性能的影响

检验项目	环氧树脂含量/%				
	35	30	25	20	10
剪切强度/MPa	10.98	11.27	11.56	8.23	1.67
落球冲击 (670g 钢球自 24m 高自由落下)	无损坏	无损坏	无损坏	裂痕	裂痕

不同相对分子量的双酚 A 型环氧树脂混拼时,各树脂含量对涂层基本性能无明显影响,但对黏度有明显影响,如表 4 - 55 所列,在配方设计中可根据配方体系的黏度和施工要求进行树脂混拼。

表 4 - 55　不同环氧值树脂比例对涂层性能的影响

m(E42) : m(E51)	黏度(50℃)/(mPa · s)	耐冲击/cm	柔韧性/mm	附着力/级
10 : 100	17500	50	1	1
15 : 100	19000	50	1	1
20 : 100	20600	50	1	1
25 : 100	23100	50	1	1

此外,无溶剂环氧煤焦沥青涂料还需要添加一定量活性稀释剂来降低配方黏度,方便生产和施工。活性稀释剂用量为环氧树脂的 5% ~ 25%,单官能团活性稀释剂一般不超过树脂总量的 15%。由于环氧煤焦沥青涂料使用环境大多有温差(如石化设备、输油管道、埋地管道等),存在热胀冷缩现象,要求涂层具有优异的韧性,因此环氧稀释剂的选用要遵循"降黏增韧"原则。

无溶剂环氧煤焦沥青涂料配方设计中,优先选择腰果壳油改性缩水甘油醚类单官能团活性稀释剂(A)或长链脂肪醇改性缩水甘油醚类小分子柔性双官能团活性稀释剂(M),上述活性稀释剂含有长疏水侧链,可有效降低黏度,同时可赋予涂层良好的柔韧性、抗冲击性,如表 4 - 56 所列。其中单官能团活性稀释剂具有优异的降黏稀释作用,而双官能团活性稀释剂对涂层玻璃化转变温度影响相对较小(图 4 - 19 和图 4 - 20),可以有效保持涂层交联密度,在配方设计中可根据涂料黏度和防腐要求进行选择。

表 4 – 56   活性稀释剂对 E51 树脂 – 酚醛胺固化剂清漆冲击性能影响

活性稀释剂添加量/%	耐冲击/cm	
	单官能团活性稀释剂（A）	双官能团活性稀释剂（M）
0	40	40
5	50	50
10	50	50
15	50	50
20	60	50
25	60	60

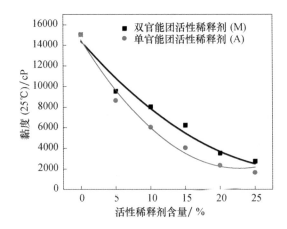

图 4 – 19   不同活性稀释剂对 E51 树脂的稀释能力

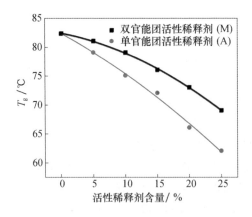

图 4 – 20   不同活性稀释剂对 E51 树脂 – 酚醛胺
固化剂清漆玻璃化转变温度的影响

2）固化剂

无溶剂环氧煤焦沥青防腐涂料要求具备可湿态涂装和快干的性能,因此选取能在低温和潮湿环境下具有良好反应性的固化剂。

曼尼斯碱类固化剂氮氧原子上带有负电性,属于亲核试剂,在与环氧树脂交联反应时,带有负电荷的亲核试剂攻击环氧环中带有正电性的电子云密度较低的碳原子,引起 C—O 键断裂,从而使环氧环开环聚合固化。此外,该类固化剂还带有负电性的羟基,加强了对环氧环中带正电荷的碳原子的攻击性,加速开环反应,从而加速了固化速率。

用多胺化合物与醛类、酚类通过曼尼斯反应合成出的酚醛胺固化剂黏度低、常温呈液态、活性高、在低温和潮湿环境可以与环氧树脂固化,缺点是漆膜脆,柔韧性差。

腰果壳油改性酚醛胺固化剂既有脂肪胺优良的耐化学品性和快速固化性能,又有聚酰胺的良好柔韧性、良好的附着力、低毒、较长的适用期及较宽的树脂混合比优势。腰果酚里含有的不饱和双键 C15 直碳链结构,具有良好的柔韧性,可以与聚酰胺相媲美。腰果酚改性酚醛胺固化剂是制备无溶剂环氧煤焦沥青重防腐涂料的理想固化剂之一。

脂环胺、脂肪胺、改性脂环胺和改性脂肪胺固化剂虽然不是曼尼斯碱类固化剂,但固化剂中脂环结构、脂肪链结构中电子富足,具有给电子性能,氮氧原子上也带有负电性,属于亲核试剂,固化速率也相当快,且这类型固化剂具有优异的耐酸性、耐化学品性,很适合 PCCP 外壁防锈漆的性能要求。不同类型固化剂涂层性能见表 4 – 57。

表 4 – 57　不同类型固化剂涂层性能

固化剂类型	干燥时间/h		耐冲击/cm	柔韧性/级	80%湿度涂装固化附着力/MPa	耐盐雾性(3000h)	耐 10% H_2SO_4 (10 天)	耐 10% NaOH (10 天)
	表干	实干						
聚酰胺	5	24	50	1	4.5	√	×	√
酚醛胺	1.0	6	40	1	7.2	√	×	√
腰果壳油改性酚醛胺	1.5	8	50	1	5.8	√	√	√
脂环胺	2.0	10	40	1	6.3	√	√	√
脂肪胺	2.0	10	40	1	6.0	√	√	√

注:附着力、耐盐雾性、耐 10% H_2SO_4 和耐 10% NaOH 试验涂层干膜厚度为 100μm。

3）煤焦沥青

煤焦沥青是煤焦油经过常减压蒸馏得到的性质稳定、成分复杂的混合物,是煤焦加工过程中分离出的大宗产品,占煤焦总量的 50% ~60%[42],广泛应用于无溶剂环氧煤焦沥青涂料制备中。不同种类的煤焦沥青软化点有明显的差别,见表 4 – 58。煤焦沥青中芳香族化合物含量越多,与环氧树脂相容性越好,高温煤焦沥青、中温煤焦沥青芳香族化合物含量较高,与环氧树脂的相容性佳,低温煤焦中有些成分会渗出,影响涂层干燥性能、耐水性和防腐性。此外,软化点低的煤焦沥青有利于制备固含量较高的涂料,软化点高的煤焦沥青对提高涂料的耐温性和硬度有利。在环氧煤焦沥青涂料制备中,一般选择以煤焦直接蒸馏至一定软化点的沥青,该类煤焦沥青的耐水性和溶解性都比回配煤焦沥青(指采用蒽油等溶剂,将高软化点的煤焦沥青调配至指定的软化点)好[43],软化点为75~95℃[44]的沥青柔韧性好,无低分子化合物渗出,防腐性优异,是环氧煤焦沥青涂料成膜物的首选材料。

表4-58　煤焦沥青技术指标

指标名称	低温煤焦沥青		中温煤焦沥青		高温煤焦沥青	
	1号	2号	1号	2号	1号	2号
软化点/℃	35~45	46~75	80~90	75~95	95~100	95~120
甲苯不溶物含量/%	—	—	15~25	≤25	≥24	—
灰分/%	—	—	≤0.3	≤0.5	≤0.3	—
水分/%	—	—	≤5.0	≤5.0	≤4.0	<2.0
喹啉不溶物含量/%	—	—	≤10	—	—	—
结焦值/%	—	—	≥45	—	≥52	—

煤焦沥青共混于环氧树脂-固化剂体系中,可增加体系致密程度,增强体系耐腐蚀性。煤焦沥青含量过少,涂层耐水性[45]和耐化学品性不佳[46-47],含量过多附着强度不佳[48]。合适用量的煤焦沥青可提高涂层耐水性、耐化学品性。研究表明,煤焦沥青用量为环氧树脂的60%~120%时涂层耐水性和耐化学品性有明显提升(图4-21),煤焦沥青用量为环氧树脂的0%~100%时涂层附着力无明显下降(图4-22)。

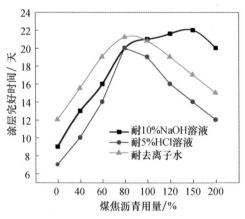

图4-21　煤焦沥青用量对无溶剂环氧煤焦沥青
涂料耐水性和耐化学品性性能影响

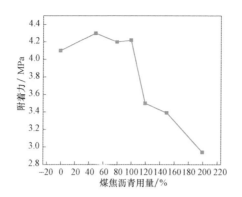

图 4 – 22　煤焦沥青用量对无溶剂环氧煤焦沥青
涂料附着力的影响

此外,煤焦有良好的耐水性、耐潮湿性、耐化学品性和抗微生物侵蚀性,且黏度更低,可以代替部分煤焦沥青降低涂料黏度,但煤焦中含轻油、酚油、萘油、洗油、蒽油、沥青等(表 4 – 59),是复杂的混合物,在制造涂料时,应加热(150 ~ 160℃)熬炼驱除水分和杂质。

表 4 – 59　高温煤焦成分分析

名称	沸点/℃	产率/%	所含主要化合物
轻油	< 170	0.3 ~ 0.6	轻吡啶、噻吩、苯等
酚油	170 ~ 210	1.5 ~ 2.5	吡啶、喹啉、古马隆等
萘油	210 ~ 230	11 ~ 12	萘、茚、古马隆
洗油	230 ~ 270	5 ~ 6	甲基萘、吲哚、联苯等
蒽油	270 ~ 360	20 ~ 28	蒽、菲、咔唑等
沥青	> 360	54 ~ 56	—

4)颜料

以化学防锈颜料、物理防锈颜料、体质颜料相结合,形成多层屏障体系,延长腐蚀介质的渗透路径和到达基材表面时间。体质颜料的选择在满足防腐要求的前提条件下尽量选择低密度、低吸油量的粉料。片状颜料含量提高,涂层抗渗透性提升,但达到某一用量后,这种提升作用不再明显,反而会因其吸油量大导致涂料黏度剧增[47],影响涂层施工性与喷涂性,如图 4 – 23 和图 4 – 24 所示。

5)助剂体系的选择

助剂体系中选择一些含有 Si—OH、N—H 等结构的原材料,有利于气相二氧化硅等流变助剂三维立体网状结构的搭建,提高涂料触变性,达到涂装一道干膜厚度不低于 $600\mu m$ 的设计要求。硅烷偶联剂等可以在混凝土表面处于湿态条件下水解产生亲水性羟基基团的助剂,可增加涂层对潮湿混凝土表面的附着性能。

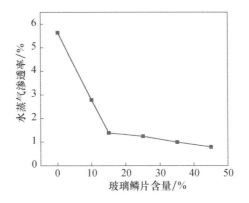

图4-23 片状颜料对涂层水蒸气渗透率的影响

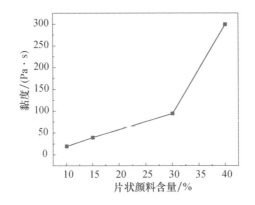

图4-24 片状颜料对涂料黏度的影响

6)PVC

从理论上讲,当 PVC = CPVC 时,配方中的成膜物恰好将粉料包覆,涂层屏蔽性最好,防腐性能最优,PVC 太低或太高涂层屏蔽性都不佳。实际配方设计中,溶剂型环氧煤焦沥青防锈漆 PVC 一般在 0.25 ~ 0.60 之间涂层性能较好,而无溶剂环氧煤焦沥青重防腐涂料由于没有溶剂润湿作用,成膜物对粉料的包覆能力下降,需要更多的树脂,如图 4-25 所示,PVC 通常在 0.30 ~ 0.34 之间比较合适。

专利 CN101284969A[49] 采用表 4-60 所列的参考配方,其中胺类固化剂和矿物填充填料赋予涂层优异的耐酸碱性能和湿态涂装性能,通过复合触变剂体系实现涂装一道干膜厚度 1000μm,所得涂层具有优异的力学性能、耐酸碱性能、良好的电绝缘性和氯离子屏蔽性,在南水北调工程北京段 PCCP 管防腐工程实际施工中满足了防腐、厚膜化、快速固化以及在混凝土表面湿态涂装等各项要求。

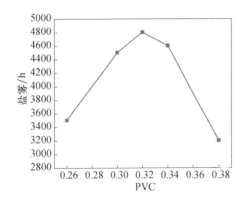

图 4 –25 PVC 对涂层耐盐雾性能的影响

表 4 – 60 PCCP 用无溶剂环氧煤焦沥青涂料的组成

甲组分		乙组分	
原材料	质量分数/%	原材料	质量分数/%
环氧树脂	35	曼尼斯碱固化剂	20
活性稀释剂	10	煤焦油沥青	23
消泡剂	0.5	消泡剂	0.5
流平剂	0.5	流平剂	0.3
分散剂	1	分散剂	0.5
气相二氧化硅	0.5	气相二氧化硅	0.7
流变助剂	0.5	填料	48
填料	52	—	—
合计	100	合计	100

3. 典型涂料的产品技术指标

典型无溶剂环氧煤焦沥青防腐蚀涂料的主要技术指标如表 4 – 61 所列。

表 4 – 61 PCCP 用无溶剂环氧煤焦沥青防腐涂料的主要技术指标

项目	技术指标	检测标准
外观	黑色，外观正常	目测
在容器中状态	搅拌后无硬块，呈均匀状态	目测
涂层干膜厚度/μm	≥600	GB/T 13452.2
适用期/h	≥0.5	GB/T 6753.3

续表

项目	技术指标		检测标准
干燥时间/h	≤2.5(表干)		GB/T 1728
	≤8(实干)		
附着力/MPa	混凝土基体	钢基体	GB/T 5210
	≥2(或混凝土破坏)	≥5	
耐冲击性/cm	≥50		GB/T 1732
耐磨性(750g/1000r)/g	≤0.1		GB/T 1768
耐3% NaCl 溶液(90 天)	不起泡、不脱落、不开裂		GB/T 9274
耐10% NaOH 溶液(30 天)	不起泡、不脱落、不开裂		GB/T 9274
耐10% H_2SO_4 溶液(30 天)	不起泡、不脱落、不开裂		GB/T 9274
耐盐雾性(3000h)	不起泡、不脱落、不开裂		GB/T 1771
体积电阻率/$(\Omega \cdot m)$	$\geqslant 4 \times 10^{10}$		GB/T 1410
抗氯离子渗透性/$(mg/(cm^2 \cdot d))$	$\leqslant 1 \times 10^{-3}$		JTJ 275

无溶剂环氧煤焦沥青涂料具有优异的耐水性、耐磨性、耐酸碱性及耐盐水性,抗氯离子渗透性好,电绝缘性好,一次成膜厚度高,干燥速度快,防腐性满足土壤环境中基材的保护要求,施工性满足 PCCP 管道特殊吊装工艺,是 PCCP 埋地管道防护首选的涂料之一。

参考文献

[1] 洪啸吟,冯汉保,申亮. 涂料化学[M]. 3 版. 北京:科学出版社,2019.

[2] 谢德明,胡吉明,童少平,等. 富锌漆研究进展[J]. 中国腐蚀与防护学报,2004,24(5):314-320.

[3] 周郁文. 聚硅酸乙酯的改性及其应用的研究[J]. 涂料工业,2001,31(12):14-17.

[4] 李敏,马吉康,王秀娟. 车间底漆的研究进展及发展趋势[J]. 涂料技术与文摘,2008,29(8):11-14.

[5] 李梅林. 新一代的耐高温车间底漆特点及其应用[J]. 上海造船,2007(1):50-51.

[6] 陶乃旺,吴兆敏,曾登峰,等. 压载舱涂料 PSPC 试验及结果探讨[J]. 材料开发与应用,2013,28(6):59-62.

[7] 王秀娟,李敏,方健君. 适合压载舱涂层配套的船用车间底漆的研制[J]. 涂料工业,2012,42(1):42-45.

[8] 杨阳,吴建华,徐静,等. 醇溶型无机锌车间底漆的电化学行为研究[J]. 涂料工业,2018,48(12):16-20.

［9］ CHINMAYA N. Role of micaceous iron oxide in protective coatings［J］. Pigment and Resin Tech-
　　 nology,2002,52(11):57 – 72.

［10］ 韩兆元,王国生,高玉德,等. 某镜铁矿制备云母氧化铁的试验研究［J］. 材料研究与应用,
　　 2015,9(3):194 – 196.

［11］ 陆伯岑. 防锈颜料云母氧化铁的特性和使用方法［J］. 上海涂料,1996,(2):36 – 41.

［12］ BONORA P L,LEKKA M. Corrosion resistance of intermediate coatings containing micaceous
　　 iron oxide of different degree of lamellarity［J］. Ochrona Przed Korozja,2009,52(6):219 – 223.

［13］ GIUDICE C A,BENITEZ J C. Optimising the corrosion protective abilities of lamellar micaceous
　　 iron oxide containing primers ［J］. Anti – Corrosion Methods and Materials, 2000, 47 (4):
　　 226 – 232.

［14］ 沈春华. 高固体分环氧云铁中间漆的研制［J］. 上海涂料,2020,58(5):1 – 4.

［15］ 王雷,李华明,雍涛,等. 高性能环氧厚浆云铁中间漆的制备［J］. 现代涂料与涂装,2021,
　　 24(10):1 – 4.

［16］ 李田霞,陈峰. 氟碳涂料国内外现状及发展趋势［J］. 安徽化工,2012,38(1):12 – 14.

［17］ 李运德. 常温固化 FEVE 氟碳涂料结构与性能研究及高性能氟碳涂料的制备［D］. 北京:
　　 北京化工大学,2009.

［18］ 周晓东,孙道兴. 氟碳树脂的改性及有机硅改性［J］. 合成树脂及塑料,2004,21(3):
　　 69 – 72.

［19］ 杨保平,崔锦峰,张应鹏,等. 环氧改性氟碳纳米复合船舶涂料的研制［J］. 兰州理工大学
　　 学报,2005,31(5):67 – 70.

［20］ 黄志军,王晶晶,陶乃旺,等. PVC、OH/NCO 比值对氟碳涂料性能的影响［C］. 中国腐蚀与
　　 防护协会. 2008 材料腐蚀与控制学术研讨会论文集. 青岛:中国腐蚀与防护协会. 2008:
　　 360 – 366.

［21］ KHANNA A S. High – Performance Organic Coatings［M］. England:Woodhead Publishing Limit-
　　 ed,2008.

［22］ 杨宇,槐抗抗,王煦. 玻璃鳞片改性涂料研究进展及应用［EB/OL］. 北京:中国科技论文在
　　 线［2014 – 06 – 04］. http://www. paper. edu. cn/releasepaper/content/201406 – 66.

［23］ 林长锋. 浅析无碱与中碱玻璃纤维异同［J］. 21 世纪建筑材料,2009(1):42-44.

［24］ 杜建伟,张静,张丽萍,等. 无溶剂环氧玻璃鳞片涂料的研制［J］. 现代涂料与涂装,2011,
　　 14(06):13 – 16.

［25］ 张贤慧,方大庆,高波,等. 海洋钢结构用环氧玻璃鳞片涂料的开发［J］. 材料开发与应用,
　　 2015,30(1):15 – 19.

［26］ 李敏,王秀娟,刘宝成,等. 海洋环境防腐蚀玻璃鳞片涂料的研制［J］. 涂料工业,2010,40
　　 (1):49 – 53.

［27］ 莫立新,程居军,李作峰,等. 通用型船舶防锈底漆的发展及应用［J］. 中国涂料,2012,27
　　 (3) 26 – 29.

［28］ 马淑萍,张鹏飞. 改进法合成双酚 A 型环氧树脂及其性能研究［J］. 中国涂料,2011,26
　　 (9):23 – 27.

[29] 高波,方大庆,陈乃洪,等. 新型通用改性环氧防锈底漆的研制[J]. 上海涂料,2013,51
     (6):1 – 5.

[30] 杨亚良,伍小军,林秀娟,等. 船舶通用底漆的研制[J]. 中国涂料,2013,28(4):26 – 29.

[31] 叶章基,王晶晶,蔺存国,等. 舰船高性能防腐蚀防污涂料研究进展[J]. 中国材料进展,
     2014,33(7)418 – 425.

[32] SCHULTZ M P. Effects of coating roughness and biofouling on ship resistance and powering [J].
     Biofouling,2007,23(5 – 6):331 – 341.

[33] 叶章基,陈珊珊,吴堃,等. 主链降解型聚丙烯酸硅烷酯基自抛光防污涂料研制[J]. 涂料
     工业,2018,48(7)25 – 32.

[34] 陈珊珊,叶章基,王胜龙,等. 一种实验室评价防污涂层体系耐淡海水/淡水浸泡性能的加
     速试验方法:CN108088785B[P],2020. 4. 10.

[35] 战凤昌,李悦良,等. 专用涂料[M]. 北京:化学工业出版社,1988.

[36] 孙祖信,林仲华. 导电涂膜表面微米尺度内痕量 ClO⁻ 浓度测定方法的研究[J]. 上海涂
     料,2001,39(2):3 – 7.

[37] 叶章基,陈珊珊,马春风,等. 新型环保海洋防污材料研究进展[J]. 表面技术,2017,46
     (12):62 – 70.

[38] MA C F, XU W T, PAN J S,et al. Degradable polymers for marine antibiofouling:optimizing
     structure to improve performance [J]. Industrial & Engineering Chemistry Research,2016,55
     (44):11495 – 11501.

[39] QIAN P Y,XU Y,FUSETANI N. Natural products as antifouling compounds:recent progress and
     future perspectives[J]. Biofouling,2010,26(2):223 – 234.

[40] 叶章基,陈珊珊,张金伟,等. 有机硅和氟树脂在海洋防污涂料中的应用研究进展[J]. 涂
     料工业,2018,48(1):75 – 82.

[41] 刘小平,李泉明,杨雪梅. 无溶剂环氧煤焦油沥青防腐涂料 [J]:涂料工业,1998(5):
     33 – 36.

[42] 高晋生,张德祥,万展. 煤焦油加工技术的发展和建议[J]. 煤化工,1999(1):3 – 6.

[43] 姜英涛. 涂料工艺第五分册[M]. 北京:化学工业出版社,1997.

[44] 秦国治,杜志侠. 环氧煤沥青厚浆涂料的研制及应用[J]. 涂料工业,1998(8):10 – 12.

[45] 刘宗晨. 水性环氧煤沥青防腐涂料的配方设计及施工[J]. 上海涂料,2009,47(1):
     43 – 47.

[46] 李令明,马燕燕. 环氧煤焦油在检修水工闸门防渗处理中的应用[J]. 浙江水利科技,1981
     (2):20 – 24.

[47] 彭时贵,黄振东. 铁路货车用环氧沥青玻璃鳞片涂料的研制[J]. 涂料工业,2006,36(9):
     23 – 25,29.

[48] 常西亮,段海龙. 沥青环氧树脂重防腐涂料的研制[J]. 河北化工,2003(5):28 – 31.

[49] 吴净,方大庆,蔡云露. 无溶剂环氧煤焦油重防腐蚀涂料及其制造工艺:101284969A.
     2008 – 10 – 15.

第 5 章

典型船舶涂料体系工程应用

5.1 船体结构及腐蚀环境分析

船舶是一个活动于江河、海洋等水体中庞大的、复杂的钢铁结构物,船体的各部位处于不同的腐蚀环境中且不同程度受到各种腐蚀介质的侵蚀,包括浸没于海水之中的船底区、海水干湿交替区、含氧充足的水线区,有处于海洋大气中的甲板、上层建筑外部,还有处于特定腐蚀条件下的各种液舱等,这对于船舶不同部位的保护涂层提出了不同的要求,因此需要有的放矢地提供相应的涂料配套体系[1]。

5.1.1 船底区

船底区长期浸泡在严重腐蚀环境的海水之中,受到海水的电化学腐蚀和冲刷作用,大多数钢质船舶船底区均采用外加电流或牺牲阳极方式进行阴极保护,整个船体水下区域成为阴极,会因过量的 OH^- 离子而呈现碱性,因此,船底区所用的防锈涂料必须具有良好的耐水性、耐磨性、耐碱性,同时要求船底防锈漆与阴极保护系统相适配,能耐一定的阴极保护电位。

船体水下部位经常与新鲜的海水接触,海洋生物容易附着、生长和繁殖,为防止船舶水下等部位发生海洋生物污损,在船底防锈漆外表面还要涂装防污漆,因此要求防锈漆与防污漆配套使用,为了两者良好结合,一般情况下需要在它们之间采用一道连接漆,连接漆通常也包括在船底防锈漆体系中。

5.1.2 水线区

水线区域常处于海水浸泡、冲刷以及日光暴晒的干湿交替状态,即处于飞溅区这一特殊腐蚀环境,因此使用于水线部位的涂料必须有良好的耐水性、耐候性、耐干湿交替性,涂层应具有良好的机械强度、耐摩擦和耐冲击,当船舶采用阴极保护时,还要求涂层具有良好的耐碱性。

5.1.3 大气暴露区

船舶的干舷、上层建筑外部、露天甲板与甲板舾装件等处于海洋大气暴露区,这些部位长年处于含盐的潮湿海洋大气之中,又经常受到日光暴晒,有时还会受到海浪冲刷,因此要求涂料具有优良的防锈性、耐候性、抗冲击与耐摩擦性能。由于上述部位属于船体外观上的主要部位,因此其面层涂料还需要有良好的保色性和保光性。

5.1.4 内舱

内舱包含工作、生活舱室和机舱、泵舱等。

1. 工作、生活舱室

工作、生活舱室是船员日常工作、起居的主要场所,用于该部位的涂料应具有良好的防锈性能,面层涂料应具有良好的装饰性。为了防火安全,涂料应不易燃烧,且一旦燃烧时也不会放出过量的烟气,选用的品种需获得船检的低播焰认证。当前,随着环保、健康和安全要求的提升,水性涂料在船舶工作、生活舱室的应用日益广泛。在一些采用内装饰的部位一般已不采用涂料装饰,但在绝缘层下和里子板内部仍需涂装防锈涂料。

2. 机舱、泵舱

机舱、泵舱为船舶动力系统主要工作场所,舱室内温度较其他舱室内部高,用于该部位的涂料应具有良好的防锈性能,机舱、泵舱的舱顶、舱壁涂料要求不易燃烧,且一旦燃烧时也应不会放出过量的烟气,选用的品种也需获得船检的低播焰认证。机舱、泵舱底部经常积聚油和水,因此要求涂料具有良好的耐油性和耐水性。

5.1.5 液舱

船舶内部的液舱主要有压载水舱、饮水舱、燃油舱、滑油舱和油船的货油舱等。

1. 压载水舱

船舶压载水舱长期处于海水压载和空载的干湿交替状态,是船舶液舱中数量最多、腐蚀环境最为严重、涂装施工和维修最为困难、与保护海洋环境直接密切相关的舱室。由于压载水舱结构复杂,空间狭小,表面处理、涂装和维修工作十分困难。舱室内处于高温、高湿和海水浸泡的严重腐蚀环境,使得压载水舱的防腐蚀涂层在较短时间内容易发生裂纹、剥落和失效,进而引起压载水舱船体结构腐蚀,因此被认为是影响船舶安全的重要因素之一,要求涂料具有优良的耐水、耐盐雾、耐干湿交替和卓越的抗腐蚀性能。

2. 饮水舱

饮水舱长期存放饮用淡水,要求涂料具有优良的耐水性。由于饮水舱涂料直接与船员的饮用水接触,其符合国家饮用水标准的卫生指标是一项强制性要求。

3. 燃油舱、滑油舱

燃油舱、滑油舱长期存放燃、滑油,一般不易受到腐蚀,故可以不涂装,但在投油封舱前必须清洁表面,涂以相应的油类保护。为减轻封舱前的表面清理工作,往往在分段阶段经二次除锈后采用车间底漆或环氧类耐油涂料进行保护。

4. 货油舱

由于船舶货油舱装载的油类不一样,对保护涂料的要求也不一样。装载原油货油舱涂料以防腐蚀功能为主,而装载成品油的油舱内保护涂层的要求则以保护油品不受污染为主要性能要求。

在众多远洋货船中,以运载原油的油船数量最多、吨位也是最大的。由于装载的原油中含有硫化氢和二氧化硫等酸性腐蚀介质,同时在油船航行过程中需要在原油舱顶部充满船舶柴油机的尾气,因此也会在原油舱顶部凝聚含有二氧化碳、氮氧化物和水蒸气混合的酸性液体,这些都会造成货油舱的钢结构保护涂层的失效和引起货油舱内钢结构的严重腐蚀,因此装载原油货油舱涂料要求是以防腐蚀为目标。油船的货油舱一般要经受交替装载油和海水,因此保护涂料既要有良好的耐油性,又要有优良的耐水性和耐交替装载的性能[1]。

成品油的货油舱对涂料的要求较高,属船舶的特殊涂装。成品油船的装载对象大致包括石油精制品(汽油、柴油、重油、润滑油、机油等)、石油化学制品(己烷等脂肪烃类化合物、苯、二甲苯等芳香烃类化合物)、化学合成制品(醇类、酮类、醚类、酯类、碱性化合物、酸性化合物等)、天然油脂类(各类动物油、植物油)以及葡萄酒、食用酒精等。上述装载对象有的具有很强的溶解性和渗透性,有的具有很强的腐蚀性,有的则可被食用,因此它们对涂层提出了不同的要求。另外,成品油船的货油舱,在空载时往往被兼作压载舱,这样货物与海水的交替装载使舱内的涂层处于十分严酷的腐蚀环境,必须选择具有相应特殊性能的涂料方可满足要求。

5.2　船舶防腐涂料体系设计

船舶各部位处于复杂的腐蚀环境之中,不同部位腐蚀环境不同,对防腐蚀涂料性能也就提出了不同的要求。根据船舶涂料所使用部位和功能,一般可分为车间底漆、防锈涂料、连接涂料、防污涂料、水线涂料、船壳涂料、甲板涂料、压载舱涂料、饮水舱涂料、油舱涂料、居住舱面漆等。涂料分类及用途见表5-1。

表 5 - 1 船舶涂料分类及用途

分类	涂料类型	应用部位及功能
水线以下船舶涂料	防锈涂料	作为防腐涂料应用于船舶水线以下的直底和平底部位
	连接涂料	连接船舶防锈涂料与防污涂料
	防污涂料	应用于船舶水线以下的直底和平底部位,防止海洋生物附着、生长
水线以上船舶涂料	水线涂料	应用于船舶重载水线和轻载水线之间的外表面
	防锈涂料	作为防腐涂料应用于船舶水线以上上建、外板
	船壳涂料	作为耐候装饰涂料应用于水线以上上建部位
	甲板涂料	应用于船舶水线以上甲板及内舱甲板部位
内舱涂料	压载舱涂料	作为防腐涂料应用于船舶压载舱内表面防护
	饮水舱涂料	作为专用防腐涂料应用于饮水舱内表面
	油舱涂料	作为防腐涂料应用于除航空煤油、航空汽油等特种油品外的油舱内表面
	居住舱涂料	作为表面防护、装饰涂料应用于居住舱、生活舱内表面
	货物舱涂料	作为防腐涂料应用于货舱部位
其他部位涂料	防火涂料	应用于船舶内装防火部位等
	耐热涂料	作为耐热防锈漆应用于烟囱、蒸汽管路等高温部位
	管线涂料	作为防腐、标志涂料应用于各类管线
	舾装件防护涂料	作为防腐涂料应用于舾装件,要求与主涂层体系配套(包含车间底漆)
	阳极屏涂料	应用在外加电流阴极保护系统辅助阳极,起到防腐蚀、屏蔽的作用

5.2.1 水线以下船舶涂料体系

1. 水线以下船舶防锈涂料

水线以下船舶防锈涂料不与海水直接接触,其一般通过连接涂料与防污涂料一起配套使用。因此,防锈涂料要与连接涂料、防污涂料以及临时保护的车间底漆具备良好的配套性。水线以下防锈涂料主要分为三大类:①传统的沥青和油性体系;②以改性环氧、乙烯、环氧沥青、乙烯沥青和氯化橡胶树脂为主的普通类型防锈漆;③以纯环氧为主的高性能重防腐蚀涂料。

2. 连接涂料

连接涂料用于防锈涂料与防污涂料之间,由于防锈涂料为双组分的环氧涂料,而防污涂料为单组分的丙烯酸类型树脂,两者之间需要通过连接涂料来提高涂层之间的附着力,起到类似"双面胶"的作用,这是连接涂料最大的功能。

3. 防污涂料

防污涂料根据是否含有防污活性物质和是否具有自抛光性能分成 3 种类型: I 型为含防污剂的自抛光型或磨蚀型防污涂料; II 型为含防污剂的非自抛光型或非磨蚀型防污涂料; III 型为不含防污剂的非自抛光型或非磨蚀型防污涂料。I 型和 II 型防污涂料按照防污剂的化学组成可分为 3 类,A 类:铜和铜化合物;B 类:不含铜和铜化合物的防污剂;C 类:其他[1]。

5.2.2　水线以上船舶涂料体系

水线以上部位的涂料体系通常包含防锈涂料、船壳涂料、甲板涂料和水线涂料等,满足该部位的防腐、装饰需求。涂装过程一般为船用防锈涂料涂装在经表面处理的裸露钢材上,或涂装在配套性良好的车间底漆上,在其漆膜上涂装船壳涂料或甲板涂料。

1. 水线以上船舶防锈涂料

水线以上部位相对于水下区域、潮差飞溅区和压载舱区域腐蚀环境较好些,对于底漆的防腐性能要求相对较低。常用的船用防锈涂料分为单组分防锈涂料和双组分防锈涂料,单组分防锈涂料包括醇酸防锈漆、氯化橡胶防锈漆、乙烯基防锈漆,通常应用于船体内部舱室,如生活舱、办公舱等;双组分防锈涂料如环氧类防锈漆等,可应用于水线以上干舷、外板以及内舱等区域。随着国家对于 VOC 管控的升级,氯化橡胶、丙烯酸和乙烯基等高 VOC 类型的涂料应用逐渐受限,开始推广使用通用环氧防锈涂料[2]。

2. 船壳涂料

船壳涂料是指涂覆在船舶满载水线以上的上层建筑外部所用的涂料,也可用于桅杆和起重机械设备的涂料。船壳部位暴露在变化强烈的海洋环境中,经常经受日光暴晒、风雨海浪冲击以及海水高盐高湿侵蚀等,某些船只甚至会经历高温或严寒的考验,因此对船壳涂料的性能提出较高的要求,要求船壳涂料不变色、磨蚀小、耐老化等。对船壳涂料的具体性能要求为:与防锈涂料具有良好的附着力、耐候性良好、耐干湿交替性能良好。

目前船壳涂料主要采用聚氨酯涂料,如可复涂聚氨酯面漆、聚氨酯热反射船壳漆、脂肪族聚氨酯面漆等。采用了环氧防锈漆的船体水线以上船壳部位,为提供其装饰性能和保色保光性能,一般采用脂肪族聚氨酯面漆;为改善上建居住舱、生活舱等舱室的生活环境,节约能耗,一般采用反射率较高的聚氨酯热反射船壳漆。随着对船壳涂料使用寿命要求的不断提高,氟碳、聚硅氧烷船壳涂料也开始应用。

3. 甲板涂料

甲板涂料通常指防锈涂料与耐候耐磨的甲板面漆组成的配套涂层体系,一般分为常规甲板涂料和特种防滑甲板涂料,主要品种有醇酸甲板涂料、丙烯酸甲板涂料、环氧甲板涂料、环氧防滑甲板涂料、聚氨酯防滑甲板涂料等。为了实现防滑性能,常规防滑甲板涂料一般在防滑甲板面漆施工时撒入一些防滑骨料,比如金刚砂、橡胶粒料、塑料粒料、碳化硅、石英砂等。特种防滑甲板涂料一般由防腐涂料、中间弹性层、防滑甲板面漆配套组成,中间弹性层的引入,可以有效缓解船载设备的冲击,提升涂层的保护性能。

4. 水线涂料

根据《船用水线漆》(GB/T 9260—2008),水线涂料是指用于满载水线和轻载水线之间船壳外表面的涂料,一般不包括具有防污性能的水线涂料。水线部位长期处于干湿交替、阳光照射充分、氧气含量充足的环境下,腐蚀最为强烈,对水线涂料提出了更高的要求:与船用防锈漆结合力良好;耐大气老化性能良好;耐干湿交替;耐海水浸泡;耐油水侵蚀等。由于目前大部分海洋船舶长期处于轻载重载交替的状态,该部位海洋生物生长也最为快速,目前主要的解决方案是采用防锈涂料和防污涂料涂装在重载水线以下的方式。

5.2.3　船舶内舱涂料体系

船舶内舱涂料体系是船舶涂料体系中另一重要组成部分,船舶各舱室功能不同、腐蚀环境不同,对涂料体系的要求也不同,主要以压载舱、饮水舱、油舱、居住舱和货舱为代表来介绍各部位典型的涂料体系。

1. 压载舱涂料

船舶压载舱作为压载水载重的舱室,长期处于高温、高湿和海水浸泡的严重腐蚀环境中,使得防腐蚀涂料很容易在短时间内失效。同时由于压载舱结构复杂,空间狭小且舱室数量较多,维修时表面处理和涂装就会变得异常困难,因此要求压载舱涂料不仅防腐性能优良,也要具有长效的防腐寿命。

根据 IMO PSPC 要求,船舶压载舱涂料要求达到 15 年预期使用期效。采用厚膜型环氧防锈漆,必须通过第三方认可或相当的试验,并取得船级社相应认证,其涂层的生锈和起泡要符合最小的要求,或者保护涂层体系在实船上已使用 5 年以上,涂层仍保持"良好"状态。船舶压载舱涂料涂装两道,干膜膜厚 320μm,要求两道涂层之间颜色有差异。

2. 饮水舱涂料

应用在船用饮水舱的涂料体系主要有环氧树脂体系、氯化橡胶体系、氯乙烯 -

乙酸乙烯共聚物、过氯乙烯、干性油与酚醛树脂混合物等。由于受 VOC 排放的限制,许多涂料体系退出应用,目前最普遍的饮水舱涂料属于环氧型涂料,比较常见的有环氧 – 聚酰胺型和环氧 – 酮亚胺型。两者都具有涂膜柔韧性好,优良的耐水、耐油和防腐性能,但前者可以制备成高固体分和无溶剂环氧涂料,一般 5℃ 以上可以干燥成膜;后者毒性低,但固化慢,一般需要 15℃ 以上才能固化。因此现在船舶涂料市场上一般供应环氧 – 聚酰胺型饮水舱涂料[3]。

3. 油舱涂料

船舶货油舱装载油的种类不同,对油舱涂料的需求也不一样。国际海事组织(IMO)以货油舱装载原油为应用目标,组织制定了《原油船货油舱保护涂层性能标准》(PSPC – COT),而国标《船用油舱漆》(GB/T 6746—2008)则是以原油和成品油为应用目标。

1)原油舱涂料

《原油船货油舱保护涂料性能标准》(PSPC – COT)作为一项强制性标准实施,该标准要求原油船货油舱涂层目标使用寿命为 15 年,并通过标准附件所描述的气氛试验和浸泡试验,取得船级社相应认证。标准适用于 5000 载重吨以上的原油船,规定原油舱涂料体系为环氧体系或性能略高于环氧的涂料体系,面层要求为浅色。现产品体系一般为纯环氧或改性环氧体系。

2)成品油舱涂料

成品油舱是以装载石油精制品、石油化学制品以及化学合成制品的油船货油舱。根据货油舱装载对象的情况可知,油舱涂料既要保护油舱内表面不受装载的各类油品的化学腐蚀,且不污染装载的成品油,同时又要满足耐交替压载的海水腐蚀和一定的耐热性。目前可用于成品油舱的涂料体系主要有四大类,即纯环氧涂料、酚醛环氧涂料、聚氨酯涂料和无机硅酸类涂料。选用时要根据所装载的油品对象,参照涂料供应商所提供的装载对象配套涂料体系说明书进行涂料选型[3]。

环氧类成品油舱涂料附着力优良,耐化学品性能好,耐水性、耐油、耐溶剂性能好,应用较为广泛。聚氨酯类成品油舱涂料的主要优点是耐化学品性能好,耐动植物脂肪酸、耐石油溶剂,特别是对航空煤油质量无影响;但该涂料存在气味大、毒性大、成本高等缺点,因此厚膜化和无溶剂化是该类涂料的发展方向。无机硅酸类成品油舱涂料具有良好的耐中性化学品(pH = 5 ~ 9)、耐腐蚀、耐海水、耐油、耐中性溶剂等性能,但不耐酸碱类化学品;主要分为醇溶性和水性无机硅酸类涂料。

4. 居住舱等普通内舱涂料

居住舱涂料是以防腐涂料为主的涂料体系,常用的涂装配套体系如表 5 – 2 所列。

表5-2　居住舱等普通内舱涂料配套设计体系

普通内舱	配套设计体系
工作舱和居住舱	醇酸底漆 + 醇酸面漆
	环氧底漆 + 醇酸面漆
	环氧底漆 + 水性面漆
空舱、机舱、厨房	环氧防锈漆
锚链舱	环氧煤焦沥青涂料、沥青涂料
其他	环氧防锈漆

普通内舱涂料中的机舱涂料有一定的特殊要求。由于主机、辅机及泵舱的舱底经常富集污水、油污等污染物,腐蚀较为严重,所以舱底涂料要求具有较强的耐油、耐水和耐腐蚀性能,一般采用纯环氧涂料,干膜厚度设计在200μm以上。

舱室内部用的面漆是指应用于机舱、居住舱、工作舱表面的面漆,一般涂装在防锈涂料上,具有附着力强、色彩丰富、良好的保色性、耐候性、防水性和低播焰、低烟气毒性等性能。

5. 货物舱涂料

货物舱涂料即涂装在货物舱内的防腐涂料。用于装载散装谷物的散货船的货舱涂料,要求无毒性,符合《中华人民共和国食品安全法》(2018年修订版)中的相关规定,在国际上通常要求达到美国食品药品管理局(FDA)的规定,其他性能基本与船舶用甲板涂料一致,要求附着力良好,具有较高的耐磨性、一定的耐水性能和防腐性能以及便于施工、维修等。货物舱涂料一般有环氧、改性环氧、氯化橡胶、醇酸、酚醛等类型。近年来货物舱涂料多采用环氧类涂料[3]。

5.2.4　船舶其他部位涂料体系

在船舶涂料体系中除了防腐防污涂料外,还有一些具有特殊功能的专用涂料,与防锈涂料一起满足某种特殊功能需要。本节主要介绍车间底漆、烟囱、管系及防火部位等专用的涂料体系。

1. 车间底漆

车间底漆又叫车间预处理底漆或保养底漆,主要应用在钢材一次表面处理阶段。钢材在工厂车间流水线上经过抛丸除锈后,表面喷涂的一道临时性保护防锈底漆即为车间底漆。车间底漆可以保护钢材在这个阶段不生锈,有利于主涂层的复涂,减少了二次除锈的工作量。目前车间底漆主要品种有磷化底漆、环氧铁红车间底漆、环氧富锌车间底漆、无机硅酸锌车间底漆、耐高温车间底漆以及水性无机锌车间底漆。其中无机硅酸锌车间底漆因具有良好的耐热性、突出的防锈性能,是目前市场的主流产品,而水性无机锌车间底漆则是下一个迭代产品。

2. 耐热涂料

船舶上的烟囱、蒸汽管道外表面、加热炉、通风口等高温设备区域需要用到耐热涂料,一般工作温度在室温到 600℃ 左右。按基料类型可分为有机耐高温涂料和无机耐高温涂料两大类。

(1) 有机耐高温涂料漆膜有良好的物理性能、耐水性和绝缘性,通常可耐 200 ~ 700℃ 高温。有机耐高温涂料一般有芳香杂环聚合物高温涂料、有机硅耐高温涂料、有机氟耐高温涂料、有机钛耐高温涂料等几类,其中有机硅耐高温涂料综合性能最为优良。

(2) 无机硅酸锌耐高温涂料是目前应用最广的无机耐高温涂料,以硅酸乙酯为基料,锌粉为耐高温和防锈填料,可满足长期耐温 400℃ 要求;添加耐高温填料和玻璃粉,可耐高达 1000℃ 的高温。

3. 管路保护涂料

船舶中的管路种类繁多、分布广泛、数量很多,不同功能的管路需要涂装不同的颜色进行标识和安全色标记。船舶管系涂料可根据管路的材质、内表面的流动介质和所处的环境而采用不同涂料体系进行防护。

除高温管路外,船舶管路表面防护涂料通常采用不同颜色的普通色漆,单组分的以醇酸为主,双组分的以环氧面漆和聚氨酯面漆为主,在性能方面与上层建筑的面漆要求一致。蒸汽管路则根据温度要求选用合适的耐高温涂料。

4. 防火涂料

在船舶的某些特殊部位有防火需求,涂装防火涂料被认为是最有效的防火措施之一[4]。防火涂料根据防火机理不同可分为膨胀型防火涂料和非膨胀型防火涂料。膨胀型防火涂料在高温或火焰作用下,漆膜发生剧烈膨胀,形成漆膜厚度几十倍的泡沫质层,该泡沫质层可有效对热量进行隔离,从而阻断燃烧。非膨胀型防火涂料采用难燃或不燃材料制备,一般漆膜厚度比较厚,遇高温或火焰燃烧时,迅速形成釉面层,可以在一定时间内形成隔热层,起到阻燃效果。

按涂层厚度不同,防火涂料分为超薄型、薄涂型和厚涂型防火涂料。超薄型防火涂料一般涂层厚度在 3mm 以下,受火时膨胀形成致密的、高强度的防火隔热层,该隔热层可有效提高基材的耐火极限,是目前船舶最常用的防火涂料。薄涂型防火涂料的涂层厚度一般在 3 ~ 7mm 之间,该类防火涂料以水性为主,与基材能够形成较好的附着力,具有较好的装饰和理化性能,同时具有较好的环保性能。同样涂层遇火时膨胀发泡,形成隔热层,进而减缓钢板升温,保护钢板。一般在 2h 以内有较好的耐火效果。通常采用喷涂施工,施工效率高。厚涂型防火涂料的涂层厚度一般在 8 ~ 50mm 之间,其主要利用材料的不燃性、低导热性或吸热性,延缓钢板的升温,保护钢结构。这类防火涂料成本较低,采用喷涂或刮涂施工,耐火极限大于 2h。但由于其涂层一般较厚,在船舶防火使用中受到较大限制。

防火涂料的罩面漆一般有醇酸面漆、丙烯酸面漆、聚氨酯面漆、环氧面漆、氟碳面漆、聚硅氧烷面漆等几类。

5.3 船舶涂料技术要求

5.3.1 船体防锈防污涂料体系技术要求

1. 船体防锈漆

船体防锈漆应用于船体外板水线以下,该部位长期浸泡在海水中,因此要求涂层具有极好的附着力、耐浸泡性、耐水流冲刷性能,漆膜耐水性好,透水性和氧气透过率低。此外,该部位通常设计有阴极保护装置(牺牲阳极或外加电流阴极保护装置),要求涂层具有优异的耐碱性和耐电位性能,能与阴极保护相配套。与车间底漆和防污漆具有良好的配套性,层间附着力好,不影响防污漆的防污性能。船体防锈漆体系可以是多道的单一防锈漆产品,也可以是由防锈底漆和防锈面漆组成的体系。船体防锈漆可分为单组分和双组分油漆,其主要技术要求如表5-3所列。

表5-3 船体防锈涂料的土奵技术要求

项目	技术指标	检测方法
不挥发分体积分数/%	按产品的技术要求	GB/T 9272
挥发性有机化合物(VOC)/(g/L)	按产品的技术要求	GB/T 23985 或 GB/T 23986
密度/(g/mL)	按产品的技术要求	GB/T 6750
颜色	按产品的技术要求	—
黏度	按产品的技术要求	GB/T 1723 或 GB/T 9269 或 GB/T 9751.1
闪点/℃	按产品的技术要求	GB/T 5208
干燥时间/h	按产品的技术要求(表干)	GB/T 1728
	≤24(实干)	
适用期	按产品的技术要求	HG/T 3668—2009 中 5.8 节
附着力/MPa[①]	≥3	GB/T 5210—2006 中 9.4.3 节

续表

项目		技术指标	检测方法
耐浸泡性①	前 10 周期	起泡不超过 1（S2）级	GB/T 6822
	20 周期	漆膜生锈不超过 1（S2）级,起泡不超过 2（S3）级,外观颜色变化不超过 1 级	
	浸泡 20 周期后重涂面防锈漆体系与未重涂面附着力的比值/%	≥50	
抗起泡性		不起泡	GB/T 6822
耐阴极剥离试验②,182 天,剥离涂层距人造漏涂孔外缘的平均距离/mm		≤8	GB/T 7790

① 附着力和耐浸泡性试验不适用于 Ⅱ 型沥青系船底防锈涂层。
② 如防锈涂层体系与配套的防污涂层一同进行耐阴极保护性试验,不再单独做防锈漆的耐阴极剥离性试验。

2. 连接漆

连接漆应用于船体外板水线以下部位,船体防锈漆和船体防污漆之间,起增强防污涂层在防锈涂层上的附着力的作用。该部位长期浸泡在海水中,要求涂层在防锈涂层上附着力高,耐海水长期浸泡。与防污涂层配套性好,防污涂层在连接涂层上附着力高。连接漆分为单组分和双组分两种类型,其主要技术要求如表 5－4 所列。

表 5－4　连接漆的主要技术要求

项目	技术指标	检测方法
不挥发分体积分数/%	按产品的技术要求	GB/T 9272
挥发性有机化合物(VOC)/(g/L)	按产品的技术要求	GB/T 23985 或 GB/T 23986
密度/(g/mL)	按产品的技术要求	GB/T 6750
颜色	按产品的技术要求	—
黏度	按产品的技术要求	GB/T 1723 或 GB/T 9269 或 GB/T 9751.1
闪点/℃	按产品的技术要求	GB/T 5208
干燥时间/h	按产品的技术要求(表干)≤24(实干)	GB/T 1728
适用期	按产品的技术要求	HG/T 3668—2009 中 5.8 节

3. 船体防污漆

防污漆可采用高压无气喷涂施工,满足大面积施工要求。防污涂层与连接涂层间有良好的层间附着力。

由于防污漆涂装必须在船舶进干船坞期间才能完成,因此在选用防污漆时,要求防污漆的防污期效与船舶进坞周期相匹配。防污漆按其使用期效分为短期效、中期效和长期效,如表5-5~表5-8所列。

表5-5 防污漆防污期效

期效	短期效	中期效	长期效
使用期	3年以下	3年和3年以上,5年以下	5年和5年以上
判定	经过规定年限使用后,防污涂层没有因附着力损失引起的起泡和片状脱落,防污涂层没有因过量磨蚀或防污能力的降低而造成的防污失效(从水线到轻载水线间少量的海泥和污损除外)		

表5-6 防污漆的主要技术要求

项目		技术指标	检测方法
防污剂	铜总量①	按产品的技术要求	GB/T 31409
	不含铜的杀生物剂		按杀生剂种类选择
有机锡防污剂/(mg/kg)		不得使用②	GB/T 26085
滴滴涕(DDT)/(mg/kg)		不得使用③	GB/T 25011
不挥发分体积分数/%		按产品的技术要求	GB/T 9272
挥发性有机化合物(VOC)/(g/L)		按产品的技术要求	GB/T 23985 或 GB/T 23986
密度/(g/mL)		按产品的技术要求	GB/T 6750
颜色		按产品的技术要求	—
黏度		按产品的技术要求	GB/T 1723 或 GB/T 9269 或 GB/T 9751.1
闪点/℃		按产品的技术要求	GB/T 5208
干燥时间/h		按产品的技术要求(表干)	GB/T 1728
		≤24(实干)	
磨蚀率/(μm/月)		按产品的技术要求	GB/T 6822—2014 中附录D 或 GB/T 31411
适用期		按产品的技术要求	HG/T 3668—2009 中5.8节

① 仅适用于A类防污剂。

② 锡总量不大于2500mg/kg判定为未使用。

③ DDT含量不大于1000mg/kg判定为未使用。

表 5 - 7　防锈防污涂层体系的主要技术要求

项目	技术指标			检测方法
	短期效	中期效	长期效	
浅海浸泡性,海洋生物生长旺季①	1	2	3	GB/T 5370
动态模拟试验,周期②	3	5	8	GB/T 7789

① 浅海浸泡性不适用于Ⅲ型防污漆,Ⅰ型和Ⅱ型防污涂层体系试验后,防锈涂层应无剥落和片落。防污涂层试验样板的污损生物覆盖面积不大于 10%,或防污性评分不低于 85(GB/T 5370)。

② 动态模拟试验适用于所有类型防污涂层。防污涂层经过规定的周期试验后,防锈涂层应无剥落和片落。在试验结束时,Ⅰ型和Ⅱ型防污涂层试验样板的污损生物覆盖面积不大于 10%,或防污性评分不低于 85(GB/T 5370)。Ⅲ型防污漆的试验样板的硬质污损生物(藤壶、硬壳苔藓虫、盘管虫等)覆盖面积应不大于 25%(注明适用的最长的海港静态浸泡时间)。

表 5 - 8　防锈防污涂层体系与阴极保护相容性的主要技术要求

检测项目	技术指标	检测方法
与阴极保护相容性 防污涂层剥离/mm 防锈漆涂层剥离/mm	≤10 ≤8	GB/T 7790—2008 中方法 B

注:在整个人造漏涂孔周围被剥离涂层的计算等效圆直径在 19mm 范围内。

5.3.2　船舶水线以上涂料体系技术要求

船舶水线以上涂料体系包括水线漆体系、船壳漆体系和甲板漆体系。水线漆体系主要应用于船体轻载水线和重载水线之间,水线面漆不具备防污功能。船壳漆体系应用于船体重载水线以上船壳及上层建筑结构。甲板漆体系主要应用于甲板部位。

1. 船用防锈漆

船用防锈漆应用于船舶水线以上及内部结构(不包括液舱),主要作为防锈底漆使用。船用防锈漆与船壳漆配套组成船壳漆体系,用于干舷和上层建筑外表面。船用防锈漆应能与船用车间底漆配套,如表 5 - 9 所列。

表 5 - 9　船用防锈漆的主要技术要求

项目	技术指标	检测方法
不挥发物质量分数/%	按产品技术要求	GB/T 1725
密度/(g/mL)	按产品技术要求	GB/T 6750
黏度	按产品技术要求	GB/T 1723 或 GB/T 9269 或 GB/T 9751.1

项目	技术指标	检测方法
闪点/℃	按产品技术要求	GB/T 5208
干燥时间/h	按产品技术要求(表干) ≤24(实干)	GB/T 1728
适用期	按产品技术要求	GB/T 6748—2008 中 5.8 节
油漆施工性	通过	GB/T 6748—2008 中 5.14 节
附着力/MPa	≥5(Ⅰ型)	GB/T 5210—2006 中 9.4.3 节
	≥3(Ⅱ型)	
柔韧性/mm	≤2	GB/T 1731
耐盐水性(96h)	漆膜无剥落、无起泡、无锈点, 允许颜色轻微变浅、失光	GB/T 10834
耐盐雾性 336h,Ⅰ型	漆膜无起泡、无脱落、无锈蚀	GB/T 1771
168h,Ⅱ型		
对面漆适应性①	无不良现象	见附注

① 对面漆适应性:按《漆膜一般制备法》(GB/T 1727)的规定进行涂刷,先刷涂一道船用防锈漆,按产品技术要求干燥后,刷涂一道面漆,在刷涂时观察涂刷性。待面漆干燥24h后,观察漆膜表面,应无缩孔、裂纹、针眼、起泡、剥落、咬底和渗色等现象,判定为无不良现象。

2. 水线漆

水线漆是涂装于船壳外表面水线部位船用防锈漆之上的面漆,防止船壳水线区锈蚀,并具有一定的装饰作用。水线漆通常要求与船用防锈漆配套性良好,层间附着力高,易于修补。水线漆要求有良好的防锈性能,良好的耐水、耐油、耐冲击、耐干湿交替和耐候性,同时具有良好的装饰性能,其主要技术要求如表5-10所列。

表 5-10 水线漆的主要技术要求

项目	技术指标	检测方法
漆膜外观	正常	见附注①
干燥时间/h	≤4(表干) ≤24(实干)	GB/T 1728
耐冲击性	通过	GB/T 20624.1
附着力/MPa	≥3	GB/T 5210—2006 中 9.4.3 节
耐盐水性(天然海水 或人造海水,(27±6)℃,7天)	漆膜不起泡、不生锈、不脱落	GB/T 10834
耐油性(15W-40 号 柴油机润滑油,48h)	漆膜不起泡、不脱落	GB/T 9274

续表

项目	技术指标	检测方法
耐盐雾性 (单组分漆 400h,双组分漆 1000h)	漆膜不起泡、不脱落、不生锈	GB/T 1771
耐人工气候老化性/级[②] (紫外 UVB – 313,200h 或商定; 或者氙灯,300h 或商定)	漆膜颜色变化≤4 粉化≤2 无裂纹	GB/T 9260—2008 中 4.11 节
耐候性/级 (海洋大气暴晒,12 个月)[②]	漆膜颜色变化≤4 粉化≤2 无裂纹	GB/T 9260—2008 中 4.12 节
耐划水性,2 个周期	漆膜不起泡、不脱落	GB/T 9260—2008 中附录 A

① 漆膜外观:样板在散射日光下目视观察,如果漆膜均匀,无流挂、发花、针孔、开裂和剥落等涂膜病态,则评为正常。

② 人工气候老化性和耐候性可任选一项,环氧类漆可商定。

3. 船壳漆

船壳漆是指使用于船体外板重载水线以上区域和上层建筑外围壁、甲板舾装件等部位的面层涂料。涂装在船用防锈漆之上,组成船壳漆体系,其主要技术要求如表 5 – 11 所列。

表 5 – 11　船壳漆的主要技术要求

项目	技术指标	检测方法
漆膜外观	正常	见附注①
细度/μm	≤40	GB 6753.1
不挥发物质量分数/%	≥50	GB/T 1725
干燥时间/h	≤4(表干) ≤24(实干)	GB/T 1728
耐冲击性	通过	GB/T 20624.1
柔韧性/mm	1	GB/T 1731
光泽(60°)单位值	商定	GB/T 9754
附着力/MPa	≥3	GB/T 5210—2006 中 9.4.3 节
耐盐水性(天然海水或 人造海水,(27 ±6)℃,48h)	漆膜不起泡、不生锈、不脱落	GB/T 10834
耐盐雾性 (单组分漆 400h,双组分漆 1000h)	漆膜不起泡、不脱落、不生锈	GB/T 1771

续表

项目	技术指标	检测方法
耐人工气候老化性②/级 （紫外 UVB-313,300h 或商定; 或者氙灯,500h 或商定）	漆膜颜色变化≤4 粉化≤2 无裂纹	GB/T 6745—2008 中 4.4.11 节
耐候性/级 （海洋大气暴晒,12 个月）	漆膜颜色变化≤4 粉化≤2 无裂纹	GB/T 6745—2008 中 4.4.12 节

① 漆膜外观:样板在散射日光下目视观察,如果漆膜均匀,无流挂、发花、针孔、开裂和剥落等涂膜病态,则评为正常。

② 人工气候老化性和耐候性可任选一项,环氧类漆可商定。

4. 甲板漆

甲板漆应用于船舶甲板,兼具防腐蚀、耐磨防滑和耐候作用。甲板漆分为通用型和防滑型两大类。甲板漆有时采用与船壳、上层建筑部位一致的涂料体系。船舶甲板是船员活动和工作的场所,人员走动和设备移动对甲板涂层磨损很大,甲板涂层要求有较大的摩擦系数和很强的耐磨性。涂层附着力高,柔韧性好,耐冲击,能抵御机械碰撞作用。露天甲板还面临长时间的太阳直射暴晒,要求涂层耐候性好、耐腐蚀性能好,其主要技术要求如表 5-12 所列。

表 5-12　甲板漆的主要技术要求

项目	技术指标	检测标准
漆膜外观	正常	见附注①
不挥发物质量分数/%	≥50	GB/T 1725
干燥时间/h	≤4(表干) ≤24(实干)	GB/T 1728
耐冲击性	通过	GB/T 20624.1
附着力/MPa	≥3	GB/T 5210—2006 中 9.4.3 节
耐磨性(500g/500r)/mg	≤100	GB/T 1768
耐盐水性 （天然海水或人造海水, (27±6)℃,48h）	漆膜不起泡、不生锈、不脱落	GB/T 10834
耐柴油性(0 号柴油,48h)	漆膜不起泡、不脱落	GB/T 9274
耐十二烷基苯磺酸钠 （1% 溶液,48h）	漆膜不起泡、不脱落	GB/T 9274
耐盐雾性 （单组分漆 400h,双组分漆 1000h）	漆膜不起泡、不脱落、不生锈	GB/T 1771

续表

项目	技术指标	检测标准
耐人工气候老化性[②]/级 （紫外 UVB – 313,300h 或商定； 或者氙灯,500h 或商定）	漆膜颜色变化≤4 粉化≤2 无裂纹	GB/T 9261—2008 中 4.4.11 节
耐候性/级 （海洋大气暴晒,12 个月）	漆膜颜色变化≤4 粉化≤2 无裂纹	GB/T 9261—2008 中 4.4.12 节
防滑性(干态摩擦因数)[③]	≥0.85	GB/T 9261—2008 中 4.4.13 节

① 漆膜外观:样板在散射日光下目视观察,如果漆膜均匀、无流挂、发花、针孔、开裂和剥落等涂膜病态,则评为正常。

② 环氧类可商定。

③ 仅适用于防滑型甲板漆。

5.3.3　船舶内舱保护涂料体系技术要求

大型船舶内舱数量多,不同舱室有不同的功能。船舶内舱主要有两大类:一类是装载物品的液舱和货舱,主要有压载舱、饮水舱、货油舱和货物舱等;另一类以接触空气介质为主,主要有机舱、居住舱、工作舱、空舱等。各种舱室腐蚀环境不同,需要不同的防护涂料体系。

1. 船舶压载舱漆

船舶压载舱漆按基料成分分为环氧基涂料体系和非环氧基涂料体系两种类型。船舶压载舱漆应能在通常的自然环境条件下施工和干燥,应适应无空气喷涂,施工性能良好,无流挂。船舶压载舱漆应能和无机硅酸锌车间底漆或等效的涂料配套,车间底漆与主涂层系统的相容性应由涂料供应商确认。船舶压载舱漆的技术性能应满足 IMO PSPC 标准要求,符合表 5 – 13 的规定。

表 5 – 13　船舶压载舱漆的主要技术要求

项目		技术指标		检测方法
		环氧基涂层体系	非环氧基涂层体系	
基料和固化剂组分鉴定		环氧基体系	非环氧基体系	红外光谱法鉴定
密度/(g/mL)		符合产品技术要求	符合产品技术要求	GB/T 6750
不挥发物/%		符合产品技术要求	符合产品技术要求	GB/T 1725
贮存 稳定性	自然环境条件	≥1 年	≥1 年	GB/T 6753.3
	(50 ±2)℃条件	≥30 天	≥30 天	

续表

项目	技术指标		检测方法
	环氧基涂层体系	非环氧基涂层体系	
外观与颜色	合格	合格	见附注①
名义干膜厚度/μm	320	符合产品技术要求	90/10 规则
模拟压载舱条件试验	通过	通过	GB/T 6823—2008 中附录 A
冷凝舱试验	通过	通过	GB/T 6823—2008 中附录 B

① 漆膜平整。多道涂层系统,每道涂层的颜色要有对比,面漆应为浅色。

2. 饮水舱漆

饮水舱涂层应能长期耐淡水浸泡,淡水浸泡下水溶出物不应影响水质。饮水舱涂料应经卫生部认可的卫生部门进行卫生安全检定,并取得相应的合格证书。涂层浸泡水的水质除按《生活饮用水水质卫生规范》(2001)中规定的基本项目检测外,还应按涂料的种类及性质检测其他增测项目,并应符合标准相关要求。涂层浸泡水的水质还应进行 LD_{50}、Ames 和哺乳动物细胞染色体畸变的毒理学试验。当用新材料生产饮水舱涂料时,还应测定其在水中的溶出物及其浓度,并应符合标准相关要求。

饮水舱漆目前普遍应用的是环氧类涂料,其主要技术要求符合表 5 - 14 的要求。

表 5 - 14　饮水舱涂料的主要技术要求

项目	技术指标	检测方法
细度/μm	≤70	GB/T 1724
固体含量/%	≥70	GB/T 1725
干燥时间/h	≤4(表干) ≤24(实干)	GB/T 1728
贮存稳定性/年	≥1	GB/T 6753.3
柔韧性/mm	≤5	GB/T 1731
附着力/MPa	≥3.0	GB/T 5210
耐盐雾性(600h)	无起泡、无脱落、无生锈	GB/T 1771
耐水性(720h)	无起泡、无脱落、无生锈	GB/T 1733
涂层浸泡水水质及 溶出物毒理学评价	通过	GB 5369—2008 中附录 A、 附录 B 和附录 C

3. 油舱涂料

装载原油船舶货油舱涂料的技术性能应满足 IMO PSPC - COT 标准要求,符合表 5 - 15 的规定,其他油舱涂料符合表 5 - 16 的规定。装载成品油货舱涂料的主要技术要求:附着力良好,耐交替装载的压载海水的腐蚀;涂层化学结构致密,可耐装载成品油的软化、溶解、渗透和腐蚀,不会污染装载品;具备一定的耐热性能。

表 5 - 15　船舶货油舱涂料的主要技术要求

项目	技术指标		检测方法
	环氧基涂层体系	非环氧基涂层体系	
外观与颜色	合格	合格	见附注①
名义干膜厚度/μm	320	符合产品技术要求	90/10 规则
模拟气体密闭气氛箱试验	通过	通过	GB/T 6823—2008 中附录 A
模拟浸泡试验	通过	通过	GB/T 6823—2008 中附录 B

① 漆膜平整。多道涂层系统,每道涂层的颜色要有对比,面漆应为浅色。

表 5 - 16　油舱涂料的主要技术要求

项目	技术指标	检测方法
在容器中的状态	搅拌后无硬块,呈均匀状态	—
漆膜外观	正常	—
干燥时间((23 ± 2)℃)/h	≤6(表干) ≤24(实干)	GB/T 1728—2020
适用期((23 ± 2)℃)	商定	GB/T 6746—2008
附着力/MPa	≥3	GB/T 5210—2006 中 9.4.3 节
耐盐雾(800h)	漆膜不起泡、不生锈、不脱落, 允许颜色有轻微变化	GB/T 1771—2007
耐盐水性(3 个周期)	漆膜不起泡、不脱落	GB/T 10834—2008
耐油性(21 天) 汽油(120 号) 柴油(0 号)	漆膜不起泡、不脱落、不软化	GB/T 9274—1988

4. 货舱漆

船用货舱漆主要用于干货舱及舱内的钢结构防护,包括装运散装谷物食品的货舱。完整的货舱漆体系由车间底漆、防锈漆、中间层漆及面漆组成。货舱漆应能与车间底漆、防锈漆及中间层漆配套。装载散装谷物食品的货舱涂层应不会污染谷物食品,不危害人体健康,持有国家认可试验机构的卫生检测报告。在冷藏货舱的涂层应不会释放可能污染货物或引起货物变质的气味。船用货舱漆分成Ⅰ型(单组分)和Ⅱ型(双组分)。常用货舱漆体系的主要技术要求见表 5 - 17。

表 5 - 17　货舱漆的主要技术要求

项目	技术指标		检测方法
	Ⅰ 型	Ⅱ 型	
漆膜外观	正常	正常	—
在容器中状态	搅拌均匀无硬块	搅拌均匀无硬块	—
干燥时间((23±2)℃)/h	≤4(表干) ≤24(实干)	≤4(表干) ≤24(实干)	GB/T 1728
附着力/MPa	≥3	≥3	GB/T 5210—2006 中 9.4.3 节
耐磨性/mg (CS - 10 橡胶砂轮,500g/500r)	≤100	≤100	GB/T 1768
适用期/h	—	商定	GB/T 9262—2008 中 5.9 节
柔韧性/mm	≤3	—	GB/T 1731
耐冲击/cm	40	商定	GB/T 1732
耐盐雾	500h 漆膜无剥落, 允许变色不大于 3 级, 起泡 1(S2),生锈(S3)	1000h 漆膜无剥落, 允许变色不大于 3 级, 起泡 1(S2),生锈(S3)	GB/T 1771

5. 机舱舱底涂料

机舱内设备常年处于工作状态,舱内温度通常较高一些。由于机舱设备管路复杂,局部有油污和海水泄漏,侧壁还有冷凝水,因此舱底往往有少量积水,腐蚀较一般舱室舱底严重,要求舱底涂料耐油、耐水和耐腐蚀。机舱舱底涂料应能在通常的环境和确保安全条件下施工和干燥,应适用于刷涂、辊涂和高压无气喷涂施工,在规定的漆膜厚度内应不发生流挂。机舱舱底涂料应能和常用车间底漆配套。涂料自然老化或破坏时,应能用原机舱舱底涂料进行修补。机舱舱底涂料主要品种是纯环氧涂料,其主要技术要求如表 5 - 18 所列。

表 5 - 18　机舱舱底涂料的主要技术要求

项目	技术指标	检测方法
细度/μm	≤80(鳞片涂料除外)	GB/T 1724
固体含量/%	≥70	GB/T 1725
干燥时间((23±2)℃)/h	≤8(表干) ≤24(实干)	GB/T1728
附着力/MPa	≥3	GB/T 5210

项目	技术指标	检测方法
耐盐雾(600h)	漆膜无起泡、龟裂、剥落、起皱和锈斑	GB/T 1771
耐热盐水性(336h)	涂膜无起泡、龟裂、剥落、起皱和锈斑等	GB/T 10834
耐柴油性((23±2)℃,0.5年)	涂膜无起泡、软化、剥落和锈斑等	GB/T 9274

6. 内舱涂料

舱室内部用涂料体系由内舱漆和船用防锈漆组成。内舱漆要求色彩鲜艳、装饰性好,涂层有良好的保色性、耐候性、耐水性和耐油性。内舱涂层要求有一定的阻燃作用,且一旦燃烧,应不致产生过量烟及毒性产物,符合 IMO 国际海上人命安全公约(SOLAS)和相关标准要求。内舱漆主要品种是醇酸漆,也有新型水性内舱涂料的研发和应用的报道。

5.3.4　其他船用涂料体系技术要求

1. 船用车间底漆

船用车间底漆的主要技术要求见表5-19。

表5-19　车间底漆的主要技术要求

项目		技术指标		测试方法
		I 型	II 型	
干燥时间/min		≤5	≤5	GB/T 1728—1979 中乙法
附着力/级		≤2	≤2	GB/T 1720
漆膜厚度/μm		15~20	20~25	GB/T 13452.2
不挥发分中的金属锌含量		按产品技术要求	不适用	HG/T 3668—2000 中5.13 节
耐候性 (在海洋性 气候环境中)	I-12级,12个月	生锈≤1级	不适用	GB/T 9276
	I-6级,6个月			
	I-3级,3个月			
	3个月	—	生锈≤3级	
焊接与切割,切割速度 减慢不超过15%		通过	通过	GB/T 6747—2008 中附录A.2

2. 阳极屏涂料

阳极屏涂料应用于牺牲阳极底部及周围钢板,起屏蔽作用。大型船舶阴极保护系统容量增加,单支阳极排流量也大大增加。阳极屏涂料具有屏蔽性能好、耐电性能好和附着力优异的特点,满足大排量阳极使用要求。阳极屏涂料采用耐海水浸泡性能优异的胺固化环氧树脂作为基料树脂,加入少量有机氮碱等化合物,提高涂料对金属基体的附着力和防锈性能。阳极屏涂料的主要技术要求见表5-20。

表5-20 阳极屏涂料的主要技术要求

项目	技术指标	检测标准
漆膜外观	光滑均匀	自然光下目测
附着力/MPa	≥10	GB/T 5210
耐冲击/(kg·m)	≥0.408	ASTM D2794
耐盐雾(1000h)	无起泡、无脱落、无生锈	GB/T 1771
耐电位((-3.5±0.2)V 相对于 Ag/AgCl 电极,30 天)	无起泡、无脱落、无生锈	GB/T 7788—2007 附录 A

3. 耐热涂料

耐热涂料一般应用于船舶的烟囱外表面、蒸汽管路外表面、通风管路、热水炉等高温设备区域,一般要求耐热温度在120℃以上。耐热涂料采用耐热性能优良的高聚物,如硅氧烷树脂,加入铝粉、无机耐高温颜料(钴蓝、钴钛绿、铜铬黑、钛镍黄、镉红、镉橙等)制备而成。主要类型有铝粉耐热漆、有机硅耐热漆等。耐热涂料的主要技术要求见表5-21。

表5-21 耐热涂料的主要技术要求

项目	技术指标	检测标准
附着力/MPa	≥3	GB/T 5210
耐热性(200h)/℃	漆膜不开裂、不脱落	GB/T 1735
耐水性 (去离子水(23±1)℃,浸泡24h)	漆膜不起泡、无锈蚀	GB/T 1733
耐盐雾(500h)	无起泡、无开裂、无脱落、无锈蚀	GB/T 1771

4. 管路涂料

管路涂料一般涂装于管路的外表面,利用涂料颜色的不同对管路进行区分标记,一般可分为基本颜色标识和安全性颜色标识。除了高温管路外,一般采用醇酸涂料作为管路涂料,其性能与内部结构要求性能一致。其主要技术要求见表5-22。

表5-22 管路涂料的主要技术要求

项目	技术指标	检测标准
附着力/MPa	≥5	GB/T 5210
韧性/mm	≤1	GB/T 1731

续表

项目	技术指标	检测标准
干燥时间/h	≤4(表干) ≤24(实干)	GB/T 1728
耐盐雾(800h)	无起泡、无开裂、无脱落、无锈蚀	GB/T 1771

5. 防火涂料

防火涂料应用在船舶内舱中要求防火的部位,目前船舶防火涂料多采用水性阻燃涂料。其主要技术要求见表 5-23。

表 5-23　阻燃涂料的主要技术要求

项目	技术指标	检测标准
附着力/MPa	≥2	GB/T 5210
柔韧性/mm	≤1	GB/T 1731
干燥时间/h	≤12(表干) ≤48(实干)	GB/T 1728
耐盐水性 (5% NaCl 溶液(23±2)℃,24h)	无起泡、无起皱、无脱落、无锈蚀	GB/T 9274
耐油性 (20 号汽油(23±1)℃,24h)	无起泡、无起皱、无脱落、无锈蚀	GB/T 9274
耐燃时间/min	≥10	GB/T 15442.2
火焰传播比值	≤75	GB/T 15442.3
炭化体积/cm³	≤75	GB/T 15442.4
冲击强度/cm	≥20	GB/T 1732
柔韧性/mm	≤3	GB/T 1731

5.4　船舶涂料涂装

5.4.1　船舶涂料涂装概述

船体的各部位处于各种不同的腐蚀环境中,对于不同的部位其防护要求不同,由此决定了船舶涂料配套体系是由多种(甚至多达十几种)涂料加以合理组合构成的一套科学的涂层配套体系。[5] 船舶涂料的多样性决定了其表面处理方式、施工条件、施工工艺和工艺装备的不同,需要制定一系列的工艺文件,满足不同施工阶段的工艺要求,既要保证涂层质量,又要满足施工进度要求。

5.4.2 新造船舶涂装

船舶建造是一项非常复杂的工程,成千上万吨钢材和难以计数的设备、仪表、构件等,经过分段制造、船台合龙、下水、码头舾装、试航和进坞等过程得以实现。涂装工程贯穿于整个造船过程,由于船舶建造的特定工艺程序不同于一般工业产品的生产,决定了船舶涂装工程也应有与造船工艺程序相适应而又不同于一般工业产品涂装的特定工艺程序[6]。

通常在造船的整个过程中,涂装工作(包括表面处理)分为以下工艺阶段(图5-1):①钢材预处理和涂装车间底漆;②分段涂装;③船台涂装;④码头涂装;⑤坞内涂装;⑥舾装件涂装;⑦交船前涂装。

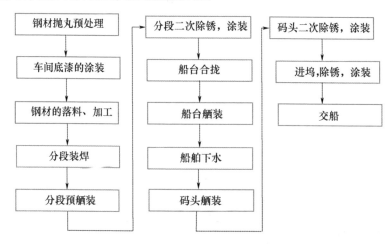

图5-1 造船涂装工艺阶段

应根据船舶涂料的配套与特点、船厂的设备能力水平、建造周期及工作习惯等确定各个工艺阶段具体工作内容,这一任务通常由船厂船研所通过涂装设计进行细化来解决。

1. 分段涂装

分段涂装是船舶涂装中最主要和最基本的一环,除了特别规定的部位,如成品油舱、化学品舱和淡水舱等,其他部位均可在分段阶段进行部分或全部涂装。不管船体需要涂装多少层涂料,其第一层,即与钢材直接接触的一层,都要在分段上进行涂装,因此船舶涂装质量的好坏,首先取决于分段涂装的质量。所以,在分段涂装过程中,细节问题要处理好。

在分段小合拢时,刚刚电焊过的焊缝是光亮的,对焊道稍做处理,除去飞溅、烟尘等,随即涂上环氧富锌底漆或其他合适的涂料,将大大减少二次除锈时的工作量,但对这些起临时保护作用的涂层,以后还要稍作打磨。分段在结构完整性交验后可进行分段的表面处理和涂装。由于现代造船的舾装也在分段时进行,可待预舾装结束后,进行除锈和涂装。

二次除锈前,需确认上道工序是否结束。尽量避免高空作业、定向作业或焊接作业。分段的搁置应有利于二次除锈作业时的磨料清理,有利于人员进出和通风换气,内部施工时要有充足的照明。分段涂装前,要确认船体结构是否完整,焊接、火工校正、焊缝清理工作是否结束,特别是分舱标记、水线水尺等标记是否焊好等,以免涂装结束后再进行上述工作而破坏涂层。

所有分段在正式喷涂前做好预涂装工作。分段涂装最好在室内涂装工场进行,可不受气候变化的影响。若船厂条件有限,也可在室外进行。室外涂装要安排在良好的气候条件下,严格遵守温度、相对湿度和露点的规定,对可能的不利天气要有事先预防措施。对分段的大接缝、密性试验焊缝以及不该涂漆的部位与构件,应用胶带或其他包覆材料进行遮蔽。涂装前,对分段合拢边缘部位要预留一定宽度,以免影响焊接质量。

分段涂装结束后,应在涂层充分干燥之后才能启运。对分段中非完全敞开的舱室,应测试溶剂的浓度,确保达到安全范围。上船台前,与墩木接触部位的涂料必须充分干燥。墩木上必须垫上一层耐溶剂性能好的聚乙烯薄膜,以免墩木擦伤涂层。

2. 船台涂装

船台涂装是指分段上船台合拢至船舶下水前的涂装过程。该阶段涂装主要工作内容为分段间大接缝修补涂装、分段涂装后由于机械碰撞原因或焊接、火工原因引起的涂层损伤部位的修补,以及船舶下水前必须涂装到一定阶段或全部结束的部位的涂装。

分段合拢缝在这时就要开始进行清洁涂装,对损伤涂层进行修补和一些部位的完整性涂装,分段合拢缝及分段阶段未作涂装的密性焊缝,应在密性试验结束以后进行修补涂装。焊缝涂装最好先手工预涂而后再喷涂。小面积的手工补涂需多涂几道保证有足够的膜厚。修补涂装时,修补区域的涂料品种、层数、每层的膜厚要与周围涂层一致,并按顺序涂装。注意周围涂层要打磨至平滑过渡层。

最好等压载舱部位修补涂装结束后,至少舱底部位要修补好,船舶才可下水。下水后因基材表面有结露会给涂装施工带来困难。如船舶下水后直到交船将不再进坞,则水线以下的部位应涂装完整。船底与船台墩木接触的部位要进行移墩,以保证这些部位涂层的完整。

船体外板脚要尽量减少船体的接触点。下水前切割拆除脚手架时,与船体的焊点要磨平,做好修补涂装。船体外板涂装时,对牺牲阳极、声呐探测器、螺旋桨、外加电流保护用的电极等不需涂装的部位,应作好保护,避免因沾上涂料而影响其功能。

3. 码头涂装

码头涂装是船舶下水后到交船前停靠在码头边进行舾装作业阶段的涂装。除了进坞涂装项目,各部位涂装应全部结束。码头涂装并行交织,电焊、火工作业较多,增加了涂装难度,因此必须要协调好涂装与其他作业的关系。

甲板分为室内甲板和露天甲板。室内外甲板涂装均须留在最后进行。露天甲板先从四周形状复杂地方开始做。留一定通道,保证涂装顺利进行。施工好的表面在涂层完全干燥前要做好保护措施,严禁人员踩踏。甲板舾装件的安装处极易生锈,要做好预涂。甲板涂装前,要进行除油工作。如果用洗涤剂除油,还要用清水冲去洗涤剂。

船体外板水线以上区域应在临近交船前涂装。涂装前,为防止舷旁排水孔流出的污水影响涂装作业,应设置临时导水管导流,直到涂装结束、漆膜完全干燥为止。上层建筑外表面注重美观性,涂料要平整,不可有流挂、发花、橘皮和漏涂。预涂工作必不可少。

液舱内部大多在分段阶段已作过涂装,在船台阶段往往由于舾装工程的原因来不及修补,故多数在码头阶段修补涂装。由于液舱往往分布在船的底部、艏、艉或船的两侧,船舶下水后有部分舱壁的外侧浸于水中,故舱内容易结露,所以要采取措施,杜绝潮湿表面涂装。同时要加强通风,注意安全。

机舱内部管路密布,大多在分段阶段已做好涂装,码头阶段仅作修补和最后一道面漆。修补时注意清洁,尤其是油污的清除。舱底涂层修补工作应赶在试车前结束为宜。

4. 坞内涂装

坞内涂装主要是对船体水线以下区域进行完整性涂装。它与船舶的进坞维修涂装有很大的区别,主要表现在表面处理方式,以打磨为主。

船舶下水到进坞,水线以下区域会受到各种物质污染。涂装前须先除油污,用溶剂擦净。再用高压水认真冲洗,除掉污泥及海洋生物。如果遇到高压水难除去的海洋生物,应轻轻刮除,刮除时要避免损伤已有的涂层。如遇到防污漆发黑,可用砂皮纸擦去发黑严重的部位。用淡水冲去盐分很重要。船舶进坞后,就应将压载水放尽,防止外板结露。干舷受甲板排放物的影响,油污影响最大,除锈前先要除去油污。

与坞内墩木接触的部位,在整体涂层施工完毕后,应做移墩处理,然后逐道修补涂装,保证涂层的完整性。避免坞内涂装时移墩的最好办法是在船舶下水前,将船底平底区的涂层施工完毕。外板由于各种原因会引起大大小小的损伤,如外板艏部区域的涂层易被锚链擦伤,舯部区域则易被码头边楞木擦伤。进坞时要重新除锈、补漆。要打磨修补至规定标准。打磨边缘要有坡度。船底浸水部位要检查是否有水泡,如有,可用砂纸小心磨去。

海底阀清除污损物后,必须检查涂层是否有损坏。坞内涂装时,舷旁排水孔的处理方法与码头涂装一样,设临时导水管。水线、水尺、船名、港籍名以及船壳外的各种标记,应仔细刷涂,在出坞放水前应完全干燥。

5. 舾装件涂装

船舶舾装件种类很多,有些如桅杆、舱口盖、起货杆等大型舾装件,也有许多如管系附件、电缆导架、扶手、栏杆等小型舾装件。大型舾装件往往采用经过预处理并涂有车间底漆的钢材制成,其涂装往往与船体涂装相似,经过二次除锈,然后逐层涂装。小型舾装件往往采用酸洗除锈后,或镀锌,或直接涂上防锈底漆。舾装件在上船安装前,多数涂上底漆,不涂装面漆。这是因为舾装件在安装过程中难免因各种原因损伤涂层。面漆和船体结构同时涂装会有较好的外观效果,防止色差,影响外观。

任何舾装件,除规定不必涂漆的部位之外,上船安装前,都必须事先经过表面处理和涂好防锈底漆,不允许未经表面处理和涂装的钢质舾装件上船安装。舾装件上船安装前所涂的底漆,原则上应与其所安装的部位的底漆相同。如上船安装前已涂好面漆,则所涂面漆除涂装说明书有特别规定外,一般应和周围的面漆相同。外购设备或一般舾装件,应在定购前向制造厂提供表面处理和涂装的技术要求,对涂料品种、膜厚和颜色等应做出仔细的规定,必要时可派员前往检查验收。对一些安装范围广泛、通用性强的舾装件,往往上船安装前难以分清楚各种舾装件的安装部位,为避免所涂底漆与今后安装部位面漆涂装不配套,可涂通用性较强的环氧类底漆或车间底漆后上船安装。

舾装件安装后,最终与周围一起涂装面漆时,要注意保护好不该涂漆的部位。锚机、绞车、艇架、舷梯等设备往往是向专业制造厂订购的,这些设备到厂时一般均已涂装完毕,故安装时应注意涂层的保护。

6. 交船前涂装

交船前的涂装主要是修补涂装。这时全部的涂装已经结束,并逐一通过了报验。但由于种种原因,漆膜总会有损伤。在干舷和水线区碰撞而造成的漆膜破损也应修补好。

5.4.3 船舶维修涂装

为了保持良好的航运状态、延长船舶的使用寿命,船舶需要经常进行维修和保养。船舶维修主要分为在航维修和进坞维修。

在航维修由船员进行。船舶在航时,对航运、装卸及其他外力造成的涂层损坏进行修补。进坞维修则是一次时间集中、较为彻底的集中保养。在船舶进坞前,船东应向涂料商提供有关资料,特别是上次进坞情况,包括时间、涂装系统、涂料厂商、施工情况以及航运情况等。船东、油漆商技术代表和船厂代表要对船只原始状态进行评估,在涂料商的帮助下,确定涂装计划,包括工程周期、涂装方案、技术要求、质量检查等。现将进坞维修涂装的要求介绍如下[6]。

1. 船体清洗

船舶进坞后,在排尽坞内水以后,应立即用高压水冲洗外板,除去海洋生物和污泥,清除油污。如果高压冲洗水采用的是海水,则应采用淡水再次冲洗,以除去盐分。油污应用洗涤剂除去,然后用清水冲洗干净。

2. 外板维修涂装

进坞维修涂装的主要部位就是船体外板。外板处于最严重的腐蚀环境,因此外板的维修涂装是一项很重要的工程。

船舶进坞后应认真观察外板的涂层情况,对原始状态进行评价并做好记录。需要认定的情况如下。

(1)污损。海洋生物的附着状态,按生物的类别记录附着程度(数量、尺寸和附着面积)、附着位置。

(2)锈蚀。由各种原因引起的锈蚀可以用百分比来表示锈蚀面积。记录锈蚀面积的同时应记录锈蚀的部位,并对锈蚀原因加以区别,是涂层本身恶化,还是受到外力影响。如锚链擦伤、靠岸碰伤、冰区航行刮伤等。

(3)附着性。检查涂层是否有剥离的现象发生,一般有 3 种剥离情况:防锈涂层与防污涂层之间的剥离、防锈涂层之间的剥离、防锈涂层与钢板之间的剥离。

(4)起泡。认真观察涂层状态,如有起泡,应记录泡尺寸大小和面积百分比(参考《涂料起泡程度评价的标准试验方法》(ASTM D714—2017))。根据起泡状况,判断起泡成因,辨别是由于污染还是阴极保护系统过保护等因素而造成的,以便后续提供解决方案。

(5)老化。观察涂层状态,检查涂层的柔韧性、强度等。记录涂层老化状态。如遇到开裂,要区别是表面开裂还是深入涂层内部的开裂。

(6)光泽、变色。记录水线、干舷等部位面层涂料的外观变化,如颜色、光泽、粉化等。

(7)防污漆状态。上次坞修时使用的自抛光防污漆状态如何,漆膜已完全抛尽,还是有一部分存留,或是发现防污效果不理想。这对本次坞修时做防污漆方案有直接联系。

维修涂装开始前应确认旧涂层完全干燥。对于厨房或甲板上流出的污水,要用专门的塞子堵住或设置临时排水管,避免污水接触船体影响表面处理和涂装。对于压载水,船只一进坞就要排干净,以免引起外板结露。

对于外涂层损伤部位,用刮刀或动力砂纸盘等进行表面处理,认真做好防锈底漆的修补工作。对于厚锈和剥离涂层,应该先进行敲铲,除去厚锈和剥离涂层,然后再用机械工具打磨或喷砂的手段处理干净。对于焊缝处的涂层,由于多种原因容易损伤剥离,要做好认真处理,舷边、装卸货一侧的外板、艉艉外板的分段大接缝、锚链接触部位的涂层磨损处等都要认真做好表面处理并修补好防锈底漆。

对于牺牲阳极、回声探测仪等,在涂装时要做好遮蔽,切不可涂上涂料;否则会影响其功能[7]。

涂层分界线应注意不漏涂、少涂。不同种类涂料分界,要注意涂装顺序,不要搞错,以免产生咬色、咬底等弊病。船名、水线和吃水标记等应及时描绘,使其充分干燥。进压载水至少要等最后一道防污漆施工完毕。应根据油漆厂商提供的防污漆技术数据控制放水时间;否则会影响防污漆性能。船只出坞后,对擦伤的漆膜应及时补涂。

进坞后外板区维修涂装工程概要见表 5 – 24。

表 5 – 24 外板区维修涂装工程

作业顺序	作业内容
进坞	排尽压载水,检查涂层原始状态
清理	除去海洋生物 除去油脂
冲水清洗	高压水全面冲洗外板
表面处理	对缺陷处进行打磨、喷砂处理
修补涂装	防锈底漆:修补喷涂 封闭漆:统喷 面漆或防污漆:统喷
放水出坞	控制压载舱压水时间,船底检查

3. 甲板维修涂装

甲板的维修涂装不仅仅指主甲板面上的涂装工作,还应包括甲板上的一些设施,如舷墙的内侧、货船舱口围外面、甲板机械、天桥等。甲板维修涂装时,甲板区要在去除积水、油垢等后才能进行。甲板管系外部、舷墙内侧、楼梯安装部位、系缆桩等附件及机械受热区、边缘角等处容易受到腐蚀,应认真做好表面处理和底漆的修补。镀锌件表面漆膜不容易附着,要注意表面处理和选用环氧锌黄底漆、磷化底漆等适合于镀锌件的底漆。甲板舾装件及其安装部位,航行后容易生锈,其边缘、尖端及航行甲板内侧,涂装作业比较困难,应注意维修涂装的防腐涂层厚度。

通常情况下,甲板的维修涂装主要由船员自主进行,根据涂料厂商推荐的维修配套方案开展经常性保养工作,使甲板保持最佳状态。由于甲板为繁忙的工作场所,大面积的喷砂工作可以按区域分别进行,然后先涂装一道快干型的环氧临时底漆,待全部甲板完成喷砂及涂装底漆时,再对甲板进行清洁工作,最后进行全面完整的喷涂工作。

4. 室内维修涂装

室内维修涂装包括居住区、机、泵舱、空舱和贮藏室的涂装。居住区需要涂装的地方通常是甲板出入口、楼梯内侧、围板等处。这些地方容易腐蚀,应重点做好表面处理和涂料修补工作。仓库顶、角落等地方容易结露,要注意其腐蚀情况,及早做好维修工作。卫生间等水多潮湿,容易腐蚀,应有防腐措施。机、泵舱的设备在运转时,不要进行喷涂涂装,如要喷涂,做好包覆。花铁板以下管系密集,油水积聚,涂装比较困难。要涂装时做好除油工作。

5. 货舱维修涂装

随着航运业的发展,市场竞争日趋激烈,对散货船的要求越来越严格,尤其对货舱要进行经常性的涂装保养。货物的装卸无疑是对涂层造成损坏的最大原因,也是货舱维修涂装的主要原因。

在船舶坞修期,船东、船厂和涂料厂商会制定一份关于货舱表面处理和施工的文件。一般的表面处理方法是喷砂处理。货舱涂装工作开始前,要求舱内清洁干燥,适合于进行表面处理和涂装。舱内无易燃易爆和有害气体,厚锈要铲除,货物的残渣碎片等要清除,油脂按 SSPC – 1 要求处理,所有火工要结束。在淡水冲洗前,旧涂层的起泡必须先行破裂以免盐分聚集。表面喷砂前,先要进行高压淡水冲洗,然后待其干燥。

脚手架的搭建要便于进行清洁、安全且易于接近任何要涂装的表面。每层脚手架高不能超过 2m,脚手架的搭建不能影响通风。

预涂是货舱内施工的重要步骤。典型的预涂部位有扇形孔边缘、焊缝、梯子、扶手、难接近的部位和严重腐蚀部位。货舱施工过程中,舱口盖要完全打开,进行强制性通风。喷涂结束后,要保持通风24h。

6. 液舱维修涂装

船舶内部的液舱主要有压载舱、饮水舱、燃油舱、滑油舱和油舱。液舱和货舱都是密闭型舱室,维修涂装大同小异,在这里简单介绍维修涂装要点。

液舱内不论舱容大小,其空气流动性差,温、湿度和有害气体等原因造成作业环境差,并且照明不良,有时需要登高作业,要非常注意作业管理。液舱内湿度高,容易结露,需干燥后才能涂装。全面涂装前,复杂部位先用毛刷预涂,为获得均匀膜厚,涂装中应用湿膜厚度计检查调整。

各种涂料均易燃、易爆,对施工人员有一定的毒害性,在作业中或干燥过程中均要注意安全保护,要配置通风设施。应有应急措施与手段预防灾害发生。淡水舱涂装结束后,为清除气味采用淡水浸泡洗舱。

5.4.4　船舶涂料涂装质量控制

1. 钢材表面处理质量要求

钢材表面处理质量是涂装质量的重要组成部分,也是获得良好涂层质量的基础。船舶建造过程中最重要的钢材表面处理是"二次除锈"。二次除锈是指经过预处理的钢材组装成分段后,一部分钢材表面的车间底漆由于焊接、切割、机械碰撞等原因受到破坏,导致钢材表面重新锈蚀。分段合拢后,在区域涂装阶段,也有一部分分段上涂装好的涂层由于上述原因遭到破坏而发生锈蚀,需要再次进行表面处理[7-8]。

二次除锈通常采用喷射磨料处理和动力工具打磨处理。评定二次除锈质量的标准与二次除锈的方式有关。通常,采用喷射磨料方式进行二次除锈时,其质量的评定标准与一次除锈质量标准通用,而采用动力工具打磨或其他手工方式进行二次除锈时应采用二次除锈质量评定标准。二次表面处理质量评定要点见表 5-25。

表 5-25　二次表面处理质量评定要点

项　　目	检测标准
钢材锈蚀等级	ISO 8501-1
油脂	SSPC SP1
磨料盐污染,电导率	<300μs/cm
喷射压力	Sa 2½:6~7kg/cm²
表面处理等级	ISO 8501-1
表面粗糙度	ISO 8503, NACE RP 0287
盐污染	ISO 8502-6
空气温度	ISO 8502-4
相对湿度	<85%
露点	钢板温度高于露点温度3℃

2. 涂层表面质量要求

船舶涂装的主要目的在于防腐蚀,涂层的表面质量应达到一定的标准[9-10]。同时涂层表面质量检查的项目,应该有明确的规定。涂装期间检查项目见表 5-26,涂层最终检查项目见表 5-27。

表5-26　涂装期间检查项目

项　　目	检测标准
钢材锈蚀等级	ISO 8501 - 1
灰尘	ISO 8502 - 3 中小于 2 级
油脂	SSPC SP1
盐污染	ISO 8502 - 6
空气温度	ISO 8502 - 4
钢板温度	ISO 8502 - 4
相对湿度	<85%
露点	钢板温度高于露点温度 3℃

表5-27　涂层最终检查项目

项　　目	检测标准
干膜厚度	ISO 2808、SSPC PA2
附着力	ISO 4624、ISO 2409
针孔	NACE RP0188、ASTM D5162
起泡	ISO 4628 - 2
锈蚀	ISO 4628 - 3
开裂	ISO 4628 - 4
剥落	ISO 4628 - 5
粉化	ISO 4628 - 6
流挂	目视评定
缩孔	目视评定
发白	目视评定
橘皮	目视评定

5.5　船舶涂料应用案例

5.5.1　军用船舶

1. 军用船舶类型

军用船舶又称军船或军用船,或与军舰和舰艇同义,是专供军事用途的各种类型舰、船、艇的统称(图5-2和图5-3)。

图 5 - 2　水面战斗舰艇

图 5 - 3　水中战斗舰艇

2. 军用船舶配套涂料体系

（1）常规水面战斗舰艇的配套涂料体系，见表 5 - 28。

表 5 - 28　常规水面战斗舰艇的配套涂料体系

应用部位	涂料种类	涂装道数/道	单道干膜厚度/μm
水线以下	改性厚浆环氧防锈漆	1 ~ 2	100 ~ 150
	连接漆	1	50 ~ 100
	无锡长效防污漆	1 ~ 3	100 ~ 120
干舷、上层建筑	通用环氧防锈漆	1 ~ 2	100 ~ 150
	可复涂聚氨酯面漆	1 ~ 2	40 ~ 60
露天甲板	通用环氧防锈漆	1 ~ 2	100 ~ 150
	可复涂聚氨酯甲板漆	1 ~ 2	40 ~ 60
救生艇甲板,防滑甲板	通用环氧防锈漆	1 ~ 2	100 ~ 120
	可复涂聚氨酯甲板漆	1 ~ 2	40 ~ 60

应用部位	涂料种类	涂装道数/道	单道干膜厚度/μm
淡水舱、淡水兼压载水舱	饮水舱漆	2	100～150
压载水舱	改性厚浆环氧防锈漆	2	120～150
煤油舱、燃油舱、滑油舱	环氧油舱漆	2	100～150
测深仪、计程仪舱	通用环氧防锈漆	1	100～150
	环氧面漆	1	90～120
空舱、隔舱、底舱、浮力舱、飞机库	通用环氧防锈漆	2	100～150
锚链舱	厚浆环氧沥青防锈漆	2	100～150
主/辅机舱、轴隧、锅炉舱花钢板以下围壁与舱底	通用环氧防锈漆	1	100～150
	环氧面漆	1	100～150
主/辅机舱、轴隧、锅炉舱花钢板以上围壁和顶、轴隧顶壁	醇酸底漆	1	50～100
机器舱室,储藏舱钢围壁和顶部暴露钢板	醇酸底漆	1	60～100
	醇酸甲板漆	2	40～80
工作、生活舱室围壁和顶	醇酸底漆	1	60～100
冷藏库、粮库绝缘层内的钢围壁、顶和地板	通用环氧防锈漆	2	90～120
弹药库、轻武器库、转运间、枪炮器材舱等舱室围壁和顶	醇酸底漆	2	80
坞舱防撞材以上钢围壁和顶(耐高温120℃,耐潮湿)	通用环氧防锈漆	2	100～150
	环氧面漆	1	40～80
坞舱防撞材以下钢围壁、舭门内侧面	通用环氧防锈漆	2	100～150
	环氧面漆	1	40～80
坞舱木质防撞材(耐120℃,耐干湿交替)	铝粉耐热漆	2	20～50
坞舱甲板、车辆甲板	通用环氧防锈漆	2	100～150
	环氧面漆	1	40～80
坦克大舱钢围壁和顶	醇酸底漆	1～2	50～100
	醇酸面漆	1～2	30～50
舵机舱、侧推舱、污水处理舱壁和顶	醇酸底漆	1	50～100
	醇酸面漆	2	30～50
舵机舱、侧推舱、污水处理舱舱底	通用环氧防锈漆	1	150
	环氧面漆	1	100
通风围井	通用环氧防锈漆	2	100～150

（2）水中战斗舰艇的配套涂料体系,见表 5 – 29。

表 5 – 29　水中战斗舰艇的配套涂料体系

应用部位	涂料种类	涂装道数/道	单道干膜厚度/μm
水线以下	改性厚浆环氧防锈漆	1 ~ 2	100 ~ 150
	连接漆	1	50 ~ 100
	无锡长效防污漆	1 ~ 3	100 ~ 120
干舷、上层建筑	通用环氧防锈漆	1 ~ 2	100 ~ 150
	可复涂聚氨酯面漆	1 ~ 2	40 ~ 60
淡水舱、淡水兼压载水舱	饮水舱漆	2	100 ~ 150
压载水舱	改性厚浆环氧防锈漆	2	120 ~ 150
煤油舱、燃油舱、滑油舱	环氧油舱漆	2	100 ~ 150
测深仪、计程仪舱	通用环氧防锈漆	1	100 ~ 150
	环氧面漆	1	90 ~ 120
空/隔舱、底舱、浮力舱	通用环氧防锈漆	2	100 ~ 150
锚链舱	厚浆环氧沥青防锈漆	2	100 ~ 150
主/辅机舱、轴隧、锅炉舱花钢板以下围壁与舱底	通用环氧防锈漆	1	100 ~ 150
	环氧面漆	1	100 ~ 150
主/辅机舱、轴隧、锅炉舱花钢板以上围壁和顶、轴隧顶壁	醇酸底漆	1	50 ~ 100
机器舱室、贮藏舱钢围壁和顶部暴露钢板	醇酸底漆	1	60 ~ 100
	醇酸甲板漆	2	40 ~ 80
工作、生活舱室围壁和顶	醇酸底漆	1	60 ~ 100
冷藏库、粮库绝缘层内的钢围壁、顶和地板	通用环氧防锈漆	2	90 ~ 120
弹药库、轻武器库、转运间、枪炮器材舱等舱室围壁和顶	醇酸底漆		80
舵机舱、侧推舱、污水处理舱舱壁和顶	醇酸底漆	1	50 ~ 100
	醇酸面漆	2	30 ~ 50
舵机舱、侧推舱、污水处理舱舱底	通用环氧防锈漆	1	150
	环氧面漆	1	100
通风围井	通用环氧防锈漆	2	100 ~ 150

3. 军用船舶配套涂料体系的选择及涂装技术要点

（1）船舶涂料品种多样,目前已细分出应用于不同部位、适应不同施工环境的涂料品种。在选择船舶的涂层配套方案时,由于船舶各部位处于不同的腐蚀环境,因此应根据船舶各个部位腐蚀特点采用不同的涂料配套体系。例如,水线以下:防腐、防污;水线部位:耐大气老化、耐海水浸泡、耐干湿交替;甲板漆:耐候、防滑、耐磨等。

(2)同一部位的各层涂料之间应具有良好的配套性,底漆和面漆应尽量选择同类型涂料。若不能选择同一类型,底漆的性能应等于或高于面漆性能,以免出现咬底、渗色等问题。若底漆、面漆配套性不佳,也可以选择相对应的连接漆以改善两者的配套性。例如,在船底防污防锈涂料体系中,船底防锈涂料的主要品种为双组分环氧类涂料,而大多数防污涂料为单组分的丙烯酸酯类涂料,因此两者之间需采用一层连接涂料来增强防锈和防污涂层之间的附着力。

(3)应根据涂料体系的防腐蚀年限要求以及涂料厂商的推荐,确定船舶不同部位的涂料体系、涂料的涂装道数和每道的涂装厚度,依照不同的部位和不同的油漆类型,确定一个合理的消耗系数,预估全船油漆用量。

(4)根据有关公约、规范的要求,一些涂料应具备相关证书。军用船舶应满足海军舰船涂料标准的要求。

(5)一般情况下,军船的设计寿命比民船的设计寿命长,因此选择涂料配套体系时,产品的性能要求更高,防腐、防污等使用期效更长。

(6)根据军船的特殊用途需求,往往采用某些特种功能涂料,表5-30给出某些特种涂料及其作用。

表5-30 特种功能涂料及其作用

涂料种类	作用
舱室防火涂料体系	提高材料的耐火能力,减缓火焰蔓延传播速度
抗热辐射涂料	降低太阳辐射造成的内部温度上升
雷达吸波涂料	吸收、衰减入射的电磁波,具有将电磁能转化成热能而耗散掉或使电磁波因干涉而消失的功能
潜艇光学伪装涂料	在可见光下,产生与背景一致的颜色
防滑涂料	主要在甲板上使用,提高表面摩擦力,起到防滑的作用
导电涂料	具有导电性能的涂料,用于特殊位置
耐油涂料	用于油舱中,起到保护油品和防腐的作用
耐高温涂料	用于温度较高的设备,起到防腐的作用
阳极屏涂料	应用在外加电流阴极保护系统辅助阳极,起到防腐蚀、屏蔽的作用

(7)船体不同部位涂料体系的选择及涂装要点。

① 车间底漆。车间底漆是临时保养性的防锈底漆,在分段正式涂装时可以除

去,也可以保留,主要取决于正式涂装时车间底漆涂层的本身完好程度和第一层涂装的涂料对表面处理的具体要求。通常车间底漆的膜厚不计入船体涂层的总膜厚。

② 船体外部水线以下。船底防锈涂料的涂装最通用的方法是高压无气喷涂,对于小船或者局部修补采用辊筒或者刷涂。连接漆的功能是增强防锈底漆和防污漆的附着力,起到承上启下的作用,一般涂装一道即可。船底防污涂料是船底防污防锈涂料体系的最后一道涂装,防污漆(磨蚀型和自抛光型)的膜厚与使用期效相关,一般防污期效越长,防污漆的膜厚越大,应根据设计要求选择涂装膜厚。通常最后一道防污涂层的涂装在船舶下水前 24h 内,防污涂料的涂装方法基本上与防锈底漆的方法一样。水线以下平底部位,由于接受阳光照射较少,污损生物的生长少,污损压力小,防污漆的厚度可以适当减小;水线以下直底部位,由于接受阳光照射概率大,污损压力大,防污漆的厚度可以适当增加。

③ 船体外部水线部位。水线部位指的是重载和轻载水线之间,此处干湿交替、阳光照射,海洋生物附着密集区。这个位置一般涂装水线面漆,也有涂装船底防锈涂料和防污涂料向上达到重载水线的方式加以解决。

④ 船体外部水上部位。船舶水线以上部位的防锈底漆或涂在裸露钢板上,或直接涂在车间底漆上,在其涂膜之上可施涂各种船舶用面漆。

⑤ 船舶内舱。

a. 饮水舱,参考 5.5.2 小节民用船舶部分。

b. 压载舱,参考 5.5.2 小节民用船舶部分。

c. 货舱,参考 5.5.2 小节民用船舶部分。

d. 原油舱,参考 5.5.2 小节民用船舶部分。

e. 成品油舱,参考 5.5.2 小节民用船舶部分。

f. 特种功能涂料,见表 5 – 30。

5.5.2　民用船舶

1. 民用船舶类型

现代船舶是为交通运输、港口建设、渔业生产和科研勘测等服务的,随着工业的发展、船舶服务面的扩大,船舶也日趋专业化。不同的部门对船舶有不同的要求,不同用途船舶的航行区域、航行状态、推进方式、动力装置、造船材料和用途等方面也各不相同,因而船舶种类繁多,而这些船舶在船型上、构造上、运用性能上和设备上又各有特点。

运输船是专门从事运载业务的船舶的统称。运输船具体分为客船、客货船、货船(杂货船、散货船、集装箱船、滚装船、载驳船、油船、液化气船、冷藏船等)、渡船、驳船等。工程船是水上水下工程作业船舶，不同于运输船舶。工程船具体分为挖泥船、起重船、浮船坞、救捞船、布设船（布缆船、敷管船等）、打桩船。渔业船是各种专门从事渔业活动的船舶的统称。渔业船具体分为网类渔船（拖网渔船、围网渔船、刺网渔船等）、钓类渔船、捕鲸船、渔业加工船、渔业调查船、冷藏运输船等。港务船是各种专门从事港务工作的船舶的统称。港务船具体分为破冰船、引航船、消防船、供应船、交通船、工作船（测量船船、航标船等）、浮油回收船等。

2. 民用船舶配套涂料体系

1）RE57000DWT 散货船

RE57000DWT 双舷侧散货船（图 5 - 4）由金陵船厂负责建造，全船配套涂料体系如表 5 - 31 所列。

图 5 - 4　RE57000DWT 双舷侧散货船

表 5 - 31　RE57000DWT 散货船全船配套涂料体系

序号	部位	涂料名称	颜色	道数/道	干膜厚度/μm
1	船体外壳				
1.1	船底	纯环氧底漆	红棕	2	200
		纯环氧底漆	暗紫	1	100
		无锡自抛光防污漆	紫色	1	120
		无锡自抛光防污漆	红色	1	120
1.2	立底包括舭龙骨、海水箱和舵叶外侧	纯环氧底漆	红棕	2	200
		纯环氧底漆	暗紫	1	100
		无锡自抛光防污漆	紫色	1	125
		无锡自抛光防污漆	浅红	1	125
		无锡自抛光防污漆	红色	1	125

续表

序号	部位	涂料名称	颜色	道数/道	干膜厚度/μm
1.3	干舷、舷墙外侧	纯环氧底漆	红棕	1	125
		纯环氧底漆	灰色	1	125
		聚氨酯面漆	红棕	1	50
2	舵叶内侧	沥青漆	黑色	灌注	
3	露天甲板	纯环氧底漆	红棕	1	125
		纯环氧底漆	灰色	1	125
		聚氨酯面漆	红棕	1	50
4	上层建筑				
4.1	甲板室外侧、两翼甲板下表面	纯环氧底漆	红棕	1	125
		纯环氧底漆	灰色	1	125
		聚氨酯面漆	白色	1	50
4.2	内侧有绝缘钢板	醇酸底漆	深棕	1	40
		醇酸底漆	浅红	1	40
4.3	天花、围壁和无绝缘钢板	醇酸底漆	深棕	1	40
		醇酸底漆	浅红	1	40
		醇酸面漆	白色	2	80
4.4	无敷料甲板	醇酸底漆	深棕	1	40
		醇酸底漆	浅红	1	40
		醇酸面漆	绿色	2	80
4.5	电池间天花	醇酸底漆	深棕	1	40
		醇酸底漆	浅红	1	40
		醇酸面漆	白色	2	80
4.6	电池间甲板	纯环氧底漆	红棕	1	100
		纯环氧底漆	灰色	1	100
4.7	冷库绝缘下钢板	纯环氧底漆	红棕	1	125
		纯环氧底漆	灰色	1	125
5	机舱				
5.1	机舱天花、围壁无绝缘钢板	醇酸底漆	深棕	1	40
		醇酸底漆	浅红	1	40
		醇酸面漆	白色	2	80

续表

序号	部位	涂料名称	颜色	道数/道	干膜厚度/μm
5.2	无绝缘甲板	醇酸底漆	深棕	1	40
		醇酸底漆	浅红	1	40
		醇酸甲板漆	绿色	2	80
5.3	绝缘下天花围壁	醇酸底漆	深棕	1	40
		醇酸底漆	浅红	1	40
5.4	机舱内底板	纯环氧底漆	红棕	1	150
		纯环氧底漆	灰色	1	150
6	烟囱				
6.1	烟囱外侧	纯环氧底漆	红棕	1	125
		纯环氧底漆	灰色	1	125
		聚氨酯面漆	白色	1	50
6.2	烟囱内侧	醇酸底漆	深棕	1	40
		醇酸底漆	浅红	1	40
		醇酸铝粉耐热漆	银色	2	50
7	货舱				
7.1	围壁	纯环氧底漆	红棕	1	125
		纯环氧底漆	灰色	1	125
7.2	货舱甲板	纯环氧底漆	红棕	1	100
		纯环氧底漆	灰色	1	100
8	舱盖和货舱围板外侧	纯环氧底漆	红棕	1	125
		纯环氧底漆	灰色	1	125
		聚氨酯面漆	红棕	1	50
9	舱围内侧	纯环氧底漆	红棕	1	125
		纯环氧底漆	灰色	1	125
10	艏尖舱、尾尖舱、压载舱、冷却水舱、舱底水舱	无焦油改性环氧漆	奶黄	1	150
		无焦油改性环氧漆	浅灰	1	150
11	淡水舱	环氧液舱漆	灰色	1	75
		环氧液舱漆	红色	1	75
		环氧液舱漆	淡灰	1	75
12	原油舱、柴油舱、重油舱	石油清漆	黑色	1	25

续表

序号	部位	涂料名称	颜色	道数/道	干膜厚度/μm
13	滑油舱	清洁擦油	透明		均匀
14	锚链舱	无焦油改性环氧漆	奶黄	1	100
		无焦油改性环氧漆	浅灰	1	100
15	测深仪舱、隔离舱、空舱	无焦油改性环氧漆	奶黄	1	100
		无焦油改性环氧漆	浅灰	1	100
16	应急消防泵舱	醇酸底漆	深棕	1	40
		醇酸底漆	浅红	1	40
		醇酸面漆	白色	2	80
17		锚和系泊设备			
17.1	锚链管	沥青漆	黑色		灌注
17.2	带缆桩等	纯环氧底漆	红棕	1	100
		纯环氧底漆	灰色	1	100
		聚氨酯面漆	黑色	1	50
18		前桅和雷达桅			
18.1	外侧	纯环氧底漆	红棕	1	100
		纯环氧底漆	灰色	1	100
		聚氨酯面漆	白色	1	50
19		机械底座			
19.1	主机底座	纯环氧底漆	红棕	1	125
		纯环氧底漆	灰色	1	125
19.2	电气设备底座	醇酸底漆	深棕	1	40
		醇酸底漆	浅红	1	40
		醇酸甲板漆	各色	1	40
19.3	其他底座	醇酸底漆	深棕	1	40
		醇酸底漆	浅红	1	40
		醇酸甲板漆	各色	1	40
20		露天甲板和楼子内管系			
20.1	可见部位(镀锌的)	环氧底漆	白色	1	20
		醇酸面漆	白色	2	80

2）30万t超大原油轮

30万t超大原油轮(图5-5)由上海外高桥造船有限公司、上海江南长兴造船有限责任公司建造,全船配套涂料体系如表5-32所列。

图 5-5　30 万 t 超大原油轮

表 5-32　30 万 t 超大原油轮全船涂料配套体系

序号	部位	涂料名称	颜色	道数/道	干膜厚度/μm
1		船底和水线			
1.1	平船底（舭龙骨到舭龙骨）	高固纯环氧通用底漆	红色	2	175
		环氧连接漆	灰色	1	75
		无锡自抛光防污漆	红色	1	120
		无锡自抛光防污漆	棕色	1	120
1.2	平船底（舭龙骨到结构水线）	高固纯环氧通用底漆	红色	2	175
		环氧连接漆	灰色	1	75
		无锡自抛光防污漆	红色	1	95
		无锡自抛光防污漆	棕色	1	95
		无锡自抛光防污漆	红色	1	95
2	干舷	高固纯环氧通用底漆	红色	1	150
		聚氨酯面漆	黑色	2	100
3		舵系统（舵杆、挂舵臂、舵杆筒）			
3.1	外表	高固纯环氧通用底漆	红色	2	175
		环氧连接漆	灰色	1	75
		无锡自抛光防污漆	红色	1	95
		无锡自抛光防污漆	棕色	1	95
		无锡自抛光防污漆	红色	1	95
3.2	舵内表面	缓蚀剂			

续表

序号	部位	涂料名称	颜色	道数/道	干膜厚度/μm
3.3	挂舵臂内表	车间底漆			
3.4	舵杆筒	纯环氧通用底漆	褐色	1	125
		纯环氧通用底漆	灰色	1	125
4	舷墙				
4.1	外表	高固纯环氧通用底漆	红色	1	150
		聚氨酯面漆	黑色	2	100
4.2	内表	纯环氧底漆/中间漆	灰色	2	200
		环氧面漆	绿色	1	50
5	锚链筒内部	环氧防锈漆	黄色	1	100
		环氧防锈漆	灰色	1	100
6	各种标记(船名、吃水标记、舱室标记、自由板标记、注册港口、官员数字、船艏标记)	聚氨酯面漆	白色	1	50
7	露天甲板	纯环氧底漆/中间漆	灰色	2	200
		环氧面漆	绿色	1	50
8	甲板储藏室外表	纯环氧底漆/中间漆	灰色	2	200
		环氧面漆	绿色	1	50
9	甲板储藏室内部				
9.1	顶壁	磷酸锌底漆	灰色	1	70
		醇酸中间漆	白色	1	40
		醇酸面漆	白色	1	40
9.2	地板	磷酸锌底漆	灰色	1	70
		醇酸面漆	绿色	2	80
10	机械设备下甲板	纯环氧底漆/中间漆	灰色	2	200
		环氧面漆	绿色	1	50
11	机械设备底座	纯环氧底漆/中间漆	灰色	2	150
		环氧面漆	绿色	1	50
12	甲板上的小舱口盖、人孔盖及舱口围	纯环氧底漆/中间漆	灰色	2	250
13	通风筒	纯环氧底漆/中间漆	灰色	2	150
		纯环氧底漆/中间漆	绿色	1	50

序号	部位	涂料名称	颜色	道数/道	干膜厚度/μm
14	桅、柱、吊杆和克令吊柱	环氧面漆	灰色	2	150
		纯环氧底漆/中间漆	白色	1	100
15	露天甲板上的管子和配件	环氧中间漆/面漆	灰色	2	150
		纯环氧底漆/中间漆	绿色	1	50
16	系泊配件	环氧面漆	灰色	2	150
		纯环氧底漆/中间漆	绿色	1	50
17	主甲板上扶手、梯子支柱、踏步及支架等	纯环氧底漆/中间漆	灰色	2	150
		环氧面漆	白色	1	50
18	集油槽内、外部	纯环氧底漆/中间漆	灰色	2	150
19	上建房舱外部清洁擦				
19.1	外围壁	纯环氧底漆/中间漆	灰色	2	200
		聚氨酯面漆	白色	1	40
19.2	甲板	纯环氧底漆/中间漆	灰色	2	150
		环氧面漆	绿色	1	50
20	储物吊及其基座、配件	纯环氧底漆/中间漆	灰色	2	150
		环氧面漆	白色	1	50
21	机舱棚区域				
21.1	外部甲板	纯环氧底漆/中间漆	灰色	2	200
		环氧面漆	绿色	1	50
21.2	外墙	纯环氧底漆/中间漆	灰色	2	200
		聚氨酯面漆	白色	1	40
21.3	内部顶壁	磷酸锌底漆	灰色	1	70
		醇酸面漆	绿色	2	80
22	烟囱				
22.1	外壁	纯环氧底漆/中间漆	灰色	2	200
		聚氨酯面漆	白色	1	40
22.2	内部	磷酸锌底漆	灰色	1	70
		油性树脂铝粉高温漆	银色	2	50
23	上建甲板房舱内部				
23.1	内部顶壁	磷酸锌底漆	灰色	1	70
		醇酸中间漆	白色	1	40
		醇酸面漆	白色	1	40

续表

序号	部位	涂料名称	颜色	道数/道	干膜厚度/μm
23.2	内部地板	磷酸锌底漆	灰色	1	70
		醇酸面漆	白色	2	80
24		蓄电池室			
24.1	顶壁	纯环氧底漆/中间漆	灰色	2	150
24.2	绝缘下钢质表面	纯环氧底漆/中间漆	灰色	1	70
25	通风管	纯环氧底漆/中间漆	灰色	1	100
26	淡水舱、饮水舱	环氧酚醛液舱漆	灰色	1	125
		环氧酚醛液舱漆	白色	1	125
27	压载舱,包括艉尖舱、艉管冷却水舱、污水舱	纯环氧通用底漆	褐色	1	125
		纯环氧通用底漆	灰色	1	125
28	空舱、隔离舱、锚链舱	纯环氧通用底漆	褐色	1	125
		纯环氧通用底漆	灰色	1	125
29	货油舱				
29.1	货油舱舱底及其往上1m	环氧防锈漆	浅黄	1	125
		环氧防锈漆	灰色	1	125
29.2	货油舱舱顶及其往下2.5m	环氧防锈漆	浅黄	1	125
		环氧防锈漆	灰色	1	125
29.3	货油舱(除上述区域)	不涂装			
30	SLOP 舱	环氧防锈漆	浅黄	1	125
		环氧防锈漆	灰色	1	125
31	货油舱及SLOP舱舾装件	纯环氧底漆/中间漆	灰色	2	250
32		机舱、泵舱			
32.1	舱底区域	环氧防锈漆	浅黄	1	125
		环氧防锈漆	灰色	1	125
32.2	顶壁	磷酸锌底漆	灰色	1	70
		醇酸中间漆	白色	1	40
		醇酸面漆	白色	1	40
32.3	甲板	磷酸锌底漆	灰色	1	70
		醇酸面漆	白色	2	80

3）16500t 二类化学品船

16500t 二类化学品船（图 5 - 6）由上海欧得利船舶工程有限公司负责建造，全船配套涂料体系如表 5 - 33 所列。

图 5 - 6　16500t 二类化学品船

表 5 - 33　16500t 二类化学品船全船配套涂料体系

序号	部位	涂料名称	道数/道	干膜厚度/μm
1	水下船体			
1.1	平底	环氧底漆	2	350
		环氧过渡漆	1	100
		防污漆	2	200
1.2	直侧底	环氧底漆	2	350
		环氧过渡漆	1	100
		防污漆	2	300
2	干舷	环氧底漆	1	175
		环氧中间漆	1	75
		聚氨酯面漆	1	50
3	甲板			
3.1	主甲板 - 上层结构甲板	环氧底漆	1	150
		环氧中间漆	1	50
		聚氨酯面漆	1	50
3.2	艏楼甲板和艉楼甲板	环氧底漆	1	150
		环氧中间漆	1	50
		聚氨酯面漆	1	50

续表

序号	部位	涂料名称	道数/道	干膜厚度/μm
4	甲板上设备机械等	环氧底漆	1	150
		环氧中间漆	1	50
		聚氨酯面漆	1	50
5	上层结构	环氧底漆	1	150
		环氧中间漆	1	50
		聚氨酯面漆	1	50
6	上层结构内部			
6.1	可见钢板	环氧底漆	1	80
		醇酸中间漆	1	40
		醇酸面漆	1	40
6.2	衬板后	环氧底漆	2	175
6.3	可见钢甲板	环氧底漆	1	80
		环氧面漆	2	80
6.4	储藏室(所有表面)	环氧底漆	1	80
		醇酸中间漆	1	40
		醇酸面漆	1	40
6.5	蓄电池室	聚酰胺环氧底漆	2	250
7	机舱/操舵室			
7.1	可见钢板	环氧底漆	1	80
		醇酸中间漆	1	40
		醇酸面漆	1	40
7.2	可见钢甲板	环氧底漆	1	80
		醇酸面漆	2	80
7.3	衬板后	环氧底漆	2	175
7.4	甲板格栅下底部	环氧底漆	2	250
7.5	烟囱顶部和内部	环氧底漆	2	50
8	货油污油舱、货油排泄舱、溢油舱、滴油盘和液压油舱(FRAMO 系统)、货油区压载舱	环氧底漆	2	400
9	淡水舱	饮水舱涂料	3	300
10	润滑油舱、柴油舱和燃油舱	不涂装油漆		

3. 民用船舶配套涂料体系的选择及涂装技术要点

军用船舶的前 3 条要点同样适用民用船舶。

根据有关规范、公约的要求,一些涂料应具备相关证书。例如,车间底漆应获得船级社的焊接认可证书;专用海水压载舱涂料应取得船级社的压载舱 PSPC 型式认可证书;原油轮货油舱涂料应获得船级社的原油轮货油舱 PSPC – COT 型式认可证书;工作区域和居住舱室面漆要不易燃烧,一旦燃烧发生,应不至于产生过量的烟雾,必须获得船级社认可的低播焰证书;装载散装谷物食品的货舱漆,应无毒性、对谷物无污染,应获得食品卫生机构的认可文件;饮水舱涂料应获得有关食品卫生机构认可其符合生活饮用水卫生标准的相关文件;船底防污涂料应由船级社证明符合《国际控制船舶有害防污底系统公约》,表明无 TBT(有机锡)产品的认可;还有部分项目由于航线或运营公司的原因,应满足特殊的法律法规(如美国海岸警卫队 USCG 认证等)。

船体不同部位涂料体系的选择及涂装要点。

(1)车间底漆:参考 5.5.1 小节军用船舶部分。

(2)船体外部水线以下:参考 5.5.1 小节军用船舶部分。

(3)船体外部水线部位:参考 5.5.1 小节军用船舶部分。

(4)船体外部水上部位:参考 5.5.1 小节军用船舶部分。

(5)内舱。

① 饮水舱。船舶饮水舱涂料应用于船舶的饮水舱、淡水舱和各种淡水柜。由于饮水舱涂料直接接触船员的饮用水源,符合饮用水标准的卫生指标是一项强制性要求。我国标准《船用饮水舱涂料通用技术条件》(GB 5369—2008)规定了卫生要求和涂料的主要技术指标。

② 压载舱。根据 IMO PSPC 标准要求,海水压载舱防护涂层必须具有 15 年的预期使用寿命,建议使用多道涂层系统,每道涂层的颜色要有对比,面涂层应为浅色,便于使用期内的检查。并从防护涂层膜厚、涂装施工质量控制、防护涂层性能基本要求、涂层质量评定验收、涂层资格认可试验方法、设备等各环节进行全面控制。

③ 货舱。大型散装货物,往返途中单向装运货物,难免有空船或装后载重不足的现象,因此必须在中间一只货舱内灌入海水来压舱,这样货舱上涂的涂料就必须满足压载水舱的要求。

④ 原油油舱。由于油轮装载的油类不一样,对保护涂层的要求也不一样。装载原油的油舱涂料要求以防腐蚀功能为主,装载成品油(如燃料油、轮滑油等)的油舱涂料要求以保护油品不受污染为主。因此,油舱涂料依据的标准也不一样。国标《船用油舱漆》(GB/T 6746—2008)的应用目标包含了原油和成品油,而国际海事组织制定的《原油船货油舱保护涂层性能标准》(PSPC – COT)则以原油为应

用目标。

⑤ 成品油油舱。成品油舱涂料的设计选择应该根据设计所装载的主要对象，通常涂料供应商会提供涂料适用装载对象的"耐载荷清单"，清单包括成品油舱涂料种类、载荷名称与适用程度。由于成品油舱涂料的性能要求的特殊性和对涂层要求的完整性和无破损性，因此通常采用特殊的涂装方式，称"特涂"，其特点是：高质量的表面处理要求，包括基本的结构性处理、表面清洁度和粗糙度；必须在船上作整体涂装，严格遵守复涂间隔要求；涂装施工环境条件，包括施工时以及涂装后的固化阶段的温度和相对湿度的严格控制，特别是露点的控制。

5.5.3　公务船舶

1. 公务船舶类型

公务船舶是维护国家主权和海洋权利最重要的执法力量，包括海警船、边防船、渔政船和海监船。中国海警船主要是为配合开展海上维权和执法，维护国家海洋主权和打击海上违法犯罪活动。船身统一采用白色船体，船上涂有红蓝相间条纹、中国海警徽章和"CHINA COAST GUARD 中国海警"标志(图 5 – 7)。边防船是在不同水域环境执行边防巡逻任务的专用船艇。渔政船是指在渔业专属水域执行渔政任务的船舶，又称渔业保护船。为适应监督、检查并在必要时追捕、扣留违章的需要，渔政船的航速较高，大中型通常为 14 ~ 20kn，小型有的达 20kn 多，稳性和适航性也高于或相当于渔船。为了便于在渔船密集的渔场中巡航和在水上与渔船相靠，操纵性能较好，干舷较低。海监船主要职能是依照有关法律和规定，对国家管辖海域(包括海岸带)实施巡航监视，查处侵犯海洋权益、违法使用海域、损害海洋环境与资源、破坏海上设施、扰乱海上秩序等违法违规行为，并根据委托或授权进行其他海上执法工作。

图 5 – 7　海警船

2. 公务船舶配套涂料体系

下面以海警船为例,介绍涂料体系在公务船舶中的应用,见表 5-34。

表 5-34　海警船的涂装配套体系

船体部位	涂料种类	道数/道	单道干膜厚度/μm
水线以下船体外壳及附体	通用环氧防锈漆	1	170
	环氧连接漆	1	80
	无锡、自抛光防污漆	1~2	120
干舷、上建外壁、烟囱外壁、半露天壁顶等外部通道	通用环氧防锈漆	1	170
	可复涂聚氨酯面漆	1~2	35
各层露天甲板	通用环氧防锈漆	1	180
	可复涂聚氨酯甲板漆	1	60
甲板及机库甲板	通用环氧防锈漆	1	200
	可复涂聚氨酯甲板漆	1~2	40
淡水舱、饮用水舱、蒸馏水舱	饮水舱漆	1	250
空舱、生活污水舱、计程测深仪舱	通用环氧防锈漆	1~2	125
燃油舱、废油舱、受油舱、循环滑油舱、溢油舱、燃油沉淀舱	防锈油	1	25
CPP 液压油舱	通用环氧防锈漆	1~2	125
机舱、舵机舱、艏艉侧推舱、轴隧舱、应急消防泵舱等铺板下	通用环氧防锈漆	1~2	125
机舱、舵机舱、艏艉侧推舱、轴隧舱、应急消防泵舱、烟道内等设备舱室铺板上	醇酸防锈漆	1	70
	醇酸面漆	1	40
机舱托架及花钢板正反面、前后主机舱、舵机舱、艏艉侧推舱、轴隧舱、应急消防泵舱壁脚线 600mm	通用环氧防锈漆	1	190
	环氧面漆	1	60
卫生单元所在地板、拦水扁铁及以内、厨房、洗衣间、烘间、厕所、盥洗室、淋浴室壁顶	通用环氧防锈漆	1	100
工作舱室及住舱裸露钢板	通用环氧防锈漆	1	190
	环氧面漆	1	60
封板舱室(工作舱室、设备舱室、住舱)壁顶	醇酸防锈漆	1	70
有绝缘无封板的设备、工作舱室壁顶	醇酸防锈漆	1	70
	醇酸面漆	1	40

续表

船体部位	涂料种类	道数/道	单道干膜厚度/μm
无封板和绝缘的设备、工作舱室壁顶	醇酸防锈漆	1	70
	醇酸面漆	1	40
锚链舱	通用环氧防锈漆	1 ~ 2	125
舵内部、锚、锚链、带缆桩等系泊设备	厚浆环氧沥青防锈漆	1	100
排烟管外表面	铝粉耐热漆	1	25

3. 公务船舶涂料配套体系的选择及涂装技术要点

军用船舶的前 3 条要点同样适用公务船舶。

船体不同部位涂料体系的选择及涂装要点:参考 5.5.1 小节军用船舶部分;参考 5.5.2 小节民用船舶部分。

参考文献

[1] 金晓鸿.船舶涂料与涂装手册[M].北京:化学工业出版社,2016.

[2] 金晓鸿.防腐蚀涂装工程手册[M].北京:化学工业出版社,2008.

[3] 汪国平.船舶涂料与涂装技术[M].2 版.北京:化学工业出版社,2006.

[4] 李庆宁,王金鑫.船舶涂装技术[M].哈尔滨:哈尔滨工程大学出版社,2014.

[5] 刘登良.涂料工艺[M].4 版.北京:化学工业出版社,2010.

[6] 刘新.防腐蚀涂料与涂装应用[M].北京:化学工业出版社,2008.

[7] 庞启财.防腐蚀涂料涂装和质量控制[M].北京:化学工业出版社,2003.

[8] FRANK N.有机涂料科学和技术[M].经桴良,译.北京:化学工业出版社,2002.

[9] TALBERT R. Paint technology handbook[M]. Florida:CRC Press,2007.

[10] ALISTAIR R MARRION PORT A B, CAMERON C, et al. The Chemistry and physics of coatings[M]. London:RSC,2004.

第6章

典型海洋工程防腐蚀涂料体系工程应用

6.1 典型海洋工程结构特点及腐蚀环境分析

海洋约占地球表面 71% 的面积,蕴藏着丰富的资源,如海洋生物资源、能源(石油、天然气、可燃冰、风能)资源和矿产资源等。我国有 1.8×10^4 km 海岸线,约 300×10^4 km² 的海洋面积,建设海洋强国已上升至国家战略,开发、利用海洋资源和保护、恢复海洋生态越来越重要,与之对应的海洋工程也得到蓬勃发展,腐蚀是导致海洋工程各种基础设施、装备破坏和报废的主要原因,作为海洋工程腐蚀控制的首要手段,防腐蚀涂料体系的应用得到广泛重视[1]。

6.1.1 典型海洋工程及特点

海洋工程是指以开发、利用、保护、恢复海洋资源为目的,工程主体位于海岸线向海一侧的新建、改建、扩建工程,就其结构、用途而言,种类繁多。本章将钢结构海洋平台(以下简称海洋平台)作为典型海洋工程来阐述。

海洋平台作为海洋油气等资源开发的重要设施,其发展与海洋石油的开发历史紧密相连。1897 年,美国人以栈桥连陆方式在加利福尼亚距离海岸 200m 余处用木栈桥打出了第一口海上油井,它标志着海上石油工业的诞生,揭开了海洋平台发展的序幕。1947 年,世界上第一座钢质海洋石油开采平台在墨西哥 Couissana 海域建成。随着材料科学及制造技术的不断进步,海洋平台的设计、开发应用得到迅猛发展。

海洋平台按照运移性可分为固定式海洋平台和移动式海洋平台。移动式海洋平台包含坐底式海洋平台、自升式海洋平台、半潜式海洋平台、浮式钻井船。

1. 固定式海洋平台

固定式海洋平台是从海底架起的一个高出水面的构筑物,上面铺设甲板作为平台,用以放置钻井机械设备,提供钻井作业场所及工作人员生活场所。固定式平台的特点是稳定性好、运移性差、适用水深浅、经济性一般。

2. 坐底式海洋平台

坐底式海洋平台是一种具有沉垫浮箱的移动式平台,结构组成如下。

（1）工作平台:用于放置钻井设备,提供作业场所以及工作人员生活场所。

（2）立柱:用于支撑平台,连接平台与沉垫。

（3）沉垫:沉垫是一个浮箱结构,有许多各自独立的舱室,每个舱室都装有供水泵和排水泵。沉垫用充气排水及充水排气来实现平台的升降。平台就位时,向沉垫中注水,平台就慢慢下降。控制各舱室的供水量可保持平台的平衡。沉垫坐到海底后,可进行钻井作业。

坐底式海洋平台的特点是稳定性好、运移性好、适用水深浅、经济性较好。

3. 半潜式海洋平台

半潜式海洋平台的结构组成如下。

（1）工作平台:用于放置钻井设备,提供作业场所以及工作人员生活场所。

（2）立柱:用于支撑平台,连接平台与沉垫。

（3）沉垫（下船体）:也是一个浮箱结构,有许多各自独立的舱室,每个舱室都装有供水泵和排水泵。它用充气排水和充水排气来实现平台的升降。

（4）锚泊系统:用于平台定位,通过锚和锚链来控制平台的水平位置,将平台限定在一定范围内,以满足钻井工作的要求。

半潜式海洋平台的特点是稳定性好、运移性好、适用水深深、经济性好。

4. 自升式海洋平台

自升式海洋平台是一种可沿桩腿升降的移动式平台。平台就位时,先将桩腿放下插入海底,然后将工作平台沿桩腿升起到一定高度即可进行钻井作业。钻完井后,工作平台降至海面,提起桩腿即可移动。自升式海洋平台的结构组成如下。

（1）工作平台:是一个驳船结构,拖航时浮在海面,支撑整个重量。工作平台用于放置钻井设备,提供作业场所以及工作人员生活场所。

（2）桩腿:其作用是在钻井时插入海底,支撑上部平台。桩腿有圆柱型和桁架型两种。圆柱型桩腿结构简单,制造容易,但由于直径大,承受的波浪力较大,故用于浅水。桁架型桩腿与之相反。桩腿的根数及布置（呈三角形、正方形……）以及桩腿本身的端面形状均有多种。桩腿的升降方式有气动、液压和齿轮齿条传动3种,圆柱型桩腿一般采用气动或液压传动,桁架型桩腿采用齿轮、齿条传动。

（3）底垫:其作用是增加海底对桩腿的反力,防止由于海底局部冲刷而造成平台倾斜。

自升式海洋平台的特点是稳定性好、运移性好、适用水深中深、经济性好。

海洋平台的选择是一个涉及面很广的问题,主要的考虑因素有作业类型、作业海区的海洋环境条件(包括水深、风、波、潮流等海况)、海底地质条件及离岸距离、建造成本、平台技术性能及使用条件等。

6.1.2 典型海洋工程腐蚀环境分析

海洋环境是一种非常复杂的腐蚀环境,钢在海岸的腐蚀比在沙漠中大400~500倍,陆上离海岸24m的钢试样比离海岸240m的同质钢试样腐蚀快12倍。海水中存在 Na^+、Mg^{2+}、Ca^{2+} 等金属离子与 Cl^-、SO_4^{2-}、S^{2-} 等非金属离子,平均盐度为3.5%,是一种较强的电解质。只要有适当的电极存在,就会形成化学电池,使钢铁等材料受到电化学作用而腐蚀。此外,海水中的各种介质也会与钢铁等材料发生化学反应,导致金属底材的腐蚀。

1. 海洋平台的腐蚀分区

海洋平台钢结构长期处于阳光暴晒、盐雾、波浪冲击、海水及海洋生物侵蚀等复杂环境中。在其所处的海水体系中,不同的海洋环境下腐蚀行为和腐蚀特点存在着较大的差异,海洋平台的腐蚀环境理论上可分为海洋大气区、飞溅区、潮差区、海水全浸区以及海底泥土区五大区域,表6-1列出了海洋平台在不同区域的腐蚀环境条件。

表6-1 海洋平台腐蚀环境条件

区域	腐蚀环境条件
海洋大气区	太阳光辐射,空气中充斥着细小的盐粒子,经受风、雨、盐雾冲刷,昼夜温度交变等
飞溅区	潮湿、充分接触大气,海水飞溅,无海洋生物污损
潮差区	周期性海水浸泡,供氧充分,有海洋生物污损
海水全浸区	浅海区:海水通常为氧饱和区,氧含量高,海水流速快,水温高,有海洋生物污损 深海区:海水中氧含量较低,水温接近0℃,海水流速低,pH值较浅水区低
海底泥土区	海底沉积物、细菌(如硫酸盐还原菌)等

2. 不同腐蚀区域的腐蚀环境分析

1)海洋大气区

海洋大气区是指海面飞溅区以上的大气区,在此区域中主要含有水蒸气、O_2、N_2、CO_2、SO_2 以及悬浮于其中的氯化盐、硫酸盐等,具有比普通大气湿度大、盐分高、温度高及干、湿循环效应明显等特点。由于海洋大气湿度很大,水蒸气在毛细管作用、吸附作用、化学凝结作用的影响下,附着在钢材表面形成一层肉眼看不见的水膜,CO_2、SO_2 和一些盐分溶解在水膜中,使之成为导电性很强的电解质溶液,形成电化学腐蚀的有利条件。此外,Cl^- 有穿透作用,它能加速钢材的点蚀、应力腐蚀、晶间腐蚀和缝隙腐蚀等局部腐蚀。因此,海洋大气比内陆大气对钢铁的腐蚀程度要高4~5倍。在渤海海上石油平台测得的裸钢腐蚀率数据达到1.0mm/年。

　　导管架桩基平台、甲板腿以上构件,包括生产区、钻井架和生活区等,主要处于海洋大气中,长期经受风吹、雨淋、日晒和盐雾的作用。尤其是在甲板下部,由于长期处于潮湿状态,加之氧气供应充分,是该区域腐蚀最严重的部位。这是因为阴面的粉尘和海盐沉积不易冲掉,而且菌类生物在阴面更有活性,它们会保持水汽和盐分,增强腐蚀性。

　　2) 飞溅区

　　飞溅区是指处于海水平均高潮位以上,因潮汐、风和波浪而导致钢结构处于干湿交替环境的区域。飞溅区常常被氧饱和的海水所润湿,表面电解质浓度较高,无海洋生物污损,日照下温度较高。在该区域,富氧的浪花飞溅冲击和干湿交替、海面漂浮物的撞击、海水接触材料表面时气泡破裂造成的巨大冲击等,破坏了材料表面和腐蚀防护层而加速腐蚀,因此一般钢铁材料在此区腐蚀最强,防腐蚀保护层也最容易脱落。在飞溅区,碳钢会出现一个腐蚀峰值,在不同的海域,其峰值距平均高潮位的距离有所不同。

　　同一种钢在飞溅区的腐蚀速度较在海水其他区域中高出 3 ~ 10 倍。飞溅区腐蚀环境是造成钢铁严重腐蚀的外在原因,内在因素是锈层的特殊作用。碳钢在海水全浸区和飞溅区中,阳极溶解速率几乎相同,而飞溅区的阴极反应电流是海水全浸区阴极反应电流的 10 倍,说明飞溅区的锈层具有还原作用,导致严重的腐蚀[2]。

　　不同海区的飞溅区的范围和腐蚀的严重程度各不相同。墨西哥湾飞溅区在高潮位以上约 2m,阿拉斯加湾可达高潮位以上 9m。我国对 4 个海区港湾内的测试结果表明,飞溅区在高潮位以上约 2.4m。在青岛海域,碳钢位于平均高潮位以上 0.5 ~ 1.2m 处,暴露 1 年的最大点蚀深度在 0.36 ~ 1.75mm;暴露 4 年时,钢的局部腐蚀最大深度在 2.20 ~ 3.50mm 之间;暴露 8 年后,大多数钢已经穿孔(厚度 6 ~ 8mm)。渤海海中使用 10 年的海洋平台测得飞溅区的腐蚀速率在 0.45mm/a,同时有不少深度在 2mm 以上的腐蚀坑[3]。

　　导管架桩基平台、甲板腿下部和导管架上部处于高潮线以上海水飞溅区,表面长期遭受飞溅海水的不断冲击,周期性地被海水湿润,氧气供应充分,并且还要经受狂风巨浪和浮冰的冲击,该部位是海洋平台腐蚀最严重的地方。

　　3) 潮差区

　　潮差区是指从高潮位到低潮位的区域。在潮差区,钢铁表面经常和饱和了空气的海水相接触。由于潮流的原因,钢铁的腐蚀会加剧。在冬季有流冰的海域,潮差区的钢铁设施还会受浮冰的撞击。试验表明,在潮差区,碳钢的初始腐蚀速率要比全浸区大,但是暴露数年后,腐蚀速率会明显下降,甚至低于全浸区和海泥区的腐蚀率,但是局部的腐蚀深度要比全浸区严重。

　　研究发现,在平均低潮位以下附近区域,碳钢会出现一个腐蚀次峰值,这是因为钢桩在海洋环境中,随着潮位的涨落,在水线上方湿润的钢铁表面供氧总量比水线下方的浸在海水中的钢结构表面要充分得多,构成一个氧浓差宏观腐蚀电池回路。腐蚀电池中富氧区为阴极,即潮差区;相对缺氧区为阳极,即平均低潮位水线下方的区域。总的效果是整个潮差区中每一点分别受到了不同程度的阴极保护,而在平均潮位以下则经常作为阳极而出现腐蚀次峰值。

在防腐蚀工程设计时,通常把潮差区和飞溅区作为一个区域进行综合考虑,这样可以方便施工、维修等工作。

4)海水全浸区

海水全浸区指全部浸于海水中的区域,如导管架、平台的中下部位等。该区域钢铁的腐蚀会受到溶解氧、流速、盐度、污染物和海洋生物等因素的影响,由于钢铁在海水中的腐蚀反应受氧的还原反应所控制,所以溶解氧对钢铁腐蚀起着主导作用。

在海水全浸区,浅海区域(在低潮位以下1m左右的范围内)由于海水中溶解氧处于饱和状态,钢铁的腐蚀要比深海区严重;深海区的溶解氧含量往往比浅海区低得多,且水温近于0℃,腐蚀较轻。在渤海4号平台使用12年后的一次检测中,发现低潮位附近的构件有多处腐蚀穿孔,推算其腐蚀速率达0.6mm/a以上。

海水的流速对于钢铁来说,除了冲刷作用外,还主要起着对钢铁表面供氧的作用,流速增加,供氧量加大,钢铁的腐蚀速率随之加快,当流速达到6m/s时,腐蚀速率达到最大值。盐度对腐蚀的影响主要源于其导电性,海水一般含盐量在3%~3.5%,是导电性良好的电解质溶液,占海盐离子总量的50%以上的氯离子,对钢铁的腐蚀更为显著。

海洋中生存着许多种动植物和微生物,其生命活动会改变金属/海水界面的状态和介质性质,对腐蚀产生不可忽视的影响。海洋生物的附着会引起附着层内外的氧浓差电池腐蚀。海洋生物对钢铁的腐蚀影响呈现多样化。海洋生物的污损,如苔藓虫、石灰虫、藤壶和海藻等,对钢铁的腐蚀影响较大。污损海洋生物能够阻碍氧气向腐蚀表面扩散,从而对钢铁的腐蚀起到一定的保护作用。另外,由于污损层的不渗透性和外污损层中嗜氧菌的呼吸作用,使钢铁表面形成缺氧环境,有利于硫酸盐还原菌的生长,引起严重的微生物腐蚀,使钢铁的腐蚀增大,其典型特征是外貌呈沾污的黑色糊状。某些海洋生物的生长会破坏钢铁表面的涂料等保护层,在波浪和水流的作用下,可能引起涂层的脱落。

引起海水中钢铁结构腐蚀破坏的主要危险不在于钢铁厚度的平均减薄,而在于严重的局部腐蚀和腐蚀疲劳。

5)海底泥土区

海底泥土区指位于全浸区以下的区域,主要由海底沉积物构成。海底沉积物含盐度高,电阻率低,因此是导电性良好的电解质,对金属的腐蚀比陆地上土壤高。由于氧浓度十分低,所以海底泥土区的腐蚀比全浸区低。如同潮差区和全浸区一样,在全浸区和海泥区之间也会因为氧的浓度不一样而造成浓差电池,海泥线以下因为相对缺氧而成为阳极,加重腐蚀。海底沉积物的物理性质、化学性质和生物性质随海域和海水深度的不同而不同。

海泥实际上是饱和了海水的土壤,它是一种比较复杂的腐蚀环境,既有土壤的腐蚀特点,又有海水的腐蚀行为。海泥中含有的硫酸盐还原菌,会在缺氧环境下生长繁殖,会对钢材造成比较严重的微生物腐蚀。研究结果表明,在还原菌大量繁殖的海泥中,钢铁的腐蚀速度要比无菌海泥中高出数倍到 10 多倍,甚至还要高出海水中 2~3 倍。

青岛海洋研究院在青岛海区和渤海南部的埕岛海域进行了 Q235 钢、16Mn 钢、20 号钢及 Z 向钢的实海滩涂埋片试验。埕岛海域埋片地点位于东营港码头附近的潮间带滩涂,海泥为沙质泥,涨潮时埋片点被海水全部浸没,落潮时海水全部退出,为单日潮;青岛海区地点为汇泉湾的纯海沙沙滩,涨潮时全部被海水浸没,落潮时海沙全部露出,为半日潮。研究结果表明,由于海泥的封闭性使海泥有很强的局域特性,从而使得钢在海泥中的腐蚀情况变得复杂而没有明显的规律性。海沙的表层比较松,属于半开放性,孔隙一般都要大于海泥中的孔隙率,孔隙大,包含的海水就多,由于海水中溶解氧的去极化作用,钢的腐蚀速率也就较大,孔隙率的大小是钢铁在不同类型海泥中产生不同腐蚀速率的原因之一[4]。

6.1.3　典型海洋工程腐蚀规律

各种海洋平台在不同的海洋环境下,腐蚀行为和腐蚀特点有较大的差异。钢结构在海洋环境五大腐蚀区域的腐蚀曲线见图 6 - 1。

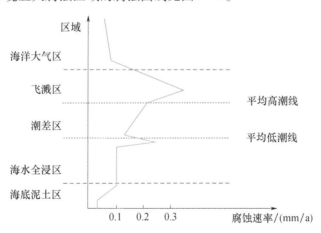

图 6 - 1　钢结构在海洋五大腐蚀分区城的腐蚀曲线

从图 6 - 1 所示的腐蚀曲线可以看到 3 个腐蚀峰值,第 1 个峰值是在平均高潮线以上的飞溅区,是钢结构腐蚀最严重的区域,也是最严峻的海洋腐蚀环境,原因是该区域经常成潮湿表面,表面供氧充足,无海洋生物污损,长时间润湿表面与短时间干燥表面的交替作用和浪花的冲刷,造成以物理与电化学为主的腐蚀破坏。

第 2 个峰值通常发生在平均低潮线下 0.5~1.0m 区域,原因是钢桩在海洋环境中,随着潮位的涨落,在水线上方湿润的钢铁表面供氧总量比水线下方浸没在海水中的钢结构表面要充分得多,且彼此构成一个回路,由此成为一个氧浓度差的宏观腐蚀电池,加剧了其腐蚀程度。第 3 个峰值发生在与海水、海泥交界处下方,但较前 2 个峰值相对要小,这是因为在全浸区和海泥区之间也会因为氧的浓度不一样而造成浓差电池,海泥线以下因为相对缺氧而成为阳极,加重腐蚀[5]。

6.2 典型海洋工程涂料防腐蚀涂料体系设计

6.2.1 典型海洋工程涂料技术的发展

1. 海洋平台防腐蚀涂料技术发展历程

伴随着 1947 年世界上第一座钢质海洋石油开采平台在墨西哥 Couissana 海域建成,海洋平台防腐蚀涂料开始逐步得到应用,涂料品种均是应用广泛的高性能工业防腐蚀涂料,主要有乙烯基涂料、环氧/胺涂料和氯化橡胶涂料。

乙烯基涂料是早期海洋平台防腐蚀应用最为广泛的一种涂料[6],由于乙烯基树脂具有相对分子量大、羟基和氯含量可调控等特点,故乙烯基涂料具有耐候、耐水、耐霉、柔韧性佳、附着力好等优点;其缺点是耐热性一般、不易制成高固体分涂料,单道涂刷成膜厚度不超过 $50\mu m$,有厚膜($300\mu m$)需求时施工成本费用较高,涂料中挥发性有机物(VOC)含量高,不适应日益严格的环保排放要求。

环氧树脂含有两个以上的环氧基团和醚键,可与多种类型的固化剂发生交联反应而形成具有网状结构的高聚物,环氧涂料体系具有柔韧性好、附着力强,以及耐水性、耐化学品性、热稳定性、电绝缘性、防腐性良好等优点。受到早期化工材料技术限制,初期的环氧防腐涂料无法做到高固体分,体积固含量小于 50%,单道涂刷成膜厚度约 $70\mu m$,应用也受到施工成本费用较高的限制。

无机硅酸锌涂料以其兼具的锌粉阴极保护作用而防锈性能优异,加之其优异的焊接性能、切割性能、耐热性能(300℃),早期在海洋平台防腐蚀涂料领域得到较好的应用,该涂料能长期抑制膜下腐蚀产生,减缓膜下丝状腐蚀扩展。以无机硅酸锌涂料为底漆、热塑性树脂涂料为面漆的多层涂层体系在当时获得了大量应用,并沿用了 30 多年,直到现在,还有一些海洋平台在使用这一涂料体系。

在海洋平台的飞溅区、潮差区和全浸区,早期应用较多的是环氧煤沥青涂料,干膜厚度可以达到 $400\mu m$ 左右,同时乙烯基涂料在这些区域也有一定的应用。

20 世纪 70 年代,随着海洋石油资源的开发,海洋平台防腐蚀涂料得到了较大发展。在海洋平台的飞溅区、潮差区和全浸区,环氧砂浆的应用越来越广。改性氯化橡胶、聚氨酯和丙烯酸涂料也陆续出现,并获得了应用,海洋平台防腐蚀涂料已经日趋自成体系。

2. 海洋平台防腐蚀涂料技术的发展趋势

20 世纪 90 年代后,随着全球环境保护的加强及现代材料、涂料科学技术的发展,海洋平台防腐蚀涂料向厚浆型、快干、高固体分或无溶剂、低表面处理、高效节能、水性化等方向发展。目前,海洋平台防腐蚀涂料技术发展重点侧重于以下几个方面。

1）长防腐蚀期效

由于越来越多地应用了超大型钢结构以及所处海域的特点,海洋平台通常不具备直接重涂或返岸施工的条件,因此要求开发具有超长使用寿命的海洋防腐涂料,最理想的是涂层使用寿命（包括现场涂装维修后的延续使用寿命）等同于钢结构设备的使用寿命,即涂层与设备设计同寿命,使用中少量维修,免重涂。作为广泛使用的富锌底漆已有一些耐久年限较长的产品问世,比利时的 Zinga 属于有机类富锌涂料,干膜中的金属锌含量达 96%,已通过 NORSOK M－501 苛刻的 4200h 的循环腐蚀试验。在挪威奥斯陆的沿海海洋大气环境中,涂在钢桥上 120μm 厚的 Zinga 涂层,经使用 15 年后检测,平均膜厚为 108μm,同时也有海洋平台上的成功应用案例。而且 Zinga 与其他防腐涂料配套使用时,其防腐蚀寿命可比两者单独使用寿命之和延长 2 倍以上。作为面漆,目前开发的氟碳涂料和聚硅氧烷耐候性已可达到 15 年以上。

随着海洋平台的使用寿命不断被延长,涂料涂装厚度也不断增加,总干膜厚度由 300μm 提高到 1mm 甚至更厚。漆膜的性能与成膜厚度取决于采用的树脂,环氧树脂具有优良的附着力、成膜性能以及低缩率,能同多种树脂填料和助剂混溶配制成多种重防腐涂料,因此环氧涂料是目前海洋工程防腐中最主要的涂料品种。对于飞溅区的重防腐涂层而言,该区域长期经受海浪的冲击和生产作业中外物的碰撞,因此飞溅区的涂层还应具有较强的抗冲击能力。飞溅区较常用的重防腐涂层主要为高强度环氧涂层或是厚膜型环氧玻璃鳞片涂层。厚膜型环氧玻璃鳞片涂料是在环氧树脂内添加玻璃鳞片,玻璃鳞片可增强涂层的屏蔽性能和机械强度,使涂料具有抗渗透力强、涂层收缩率低、抗热冲击性能优异等特点,局限性在于漆膜较硬,难以修复,施工时要求一次性成膜。快速固化型耐磨聚酯玻璃鳞片厚浆涂料防腐效果可达 30 年以上免维护,在挪威 Ekofisk 油田钻井平台桩腿飞溅区已有 30 年工程应用案例,适用于离岸海洋工程大型钢铁结构的飞溅区或是无法进行涂层维护的区域,聚酯玻璃鳞片涂料与环氧玻璃鳞片涂料相比具有适用领域广、玻璃鳞片含量高、涂层力学性能优异、防腐年限长久等优点,与热喷锌铝涂层相比具有成本低、可修补、表面处理要求低、对施工设备与施工人员无特殊要求等优点。

100% 固含量聚氨酯涂料[7]是由多异氰酸酯与多元醇两组分混合形成的聚氨酯涂层,一次成膜厚度可达 1mm。涂料反应过程是快速放热的高分子聚合过程,因而特别适合冬季和快速防腐施工作业应用环境,涂料不含溶剂,具有安全环保、附着力超强、耐磨性强、施工性能良好等优点。氟碳涂料是一种新型高耐久涂层材料。由于氟碳树脂中 C—F 键键能高,使涂料具有极高的稳定性,其耐候性、耐蚀性、耐磨性以及耐污性等方面较丙烯酸聚酯类面漆有着明显优势。在苛刻的海洋腐蚀环境下,氟碳面漆可于户外暴露 20 年以上仍保持涂层外观,是海洋平台钢结构长效防腐面漆的最佳选择。此外,氟碳涂料的耐酸、耐碱、耐化学品性能也优于其他涂层,可用于接触强腐蚀介质的液舱。

石墨烯防腐蚀涂料技术取得了一定的进展,Mohammadi 等[8]研究不同石墨烯添加量对石墨烯环氧树脂涂层的耐蚀性能,当含量为 0.5% 时,物理屏蔽性能最佳,防腐蚀效果最好。据文献报道,石墨烯重防腐蚀涂料耐盐雾性能超过 6000h[9]。

2)低表面处理

防腐涂装前处理费用占总涂装成本的 60%,因此低表面处理涂料已成为防腐涂料的重要研究方向之一。这类涂料主要包括可带锈、带湿涂装的涂料,还包括可以直接涂在其他种类的旧涂层表面的涂料。该类涂料主要是环氧类,具有在潮湿带锈钢材表面上直接涂装的功能,有超强的附着力,VOC < 340g/L,一次无气喷涂膜厚可达 200μm 以上,施工性能优良。

3)高固体分/无溶剂

高固体分/无溶剂涂料由于少用或不用有机溶剂,VOC 含量低,符合环保要求。涂料一次施工就可获得所需膜厚,减少了施工道数,提高了工作效率,节约了施工成本。由于很少或没有溶剂挥发,降低了涂层的孔隙率,从而提高了涂层的抗渗能力和耐腐蚀能力。许多涂料公司都有高固体分、无溶剂的涂料产品,大部分是环氧类涂料,日本有一种无溶剂无机硅涂料,重涂期可长达 35 年。

随着涂料技术研究的不断深入和聚合物技术的不断发展,一些新的低聚物和聚合物的出现,将给高固体分涂料行业注入新的活力。纵观国内外高固体分环氧海洋防腐涂料配方中各组分的发展态势,高固体分环氧涂料的性能将有新的突破,质量将有新的提升,应用将有新的进展[10]。

4)水性化

涂料水性化是涂料技术发展的另一个重要方面。水性涂料 VOC 含量低,对节能减排、发展低碳经济、保护环境及可持续发展都有重要意义。目前研发方向主要包括水性无机富锌、水性环氧、水性丙烯酸、水性氟碳体系等,水性丙烯酸、水性环氧、水性无机富锌涂料的工业化应用在一定程度上已取得成功。一种新型低 VOC 弹性丙烯酸树脂,可配制低表面处理厚膜涂料来替代传统的溶剂型丙烯酸产品,其耐腐蚀性、耐沾污性优异,甚至可以用于已生锈的金属表面。水性无机富锌车间底漆具有防腐蚀性能好、没有 VOC 排放、快速焊接和切割等优异性能,在某些方面优于传统的溶剂型无机硅酸锌车间底漆,并已获得成功应用。

5)环保新材料

环保新材料主要是采用低毒、无毒的防锈颜料,如复合磷酸盐代替有毒污染的红丹、铬酸盐等防锈颜料。导电聚合物在海洋涂料开发中也获得了初步应用[11]，传统海洋涂料中加入一定量的导电聚合物即可改善其腐蚀防护性能。此外，有机－无机杂化技术也在海洋防腐涂料中得到应用。例如，无机聚硅氧烷具有优异的耐候性，用丙烯酸树脂进行改性来增加弹性、柔韧性、黏结性，适合于海洋环境长期防腐和耐候的需求。

聚脲弹性体（SPUA）涂层是一种无溶剂、无污染的高性能重防腐涂料，具有以下特点。

① 固化速度快，6~9s 可不粘手，1min 可达步行强度，30min 即可投入使用。

② 对湿度、温度不敏感，施工时不受环境湿度影响，且可在 -40℃ 下成膜。

③ 双组分、单道涂层一次施工即能达到厚度要求，喷涂一次就可达到 2mm 以上。

④ 100% 固含量、无溶剂、环保。

⑤ 涂层弹性强度很好、耐候性好、热稳定性好、在户外长期使用不粉化、不开裂、不脱落。

⑥ 使用性能可在很宽的范围内调节，具有优异的耐腐蚀性能，钢板上喷一道 SPUA（厚度 0.13~0.14mm），其耐盐雾时间高达 5000h。

⑦ 对钢铁附着力好，但对表面处理要求极为严格，钢材要进行彻底的喷砂，处理后必须马上涂装。聚脲主要有芳香族聚脲、脂肪族聚脲和聚天门冬氨酯聚脲。

6.2.2　典型海洋工程涂料技术要求

1. 海洋工程对防腐涂料的一般要求

海洋工程所处腐蚀环境恶劣，为了保证防腐蚀保护效果，必须确保涂层具备充分、适宜的性能，一般来说，海洋工程防腐涂料应符合下列技术要求：

（1）对基材附着力良好；

（2）具有良好的力学性能，如耐海水冲刷、耐磨性、耐碰撞性能；

（3）优异的耐盐水、耐盐雾、耐化学品性能；

（4）面漆具有优异的耐候性、保光保色性；

（5）与电化学保护系统相容性好；

（6）符合健康、安全、环保的要求。

作为海洋工程的防腐蚀涂料及其配套体系，一般都需要预先通过严格的质量检验和品质认可。试验项目最主要有下面 3 个方面：

（1）耐盐水（雾）试验；

（2）抗老化试验，考察粉化程度、附着力及其变化；

（3）耐阴极剥离性试验。

评定海洋工程防腐蚀涂料性能要求的主要国际标准有《色漆和清漆　防护涂

料体系对钢结构的防腐蚀保护　第九部分:海上建筑及相关结构用防护涂料体系和实验室性能测试方法》(ISO 12944－9:2018)、《表面处理和防护涂料》(NORSOK STANDARD M－501:2012)、《近岸结构的防护涂料腐蚀控制》(NACE SP0108:2008)。其中,ISO 12944－9:2018取代之前的ISO 20340的标准要求,并对原有标准作了相应的修改。

2. ISO 12944－9 的要求

通过了该标准中所有测试的涂料体系一般能为海上建筑提供高耐久性的防护涂层,然而,仍有很多因素影响涂层的实际性能和耐久性。经验表明,在实践中实现高耐久性的关键参数之一是涂层体系的构成,主要是涂层的数量和总干膜厚度。因此,本标准规定了对各种环境区域涂层体系的一套最低要求。

在特殊情况下,涂层体系可由更少的施涂道数组成。在这种情况下,总干膜厚度应该相应地比标准中的最低要求显著地增加,同时,建议在施工过程中采取特殊的质量控制措施,以确保达到NDFT。

1)涂料体系的基本要求

标准中对涂料体系的要求有着非常详尽的规定,表6－2给出了一些已成功应用于海上结构的防护涂料体系的基本要求。在海洋工程方面,所用涂料体系都需要通过第三方独立实验室按该要求的测试验证。

表6－2　防护涂料体系及其初始性能的最低要求

基材	经喷射清理的碳钢达 Sa 2½ ~ Sa 3 级,表面粗糙度:中(G)级						热浸镀锌钢和热喷涂锌钢①
环境腐蚀性级别	CX(离岸)		浪溅和潮差区域 CX(离岸)和Im4			Im4	CX(离岸)
底漆类型	Zn(R)②	其他底漆	Zn(R)②③	其他底漆		其他底漆	
NDFT/μm	≥40	≥60	≥40	≥60	≥200	—	≥150
最低涂层道数④/道	3	3	3	3	2	1	2	2
总NDFT/μm	≥280	≥350	≥450	≥450	≥600	≥800	≥350	≥200
按ISO 4624中方法A或B⑤的拉开法附着力测试值(老化前)/MPa⑥	5	5	5	5	5	8	5	5

① 金属涂层的厚度符合ISO 1461(热浸镀锌)或ISO 2063(所有部分)(热喷涂金属)要求,金属涂层表面准备应按ISO 12944－4的规定。因为存在热喷铝(TSA)覆涂层剥落和腐蚀的风险,不推荐在TSA上覆涂,仅推荐使用封闭涂层。

② Zn(R):ISO 12944－5中定义的富锌底漆。

③ 如果需要使用富锌底漆,那么包含有机富锌底漆的涂层体系也可用于Im4类型防护。在这种情况下,整个体系的NDFT可缩减至不小于350μm。

④ 涂层的道数不包含过渡漆,如使用硅酸锌底漆时。

⑤ 根据ISO 4624,附着力测试仪拉力应该是可控的和线性的,如自动液压测试仪器。

⑥ 采用推离式附着力测试是不被允许的。

2）涂料鉴别

涂料体系中每种涂料都应进行指纹鉴别和每批例行批次检查。

（1）指纹鉴别。指纹鉴别的目的是确保所供涂料产品与经过资格认定的产品的一致性。一种涂料体系经资格认定后，可以通过红外光谱、官能团含量、灰分、密度等特征测试等指纹鉴别来确保使用的涂料和已进行资格认定的涂料相一致。表6-3给出了指纹鉴别特征要素。

表6-3　指纹鉴别特征要素

项目		试验方法	漆料组分		固化剂组分	
			试验结果	可接受范围	试验结果	可接受范围
主要参数①						
红外光谱		见标准附录				
不挥发物质量分数/%		ISO 3251		±2		±2
密度/（g/mL）		ISO 2811 中适用部分		±0.05		±0.05
灰分/%		见标准附录		±3		±3
可选参数						
颜料含量(质量)/%	金属锌	ASTM D6580		±1		±1
官能团含量	环氧基/羟基酸性基团氨基异氰酸基	见标准附录				

① 得到的结果因色调的不同而有差异。

（2）每批例行批次检查。涂料生产商应对每批次涂料进行例行批次检查，检查结果提供给使用方。如客户有要求，可以用来作为产品一致性的证明。表6-4给出每批例行批次检查所要求的最少数据。

表6-4　每批例行批次检查所要求的最少数据

项目	检验方法	检验结果	允许值
密度	ISO 2811 中适用部分	—	0.05g/mL①
不挥发分质量含量	ISO 3251	—	2%

① 如果相对密度大于2g/mL的涂料产品，则允许偏差范围为+0.1g/mL。

3）涂料性能测试

涂料性能测试的试板应采用符合 ISO 1514 标准的钢材制作。除非另有约定，试板的尺寸应是 150mm×75mm×3mm，每项试验最少需要准备3块试板。试板的性能测试要求见表6-5。测试项目由相关各方同意进行。

表 6 - 5　试板的性能测试要求

测试项目	划线	腐蚀性级别 CX(离岸)环境	腐蚀性级别 CX(离岸)和浸没级别 Im4 组合环境(飞溅区和潮差区)	浸没级别 Im4 环境
循环老化试验	是	4200h	4200h	—
耐阴极剥离试验(除非另有约定,按 ISO 15711 中方法 A)	否(以人造圆孔代替,见表 6 - 6)	—	4200h	4200h
海水浸泡试验①(ISO 2812 - 2)	是	—	4200h	4200h

① ISO 15711 中表 1 定义的人工海水。

　　按标准要求进行循环老化试验,试验程序见第 3 章 3.4.4 小节。循环老化试验样板的评定根据 ISO 12944 - 6:2018 进行,方法和要求见表 3 - 9。至少要 3 块试板中 2 块达到要求才能通过质量评定测试。对于高冲击区域的涂层体系,如甲板、装卸区、直升机甲板、逃生通道和飞溅/潮差区等,循环老化试验后划线处的腐蚀宽度 $M \leqslant 8.0mm$;其他环境区域,$M \leqslant 3.0mm$。

　　海水浸泡试验和耐阴极剥离试验试板评定要求见表 6 - 6。

表 6 - 6　试板评定方法和要求

评定方法	资格认定测试前的要求	资格认定测试后的要求
海水浸泡试验后划线处的腐蚀(ISO 12944 - 6:2018 中附录 A)		$M \leqslant 6.0mm$
按 ISO 15711:2003 中方法 A 进行的阴极剥离	在资格认定试验前按照 ISO 15711:2003 中方法 A 规定的程序,制造一个直径 6mm 的人造圆孔(碳钢底材完全暴露)	试验后,用锋利薄刃的小刀划出两条贯穿涂层且于圆孔中心相交成 45° 夹角的放射状切痕,切透涂层至碳钢底材,试着用刀尖掀起涂层,记录这样暴露的总面积(包括圆孔的面积),通过总暴露面积和圆孔面积的差值计算剥离区域的面积。由剥离面积计算出相应的等效直径不应超过 20mm

3. NORSOK STANDARD M -501 的要求

　　NORSOK STANDARD M - 501(以下简写为"NORSOK M - 501")由挪威石油工业领域相关方经广泛参与制定,由 Standard Norway 负责管理和发行,针对固定式或系泊式海上平台在建造和安装过程中所采用的防护涂层,就涂层材料的选择、表面处理、施工工艺、涂层检查提出了要求。NORSOK M - 501 标准广泛地替代了北海区域的石油天然气工业企业的涂装规格书而作为官方涂装规格书得到应用。NORSOK M - 501 中关于涂料特性的测试方法和要求则直接引用了 ISO 20340。

　　NORSOK M - 501 涵盖了油漆、金属涂层和钢结构防火涂层。这个标准倡导对装置进行理想的保护以尽可能减少维修,涂层体系便于维修、便于施工。这些体现了标准提倡的整体涂装经济性。标准不适用于管线和管架。

　　NORSOK 标准适用的涂料体系在本节"典型海洋工程涂料配套体系"中详述。其中涂层体系 No. 1、No. 3B、No. 4、No. 5 和 No. 7 应按照标准中第 10 条款进行资格认证,具体测试要求见表 6 - 7。对于那些需要资格认证的涂层体系,标准中列出的涂层体系只是示例,如果涂层体系满足 NORSOK M - 501 的要求,该涂层体系也可使用。但是对于涂层体系 No. 1 和 No. 7,在进行涂层资格认证时,NORSOK M - 501 规定的涂层道数和涂层干膜厚度是最低要求,待认证的涂层性能必须符合此要求。此外,面漆颜色应符合标准中附录 B 的要求,压载舱和淡水储罐应采用浅色面漆。当车间底漆作为完整涂料体系的一部分时,应通过相应的测试。

表 6 - 7　NORSOK M - 501 涂料体系资质认可测试要求

测　试	接受标准
海水浸泡,ISO 20340 下列涂料体系要求测试: (1) 涂料体系 No. 3B 和 7A、7B、7C (2) 涂料体系 No. 1 用于潮差区或飞溅区	根据 ISO 20340:2009
按照 ISO 20340 程序 A 进行的老化试验,以下的涂层体系要求进行测试: (1) 涂层体系 No. 1、3B、4、5A 和 5B (2) 涂层体系 No. 7A	按照 ISO 20340 附加以下要求: (1) 粉化(见 ISO 4628 - 6):不超过 2 级,只适用涂层体系 No. 1 (2) 附着力(见 ISO 4624):不低于 5MPa,(经老化试验后)附着力下降不超过初始值的 50% (3) 未经机械处理后覆涂,层间附着力值不低于 5.0MPa (4) 对于涂层体系 No. 5A 和 5B:附着力下降最多为初始值的 50%,水泥基防火涂层不低于 2.0MPa,环氧树脂基防火涂层不低于 3.0MPa (5) 对于涂层体系 No. 5A,在完成老化试验后应报告涂层的吸水性
按照 ISO 20340 进行的耐阴极剥离试验在温度不大于 50℃下运行的系统,以下涂层体系要求进行测试: (1) 涂层体系 No. 3B、7A、7B、7C (2) 涂层体系 No. 1 用于潮差区或飞溅区时	根据 ISO 20340

续表

测　试	接受标准
按照 ISO 20340 进行的耐阴极剥离试验在温度大于 50℃下运行的系统： （1）涂层体系 No.7C （2）钢板温度：最大钢板运行温度 （3）电解质溶液：3.5% NaCl 溶液 （4）电解质溶液温度：30℃ （5）电位：－1.2V SCE （6）氧浓度：8×10^{-6} （7）涂层圆孔直径：6mm （8）周期：4 周	按照 ISO 20340

注：1. 此验收准则为对涂层性能的最低要求。

2. 附着力测试必须采用具有自动对中的拉开法测试仪。对于涂层体系 No.4 的附着力测试，可以在未暴露于以上的测试环境中、没有防滑骨料的涂层上进行，以免环境和骨料对测试结果的干扰。

3. IMO MSC.215（82）所认可的压载水舱涂层系统 No.3B 应视为合格（其他测试不接受）。

4. 涂层体系 No.5A 的被测试涂层的厚度应为 6mm。

5. 涂层体系 No.5A 和 5B 的测试应在材料没有加强的情况下进行。

6. 涂层体系 No.5A 和 5B 的测试应在没有面漆的情况下进行。

7. 钢材温度超过 100℃的阴极剥离试验：应对钢材上的电解质溶液加压以提高其沸点以避免电解质溶液的蒸发。

8. 涂层系统 No.7 的资格认证应在碳钢上完成。该涂层系统也需要在不锈钢上完成认证。

4. NACE SP0108 的要求

NACE SP0108 是美国腐蚀工程师协会制定的有关使用防护涂层对海洋工程钢结构进行防腐蚀控制的标准规范，它确定了对海洋工程钢结构和相关设备的腐蚀防护涂层的最低要求。该标准涵盖了涂层材料、涂层资格预审试验方法和相关的验收标准、表面处理、涂层应用、质量保证和控制以及修复方法。

指纹识别是保证海洋工程防腐涂料质量的重要测试手段，NACE SP0108 与 NORSOK M‐501 一样，引入了指纹识别这一涂料性能检测方法（表 6‐8），以确保涂料品质的稳定。

表 6‐8　涂料材料的指纹识别

编号	性能	组分	公差	标准
1	密度/（g/cm³）	A 和 B，每个组分	±0.05	ASTM D1475
2	质量固体分/%	A 组分和 B 组分的混合	±2	ASTM D2369
3	颜料成分，质量比	A 和 B，每个组分		涂料制造商的指导
4A	FTIR‐ATR 扫描，有颜料	A 和 B，每个组分		涂料制造商的指导
或 4B	红外扫描（IR），无颜料	A 和 B，每个组分		ASTM D2621

大气区和飞溅区涂料体系的测试方案见表6-9,这些涂料用于碳钢表面的新建或维修系统,适用温度最大为120℃。

表6-9　大气区和飞溅区涂料体系的测试方案

涂料性能	表面处理	大气区,甲板		飞溅区	
		新建结构	维修	新建结构	维修
锈蚀蔓延	NACE No. 2/ SSPC - SP 10	NACE TM0404	NACE TM0304	NACE TM0404	NACE TM0304
	200mg/m² 氯离子	不测	NACE TM0304	不测	NACE TM0304
	潮湿	不测	不测	不测	NACE TM0304
边缘保持	砂纸	NACE TM0404	NACE TM0304	NACE TM0404	NACE TM0304
热循环	NACE No. 2/ SSPC - SP 10	NACE TM0404	NACE TM0304	NACE TM0404	NACE TM0304
柔韧性	NACE No. 2/ SSPC - SP10	NACE TM0404	NACE TM0304	NACE TM0404	NACE TM0304
冲击强度 (仅适用于甲板和小艇卸载)	NACE No. 2/ SSPC - SP 10	ASTM G14	ASTM G14	ASTM G14	ASTM G14
浸水	NACE No. 1/ SSPC - SP 5	不测	不测	不测	NACE TM0304
	200mg/m² 氯离子	不测	不测	不测	NACE TM0304
	潮湿	不测	不测	不测	NACE TM0304
阴极剥离	NACE No. 1/ SSPC - SP 5	不测	不测	ASTM G14	NACE TM0304
	200mg/m² 氯离子	不测	不测	不测	NACE TM0304
	潮湿	不测	不测	不测	NACE TM0304

压载水舱、空舱、海水舱和外部全浸区用于碳钢表面的涂料体系,包括新建和维修系统,测试方案见表6-10。

表 6 - 10　压载水舱、空舱、海水舱和外部全浸区涂料体系的测试方案

涂料性能	表面处理	压载水舱、空舱、海水舱		外部全浸区
		新建	维修	新建
边缘保持	砂纸	NACE TM0104	NACE TM0104	NACE TM0204
耐水	NACE No. 1/SSPC – SP 5	NACE TM0104	NACE TM0104	NACE TM0204
	100mg/m² 氯离子	不测	NACE TM0104	不测
	潮湿	不测	NACE TM0104	不测
阴极剥离	NACE No. 1/ SSPC – SP 5	NACE TM0104	NACE TM0104	NACE TM0204
	100mg/m² 氯离子	不测	NACE TM0104	不测
	潮湿	不测	NACE TM0104	不测
体积稳定	漆膜不限	NACE TM0104	NACE TM0104	NACE TM0204
老化稳定	NACE No. 1/ SSPC – SP 5	NACE TM0104	NACE TM0104	NACE TM0204
漆膜开裂	NACE No. 1/ SSPC – SP 5	NACE TM0104	NACE TM0104	不测
热湿循环（仅适用于 FPSO）	NACE No. 1/ SSPC – SP 5	NACE TM0104	NACE TM0104	不测
	100mg/m² 氯离子	不测	NACE TM0104	不测
	潮湿	不测	NACE TM0104	不测

用于大气区和飞溅区，压载水舱、空舱和海水舱，以及外部全浸区的涂料体系可接受标准见表 6 - 11。

表 6 - 11　海洋工程结构涂料体系测试可接受标准

涂料性能	测试方法	可接受标准
锈蚀蔓延	NACE TM0304 NACE TM0404	<3.5mm（非富锌底漆系统） <1.4mm（富锌底漆系统） 划痕处和边缘处不起泡、生锈、开裂、剥落
边缘保持	NACE TM0104 NACE TM0204 NACE TM0304 NACE TM0404	邻近边缘处平面上干膜厚度的测量， 大于平均干膜厚度的50%
热循环	NACE TM0304 NACE TM0404	无开裂

续表

涂料性能	测试方法	可接受标准
柔韧性	NACE TM0304 NACE TM0404	>1%（最低使用温度时）
冲击强度	ASTM G14	>5.6J(50in.1bf,甲板和小艇卸载飞溅区)
浸水	NACE TM0104 NACE TM0204 NACE TM0304 NACE TM0404	<7mm 剥离① 划痕处和边缘处不起泡、不生锈、不开裂、不剥落
阴极剥离	NACE TM0104 NACE TM0204 NACE TM0304 NACE TM0404	<7mm 剥离① 划痕处和边缘处不起泡、不生锈、不开裂、不剥落
体积稳定	NACE TM0104 NACE TM0204	可选②
老化稳定	NACE TM0104 NACE TM0204	>50%
厚膜开裂	NACE TM0104	没有开裂
热湿循环 （仅适用于 FPSO）	NACE TM0104	<3.5mm 划痕处和边缘处不起泡、不生锈、不开裂、不剥落

① 湿剥离测试用于评价涂料的浸水性能。

② 该方法为可选方案,如果业主要求该测试,可接受标准由业主和涂料供应商相互协商。

6.2.3 典型海洋工程涂料配套体系

1. NORSOK M-501 推荐涂料体系

NORSOK M-501 是海洋工程中防腐蚀涂装应用较为广泛的行业标准,北海区域的石油天然气工业企业海洋工程防腐蚀表面处理主要采用此标准。在北海地区海洋工程使用的防腐蚀涂层体系,需按 NORSOK M-501 的要求通过相应的涂层体系资格认可。在标准的附录中,推荐的典型涂料配套方案见表 6-12。

表 6-12　NORSOK M-501 推荐的涂料配套方案

施工部位	表面处理	涂料体系	最小干膜厚度/μm
涂料体系 No.1(应进行预认证):碳钢,操作温度小于120℃钢结构,设备、储槽、管道和阀门外表面(不保温)	清洁度:ISO 8501-1,Sa 2½级; 粗糙度:ISO 8503-1,中(G)级(50~85μm,Ry5)	1 道富锌底漆 最少涂层道数为 3 道①	60 280
涂料体系 No.2A:用于所有操作温度大于120℃的碳钢表面。 涂料体系 No.2A 或 2B 用于以下碳钢设备与部件:储罐、容器和管道所有保温表面;火炬臂和起重臂;底部甲板的下表面,包括管道、飞溅区以上的护套;救生船是可以选择(非强制性)应用的部位(在每个项目中会有定义)	清洁度:ISO 8501-1,Sa 2½级; 粗糙度:ISO 8503-1,中(G)级(50~85μm,Ry5)	涂层体系 No.2A:热喷涂铝或铝合金封闭漆(剂)② 涂层体系 No.2B:热喷涂锌或锌合金过渡涂层③ 中间涂层 面涂层	200 100 125 75
碳钢储罐内表面 涂层体系 No.3A:用于饮用水储罐; 涂层体系 No.3B:用于压载水舱/填充海水的隔舱内壁; 涂层体系 No.3C:用于原油、柴油和冷凝水储罐; 涂层体系 No.3D:用于小于 0.3MPa、小于75℃的压力容器; 涂层体系 No.3E:用于小于 7MPa、小于80℃的压力容器; 涂层体系 No.3F:用于小于 3MPa、小于130℃的压力容器; 涂层体系 No.3G:用于贮存甲醇、一乙基乙二醇的容器	涂层体系 No.3A: 清洁度:ISO 8501-1,Sa 2½级; 粗糙度:ISO 8503-1,中(G)级(50~85μm,Ry5) 涂层体系 No.3B:根据资格认证中的要求 其他涂层体系:按涂层体系 No.3A 要求或制造商的建议	No.3A:产品应有相关部门认可证书,采用无溶剂环氧涂料时,应至少施工 2 道,每道 300μm; No.3B:应符合 IMO MSC.215(82)中的相关要求; No.3C:储罐平底及底部以上 1m 罐内壁、顶部及顶部以下 1m 罐内壁; No.3D:无溶剂或溶剂环氧; No.3E:溶剂型或无溶剂环氧或酚醛环氧; No.3F:无溶剂酚醛环氧; No.3G:无机硅酸锌 50~90μm	
涂层体系 No.4:人行通道、疏散通道、(甲板上)搁物区; 涂层体 No.1 也可以应用于其他甲板区域	清洁度:ISO 8501-1,Sa 2½级; 粗糙度:ISO 8503-1,中(G)级(50~85/μm,Ry5)	浅色防滑环氧砂浆抹涂层,防滑骨料的粒径为 1~5mm	3000
涂料体系 No.5A:环氧类防火保护层	清洁度:ISO 8501-1,Sa 2½级; 粗糙度:ISO 8503-1,中(G)级(50~85μm,Ry5)	或 1 层环氧底漆 1 层环氧富锌底漆 1 道环氧过渡漆 涂层总 NDFT	 50 60 25 85

续表

施工部位	表面处理	涂料体系	最小干膜厚度/μm
涂料体系 No. 5B:水泥基防火保护层	清洁度:ISO 8501 - 1,Sa 2½级; 粗糙度:ISO 8503 - 1,中(G)级(50 ~ 85μm,*Ry*5)	1 层环氧富锌底漆 1 层双组分环氧漆 涂层总 NDFT	60 200 260
涂层体系 No. 6A:需要涂装的不保温不锈钢,需要涂装的铝材	使用不含氯化物的非金属磨料扫砂处理达到 25 ~ 85μm 的表面粗糙度	1 层环氧底漆 1 层双组分环氧漆 1 层面漆 涂层总 NDFT	50 100 75 225
涂层体系 No. 6B:需要涂装的热镀锌钢材	用碱性清洗剂清洁,然后用清洁淡水冲洗		
涂层体系 No. 6C:温度小于 150℃ 的保温不锈钢管道和容器	使用不含氯化物的非金属磨料扫砂处理达到 25 ~ 85μm 的表面粗糙度	2 层浸渍级环氧酚醛漆 涂层总 NDFT	2 × 125 250
涂层体系 No. 7A:飞溅区的碳钢及不锈钢	清洁度:ISO 8501 - 1,Sa 2½级; 粗糙度:ISO 8503 - 1,中(G)级(50 ~ 85μm,*Ry*5)④	双组分环氧漆或聚酯涂料,最少 2 层	600
涂层体系 No. 7B:不大于 50℃ 水下的碳钢及不锈钢		双组分环氧漆,最少 2 层	350
涂层体系 No. 7C:大于 50℃ 水下的碳钢及不锈钢		双组分环氧漆,最少 2 层	350
涂料体系 No. 8:运行温度不大于 80℃,在内部和完全干燥和通风场所的结构碳钢	清洁度:ISO 8501 - 1,Sa 2½级	A. 1 层双组分环氧漆 B. 环氧富锌 + 环氧过渡漆	150 60 + 25
涂料体系 No. 9:大多数的碳钢阀门,运行温度不超过 150℃	清洁度:ISO 8501 - 1,Sa 2½级; 粗糙度:ISO 8503 - 1,中(G)级(50 ~ 85μm,*Ry*5)	2 层环氧酚醛漆 涂层体系最小 DFT	2 × 150 300

① 如果在富锌底漆固化后没能立即施工第二道涂层;或者在施工第二道涂层前,底漆要暴露于潮湿或户外环境,则应在底漆固化后立即涂装过渡漆以防止锌被氧化。过渡漆要求膜厚不低于 50μm,同时具有良好的适配性。

② 涂层体系 No. 2A 只适用于应按以下要求进行封闭的所有金属涂层表面:封闭漆应涂装至完全填充金属孔隙;在施工完成后应被完全吸收,没有可测量厚度的封闭层;封闭金属涂层的材料在 120℃ 以下时应采用双组分环氧漆;在 120℃ 以上时应采用铝粉有机硅漆。施工时,封闭漆的体积固体分额定值为 15%。

③ 涂层体系 No. 2B 只有在以下情况下是适用的:中间漆和面漆应如涂层体系 No. 1 经过资格认证;资格认证可能是在不同厚度下的;应使用过渡漆,除非经演示证明使用过渡漆对复涂性能无益;过渡漆应符合涂料制造商的建议。

④ 不锈钢应用非金属磨料喷砂,且磨料中不含氯化物。

NORSOK M-501涂料体系面漆颜色见表6-13,压载水舱和淡水舱中应该使用浅颜色。

表6-13 NORSOK M-501涂料体系面漆颜色

颜色	RAL 色卡	颜色	RAL 色
白色	RAL9002	红色	RAL3000
蓝色	RAL5015	黄色	RAL1004
灰色	RAL7038	橘色	RAL2004
绿色	RAL6002	黑色	RAL9017

2. NACE SP0108 推荐涂料体系

在 NACE SP0108 中,用不同的字母和阿拉伯数字的编号表示不同部位的涂料体系,具体如下:

C——碳钢

M——维修

N——新建

O——其他表面(如非铁金属)

S——不锈钢

1)大气环境下的涂料体系

大气区涂层体系需考虑气温和相对湿度等气候环境条件,以保证涂料在规定的时间内可以固化,以及其混合使用寿命和重涂间隔。大气区新建碳钢结构用典型涂料体系见表6-14,大气区碳钢结构维修用典型防护涂料体系见表6-15。耐紫外线面漆系统可以选用聚氨酯、聚硅氧烷和氟碳涂层。

表6-14 大气区新建碳钢结构用典型涂料体系

应用范围	涂层	涂层体系	干膜厚度/μm	目标干膜厚度/μm
CN-1 大气区 -50~120℃ 带绝缘/不带绝缘	1	富锌底漆	50~75	75
	2	环氧	125~175	125
	3	聚氨酯	50~75	75
	1	环氧底漆	125~175	125
	2	环氧	125~175	125
	3	聚氨酯	50~75	75
	1	热喷铝涂层	250~375	250
	2	稀封闭漆(环氧)	不计入干膜厚[①]	不额外增加干膜厚
	3	封闭漆(环氧)	不计入干膜厚[①]	不额外增加干膜厚

续表

应用范围	涂层	涂层体系	干膜厚度/μm	目标干膜厚度/μm
CN-2 大气区 -50~120℃ 带绝缘/不带绝缘	1	无机富锌底漆	50~75	75
	2	有机硅丙烯酸	25~50	50
	1	热喷铝涂层	250~375	250
	2	稀封闭漆 （有机硅丙烯酸或酚醛环氧）	不计入干膜厚①	不额外增加干膜厚
	3	封闭漆 （有机硅丙烯酸或酚醛环氧）	不计入干膜厚①	不额外增加干膜厚
CN-3 大气区 120~150℃ 带绝缘/不带绝缘	1	酚醛环氧	100~125	125
	2	酚醛环氧	100~125	125
	1	热喷铝涂层	250~375	250
	2	稀封闭漆 （有机硅丙烯酸或酚醛环氧）	不计入干膜厚①	不额外增加干膜厚
	3	封闭漆 （有机硅丙烯酸或酚醛环氧）	不计入干膜厚①	不额外增加干膜厚
CN-4 大气区 150~450℃ 带绝缘/不带绝缘	1	热喷铝涂层	250~375	250
	2	稀封闭漆（有机硅类）	不计入干膜厚①	不额外增加干膜厚
	3	封闭漆（有机硅类）	不计入干膜厚①	不额外增加干膜厚
	1	无机富锌底漆	50~75	75
	2	有机硅类	25~50	50
	3	有机硅类	25~50	50
CN-5 甲板和地板 ——轻载和正常状态	1	富锌底漆	50~75	75
	2	高固体分环氧	125~175	125
	3	环氧防滑涂料②	125~175③	125③
	4	聚氨酯	50~75	75
	1	环氧底漆	125~175	125
	2	高固体分环氧	125~175	125
	3	环氧防滑涂料②	125~175③	125③
	4	聚氨酯	50~75	75
	1	热喷铝涂层	250~375	250
	2	封闭漆（聚氨酯）	不计入干膜厚①	不额外增加干膜厚
	1	厚膜（HB）环氧防滑涂料	厂家说明书	厂家说明书

应用范围	涂层	涂层体系	干膜厚度/μm	目标干膜厚度/μm
CN-6 甲板和地板 ——重载和直升机甲板	1	富锌底漆	50~75	75
	2	高固体分环氧	200~300	250
	3	环氧防滑涂料②	200~300③	250③
	4	聚氨酯安全标记涂料	50~75	75
	1	环氧底漆	125~175	125
	2	高固体分环氧	200~300	250
	3	环氧防滑涂料②	200~300③	250③
	4	聚氨酯安全标记涂料	50~75	75
	1	预合金化铝/氧化铝热喷铝涂层④	300~400	300
	2	封闭漆(聚氨酯)	不计入干膜厚①	不额外增加干膜厚
	1	厚膜环氧防滑涂料②	厂家说明书	厂家说明书

① 封闭漆用于封闭热喷铝涂层上的孔洞且不需将现有热喷铝涂层厚度计入干膜厚。允许薄封闭漆在下一道封闭涂层施工前干燥30min以上。

② 防滑磨料必须在施工前与液体涂料混合，以便磨料获得较好的润湿性。较细的磨料应在环氧防滑涂料施工时使用。

③ 涂层的干膜厚度应该在添加防滑磨料之前进行计算。

④ 调整热喷铝涂料喷枪参数和喷枪配件，从而使得制备出的热喷铝涂层按照说明书的要求有一个粗糙的防滑剖面。尽管热喷铝涂料本身就含有硬质的、耐磨的氧化铝颗粒作为基料，但是还需使用含有90%的铝/10%的氧化铝，或是含有更多等效量的氧化铝的预合金化热喷铝涂层金属丝。

表6-15 大气区碳钢结构维修用典型防护涂料体系

应用范围	涂层	涂层体系	干膜厚度/μm	目标干膜厚度/μm
CM1 冷凝水管	1	水下固化环氧①	375~750	500
CM-2 大气区 -50~120℃ 带绝缘/不带绝缘	1	环氧底漆	125~175	75
	2	高固体分环氧	125~175	125
	3	聚氨酯	50~75	75
	1	有机富锌底漆	50~75	75
	2	环氧	125~175	125
	3	聚氨酯	50~75	75
	1	湿气固化聚氨酯底漆	75~125②	100
	2	湿气固化聚氨酯	75~125②	100
	3	湿气固化聚氨酯	75~125②	100

续表

应用范围	涂层	涂层体系	干膜厚度/μm	目标干膜厚度/μm
CM-3 大气区 120~150℃ 带绝缘/不带绝缘	1	酚醛环氧	100~125	125
	2	酚醛环氧	100~125	125
	1	有机硅基高固体分涂料③	100~200	150
	2	有机硅基高固体分涂料③	100~200	150
CM-4 大气区 150~450℃ 带绝缘/不带绝缘	1	有机硅	25~50	25
	2	有机硅	25~50	25
	1	有机硅基高固体分涂料③	100~200	150
	2	有机硅基高固体分涂料③	100~200	150
CM-5 甲板和地板 ——轻载和正常状态	1	环氧底漆	125~175	125
	2	高固体分环氧	125~175	125
	3	环氧防滑涂料④	125~175⑤	125⑤
	4	聚氨酯	50~75	75
	1	高固体分环氧防滑涂料	厂家说明书	厂家说明书
CM-6 甲板和地板 ——重载和直升机甲板	1	环氧底漆	200~250	250
	2	环氧防滑涂料④	200~250⑤	250⑤
	3	聚氨酯安全标记涂料	50~75	75
	1	高固体分环氧防滑涂料	厂家说明书	厂家说明书

① 对于湿面的管道而言,水下固化环氧必须采用刷涂方式进行施工,可能还需使用最小厚度为 1.1mm 的蜡质或矿脂质包缠带。

② 湿气固化聚氨酯在其固化过程中会与湿气反应生成 CO_2。如果涂层厚度太大,将会产生很多的气泡,因此必须严格控制干膜范围。

③ 这是最近新开发出的高温涂层材料,可用作绝缘下面的维修涂层。这种涂层材料含有机硅,但并不被定义为有机硅涂料。它的合格资格必须得到供应商和设备业主的互相认可。

④ 防滑磨料必须在施工前与液体涂料混合,以便磨料获得较好的润湿性。较细的磨料应在环氧防滑涂料施工时使用。

⑤ 涂层的干膜厚度应该在添加防滑磨料之前进行计算。

海洋工程需用大量不同型号的不锈钢,为了防止缝隙腐蚀和应力腐蚀开裂,不锈钢也需要用涂料来进行保护。大气区不锈钢结构典型涂料体系见表 6-16,非铁金属表面的典型大气区涂料体系见表 6-17。

表6-16　大气区不锈钢结构典型涂料体系(新建造和维修)

用途	涂层	涂层体系	干膜厚度/μm	目标干膜厚度/μm
仅用于 SM-1 冷凝水管的维修①	1	水下固化环氧	375~750	500

用途	涂层	涂层体系	干膜厚度/μm	目标干膜厚度/μm
SN－2/SN－2 大气区 －50～120℃	1	环氧底漆	150～200	200
	2	聚氨酯	50～75	75
SN－3/SN－3 大气区 120～150℃	1	环氧酚醛	100～125	125
	2	环氧酚醛	100～125	125
	1	有机硅基高固体分涂料	100～200	150
	2	有机硅基高固体分涂料	100～200	150
SN－4/SN－4 大气区 150～450℃	1	有机硅	25～50	50
	2	有机硅	25～50	50
	1	有机硅基高固体分涂料	100～200	150
	2	有机硅基高固体分涂料	100～200	150
	1	热喷铝涂层	50～100	75

① 对于湿面的管道而言,水下固化环氧必须采用刷涂方式进行施工,可能还需使用最小厚度为 1.1mm 的蜡质或矿脂质包缠带。

表 6－17　大气区非铁金属表面的典型涂料体系

用途类别	涂层	涂层体系	干膜厚度/μm	目标干膜厚度/μm
ON 1/OM－1 铝制 直升机甲板防滑	1	环氧底漆	125～175	125
	2	防滑环氧聚氨酯漆(大于 0℃)	150～200	150
	3	防滑瓦体系(小于 0℃)①	50～75	75
ON－1/OM－1 热浸 镀锌层大气区 －50～120℃	1	环氧底漆	150～200	150
	2	聚氨酯漆	50～75	75

① 铝制甲板的缺陷较大,这类甲板应使用更柔性涂料。尤其对于寒冷气候,应该使用一种更柔软的防滑瓦片体系。

2) 飞溅区保护涂料体系

飞溅区比大气区或浸泡区更具腐蚀性,标准推荐的飞溅区涂料体系见表 6－18(新建)和表 6－19(维修)。液体环氧涂料体系通常添加玻璃鳞片来提高其屏蔽性能和机械强度,聚氨酯面漆因不具有良好的耐水性而不用于飞溅区。当使用硫化氯丁橡胶涂层时,厚度范围在 6～13mm 内,通常在车间内进行涂覆。金属热喷铝涂层(TSA)厚度在 200～250μm 内,用环氧涂料进行封闭,为了减少热循环引起的分层,TSA 的厚度应控制在较窄的膜厚范围内。

表 6 - 18　飞溅区新建碳钢结构用典型涂料体系

用途类别	涂层	涂层体系	干膜厚度 (除非另行规定)/μm	目标干膜厚度/μm
CN - 7 飞溅区 <60℃	1	环氧玻璃鳞片①	450 ~ 550	500
	2	环氧玻璃鳞片	450 ~ 550	500
	1	热喷铝涂层	200 ~ 250	250
	2	稀封闭漆(环氧)	不计入干膜厚②	不增加干膜厚
	3	封闭漆(环氧)	不计入干膜厚②	不增加干膜厚
	1	底漆	25 ~ 50	25
	2	黏结剂	25 ~ 50	25
	3	氯丁橡胶涂料	6 ~ 13mm	由使用说明书确定
CN - 8 飞溅区 >70℃ 和 <100℃	1	底漆	25 ~ 50	25
	2	黏结剂	25 ~ 50	25
	3	氯丁橡胶③	6 ~ 13mm	由使用说明书确定
CN - 9 飞溅区 >10℃ 和 <130℃	1	底漆	25 ~ 50	25
	2	黏结剂	25 ~ 50	25
	3	EPDM 橡胶④	6 ~ 13mm	由使用说明书确定

① 平均表面粗糙度应最小为 75μm。

② 在涂覆第二道密封涂层之前,允许稀密封层干燥时间大于 30min,不能增加膜厚。

③ 对于使用温度大于 70℃,氯丁橡胶应只用炭黑颜料,以获得更好的耐热性能。

④ 三元乙丙橡胶。

表 6 - 19　飞溅区碳钢结构用典型维修涂料体系

用途类别	涂层	涂层体系	干膜厚度/μm	目标干膜厚度/μm
CM - 7 飞溅区 <60℃	1	低表面处理环氧	300 ~ 2000	供应商规格②
	1	环氧底漆	125 ~ 175	125
	2	环氧玻璃鳞片	200 ~ 500	375
	1	环氧玻璃鳞片①	450 ~ 550	500
	1	水下固化环氧底漆 + 两片 玻璃纤维增强材料外壳	厂家说明书②	厂家说明书②

① 平均表面粗糙度最小为 75mm。

② 由供应商推荐涂层膜厚。

由于飞溅区的维修保养只能在低潮位时进行,时间又非常短,因而适合使用单道涂层来修复。因待修复表面经常是潮湿的,应使用与潮湿表面兼容的涂层系统。飞溅区维修相当困难,因此除了液体涂料外,也有一些非涂料体系在实践中得到商业化应用。

3）全浸区保护涂料体系

全浸区海洋钢结构受到牺牲阳极和防护涂层的同时保护,防护涂层系统用于减少牺牲阳极的数量或重量。用于全浸区的防护涂料体系见表6-20(新建)和表6-21(维修)。

表6-20　全浸区新建造碳钢结构用典型涂料体系

用途类别	涂层	涂层体系	干膜厚度/μm	目标干膜厚度/μm
CN-10 外部浸水区 <60℃①	1	高固体分环氧预涂	150~200	175
	2	高固体分环氧	150~200	175
	1	热喷铝涂层	250~375	300
	2	薄封闭层(环氧)	不增加厚度	不增加厚度
	3	封闭层(环氧)②	不增加厚度	不增加厚度

① 牺牲阳极通常与防护涂料体系配合安装。

② 允许稀封闭漆在下一道封闭涂层施工前干燥30min以上。封闭漆不增加已有的热喷铝涂层膜厚。

表6-21　全浸区碳钢结构用典型维修涂料体系

用途类别	涂层	涂层体系	干膜厚度/μm	目标干膜厚度/μm
外部全浸区 <60℃①	1	水下固化环氧①	500~1000	厂家说明书

① 现场涂覆水下固化环氧涂料是极其困难的,阴极保护是一个很好的选择。

4）压载水舱涂料体系

压载水舱是一个黑暗和狭窄的空间,适宜选用无溶剂或高固体分环氧涂料。应选用浅色面漆以便于目视检查。需使用多道涂层,以防止因涂层间不同的膨胀和收缩率引起层间剥离。在进行多道涂层涂装时,应使用不同颜色的相同配方涂料体系,以防止弄错涂装道数。对于总厚度为375~500μm的环氧涂料体系而言,3道较薄涂层比两道厚涂层更佳,因为前者具有更好的漆膜完整性和较少的漏涂点。进行两道预涂以获得在焊接缝和尖锐边缘区域上良好的漆膜覆盖性。新建和维修压载水舱用涂料体系列于表6-22和表6-23中。

表6-22　新建碳钢结构压载水舱用典型涂料体系

用途类别	涂层	涂层体系	干膜厚度/μm	目标干膜厚度/μm
CX-11 压载水舱 <60℃①	1	高固体分环氧预涂	125~175	125
	2	高固体分环氧预涂	125~175	125
	3	高固体分环氧	125~175	125

表 6 – 23　碳钢结构压载水舱用典型维修涂料体系

用途类别	涂层	涂层体系	干膜厚度/μm	目标干膜厚度/μm
CM – 9 压载水舱 <60℃	1	高固体分环氧预涂	200～250	200
	2	高固体分环氧	200～250	200

6.3　海洋工程涂装

6.3.1　海洋工程涂装概述

1. 海洋工程涂装特点

海洋工程是一项非常复杂的、繁琐的、技术性较高的工程,海洋工程整体结构一般要求服役达到25～30年不进行大修或仅大修一次[12]。海洋工程不同部位处于不同的腐蚀环境之中,有海洋大气区、飞溅区、全浸区,舱室区不同部位采用不同涂料体系。

海洋工程的防腐涂装技术方法主要包含液体涂料、热浸镀锌、热喷涂铝、蒙乃尔耐蚀合金和氯丁橡胶涂层等,其中涂层防腐措施是海洋平台防腐技术中比较常见的方式之一,本书主要介绍液体涂料的涂装施工。

海洋工程涂装要求通常高于船舶涂装,但是整体涂装流程与船舶涂装相似,可以分为钢材预处理涂装、分段涂装、船台涂装、码头涂装、交付前涂装。海洋工程的庞大与复杂,给其涂装带来了很多特点,了解海洋工程涂装的特点,根据它的特点设计、生产出高质量的涂层,就能很好地保护海洋工程。

1）涂装贯穿于整个建造过程

海洋工程建造是一个非常复杂的过程。要经历分段制造、合拢、下水、码头舾装等过程。而海洋工程的涂装则要与整个建造过程相适应。在每个建造工艺阶段中确定相应的涂装工作内容。从钢材落料加工前开始,一直到交付,涂装贯穿于整个建造过程。

2）涂装的品种多

海洋工程的各种部位处于各种不同的腐蚀环境中,这对于不同部位的涂层提出了不同的要求,由此决定了一个海洋工程项目的涂料不能单纯地使用一两种底漆或面漆,而往往需要几十种涂料加以合理配套。

海洋工程涂料的品种多样性决定了施工方式、施工工艺和工具设备的不同,需要制定一系列的工艺条件、工艺方法,在不同的工艺阶段进行施工,才能保证其配套的合理、施工的科学和质量的良好。

3）涂装管理的复杂性

由于建造周期较长,建造过程中自始至终都贯穿着涂装,加上海洋工程涂料品种繁多,因此怎样合理地安排涂装作业,做到即使工作量在整个建造过程中分布得较为均匀合理,又不影响其他工种的工作进程;既要保证涂层的厚度和质量,又不造成材料过多的耗费;既要抓紧时机施工、缩短整个建造工期,又要符合涂料的工艺要求以确保涂层质量。需要对涂料的合理应用、仓库贮存、涂层保护、涂装工器具的使用与保养、涂装作业计划安排、劳动力的使用与平衡、涂层质量的检查与验收、涂装作业的安全与卫生等进行系统的科学管理。

4)涂装安全的重要性

种类繁多的海洋工程涂料,几乎都含有易燃有害的有机溶剂,而海洋工程的涂装作业,往往要在狭小的通风不良甚至几乎是密闭的舱室内进行,且建造过程中有明火作业(电焊、气割、火工等),这些作业经常不可避免地与涂装作业在同一时段、相近区域交叉进行,故海洋工程涂装作业时的燃、爆危险性很大,人员中毒的威胁也很大。所以,涂装较之于其他工业产品、钢结构物的涂装,更要有严格的防尘、防毒、防火、防爆的安全措施,做到防患于未然,确保人身和海洋工程产品的安全。

2. 海洋工程涂装方式与工艺

涂装是使用科学的涂装方法使涂料在被涂表面形成漆膜的工作过程。随着涂料工业的发展和涂装技术的不断进步,涂装方式日趋多样化、现代化、智能化。根据涂装工作的环境、场所,被涂物的形状、大小和涂料的性能、特点,涂装方式有刷涂、辊涂、传统有气喷涂、高压无气喷涂(单组分、多组分)、热喷涂、静电喷涂、离心式喷涂、高容低压喷涂、空气辅助式无气喷涂、火焰喷涂、蘸涂、桶涂、流涂和粘辊、电泳等方法。各种涂装方式均有优点和局限性。

在海洋工程涂装作业中主要采用刷涂、辊涂和高压无气喷涂等方式,其中高压无气喷涂以其特别高的涂装工作效率为海洋工程涂装作业中应用最广泛的涂装方式(详见第2章)。

由于海洋工程建造的特定工艺程序不同于一般工业产品的生产,决定了涂装工程必须与海洋工程建造工艺程序相适应。通常建造的整个过程中,涂装工作分为以下工艺阶段:①钢材预处理和涂装车间底漆;②分段涂装;③区域涂装(含船台涂装、码头涂装、交付前坞内涂装);④舾装件涂装。

各个工艺阶段应根据海洋工程涂料的配套与特点、建造厂的设备能力、建造周期及工作习惯等确定其具体工作内容,由涂装设计和涂装生产设计确定。

6.3.2 钢材预处理和车间底漆涂装

钢材在涂装前的表面处理质量对于涂层的质量和保护效果起着关键性的作用。涂装前的钢材表面处理分为两个阶段进行,第一阶段是钢材进厂后,除去表面的氧化皮和锈蚀,涂装车间底漆保护钢材在加工过程中不再继续腐蚀,这一阶段的钢材表面处理称为钢材的表面预处理。第二阶段在钢材加工成分段、总装或合拢成整体时,对将进行主涂层涂装作业的钢材表面处理,通常称为"二次除锈"。

作为钢材预处理用车间底漆必须具备以下性能:①车间底漆的存在应对焊接和切割无不良影响,选用的车间底漆品种应获得检验机构的认可;②具有快干性,常温下(23℃)能在 5min 内干燥,以适应自动化流水线连续生产;③漆膜应具有较强的耐溶剂性能,能适应涂覆各类型的防锈底漆;④单层漆膜(膜厚 15～25μm)在建造期间,处于海洋大气或工业大气环境中,对钢材有至少 3 个月以上的防锈能力;⑤具有良好的耐热性,在焊接、切割和火工校正时,漆膜受到热破坏的面积较小;⑥有良好的耐冲击性和韧性,以适应钢材的机械加工;⑦具有低毒性,尤其是漆膜受热分解时产生的有毒有害气体,要低于国家卫生标准规定的范围;⑧漆膜有较好的耐电位性,以适合海洋工程的阴极保护。

车间底漆通常固体含量在 30% 左右,黏度较低。所以,选用的高压无气喷涂机的压力一般为 8～10MPa(具体应根据涂料厂家推荐)。喷嘴孔径不宜太大,要求喷幅较宽。对含锌粉的车间底漆,应选用耐磨性好的喷嘴,如长江涂装设备公司的 Z 型喷嘴。涂装车间底漆前钢材预处理的表面清洁度、粗糙度、水溶性盐含量等,以及车间底漆漆膜厚度,均应达到技术规格书的要求。通常预处理清洁度要达到 ISO 8051 – 1 中规定的 Sa 2½ 级(有些项目的有些部位要求达到 Sa 3 级),水溶性盐含量不大于 $20mg/m^2$。

6.3.3　分段涂装

分段涂装是海洋工程涂装中最重要和最基本的一环,除了特殊部位外,钢结构各个部位在分段阶段都要进行部分或全部涂层的涂装。不管某一部位需要涂装多少层涂料,其第一层(即与钢材直接接触的一层)都要在分段上进行涂装,因此,海洋工程涂装质量的好坏,首先取决于分段涂装的质量。

分段有平面分段和立体分段两大类。立体分段结构比较复杂,表面处理与涂装工作的难度也高些,应特别注意施工质量与安全。

分段在结构完整性交验后即可进行分段的表面处理和涂装。随着生产设计的不断深化,分段涂装应在预舾装工作完成后进行。

分段涂装最好在室内涂装工厂进行,可不受气候变化的影响。若建造厂条件有限,则应在气候条件合适的情况下进行。分段涂装作业时,应注意以下事项。

(1) 分段涂装应在结构完整性交验和规定的分段舾装工作完成以后进行。涂装作业以前,要确认钢结构完整,焊接、火工校正、焊缝清理工作是否结束。根据 NORSOK M – 501 标准,焊缝、边缘和其他表面缺陷处理要达到 ISO 8501 – 3 中规定的 P3 级。

（2）分段涂装前,对分段的大接缝、尚未进行气密性试验的焊缝以及不该涂漆的部件与构件,应用胶带或其他包裹材料进行遮蔽。

（3）分段的搁置,既要考虑到建造工艺(装配、电焊、预舾装等)的需要,又要考虑到涂装作业的需要,应尽量避免高空作业和顶向作业,应有利于表面处理(二次除锈)作业时的磨料清理,有利于人员进出和通风换气,必要时可在征得业主和检验部门同意后增设工艺孔。

（4）分段露天作业时,应尽量避免周围污染源的影响和避免涂装作业时产生的粉尘、漆雾对周围可能产生的污染。

（5）分段涂装结束后,应在涂层充分干燥后才能启运。对分段中非完全敞开的舱室,应测定有机溶剂气体的浓度,再确认达到规定的合格范围内以后才能启运。

（6）分段涂装结束后,在上船台前往往根据船台的起重能力,将数个分段组合成总段。组合过程中会发生已有涂层损伤,需要修补。

（7）为减少涂层损伤,分段涂装完工后应及时与总组部门进行交接,即使在涂层易损部未铺设保护材料(要求使用阻燃材料)。

（8）分段进行总组前,应先检查涂层的保护情况,若有遗漏应立即进行涂层保护材料的补充铺设。

6.3.4 区域涂装

分段或总段合拢后,涂装作业按区域进行,以后的涂装作业都属于区域涂装范畴。区域涂装包含船台涂装、码头涂装和交付前涂装三大阶段的除锈涂装作业。

1. 船台涂装

船台涂装是指分段在船台上合拢以后直至下水前这一过程中的涂装作业。该阶段涂装主要工作内容为分段间大接缝修补涂装、分段涂装后由于机械原因或焊接、火工原因引起的涂层损伤部位的修补,以及下水前必须涂装到一定阶段或全部结束部位的涂装。建造进度与工作条件许可的话,可以对某些舾装工作完整性较好的舱室作完整性涂装。船台涂装应特别注意以下事项。

（1）船台涂装作业以及后面将介绍的码头涂装均为露天作业,应尽量利用好天气抓紧工作,并严格做好环境的温度和湿度管理。

（2）分段间的大接缝及分段阶段未做涂装的气密性焊缝,应在气密性试验结束以后进行修补涂装。

（3）修补涂装时,修补区域的涂料品种、层数、每层的膜厚要与周围涂层一致,并按顺序涂装。修补区域周围涂层要事先打磨成坡度,叠加处要注意平滑,避免高低不平。

（4）如果下水后直到交付将不再进坞,则水线以下的部位(包括水线、水尺)应涂装完整。

（5）外板的脚手架、下水支架往往有一部分焊在外板上,下水前需切割拆除,磨平焊脚,做好修补涂装。

（6）外板涂装时,对牺牲阳极、外加电流保护用的电极等不需要涂装的部位,应作好遮蔽,避免被涂料沾污。

2. 码头涂装

码头涂装是海洋工程下水后到交付前停靠在码头边进行舾装作业阶段的涂装。除了必须在坞内进行的涂装作业外,该阶段应该对全船各个部位做好完整性涂装。

由于码头舾装阶段各专业、各工种作业交织在一起,电焊、火工作业较多。并且许多舱室已达到封闭状态,涂装作业又往往是大面积施工,溶剂挥发量大,因而危险性较大,要十分重视通风防爆工作。根据码头舾装作业的特点,必须注意以下事项。

（1）外板水线以上区域应在临近交付前涂装。涂装前,为防止舷旁排水孔流出的污水对涂装作业产生影响,应设置适当的临时导水管导流,或以木栓塞住排水孔,直至涂装结束、涂层完全干燥为止。

（2）不同涂层的交界处为防止不同涂层不合理叠加而引起的渗色、咬底等弊病,应按生产设计规定的正确顺序进行叠接。

（3）液舱内部大多在分段阶段已做过涂装,在船台阶段往往由于舾装工程的原因来不及修补,故多数在码头阶段修补涂装。由于液舱在码头阶段浸于水中,故舱内容易结露,所以要采取措施(如通风、除湿),杜绝潮湿表面涂装。

（4）码头舾装阶段甲板上人员走动频繁,又往往堆积许多舾装材料,布满了电缆和供气软管,故甲板的涂装,应越接近交付期越好。施工时应分区域进行,不影响通行。施工好的表面在涂层完全干燥以前要严禁人员践踏。涂层干燥后最好铺上覆盖物,避免过多践踏,以免影响交付时的整洁与美观。

3. 交付前涂装

交付前坞内涂装主要是对水线以下区域进行完整性涂装,也做一些码头舾装阶段来不及进行的涂装作业。坞内涂装需注意以下事项。

（1）下水后到交付期进坞的一段时间,水线以下区域会受到水域内各种物质的污染。涂装前应先用高压水认真冲洗,除去污泥、杂物,若有油脂沾污,则应用溶剂或化学清洗剂洗净。

（2）进坞后就应将压载水、废水放尽,以免在外板上凝结水珠,影响涂装。与坞内墩木接触的部位,在整体涂层施工结束后,如涂层不足,原则上应做移墩处理,然后逐道修补涂装。

（3）水线、水尺、名称以及各种标记应仔细刷涂，在出坞放水前应完全干燥。

6.3.5　舾装件涂装

舾装件种类很多，如管系附件、扶手、栏杆等。舾装件往往采用酸洗除锈后，或镀锌，或直接上防锈底漆。舾装件的涂装应注意以下事项。

（1）任何舾装件，除规定不必涂漆的外（如不锈钢制品、有色金属制品、部分镀锌件等），安装前都必须经过表面处理和涂好防锈底漆（有的则可以涂完面漆），不允许未经表面处理和涂装的钢制舾装件安装。

（2）舾装件安装前所涂的底漆，原则上应与其所安装部位的底漆相同。如安装前已涂好面漆，则除涂装说明书有特别规定外，所涂面漆一般应和周围的面漆相同。

（3）外购设备或一般舾装件，应在定购前向制造厂提供表面处理和涂装的技术要求，对涂料品种、膜厚、颜色等应做出认真仔细的规定，必要时可派员前往检查验收。

（4）舾装件安装后，最终与周围一起涂装面漆时，要注意保护好不该涂漆的部位（如机械活动面、铭牌等）。

6.3.6　涂装环境

涂装质量好坏除与表面处理的质量有着非常重要的关系外，还与涂装时的周围环境，特别是大气条件有着密切的关系。

任何潮湿的表面都不能进行涂装。即使是水溶性的涂料，涂在潮湿的表面也会对附着力、表面成膜状态以及干燥时间带来影响。因此，雨天、雪天、雾天应停止室外涂装作业。此外，在湿度过大的情况下，钢材表面也会产生露珠，因而湿度问题是船舶涂装工作必须重视的一个问题。

温度对涂料的干燥与成膜状态有直接的影响。温度过低难以固化干燥，而温度过高，则易产生许多涂膜弊病，所以掌握和控制好环境温度，也是海洋工程涂装工作需重视的问题之一。

大气的粉尘、风向、风力等都会给涂装工作带来一定的影响。为此，海洋工程涂装就存在涂装环境管理问题。

1. 湿度

当相对湿度在85%以下时，钢材表面一般不会产生水蒸气凝聚，涂装质量可以得到保证。而相对湿度超过85%时，如气温稍有下降，或被涂表面温度因某种原因比气温略低，表面就可能产生凝露，则涂装质量就难以保证。因此，海洋工程涂装对于室外作业时环境湿度的要求，国内外许多标准都规定为不超过85%。

为确保涂装表面的干燥,海洋工程涂装也常采用"露点管理"的办法。露点管理是涂装前先测定空气的露点和被涂表面的温度。只要被涂表面的温度比露点高3℃,可确认表面干燥可以涂装。这种露点管理的办法,往往用于被涂表面的温度与气温不一致(通常是低于气温)的情况下。尤其是有的舱壁外侧可能处在水中,其温度已经到达露点,为防止舱壁结露,只有将舱内空气中的水蒸气大量去除,降低舱内空气的露点,才能保持舱壁的干燥。这就是特殊涂装必须具备大功率去湿机的原因之一。

环境露点的测量,可先用一般气温计测得空气温度,然后用湿度计测得空气的相对湿度,再用露点计算尺或计算表查得该空气的露点。

2. 温度

涂料的固化通常是依靠溶剂的挥发或涂料树脂的化学反应。不管是哪种类型的涂料,温度对涂料固化速度的影响都很大。

化学固化型涂料,一般来说温度每升高10℃左右,固化时间将缩短一半。当温度过低,则化学反应难以进行,涂层迟迟不能固化。如环氧系涂料在气温低于5℃时,几乎不会发生固化反应,因此必须在5℃以上,最好在10℃以上施工。

温度还对涂料的黏度带来明显的影响。温度过低,涂料的黏度将变得很大,以至于难以施工。如果为了降低黏度而增加稀释剂的话,则涂料的固体分含量将降低,不仅涂层厚度会受到影响,而且会降低涂料的表面张力,容易产生流挂、露底等弊病。

温度过高也并非好事。过高的温度会使化学固化型涂料混合后可使用时间缩短,以至于涂料来不及用完就发生胶化而不能使用。此外,温度过高,溶剂挥发过快,会引起刷涂困难,刷纹明显,而喷涂则易产生干喷雾现象。并且温度过高,会使刚施工好的涂层因溶剂挥发过快而产生涂层起泡和皱皮等弊病。因此,一般认为钢材表面温度大于40℃,涂装效果是不理想的。故在夏季应避免阳光直射的钢表面的涂装。以早晚比较凉爽的条件下施工为宜。

3. 其他

除前面所述的湿度和温度以外,涂装环境管理还应包括以下几项。

(1)涂装作业必须有充足的光照条件。室内采光条件差的话,应配备良好的照明设备,在密闭或通风不良的舱室内施工,其照明设施应该是防爆型的。

(2)涂装作业应有安全可靠的脚手架,防止人员坠落事故的发生。

(3)室内涂装作业应有良好的通风,通风设备也应是防爆型的。

(4)涂装作业时要防止周围的污染源对涂层的污染,如周围正在进行喷砂作业,则应等喷砂作业停止后才能进行涂装作业。

(5)应当防止涂装工作本身对周围环境的污染,特别要避免在风力过大时进行喷涂。这不仅会使漆雾到处飞扬污染周围环境,也会造成涂料无谓浪费。所以,当风速大于3m/s时不宜喷涂作业。

6.4 海洋工程涂装应用案例

不同的海洋工程用途,决定了不同的涂料、涂装防护要求。通常海洋工程按照其不同的用途可以分为自升类项目、半潜类项目、张力腿或 SPAR 类项目、钻井船类项目、浮式生产储油船[13]。对于固定式海洋工程通常导管架飞溅区涂装环氧玻璃鳞片涂料,不需要涂装防污漆;而对于浮式海洋工程项目,如半潜类项目、浮式生产储油船(FPSO),水下区域需要涂装防污漆。

相对于船舶涂装来说,海洋工程涂装相关标准更集中、更全面,常见的标准有NORSOK M-501、NACE SP0108 和 ISO 12944-9。

海洋工程涂装施工对于海洋平台建设而言有着十分重要的意义,建设施工单位需要结合工程实际制订施工方案,采取严格的规范标准,从各方面做好海洋工程涂装工作,确保海洋平台涂装质量,达到高效实用、安全生产的目的。海洋工程涂装标准通常要高于船舶涂装,如涂层体系设计、结构缺陷处理、表面处理等级、盐含量、灰尘等级及分布等(图6-2~图6-6),具体有以下几项。

(1)与船舶的涂层体系相比,海工的涂层体系产品种类更为丰富,除了常规的环氧体系外,还经常会用到热喷涂(铝或锌)涂层、热浸锌涂层、酚醛环氧、防火涂层,而船舶对以上种类产品的使用则相对较少。对处于相同服务环境的相同(类似)部位,海工的涂层种类、涂层道数和总干膜厚度与船舶的都不同,海工的要求通常高于船舶。例如,海洋工程飞溅区涂装标准要求不小于600μm(NORSOK M-501),通常要求达到1000μm,而船舶水线间防腐底漆膜厚通常为250~400μm。

图6-2 海洋工程项目涂装前粗糙度检测

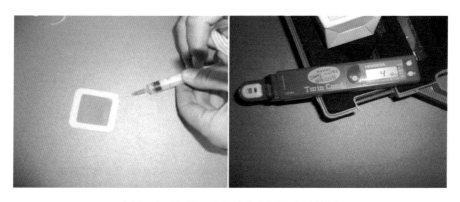

图 6 - 3　海洋工程涂装前表面盐含量检测

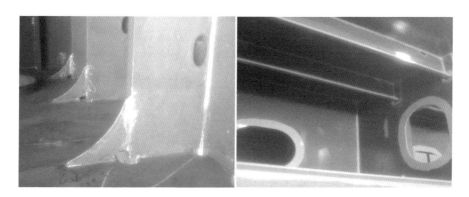

图 6 - 4　焊缝、边缘预处理、预涂装效果

图 6 - 5　海洋工程撬块防腐涂装底漆后效果

图6-6 海洋工程某平台淡水舱及外板涂装效果

（2）焊缝、边缘和其他有表面缺陷的区域，最容易成为锈蚀的引发点，为了达到预期的防护效果，涂装前需要对这些区域进行预处理。

对于焊缝、边缘和其他有表面缺陷的区域，海洋工程涂装要求达到 ISO 8501 - 3 规定的 P3 级，船舶的压载舱 PSPC 的标准仅要求达到 P2 级。对于涂层的防护效果来说，海工的 P3 等级的处理要好于船舶的 P2 等级要求，但会延长建造周期、增加建造成本。

（3）有关表面处理水溶性盐含量的检测，行业内一般都是按照 ISO 8502 - 6 和 ISO 8502 - 9 进行取样和测量。NORSOK M - 501 要求是不超过 $20mg/m^2$，船舶压载舱 PSPC 标准要求表面可溶性盐类污染物含量应小于 $50mg/m^2$。

在国内的海工建造过程中，如仅仅进行常规的表面处理，很多承建方难以达到该要求，而通常采取喷砂后冲淡水进行清洗，然后再喷砂的工艺，海工盐含量 $20mg/m^2$ 的这一要求会延长建造周期、增加建造成本，但是对于涂层长期的防护效果来说是有益的。

（4）有关表面处理灰尘的要求，NORSOK M - 501 规定颗粒数量和颗粒大小都不得超过"2"，船舶的压载舱 PSPC 规定颗粒大小为"3""4""5"的灰尘分布量为 1 级。

（5）有关表面处理的等级，海工与船舶的建造并没有巨大区别，基本都会采用 Sa 2½级，个别海工的个别部位会采用 Sa 3 级。

（6）有关涂装检查员的要求，NORSOK M - 501 对海工建造的所有部位执行检查的人员有明确资格规定：必须是依照 NS 476 认证（FROSIO）的 3 级检查员，NACE 认证的 CIP3 级检查员或者是 ICorr 认证的 3 级检查员。

船舶压载舱 PSPC 要求具有 NACE 检查员 2 级、FROSIO 检查员 3 级资格或主管机关承认的同等资格的涂层检查员完成。而对于"专用海水压载舱""双舷侧处所"和"货油舱"3 类舱室以外的部位，船舶相关标准对检验人员的资质并无特别要求。

参考文献

[1] 韩恩厚,陈建敏,宿彦京,等.海洋工程结构与船舶的腐蚀防护现状与趋势[J].中国材料进展,2014,33(2):65-76.

[2] 王焕焕,杜敏.海洋飞溅区钢结构的防腐蚀技术[J].腐蚀科学与防护技术,2015,27(5):483-491.

[3] 金晓鸿.船舶涂料与涂装手册[M].北京:化学工业出版社,2016.

[4] 刘新.防腐蚀涂料与涂装应用[M].北京:化学工业出版社,2008.

[5] 刘晓健.海洋环境中的防腐蚀涂层技术及发展[J].现代涂料与涂装,2010,13(4):19-22.

[6] 李爱贵,韩文礼,王雪莹,等.海洋平台防腐蚀涂料的发展:回顾与展望[J].石油化工腐蚀与防护,2010,27(1):9-11.

[7] 聂薇,姚晓红,卢本才,等.海洋工程重防腐技术[J].造船技术,2016(6):82-86.

[8] MOHAMMADI S,TAROMI F A,SHARIATPANAHI H,et al.,Electrochemical and anticorrosion behavior of functionalized graphite nanoplatelets epoxy coating[J].Journal of Industrial and Engineering Chemistry,2014,20(6):4124-4139.

[9] CHEN C,et al. Achieving high perform-ance corrosion and wear resistant epoxy coatings via incorpo-ration of noncovalent functionalized graphene[J].Carbon,2017,114(1):356-366.

[10] 曹慧军,张昕,韩金,等.高固体分环氧海洋防腐蚀涂料的研究进展[J].中国材料进展,2014,33(1):20-25.

[11] 史洪微,刘福春,王震宇,等.海洋防腐涂料的研究进展[J].腐蚀科学与防护技术,2010,22(1):43-46.

[12] 邓本金.从涂装的多个角度看海工与船舶建造[J].中国涂料,2018,33(7):30-34.

[13] 孟金萍,张萍.海洋工程产品涂装常用标准及规范规则汇总分析[J].船舶标准化与质量,2015(6):9-13,8.

第7章

——　——　——

桥梁工程防腐蚀涂料体系应用

7.1　桥梁工程结构类型与腐蚀环境分析

7.1.1　桥梁的结构类型

1. 斜拉桥

斜拉桥是将主梁用许多拉索直接连接在桥塔上的一种桥梁,其结构体系主要由承压的塔、受拉的索和承弯的梁体组成。选择不同的结构外形和材料可以组合成多彩多姿、新颖别致的各种桥梁形式。其中索塔形式有 A 型、倒 Y 型、H 型、独柱,所用材料有钢和混凝土。主梁有混凝土梁、钢箱梁、结合梁、混合式梁等。斜拉索布置有单索面、斜索面、平行双索面等。拉索材料有热挤 PE 防护平行钢丝索、PE 外套防护钢绞线索。

斜拉桥作为一种拉索体系,比梁式桥的跨越能力更大,受桥下净空和桥面标高的限制小,便于通航,是大跨度桥梁的最主要桥型。斜拉桥是我国大跨径桥梁最流行的桥型之一。我国斜拉桥的主梁形式:混凝土以箱式、板式、边箱中板式;钢梁以正交异性板钢箱为主,也有边箱中板式[1]。目前,我国已成为拥有斜拉桥最多的国家,形式多种多样,技术也不断更新。2009 年开始建设,2018 年开始运行的港珠澳大桥,全长 55km,分别由 3 座通航桥、1 条海底隧道、4 座人工岛及连接桥隧、深浅水区非通航孔连续梁式桥和港珠澳三地陆路联络线组成。其中,3 座通航桥均采用斜拉桥的结构形式。2015 年开始建设的武汉青山长江大桥,大桥长 4.374km,主航道桥采用 938m 跨径双塔钢箱及钢箱结合梁斜拉桥方案,在同类型桥梁中,其跨度居全国第 4,世界第 5,行车道宽度居全国第 1,世界第 1。

2. 悬索桥

悬索桥指的是以通过索塔悬挂并锚固于两岸(或桥两端)的缆索(或钢链)作

为上部结构主要承重构件的桥梁。由悬索、索塔、锚碇、吊杆、桥面系等部分组成。悬索桥的主要承重构件是悬索,它主要承受拉力,一般用抗拉强度高的钢材(钢丝、钢缆等)制作。由于悬索桥可以充分利用材料的强度,并具有用料省、自重轻的特点,因此悬索桥在各种体系桥梁中的跨越能力最大,跨径可以达到 1000m 以上。

相对于其他桥梁结构,悬索桥可以使用比较少的材料来跨越比较长的距离,是特大跨径桥梁的主要形式之一,通常跨径超过 1000m 以上的都是悬索桥。如用自重轻、强度很大的碳纤维作主缆理论上其极限跨径可超过 8000m。

3. 拱桥

拱桥是以曲线拱作为主体结构的桥梁,具有外形美观、受力合理、跨越能力大、适用范围广等优点。根据使用材料的不同,拱桥可分为石拱桥、混凝土拱桥、钢管混凝土拱桥和钢拱桥等,随着建造技术的不断发展,拱桥无论从材质还是形态上,以及桥梁长度方面都有了新的突破。

4. 刚构桥

刚构桥是指主要承重结构采用刚构的桥梁,即梁和腿或墩台身构成刚性连接。刚构桥的主要承重结构是梁与桥墩固结的刚架结构,梁和桥墩整体受力,桥墩不仅承受梁上荷载引起的竖向压力,还承担弯矩和水平推力。刚构桥在竖向荷载作用下,梁的弯矩通常比同等跨径连续梁或简支梁小,其跨越能力大于梁桥,结构整体性强、抗震性能好。刚构桥按照结构形式可分为门式刚构桥、斜腿刚构桥、T 形刚构桥、连续刚构桥等。

5. 梁式桥

梁式桥是指主要以受弯为主的梁或桁架梁作为主要承重结构的桥梁。其主梁可以是实腹梁或者是桁架梁(空腹梁)。实腹梁外形简单,制作、安装、维修都较方便,因此广泛用于中、小跨径桥梁。但实腹梁在材料利用上不够经济。桁架梁中组成桁架的各杆件基本只承受轴向力,可以较好地利用杆件材料强度,但桁架梁的构造复杂、制造费工,多用于较大跨径桥梁。桁架梁一般用钢材制作,也可用预应力混凝土或钢筋混凝土制作,但用得较少。钢桁梁桥是铁路桥梁结构的常用形式。按桥面位置不同,钢桁梁桥可以分为上承式桁梁桥、下承式桁梁桥和双层桁梁桥。

7.1.2　桥梁的腐蚀环境

1. 大气腐蚀

大气腐蚀的影响因素主要取决于大气成分和污染物、相对湿度和温度、钢铁表面状态等[2]。

1)大气成分和污染物

(1)硫化物。硫化物如二氧化硫吸附在金属基材表面,遇水后形成亚硫酸,进一步氧化成为硫酸,而三氧化硫与水形成硫酸,与金属产生化学反应形成腐蚀。大气的主要成分是不变的,但是海洋大气中的盐粒子,污染的大气中含有的硫化物、氮化物、碳化物及尘埃等,对金属在大气中的腐蚀影响很大。与洁净空气的冷凝水相比,被0.1%的二氧化硫所污染的空气能使钢铁的腐蚀速度增加5倍。

(2)氯离子。氯离子腐蚀主要是通过能破坏钢铁表面钝化膜而引起的局部腐蚀,且对腐蚀过程具有催化作用。其主要反应过程为

$$Fe - 2e^- \longrightarrow Fe^{2+} \tag{7-1}$$

$$Fe^{2+} + 2Cl^- + 4H_2O \longrightarrow FeCl_2 \cdot 4H_2O \tag{7-2}$$

$$FeCl_2 \cdot 4H_2O \longrightarrow 2Fe(OH)_2 + 2Cl^- + 2H^+ + 2H_2O \tag{7-3}$$

$$4Fe(OH)_2 + O_2 + 2H_2O \longrightarrow 4Fe(OH)_3 \tag{7-4}$$

(3)尘埃。大多数尘埃本身不具有腐蚀性,但是它会吸附腐蚀性介质和水蒸气,冷凝后就会形成电解质溶液,在氧气的作用下引起腐蚀。

2)相对湿度和温度

水和氧是钢铁产生腐蚀的两个必要条件。在某一温度下,当相对湿度达到某一临界点时,水分在金属表面形成水膜,从而促进了电化学过程的发展,表现出腐蚀速度迅速增加。经验表明,相对湿度控制在60%以下,钢铁的腐蚀速率相对缓慢,如果能控制在40%以下,几乎没有明显的腐蚀迹象。

像大多数化学反应一样,腐蚀的速率随水温的升高而成比例地增加。一般情况下,水温每升高10℃,钢铁的腐蚀速率约增加30%。这是由于当温度升高时,氧扩散系数增大,使得溶解氧更容易达到阴极表面而发生去极化作用;溶液电导增加,腐蚀电流增大;水的黏度减小,有利于阳极和阴极反应的去极化作用。所有这些将使得腐蚀速度加大。

3)钢铁表面状态

钢铁表面状态对钢铁腐蚀有较大影响,比如说表面有腐蚀产物、有盐类的吸附,或者本身有结构缺陷、氧化皮的裂缝,以及构件之间的缝隙,又或者是涂层存在龟裂、起泡等,都是腐蚀的诱因。此外,新处理的钢铁表面也容易发生锈蚀,比如刚喷砂的钢铁表面,具有较大的粗糙度,且没有任何氧化物膜,在接触到空气中的水和氧气等物质时,很容易发生返锈[3]。

2. 淡水腐蚀

淡水主要来源于地表的降水,包括雨、雪、冻雨和冰雹等。淡水中钢铁的腐蚀受环境影响较大,如水的pH值、溶解氧浓度、水的流速及泥沙含量、水中的溶解盐类和微生物等。天然的淡水一般呈中性,对金属的腐蚀性较低。在淡水中的腐蚀主要是氧去极化腐蚀,即吸氧腐蚀。水中有着足够的溶解氧的存在是金属腐蚀的最根本原因。电化学反应式如式(7-5)~式(7-7)所示。

阳极反应,即

$$Fe \longrightarrow Fe^{2+} + 2e^- \tag{7-5}$$

阴极反应,即

$$O_2 + 2H_2O + 4e^- \longrightarrow 4OH^- \qquad (7-6)$$

总反应,即

$$2Fe + O_2 + 2H_2O \longrightarrow 2Fe(OH)_2 \qquad (7-7)$$

随着环境的恶化和工业污染物的排放,淡水的水质也受到不同程度的影响,污染的淡水对桥梁钢结构的腐蚀也要引起足够的重视。

3. 海水腐蚀

海洋环境是一种复杂的腐蚀环境,海水本身就是一种腐蚀介质,同时波、浪、潮、流又对金属构件产生低频往复的应力和冲击,加上海洋微生物、附着生物及其代谢产物等都对腐蚀过程产生直接或间接的加速作用。在海洋腐蚀环境中的钢结构,其腐蚀区域可以分为大气区、飞溅区、潮差区、全浸区和海泥区。

大气区特点是空气湿度大,含盐分多。暴露在海洋大气中的金属表面有细小盐粒子的沉降。海盐粒子吸收空气中的水分后很容易在金属表面形成液膜,引起腐蚀。在季节或昼夜变化,气温达到露点时尤为明显。同时尘埃、微生物在金属表面的沉积,会增强环境的腐蚀性。飞溅区和潮差区比大气区和水下区的腐蚀更严重,主要原因是其受到日光照射和干湿交替为主的大气因素、以温度变化和氯离子为主的海水因素以及海浪和波浪冲击为主的物理因素3个方面的综合影响。全浸区根据海水深度的不同,又分为浅海区和深海区,两者并无确切的深度界限。浅海区的氧气处于饱和态,温度高,海水流速大,腐蚀比深海区大,海洋生物会黏附在金属材料上。一般来说,20m 水深以内的海水较深层海水具有更强的腐蚀性。深海区的含氧量较小,温度接近0℃,海洋生物的活性减小,对金属的腐蚀性较小。海泥区主要由海底沉积物构成,含盐度高,电阻率低,因此是良好的电解质,对金属的腐蚀比陆地上的土壤要高。由于氧浓度十分低,所以海泥区的腐蚀比全浸区要低[2,4]。

4. 土壤腐蚀

桥梁的支撑结构必然要立足于土壤之中,研究土壤对钢铁或混凝土的腐蚀直接关系到桥梁的安全。土壤是一个组成复杂的系统,各组分之间相互作用,共同影响土壤的腐蚀,土壤中重要的腐蚀因素有电阻率、透气性、盐分、水分、pH 值、温度、微生物和杂散电流等,如表7-1所列。

表7-1　土壤腐蚀因素分析

腐蚀因素	相互关系
电阻率	土壤的含水量、含盐量、土质、温度等都会影响土壤的电阻率,电阻率越低,更容易产生金属的腐蚀
透气性	土壤的孔隙度、松紧度、土质结构直接影响土壤的透气性。土壤的透气性影响氧气的传递速度,含氧量不同的土壤中,很容易形成氧浓差电池而引起腐蚀

腐蚀因素	相互关系
盐分	盐分含量对土壤的导电性起决定性作用,含盐量越高,电阻率越低,腐蚀性就越强
水分	水分使土壤成为电解质溶液,是造成电化学腐蚀的先决条件
pH 值	pH 值是土壤的酸碱性强弱指标,是土壤中所含盐分的综合反映,金属材料在酸性较强的土壤中腐蚀性最强
温度	土壤温度通过影响土壤的物理和化学性质来影响土壤的腐蚀性,通常情况下,温度越高,腐蚀性越强
微生物	微生物及其代谢产物会加速金属材料的腐蚀,还能降低非金属材料的稳定性能
杂散电流	杂散电流在土壤中形成电位梯度,导致金属阴、阳离子定向排列,促进腐蚀的产生

7.1.3 桥梁的腐蚀特性

1. 桥梁钢结构不同部位的腐蚀特性

由于桥梁的结构形态不同,所以各部位的腐蚀特性各有不同。其中的钢梁结构最为复杂,箱形加筋梁的腐蚀由于存在箱内和箱外两个部分,因此腐蚀是两种特点的腐蚀;斜拉索和悬索的腐蚀由于是线形结构,又处在高空,其腐蚀特点又不同于其他钢结构[1,5]。

1)桥梁的桁架结构

桥梁主体部分受到的腐蚀主要是大气腐蚀。随着大气环境的不同,桥梁受到的腐蚀也不同。跨海大桥受到海洋性气体中氯离子的侵蚀,腐蚀环境最为恶劣。处于工业区和城市的桥梁,由于大气污染物较多,受到的腐蚀也很严重。桥梁的结构复杂,各部位的腐蚀情况也有很大的不同。铁路桥梁或公路铁路两用桥梁,多采用复杂的钢桁梁结构,腐蚀情况多种多样。

桥梁钢结构的腐蚀部位可以以桥面板为界划分为两个部位,即桥面板以上部位和桥面板以下部位。两者由于所处位置不同,腐蚀条件也有差异。桥面板以上部位的钢结构,如下承桁梁的上弦杆、竖杆、斜杆和上平联等。这些部位的腐蚀因素主要是雨水的侵蚀、紫外线的照射等。在桥梁的上弦和下弦的箱形杆内部主要的腐蚀介质是大气中的潮湿气体,阴暗潮湿是腐蚀的主要根源。由于桥梁横跨各类大江、大河、山川、海峡,所以桥面板以下部位的钢结构如上承桁梁的下弦杆、纵梁和横梁等,上承桁梁的所有部位等,腐蚀主要是由于江、河、海洋水面的水蒸气蒸发,遇到桥梁钢结构冷凝附在桥梁结构上面,容易在结构表面形成水膜,再者交通工具上自由排放的各种污染物、货车运行中飘落的各种粉尘,如煤粉尘、含酸或碱性粉尘等很容易附着在下部结构上。受腐蚀最严重的部位是桥枕下的纵梁上盖板顶面与上承板梁的上翼缘顶面。

纵梁上盖板顶面与板梁上翼缘顶面放桥枕面是全桥腐蚀最为严重的地方，也是最难处理的地方，该处主要是行车时桥枕震动摩擦对涂层的破坏，以及列车下落的各污染物的侵蚀，要求涂层有耐磨性。上桁梁表面由于积水、积灰，腐蚀最严重。

2）钢箱梁

悬索桥和斜拉索桥的钢箱梁的外表面，腐蚀环境主要是大气腐蚀。箱梁的内部是个通风较差的环境，湿气的聚集会引起涂层的起泡锈蚀等。现在新建的大桥，设计上都采用了控制内部湿度的方法，控制箱梁内部的腐蚀。

3）缆索系统

桥梁的缆索系统主要指斜拉桥的斜拉索、悬索桥的主缆和吊索以及一些拱桥的吊索等。缆索系统处于高空之中，主要的腐蚀环境是大气腐蚀。在高纬度地区，还要考虑到积雪对缆索的影响。缆索的材料是高强度冷拔碳素钢丝，由于含碳量高，如没有进行防护其抗腐蚀性很差。缆索系统在高应力状态下工作，这种状态下腐蚀将影响钢丝的强度。吊索斜拉索绞成型后，会有孔隙沟槽等，即使灌浆也难防止没有缝隙。悬索拉索和主梁、立柱、索夹和索鞍等的结合处，通常也是最易受腐蚀的薄弱地方。在散索鞍后悬索桥的主缆是散开在锚室内，尤其在喇叭口处，防护极为不易。

2. 钢筋混凝土的腐蚀特性

钢筋混凝土是当今桥梁建设中应用最多的材料之一。影响混凝土腐蚀的因素有很多，如混凝土碳化、碱骨料反应、氯离子渗透、硫酸盐侵蚀、微生物腐蚀等。

混凝土是由水泥、骨料、化学添加剂和矿物掺合料，按照一定比例拌和并在一定条件下经硬化形成的材料。混凝土是一种多孔材料，内部有毛细孔、气泡及缺陷等，空气中二氧化碳会不断向混凝土中渗透，与混凝土中的氢氧化钙、硅酸钙等相互作用，形成碳酸钙，使混凝土的碱度降低从而降低了对钢筋的保护作用，该反应称为混凝土碳化。

碱骨料反应是指混凝土原料中的水泥、外加剂、与骨料中的活性物质发生反应，碱骨料反应放热诱发体积膨胀，产生的应力导致混凝土出现裂缝，最终导致混凝土结构的破坏，因此在进行混凝土原料选择和拌制的过程中，要严格控制各组分中碱活性物质的含量，避免碱骨料反应的发生。

氯离子腐蚀是混凝土建筑物和桥梁等腐蚀破坏的重要原因之一，尤其是沿海混凝土，氯离子主要来源于海水、海洋大气等，也可能来源于拌和过程中使用的原料如海砂、防冻剂、拌和水等，氯离子与混凝土中的 $Ca(OH)_2$、$3CaO \cdot 2Al_2O_3$ 反应生成易溶于水的氯化钙，造成混凝土体积膨胀开裂。另外，氯离子也是引发钢筋腐蚀的重要因素之一,从而降低钢筋混凝土的承载能力。

硫酸盐侵蚀主要是由于工业生产中排放的大量二氧化硫气体,形成酸雨,与混凝土中的 $Ca(OH)_2$ 发生中和反应,使混凝土中性化和酸化,混凝土内的钢筋丧失碱性保护而产生的腐蚀。同时酸雨中包含的硫酸盐粒子可以促进钢筋的电化学腐蚀,硫酸根离子进入混凝土内部,与水泥发生化学反应,生成难溶的钙矾石和二水石膏,然后吸收水分而体积膨胀,造成混凝土的开裂。

微生物对混凝土的腐蚀主要是通过微生物对混凝土的附着,进行繁殖代谢形成生物膜,进而产生腐蚀。微生物腐蚀导致混凝土表面污损、表层疏松、砂浆脱落、骨料外露、严重时导致混凝土开裂和钢筋锈蚀[5-7]。

7.2 桥梁工程防腐蚀涂料设计体系

7.2.1 腐蚀环境与分类标准

大气的腐蚀环境有两种基本的划分方法:一种是按照气候特征来划分,即自然环境分类;另一种则是按照环境的腐蚀特性来划分,即环境腐蚀性分类。后者更接近于实际,普遍被采用。依据的标准有《大气环境腐蚀性分类》(GB/T 15957—1995)和《色漆和清漆 防护涂料体系对钢结构的腐蚀保护 第2部分:环境分类》(ISO 12944 - 2:2017)。

1. 自然大气环境分类

这种方法是根据地区的气温划分气候带,再依据地区的湿度来划分出气候区,两者综合起来划定该地区是某气候带某气候区。根据以上分类方法,可以将我国的气候环境分为4个气候带和5个气候区。

(1)热带湿热区:雷州半岛、海南岛和台湾南部。

(2)亚热带湿热区:秦岭以南,长江流域、四川、珠江流域、台湾北部和福建。

(3)亚热带干燥区:新疆天山以南、戈壁沙漠。

(4)湿带温和区:秦岭以北,内蒙古南部、华北、东北南部。

(5)寒带干燥区:内蒙古北部、黑龙江省。

2. 大气腐蚀性分类

GB/T 15957—1995 主要针对普通碳钢在不同大气环境下的腐蚀类型及其与相对湿度、空气中腐蚀性物质的对应关系作了规定。该标准可以作为碳钢结构在各种大气环境选择防腐蚀涂料体系的依据。桥梁的腐蚀环境主要是大气腐蚀,涉及所有的大气腐蚀类型,其中腐蚀性最强的是工业大气和海洋大气。该标准可以作为桥梁涂装方案设计时的参考引用标准,如表 7-2~表 7-4 所列。

表7-2 大气腐蚀分类

腐蚀类型		腐蚀速度/	腐蚀环境		
等级	名称	（mm/年）	环境气体类型（年平均）/%	相对温度	大气环境
I	无腐蚀	<0.001	A	<60	乡村大气
II	弱腐蚀	0.001~0.025	A	60~75	乡村大气
			B	<60	城市大气
III	轻腐蚀	0.025~0.050	A	>70	乡村大气
			B	60~75	城市大气和工业大气
			C	<60	
IV	中腐蚀	0.05~0.2	B	>70	城市大气
			C	60~75	工业大气和海洋大气
			D	<60	
V	较强腐蚀	0.2~1.0	C	>70	工业大气
			D	60~75	
VI	强腐蚀	1.0~5.0	D	>75	工业大气

表7-3 腐蚀性气体分类

气体类型	腐蚀性物质名称	腐蚀物质含量/（mg/m³）	气体类型	腐蚀性物质名称	腐蚀物质含量/（mg/m³）
A	二氧化碳	<2000	C	二氧化硫	10~200
	二氧化硫	<0.5		氟化氢	5~10
	氟化氢	<0.05		硫化氢	5~100
	硫化氢	<0.01		氮氧化物	5~25
	氮氧化物	<0.1		氯	1~5
	氯	<0.1		氯化氢	5~10
	氯化氢	<0.05			
B	二氧化碳	>2000	D	二氧化硫	200~1000
	二氧化硫	0.5~10		氟化氢	10~100
	氟化氢	0.05~5		硫化氢	>100
	硫化氢	0.01~5		氮氧化物	25~100
	氮氧化物	0.1~5		氯	5~10
	氯	0.1~1		氯化氢	10~100
	氯化氢	0.05~5			

表 7 – 4　大气中腐蚀性气体的腐蚀程度

空气的相对湿度/%	气体类别	腐蚀程度
≤60	A	弱腐蚀
	B	弱腐蚀
	C	中等腐蚀
	D	强腐蚀
61 ~ 75	A	弱腐蚀
	B	中等腐蚀
	C	中等腐蚀
	D	强腐蚀
>75	A	中等腐蚀
	B	中等腐蚀
	C	强腐蚀
	D	强腐蚀

　　ISO 12944 – 2:2017 依据金属标准样本(低碳钢或锌)在大气环境下暴露 1 年的质量(或厚度)损失,来定义大气环境腐蚀性类别,如表 7 – 5 所列,同时也描述了各腐蚀级别典型大气环境特征。该标准还定义了钢结构浸泡在水中和埋于土壤中的不同腐蚀性级别。浸水区按照水的类型将浸水区腐蚀环境分为两种类型,即淡水(Im1)、海水或盐水(Im2)。按照浸水部位的位置和状态,将浸水区分为 3 个区域,即水下区、干湿交替区和飞溅区。埋地区一般的腐蚀类型为 Im3。根据上述环境腐蚀性分类,参考《色漆和清漆 防护涂料体系对钢结构的防腐蚀保护 第 5 部分 防护涂料体系》(ISO 12944 – 5:2019),可以针对环境腐蚀类别来选择保护涂料体系。

表 7 – 5　大气区腐蚀类别

腐蚀类别	单位面积上的质量损失(第一年暴晒后)				温性气候下的典型环境(仅作参考)	
	低碳钢		锌		内部	外部
	质量损失/(g/m²)	厚度损失/μm	质量损失/(g/m²)	厚度损失/μm		
C1 很低	≤10	≤1.3	≤0.7	≤0.1	—	加热的建筑物内部,空气洁净,如办公室、商店、学校和宾馆等
C2 低	10 ~ 200	1.3 ~ 25	0.7 ~ 5	0.1 ~ 0.7	大气污染较低,大部分是乡村地带	未加热的地方,冷凝有可能发生,如库房、体育馆等

续表

腐蚀类别	单位面积上的质量损失（第一年暴晒后）				温性气候下的典型环境（仅作参考）	
	低碳钢		锌		内部	外部
	质量损失 /(g/m²)	厚度损失 /μm	质量损失 /(g/m²)	厚度损失 /μm		
C3 中	200~400	25~50	5~15	0.7~2.1	城市和工业大气，中等的二氧化硫污染，低盐度沿海区域	高湿度和有些污染空气的生产场所，如食品加工厂、洗衣厂、酒厂等
C4 高	400~650	50~80	15~30	2.1~4.2	高盐度的工业区和沿海区域	化工厂、游泳池、海船和船厂等
C5 很高	650~1500	80~200	30~60	4.2~8.4	高湿度和恶劣大气的工业区域和高含盐度的沿海区域	总冷凝和高湿度持续存在的建筑和区域
CX 极端	1500~5500	200~700	60~180	8.4~25	具有高含盐度的海上区域以及具有极高湿度和侵蚀性大气的亚热带热带工业区域	具有极高湿度和腐蚀性大气的工业区域

3. 我国桥梁钢结构腐蚀性区域划分

按照 ISO 12944－2 将全国大气环境划分为 4 个等级，分别为 C2、C3、C4、C5，相应地将我国桥梁钢结构防腐的大气腐蚀环境划分为以下 4 个部分。

（1）C5 区域主要分布在我国东部沿海地区，范围从最南端的海南到最北端的辽宁。该区域距海岸线在 20km 以内，Cl⁻ 含量大，且年均相对湿度大，为腐蚀严重区。

（2）C4 区域主要分为两个部分。一部分区域由沿海向内陆延伸，主要分布在东部沿海省市，该区域 Cl⁻ 含量逐渐减少，但是相对湿度还是很高，同时由于全国各地的地理特点，使得 Cl⁻ 含量衰减幅度差别较大。北部的地势平坦，南部多山，因而其北部的腐蚀速率稍微高些。另一部分区域主要分布在山西、河南北部、河北西南部等环境污染严重的区域，该区域硫化物和氮化物含量高，大气腐蚀性比较高。

（3）C3 区域主要分布在我国的中部地区，这些地方大气污染较低，为中等腐蚀区域。

（4）C2 区域主要分布在我国广大的西部地区，该区域常年相对湿度低于60％，大气污染相对较轻，材料腐蚀速率较低。

7.2.2 公路桥梁防腐涂装体系

公路桥梁的不同部位在不同的腐蚀环境下，防腐蚀要求有很大的不同，表7-6~表7-12为我国《公路桥梁钢结构防腐涂装技术条件》（JT/T 722—2008）中所推荐的不同部位涂层配套体系。该标准针对公路桥梁钢结构不同的腐蚀环境，推荐普通型和长效型的防腐涂层配套体系，是目前公路桥梁钢结构防腐涂层设计采用的主要标准之一[8]。

表7-6 桥梁钢结构外表面涂层配套体系（普通型）

配套编号	腐蚀环境	涂层	涂料品种	涂装道数/道	干膜厚度/μm	干膜总厚度/μm
S01	C3	底涂层	环氧磷酸锌底漆	1	60	210
		中间涂层	环氧（厚浆）漆	1	80	
		面涂层	丙烯酸脂肪族聚氨酯面漆	2	35	
S02	C4	底涂层	环氧磷酸锌底漆	1	60	260
		中间涂层	环氧（厚浆）漆	1	120	
		面涂层	丙烯酸脂肪族聚氨酯面漆	2	40	
S03	C5-I C5-M	底涂层	环氧磷酸锌底漆	1	60	260
		中间涂层	环氧（厚浆）漆	1	120	
		面涂层	丙烯酸脂肪族聚氨酯面漆	2	40	

表7-7 桥梁钢结构外表面涂层配套体系（长效型）

配套编号	腐蚀环境	涂层	涂料品种	涂装道数/道	干膜厚度/μm	干膜总厚度/μm
S04	C3	底涂层	环氧富锌底漆	1	60	240
		中间涂层	环氧（厚浆）漆	1	100	
		面涂层	丙烯酸脂肪族聚氨酯面漆	2	40	
S05	C4	底涂层	环氧富锌底漆	1	60	280
		中间涂层	环氧（云铁）漆	1	140	
		面涂层	丙烯酸脂肪族聚氨酯面漆	2	40	
S06	C5-I	底涂层	环氧富锌底漆	1	80	300
		中间涂层	环氧（云铁）漆	1	120	
		面涂层	聚硅氧烷面漆	2	50	

续表

配套编号	腐蚀环境	涂层	涂料品种	涂装道数/道	干膜厚度/μm	干膜总厚度/μm
S07	C5－I	底涂层	环氧富锌底漆	1	80	300
		中间涂层	环氧(云铁)漆	1	150	
		面涂层(第一道)	丙烯酸脂肪族聚氨酯面漆/氟碳树脂漆	1	40	
		面涂层(第二道)	氟碳面漆	1	30	
S08	C5－M	底涂层	无机富锌底漆	1	75	320
		封闭涂层	环氧封闭漆	1	25	
		中间涂层	环氧(云铁)漆	1	120	
		面涂层	聚硅氧烷面漆	2	50	
S09	C5－M	底涂层	无机富锌底漆	1	75	330
		封闭涂层	环氧封闭漆	1	25	
		中间涂层	环氧(云铁)漆	1	150	
		面涂层(第一道)	丙烯酸脂肪族聚氨酯面漆/氟碳树脂漆	1	40	
		面涂层(第二道)	氟碳面漆	1	40	
S10	C5－M	底涂层	热喷铝或锌	1	150	150
		封闭涂层	环氧封闭漆	2	25	270
		中间涂层	环氧(云铁)漆	1	120	
		面涂层	聚硅氧烷面漆	2	50	
S11	C5－M	底涂层	热喷铝或锌	1	150	150
		封闭涂层	环氧封闭漆	2	25	280
		中间涂层	环氧(云铁)漆	1	150	
		面涂层(第一道)	丙烯酸脂肪族聚氨酯面漆/氟碳树脂漆	1	40	
		面涂层(第二道)	氟碳面漆	1	40	

表 7-8　封闭环境内表面涂层配套体系

配套编号	工况条件	涂层	涂料品种	涂装道数/道	干膜厚度/μm	干膜总厚度/μm
S12	配置抽湿机	底面合一	环氧(厚浆)漆(浅色)	1	150	150
S13	未配置抽湿机	底漆层	环氧富锌底漆	1	50	350
		面漆层	环氧(厚浆)漆(浅色)	2	150	

表 7-9　非封闭环境内表面涂层配套体系

配套编号	工况条件	涂层	涂料品种	涂装道数/道	干膜厚度/μm	干膜总厚度/μm
S14	C3	底面合一	环氧(厚浆)漆(浅色)	1	150	150
S15	C4,C5-Ⅰ,C5-M	底漆层	环氧富锌底漆	1	60	260
		中间漆层	环氧(云铁)漆	1	120	
		面漆层	环氧(厚浆)漆(浅色)	1	80	

表 7-10　钢桥面涂层配套体系

配套编号	工况条件	涂层	涂料品种	涂装道数/道	干膜厚度/μm	干膜总厚度/μm
S16	沥青铺装温度≤250℃	底漆层	环氧富锌底漆	1	80	80
S17	沥青铺装温度>250℃	底漆层	环氧富锌底漆	1	80	80
S18	—	底漆层	热喷铝或锌	1	100	100

表 7-11　干湿交替区和水下区涂层配套体系

配套编号	工况条件	涂层	涂料品种	涂装道数/道	干膜厚度/μm	干膜总厚度/μm
S19	干湿交替/水下区	底面合一	超强/耐磨环氧漆	1	450	450
S20	干湿交替/水下区	底面合一	环氧玻璃鳞片漆	1	450	450
S21	水下区	底面合一	超强/耐磨环氧漆	1	450	450

表 7-12　防滑摩擦面涂层配套体系

配套编号	工况条件	涂层	涂料品种	涂装道数/道	干膜厚度/μm	干膜总厚度/μm
S22	摩擦面	防滑层	无机富锌涂料	1	80	80
S23[①]	摩擦面	防滑层	热喷铝	1	100	100

① 配套 S23 不适用于相对湿度大、雨水多的环境。

7.2.3　铁路桥梁防腐涂装体系

表 7-13 所列为我国《铁路钢桥保护涂装及涂料供货技术条件》(TB/T 1527—2011)中所规定使用的涂层配套体系。该标准针对铁路钢桥不同的部位和腐蚀环境,推荐不同类型的防腐涂料体系。例如,在钢箱梁主体防腐方面,在气候干燥区域选择醇酸类涂料作为面漆,而在紫外线辐射强和有景观要求的地区推荐采用氟碳面漆[9]。

表 7-13　铁路桥梁涂层配套体系

涂装体系	涂料(涂层)名称	单道干膜厚度/μm	涂装道数/道	最小干膜总厚度/μm	适用部位
1	特制红丹酚醛(醇酸)底漆	35	2	70	铁栏杆、扶手、人行道托架、墩台吊篮、围栏和桥梁检查车等桥梁附属钢结构
	灰铝粉石墨或灰云铁醇酸面漆	35	2	70	
2	电弧喷铝层	—	—	200	钢桥明桥面的纵梁、上承板梁和箱形梁上盖板
	环氧类封孔剂	20	1	20	
	棕黄聚氨酯盖板底漆	50	2	100	
	灰聚氨酯盖板面漆	40	4	160	
3	无机富锌防锈防滑涂料或电弧喷铝层	80	1	80	栓焊梁连接部分摩擦面
		—	—	100	
4	环氧沥青涂料	60	4	240	非密封的箱形梁和箱形杆件内表面
	或环氧煤沥青厚浆型涂料	120	2	240	
5	特制环氧富锌底漆或水性无机富锌底漆	40	2	80	钢梁主体,用于气候干燥、腐蚀环境较轻的地区
	棕红云铁环氧中间漆	40	1	40	
	灰铝粉石墨醇酸面漆	35	2	70	
6	特制无机富锌底漆或水性无机富锌底漆	40	2	80	钢梁主体,用于气候干燥、腐蚀环境较重的地区
	棕红云铁环氧中间漆	40	1	40	
	灰色丙烯酸脂肪族聚氨酯面漆	35	2	70	

续表

涂装体系	涂料(涂层)名称	单道干膜厚度/μm	涂装道数/道	最小干膜总厚度/μm	适用部位
7	特制环氧富锌底漆或水性无机富锌底漆	40	2	80	钢梁主体,用于酸雨、沿海等腐蚀环境严重、紫外线辐射强、有景观要求的地区
	棕红云铁环氧中间漆	40	1	40	
	氟碳面漆	30	2	60	

7.2.4 悬索桥梁防腐涂装体系

表 7-14 所列为我国《悬索桥主缆防腐涂料技术条件》(JT/T 694—2007)中所规定使用的涂装材料配套体系,具体分为主缆缠丝区、主缆非缠丝区、吊索、结构缝隙和其他钢构件表面等区域[10]。

表 7-14　主缆涂装材料配套体系

序号	防护涂装部位	涂装材料	涂装厚度/μm
1	主缆缠丝区	磷化底漆	均匀着色
		非硫化型阻蚀密封膏	2000~3500(以填满结构缝隙为主)
		缠绕钢丝	圆钢丝或S形钢丝
		磷化底漆	均匀着色
		环氧底漆	≥80
		硫化型橡胶密封剂	1500~2500(可根据结构及环境条件调整)
		丙烯酸聚氨酯面漆或氟碳面漆	80~120 或 60~90(可根据结构及环境条件调整)
2	主缆非缠丝区	磷化底漆	均匀着色
		环氧底漆	≥80
		硫化型橡胶密封剂	3500~6000
		高强度玻璃布或橡胶涂胶布	500~2000
		丙烯酸聚氨酯面漆或氟碳面漆	80~120 或 60~90(可根据结构及环境条件调整)

序号	防护涂装部位		涂装材料	涂装厚度/μm
3	吊索(仅对钢丝绳吊索)	公称直径小于40mm时	磷化底漆	均匀着色
			环氧底漆或硫化橡胶密封剂	≥160 或者 500～2000(可根据结构及环境条件调整)
			丙烯酸聚氨酯面漆或氟碳面漆	80～120 或 60～90(可根据结构及环境条件调整)
		公称直径不小于40mm时	磷化底漆	均匀着色
			硫化型橡胶密封剂或高强度玻璃布或橡胶涂胶布 + 硫化型橡胶密封剂	1000～2000 或(500～2000)+(2000～5000)
			丙烯酸聚氨酯面漆或氟碳面漆	80～120 或 60～90(可根据结构及环境条件调整)
4	结构缝隙(索夹环缝、对接缝、骑跨式索夹槽缝、吊索夹具、减震器、索鞍顶口处等)		非硫化型橡胶密封腻子	结构缝内密封
			硫化型橡胶密封剂	结构缝外密封
5	其他钢构件表面(索夹、索鞍、缆套、鞍罩、索股锚具、耳板、检查走道、主缆散索段等)		磷化底漆	均匀着色
			环氧底漆	≥120
			丙烯酸聚氨酯面漆或氟碳面漆	80～120 或 60～90(可根据结构及环境条件调整)

7.2.5　混凝土桥梁防腐涂装体系

表7-15～表7-18所列为我国《混凝土桥梁表面涂层防腐技术条件》(JT/T 695—2007)中所规定使用的涂层体系。由于混凝土结构表面疏松多孔的特点,在混凝土表面进行防腐施工时,首先推荐选用封闭底漆对混凝土多孔结构进行密封处理,防止后续涂装出现涂层缺陷[11]。

表 7 – 15   I – Im1 腐蚀环境下的涂层体系

编号	涂层名称	干膜厚度 /μm	防腐部位	防腐年限/年
S1.01	水性丙烯酸封闭漆	≤50	大气区	10
	水性丙烯酸漆	100		
S1.02	水性丙烯酸封闭漆或环氧封闭漆	≤50		
	丙烯酸漆或氯化橡胶漆	100		
S1.03	环氧封闭漆	≤50	水位变动区和飞溅区	
	氯化橡胶漆	180		
S1.04	环氧封闭漆	≤50		
	环氧树脂漆	80		
	氯化橡胶漆	70		
S1.05	环氧封闭漆	≤50	水下区	
	环氧树脂漆	250		
	或环氧煤焦油沥青漆	300		
S1.06	水性丙烯酸封闭漆	≤50	大气区	20
	水性丙烯酸漆	100		
S1.07	水性有机硅丙烯酸漆	80		
	丙烯酸封闭漆	≤50		
	丙烯酸漆	180		
S1.08	环氧封闭漆	≤50	大气区	
	环氧树脂漆	100		
	丙烯酸聚氨酯漆	70		
S1.09	环氧封闭漆	≤50	水位变动区和飞溅区	20
	环氧树脂漆	120		
	丙烯酸聚氨酯漆	80		
	或氯化橡胶漆	100		
S1.10	环氧封闭漆	≤50	水下区	
	环氧树脂漆	350		
	或环氧煤焦油沥青漆	400		

表 7－16　Ⅱ-Im1 腐蚀环境下的涂层体系

编号	涂层名称	干膜厚度/μm	防腐部位	防腐年限/年
S2. 01	水性丙烯酸封闭漆	≤50	大气区	10
	水性丙烯酸漆	120		
S2. 02	丙烯酸封闭漆	≤50		
	丙烯酸漆或氯化橡胶漆	120		
S2. 03	环氧封闭漆	≤50		
	环氧树脂漆	50		
	丙烯酸聚氨酯漆	70		
S2. 04	环氧封闭漆	≤50	水位变动区和飞溅区	
	环氧树脂漆	100		
	氯化橡胶漆	90		
	或丙烯酸聚氨酯漆	80		
S2. 05	环氧封闭漆	≤50	水下区	
	环氧树脂漆	250		
	或环氧煤焦油沥青漆	300		
S2. 06	水性丙烯酸封闭漆	≤50	大气区	20
	水性丙烯酸漆	120		
	水性氟碳漆	80		
S2. 07	环氧封闭漆	≤50		
	环氧树脂漆	100		
	丙烯酸聚氨酯漆或有机硅丙烯酸漆	80		
S2. 08	环氧封闭漆	≤50	大气区	
	环氧树脂漆	100		
	氟碳漆	60		
S2. 09	环氧封闭漆	≤50	水位变动区和飞溅区	20
	环氧树脂漆	160		
	丙烯酸聚氨酯漆	90		
	或氯化橡胶漆	120		
S2. 10	环氧封闭漆	≤50	水下区	
	环氧树脂漆	350		
	或环氧煤焦油沥青漆	400		

289

表 7-17 (Ⅲ-1)-Im1 腐蚀环境下的涂层体系

编号	涂层名称	干膜厚度/μm	防腐部位	防腐年限/年
S3.01	环氧封闭漆	≤50	大气区	10
	环氧树脂漆	80		
	丙烯酸聚氨酯漆	70		
S3.02	环氧封闭漆	≤50		
	环氧树脂漆	80		
	氯化橡胶漆或丙烯酸漆	90		
S3.03	环氧封闭漆	≤50	水位变动区和飞溅区	
	环氧树脂漆	120		
	丙烯酸聚氨酯漆	70		
S3.04	环氧封闭漆	≤50		
	环氧树脂漆	120		
	氯化橡胶漆	90		
S3.05	环氧封闭漆	≤50	水下区	
	环氧树脂漆	250		
	或环氧煤焦油沥青漆	300		
S3.06	环氧封闭漆	≤50	大气区	20
	环氧树脂漆	140		
	丙烯酸聚氨酯漆	80		
S3.07	环氧封闭漆	≤50		
	环氧树脂漆	140		
	氟碳漆	60		
S3.08	环氧封闭漆	≤50	水位变动区和飞溅区	
	环氧树脂漆	250		
	丙烯酸聚氨酯漆	90		
	或氟碳漆	70		
S3.09	环氧封闭漆	≤50	水下区	
	环氧树脂漆	350		
	或环氧煤焦油沥青漆	400		

表 7 - 18　（Ⅲ - 2）- Im2 腐蚀环境下的涂层体系

编号	涂层名称	干膜厚度/μm	防腐部位	防腐年限/年
S4.01	环氧封闭漆	≤50	大气区	10
	环氧树脂漆	100		
	丙烯酸聚氨酯漆	70		
S4.02	环氧封闭漆	≤50		
	环氧树脂漆	100		
	氯化橡胶漆或丙烯酸漆	80		
S4.03	环氧封闭漆	≤50	水位变动区和飞溅区	
	环氧树脂漆	150		
	丙烯酸聚氨酯漆	70		
S4.04	环氧封闭漆	≤50		
	环氧树脂漆	150		
	氯化橡胶漆	90		
S4.05	环氧封闭漆	≤50	水下区	
	环氧树脂漆	300		
	或环氧煤焦油沥青漆	350		
S4.06	环氧封闭漆	≤50	大气区	20
	环氧树脂漆	200		
	丙烯酸聚氨酯漆	80		
	或氟碳漆	60		
S4.07	环氧封闭漆	≤50		
	环氧或乙烯基玻璃鳞片漆	800		
S4.08	环氧封闭漆	≤50	水位变动区和飞溅区	
	环氧树脂漆	300		
	丙烯酸聚氨酯漆	90		
S4.09	环氧封闭漆	≤50		
	环氧树脂漆	300		
	或氟漆	70		
S4.10	环氧封闭漆	≤50		
	环氧树脂漆	300		
	环氧聚硅氧烷涂料	90		
S4.11	环氧封闭漆	≤50	水下区	
	环氧树脂漆	450		
	或环氧煤焦油沥青漆	500		

7.3 桥梁工程防腐涂层技术要求

7.3.1 公路桥梁防腐涂层技术要求

表7-19所列为我国《公路桥梁钢结构防腐涂装技术条件》(JT/T 722—2008)中所推荐的不同腐蚀环境配套涂层的技术要求。

表7-19 公路桥梁钢结构防腐涂层技术要求

腐蚀环境	防腐年限/年	耐水性[①]/h	耐盐水性[②]/h	耐化学品性[③]/h	附着力[④]/MPa	耐盐雾性[⑤]/h	人工加速老化[⑥]/h
C3	10~15	72	—	—	≥5	500	500
C3	15~25	144	—	—	≥5	1000	800
C4	10~15	144	—	—	≥5	500	600
C4	15~25	240	—	—	≥5	1000	1000
C5-I	10~15	240	—	168	≥5	2000	1000
C5-I	15~25	240	—	240	≥5	3000	3000
C5-M	10~15	240	144	72	≥5	2000	1000
C5-M	15~25	240	240	72	≥5	3000	3000
Im1		3000	—	72	≥5	—	—
Im2		—	—	3000	72	3000	—

①~③涂层试验后不生锈、不起泡、不开裂、不剥落,允许轻微变色和失光。
④无机富锌涂层体系附着力不小于3MPa。
⑤涂层试验后不起泡、不剥落、不生锈、不开裂。
⑥涂层试验后不生锈、不起泡、不剥落、不开裂、不粉化,允许2级变色和2级失光。

7.3.2 铁路桥梁防腐涂层技术要求

表7-20所列为我国《铁路钢桥保护涂装及涂料供货技术条件》(TB/T 1527—2011)中规定所使用的涂层主要技术要求。

表7-20 铁路钢桥结构防腐涂层技术要求

项目	技术指标		检测方法
	丙烯酸聚氨酯面漆	氟碳面漆	
耐酸性(5% H_2SO_4,240h)	漆膜无明显变色、无泡、无锈	漆膜无明显变色、无泡、无锈	GB/T 9274
耐碱性(5% NaOH,240h)	漆膜无明显变色、无泡、无锈	漆膜无明显变色、无泡、无锈	GB/T 9274

续表

项目	技术指标		检测方法
	丙烯酸聚氨酯面漆	氟碳面漆	
人工加速老化	1000h,0 级	3000h,0 级, 保光率不小于 80%	GB/T 14522

注：当采用水性无机富锌或环氧富锌底漆时，其耐盐雾性能要求按照 GB/T 1771,耐盐雾时间应不少于 1000h。

7.3.3　悬索桥梁防腐涂层技术要求

表 7 – 21 所列为我国《悬索桥主缆防腐涂料技术条件》(JT/T 694—2007)中所规定使用的涂层主要技术要求。

表 7 – 21　悬索桥主缆结构防腐涂层技术要求

项目	技术指标	检测方法
耐水性(72h)	漆膜无变化	GB/T 1733
耐盐水性(72h)	漆膜无变化	GB/T 9274
耐酸性(10% H_2SO_4,168h)	漆膜无异常	GB/T 9274
耐碱性(10% NaOH,168h)	漆膜无异常	GB/T 9274
人工加速老化① (1000h/3000h)	白色或浅色漆膜不起泡、不剥落、不粉化。白色或浅色漆膜允许失光 1 级和变色 1 级；其他颜色允许失光 2 级和变色 2 级	GB/T 1865

① 人工加速老化中,面漆为丙烯酸聚氨酯面漆时,技术指标为1000h,面漆选用氟碳面漆时,技术指标为3000h。

7.3.4　混凝土桥梁防腐涂层技术要求

表 7 – 22 所列为我国《混凝土桥梁表面涂层防腐技术条件》(JT/T 695—2007)中所规定使用的涂层主要技术要求。

表 7 – 22　混凝土桥梁结构防腐涂层技术要求

腐蚀环境①	防腐年限②	耐水性/h	耐盐水性/h	耐碱性/h	耐化学品性/h	抗氯离子渗透性/(mg/(cm²·d))	附着力/MPa	耐候性③/h
I	M	8	—	72	—	—	≥1.0	400
	H	12		240			≥1.0	800
II	M	12		240			≥1.0	400
	H	24		720			≥1.5	800

腐蚀环境①	防腐年限②	耐水性/h	耐盐水性/h	耐碱性/h	耐化学品性/h	抗氯离子渗透性/(mg/(cm²·d))	附着力/MPa	耐候性③/h
Ⅲ-1	M	240	—	720	168	—	≥1.5	500
	H	240	—	720	168	—	≥1.5	1000
Ⅳ-2	M	240	240	720	72	≤1×10⁻³	≥1.5	500
	H	240	240	720	72	≤1×10⁻³	≥1.5	1000
Im1	M	2000	—	720	72	—	≥1.5	500
	H	3000	—	720	72	—	≥1.5	1000
Im2	M	—	2000	720	72	≤1×10⁻³	≥1.5	500
	H	—	3000	720	72	≤1×10⁻³	≥1.5	1000

① 腐蚀环境分类：Ⅰ为年平均相对湿度不大于75%的乡村、城市和工业大气环境；Ⅱ为年平均相对湿度为60%~75%的乡村、城市和工业大气环境；Ⅲ-1为年平均相对湿度不小于75%的工业大气或酸雨大气环境；Ⅲ-2为海洋大气环境。

② 防腐年限分为两类：普通型 M,10 年；长效型 H,20 年。

③ Im1 和 Im2 环境下如果面漆为环氧类涂料或不饱和聚酯涂料,耐候性指标不做要求。

7.4 桥梁工程防腐蚀涂料施工

7.4.1 桥梁钢结构的防腐涂装

1. 桥梁钢结构的底面防锈处理

桥梁钢结构的底面防锈处理主要有 3 种方法[1-2,12]:车间底漆涂装处理、金属热喷涂处理和镀锌处理。这 3 种方法的共同点主要是利用锌或铝的牺牲阳极作用来保护钢材,避免钢材的锈蚀。车间底漆通常作为临时保护底漆,方便了钢结构的二次除锈。金属热喷涂和镀锌处理耐蚀性强,与底材附着力强,涂层硬度高,耐碰撞,不怕运输和吊装过程中的机械损伤,大修时不必进行全部出白级喷砂,而只需局部除锈后涂中间漆和面漆。

1）车间底漆涂装处理

桥梁钢结构用车间底漆应满足以下技术要求。

（1）在钢材组装前至少有 3 个月的防锈能力。

（2）不影响焊接切割速度和质量,以及焊缝的强度。

（3）焊接切割时不产生超过劳动保护允许范围的有害气体。

（4）适应自动化流水线的施工要求。

（5）干燥迅速（3~5min 的快干性），钢板可以在几分钟后进行搬运。

（6）对喷砂表面有良好的附着力。

（7）力学性能好，耐高温处理，良好的耐蚀性能。

（8）不会皂化，耐水、耐溶剂和化学品。

（9）兼容性好，能适应大部分涂料的涂覆。

2）金属热喷涂处理[13-14]

（1）金属热喷涂的选材。

金属喷涂层广泛用于新建、重建或表面维修时对于金属部分的修补。金属热喷涂主要有喷锌和喷铝两种，作为钢结构的底层，有着最好的耐蚀性能，使用寿命在 20~30 年以上。

① 金属热喷锌。锌的熔点为 419℃，密度为 7.14g/cm³，标准电位为 -760mV，是非常活泼的金属。纯锌在潮湿大气中或水中有阴极保护作用，表面会生成碱式碳酸锌。锌不耐酸碱，所以在腐蚀性不强的农村大气中，耐蚀性很好。在工业大气和潮湿大气环境中，耐蚀性降低。在污染的工业大气环境中，腐蚀速度大于 0.006mm/年，锌涂层会随着氧气、二氧化碳、硫化氢和二氧化硫等气体和氯离子的增加，腐蚀速率也相应增大。锌的抗蚀性与其纯度也有很大关系，通常热喷涂用的锌丝要求纯度为 99.99%。

② 金属热喷铝。纯铝是银白色金属，熔点 660℃，密度为 2.72g/cm³，标准电位 -1660mV。尽管铝的标准电位很低，但是铝涂层在空气中能迅速生成一层致密的 Al_2O_3 氧化膜，具有很好的保护作用。铝涂层的优点是在大气环境中，如工业大气、海洋大气等有着较高的稳定性和耐腐蚀特性。因此，在大气环境中，铝涂层的应用越来越多，通常用于热喷涂的铝要求纯度在 99.60% 以上。

此外，在对钢铁的保护方面，锌涂层的阴极保护作用突出，铝涂层的耐蚀性好，两者结合起来的锌-铝合金有着更强的保护作用。常用的锌-铝合金为 85% Zn 和 15% Al，其电位接近于锌，而耐蚀速度接近于铝，综合性能优于 Zn 和 Al 涂层。

（2）金属热喷涂的涂装质量控制。

金属热喷涂处理的钢铁基材具有较长的防腐蚀寿命，但是热喷涂处理速度较慢，施工标准又高，防腐施工造价费用相对很高。良好的热喷涂系统性能需要做好表面处理、材料选型、施工设备和喷涂技术等相关工作。

① 喷涂技艺和施工参数。金属热喷涂主要是利用火焰和电弧或者等离子体技术进行施工。火焰喷涂是利用氧气或者乙炔气体作为热源，将锌丝或铝丝加热到热熔状态，在压缩空气高速气流的引导下，喷射到喷砂处理后的钢铁基材表面形成金属涂层，火焰喷涂是最早的热喷涂技术，施工效率低，质量控制较难，涂层附着力较差。随着施工技术的不断发展，目前电弧喷涂技术逐渐替代火焰喷涂，成为目前热喷涂施工首选，电弧喷涂技术具有设备轻便、施工效率高等特点。

在热喷涂前,首先要保证金属丝和施工设备的清洁,避免污染油污和灰尘。在施工过程中,应注意根据工件形状特点,选择合适的喷枪距离、移动速率和喷幅宽度,必要时可进行试验喷涂,确定最佳的施工参数。

② 表面处理。金属热喷涂对基材处理的要求较高,主要表现在除锈等级和表面粗糙度两个方面。较好的除锈等级表示基材表面没有氧化皮、锈蚀等缺陷,合理的粗糙度能够为金属涂层提供良好的附着力。对于粗糙度的要求,国内外及各行业都有不同的相关标准(表 7 – 23),参考这些标准规范,表面粗糙度取值 Rz 50 ~ 100μm 较合适。

表 7 – 23　金属热喷涂表面粗糙度要求

标准规范	表面粗糙度/μm
GB/T 11373	Rz 25 ~ 100
TB/T 1527	Rz 50 ~ 100
SL 105	Ry 60 ~ 100
DL/T 5385	Ry 60 ~ 100
ISO 2063	无明确规定,供需双方商定
NACE No. 12/AWS C2. 23M/SSPC – CS 23. 00	$Ry \geqslant 65$
NORSOK M – 501	Ry 50 ~ 80

③ 表面层。电弧或火焰喷锌或喷铝过程中,容易出现金属涂层厚度不均匀,表面层粗糙度较大的情况,良好的喷涂效果不仅能提高工件的美观程度,更能提高涂层的防腐年限。由于金属热喷涂的施工特点,金属涂层表面通常呈现多孔性,不同的施工设备也会导致最终金属涂层表面的孔隙率不同。研究表明,火焰喷涂金属涂层的表面孔隙率为3% ~ 8%,采用电弧喷涂,表面孔隙率可控制在3%以下,孔隙率的控制对金属涂层防腐寿命也有重要影响,孔隙率越小,金属涂层屏蔽效果越好,防腐寿命就越长。实际经验表明,金属涂层表观情况可以通过控制喷枪距离、移动速率、空气压力、电弧长度和电压等施工参数来调整。

④ 涂层厚度和附着力。金属涂层的厚度对于其防腐蚀性能具有决定性作用,因此在封闭层喷涂前,要先对金属涂层进行厚度测量。由于施工的局限性,金属热喷涂的厚度较难精确控制,主要是通过控制涂层厚度的上限和下限实现的。金属涂层的厚度测量主要包括非破坏性无损检测和破坏性检测两种方法。

涂层的附着力是防腐长效性的主要指标。良好的附着力,说明涂层与基材紧密粘接,能够减少工件在使用过程中的涂层脱落。金属热喷涂附着力的测量,常用的方法有栅格试验法、弯曲试验、杯突试验和拉开试验等。

(3) 金属热喷涂 – 有机复合涂层。

桥梁钢结构的重防腐体系中,广泛采用了金属热喷涂层与有机涂层组成的复合涂层重防腐体系,其性能远远超过了单一的金属涂层或有机涂层,在大气腐蚀环境中可以达到 20 年免维护、40 年少维护的长效防腐。金属热喷涂层表面涂覆有机涂层,结合了金属涂层和有机涂层的优点,达到了双重保护的目的。

由于喷铝层是表面是疏松多孔的,在喷涂有机涂层时,为避免出现层间结合不牢、漆膜起泡等缺陷,应先采用封闭漆对金属涂层进行雾喷。封闭漆多采用低黏度的环氧树脂作为封闭剂,如环氧清漆、环氧底漆等,且必须薄涂,只要能够压迫出空气即可,如果涂覆过厚,就会在表面形成针孔和气泡等缺陷。在封闭涂层表面,为了加强整体涂层的屏蔽性能,可以加涂厚浆型环氧云铁中间漆。最后涂覆高防腐性面漆,如脂肪族聚氨酯面漆、氟碳面漆或聚硅氧烷面漆等。

3) 热浸镀锌处理

热浸镀锌也是钢结构重要的防腐蚀处理工艺,热浸镀锌是把钢铁浸入温度达 440 ~ 465℃ 或者更高温度的熔化锌中进行处理的过程,钢铁基体与锌反应,形成铁 - 锌合金层覆盖在整个工件表面。镀锌层与基体有着良好的结合力,有一定的韧性,可耐受较高强度的摩擦及冲击。在桥梁上,使用镀锌工艺最多的是悬索、吊索和斜拉索钢丝。在桥梁建筑上,热浸镀锌主要用于桥梁的小构件防腐,如栏杆、灯杆等,这些构件小,容易进行镀锌处理。

热浸镀锌的防腐蚀机理与热喷锌类似,在大气环境下暴露的镀锌钢材,首先发生的是锌在大气中的腐蚀。当镀锌层中的合金层部分地暴露于大气中时,纯锌层对电位较正的合金层提供电化学保护。当纯锌层消耗殆尽时,合金层仍能对钢材起到隔绝的保护作用。热浸镀锌的耐用年限与锌层厚度成正比例关系。

4) 摩擦面的处理

桥梁钢结构的连接,除了采用焊接结构外,也采用高强度螺栓连接工艺,高强度螺栓摩擦面的安全可靠运行,是保证桥梁安全运行的关键。常见的摩擦面处理主要有两种办法:无机富锌防锈防滑底漆处理和电弧热喷铝。

(1) 无机富锌防锈防滑底漆处理。无机富锌防锈防滑底漆是采用硅酸乙酯与锌粉相互配合,添加防锈防滑的骨料,在空气中水解聚合形成致密的防滑保护膜。干膜中锌粉含量和抗滑移系数是评价无机富锌防锈防滑底漆的两个关键指标。TB/T 1527—2011 中规定了螺栓连接面的部分涂装采用无机富锌防锈防滑底漆,厚度为 $80\mu m$,抗滑移系数为初始时不小于 0.55,安装时不小于 0.5。

(2) 电弧热喷铝。TB/T 1527—2011 中规定了螺栓连接面的部分涂装可采用电弧热喷铝的方法,厚度为 $100\mu m$,电弧用铝丝的纯度在 99.5% 以上。

2. 钢箱梁涂装

1) 钢箱梁的涂装方案

超长度的钢铁桥梁通常是用过钢箱梁分段吊装拼接而成的,由于桥梁建设工期长,施工环境恶劣,钢箱梁的涂装十分重要。常见的钢箱梁涂装方案见表 7 - 24 ~ 表 7 - 26。

表 7 - 24　钢箱梁涂装方案（1）

涂装部位	涂料名称	干膜厚度/μm	施工地点
内表面	厚浆型环氧涂料	150	单元件涂装区
外表面	无机硅酸富锌涂料	75	梁段涂装区
	环氧封闭涂料	25	梁段涂装区
	环氧云铁中间漆	100	梁段涂装区
	聚氨酯面漆	40	梁段涂装区
	聚氨酯面漆	40	现场涂装

表 7 - 25　钢箱梁涂装方案（2）

涂装部位	涂料名称	干膜厚度/μm	施工地点
内表面	厚浆型环氧涂料	150	单元件涂装区
外表面	喷铝层	200	梁段涂装区
	环氧封闭涂料	25	梁段涂装区
	环氧云铁中间漆	100	梁段涂装区
	聚氨酯面漆	40	梁段涂装区
	聚氨酯面漆	40	现场涂装

表 7 - 26　钢箱梁涂装方案（3）

涂装部位	涂料名称	干膜厚度/μm	施工地点
内表面	厚浆型环氧涂料	150	单元件涂装区
外表面	环氧富锌底漆	80	梁段涂装区
	环氧云铁中间漆	120	梁段涂装区
	聚氨酯面漆	40	梁段涂装区
	聚氨酯面漆	40	现场涂装

2）钢箱梁的涂装工艺流程

（1）钢箱梁涂装场地涂装工艺流程。

钢箱梁内表面通常不进行喷砂处理，而是手工动力工具打磨。由于钢箱梁内表面结构复杂，对难以涂装的部位应事先进行预涂。

钢箱梁外表面的涂装是整个桥梁涂装的重点，具有防腐蚀和美观的双重作用。在预制场地，钢箱梁外表面通常至少要完成一道面漆的涂装，在钢箱梁拼接安装后，统一进行最后一道面漆的涂装。

（2）钢箱梁现场涂装工艺流程。

钢箱梁现场涂装包括外环焊缝的除锈和涂装、内环焊缝的除锈和涂装、局部破损的补涂以及外表面的最后一道面漆涂装等,其工艺流程如图 7 - 1 ~ 图 7 - 4 所示。

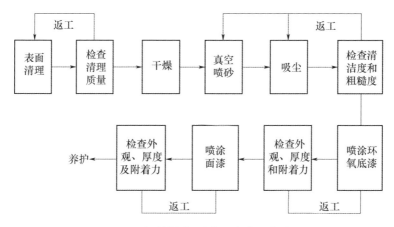

图 7 - 1　钢箱梁内、外表面涂装工艺流程

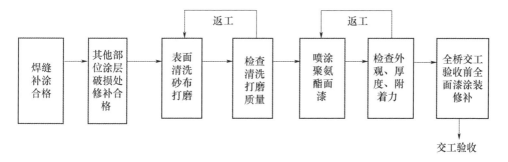

图 7 - 2　钢箱梁外表面最后一道面漆涂装工艺流程

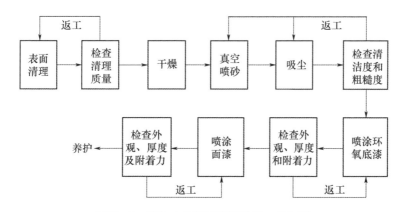

图 7 - 3　箱体内表面环焊缝补涂工艺流程

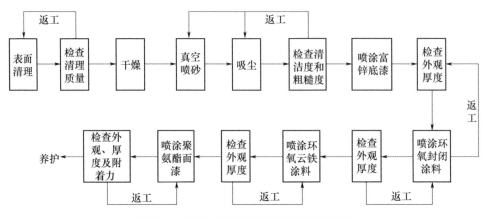

图 7 - 4　箱体外表面环焊缝补涂工艺流程

3）涂料的施工条件

（1）施工环境要求。周围环境相对湿度不应高于85%，被涂装基材表面温度应至少高于露点温度3℃。在雨、雪、大雾和风沙等气候条件下，不得露天施工，如果空气中存在有害漂浮物，有可能带来不良影响，应停止施工。

（2）涂装要点。对双组分涂料须用机械式搅拌器将涂料甲组分搅拌均匀后，再按比例混合搅匀，经熟化后进行施工，按说明书中要求的涂装间隔进行涂装。

（3）稀释剂的添加。通常情况下不必向涂料中加入稀释剂，如需加入，应使用专用稀释剂，稀释剂的用量根据产品和施工现场环境情况而定。

3. 钢桥面铺装

1）桥面的表面处理与涂装施工

钢桥面的表面处理有两种主要方式，即开放式喷砂和密闭式真空喷砂。开放式喷砂产生的粉尘很大，对工作环境和自然环境的危害非常大。真空喷砂利用钢砂、钢丸或其他不易产生粉尘的磨料，不会影响其他工种，不会造成环境污染，喷砂质量也有保证。因此，真空喷砂是目前桥面板除锈的主要手段。

钢质桥面在进行喷砂处理前，首先要检查结构缺陷，打磨清除焊渣、飞溅和毛刺等。由于桥梁建造过程比较复杂，其他工序会对桥面产生灰尘和油污的污染。清除污染物可以使用清水加入一定比例的洗涤剂，进行高压冲洗，然后再用淡水冲洗，清除残留的洗涤剂。待桥面干燥后，进行喷砂处理，达到 Sa 2½级，表面粗糙度达 Rz 40～80μm。平整桥面推荐使用可回收磨料的自动喷砂机喷砂。

无机硅酸锌底漆的涂装要求在桥面喷砂后4h内尽快完成；否则表面质量会下降，且会被二次污染。进行喷涂作业时，要注意设备和工人的穿戴干净，不要将杂质带到桥面。

无论是喷砂还是喷涂过程中，相对湿度都要求在80%以下，钢板温度高于露点温度 3℃以上,严格控制结露的产生。底漆验收合格后,可以进行防水黏结层的施工和改性沥青桥面铺装工序。

2）桥面的铺装方案

公路桥钢桥面铺装方案主要有 4 类,即高温拌和浇注式沥青混凝土方案、环氧沥青混凝土方案、改性沥青 SMA 方案和沥青玛蹄脂混凝土方案。国内外钢桥面铺装不同层位的常用材料如表 7 - 27 所列。

表 7 - 27　国内外钢桥面铺装不同层位的常用材料

钢桥面铺装层位	典型材料
防腐涂装	环氧富锌底漆
	无机富锌底漆
	热喷金属涂层(铝或锌)
防水及黏结层	改性沥青玛蹄脂
	环氧树脂胶砂
	橡胶沥青
	溶剂型黏结剂
	环氧树脂
	环氧沥青
铺装(上、下)层	传统浇筑式沥青混凝土
	聚合物浇筑式沥青混凝土
	改性沥青 SMA
	改性密级配沥青混凝土
	橡胶沥青混凝土
	环氧沥青混凝土

7.4.2　斜拉索和悬索系统的腐蚀防护

1. 斜拉索的腐蚀防护

1）国内外斜拉索腐蚀防护技术的发展

拉索是斜拉桥的主要受力构件,一旦拉索被腐蚀,钢材产生应力腐蚀,作用于拉索上的活载荷会产生很大的应力变化,甚至会产生反向应力,加速钢索防腐层的磨耗或破损,影响防腐体系的完整性,加速拉索的腐蚀。为保证桥梁的安全,必须对斜拉索进行腐蚀防护。

(1)国外斜拉索腐蚀防护技术[15]。

国外斜拉桥使用的拉索有封闭索、平行钢丝索、平行钢绞线和高强粗钢筋索 4

种。斜拉桥发展的前期主要使用封闭索,尤其是欧洲国家。目前使用较多的是平行钢丝索,特别是钢绞线索,在大跨度斜拉桥中使用较多。

初期采用的封闭索外层采用不锈钢的螺旋封闭,钢丝相互嵌合,防水性好,但生产制作工艺复杂,费用高。平行钢丝索采用塑料罩套防护,一般采用聚乙烯薄板卷成筒状,然后用乙烯布固定。后来采用聚乙烯管、钢管、铝管,其间压注水泥浆或防锈脂、防锈油之类的防护方式,该方式防护效果较好,特别是掺杂炭黑的聚乙烯管,通过增大 PE 管厚度、采用双层 PE 管等方式防止内层管老化,可增强防锈效果。国外有些斜拉索采用预应力混凝土索套防护,这种防护套索的刚度大,防锈蚀效果较好。这些技术的应用,推动了斜拉桥技术的发展。

1991 年,法国弗莱西奈公司生产的群锚平行钢绞线索体系应用于斜拉桥,拉索采用镀锌钢绞线组成,镀锌钢绞线外表面及中间空隙用蜡状物填充,外包高密度聚乙烯保护,三重防护。该体系的优点为:钢与钢不接触,良好的抗疲劳性;安装简单;方便每股钢丝束的检查和调整索力;容易更换。随后这种结构体系在世界范围内得到广泛应用。

(2)国内斜拉索腐蚀防护技术。

目前我国斜拉桥常用的斜拉索系统主要有两种:一种是用热挤高密度聚乙烯防护的半平行钢丝索配以冷铸墩头锚系统的钢丝斜拉索;另一种是采用不同防护的平行钢绞线、外套 HDPE 护套管,两端用特殊的夹片锚系统组成的钢绞线索,如表 7 - 28 所列。

表 7 - 28   目前常用的两种斜拉索系统

索体结构	基本防护	外层防护	备注
半平行钢丝索	热镀锌钢丝	热挤 PE 热挤 PE + PU(高密度聚氨酯)	分层热挤一次、 分层热挤
平行钢绞线	钢绞线 + 油脂或石蜡 + 热挤 PE 镀锌钢绞线 + 油脂或石蜡 + 热挤 PE 环氧涂层钢绞线	HDPE 套管	—

2)斜拉索腐蚀防护工艺

(1)PE 防腐工艺。

拉索结构是将若干根高强度钢筋采用同心绞合方式一次扭绞成型,绞合角为 $2° \sim 4°$。扭绞后在钢丝索外面绕包高强度复合包带,然后在钢丝索上热挤高密度聚乙烯防护层,这是斜拉索典型防护工艺。

《斜拉桥热挤聚乙烯高强钢丝拉索技术条件》(GB/T 18365—2001)规定斜拉桥缆索要采用热镀锌钢丝,标准强度不低于 1570MPa,要具有良好的伸直性,不得有电接头和其他形式的接头。斜拉桥热挤聚乙烯高强钢丝拉索的工艺要求:高强度钢丝经粗下料后,置于排丝架上,经扭绞机实施轻度扭绞,并缠绕细钢丝或纤维增强聚酯带,形成轻度扭绞钢丝束;再经塑料挤出机挤出聚乙烯护套,按设计要求精确下料,两端安装配套冷铸锚制成成品拉索;成品拉索经超张拉检验后盘卷包装。

(2)钢丝热浸镀锌工艺。

热浸镀锌方法有干法、氧化还原法、湿法、铅锌法、单面热镀锌等多种,斜拉索钢丝热镀锌主要采用干法和氧化还原法。斜拉索钢丝镀锌层的技术指标要求不低于《桥梁缆索用热镀锌钢丝》(GB/T 17101—2008)中的规定,如表7-29所列,镀锌层要求连续、光滑、致密,单位面积镀锌量不小于 $300g/m^2$,镀锌钢丝标准强度不低于 1570MPa。

表7-29 斜拉索钢丝镀锌层技术指标

项目	技术指标
锌层重量/(g/m^2)	≥300
附着力	5dm×8圈,螺旋圈外侧没有剥落或用手指摩擦不剥落
锌层均匀性	硫酸铜溶液试验次数不少于4次(1min/次)

镀锌钢丝形成钢索时,钢丝之间的内部空隙均填以含锌粉的环氧、聚氨酯树脂或带红丹的亚麻油。钢索外侧涂有带铬酸锌聚氨酯底漆和聚氨酯面漆各2道。锚座热浇筑时还应压注防腐蚀浆液来防止镀锌层被破坏。

(3)套管压浆法防护。

套管种类分为钢套管、铝套管、聚乙烯套管等。套管与钢丝之间的缝隙内通常压注水泥浆,也有压注树脂或油脂等材料的,如防锈脂、沥青玛蹄脂、合成橡胶、聚氨酯预聚体等。

水泥压浆法是将预应力钢材制作的斜拉索放入 PE 管或钢管中,用压注水泥浆的方法进行防腐。由于水泥具有较强的碱性,钢材在碱性环境下钝化,形成防腐作用。铝管内压注水泥浆的方法要经过特殊的化学处理。聚乙烯管具有较高的化学稳定性,掺杂炭黑的聚乙烯套管对紫外线具有显著的屏蔽作用,可提高聚乙烯套管的抗老化性能,同时聚乙烯套管廉价,透气率低,适合工厂化加工和生产。故成为套管压浆法中最经济适用的方法。

(4)橡胶防腐带防护。

橡胶防腐带专门用于大跨度斜拉桥和钢索吊桥索体的防腐,通过专用的自动斜绕装置将橡胶防腐带绕于镀锌索表面。正常施工情况下,不需要对钢索表面进行准备或处理,防腐带安装后立即对其加热以热熔叠层部分,并使防腐带收缩紧贴在钢索的表面,从而形成一层不可渗透的屏障,阻止腐蚀介质对钢索的腐蚀。防腐带可以制造成各种颜色,可根据要求进行色彩设计,而不需要另外涂装色漆。

（5）涂层防护。

为改善斜拉索的防腐蚀性能,20世纪80年代初期,国外公司研制了一种带环氧涂层的钢绞线。与普通钢绞线或镀锌钢绞线相比,具有更好的防腐效果。另外,对于其他涂层,如聚氨酯铬酸锌混合液浸泡加聚氨酯涂料、玻璃纤维加强丙烯酸树脂涂料、聚乙烯涂料、玻璃钢防护等,均具有一定的防护效果。

（6）锚具的防护。

斜拉索的锚具一部分外露在自然环境中,一部分进入桥体预埋的钢索导管内,如果外露部分长期暴露在大气中没有防护,锚具就容易生锈,严重影响斜拉索的寿命。

锚具防腐最简单的措施是对两端外露部分的内、外壁涂刷锚具专用防护油脂,并加设不锈钢防水护罩。对锚具外表面也可以采用镀锌处理、防腐涂料涂装、电弧喷锌复合涂层等防腐措施。在斜拉索锚具与钢索导管的间隙内,采用特制的填充材料,使钢材和索体表面PE护层粘接成牢固的整体,使导管内的锚具与水汽及腐蚀介质相隔离,可以有效阻止索锚具的锈蚀。

2. 悬索系统的腐蚀防护

悬索桥的缆索系统由主缆、吊索、主索鞍、散索鞍和索夹组成。

1）主索鞍、散索鞍和索夹的防护和涂装

主索鞍的主要功用是支承主缆,将主缆的竖向压力均匀地传递到索塔上面。主索鞍鞍体为全铸式,铸造工艺要求十分严格。主索鞍是大型钢结构,寿命与大桥相同,所以对于主索鞍的防腐蚀涂装是相当重要的。

散索鞍的主要作用也是支承主缆,将主缆的竖向压力均匀地传递到锚碇支墩上,同时主缆索股在散索鞍上散开,分别平顺进入各自在锚面上的锚固位置。散索鞍同主索鞍一样为全铸式鞍体结构。散索鞍的涂装与主索鞍相同。鞍槽内隔板焊接完成后,槽道内进行喷锌防腐蚀处理,锌层厚度在 $200\mu m$ 以上,然后表面进行封闭。鞍体外露面喷砂到 Sa 2½ 级,然后喷涂无机硅酸锌底漆、环氧中间漆和聚氨酯面漆,加工面进行涂脂防锈处理。

索夹按照其在主缆上安装位置和受力情况的不同,可以分为特殊索夹、普通索夹和无吊索索夹。特殊索夹主要安装在主缆的坡度较大的地方。普通索夹安装在主缆坡度较平缓的地方。无吊索索夹安装在索塔两端及散索鞍的端部,主要作用是紧箍主缆,加强主缆的整体性,同时支撑扶手钢索。索夹的内孔加工面必须进行喷锌处理,加工面涂脂防锈,非加工面按规定涂装防腐涂料。

公路悬索桥的吊索技术要求参考《公路悬索桥吊索》(JT/T 449—2001)。平行钢丝束吊索宏观弹性模量 $E \geqslant 1.9 \times 10^5 MPa$,钢丝绳吊索宏观弹性模量采用预张拉后的实测值不小于 $1.1 \times 10^5 MPa$。目前吊索的防腐蚀涂装主要有两种方案:①环氧富锌底漆 $75\mu m$ + 聚氨酯防水涂料 $4 \times 160\mu m$ + 聚氨酯防腐蚀面漆 $2 \times 80\mu m$;

②磷化底漆 15μm + 环氧涂料 3×50μm + 聚氨酯面漆 3×40μm。

　　2）主缆的防护与涂装

　　悬索桥主缆及其他缆索都是由钢丝、钢绞线、钢丝绳等金属材料组成,易受大气和雨水的腐蚀。悬索桥的两根主缆将承受桥梁的全部载荷,是悬索桥最主要的承重构件,是全桥的生命索,在大桥的整个使用期内不可更换。所以,主缆的钢丝和缠丝都进行了镀锌处理,确保在运输、制缆、安装及使用过程中不被腐蚀。主缆防腐蚀系统并用两种手段,即密封剂涂覆和涂料涂装防护。

　　悬索桥的特点是在桥的两端分别建起两个约 100m 高的桥墩,在桥墩顶上放置两块平面钢板称为鞍座底板,鞍座底板上放置两排悬索鞍座,再把两条主缆分别架在两排悬索鞍座上,然后在两条主缆上吊挂桥梁板。主缆由于直径大、跨度长,难以采用 PE 护套防护,而多采用缠丝涂装保护方式。检修道扶手索、骑跨式结构的钢丝绳吊索等因结构原因,也只能采用涂料涂装防护。

　　悬索桥主缆的腐蚀防护主要是采用单根丝镀锌,然后在紧缆和安装索夹后,外部进行 3 层防护,即防锈腻子涂抹、钢丝缠绕和外层涂料防护。

　　主缆使用的腻子能与缠丝形成铠装密水保护。通过腻子填塞钢丝缝隙,并在表面形成一定的覆盖厚度。腻子有多种选择,如不干性油腻子,采用亚麻油桐油等加入防锈颜料调成;双组分固化型密封剂,如聚硫密封胶、聚氨酯腻子等。锌粉腻子是一种新型腻子,用亚麻油作为调合剂,需要 8h 以上的干燥固化时间,高纯度的锌粉可以对钢丝产生阴极保护作用。

7.4.3　桥梁混凝土的防腐涂装

1. 混凝土表面处理[7,16]

桥梁混凝土结构经受过风化腐蚀,表面粗糙多孔,表层强度低,可能还有油污和盐分的污染。其表面孔隙中含有水分和碱性物质,如不经处理直接涂装,涂膜不仅附着力差,而且会产生起泡、龟裂、泛白甚至脱层等弊病。为了避免以上问题的出现,延长涂层的防腐寿命,必须控制混凝土表面的含水率,进行正确的表面处理。

　　(1) 除油。用洗涤剂或碳酸钠溶液清洗油污,再淡水冲洗至 pH 值至中性。如果油污严重渗入混凝土内部,应采用热碱液浸渍,并用淡水冲洗。使用清水滴加在混凝土表面,观察其润湿和铺展的状态,如果水滴形成圆珠状,说明有油污存在;如果水膜均一,铺展自然,说明表面没有油污。

　　(2) 表面打磨或喷砂处理。用电动或气动打磨工具,或者使用喷砂设备,可以有效地除去表层浮浆和软弱表面层。表面的灰尘用清洁干净的压缩空气吹净,最好用真空吸尘器吸尘。

　　(3) 酸蚀处理。用酸浸蚀的方法,主要适用于油污较多的地面,质量分数为

10% ~15%的盐酸清洗混凝土表面,待反应完全后(不再产生气泡),再用清水冲洗,并配合毛刷刷洗,此法可清除泥浆层并得到较细的粗糙度。在平面上使用酸浸蚀的效果最好。

(4)混凝土表面质量控制测试。

① pH值。清洁后的混凝土表面pH值的测定很重要,尤其是在对地坪表面酸浸后。根据《化学清洗或蚀剂混凝土表面pH值的标准测试方法》(ASTM D4262—2005)标准化学浸湿法混凝土表面pH值测定方法测试,其结果控制在中性。

② 含水率。混凝土含水率会影响后续涂装有机涂层的防护效果,含水率较高时,涂层容易起泡、脱落。通常混凝土含水率应小于6%;否则应排除水分后方可进行涂装。如果含水量过高,可以用通风来加强空气循环,加速空气流动,带走水分,促进混凝土中水分进一步挥发。

混凝土含水率的测试方法有多种,《塑料膜法测定混凝土中水分的标准试验方法》(ASTM D4263—2012)是将透明聚乙烯薄膜粘贴在混凝土表面,16h后观察薄膜上的水珠或混凝土的表面颜色。氯化钙测定法,可以测定水分从混凝土中逸出的速度,是一种间接测定混凝土含水率的方法,测定密封容器中氯化钙在72h后的增重,其值应小于$46.8g/m^2$。

2. 混凝土的腐蚀防护

1)混凝土中钢筋的防护

混凝土中钢筋的防护措施主要包括增加钢筋的混凝土保护层厚度、采用钢筋涂层和添加阻锈剂等措施。在制备钢筋混凝土时,控制好混凝土原料中氯离子含量。选择混凝土材料和配合比时,除了满足混凝土的强度外,还应尽量提高混凝土的密实性和抗渗性,减少水灰比,适当增加混凝土保护层的厚度,延缓氯离子等腐蚀因子到达钢筋表面的时间。

目前应用较多的钢筋保护涂层为两种,分别是镀锌层和环氧粉末层。镀锌是钢铁保护的重要手段,但是对于混凝土中的钢筋来说,实际防护效果不很好。因为锌层通常只推荐用于pH值在5~10的范围内使用,而混凝土pH值高达13。这种情况下,镀锌层会产生腐蚀溶解,很快就失去效用。钢筋用粉末涂料的研究始于美国,如今其涂装技术已十分成熟,有完备的产品质量检测手段。与镀锌、涂塑、阴极保护等防腐技术相比,涂层钢筋具有防腐效果好、涂装工艺简单、涂层厚度易于控制、对环境无污染、最具成本效益等优势而得到迅速发展。

在浇铸混凝土时加入钢筋阻锈剂,主要目的是保持混凝土的高碱性,使钢筋长期处于钝化状态。阻锈剂的加入是有限制的,过多就会影响混凝土的自身强度。

2)混凝土硅烷浸渍防护

硅烷浸渍是利用硅烷活性物质的渗透性,并与混凝土基材中的碱性物质作用,生成数毫米到十几毫米的憎水层。硅烷浸渍不会改变混凝土表面的外观,表面磨损也不会破坏憎水层,提高了混凝土表面的防水、抗渗能力,如表7-30所列。

表7-30　用于混凝土防护的硅烷浸渍产品技术要求

项目	技术指标	参考规范
异丁基三乙氧基硅烷含量/%	≥98.9	
硅氧烷含量/%	≤0.3	
可水解氯化物含量	≤1/10000	
密度/(g/cm^3)	0.88	
活性/%(不得以其他溶剂或液体稀释)	100	JT/J 275
吸水率/(mm/min$^{\frac{1}{2}}$)	≤0.01	
渗透深度/mm	3~4(强度≤C45) 2~3(强度>C45)	
氯化物吸收量的降低效果平均值/%	≥90	

3) 混凝土表面涂料防护

(1) 混凝土表面防护涂料体系。

混凝土表面防护涂料体系是一个完整的涂装结构,通常由腻子、封闭层、中间层和面层组成,各层相互作用,共同防护混凝土。腻子的作用是填补表面的缺陷和构件的轮廓线,提高表面的平整度。用于混凝土结构填补的腻子要求具有良好的刮涂性、抗收缩性和抗流挂性。封闭层主要是封闭混凝土表面的微孔,阻止腐蚀介质的渗透,同时便于后续中间层和面层的涂装。由于新浇筑混凝土呈现高碱性,封闭层必须具有良好的抗碱性能,常用的封闭漆有环氧清漆、丙烯酸抗碱底漆以及聚氨酯清漆等。中间层位于封闭层和面层之间,可以增加涂层体系的厚度,增加面层与封闭层之间的附着力,使得各涂层具有良好的相容性。常用的中间层有环氧涂料、聚氨酯涂料、丙烯酸聚合物涂料等。面层是涂层体系的最外层,也是最重要的一层,它赋予桥梁美丽的色彩,决定着涂层体系的耐老化和防腐性能。目前常用的面层涂料根据耐候性能不同,主要有聚硅氧烷树脂涂料、氟碳树脂涂料、丙烯酸聚氨酯面漆和丙烯酸面漆等。

(2) 混凝土表面涂料的性能要求。

混凝土防护涂料涂覆于混凝土表面形成致密的涂层,有效阻止或延缓外界侵蚀介质进入混凝土内部,对混凝土结构起到防护作用,由渗透层和防护层组成。渗透层材料可渗入混凝土基体,封闭微裂缝,提高混凝土基面附着力。防护层涂覆于混凝土表面形成致密漆膜,可有效阻止或延缓侵蚀介质对混凝土的破坏作用,减少混凝土腐蚀的发生,并可根据环境需要进行调色,满足桥梁景观需求。

《海港工程混凝土结构防腐蚀技术规范》(JTJ 275—2000)中规定混凝土表面采用涂层保护时,混凝土的龄期不应少于28天,并通过验收合格。涂层的设计使用年限不少于10年。涂层的涂装范围分为表湿区(飞溅区及平均潮位以上的水位

-1073741825

变动区)和表干区(大气区),涂料品质与涂层性能满足下列要求:①防腐蚀涂料应具有良好的耐碱性、附着性和耐蚀性,底层涂料应具有良好的渗透能力,表面涂层应具有耐老化性;②表湿区防腐蚀涂料应具有湿固化、耐磨损、耐冲击和耐老化等性能;③涂层的性能应满足表7-31的要求,涂层与混凝土表面的黏结力不得小于1.5MPa。混凝土防护涂层作用原理如图7-5所示。

表7-31 海港工程混凝土结构防腐蚀涂层技术要求

项目	试验条件	技术要求	涂层体系
涂层外观	耐老化试验1000h后	不粉化、不起泡、不龟裂、不剥落	底层+中间层+面层的复合涂层
	耐碱试验30天后	不起泡、不龟裂、不剥落	
	标准养护后	均匀、无流挂、无斑点、不起泡、不龟裂、不剥落等	
抗氯离子渗透性	活动涂层抗氯离子渗透性试验30天后	氯离子穿过涂层片的渗透量在5.0×10^{-3}mg/(cm²·d)以下	底层+中间层+面层的复合涂层

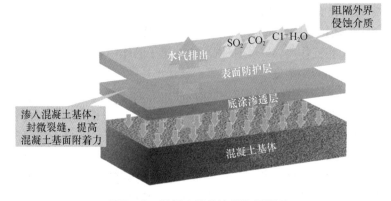

图7-5 混凝土防护涂层作用原理

7.5 桥梁工程防腐蚀涂料应用案例

7.5.1 桥梁钢结构涂装实例

武汉宝丰路高架桥由武昌船舶重工集团公司牵头的联合体承建,工程位于王家墩商务区,北起常青路范湖立交,南至建设大道宝丰北路道口,是武汉市重点工程。宝丰北路工程全长2.56km,红线宽44.5~140m,主线高架为城市快速路,双向6车道,设计车速60km/h,地面辅道双向4车道,设计车速为40km/h。该桥防腐涂装方案如表7-32所列。

表7-32　武汉宝丰路高架桥防腐涂装方案

防腐部位	涂层结构	涂料名称	道数/道	单道干膜厚度/μm	总厚度/μm
钢箱梁外表面(不含桥面系钢构件外表面)	底漆	醇溶性无机富锌底漆	1	75	295
	中间漆	环氧云铁中间漆	2	60	
	面漆	聚硅氧烷面漆	2	50	
钢箱梁内部(含螺栓头)	底漆	环氧富锌底漆	1	60	260
	中间漆	环氧云铁中间漆	1	80	
	面漆	环氧厚浆漆	1	120	
桥面	底漆	醇溶性无机富锌底漆	1	80	80
高强螺栓摩擦面	底漆	无机富锌防锈防滑底漆	2	60	120
人行天桥主梁外表面	底漆	环氧富锌底漆	1	80	320
	中间漆	环氧云铁中间漆	1	160	
	面漆	氟碳面漆	2	40	
人行天桥主梁内表面	底漆	环氧富锌底漆	1	60	260
	中间漆	环氧厚浆漆	2	100	
人行天桥栏杆外表面	底漆	环氧富锌底漆	1	80	320
	中间漆	环氧云铁中间漆	1	160	
	面漆	氟碳面漆	2	40	

武汉青山长江大桥是武汉的第十一座长江大桥,是武汉四环线重要过长江通道。大桥采用双向10车道高速公路标准建设,设计时速100km,全线均为桥梁,索塔采用无下横梁全漂浮系结构,北塔高283.5m,主跨938m,桥面宽48m。该桥地处武汉天兴洲公铁两用长江大桥与阳逻长江大桥之间,跨越天兴洲洲尾,于2015年底开建,2019年通车。该桥防腐涂装方案如表7-33所列。

表7-33　武汉青山长江大桥防腐涂装方案(斜拉桥)

部位	涂层结构	涂料名称	道数/道	单道干膜厚度/μm	总厚度/μm
构件外表面、风嘴内外表面、未封闭的内表面	底漆	环氧富锌底漆	2	40	330
	中间漆	环氧云铁中间漆	2	75	
	面漆	氟碳面漆	2	50	
钢箱梁顶面铺装范围、结合梁混凝土桥面板范围钢顶板和风嘴顶面	底漆	水性无机富锌底漆	2	50	100
U形泄水槽内表面及其焊缝影响区(不锈钢S306)	底漆	通用环氧底漆	1	60	310
	中间漆	环氧云铁中间漆	2	75	
	面漆	氟碳面漆	2	50	

部位	涂层结构	涂料名称	道数/道	单道干膜厚度/μm	总厚度/μm
钢箱梁内表面、U肋未封闭表面	底漆	水性无机富锌底漆	2	40	120
	中间漆	环氧磷酸锌封闭底漆	1	40	
风嘴内表面	底漆	水性无机富锌底漆	2	40	180
	中间漆	环氧磷酸锌封闭底漆	1	20	
	防腐漆	环氧厚浆漆	1	80	
高强度螺栓连接部外表面	中间漆	环氧磷酸锌封闭底漆	1	20	140
	防腐漆	环氧厚浆漆	2	60	
钢结构外表面(与混凝土接触面除外)	底漆	改性环氧封闭底漆	1	50	210
	中间漆	环氧云铁中间漆	1	80	
	面漆	脂肪族丙烯酸聚氨酯面漆	2	40	
与混凝土接触的钢结构表面	底漆	环氧富锌底漆	1	50	50
高强螺栓连接部位	底漆	无机富锌防锈防滑底漆	2	60	120
螺栓终拧后	底漆	环氧富锌底漆	1	80	80

广东西江特大桥是清云高速规模最大、建设条件最复杂、技术难度最高的特大桥工程。主桥为双塔双跨吊钢箱梁悬索桥,边跨长202m,主跨长738m,桥面宽30m,采用双向6车道标准建设。施工过程中,设计团队通过充分研究,创新性地提出将锚锭置于路面以上,车辆从锚体中通过的"通道锚"设计,减少挖方9万方,极大降低了对环境的破坏,同时是国内首次在全桥顶板上使用U肋机器人自动内焊技术,大幅提高桥面板焊趾处抗疲劳性能,降低桥梁寿命周期内的维护成本。该桥防腐涂装方案如表7-34所列。

表7-34 广东清云高速西江特大桥防腐涂装方案

部位	涂装用料	涂装道数/道	单道干膜厚度/μm	总厚度/μm
所有部位钢板预处理(包括U肋)	无机硅酸锌车间底漆	1	25	25
钢箱梁外表面	环氧富锌底漆	1	80	320
	环氧云铁中间漆	1	160	
	氟碳面漆	2	40	
钢箱梁内表面	环氧富锌底漆	1	60	180
	环氧厚浆漆	1	120	
钢桥面	临时防护:醇溶性车间底漆	1	60	60

续表

部位	涂装用料	涂装道数/道	单道干膜厚度/μm	总厚度/μm
U肋及拼接板摩擦面	无机富锌防锈防滑涂料	1	120	120
螺栓终拧后螺栓头处理	对螺栓、螺帽、垫圈的外露部位涂装环氧富锌底漆	1	80	80
拼接板外露面	整体涂装环氧厚浆漆	1	120	120
附属构件立柱、横梁外露面	轻金属用环氧漆	1	50	130
	氟碳面漆	2	40	

　　襄阳苏岭山大桥全长1945m,桥面宽约45m,双向8车道,是一座下承式连续钢桁架拱桥,由武船重工和中铁大桥局联合承建,大桥上部采用连续钢拱。该桥真正实现了人车分流,大桥除了双向8车道的机动车道外,同时还有专供电动车、自行车行驶的非机动车道和人行道,各道路之间都安装有隔离护栏,更有利于通行安全。该桥防腐涂装方案如表7-35所列。

表7-35　襄阳苏岭山大桥防腐涂装方案

部位	涂装用料	道数/道	单道干膜厚度/μm	总厚度/μm
钢构件	环氧富锌底漆	1	80	300
	环氧云铁厚浆漆	1	140	
	氟碳面漆	2	40	
钢构件内表面	醇溶性无机硅酸锌车间底漆	1	25	25
	环氧富锌底漆	1	60	280
	环氧云铁中间漆	1	140	
	丙烯酸脂肪族聚氨酯面漆	2	40	
匝道桥钢箱梁外表面	环氧富锌底漆	1	80	330
	环氧云铁厚浆漆	2	125	
匝道桥钢箱梁内表面	环氧富锌底漆	1	80	300
	环氧云铁厚浆漆	1	140	
	氟碳面漆	2	40	

　　重庆菜园坝长江大桥北起向阳隧道,上跨长江水道,南至大石立交,线路全长7km,主桥长800m,桥面上层为双向6车道城市快速路,设计速度60km/h,下层为双线轨道城市交通,设计速度75km/h,是中国重庆市境内连接渝中区与南岸区的过江通道,位于长江水道之上,为重庆市区北部城市主干道路的组成部分。菜园坝

长江大桥于2003年12月动工建设,于2007年10月19日通车运营。该桥防腐涂装设计方案如表7-36所列。

表7-36 重庆菜园坝长江大桥主桥钢结构防腐涂装设计方案

部位	设计要求	设计值
正交异性桥面板下表面和上表面中人行道板覆盖部分、加劲肋外表面及钢桁梁主要杆件外表面、人行道板外表面	喷砂除锈	Sa 2½, Rz 40~80μm
	无机富锌底漆1道	75μm
	环氧云铁中间漆2道	100μm
	聚硅氧烷面漆2道	75μm + 50μm
箱型拱肋内表面(内设除湿机)	喷砂除锈	Sa 2½, Rz 40~80μm
	耐蚀环氧漆(浅色)	150μm
箱型拱肋外表面	喷砂除锈	Sa 3, Rz 40~100μm
	电弧喷涂铝镁合金涂层	(200±30)μm
	环氧封闭漆1道	5~10μm
	环氧云铁中间漆2道	100μm
	聚硅氧烷面漆2道	75μm + 50μm
正交异性板上表面(车行道部分)	喷砂除锈	Sa 2½, Rz 40~80μm
	无机富锌底漆	85μm
高强度螺栓摩擦面	喷砂除锈	Sa 2½, Rz 40~80μm
	无机富锌防锈防滑涂料	85μm
高强度螺栓连接处外表面及杆件密封隔板以外的部分	表面处理	Sa 2½, Rz 40~80μm
	环氧富锌底漆1道	75μm
	环氧云铁中间漆1道	100μm
	聚硅氧烷面漆2道	125μm
工地焊接接头区域	表面处理	Sa 2½, Rz 40~80μm
	环氧富锌底漆1道	75μm
	环氧云铁中间漆2道	150μm
	聚硅氧烷面漆2道	125μm
人行护栏及灯柱表面	表面处理	Sa 2½, Rz 40~80μm
	专用环氧底漆1道	40μm
	聚氨酯面漆2道	100μm
人行道板内表面	表面处理	Sa 2½, Rz 40~80μm
	环氧富锌底漆1道	75μm
	环氧云铁中间漆2道	100μm
	环氧面漆2道	100μm

营口辽河特大桥路线全长 4.44km,其中,桥梁全长 3.326km,主桥长 866m,是辽宁省滨海公路工程中的一座大型桥梁,位于辽宁省西南部大辽河入海口处,跨越大辽河,连接营口、盘锦两市。工程采用 6 车道一级公路技术标准结合城市道路功能设计,设计车速为 80km/h。该桥防腐涂装设计方案如表 7 - 37 所列。

表 7 - 37　营口辽河特大桥钢结构防腐涂装设计方案

部位	设计要求	设计值
钢箱梁主体、风嘴外表面以及钢锚梁、钢牛腿	喷砂除锈	Sa 2½, Rz 25 ~ 100μm
	无机富锌底漆 1 道	75μm
	环氧封闭漆 1 道	25μm
	环氧云铁中间漆 2 道	150μm
	氟碳面漆 2 道	40μm + 40μm
钢箱梁主体内表面(内设除湿机)	喷砂除锈	Sa 2½, Rz 20 ~ 100μm
	环氧厚浆漆 2 道(浅色)	150μm
风嘴内	喷砂除锈	Sa 2½, Rz 25 ~ 100μm
	环氧富锌底漆 1 道	60μm
	环氧云铁中间漆 2 道	120μm
	环氧厚浆漆 1 道	80μm
桥面板顶面	喷砂除锈	Sa 2½, Rz 25 ~ 100μm
	环氧富锌底漆	80μm
摩擦面	喷砂除锈	Sa 2½, Rz 25 ~ 100μm
	无机富锌防锈防滑涂料	85μm

郑州黄河公铁两用特大桥是国家重点工程京广铁路客运专线跨越黄河的控制工程,大桥由水上双层主桥、黄河大堤内引桥、黄河大堤外引桥、6 座“人”形塔柱组成,主桥路段呈南至北方向布置,大桥公路、铁路采用上下层布置,上层为设计 100km/h 的双向 6 车道国道公路,下层为设计 350km/h 的高速铁路,公路铁路合建部分全长 9.17km,铁路总长 14.89km,公路总长 22.89km。该桥防腐涂装设计方案如表 7 - 38 所列。

表 7 - 38　郑州黄河公铁两用特大桥防腐涂装设计方案

部位	设计要求	设计值
钢梁杆件外露表面、桥面板地面和顶面外露部分	喷砂除锈	Sa 2½, Rz 40 ~ 60μm
	环氧富锌底漆 2 道	80μm
	环氧云铁中间漆 2 道	80μm
	氟碳面漆 2 道	70μm

部位	设计要求	设计值
混凝土道砟槽底面的钢板	喷砂除锈	Sa $2\frac{1}{2}$，Rz 50～100μm
	电弧喷铝	120μm
	环氧磷酸锌封闭漆	渗入铝涂层内部
高强螺栓连接摩擦面	喷砂除锈	Sa $2\frac{1}{2}$，Rz 40～80μm
	电弧喷铝	150μm
工地连接头	环氧磷酸锌封闭底漆 2 道	80μm
	环氧云铁中间漆 2 道	80μm
	氟碳面漆 2 道	70μm

7.5.2　桥梁混凝土结构涂装实例

武汉军山长江大桥是连接中国湖北省武汉市蔡甸区和江夏区的特大桥梁,跨越长江水道,是武汉市区的第四座长江大桥,包括主桥、过渡孔桥、引桥、引道等部分,是一座五跨连续半飘浮体系双塔双索面钢箱梁斜拉桥,该桥全部采用全焊接流线型扁平钢箱梁,主桥索塔采用分离式倒 Y 形,主塔塔身为花瓶形薄壁墩,线形简洁流畅,过渡孔桥及引桥上部结构均为双向预应力混凝土连续箱梁结构,采用逐跨现浇施工。该桥防腐涂装设计方案如表 7 - 39 所列。

表 7 - 39　武汉军山长江大桥混凝土防腐涂装设计方案

部位	设计要求	设计值
主塔	表面净化处理	无油、干燥
	环氧封闭漆 1 道	20μm
	刮涂腻子	修补凹坑
	环氧中间漆 2 道	80μm
	丙烯酸聚氨酯面漆 2 道	70μm

厦门海沧大桥西起厦门市海沧区石塘立交,东至厦门市湖里区仙岳路;线路全长 6.319km,主桥全长 1.108km,主跨长 648m;桥面为双向 6 车道城市主干路,设计速度 80km/h;项目总投资 28.7 亿元。海沧大桥由石塘互通立交、西引道、西引道立交、西引桥、西航道桥、东航道桥、东引桥、东渡互通立交、东引道及附属工程等组成。该桥防腐涂装设计方案如表 7 - 40 所列。

表 7 – 40　厦门海沧大桥混凝土防腐涂装设计方案

部位	设计要求	设计值
主塔	表面净化处理	无油、干燥
	低黏度环氧封闭漆 1 道	不要求厚度
	刮涂环氧腻子	修补凹坑
	环氧中间漆 2~3 道	200μm
	丙烯酸聚氨酯面漆 2 道	80μm

广东汕头海湾大桥位于汕头港东部出入口妈屿岛海域处,汕头市东郊汕头海港的出入口处,距汕头市 5km。该桥南起濠江区南滨路与沈海高速公路交汇收费站,上跨礐石海,中接妈屿岛接海边路,北至龙湖区泰星路海湾大桥收费站;全桥路段为沈海高速公路组成部分之一。汕头海湾大桥分别由水上主桥、南北引桥、两座塔柱及其各立交匝道组成,主桥路段呈西南至东北方向布置。该桥防腐涂装设计方案如表 7 – 41 所列。

表 7 – 41　广东汕头海湾大桥混凝土防腐涂装设计方案

部位	设计要求	设计值
主塔承台	表面净化处理	无油、干燥
	环氧封闭漆 1 道	不要求厚度
	环氧厚浆漆 1 道	100μm
	环氧厚浆漆 1 道	100μm
	丙烯酸厚浆面漆 1 道	100μm
主塔、加筋梁及主桥南北边跨墩和盖梁	表面净化处理	无油、干燥
	环氧封闭漆 1 道	不要求厚度
	环氧厚浆漆 1 道	100μm
	丙烯酸厚浆面漆 2 道	2×80μm

宁波梅山大桥及接线工程总投资 4.35 亿元,起于沿海中线北仑段 K15 + 525 处,向东南跨越梅山水道,止于梅山岛梅西盐场中部,全长 2200m。其中,梅山大桥主体长 1478m,设计车速 60km/h。梅山大桥的建成通车,实现了梅山岛与北仑后方陆域之间的交通连接,极大地改善了梅山保税港区的发展环境,为梅山保税港区高水平实现首期封关运作提供了支撑性保障,也为以梅山为核心的北仑滨海新城整体开发提供了重要支撑。该桥防腐涂装设计方案如表 7 – 42 所列。

表 7 - 42　宁波梅山大桥混凝土防腐涂装设计方案

部位	设计要求	设计值
大气区	表面净化处理	无油、干燥
	环氧封闭漆 1 道	不要求厚度
	刮涂环氧腻子	修补凹坑
	环氧云铁中间漆 2 道	100μm
	丙烯酸厚浆面漆 2 道	80μm
飞溅区和潮差区	表面净化处理	无油、干燥
	潮湿固化环氧封闭漆 1 道	不要求厚度
	潮湿固化环氧云铁中间漆 3 道	180μm
	脂肪族丙烯酸聚氨酯厚浆面漆 2 道	80μm

　　舟山西堠门大桥南起穆东线,上跨西堠门水道,北至金山路;线路全长 5.452km,桥梁总长 2.588km;桥面为双向 4 车道高速公路,设计速度 80km/h。西堠门大桥采用分体式钢箱梁悬索桥方案,南边跨引桥采用预应力混凝土刚构 - 连续组合箱梁的桥梁方案,西堠门大桥在建设过程中,提出并运用了多项科技创新技术。该桥防腐涂装设计方案如表 7 -43 所列。

表 7 - 43　舟山西堠门大桥混凝土防腐涂装设计方案

部位	设计要求	设计值
南主塔、北主塔、南锚碇、南引桥箱梁及南引桥防撞栏杆基座混凝土结构	表面净化处理	无油、干燥
	环氧树脂封闭漆 1 道	15μm
	刮涂环氧腻子	修补凹坑
	环氧云铁中间漆 2 道	80μm
	丙烯酸聚氨酯面漆 3 道	70 ~ 100μm

参考文献

[1] 安云岐,易春龙. 钢桥梁腐蚀防护与施工[M]. 北京:人民交通出版社,2010.

[2] 刘新. 防腐蚀涂料涂装技术[M]. 北京:化学工业出版社,2016.

[3] 马庆麟. 涂料工业手册[M]. 北京:化学工业出版社,2001.

[4] 金晓鸿. 防腐蚀涂装工程手册[M]. 北京:化学工业出版社,2008.

[5] 庞启财. 桥梁防腐蚀涂装与维修保养[M]. 北京:化学工业出版社,2003.

[6] 任必年. 公路钢桥腐蚀与防护[M]. 北京:人民交通出版社,2002.

[7] 洪定海. 混凝土中钢筋的腐蚀与保护[M]. 北京:中国铁道出版社,1998.

[8] 中国公路学会桥梁和结构工程分会.公路桥梁钢结构防腐蚀涂装技术条件:JT/T 722—2008[S].

北京:交通工业出版社,2008.

[9] 铁道部标准计量所研究所.铁路钢桥保护涂装及涂料供货技术条件:TB/T 1527—2011[S].
北京:中国铁道出版社,2011.

[10] 中国公路学会桥梁和结构工程分会.悬索桥主缆防腐涂装技术条件:JT/T 694—2007[S].
北京:交通工业出版社,2007.

[11] 中国公路学会桥梁和结构工程分会.混凝土桥梁结构表面涂层防腐技术条件:JT/T 695—
2007[S].北京:交通工业出版社,2007.

[12] YONEZAWA, TOSHIO. Recent development of concrete engineering and corrosion protection
technology for steel reinforcements[J]. Corrosion Engineering,2001,50(5):216 – 222.

[13] 易春龙.电弧喷涂技术[M].北京:化学工业出版社,2006.

[14] 高荣发.热喷涂[M].北京:化学工业出版社,1992.

[15] SALORANTA A. High performance coatings for bridges[J]. Progress in Organic Coatings,1993,
22(1 – 4):345 – 355.

[16] SAFIUDDIN M D. Sealer and coating systems for the protection of bridge structures[J]. Interna-
tional Journal of Physical Sciences,2011,6(37):8188 – 8199.

第8章

码头工程防腐蚀涂料体系应用

8.1 码头工程结构特点及腐蚀环境分析

8.1.1 码头工程结构特点

1. 码头概述

码头是港口的主要组成部分,其作为供船舶停靠、装卸货物和上下旅客的水工建筑物,在港口物流中发挥重要作用。码头由主体结构和码头设备两部分组成,主体结构又包括上部结构、下部结构和基础。上部结构主要与下部结构的构件连成整体,承受船舶荷载和地面使用荷载,并将这些荷载传给下部结构,同时作为设置防冲设施、系船设施、工艺设施和安全设施的基础。下部结构和基础一方面支撑上部结构,形成直立岸壁,另外还将作用在上部结构和本身上的荷载传给地基。码头设备主要有靠船设备和系船柱,用以减少船舶对码头的撞击力和挤靠力以及系挂停靠的船舶。

2. 码头分类

码头按平面布置,可分为顺岸码头、突堤码头和扩岸码头。按断面形状,可分为直立式、斜坡式、半直立式、半斜坡式码头。按结构形式可分为重力式、高桩式和板桩式。从结构形式来看,重力式、高桩式和板桩式码头的主要构筑物均为钢结构或钢筋混凝土结构。

1)重力式码头

重力式码头依靠结构本身及其填料的重量来保持结构自身的滑移稳定和倾覆稳定,由墙身胸墙、基床等主要结构组成。其按墙身结构形式又可分为方块结构码头、沉箱结构码头、扶壁结构码头和空心方块结构码头等。方块码头是由混凝土方块或浆砌石方块砌筑而成的,也可以采用空心混凝土方块,以节约混凝土用量和减少块体的重量,有时还可采用异形块体。块体一般在预制场预制,然后运到现场进行水下安砌。沉箱码头是用巨型舱格的薄壁钢筋混凝土空箱体(单个沉箱重达几百吨甚至几千吨)砌筑而成,一般采用矩形。沉箱一般在专门预制厂预制,在滑道上用台车溜放下水,有的用浮船坞下水,也有的工程在已有的岸壁上预制,用浮吊下水。扶壁码头主要由立板、底板和肋板整体连接而成的一种轻型钢筋混凝土结构,其结构简单,造价低,混凝土和钢材的用量比钢筋混凝土沉箱少,施工速度比混凝土方块结构快,耐久性和沉箱结构相当。主要缺点是施工期间抗浪稳定性、对不均匀沉降的适应性、整体性均较差,一般适用于墙高 10m 以下的中、小型码头。

2)高桩码头

高桩码头是由上部结构(桩台或承台)、桩基、接岸结构、岸闸和码头设备等部分组成。上部结构构成码头面并与桩基连成整体,直接承受作用在码头面的垂向及水平荷载,并将其传递给桩基。桩基用来支承上部结构,并将上部结构及码头面的荷载传递到地基深处,同时也有利于稳固岸坡。接岸结构的主要功用是将桩台与港区陆域相连。高桩码头为透空结构,波浪放射小,对水流影响小,其适用于适合沉桩的各种地基,特别适用软土地基,在岩基上可以采用嵌岩桩。

3)板桩码头

板桩码头依靠板桩入土部分倾向土抗力和安设在码头上部的锚碇结构来维持整体稳定。其按结构材料可分为木板桩、钢筋混凝土板桩和钢板桩 3 种。按锚碇系统可分为无锚和有锚板桩两种。

8.1.2　码头结构物腐蚀机理和腐蚀环境分析

码头因处于水域环境下,水汽和盐分等各种常见腐蚀介质普遍存在,所以,无论是河港、湖泊码头还是海港码头,腐蚀、侵蚀破坏普遍存在。结构物的防护是耐久性设计的主要考虑因素,其主要腐蚀机理分述如下。

1. 腐蚀机理

1)钢结构

以钢铁为材料的钢结构物在水域潮湿环境中存在着普遍的腐蚀现象,常见的金属腐蚀形式主要有潮湿大气腐蚀、海水腐蚀、土壤腐蚀以及微生物腐蚀等,这些腐蚀形式腐蚀机理各不相同,腐蚀的严重程度也不尽相同。

潮湿大气的腐蚀机理主要是由于大气中的水蒸气在温度的影响下,会在金属表面形成薄薄的湿气层水膜,当这层水膜达到一定厚度(20 ~ 30 分子层)时,就会形成电解质溶液,造成电化学腐蚀现象。主要反应过程如下。

（1）析氢腐蚀过程。

该过程主要是钢铁作为阳极，反应时失去电子形成 Fe^{2+} 进入水膜中，并与水膜中的阴离子（OH^-、HCO_3^- 等）结合成铁盐，进而形成铁锈。在阴极，主要是水膜中的 H^+ 获得铁失去的电子，形成 H_2。主要反应式如下。

阳极为

$$Fe - 2e^- \longrightarrow Fe^{2+} \tag{8-1}$$

$$Fe^{2+} + 2OH^- \longrightarrow Fe(OH)_2 \tag{8-2}$$

阴极为

$$2H^+ + 2e^- \longrightarrow H_2 \tag{8-3}$$

总反应为

$$Fe + 2H_2O \longrightarrow Fe(OH)_2 + H_2 \tag{8-4}$$

$Fe(OH)_2$ 在空气中接触氧气后，会进一步氧化生成 $Fe(OH)_3$，也就是 Fe_2O_3 的水合物，俗称铁锈。

（2）吸氧腐蚀。

与析氢腐蚀相同的是，吸氧腐蚀也属于电化学腐蚀，不同的是析氢腐蚀只发生在酸性介质环境中，能在腐蚀过程中提供 H^+，而在非酸性环境下的大气腐蚀基本上都是吸氧腐蚀。腐蚀反应式如下。

阳极反应为

$$Fe - 2e^- \longrightarrow Fe^{2+} \tag{8-5}$$

阴极反应为

$$O_2 + 2H_2O + 4e^- \longrightarrow 4OH^- \tag{8-6}$$

总反应为

$$2Fe + O_2 + 2H_2O \longrightarrow 2Fe(OH)_2 \tag{8-7}$$

同样地，在空气中 $Fe(OH)_2$ 进一步氧化，会生成 $Fe(OH)_3$，从而形成红褐色的铁锈，详见表 8-1。

表 8-1　金属表面化学腐蚀过程

类型	析氢腐蚀	吸氧腐蚀
形成条件	水膜酸性较强	水膜酸性很弱或呈中性
电解质溶液	溶有 CO_2 的水溶液	溶有 O_2 的水溶液
阳极反应	$Fe - 2e^- \longrightarrow Fe^{2+}$	$Fe - 2e^- \longrightarrow Fe^{2+}$
阴极反应	$2H^+ + 2e^- \longrightarrow H_2$	$O_2 + 2H_2O + 4e^- \longrightarrow 4OH^-$
电子流动趋向	Fe 失去 $2e^-$ 成为 Fe^{2+} 进入溶液，Fe 失去的电子流入阴极，H^+ 趋向于阴极，与阴极的 e^- 结合生成 H_2 析出溶液	Fe 失去 $2e^-$ 成为 Fe^{2+} 进入溶液，Fe 失去的电子流入阴极，在阴极的 O_2 获得电子成为 OH^- 进入溶液

钢铁在大气中的腐蚀严重性主要与空气的湿度、盐分等电解质的含量以及是否富氧等条件密切相关,所以,不同的大气环境中的腐蚀等级不尽相同。相比较而言,海港因海水中含有大量盐分,所以其腐蚀严重性要远高于河港码头。

除了大气腐蚀外,码头钢结构物还存在位于水下、土壤、微生物等环境下的腐蚀,其腐蚀原理基本还是属于化学及生物腐蚀。

2）混凝土结构

钢筋混凝土结构材料是混凝土与钢筋的复合体。在户外环境下,钢筋混凝土结构经受含有各种酸碱盐有害介质的大气和水的侵蚀,以及受到温度、高低温交变、低温冻融等恶劣环境条件的影响,致使混凝土结构也存在不同的腐蚀现象。混凝土腐蚀的具体表现形式有钢筋腐蚀、混凝土开裂、混凝土剥落等,从性质改变形态上可分为两种:一是由于混凝土的耐久性不足,其本身被破坏,同时也由于钢筋的裸露、腐蚀而导致整个结构的破坏;二是混凝土本身并未破坏,但由于外部介质的作用,导致混凝土化学性质改变或引入了能激发钢筋腐蚀的离子,从而使钢筋表面的钝化作用丧失,引起钢筋的锈蚀。从化学成分来看,钢筋的锈蚀物一般为 $Fe(OH)_3$、$Fe(OH)_2$、$Fe_3O_4 \cdot H_2O$、Fe_2O_3 等,其体积比原金属体积增大 2 ~ 7 倍。由于铁锈膨胀,对混凝土保护层产生巨大的辐射压力,使混凝土保护层沿着锈蚀的钢筋形成裂缝(俗称顺筋裂缝)。这些裂缝成为腐蚀性介质渗入钢筋的通道,进一步加速了钢筋的腐蚀。钢筋在顺缝中的腐蚀速度往往要比裸露情况快。混凝土表面的裂缝发展到一定程度,混凝土保护层则开始剥落,最终使构件丧失承载能力。总的来说,混凝土受到的腐蚀破坏作用主要有物理作用、混凝土化学腐蚀作用和钢筋化学腐蚀作用[1]。

（1）物理作用。

物理作用主要包含外力作用、浸析作用和结晶作用。外力作用主要是由混凝土结构在使用过程中接受的外界机械破坏造成,如超负荷使用、撞击等。浸析主要是由环境中的介质将混凝土中的 $Ca(OH)_2$ 等易溶成分缓慢溶出,带来结构破坏。结晶作用主要是混凝土内存在的某些盐类在是高湿度环境中时溶解溢出,而在环境湿度降低时会结晶析出,这些晶体在混凝土的孔隙中形成极大的结晶力,从而造成混凝土的开裂。

（2）混凝土化学腐蚀作用。

混凝土的化学腐蚀形式主要有碳化、氯离子侵蚀、硫酸盐侵蚀、镁盐腐蚀以及酸碱腐蚀。

碳化腐蚀主要是空气中的 CO_2 与混凝土中的 $Ca(OH)_2$ 反应,致使混凝土逐步中性化,继而出现粉化,严重时还会出现混凝土内部钢筋的锈蚀。主要反应式为

$$Ca(OH)_2 + CO_2 \longrightarrow CaCO_3 + H_2O \qquad (8-8)$$

氯离子侵蚀主要表现在 Cl^- 和混凝土中 $Ca(OH)_2$ 等起反应,生成易溶的

$CaCl_2$和带有大量结晶、体积膨胀的固体物,从而带来混凝土的膨胀破坏,同样地,氯离子一旦渗入混凝土内部,会逐步地侵蚀钢筋的钝化膜,从而导致钢筋的锈蚀。

硫酸盐侵蚀主要是硫酸盐渗入混凝土内部孔隙后结晶,造成持续地腐蚀破坏。

酸腐蚀主要是酸与混凝土中的碱性成分反应形成盐,从而导致混凝土孔隙率增大,力学性能劣化。酸还可以与混凝土中的某些成分反应生成易溶于水的物质,这些物质在吸湿、结晶过程中,不断深入混凝土内部,使混凝土产生由外而内的逐层破坏。

碱腐蚀主要是碱与空气中的CO_2反应,在混凝土表面或孔隙中形成碳化作用,其形成的碳酸盐结晶会导致混凝土的膨胀开裂。

(3)钢筋腐蚀。

如前所述,混凝土结构在使用中会遭受各种腐蚀性介质侵蚀,破坏了混凝土的碱性环境,也可能会使混凝土严重开裂或破损导致露筋,无论哪一种形式,都将使钢筋增加接触腐蚀介质的机会,带来钢筋的锈蚀现象。

钢筋的锈蚀机理主要是电化学腐蚀,钢筋周围碱性环境破坏后,钢筋失去了钝化环境,一旦接触氯离子等腐蚀因子,破坏了表面钝化膜后,钢筋将会出现电化学腐蚀现象。

2. 腐蚀环境分析

1)码头钢结构

《色漆和清漆—防护涂料体系对钢结构的防腐蚀保护 - 第2部分环境分类》(ISO 12944 - 2:2017),该标准依据不同环境下金属的质量和厚度损失情况对大气环境进行了具体分类,从弱到强依次定位C1~CX共6类环境(表7-5),并分别对应了温性气候下的典型环境案例,以下参考 ISO 12944 - 2 对各类港口码头进行环境分类。

(1)大气环境分类。

我国水域丰富,内河和海港码头遍布大江南北,各个港口的气候条件(温度、日照、盐度、潮汐等)和地质条件不尽相同,腐蚀情况也有所区别,但总体来说,内河港口所处的大气环境均属于高湿环境,且多数受工业排放污染物影响,水及大气中也含有腐蚀性成分,对钢结构腐蚀较为严重,环境分析时需考虑具体水质条件的影响。

海港码头可依据其各个不同的部位进行区分,具体可划分为大气区、飞溅区和水位变动区。《海港工程钢结构防腐蚀技术规范》(JTS 153 - 3—2007)对各区域钢结构的腐蚀速率做出说明,详见表 8 - 2[2]。

表 8 - 2　钢结构的单面平均腐蚀速度

部位		平均腐蚀速度/（mm/年）
大气区		0.05 ~ 0.10
飞溅区	有掩护条件	0.20 ~ 0.30
	无掩护条件	0.40 ~ 0.50
水位变动区、水下区		0.12
泥下区		0.05

依据标准所列数据，结合 ISO 12944 - 2 对腐蚀性级别的分类（详见表 7 - 5）、大气区应属于 C5 或 CX 环境。需要说明的是，在实际应用分类等级时，还需根据实际所在区域的温度、日照、潮汐等条件适当做出调整。

（2）水下环境分类。

处于水下环境的码头钢结构（多数为码头钢桩）可分为浪溅区、水位变动区、水下区和泥下区，按照 ISO 12944 - 2 中对腐蚀环境的分类，可将其列为 Im2、Im4 类。水下和土壤环境分类详见表 8 - 3[3]。

表 8 - 3　水下和土壤环境分类表

分类	环境	环境和结构的案例
Im1	淡水	河流上安装的设施，水力发电站
Im2	海水或微咸水	没有阴极保护的浸入式结构（如港口区域的闸门、水闸或防波堤）
Im3	土壤	埋地储罐、钢桩或钢管
Im4	海水或微咸水	带有阴极保护的浸入式结构（如海上结构）

2）码头混凝土结构

不同的环境条件下混凝土构件的耐久性是不一样的。水工混凝土所处的环境最为恶劣，最主要的影响是波浪作用，波浪作用产生冲击荷载并通过水蚀和气蚀引起混凝土表面损坏。此外，海工混凝土还因暴露于海水侵害性介质中并承受反复冻融和干湿循环作用。在大气区的混凝土虽然不直接接触海水，但由于暴露于大气、霜冻作用和含盐的风中，因此钢筋锈蚀或冻融循环引起的裂缝是这一部位的主要腐蚀特征。处于飞溅区和水位变动区的构件承受干湿交替、冻融循环、波浪和浮水冲击、砂石磨损等作用，导致该部位混凝土表面易伤损和钢筋易锈蚀，水下区是一相对稳定的环境，不存在冻融循环作用，但存在突出的有害作用是引起混凝土强度降低的化学腐蚀。腐蚀作用示意图见图 8 - 1。

关于码头环境对于混凝土结构腐蚀的腐蚀性等级分类，可参照相关规范和标准执行。在《工业建筑防腐蚀设计规范》（GB/T 5004—2008）中，依据大气中可能含有的气体、固体和酸碱盐等的介质种类，以及这些介质的浓度、湿度对其进行了

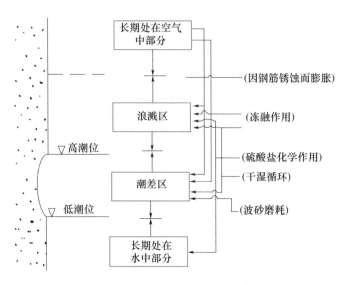

图8-1 海洋环境下混凝土结构不同部位腐蚀作用示意图

分类,根据其对混凝土结构的影响程度分别分为微、弱、中、强4个等级,并特别指出,当建(构)筑物处于干湿交替环境时应该加强防护。

在《混凝土桥梁结构表面涂层防腐技术条件》(JT/T 695—2007)中,依据年平均相对湿度和大气环境类型将大气环境条件的腐蚀性进行了分级,共分为Ⅰ、Ⅱ、Ⅲ-1、Ⅲ-2这4个等级,详细见表8-4[4]。同时,标准中将浸水区的浸水环境分成了两类,分别是淡水(Im1)和海水或盐水(Im2),并按照所处水下深度分为水下区、水位变动区和飞溅区,明确了水下区腐蚀较弱,水位变动区和飞溅区比大气区具有更强的腐蚀性,这与表8-2所示的钢结构在这些区域的腐蚀规律是一致的。

表8-4 大气腐蚀环境类型和环境特征

腐蚀类型		腐蚀环境特征	
等级	名称	相对湿度(年平均)/%	大气环境
Ⅰ	弱腐蚀	<60	乡村大气、城市大气或工业大气
		60~75	乡村大气或城市大气
Ⅱ	中腐蚀	>75	乡村大气或城市大气
		60~75	工业大气
Ⅲ-1	强腐蚀	>75	工业大气,特别是酸雨大气
Ⅲ-2	强腐蚀	—	海洋大气,除冰盐或高盐土环境

注:1. 某些特殊腐蚀环境和交叉腐蚀负荷作用下,腐蚀加剧。
    2. 海洋大气环境下,随湿度、温度的增大,腐蚀加剧。

在《海港工程混凝土结构防腐蚀技术规范》(JTJ 275—2000)中,虽然没有明确进行环境腐蚀性的等级划分,但标准中也明确了混凝土结构物需在飞溅区、平均潮位以上的水位变动区和大气区做相应的涂层防护,也充分说明混凝土结构物在这些区域是存在较严重腐蚀现象的。

8.2　码头工程防腐蚀涂料体系设计

码头的主体结构物为钢结构或钢筋混凝土结构物,如前所述,这些结构物在码头大气和水下环境中存在普遍腐蚀现象,尤其在海洋环境下,腐蚀更为严重,若不采取相应的防腐蚀措施,将会严重影响码头的耐久性和安全性。防腐涂料作为表面涂覆材料,能够很好地起到隔绝水及腐蚀性介质的作用,达到保护钢结构和混凝土结构物的目的,在各种码头工程建设中被普遍采用。具体码头环境中应选用何种防腐蚀体系,这里将详细论述。

8.2.1　防腐蚀涂料体系简述

1. 混凝土结构用涂料体系

有机涂料作为提高海港码头普通混凝土结构耐久性的重要补充措施,近几十年来在我国的海港码头、跨海大桥等海工混凝土结构中得到广泛应用,在防止海工混凝土结构钢筋锈蚀,延长混凝土结构的使用年限方面,已证明取得了较好的预期效果,如1985年实施的湛江一区北码头,涂层保护年限已达20年,涂层仍起着较为有效的保护作用。

混凝土表面有机涂层与混凝土有良好的黏结强度,能够有效阻隔氯盐、氧气、水分、二氧化碳等有害介质渗透进入混凝土中,防止混凝土碳化,提高混凝土电阻率,降低钢筋的腐蚀速度。同时涂层还能够对混凝土表面起到美化装饰效果。目前常用的混凝土防腐涂料品种主要有环氧类、丙烯酸类、聚氨酯类、氟碳类、氯化橡胶类等,这些品种均有很好的防腐性能,而在防腐领域被长期认可。

环氧类防腐涂料因其具有良好的防腐性能,并且对混凝土结构物表面也有很好的结合性,同时也能够制成聚合物水泥砂浆类物料,可以作为填补材料起到修复表面作用,因而在工程应用中被更多采用。

丙烯酸、聚氨酯类和氟碳类涂料,相比环氧类涂料其具有更加优异的耐候性能,但从防腐蚀及涂膜力学性能方面不如环氧类涂料,所以,通常这几类涂料被用作面漆涂覆,起到装饰和保护内部涂层免受紫外线破坏的作用,从而提高涂层整体的防腐寿命。

氯化橡胶类涂料虽具有一定的耐候性和较好的防腐性能,但因其很难制成高固体分产品,同时其树脂也已被国际组织禁止或限制生产,所以其在工程实际应用中很少被选用。

从涂层配套体系设计来说,因混凝土特殊的基材结构,其表面多孔,且自身黏结强度有限,会严重影响涂层在表面的附着。所以,在进行混凝土表面涂层设计时,通常均会设计在混凝土表面预涂一道封闭底漆。该底漆具有很好的渗透作用,能够渗入混凝土表面微孔,并深入混凝土表面一定深度,起到封闭表面微孔作用,同时还可以在固化后使得表面混凝土强度增强,更有利于后道涂层的良好附着。后道涂层可选用抗渗性良好的环氧云铁类涂料作为主要的屏蔽层。

2. 钢结构工程用涂料体系

目前,在工业防护领域普遍采用的钢结构防腐涂料,原则上均可用于码头钢结构物表面防护。但实际应用时,鉴于码头钢结构腐蚀环境的严重性,且码头工程设计使用寿命更长,耐久性设计要求更高,故而在设计时都会考虑选用重防腐体系,普遍采用环氧类涂料或环氧类 + 丙烯酸聚氨酯(或氟碳)涂料组成的复合涂层体系。

环氧涂层可选用环氧磷酸锌、环氧富锌类涂料作为底漆,选用环氧云铁等厚膜类产品作为主要的抗渗层。环氧磷酸锌涂料成膜后,具有环氧涂层对基材的良好附着作用,同时其中含有的磷酸盐类物质能够对钢质基材表面起到钝化作用,形成一层致密的钝化膜,达到良好的屏蔽效果,从而起到保护内部基材不被腐蚀的作用。环氧富锌涂料作为底漆,涂装后对基材形成良好的附着,同时其中含有的大量锌粉粒子对钢质基材形成电化学防护作用,锌粒子具有更低的电位,在腐蚀介质接触到基材表面时,锌粒子会优先腐蚀,从而保护基材免受腐蚀,环氧富锌类产品是重防腐涂层体系常用底漆。

环氧云铁涂层作为中间涂层,具有很好的抗介质渗透性。涂层中含有大量的片状结构添加物,形成层层叠加的多层结构,能够有效地延长介质渗入涂层的路径,起到延长涂层保护时效的作用。根据 Fick 第二定律,腐蚀介质到达涂层/金属界面的时间与涂层厚度的平方成正比,与扩散系数成反比,在相同的腐蚀环境中,涂层越厚则耐蚀性越好,防腐效果越佳,而云铁涂层通过延长介质渗透路径,起到了变相增加涂层厚度的作用。

Fick 数学表达式为

$$T = \frac{L^2}{6D} \tag{8-9}$$

式中:T 为液体腐蚀介质渗透至涂层/金属界面的时间(T 值越大,表明防腐寿命越长);L 为涂层厚度;D 为介质扩算系数(取决于涂层与介质的结构、渗透压力、温度等参数)。

随着涂料技术的不断发展以及环保要求的持续严格,无溶剂重防腐类环氧涂料得到越来越多的应用。该类涂料不含挥发性有机溶剂,更加符合环保要求,涂层固化时无溶剂挥发,不会形成溶剂挥发后留下的细微通道,且具有单道成膜厚度大的特点,可以有效减少涂层层数,增加涂层的整体性,能够起到更好的屏蔽效果。

丙烯酸聚氨酯面漆与氟碳面漆是目前涂料领域防腐性能优异、耐候性良好的涂料品种,作为面涂层广泛用于常年阳光照射、紫外线强的户外大气环境。相比之下,氟碳面漆的耐候性更加优异,但价格偏高,所以,过去相当长时间里,丙烯酸聚氨酯类涂料也就更多地被用于码头防腐工程中。

8.2.2 防腐蚀涂料设计

1. 混凝土结构工程

1)涂层结构设计相关标准

如前所述,混凝土结构涂层体系设计时,需进行配套性设计,涂层体系结构整体应设计为封闭底漆 + 中间涂层 + 面漆的复合涂层结构。底漆作用是封闭混凝土微孔,连接后道涂层,中间涂层起到屏蔽抗渗的主作用,面涂层主要是装饰和耐候作用。涂层结构设计时,除了涂层体系选择外,还要根据所处的介质环境条件(腐蚀环境等级),以及所要防护的寿命要求,进行涂层总厚度的设计。

根据《混凝土桥梁结构表面涂层防腐技术条件》(JT/T 695—2007),混凝土结构所处环境腐蚀等级分为四级,标准中分别按照这4个腐蚀环境等级,并结合防护时限要求给出多种配套方案,并对涂层提出了具体技术要求。标准《海港工程混凝土结构防腐蚀技术规范》(JTJ 275—2000)针对海洋混凝土结构物的防腐蚀涂层体系给出了多种配套方案,并对涂层的性能指标提出了具体要求。

JT/T 695 中对各种腐蚀环境下的涂层体系推荐设计方案见表 7 - 15 ~ 表 7 - 18。JTJ 275 中对各种腐蚀环境下的涂层体系推荐设计方案见表 8 - 5[5]。

表 8 - 5 海工混凝土结构防腐涂层的设计

设计使用年限/年	配套涂体系			涂层干膜最小平均厚度/μm	
				表湿区	表干区
10	1	底层	环氧树脂封闭漆	无厚度要求	无厚度要求
		中间层	环氧树脂漆	250	200
		面层 Ⅰ	丙烯酸树脂漆或氯化橡胶漆	100	100
		面层 Ⅱ	聚氨酯磁漆	50	50
		面层 Ⅲ	乙烯树脂漆	100	100
	2	底层	丙烯酸树脂封闭漆	15	15
		面层	丙烯酸树脂漆或氯化橡胶漆	350	320
	3	底层	环氧树脂封闭漆	无厚度要求	无厚度要求
		面层	环氧树脂或聚氨酯煤焦油沥青漆	300	280

设计使用年限/年	配套涂料体系			涂层干膜最小平均厚度/μm	
				表湿区	表干区
20	1	底层	环氧树脂封闭漆	无厚度要求	无厚度要求
		中间层	环氧树脂漆	300	250
		面层 Ⅰ	丙烯酸树脂漆或氯化橡胶漆	200	200
		面层 Ⅱ	聚氨酯磁漆	90	90
		面层 Ⅲ	乙烯树脂漆	200	200
	2	底层	丙烯酸树脂封闭漆	15	15
		面层	丙烯酸树脂漆或氯化橡胶漆	500	450
	3	底层	环氧树脂封闭漆	无厚度要求	无厚度要求
		面层	环氧树脂或聚氨酯煤焦油沥青漆	500	500

2）涂层结构选择说明

表7-15~表7-18详细列出了4种腐蚀等级环境下的涂料配套方案推荐性设计，依据表8-4所列的腐蚀等级及腐蚀环境特征，内河码头大气环境应属于Ⅰ-（Ⅲ1）级别，水下环境属于Im1（淡水）环境，所以涂料配套防腐方案可参照表7-15和表7-17进行设计。而海港码头环境参照表7-18设计，其大气腐蚀环境等级应属Ⅲ2级别，水下环境属于Im2（海水）级别。

标准中所列环境为一般性环境，制定标准时做了均衡考虑，推荐方案的涂层设计厚度是最低厚度要求，所以实际设计时，考虑实际环境特点以及工程应用实际情况，涂层的实际设计厚度均要比标准的推荐设计为高。在涂料品种选择上，表中虽列出了水性涂料品种，但在实际应用中考虑码头环境相对恶劣，而水性体系目前总体性能还无法达到油性涂料的性能，因此在码头设计中不推荐选用。另外，氯化橡胶涂料因其树脂已被国际组织禁止或限制生产，所以，实际工程应用中已属于被逐步淘汰的品种。环氧煤焦沥青漆兼具了环氧涂料良好的黏结力和沥青涂料很好的耐水性优点，在潮湿环境下得到很好的应用，但因其中含有的沥青类物质具有致癌作用，且耐砂石磨耗性能差，所以，在码头工程中不建议使用，可用无溶剂环氧重腐蚀类涂料替代，达到长效防腐的目的。对于封闭底漆的选择，标准中推荐品种中包含了（表7-15和表7-16）水性丙烯酸封闭漆，实际应用过程中因丙烯酸类涂料的附着性能、耐化学品性能均不如环氧类涂料，故而在码头工程防腐应用中并不被选用。

对于环氧树脂涂料的选择，因在防腐配套体系结构中，环氧涂层主要起屏蔽隔离作用，对涂层整体的防腐性能起到关键作用，所以该层涂料应选用具有良好屏蔽作用的环氧云铁涂料、环氧厚膜涂料、环氧玻璃鳞片涂料或无溶剂环氧重防蚀涂料等。参考 JT/T 695,结合工程应用实际,可选用表 8 – 6 和表 8 – 7 所列的设计方案。

表 8 – 6　淡水码头混凝土结构物防腐推荐设计方案

防腐年限/年	防腐部位	配套体系	涂料名称	道数	涂层干膜厚度/μm
10	大气区	底漆	环氧封闭底漆	1	可渗入混凝土表层,不计厚度
		中间漆	环氧云铁涂料	2	140
		面漆	丙烯酸聚氨酯面漆或氟碳面漆	2	80 / 60
	飞溅区和水位变动区	底漆	环氧封闭底漆	1	可渗入混凝土表层,不计厚度
		中间漆	无溶剂环氧重防蚀涂料或环氧玻璃鳞片涂料	1	300
		面漆	丙烯酸聚氨酯面漆	2	60
	水下区	底漆	环氧封闭底漆	1	可渗入混凝土表层,不计厚度
		面漆	无溶剂环氧重防蚀涂料	1	300
20	大气区	底漆	环氧封闭底漆	1	可渗入混凝土表层,不计厚度
		中间漆	环氧云铁涂料	3	210
		面漆	丙烯酸聚氨酯面漆或氟碳面漆	2	80 / 60
	飞溅区和水位变动区	底漆	环氧封闭底漆	1	可渗入混凝土表层,不计厚度
		中间漆	无溶剂环氧重防蚀涂料或环氧玻璃鳞片涂料	1	400
		面漆	丙烯酸聚氨酯面漆	2	60
	水下区	底漆	环氧封闭底漆	1	可渗入混凝土表层,不计厚度
		面漆	无溶剂环氧重防蚀涂料	1	400

3）配套涂层技术指标要求

JT/T 695—2007 和 JTJ 275—2000 中不仅对防腐涂层配套体系做出了推荐性设计,同时还对涂层的防腐蚀技术指标做出了规定,见表 8 – 8[4] 和表 8 – 9[5]。然而这些指标多数都是最低设计要求,实际工程设计时,往往应根据工程实际进行完善设计,其指标要求通常要高于标准要求。

表 8-7　海港码头混凝土结构物防腐推荐设计方案

防腐年限/年	结构物名称	防腐部位	配套体系	涂料名称	道数	涂层干膜厚度/μm
10	混凝土承台等水上结构	大气区	底漆	环氧封闭底漆	1	可渗入混凝土表层,不计厚度
			中间漆	环氧云铁涂料	3	210
			面漆	丙烯酸聚氨酯面漆或氟碳面漆	2	80 60
	钢筋混凝土桩等水中结构	飞溅区和水位变动区	底漆	环氧封闭底漆	1	可渗入混凝土表层,不计厚度
			中间漆	无溶剂环氧重防蚀涂料或环氧玻璃鳞片涂料	1	400
			面漆	丙烯酸聚氨酯面漆	2	60
		水下区	底漆	环氧封闭底漆	1	可渗入混凝土表层,不计厚度
			面漆	无溶剂环氧重防蚀涂料或环氧玻璃鳞片涂料	1	400
20	混凝土承台等水上结构	大气区	底漆	环氧封闭底漆	1	可渗入混凝土表层,不计厚度
			中间漆	环氧云铁涂料	3	300
			面漆	丙烯酸聚氨酯面漆或氟碳面漆	2	80 60
	钢筋混凝土桩等水中结构	飞溅区和水位变动区	底漆	环氧封闭底漆	1	可渗入混凝土表层,不计厚度
			中间漆	无溶剂环氧重防蚀涂料或环氧玻璃鳞片涂料	1	600
			面漆	丙烯酸聚氨酯面漆	2	60
		水下区	底漆	环氧封闭底漆	1	可渗入混凝土表层,不计厚度
			面漆	无溶剂环氧重防蚀涂料或环氧玻璃鳞片涂料	1	500

表 8 - 8　JT/T 695—2007 中规定涂层的技术指标要求

腐蚀环境	防腐寿命	耐水性/h	耐盐水性/h	耐碱性/h	耐化学品性能/h	抗氯离子渗透性/(mg/(cm²·d))	附着力/MPa	耐候性/h
I	M	8	—	72	—	—	≥1.0	400
	H	12	—	240	—	—	≥1.0	800
II	M	12	—	240	—	—	≥1.0	400
	H	24	—	720	—	—	≥1.5	800
Ⅲ-1	M	240	—	720	168	—	≥1.5	500
	H	240	—	720	168	—	≥1.5	1000
Ⅲ-2	M	240	240	720	72	≤1.0×10⁻³	≥1.5	500
	H	240	240	720	72	≤1.0×10⁻³	≥1.5	1000
I m1	M	2000	—	720	72	—	≥1.5	500
	H	3000	—	720	72	—	≥1.5	1000
I m2	M	—	2000	720	72	≤1.0×10⁻³	≥1.5	500
	H	—	3000	720	72	≤1.0×10⁻³	≥1.5	1000

注:I m1 和 I m2 环境下,如果面漆为环氧类涂料或不饱和聚酯涂料,耐候性指标不做要求。

表 8 - 9　JTJ 275—2000 中规定海工混凝土涂层的技术指标要求

项目	试验条件	标准	涂层名称
涂层外观	耐老化试验1000h后	不粉化、不起泡、不龟裂、不剥落	底层+中间层+面层的复合涂层
	耐碱试验30天后	不起泡、不龟裂、不剥落	
	标准养护后	均匀,无流挂、无斑点、不起泡、不龟裂、不剥落等	
抗氯离子渗透性	活动涂层片抗氯离子渗透性试验30天后	氯离子穿过涂层片的渗透量在5×10⁻³mg/(cm²·d)以下	

注:标准对样件的制备要求,及各指标的测试试验方法都做出了相应规定。

2. 钢结构工程

对于码头钢结构防腐蚀设计可参照 JT/T 722—2008 和 JTS 153-3—2007 两个标准执行,其中,JT/T 722—2008 主要针对 ISO 12944-2:1998 中所划分的不同腐蚀环境下的钢结构防腐设计做出了规定,而 JTS 153-3—2007 主要针对海洋环境下工程钢结构的防腐蚀做出了规定。标准 JT/T 722—2008 对大气环境下钢结构的防腐设计规定见表 7-6 和表 7-7,对浸水环境下钢结构的防腐设计规定见表 7-11。

根据 JT/T 722—2008 的规定,对于内河码头的钢结构,其大气环境下根据码头所处具体水域环境,一般可参考 C3 ~ C4 环境进行设计,对于水下、水位变动和飞溅区可以参考浸水环境进行设计,但厚度不宜低于标准所给出的参考厚度。而对于海港码头的钢结构物,通常参考 JTS 153 - 3—2007 的规定进行,该标准主要针对海洋环境、海水腐蚀特点和海洋工程特点进行设计,标准按照大气区、飞溅区、水位变动区进行分类设计,另外还按照不同的防腐年限进行推荐性设计,具体见表 8 - 10[2]。

表 8 - 10　标准 JTS 153 - 3—2007 对海洋钢结构的防腐设计规定

防腐时限/年	工况部位		配套涂料名称	平均干膜厚度/μm
≥20	大气区	组合配套 底层	富锌漆	75
		中间层	环氧云铁涂料、环氧玻璃鳞片涂料	350 ~ 400
		面层	氟碳涂料	100
	飞溅区、水位变动区、水下区	组合配套 底层	富锌漆	75
		中间层	环氧云铁涂料	400
			或环氧玻璃鳞片涂料	350
		面层	环氧重型防腐涂料、厚浆型聚氨酯涂料、厚浆型环氧玻璃鳞片涂料	250 ~ 300
		同品种底面层配套	环氧重型防腐涂料	800
			厚浆型聚氨酯涂料	800
			厚浆型环氧玻璃鳞片涂料	800
10 ~ 20	大气区	组合配套 底层	富锌漆	75
		中间层	环氧云铁防锈漆	100
		面层	聚氨酯漆、丙烯酸树脂漆、氟碳涂料	100 ~ 150
		同品种配套	聚氨酯漆、丙烯酸树脂漆、氟碳涂料	300 ~ 350
	飞溅区和水位变动区	组合配套 底层	富锌漆	75
		中间层	环氧树脂漆、环氧云铁防锈漆	300
		面层	厚浆型环氧漆、聚氨酯漆、丙烯酸树脂漆	100 ~ 125
		同品种配套	厚浆型环氧漆、聚氨酯漆、丙烯酸树脂漆、环氧沥青漆	450 ~ 500
	水下区	组合配套 底层	富锌漆	75
		中间层	环氧树脂漆、聚氨酯漆	250 ~ 300
		面层	厚浆型环氧漆、聚氨酯漆、氯化橡胶漆	125

续表

防腐时限/年	工况部位	配套涂料名称		平均干膜厚度/μm
5~10	大气区	组合配套	底层　富锌漆	50
			中间层　环氧云铁防锈漆	80
			面层　氯化橡胶漆、聚氨酯漆、丙烯酸树脂漆	80~120
		同品种配套	氯化橡胶、聚氨酯漆、丙烯酸树脂漆	220~250
5~10	飞溅区和水位变动区	组合配套	底层　富锌漆	40
			中间层　环氧树脂漆、聚氨酯漆、氯化橡胶漆	200
			面层　厚浆型环氧漆、氯化橡胶漆、聚氨酯漆、丙烯酸树脂漆	75~100
		同品种配套	厚浆型环氧漆、聚氨酯漆、氯化橡胶漆、环氧沥青漆	300~350
	水下区	组合配套	底层　富锌漆	75
			中间层　环氧树脂漆、聚氨酯漆、氯化橡胶漆	150
			面层　厚浆型环氧漆、氯化橡胶漆、聚氨酯漆	75~100
		同品种配套	厚浆型环氧漆、聚氨酯漆、氯化橡胶漆、环氧沥青漆	300~350

　　表 8-10 中推荐的防腐配套方案,大气区推荐设计有组合配套和同品种配套两类,在实际应用中,因大气区要兼顾防腐和耐候两项主要功能,同品种涂料很难达到这样的作用,所以同品种配套涂层在实际应用中几乎不被采用,而组合配套兼顾了防腐和耐候两项工程指标,在工程应用中被普遍采用。另外,码头工程属于基础大型基建工程,一般设计防腐年限均在 20 年以上,所以常用码头水下钢管桩及防撞设施配套方案推荐如表 8-11 所列。

表 8-11　钢管桩及防撞设施推荐方案

防腐区域部位	涂层体系		涂料品种	平均干膜厚度/μm
大气区	组合配套1	底层	无溶剂环氧重防腐涂料或环氧玻璃鳞片涂料	400
		面层	聚氨酯面漆	80
	组合配套2	底层	富锌底漆	80
		中间层	环氧云铁防锈漆	360
		面层	聚氨酯面漆	80

续表

防腐区域部位	涂层体系		涂料品种	平均干膜厚度/μm
飞溅区和水位变动区	同品种配套		无溶剂环氧重防腐涂料或环氧玻璃鳞片涂料	1000
	组合配套	底层	无溶剂环氧重防腐涂料或环氧玻璃鳞片涂料	800
		面层	聚氨酯面漆	100
水下区	同品种配套		无溶剂环氧重防腐涂料或环氧玻璃鳞片涂料	500

8.3 码头工程防腐蚀涂料及涂层技术要求

码头工程所选用涂料品种较多,各工程的环境特点各不相同,所以对于防腐涂料及涂层要求也会稍有不同。同时,国内涂料企业厂家众多,各家涂料产品的常规控制性能指标也存在差异,但最终所能达到的防腐蚀效果,也就是涂层防腐蚀性能指标会有统一的要求。目前,对于码头工程结构物防腐涂料及涂层性能指标可参考的标准依然主要是 JT/T 722—2008、JTS 153 - 3—2007、JT/T 695—2007 和 JTJ 275—2000,其中对于海工码头防腐涂层的性能指标一般按照 JTS 153 - 3—2007 和 JTJ 275—2000 执行。下面按照相关标准并结合实际工程应用设计,给出主要涂料一般指标,见表 8 - 12 ~ 表 8 - 14。

表 8 - 12 环氧中间漆一般性技术指标要求

项目	技术指标			检测方法
	环氧(厚浆)漆	环氧(云铁)漆	环氧玻璃鳞片漆	
不挥发物含量/%	≥75	≥75	≥75	GB/T 1725
干燥时间/h	≤4(表干) ≤24(实干)	≤4(表干) ≤24(实干)	≤4(表干) ≤24(实干)	GB/T 1728
弯曲性/mm	≤2	≤2	—	GB/T 6742
耐冲击性/cm		50		GB/T 1732
附着力/MPa		≥6		GB/T 5210

表 8 - 13 各类面漆主要技术指标要求

项目	技术指标			检测方法
	脂肪族聚氨酯面漆	氟碳面漆	聚硅氧烷面漆	
不挥发物含量/%	≥60	≥55	≥70	GB/T 1725
细度/μm		≤35		GB/T 6753.1

续表

项目	技术指标			检测方法
	脂肪族聚氨酯面漆	氟碳面漆	聚硅氧烷面漆	
溶剂可溶物氟含量/%	—	≥24(优等品) ≥22(一等品)	—	HG/T 3792
干燥时间/h	≤2(表干) ≤24(实干)			GB/T 1728
弯曲性/mm	≤2			GB/T 6742
耐冲击性/cm	50			GB/T 1732
耐磨性(500r/1000g)/g	≤0.05	≤0.05	≤0.04	GB/T 1768
硬度	≥0.6			GB/T 1730
附着力/MPa	≥6			GB/T 5210
适用期/h	≥5			HG/T 3792
耐人工加速老化	1000h	3000h		GB/T 1865
	漆膜不起泡、不剥落、不粉化。白色和浅色允许变色1级、失光1级;其他颜色漆膜允许变色2级、失光2级			

表 8 – 14　环氧重防腐蚀涂料技术指标要求

项目		技术指标	检测方法
干燥时间/h		≤2(表干) ≤24(实干)	GB/T 1728
附着力/MPa		≥8.0	GB/T 5210
耐磨性(500g/1000r)/g		<0.055	GB/T 1768
硬度/H		≥6	GB/T 6739
耐化学试剂性	3% NaCl,室温,180天	涂膜无起泡、无脱落、无锈蚀,允许轻微变色	GB/T 9274
	25% NaOH,室温,180天		
	25% H_2SO_4,室温,180天		
耐90号汽油性(室温,180天)		涂膜无变化	GB/T 1734
耐盐雾性(4000h)		无起泡、无生锈	GB/T 1771
耐湿热性(4000h)		无起泡、无生锈、无开裂	GB/T 1740

对于涂层体系的性能指标,表8-8和表8-9已对混凝土防腐涂层体系指标进行了介绍,而海工钢结构防腐涂层体系技术指标主要参考 JTS 153-3—2007 的规定,具体指标见表8-15。

表 8 – 15　海工钢结构防腐涂层技术指标

项目	技术指标	检测方法
耐盐雾/h	4000	GB/T 1771
耐老化/h	2000	GB/T 1865
耐湿热/h	4000	GB/T 1740
附着力/MPa	≥8	GB/T 5210
耐电位/V	– 1.2	GB/T 7788

注:耐老化指标需配套聚氨酯、氟碳或聚硅氧烷类面漆,主要针对大气区涂层体系。

8.4　码头工程防腐蚀涂料涂装

8.4.1　涂装要求

1. 表面处理要求

1)混凝土结构物

严格的表面处理是决定混凝土结构涂层寿命诸多因素中的首要因素。表面处理不但要形成一个清洁的表面,以消除混凝土施工后表面粉尘、临时砂浆、脱模剂等容易使漆膜附着力降低的隐患,而且要使该表面的粗糙度适当,以增加涂层与基材的附着力。

(1)一般规定。

对于混凝土结构物,一般要求混凝土结构的龄期不应少于 28 天。

针对混凝土的构件,宜设计适用于混凝土表面处理、涂装及质量检查的工作平台。工作平台应便于施工操作,并且应安全、牢固、可移动和拆装方便。

(2)处理工艺。

采用高压淡水(压力不小于 20MPa)、喷砂或手工打磨等方法将混凝土表面的浮灰、灰浆、夹渣、苔藓以及疏松部位清理干净。海洋环境下处于水位变动区和飞溅区的混凝土表面宜采用高压淡水清洁处理。对于局部受油污污染的混凝土表面,用碱液、洗涤剂或溶剂处理,并用淡水冲洗至中性。处理好的混凝土基面应尽快涂覆封闭底漆,停留时间最长不宜超过一周。

对于基层缺陷可按以下方式处理:

① 较小的孔洞和其他表面缺陷在表面处理后涂封闭漆,再刮涂腻子修平。较大的蜂窝、孔洞和模板错位处,用无溶剂液体环氧腻子或聚合物水泥砂浆修补。

② 对于混凝土表面存在的裂缝,根据裂缝的宽度选用化学灌浆或树脂胶泥等适宜的方法修补。

2）钢结构

表面处理的方式有多种,可以是手工除锈、动力工具除锈、喷砂喷射除锈、酸洗等方式。对于码头工程,因防腐要求高,表面处理要求也相应提高,宜采用除锈较为彻底的喷砂喷射除锈。

（1）表面预处理。

在进行喷砂除锈前,应对钢结构构件基面进行预处理。预处理主要包括焊缝的打磨、焊渣等焊接飞溅物的去除、锐边利刺尖角等的打磨去除、表面除油除盐等。

应采用溶剂、洗涤剂等清洁剂进行低压喷洗或刷洗的方式对结构物表面进行除油,除油后再用淡水清洗掉表面残余物;也可采用碱液、火焰等处理,并用淡水清洗至中性。若结构表面有盐分,宜采用高压淡水进行冲洗。

（2）除锈。

喷砂作业宜在钢板表面温度高于露点 3℃ 以上条件下进行,露天作业时环境相对湿度应低于 90%。

喷砂所用的磨料应符合 YB/T 5149—1993、YB/T 5150—1993 标准所规定的钢砂、钢丸或使用无盐分、无污染的石英砂、铜矿砂。除锈等级应达到 GB/T 8923—1988 的 Sa 2½ 级,粗糙度应达到 GB/T 13288—1991 标准规定的 Rz 40～80μm 的要求,常用磨料在一定条件下喷砂可得到的最大粗糙度(Rz)见表 8 – 16[1]。

表 8 – 16　各种磨料可得到的最大粗糙度

磨料	规格	粗糙度 Rz
粗河砂	12～50 号	70
中等硅砂	18～40 号	62
细硅砂	30～80 号	50
黑矿渣	约 80 目	32
粗铁砂	50 号	83
	25 号	100
铁丸	230 号/390 号	75/90

2. 涂装施工要求

涂装环境条件要求:涂装环境温度宜为 5～38℃,空气相对湿度宜在 85% 以下,表面应干燥清洁。在雨、雾、雪、大风和较大灰尘的条件下,禁止户外施工。

施工前,作业人员需认真阅读涂装工艺文件,了解结构构件各部位的涂料配套,学习涂料产品说明书及施工作业指导书。禁止将不同品种、不同牌号和不同厂家的涂料混掺使用。

涂装应按照产品说明书进行调制使用,应采用产品推荐的涂装方式进行涂装施工,应严格控制涂装间隔,不宜随意缩短涂装间隔时间。应注意边角区域的涂装,边角区域宜采用刷涂或辊涂的方式进行预涂装,确保完全覆盖无漏涂后,再进行大面积全面涂装。

双组分涂料每次调配的数量要同工作量、涂料的混合使用时间和施工人力、作业班次相适应,太多或太少均不利于施工。

检查调整每道涂料施工设备及工具,做到配备齐全,并保证其处于最简便、最佳施工条件。双组分涂料所用的喷涂设备,在每次喷涂完工后,要及时用配套稀释剂清洗喷枪和管路,以免涂料胶化而堵塞设备。

要加强施工现场的检测,特别是在涂装的过程中要不断检测、调节每道油漆的湿膜厚度,以控制干膜厚度及涂层体系的总干膜厚度。此外,随时目测每道涂料在成膜过程中的外观变化,注意有无漏喷、流挂、针孔、气泡、色泽不均、厚度不匀等异常情况,并在涂料供应商技术人员的指导下,随时调节、及时修补,并做好记录。修补前要做好前道涂层的表面处理,需对缺陷处进行打磨处理,并保持处理后基面的清洁,打磨面要保持平缓,不可出现突起、棱边等现象,修补时要注意保持修补的整体性,与原涂层的接边应超过打磨边界,并保持接边平滑,不出现突起或棱边。

涂装时应尽量避免出现超出最长涂装间隔时限要求的现象。若因受施工现场因素影响,前道涂层已超出最长涂装间隔时限时,应对涂层表面进行打磨处理,并清理干净后再涂装后道涂料,以确保涂层间有良好的附着力。

8.4.2 常见涂装弊病及预防

涂料是由树脂、颜料、溶剂、助剂等组成的,通过一定的施工方式施涂于基材表面,形成一层薄薄的连续液体膜,经过干燥或固化后,形成黏附在基材表面的涂层,起到保护底材和装饰的作用。正是由于涂料需经过良好的施工干燥过程,才能够真正成为具有良好性能的涂层,所以涂装过程中各个环节的控制也是保证涂层表现出应有良好性能的关键,也是控制涂层缺陷的关键。

涂层缺陷大部分都与施工质量有关。因为涂料在施工至基材表面,干燥成膜过程中,会受各种外界条件的影响,所以,在涂料选型配套不当、施工方式不当、施工环境条件不满足、基材处理不合格、涂装过程控制不严格等情况下,均会产生不同形式的涂层质量问题或缺陷。一般说来,涂层的缺陷可以分为涂料成分和漆基树脂结构引起的缺陷、施涂底材引起的缺陷、涂料存储期引起的缺陷、维护不当引起的缺陷等。常见涂层缺陷及预防措施如下。

1. 刷痕

刷痕是指刷涂后涂层表面出现一条或多条直线或波纹形的坑状纹,好像刷子留下的痕迹。涂层在使用后,膜厚小的地方会出现局部斑点或锈蚀。

（1）主要成因:由涂料本身比较稠、流平性差、基材温度高、溶剂挥发快,或工具使用不当,施工技术未能达标等造成的。

（2）解决方法:检查涂料的黏度是否适当,避开高温时段施工,选择慢挥发型稀释剂,改善施工工艺等。这种缺陷需要用砂纸磨平后修补。

2. 流挂

涂料施涂于垂直面上时,由于抗流挂性差或施涂不当、漆膜过厚等原因致使湿漆膜向下移动,形成各种形状上薄下厚的不均匀涂层。流挂可由整个垂直面上涂料下坠而造成的似幕帘状外观,亦称幕状流挂（瀑布状）;也可由局部窄缝或钉眼等处的过量涂料造成的窄条状下坠,亦称条状流挂（眼泪状）;混状流挂是条状流挂的一种特殊形式。

（1）主要成因:一般发生在垂直的被涂物表面,由于涂料稀释比例不当导致过稀,颜料树脂的重量超过本身能够承受的张力而慢慢往下流,继而增加下面的拉力直到平衡为止;施工时喷枪与施涂物件的距离太近,压力过大,造成湿膜过厚;喷嘴选型过大,单位时间出料量过多导致湿膜过厚等。

（2）解决方法:改善施工工艺。如检查涂料的黏度是否合适,改变稀释剂的比例,检查喷嘴是否与说明书要求相同,保持喷枪与施涂面之间的合适距离;刷涂时一次蘸料不宜过多,漆液稀刷毛要软,漆液稠刷毛宜短;刮涂时要选用橡胶类刮板,根据力度大小控制湿膜厚度,力度大时湿膜薄,力度小时湿膜厚。这类缺陷不但影响美观,同时影响涂层质量,需要用砂纸或机械工具打磨平整后补涂。

3. 涂膜不均匀

涂膜不均匀是指施涂后出现大面积或局部堆积过厚的涂膜,另一方面是指涂层出现大面积或局部过薄的情况,在使用后会出现露底、针头锈、颜色差异等问题。

（1）主要成因:与涂料质量关系不大,一般与涂装工艺不正确,工具使用不当或涂装不熟练等有关。

（2）解决办法:检查施工器具是否有问题,检查喷嘴是否与说明书的要求相符,保持喷枪与施涂面正确的距离,改善施工工艺等,涂膜超厚的地方需要处理,过薄的地方按需要进行修补。

4. 漏涂、漏喷

漏涂是指漆膜不连贯,出现漏涂现象,会影响涂层的均匀性和致密性。在喷涂过程中,在重叠部位或隐蔽的地方、焊缝的角边、螺栓的周边,往往会出现这类缺陷,涂膜在使用一段时间后,会出现针头锈、起泡,继而剥落等问题。

（1）主要成因:一般是由于施工工艺不正确,工具使用不当或施工技术不过关而引起的;有时由于照明不足或夜间施工,喷不到位而误以为喷到,也是造成漏涂的常见原因。

（2）解决办法：如果对涂层有怀疑可以使用漏涂仪器检查，一般分为高压与低压两种，取决于涂层厚度。该工具是破坏性检查，因此维修程序是必要的。确认施工工具良好，涂料质量是否有问题，检查喷嘴是否与说明书的要求相符，保持喷枪与施工面正确的距离，改善施工工艺和施工照明条件。

5. 干喷

干喷又称超范围的喷涂，是指部分涂料没有达到被涂表面已经成为漆粉，继而附在湿的涂层上面，产生颗粒，被后来的涂层遮盖。此种弊病主要出现在空气喷涂时，一般发生在快干的涂料上。例如，丙烯酸涂料在温度较高的条件下喷涂时，由于溶剂挥发快，部分漆雾已经干燥，造成漆雾与漆粉被一起喷涂在被涂外物件的表面上。干喷也可能是由于喷枪口与被涂物件表面的距离太远而造成，或是由于喷枪的气流量与漆流量调节不当以及喷嘴选型不当造成。干喷往往形成粗糙的漆膜，或漆膜表面有很多漆粉。如果不清理，会影响下一道涂层的附着。在使用一段时间后会出现针头锈、起泡，继而剥落等问题。

（1）主要成因：喷涂设备选择不当，施工工艺不合适或者稀释剂稀释比例不当引起的。

（2）解决办法：根据涂料品种的特性和施工环境，调节稀释比例，并按正常喷涂距离施工。涂层一旦出现这种现象，必须要进行修补。重涂时清除所有浮动的漆粉，必要时通过打磨消除隐患。应选择合适的喷枪，调整好设备喷涂参数（空气压力、漆流量和气流量等），调整喷枪与施涂面之间的距离，改善施工工艺的等。

6. 针孔

针孔是一种存在于漆膜中，类似用针刺成的细孔的缺陷。

（1）主要成因：针孔通常是由于湿膜中混入的空气泡和产生的其他气泡破裂，且在漆膜干固前不能流平而造成，也可能由于底材处理或施涂不当（漆膜过厚等）而造成。针孔多数会贯穿到底材，使涂层没有连贯性。

（2）解决方法：根据涂料特性和前道涂层的特点，调节环境使温湿度差异不宜过大，改善底材的条件，检查压缩空气是否过滤，油水分离器是否正常工作，杜绝油与水及其他杂质黏附于表面。烘干器加热固化时先以低温预热，逐步升到规定温度，杜绝一步升至高温。涂层一旦出现这种现象，必须要进行彻底的修补；否则在使用一段时间后，会出现针头锈、起泡，继而剥落等问题。

7. 滴落

"滴落涂层"俗称"老鼠尾"，是指涂膜出现一些点状连续且大小不一的凸出体，好似老鼠尾巴从大到小的排列，因此称为"老鼠尾"。

（1）主要成因：由于喷嘴损坏和施工技艺不够而引起的，也可能是由喷枪不能正常开关，喷涂时的枪移动不当等引起。

（2）解决方法：确认工具能够正常操作，改善施工工艺。涂层一旦出现这种现象,须使用砂纸或动力机械工具进行打磨处理,如果维修不彻底,使用一段时间后会出现局部开裂等问题。

8. 缩孔

一种漆膜干燥后仍滞留的若干大小不等、分布各异的圆形小孔的现象,也类似"鱼眼""小的火山口"等小圆形孔洞,此缺陷也常俗称为麻坑点、鱼眼坑等。

(1)主要成因:与施工工艺和产品质量有关,也与表面处理(油污处理不干净)或前道涂层状况(杂质污染等)相关。主要是由于漆液表面张力突然受到破坏而引起。例如,使用消泡剂甲基硅油稍有过量而出现"鱼眼",水、油及其他污染物出现而造成的"臭虫眼",其特点是施工后马上浮出。涂料配方的比例不对,或施工时的温差太大都会导致这些现象出现。

(2)解决方法:一旦发生应及时消除并重涂。常使用砂纸或电动机械打磨工具打磨直到底材。尤其是有油污污染的地方,若打磨清理不彻底,不论涂层有多少道,缩孔都会重复出现。出现缩孔的涂层使用一段时间后会出现局部针头锈、起泡,继而剥落等问题。

9. 起泡、鼓包

起泡是一种干燥涂层表面呈半圆形的突出物,与底层表面失去附着力,内部可能含有液体、气体或结晶体。发生在涂层中的起泡,有的是完整的,有的是破损的,能在过厚的涂层中发现,特别是在喷涂施工和滚涂时产生。泡的大小、形状、密度不一,因此也有形象地命名如气泡、水泡、细泡、粗泡等。

(1)主要成因:涂料在施涂过程中形成的空气或溶剂蒸气等气体产生的泡,在漆膜干燥过程中可以自行消失,也可能永久存在。气/空泡一般是在施工时产生"困溶剂"现象,继而发展成气泡。底层涂料有孔洞、隐藏其中的空气在成膜过程中溢出而拱出起泡。此外,涂料中混有空气(特别是喷漆泵吸油管损坏,吸入大量空气),环境(涂料)温度太高,溶剂挥发和涂料干燥不匹配,涂料中混入水分,或基材表面受盐、油和潮气侵袭;可溶性颜料等原因造成局部部位失去附着力等,都可能使涂层产生起泡和鼓包。

(2)解决方法:在涂料配套体系设计时,要确保配套体系的正确性。在施工时,要强调表面处理的重要性。无气喷涂施工时,使用溶剂或改善喷涂的温度来调节涂料的黏度,使用正确的搅拌机器以确保在搅拌过程中不混入空气。涂层一旦出现这类现象,轻微的情况可以用砂纸或电动机械工具打磨修理直到底材,然后补涂,严重的情况需要彻底清除处理;否则会导致漆膜剥落。

10. 起皱

漆膜呈现有规律的小波幅波纹形式的犁沟、皱纹,可深及部分或全膜厚。皱纹的大小和密集率可随漆膜组成及成膜条件(包括温度、湿膜厚度和大气污染情况)而变化。

（1）主要成因：通常是涂层表面发生突然的变化（一般是受环境的影响），在成膜过程中，涂层出现局部或全部延伸，影响漆膜成型。

（2）解决方法：使用流平性好的涂料，施工时注意环境因素，包括环境污染与温差变化，避免涂膜过量，注意避免出现喷涂流挂、桔皮等现象的发生。

11. 龟裂

宽裂纹且类似龟壳或鳄鱼爪样的一种开裂形式。

（1）主要成因：受环境影响，涂层内部应力发生变化导致涂层收缩开裂，面漆与底漆的强度不匹配等，例如比较硬的面漆涂在比较柔软的底漆上面（也包括底漆固化慢，面漆固化快的情况），或涂层与基材表面的变化不配合而引起的开裂。

（2）解决方法：面漆施工用比较薄的厚度，或采用多道喷涂方法施工，确保每次重涂时前道涂层完全干燥后再施工。避免使用不同硬度的材料，同时不要用比较硬的面漆涂在比较柔软的底漆上面。

12. 橘皮

一种在涂层表面出现高低不平，像橘子皮一样花纹的现象。

（1）主要成因：涂料的黏度太大，导致流平性差；喷枪与钢板的距离太近；底材温度过高，溶剂挥发太快，漆膜来不及流平；底漆未干即涂面漆，底面漆同时收缩等导致。

（2）解决方法：调整涂料的黏度，使其达到良好流平效果；避免在高温基材表面进行直接涂装；调整喷枪与钢板的距离，或调整喷涂的压力；合理控制涂装间隔，不可过快涂装。在涂料干燥前用刷子刷平，或在涂层干燥后，进行打磨平整后再进行重涂。

13. 发白

一种在漆膜表面出现云雾状白色附着物的现象，多见于环氧类涂层。

（1）主要成因：涂层在固化或干燥的过程中，暴露在水气凝聚和潮湿的环境中（通常氨固化的环氧有这种现象），不正确的溶剂混合也会使涂层出现白化现象。

（2）解决方法：涂料在正确的环境条件下施工和固化，或按照涂料制造商的推荐施工，确保熟化的时间。

14. 剥落

剥落是指涂膜从底层或层与层之间分离的现象，此现象都是附着力不良引起的。

（1）主要成因：被涂的基材或涂层表面受到油/水、气密液等外来物的污染；复涂时，被涂的基材或涂层表面已结露；涂层之间超过涂装间隔；涂层之间不配套，如醇酸面漆涂在丙烯酸涂料上；复涂前，前道涂层表面的游离胺没有清除。

（2）解决方法：确保被涂表面清洁、干燥和无污染物；施工时，钢板温度应大于露点温度 3℃；当气温低于 0℃时，可以用透明塑料薄膜 + 手按的方法，检查基材表面是否有薄冰层；严格按照产品说明书规定的要求施工；确保涂料配套的合理性、正确性；含锌底漆上可以先用环氧底漆封闭后再涂醇酸面漆；如发现游离胺，复涂前可以用 60℃的热水清洗。

8.5　码头工程涂料应用案例

8.5.1　混凝土结构案例

混凝土表面有机涂层作为提高海港码头普通混凝土结构耐久性的重要补充措施，近几十年来在我国的海港码头、跨海大桥等海工混凝土结构中已经得到广泛应用，在防止海工混凝土结构钢筋锈蚀、延长混凝土的使用年限方面取得了很好的预期效果，如湛江港铁矿石码头、湛江港二区 30 万 t 级油码头、江苏大唐吕四港煤码头、苏州港太仓港区万方国际码头、深圳机场油料码头、广东惠州港荃湾港区煤炭码头一期等。

1. 湛江港铁矿石码头

湛江港 20 万 t 铁矿石码头，位于北回归线以南，年平均气温 23.5℃，年最高气温 37.3℃，年最低气温 5.1℃，年平均相对湿度为 83.6%，海水含盐量随季节变化，变化范围为 23.3 ~ 30.2g/L。

码头为高桩梁板式结构，全长 330m，宽 34m，设计寿命为 50 年。为保证码头结构能够达到 50 年以上的使用寿命设计要求，经过对各种防腐措施的试验验证和应用效果比较，最终确定采用 C50 高性能混凝土和混凝土表面涂覆有机涂层的联合防腐措施。其中混凝土表面涂层设计为：底漆（聚酰胺环氧底漆）35μm，主要作用封闭混凝土表面毛细孔，中间漆（环氧漆）2 道，厚度为 200μm，主要起屏蔽作用，面漆为聚氨酯面漆，厚度为 50μm，主要起耐老化和装饰作用，涂层总厚度为 285μm，防腐总面积约 25000m²，具体详见表 8 - 17[6]。

表 8 - 17　湛江港铁矿石码头混凝土结构涂层防腐配套方案

涂层体系	涂料名称	干膜厚度/μm	总干膜厚度/μm
底层	聚酰胺类环氧底漆	35	
中间层	环氧树脂中间起	200	285
面层	聚氨酯面漆	50	

2. 江苏大唐吕四港电厂煤码头[7]

江苏大唐吕四港电厂专用煤码头为高桩梁板式结构,位于吕四小庙洪水道的深槽处,是古长江三角洲沉积区。

码头钢筋混凝土结构的纵横梁节点和桩帽系现浇结构,构件混凝土易受海水腐蚀。虽然桩帽也采用了 C45 高性能混凝土,可有效地抵抗氯离子对钢筋的腐蚀,使结构的使用寿命达到 50 年,但为安全起见,对纵横梁节点和桩帽采取有机涂层防护措施。设计涂层的结构主要由底、中、面 3 层构成,其中底漆主要起到封闭作用,中间漆主要起屏蔽作用,面漆起到装饰、耐老化作用,涂层总厚度表干区为 $250\mu m$,表湿区为 $300\mu m$。防腐涂层设计技术指标完全符合 JTJ 275—2000 的要求,涂层耐老化试验 1000h 后不粉化、不起泡、不龟裂、不剥落;耐碱 30 天后不起泡、不龟裂、不剥落;涂层抗氯离子的渗透性 $<5.0\times10^{-3}$ mg/ $(cm^2\cdot d)$。

3. 苏州港太仓港区万方国际码头[8]

苏州港太仓港区万方国际码头工程位于长江下游南支河段上段南岸,与崇明岛隔江相望。该工程共建有 4 个共用件杂货泊位,因处长江口地区,常受海水倒灌,为了提高码头的耐久性,对混凝土外露面进行防腐设计,涂层系统采用环氧涂层+聚氨酯面漆涂层的防护体系,设计总干膜厚度为 $250\mu m$,总防护面积约 $10300m^2$,设计使用年限为 10 年。具体涂层防腐配套方案见表 8-18。

表 8-18 太仓港区万方国际码头混凝土表面涂层防腐配套方案

涂层体系	涂料名称	干膜厚度/μm	总干膜厚度/μm
底层	环氧渗透底漆	无厚度要求	250
中间层	环氧树脂漆	200	
面层	聚氨酯面漆	50	

4. 深圳机场油料码头[9]

深圳机场油料码头位于深圳机场内,建成一座 2 个 5000t 级成品油泊位的高桩码头。该码头地处珠江出海口,与南沙港隔海相望,码头混凝土结构物常年饱受海水腐蚀,为防止受海水腐蚀,确保码头在设计年限内的安全和正常运行,对码头梁板、系缆墩、桩帽等水工混凝土构件采取了防腐蚀措施。

主要采用防腐涂层和掺加海港混凝土抗蚀增强剂联合保护方案,实现对混凝土构件的防护,涂层系统的设计使用年限不低于 10 年。涂层防护主要采用环氧涂层+聚氨酯面漆的涂层防护体系,总干膜厚度不低于 $300\mu m$,防护总面积达 $12400m^2$,具体见表 8-19。

表 8-19　深圳机场油料码头混凝土涂层防腐配套方案

防护部位	涂层体系	涂料名称	干膜厚度/μm	总干膜厚度/μm
混凝土梁板、系缆墩、桩帽等	底层	环氧封闭漆	不计厚度	300
	中间层	环氧树脂中间漆	250	
	面层	聚氨酯面漆	50	

5. 广东惠州港荃湾港区煤炭码头一期[10]

广东惠州港荃湾港区煤炭码头一期工程为 7 万 t 级散货码头,码头胸墙的迎水面和护轮坎外侧采用混凝土表面涂刷环氧涂层进行防护。其中,表干区(大气区)设计总干膜厚度为 190μm,表湿区(水位变动区、飞溅区)设计总干膜厚度为 300μm,防护总面积约 2700m²,涂层防护设计年限不低于 10 年,具体见表 8-20。

表 8-20　惠州港荃湾港区煤码头一期混凝土涂层防腐配套方案

防护部位	涂层体系	涂料名称	干膜厚度/μm	总干膜厚度/μm
码头混凝土表干区	底层	海工混凝土结构改性环氧封闭漆	不计厚度	190
	中间层	海工混凝土结构改性环氧重防腐涂料	150	
	面层	脂肪族聚氨酯面漆	40	
码头混凝土表湿区	底层	海工混凝土结构改性环氧封闭漆	不计厚度	300
	面层	海工混凝土结构改性环氧重防腐涂料	300	

8.5.2　钢结构案例

码头钢结构物防腐以水下钢桩防腐最为普遍。作为码头主体结构的重要组成部分,码头钢桩大部分区域位于水下或浪溅、潮差等水位变动区域,其防腐技术方案成为钢桩使用耐久性的关键。目前国内外普遍采用的防腐蚀方案以牺牲阳极(外加电流)保护+涂层联合防护技术为主,已在我国各大港口码头、跨海大桥等水下钢桩防护领域得到广泛应用。

1. 东营港码头扩建工程[11]

东营港地处鲁西北黄河三角洲 5 号桩附近。码头主体结构为高桩承台与高桩梁板式结构。码头 2 号泊位承台桩基为 φ1200mm 钢管桩,共 458 根。为保证工程达到设计使用年限,对钢管桩采取涂层和牺牲阳极联合防腐措施,有效保护年限不少于 30 年。具体涂层防腐配套方案见表 8-21。[11]

表 8-21　东营港码头扩建工程钢管桩涂层防腐配套方案

防腐部位	涂层体系	涂料名称	干膜厚度/μm
飞溅区、水位变动区	底面合一	ZF-101 环氧重防腐涂料	1100
水下区	底面合一	ZF-101 环氧重防腐涂料	600

2. 华德石化原油码头钢管桩防腐修复工程[12]

华德石化原油码头位于惠州市大亚湾马鞭洲岛。这里常年温度偏高,海水盐度高,钢管桩腐蚀较为严重,尤其在钢管桩的潮差区和飞溅区,腐蚀更为严重。

华德石化原油码头 1 号泊位于 1999 年建成使用,至 2011 年已投入使用 12 年,钢管桩涂层破损严重,潮差和飞溅区钢管桩锈蚀严重。2 号泊位于 2007 年建成使用,至 2011 年已使用 4 年,几乎所有的钢管桩都受到潮差及浪溅的影响,涂层大面积破损脱落,钢管桩腐蚀严重。为保证码头使用安全,对码头钢管桩进行了系统性防腐涂层修复,修复采用 ZF-101 改性环氧海工专用系列重防腐涂料,修复涂层厚度为 1000μm,涂装 2 道,每道干膜厚度为 500μm。其修复后涂层效果见图 8-2～图 8-4。

图 8-2　1 号泊位钢管桩修复后涂层效果

图 8-3　2 号泊位钢管桩修复后涂层效果

图 8 - 4　2 号泊位钢管桩修复运行 4 年后涂层效果

3. 天津港 20 万 t 原油码头工程[13]

天津港 20 万 t 及原油码头工程码头桩基全部采用钢管桩,由于终年处于海洋环境中,长期受到氯化物、硫化物、海洋微生物以及各种离子的腐蚀,所以工程设计时采用了防腐涂层保护与外加电流阴极保护联合保护措施。其中涂层保护主要是对自桩顶以下 0.1～8m 范围的钢管桩潮差区和部分全浸区进行防腐保护,保护钢管桩总数 252 根,总涂装面积约 7400m²。

该工程防腐涂料设计有效保护年限为 20 年,要求 20 年后涂层表观破损率不大于总涂装面积的 5%,经局部维修后,可达到 50 年的使用寿命要求。涂层设计方案为采用高压无气喷涂环氧改性玻璃鳞片涂料 2 道,总干膜厚度不低于 600μm。

4. 江苏大唐吕四港电厂煤码头[7]

江苏大唐吕四港电厂专用煤码头位于吕四小庙洪水道的深槽处,是古长江三角洲沉积区。港区环境类别为 II 类,港区附近为海水,是海洋腐蚀环境。该工程为高桩梁板式结构,桩基斜桩为 ϕ1200mm 钢管桩、直桩为 ϕ1200mmPHC 管桩。其中,钢管桩防腐设计方案为阴极保护、预留腐蚀厚度和外壁加防腐涂层相结合的联合防腐方案,设计联合保护年限为 50 年。对于水位变动区及以上部位采用超厚膜环氧重防腐涂料体系,由桩顶标高至 -1.0m 高程;对于水下区采用厚膜环氧重防腐涂料与牺牲阳极阴极保护联合防腐蚀系统,涂层范围为 -1.0m 高程至泥面以下 6m 左右位置,泥面以下 6m 至桩尖采用牺牲阳极阴极保护措施。具体涂层防腐配套方案见表 8 - 22。

表 8-22　吕四港电厂煤码头钢管桩涂层防腐配套方案

防腐部位	涂料名称	涂装道数	干膜厚度/μm	总干膜厚度/μm
飞溅区	环氧重防蚀涂料	第一道	100	1100
		第二道	500	
		第三道	500	
水位变动区和水下区	环氧重防蚀涂料	第一道	100	600
		第二道	500	

5. 上海宝钢原料码头水下钢管桩工程

1987 年,宝钢原料码头引桥被外轮撞断,在抢修工程中制作了 28 根钢管桩,对新制作管桩进行防腐涂层保护,主要是针对浪溅和潮差区域进行了重点防护,防腐涂料采用了 725 - ZF101 环氧重防蚀涂料,涂层设计总干膜厚度约 1100μm,随后,于 1988—1993 年又按照同样的防腐方案对码头剩余的 1234 根钢管桩进行了防腐维护,至今保护效果良好,如图 8 - 5 和图 8 - 6 所示。

图 8-5　维修后运行中的码头水下钢管桩涂层效果

图 8-6　运行 25 年后涂层依然完好

参考文献

[1] 李荣俊. 重防腐涂料与涂装[M]. 北京：化学工业出版社,2013.

[2] 中华人民共和国交通部. 海港工程钢结构防腐蚀技术规范:JTS 153-3[S]. 北京：人民交通出版社, 2007.

[3] Paints and varnishes. Corrosion protection of steel structures by protective paint systems—Part 2: Classification of environments:ISO 12944-2:2017[S]. International Standards Organization, 2017.

[4] 中国公路学会桥梁和结构工程分会. 混凝土桥梁结构表面涂层防腐技术条件. 交通行业标准:JT/T 695—2007[S]. 北京:人民交通出版社, 2007:10.

[5] 中华人民共和国交通部水运司. 海港工程混凝土防腐蚀技术规范. 交通行业标准:JTJ 275—2000[S]. 北京:人民交通出版社, 2000.

[6] 黄君哲,张宝兰,曾志文,等. 湛江港铁矿石码头混凝土结构防腐蚀措施探讨[C]//邢锋,明海燕. 沿海地区混凝土结构耐久性及其设计方法科技论坛与全国第六届混凝土耐久性学术交流会论文集. 北京:人民交通出版社,2004:256-260.

[7] 周效国,邹新祥. 浅谈提高吕四港高桩煤码头耐久性的主要措施[J]. 煤炭技术,2013,32(10):108-110.

[8] 龚博,任敏. 码头混凝土表面防腐施工工艺[J]. 港工技术与管理,2009 (1):30-32.

[9] 许景阳. 浅谈海港工程混凝土防腐施工[J]. 科学之友,2011 (20):95-96.

[10] 喻鹏,陈佳. 重力式码头迎水面环氧防腐涂层施工工艺[J]. 建筑工程,2016(26):98.

[11] 刘锐,戴维艾. 东营港码头工程钢管桩防腐措施及应用[J]. 中国港湾建设,2008(3):21-23.

[12]肖勇. 改性环氧海工专用重防腐蚀涂料在原油码头钢管桩涂层修复中的应用[J]. 腐蚀与防护,2016,37(8):676-678.

[13]刘淑香. 浅谈天津港原油码头钢管桩的防腐保护[J]. 山西建筑,2010,36(1):162-163.

第9章

埋地管道工程防腐蚀涂料体系应用

9.1 埋地管道工程结构特点及腐蚀环境分析

9.1.1 埋地管道防腐蚀的意义

管道运输是目前五大运输方式之一,与铁路、公路、水路和航空等运输方式相比,具有成本低、效率高、建设周期短、安全无污染、可同时穿越不同区域等优点。随着现代工业的发展,管道已成为理想的运输工具,是比较经济、安全、有效的运输手段。

由于大多数输送管道埋设于地下,穿越地区广阔,地形情况复杂,土壤腐蚀性质特点不同,再加上杂散电流和运送介质腐蚀差异等多因素的综合影响,使管道非常容易遭受外界腐蚀,从而降低其安全性和寿命。因此,如何保证埋地管道长期安全的运行已成为人们日益关注的焦点[1]。

埋地管道每时每刻都遭受着腐蚀的严重威胁,发生过无数事故,造成巨大的经济损失、能源资源的浪费和环境污染,教训深刻。

9.1.2 埋地管道的腐蚀环境分析

1. 土壤的特征

土壤是由固态、液态和气态三相物质构成的混合物,是毛细管多孔性的胶质体系,其空隙为空气和水所充满。土壤的固体颗粒由砂子、灰、泥渣和植物腐烂以后形成的腐植土组成。土壤颗粒具有各种不同的形状,如粒状、块状和片状等。事实上,多数土壤是无机的和有机的胶质混合颗粒的集合体,在这个集合体中还具有许多弯弯曲曲的微孔(毛细管),土壤中的水分和空气可以通过这些微孔到达土壤的深处。土壤中的盐类溶解于水中,使土壤具有离子导电性,成为电解质。土壤的物理和化学性质(特别是电化学性质)不仅随着土壤的组成及含水量而变化,而且还随着土壤结构及其紧密程度而有所差异,因此土壤的性质常表现出小范围内或者大范围内的不均匀性。对于土壤宏观现象来说,其固相部分几乎不发生机械的搅动和流动。[2]

2. 土壤腐蚀类型

土壤腐蚀性的影响因素有土壤的导电性、含水量、温度、电阻率、溶解离子的种类和数量、pH 值、氧化还原电位、有机质及微生物等,这些因素和外部因素的综合作用导致了土壤中管线的腐蚀。其腐蚀形式大致有以下 4 种[1,3]。

1)微电池的腐蚀

在金属表面上由于存在许多微小电极而形成的电池称为微电池。它与管道材质和制管时的缺陷密切相关,并与管道施工时的质量也有很大的关系。

2)宏电池的腐蚀

这种腐蚀电池通常是指由肉眼可见到的电极所构成的"大电池"。宏电池是由于同种金属材料的不同部位所接触的土壤的理化性质不同而形成的。宏电池包括氧浓差电池、盐浓差电池、酸浓差电池和温差电池等。

3)微生物作用引起的腐蚀

微生物腐蚀与土壤中存在的细菌种类有关,常见的是硫杆菌和硫酸盐还原菌(厌氧菌)。在地下管道附近,由于污染物发酵产生硫代硫酸盐,排硫杆菌就在其上大量繁殖,产生元素硫。紧接着,氧化硫杆菌将元素硫氧化成硫酸,进而对金属造成严重的腐蚀。在含有硫酸盐的土壤中,如果有硫酸盐还原菌的存在,腐蚀不但能顺利进行,而且更加严重,主要是由于生物的催化作用,使腐蚀过程的阴极去极化反应得以进行,从而大大加速了腐蚀。

4)杂散电流的腐蚀

杂散电流对材料的腐蚀称为杂散电流腐蚀。杂散电流分为直流杂散电流和交流杂散电流两类。直流杂散电流来源于直流电气化铁路、有轨电车、无轨电车、地下电缆漏电、电解电镀车间、直流电焊机以及其他直流电接地装置。直流电流往往从路轨漏到地下,进入地下管道某处,再从管道的另一处流出而回到路轨。杂散电流从管道流出的地方,成为腐蚀电池的阳极区,腐蚀破坏就发生在这个地方。

3. 影响土壤腐蚀的因素

1)土壤电阻率

土壤电阻率是表征土壤导电性能的指标,影响土壤电阻率的因素有盐的含量和组成、含水量、土壤质地、松紧度、有机质含量、黏土矿物组成和土壤温度等。土壤电阻率的变化范围很大,从小于 $1\Omega \cdot m$ 到高达几百甚至上千欧·米。以土壤电阻率来判断土壤的腐蚀性是各国常用的方法。

防腐蚀涂料技术及工程应用

2）pH 值

pH 值代表了土壤的酸碱度，土壤中氢离子的浓度和总含量首先会影响金属的电极电位。在强酸性土壤中，它通过 H^+ 的去极化过程直接影响阴极极化。而在阴极以氧去极化占主导的一般土壤中，土壤酸度是通过中和阴极过程形成的 OH^- 而影响阴极极化的。阳极过程溶解下来的金属离子，在不同 pH 值时所形成的腐蚀产物的溶解度也是不同的，因此 pH 值也会影响阳极极化。对缺乏碱金属且 pH 值小于 5 的酸性土壤，通常被认为是腐蚀土壤。

3）土壤含水量

土壤中金属腐蚀一般为湿腐蚀，阳极溶解的金属离子的水化作用，氧还原共轭阴极过程（碱性土壤），土壤中宏电池的构成和土壤电解质的离解等都需要水。因此，土壤含水量是一个变化的物理因素，它的波动会导致一系列土壤物理和化学性质的变化[3]。

4）土壤含盐量

土壤含盐量明显左右着土壤电阻率的大小，同时也影响氧在土壤中溶解度。土壤溶液中常见的 Ca^{2+}、Mg^{2+}、K^+、Na^+ 的盐都能加速腐蚀反应，其中 Ca^{2+}、Mg^{2+} 在中性或碱性条件下易形成不溶性的氧化物和碳酸盐。

5）土壤温度

土壤温度对土壤电阻率影响是比较明显的，温度每相差 1K，土壤的电阻率约变化 2%。

6）土壤中的微生物

厌氧腐蚀类菌主要在无氧环境下生长繁殖，其中最为人们所熟知的是硫酸盐还原菌(sulfate - reducing bacteria, SRB)，SRB 在自然界中几乎无处不在，如土壤、海水、淡水沉积及腐蚀产物中，甚至相当深的地层中（700～1000 大气压下）都有它的存在，我国大多数土壤中都有不同浓度的硫酸盐还原菌[3]。

7）土壤质地与松紧度

土壤质地及松紧度和透气性直接相关，影响金属腐蚀有两个途径，即土壤电阻率、氧和氯的扩散和渗透。一般在质地黏重紧实的土壤中，金属的腐蚀电位偏负，因此在土壤质地有明显变化的区域，黏土中的金属构件将成为宏电池反应的阳极而遭受腐蚀，故黏重紧实的土壤其腐蚀性大于疏松的土壤。

8）气候条件

土壤腐蚀性不是十分恒定的，而是常常有周期性和季节变化。气候条件是一个间接影响因素，是通过影响土壤理化性质及微生物活动来影响土壤腐蚀性的，也是一重要的外部因素。随着季节的变化，电阻率、电导率、腐蚀电流、地温也会发生变化，金属的腐蚀率在一年四季中是不同的。

352

9.1.3　埋地管道的腐蚀类型

埋地管道腐蚀的最大特点就是管道内、外同时腐蚀,一般管道外表面均受到土壤的腐蚀,不同材质和结构的管道,主要的腐蚀类型有所区别,引起的腐蚀破坏也各有不同,而管道内表面的腐蚀破坏与输送的流体成分和状态有很大的关系,也会引起不一样的腐蚀结果[4-5]。

1. 埋地钢质管道

1）钢质油气管道

钢质油气管道会受到各种类型的腐蚀,其中化学腐蚀是最为严重的一种,在我国油气管道的运输中,该腐蚀方式也是极为常见的一种类型。该腐蚀通常来源于以下两方面:一个是管道的内部;另一个则是管道的外部。

油气管道内部腐蚀是由油气运输过程中,油气中会含有一些腐蚀性的气体,而这些气体则会对管道内部造成腐蚀。在我国许多油田之中,所产的油气中大多含有以下几种类型的腐蚀性气体,如 H_2S、CO_2 等,而这些气体是造成化学腐蚀的主要因素。

至于管道外部的腐蚀,一般是来自空气与土壤。在土壤之中,因为电解液局部分布不均匀,所以会产生微电池,这样一来,与其接触的金属管道也会遭到腐蚀。由于土壤介质具有多相性的特点,这样就会致使电化学宏观不均匀,继而造成腐蚀。至于杂散电流腐蚀,指的是不在原有路径上流动的干扰电流,与普通的电流腐蚀相比,这种电流所引起的腐蚀要更加剧烈。土壤应力腐蚀破坏,则是由于管道外表面的小裂纹扩展造成的,因为一些油气管道的本体或焊缝有缺陷存在,而这些小缺陷不断地扩展延伸,不断地遭受腐蚀,进而造成泄漏以及爆裂,从而引发安全事故。

2）钢质供水管道

钢质供水管道的腐蚀过程受很多因素影响,如 pH 值、碱度、溶解氧浓度、硫酸盐浓度和氯离子浓度、硝酸根离子浓度、温度、总溶解性固体浓度、流速等。

2. 埋地混凝土管道

1）给排水混凝土管道

城市排水系统是收集、输送、处理和排放城市污水和雨水的工程设施,是城市基础设施的重要组成部分,主要由室内排水设施、城市排水管道、污水泵站、污水处理厂和雨水处理设施等组成。排水管道在输送这些污水的过程中,污水中的无机物、有机物、细菌微生物之间会发生一系列生物化学反应,使污水 pH 值下降呈酸性,从而对管道内壁造成严重的腐蚀破坏,严重时管道会出现渗漏现象,进而带来一系列安全问题。

2）埋地 PCCP 长输管道

预应力混凝土管道(PCCP)是目前世界上应用最多的混凝土输水管道,其结构如图 9-1 所示。它具有以下的特点:设计先进、安全,承受高内压和外荷载,良好的抗渗性及耐久性,安装快速。

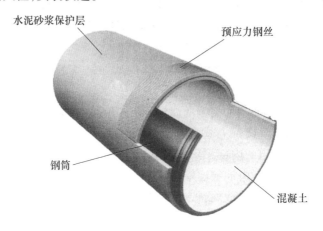

图 9-1　PCCP 的结构

PCCP 的寿命取决于钢筋腐蚀引起的膨胀,以及承载能力不断降低的钢筋寿命。PCCP 构件中的钢筋锈蚀纯属于电化学范畴,它的发生和发展,不但取决于钢筋的主要保护环境——混凝土保护层的质量与性能,而且还取决于所处地下侵蚀性介质,杂散电流等多种条件。对铺设在土壤中的 PCCP 管道构成破坏作用的主要因素是 pH 值的降低,以及 Cl^-、SO_4^{2-} 和 HCO_3^- 等物质向混凝土中扩散。其中 pH 值和 Cl^- 因素非常关键,pH 值的降低可使钢筋钝化膜丧失和影响 Cl^- 的临界浓度;Cl^- 是非常活泼的离子,它能够穿透钝化膜使钢筋发生点蚀,进而引发大面积的钢筋腐蚀;SO_4^{2-} 和 HCO_3^- 因素是通过对混凝土的渗透破坏来影响土壤中钢筋混凝土的寿命,其速度较慢,影响力相对较弱些。

9.2　埋地管道工程涂料防腐蚀涂料体系设计

9.2.1　埋地管道的防腐蚀对策

基于管道腐蚀机理,针对性采取腐蚀防护措施,可以有效防止或减轻管道的腐蚀进程,从而提高管道可靠、安全运行的寿命。下面分别从管道的防腐蚀设计、缓蚀剂防腐蚀技术、表面处理技术、管道外防腐层保护、管道内防腐层保护和电化学保护技术等 6 个方面介绍有关的管道腐蚀防护技术[5]。

1. 防腐蚀设计

1）正确选用材料

地下管道选材应遵循以下原则。

（1）材料的耐蚀性能应满足地下管道使用环境要求。对初选材料,应查明它们在所处介质中有哪些类型的腐蚀敏感性以及腐蚀速率的大小,暴露于腐蚀环境的部位可能发生哪些腐蚀类型以及防护的可能性;接触部位是否可能存在电偶腐蚀;承受应力的类型、大小和方向等。在容易腐蚀和不易维护的部位,选择高耐蚀性的材料。只有认真分析使用环境的特点,必要时需要进行模拟测试或工程挂片检验,才能达到选材的合理性。

（2）材料的物理性能、力学性能和工艺性能应满足管道的设计与加工要求。管道材料除了具有一定的耐蚀性外,一般还需具有必要的力学性能(如强度、硬度、弹性、塑性、冲击韧性、疲劳性能等)、物理性能(如耐热、导热等)及工艺性能(如机加工、铸造、焊接性能等),如天然气管道首先要满足高压输气的耐压要求。

（3）管道选材应力求经济效益和社会效益的良好结合。要尽量兼顾经济性与耐用性。在保证产品性能可靠的前提下,优先考虑国产、资源丰富、价廉的材料。应在充分估计预期的使用寿命范围内,平衡一次投资与经常性的维修费用、停产损失、废品损失、安全保护费用等。对长期运行、一旦停产可能造成重大经济损失及制造费用大大高于材料费用的设备,选择耐蚀材料比较经济;对于短期运行的设备及易更换的简单零部件,则可以考虑采用成本较低、耐蚀性稍差的材料。

在其他性能相近的情况下,尽量选择不会污染环境或者对环境污染小的材料及便于回收的材料,同时应注意材料在加工过程中对环境的污染和对人身健康的影响。

2）合理的结构设计

腐蚀控制是一项系统工程,涉及设计、选材、制造、储运、使用、维护和维修等多个环节,而结构的合理设计是十分关键的一环。因此,在产品设计阶段就必须从防腐蚀角度出发,根据材料和所处环境特点,进行合理的防腐结构设计。在结构设计中,需要注意以下几点。

（1）外形力求简单。简单的外形结构便于实施防护、检查、维修和故障排除。无法简化结构的设备,可以将构件设计成分体结构,使腐蚀严重的部位易于拆卸和更换。

（2）防止积水和积尘。积水和积尘的部位往往使腐蚀更严重,容器出口管及容器底部的结构设计应该力求内部的液体可排净,以免滞留的部分液体引起浓差腐蚀,或留下固体物料造成沉积物腐蚀。

（3）防止缝隙腐蚀。可以通过拓宽缝隙、填塞缝隙、改变缝隙位置或防止介质进入等措施加以避免,特别是对石油输送管道,采油管道的焊缝要经过热处理,一方面可消除应力,另一方面可减少焊接接头的组织不均匀性。

(4)防止电偶腐蚀。设计时应尽量避免电位相差较大的金属直接连接在一起;在连接部位及铆钉、螺钉或点焊连接头处,应当有隔离绝缘设计;设计时注意不同金属接触时的面积比;尽量使接触处没有水分积聚。

(5)防止应力腐蚀开裂和氢脆腐蚀。应避免使用应力、装配应力和残余应力在同一个疲劳方向上叠加;合理地控制材料的最大允许应力;尽量避免应力集中和局部受热;加大危险截面的尺寸和局部强度;力求避免产生振动、颤动或传递振动,避免载荷及温度急剧变化情况的出现。

3)合理的工艺设计

材料在加工和装配过程中,也会造成腐蚀或留下腐蚀隐患。因此,在工艺设计中应该引起足够的重视。

机械加工过程中容易产生残余应力。一般情况下,材料应在退火状态下进行机械加工,以保证残余应力较小。机械加工后要进行消除应力热处理,可以采用磨光、抛光、喷丸强化等方法促使材料表面的应力释放。对耐蚀性差的材料,应采取浸防锈油或防锈水等防锈措施。机械加工中使用的切削冷却液应选用合适的缓蚀剂,以减小材料的腐蚀。

应慎重选择热处理规范,避免因热处理不当引起晶间腐蚀、应力腐蚀、氢脆等。要尽量避免在敏化温度区保温,对可能产生较大残余应力的热处理工艺,应有消除残余应力的措施。在许可的条件下,可采用使材料表面产生压应力的热处理方式等。应注意选择热处理气氛,对易氧化的金属,最好采用真空热处理或通入保护气体的热处理,也可以使用热处理保护涂层。对有氢脆敏感性的材料,要禁止在有氢气氛围中加热。

由于锻造和挤压件的性能呈各向异性,在短横向上应力腐蚀最敏感,设计时应尽量避免工作应力施加在此方向上。同时,应注重锻造工艺的选择,锻造时还要控制流线末端的外露等情况。

不同铸造工艺所得构件的表面有很大差异,耐蚀性也相差很大。通常压力铸造比普通铸造表面光滑、致密,普通铸造铸件表面由于存在大量孔洞、砂眼和夹杂等缺陷,容易成为应力腐蚀、腐蚀疲劳的危险区。此外,表面的差异也使表面处理效果有很大不同。铸造还会产生偏析,使构件不同部位的合金成分存在差异。这尤其对靠加入合金元素含量达到一定值时耐蚀性才有很大提高的合金耐蚀性有较大影响。

焊接方式不同,材料缝隙腐蚀敏感性也不同。例如,采用对接焊就比搭接焊好,连续焊比点焊好。目前,大口径的输气管基本采用板材螺旋焊接而成,不仅要严格按工艺规程进行焊接,另外也要不断研发新的焊接工艺、焊剂及焊材,使焊缝腐蚀降至最低。对于防止电偶腐蚀而言,采取不用焊条的焊接工艺,如搅拌摩擦焊,就比用有焊条的工艺为好;选择焊条时,焊条的组织成分应和基体尽量接近,或者其电位较基体稍高一些。为防止焊缝两侧热影响区的腐蚀,焊接后应采用固溶淬火。为减小焊接后的应力,还应注意焊接顺序的设计,尽量减小构件变形。对于氢脆敏感材料,要避免在能产生氢原子的气氛中焊接。焊接后,焊缝处的残渣应及时清理,以免引起局部腐蚀。

在表面涂覆之前的脱脂、酸洗中,要防止产生过腐蚀或渗氢,酸洗时要选择合适的缓蚀剂。在电镀、氧化处理之后,要及时清洗干净零件表面,避免残液腐蚀零件。对于氢脆敏感的高强钢等材料,要选用低氢脆的电镀工艺或其他表面处理工艺,电镀后一定要进行除氢处理。对于组合件,一般是先表面处理后再组合。对于镀锌、镀铬等容易引起金属脆性的镀层,严禁镀后焊接。

装配时不应造成过大的装配应力。特别是安装地下管道最后对接的管子时,容易产生较大的装配应力。装配时要采用合理的装配方法,严格施工,不能将镀层损坏;对有密封要求的要保证密封质量;装配结束后,应及时清理检查,注意不能堵塞通风口、排水口。

2. 缓蚀剂防腐蚀技术

不同的腐蚀介质应选用不同类型的缓蚀剂,以达到有效的金属防护。一般来说,中性水介质使用的缓蚀剂大多数为无机物,以钝化型和沉淀型为主;酸性水介质使用的缓蚀剂大多为有机物,以吸附型为主。但现代的复配型缓蚀剂,也将根据需要在用于中性水介质的缓蚀剂中添加有机物质,在用于酸性水介质的缓蚀剂中添加无机盐类。不同腐蚀介质中采用的缓蚀物质,必须考虑它们在这些介质中的溶解度问题。石油工业用的缓蚀剂应在油相中有一定的溶解度;对于气相缓蚀剂来说,要求具有一定的挥发度。溶解度太低将影响缓蚀物质在介质中的传递,使它们不能有效地到达金属表面;即使它们的吸附性很好,也不能发挥应有的缓蚀作用。在这种情况下,可考虑加入适当的表面活性物质,以增加缓蚀物质的分散性,如切削油中所加的乳化剂或助溶剂便是这类物质。有时也可通过化学处理的方法在缓蚀物质的分子上加接极性强的基团,以增加它们在水中的溶解度。不同介质中缓蚀剂的用量及介质的温度、运动速度等因素都能影响缓蚀剂的功效。

不同金属的电子排布、电位序列、化学性质等可能很不相同,它们在不同介质中的吸附和成膜特性也不同。钢铁无疑是使用最广泛的金属,钢铁用缓蚀剂也是研究和使用最多的。但许多高效的钢铁用缓蚀剂对其他金属往往效果不好。因此,如果需要防护的系统是由多种金属构成,单一的缓蚀物质一般难以满足防护要求,此时应考虑多种缓蚀物质的复配使用问题。

缓蚀剂的复配:由于金属腐蚀情况的复杂性,现代缓蚀剂很少是采用单种缓蚀物质的。多种缓蚀物质复配使用时的总缓蚀效率比单独使用时的缓蚀效率加和要高,这就是协同效应。缓蚀剂在使用时除了考虑抑制腐蚀的目标外,还应考虑到工业系统运行的总体效果。

许多高效缓蚀物质往往带有毒性，致使它们的使用范围受到限制。例如，铬酸盐在中性水介质中是高效的氧化性缓蚀物质，它的 pH 值适用范围较宽（可以是 6~11），在钢铁表面能形成稳定的钝化膜，对大多数非铁金属也能产生有效的保护。但由于 6 价铬可在人体和动物体内的积蓄，对人体健康产生长远的危害，因此环境保护条例对铬的排放指标要求非常严格，在许多场合必须改用其他缓蚀物质来代替铬酸盐。所以，现代缓蚀剂的研制和应用都必须特别注意环境保护问题。

此外，为充分发挥各类缓蚀剂效果，应定期对系统进行清洗，清洗设备表面的沉积物和污垢，使缓蚀剂与腐蚀点充分接触，保证缓蚀效果。

3. 表面处理技术

1）化学镀

化学镀也称为自催化镀，是在无外加电流的条件下，借助合适的还原剂使溶液中的金属离子在具有自催化活性的表面被还原为金属状态并沉积的过程。这种方法是唯一能用来代替电镀的湿法镀膜法，其镀层对含硫介质，如石油介质防护性能好，特别是对管件、输送机械等表面防护具有独特优势。

化学镀镍–磷镀层可改善管道的防腐蚀性能和提高耐磨性能，其结构、物理和化学性质取决于镀层的组成、化学镀镍槽液的化学成分、基材预处理和镀后热处理。一般而言，当镀层中磷含量增加到 8%（质量分数）以上时，防腐蚀性能将显著提高；而当镀层中磷含量少于 8%（质量分数）时，耐磨性能得到提高。但是，通过适当的热处理，将会大大提高磷含量镀层的显微硬度，从而提高了镀层的耐磨性能。

化学镀的工艺流程为：零件表面除油→除锈→化学镀→镀件清水洗→表面热水洗→表面钝化→烘干。

零件表面除油是采用添加一定表面活性剂的 4% NaOH 溶液对表面进行冲洗。若零件表面油污较重，可选用热碱冲洗，必要时用毛刷刷干净。除油后用清水冲干净。零件表面除锈是在加了一定量缓蚀剂、浓度 10% 左右的 HCl 溶液中进行，直至除锈干净为止，然后用清水冲洗干净。化学镀关键是要调整化学镀池中的温度和 pH 值。对于中温化学镀，一般控制化学镀池中的温度在 65℃ 以上，在 85℃ 时最好。对于化学镀过程的 pH 值变化，常用氨水调整 pH 值，使 pH 值保持 5 左右。

化学镀具有以下优点。

（1）可处理的基体材料广泛。除金属材料外，通过敏化、活化等前处理，化学镀可在非金属材料如塑料、尼龙、玻璃、陶瓷以及半导体材料表面上镀覆，而电镀法只能在导体表面上施镀，所以化学镀工艺是非金属表面金属化的常用方法，也是非导体材料电镀前做导电底层的方法。

（2）化学镀层厚度均匀。化学镀液的分散率接近 100%，无明显的边缘效应。

几乎是基材(工件)形状的复制,因此特别适合形状复杂的工件、腔体件、深孔件、管件内壁等表面施镀,而电镀法因受电力线分布不均匀的限制很难做到。由于化学镀层厚度均匀又易于控制,表面光洁平整,一般均不需要镀后加工,适宜作为加工件超差的修复及选择性施镀。

(3) 工艺设备简单。不需要电源、输电系统及辅助设施,操作时只需把工件正确悬挂在镀液中即可。

(4) 化学镀镍磷合金具有高硬度、耐磨以及耐腐蚀性,镀层有光亮或半光亮的外观,晶粒细、致密、孔隙率低,某些化学镀层还具有特殊的物理和化学性能。镀层与基体的结合力高不易脱落。虽然化学镀具有很多优点,但化学镀溶液的成本比电镀高,稳定性差,不易维护、调整和再生,且可沉积的金属及合金品种远少于电镀。

2) 镀锌技术

表面镀锌作为一种钢铁制品表面处理的最常用方式之一,自它诞生之日起就一直被广泛地应用于各行各业之中。在实际应用中,镀锌的主要方式一般可分为电镀锌(冷镀锌)、热浸镀锌(热镀锌)、机械镀锌以及近期被广泛应用的一种被认为可以替代传统镀锌方式的新防腐涂层——达克罗。

(1) 电镀锌也就是冷镀锌,是将工件置于电解液中以电流通过镀液,使电镀金属析出并沉积在工件上形成镀层。其镀层较薄,一般为 $4 \sim 12\mu m$,远小于热镀锌后产生的镀层厚度,且由于其属于电镀工艺,容易产生氢脆现象。尤其是对高强度产品,因为材料强度越高,其氢脆敏感性就越大,也就越容易产生氢脆现象,从而大大影响产品质量。因此,电镀锌在实际应用中所占的比例越来越小。

(2) 热浸镀锌是目前国内应用最多的一种镀锌方式,它能使工件获得较厚的镀锌层,一般锌层平均厚度可达到 $50\mu m$ 以上,并且具有镀层均匀、附着力强、使用寿命长等优点。其传统工艺流程主要是先去除工件表面油污,再将工件酸洗除锈,水洗后放入溶剂中清洗(溶剂有氯化铵、氯化锌或是氯化铵和氯化锌的混合液等),然后将工件放入镀锌槽中镀锌,最后甩干整修后完成。在热镀锌过程中,由于一般国内热镀锌厂普遍采用浓硫酸、浓盐酸等强腐蚀性溶液作为酸洗溶剂,使得管道、设备在经过热镀锌后,也会发生氢脆现象,个别还会有管道表面被过度腐蚀、形成表面缺陷。另外,由于加工工艺以及几何形状的影响,有时会产生锌料勃结的现象。如螺栓热镀锌时,螺栓的螺纹处常会产生锌料锌结的情况,影响螺栓的正常使用。针对以上情况,也相应地产生了一些新的工艺。另外,在传统热镀锌工艺的基础上,还发展出了吊镀(挂镀)等新工艺。采用吊镀工艺能使镀层厚度达到 $10\mu m$ 以上,并具有更强的附着力。

(3) 机械镀锌是通过镀层金属的微粒来冲击被镀表面,并将涂层冷焊到产品的表面上。这种方法从根本上消除了氢脆的威胁,且环保污染小。这种方法源于欧美国家,但目前在国内尚未形成大型化加工,应用范围小,普及率不高。其工艺尚未完全成熟,有待进一步的发展。

(4)达克罗是 DACROMET 译音和缩写,是一种被寄予厚望的表面防腐镀层。它的出现对传统镀锌技术形成了强烈的冲击,被认为是将替代传统镀锌技术的防腐技术。它所形成的是锌铬涂层,是将锌粉、铝粉、铬酸为基料制成的一种无机水溶性涂料直接浸涂在处理后的工件表面,经烘干、烧结,最后形成一层无机膜层的表面处理技术。可以避免氢脆现象的发生,其产生的锌铬涂层,耐腐蚀性比普通镀锌高出 5 ~ 7 倍。而其关键性技术就是达克罗溶液的配方,这直接决定了最后成品的质量。而正是由于这一点,达克罗的价格相对热镀锌而言要贵上许多,这使得达克罗和热镀锌在市场竞争中在价格上处于劣势。且在实际应用中,达克罗产品的一大缺陷就是形成的锌铬涂层的厚度一般都很薄(仅为 6 ~ 8μm),且在运输、使用过程中极易受到破坏,从而不能起到应有的防腐功效,这一点也阻碍了达克罗技术的进一步推广和应用。

4. 管道外防腐层保护技术

目前管道外壁的腐蚀防护一般采用双重措施,即防腐层保护与阴极保护,防腐层的功能是通过防腐层把管道的外表面与腐蚀环境隔离,达到控制腐蚀的目的,同时减少所需的阴极保护电流,改善电流分布。以下介绍几种常用的防腐层材料[6]。

1)石油沥青

石油沥青防腐涂层始用于 20 世纪 50 年代,我国通常采用防腐沥青和 10 号建筑沥青作石油沥青防腐层,适用温度为 - 20 ~ 800℃,抗水、抗盐、抗碱性好。原料足,价格低,易修补。但是石油沥青抗溶剂性能差,耐温性差,机械强度低,施工条件差,易受植物根茎破坏,不耐紫外线,可以用于非石方区域,使用寿命一般在 10 ~ 20 年。

2)煤焦油瓷漆

煤焦油瓷漆是高温煤焦油分馏得到的重质馏分和煤沥青,添加煤粉和填料,经加热熬制所得的制品。使用条件和石油沥青相似,但其防腐性能比石油沥青好,具有抗生性、抗水性和优异的防腐性能。但是在较低温度环境下的冷脆却限制了它的使用范围,而且它抗外界机械力破坏强度不高,石方山区不宜使用。

煤焦油瓷漆防腐层主要材料包括合成底漆、煤焦油瓷漆、内缠带及外缠带。合成底漆的成膜物为氯化橡胶,其作用是黏结瓷漆和金属表面;内缠带是玻璃纤维毡,其作用是增加防腐层本体的机械强度;外缠带是用煤焦油瓷漆充分浸渍的厚型玻璃纤维毡,其作用是增强防腐层外表的机械强度。

3)环氧煤沥青涂层

为环氧煤沥青防腐层采用溶剂型环氧煤沥青涂料,由于溶剂型涂料施工需要多道涂装,每次涂的厚度较小,以便于溶剂充分挥发和每道漆充分干燥,使得防腐层的施工麻烦、周期过长、人为和环境影响因素较大。所以,施工实际中,往往采用玻璃布防腐层结构一次涂敷成型的方法,以缩短防腐层施工周期,这样形成的防腐层质量较差。现在,无溶剂、厚膜型和快速固化产品已经出现,使得环氧煤沥青防腐层的涂装只需涂1~3道,淘汰了玻璃布的使用,提高并保证了防腐层的防腐性能。

4) 厚浆型改性环氧涂料

厚浆型改性环氧涂料可以厚膜型施工,一次施工干膜厚度为 $300~500\mu m$。与环氧煤沥青相比,该类涂料不含沥青类致癌物,浅色,施工易于控制施工质量,便于维修检查,厚膜型施工两道即可达到规定的干膜厚度。漆膜的交联度和致密性也较环氧煤沥青有较大的提高,通过加入铝粉或玻璃鳞片等片状防锈颜料,大大加强了涂膜的耐腐蚀性能。

5) 无溶剂酚醛环氧涂料

无溶剂酚醛环氧涂料是高耐久性、耐化学品、耐热性优良的涂料。长输管线外防腐主要使用的是熔结型环氧和三层聚乙烯涂层,使用温度范围在 $100~120℃$,很多管线在加工操作时温度都超过了 $100℃$,某些工况下达到 $160℃$,由于无溶剂酚醛环氧涂料耐高温性能优异,耐温可达 $180℃$。对于操作温度高于 $100℃$ 低于 $180℃$ 的管道来说,无溶剂酚醛环氧涂料是最好的选择,且其施工方式既可用传统的喷涂方式,也可用机械行走的喷涂机。

6) 熔结环氧粉末(FBE)

熔结环氧粉末防腐层硬而薄,可以减少运输搬运以及安装时的损伤,与钢管的附着力强,使用温度范围在 $-40~100℃$ 内,对阴极保护电流无屏蔽。适用于温差较大的地段,特别是耐土壤应力和阴极剥离性能最好。

熔结型环氧粉末涂层力学性能好,耐磨损,但是不耐尖锐的碰撞,易受外来损伤。它的成功应用,关键在于涂装厂内的加工和现场施工,要加强吊装、运输和安装等施工环节的管理,切实有效地保护涂层不受破坏。从施工经验上来看,在平原地带采用熔结环氧粉末涂层是比较好的选择。如果在管道施工中容易造成涂层损伤,如山区、石方地段等,应优先考虑熔结环氧粉末涂层,其力学性能好,耐划伤能力强。

7) 聚乙烯防腐层

聚乙烯防腐层可以分为两层结构聚乙烯防腐层(底胶 + 聚乙烯)、三层结构聚乙烯防腐层(熔结环氧粉末或环氧涂料 + 胶黏剂 + 聚乙烯)。两层结构聚乙烯防腐层力学性能高,防腐蚀性能好,但是如果底胶黏结性不好,剥离的聚乙烯就会对阴极保护产生屏蔽作用。三层聚乙烯集中了熔结型环氧粉末和聚乙烯的优点,使其可以适用于各种腐蚀性强、多石方区等恶劣土壤环境,但仍然存在保护电流被屏蔽的潜在风险。

8) 硬质聚氨酯泡沫塑料防腐保温层

硬质聚氨酯泡沫塑料(poly urethane foam,PUF)保温层,外包聚乙烯夹克的复合管保护层,具有热导率低以及抗冲击强度、电绝缘性好等优点。厚实连续的夹克具有极好的物理和化学性能,可适应各种恶劣的环境条件。其只能在工厂预制,防腐质量基本不受人为影响,其缺点在于夹克和钢管间热膨胀系数差异较大,当管内介质温度波动时造成两者相对错动,严重时发生夹克破损。一旦保温层破损加上补口开裂而进水后,埋地管道就会严重腐蚀。

9)塑料胶黏带防腐层

管道塑料胶黏带包括聚乙烯和聚丙烯两类,两者的差异主要是聚丙烯背材的软化点更高、硬度更大,更适合在较高运行温度的管道中使用,但两者的使用温度仍主要取决于胶黏剂的耐温性能。聚乙烯胶黏带防腐层较软、较薄,抗损伤能力低,和钢管的粘接强度低,防腐层黏结力在高温或低温时都可能降低。因此,聚乙烯胶黏带的使用温度需要较为严格的限制,同时应注意阴极剥离对防腐层的危害,并注意防范应力腐蚀开裂的风险。

5. 管道内防腐层保护技术

管道内防腐层主要有两个作用:一是防止输送介质对管道内壁的接触,避免介质中混杂着的腐蚀物质对管道内壁造成严重的腐蚀;二是通过内防腐层隔离管道内壁的物质或腐蚀产物污染输送介质,保证输送介质的纯净性[6]。

1)内减阻涂料

在管道内壁涂覆涂层不仅能避免输送介质时对管道的腐蚀,还可以降低管道内壁表面粗糙度,降低摩阻、提高管道寿命、减少能耗、节约成本。内减阻涂料应该具有以下特性。

(1)涂层要有良好的光泽。涂层表面光滑平整,涂层表面平均粗糙度小于$10\mu m$,表面越光滑才能具有优异的减阻效果。

(2)涂层的表面张力越低,与气体分子之间的作用力越小,可以增强减阻效果。

(3)良好的附着力可以保证管道现场施工过程中和运行清管过程中不剥离脱落。

(4)较好的耐磨性和硬度可以保证涂层能够在施工和清管过程中承受所遇到的磨损。

(5)良好的耐压性能够承受气体压力的反复变化,避免管道在运行过程中出现涂层鼓泡的现象。

(6)良好的柔韧性可以避免管道在储运、弯管敷设的过程中出现裂纹,保证良好的减阻效果。

此外,易涂装、耐热性也是内减阻涂料应该具有的特点。

目前适用于管道内减阻的材料品种主要有环氧粉末涂料、液体环氧涂料、环氧煤焦油涂料。

环氧粉末涂料与管道外喷涂的环氧粉末基本一致,它以环氧树脂为基料,加入适量的固化剂、颜料、填料及添加剂,经混合、熔融挤出、冷却、粉碎、筛分等工序制成。随着技术发展,人们对现有的环氧粉末进行了各种改进。例如,以环氧树脂为主要基料,以玻璃鳞片为骨料,添加各种功能添加剂混配成涂料,进一步提高涂料的黏结性、力学性能、化学稳定性、电绝缘性和抗老化性;利用铁钛粉作为防锈颜料,将其与固化剂、环氧树脂等原料按照一定配比混合制备纳米复合涂料。与传统环氧涂料相比,经过纳米颗粒改性的环氧涂料的抗腐蚀性能、附着力和抗弯曲性能大幅提升。Sherwin – Williams 公司通过将表面活性剂与环氧聚合物进行一系列聚合、缩合等反应,使活性基团进入聚合物分子链中形成新物质,将该物质与改性的固化剂高速分散混合制备出新型双酚 A 型固体防腐涂料,该涂料不必再添加溶剂和稀释剂,无 VOC 释放、固化时间短、耐水等优点,方便贮存、易于施工。

双组分液体环氧涂料以环氧树脂为主要成膜物质,具有极强的附着力、优异的耐磨耐腐蚀性能。环氧树脂中的苯环和固化后涂膜较高的交联密度,使涂层坚硬、柔韧、防渗透性强、耐水、耐溶剂。主链中醚键具有较高的化学稳定性,使涂膜的抗酸碱性能优良,耐化学性好。环氧树脂涂层固化时体积收缩小,热膨胀系数小,抗温度和应力作用强,适合于高压输气管道,能承受压力变化。美国石油学会(API)一般推荐采用胺固化和聚酰胺固化环氧树脂涂料,尤其优先推荐使用聚酰胺环氧涂料。适合于长输天然气管道内涂层的涂料具备耐压性、良好粘接性和柔韧性、耐磨性和硬度、化学稳定性和耐热性,涂层光滑,并且要有一定的抗腐蚀性能,易于涂装[6]。

环氧煤焦油涂料是由环氧树脂、煤焦油、固化剂及助剂组成的热固性共混物。在煤焦油中加入环氧树脂、固化剂和助剂后,环氧树脂与固化剂发生交联反应,形成交联的网状结构,提高了煤焦油的耐热性、黏结力、抗拉强度和抗压强度。环氧树脂中的环氧基可与煤焦油中含活泼氢原子的羟基、氨基、亚氨基发生交联反应,加大煤焦油的分子量,加长煤焦油的分子链,从而形成固化的环氧煤焦油,所以环氧煤焦油表现出较好的性能,如热稳定性好、耐化学腐蚀性好。

2)饮水舱涂料

对于饮用水的输水管道内壁涂层,除了要求防腐保护和减阻外,还须符合饮用水的规范要求,国家卫生部于 2001 年发布了《生活饮用水水质卫生规范》,对于饮用水管的内壁用涂料,必须取得经过省、自治区、直辖市卫生厅局和中国预防医学科学院根据《生活饮用水输配水设备及防护材料卫生安全评价规范》的检验证书。为加强涉及饮用水卫生安全产品的监督管理,规范涉水产品的分类和产品范围,2007 年卫生部印发《涉及饮用水卫生安全产品分类目录》的通知,在产品分类目录中分为输配水设备、防护材料、水处理材料、化学处理剂、水质处理器、与饮用水接触的新材料和新化学物质部分,其中防护材料主体内容是环氧树脂涂料。

6. 电化学保护技术

阴极保护是在地下管道上通以阴极电流,使金属表面阴极极化,地下管道不再失去电子,达到防止地下管道腐蚀的效果。阴极保护又分为牺牲阳极保护和外加电流阴极保护。由于阴极保护不需要形成钝化表面,只需要介质导电就可实现,因此在地下管道的实际运行中主要采取阴极保护。当有杂散电流存在时,通过排流保护可以实现对管道的阴极极化,这时杂散电流就成了阴极保护的电流源。

9.2.2 埋地管道防腐涂料体系设计

使用防腐蚀涂料体系进行防护的埋地管道主要有钢质管道及混凝土管道。两者由于其材质的特性差异,所选用的防腐蚀涂料体系也有差异。同时由于管道内外壁面临的腐蚀介质的差异性,管道防腐涂料体系设计又分为管道外防腐涂料体系设计及管道内防腐涂料体系设计。下面按照埋地管道材质的分类,对典型的埋地管道内、外壁防腐涂料体系进行介绍[6-8]。

1. 钢质管道防腐涂料体系设计

钢质管道外表面常采用的几种防腐蚀涂料主要为煤焦油瓷漆、环氧煤沥青涂料、厚浆型环氧涂料,钢质管道内表面视输送介质,常采用液态环氧涂料。

1) 煤焦油瓷漆

根据不同的防腐等级,防腐层结构见表 9 - 1。防腐层结构中,第一层瓷漆的作用最大,一般要求厚度需达到 1.5mm 以上,其后的缠带和瓷漆层起加厚的作用,可以增强防腐能力和机械强度。

表 9 - 1 煤焦油瓷漆防腐层结构

防腐层等级		普通级	加强级	特强级
防腐层总厚度/mm		≥2.4	≥3.2	≥4.0
防腐层结构	1	底漆一层	底漆一层	底漆一层
	2	瓷漆一层 (厚度(2.4±0.8)mm)	瓷漆一层 (厚度(2.4±0.8)mm)	瓷漆一层 (厚度(2.4±0.8)mm)
	3	外缠带一层	内缠带一层	内缠带一层
	4	—	瓷漆一层 (厚度≥0.8mm)	瓷漆一层 (厚度≥0.8mm)
	5	—	外缠带一层	内缠带一层
	6	—	—	瓷漆一层 (厚度≥0.8mm)
	7	—	—	外缠带一层

　　煤焦油瓷漆防腐层的主要材料包括合成底漆、煤焦油瓷漆、内缠带及外缠带。合成底漆的成膜物为氯化橡胶,其作用是黏结瓷漆和金属表面;内缠带是玻璃纤维毡,其作用是增强防腐层本体的机械强度;外缠带是用煤焦油瓷漆充分浸渍的厚型玻璃纤维毡,其作用是增强防腐层外表的机械强度。其性能标准应该满足《埋地钢质管道煤焦油瓷漆外防腐层技术规范》(SY/T 0379—2013)。

　　合成底漆的技术指标见表9－2,煤焦油瓷漆的技术指标见表9－3,瓷漆和底漆组合的技术指标见表9－4。

表9－2　合成底漆技术指标

项目		技术指标	测试方法
流出时间(4号杯,23℃)/s		35~60	GB/T 6753.4
闪点(闭口)/℃		≥23	GB/T 6753.5
挥发物(105~110℃)/%		≤75	GB/T 1725
干燥时间(23℃)	表干/min	≤10	GB/T 1728
	实干/h	≤1	

表9－3　煤焦油瓷漆的技术指标

项目	技术指标			测试方法
	A	B	C	
软化点(环球法)/℃	104~116	104~116	120~130	GB/T 4507
针入度(25℃,100g,5s)/(10⁻¹mm)	10~20	5~10	1~9	—
针入度(46℃,50g,5s)/(10⁻¹mm)	15~55	12~30	3~16	—
灰分(质量)/%	25~35	25~35	25~35	—
相对密度(天平法,25℃)	1.4~1.6	1.4~1.6	1.4~1.6	GB/T 4472

表9－4　煤焦油瓷漆和底漆的组合技术指标

项目		技术指标			测试方法
		A	B	C	
流淌/mm	71℃,90°,24h	≤1.6	≤1.6	—	—
	80℃,90°,24h	—	—	≤1.5	
剥离试验		无剥离	无剥离	—	SY/T 0379
低温开裂试验	−29℃	合格	—	—	
	−23℃	—	合格	—	
	−20℃	—	—	合格	
冲击试验(25℃,剥离面积)/(10⁴mm²)		≤0.65	≤1.03	—	SY/T 0379

内缠带表面应均匀,有平行等距的、沿纵向排布的玻璃纤维加强筋,无孔洞、裂纹、纤维浮起、边缘破损及其他污物(油脂、泥土等)。在正常涂敷条件下,内缠带的空隙结构应能够使煤焦油瓷漆完全将其渗透。外缠带表面应均匀,玻璃纤维加强筋和玻璃毡结合良好,无孔洞、裂纹、边缘破损、浸渍不良及其他污物(油脂、泥土等),均匀撒布有矿物微粒。在0~38℃打开带卷时,层间应能够分开,不会因粘连而撕坏。在涂敷时,外缠带的孔隙结构应能够使煤焦油瓷漆良好渗入其中[7]。

2) 环氧煤沥青涂料

环氧煤沥青是一种传统的管道防腐材料,我国行业标准《埋地钢质管道环氧煤沥青防腐层技术标准》(SY/T 0447—2014)规定的环氧煤沥青防腐层采用溶剂型环氧煤沥青涂料,由于溶剂型涂料施工需要多道涂装,每次涂的厚度较小,以便于溶剂充分挥发和每道漆膜充分干燥,但会导致防腐层的施工周期过长。

现在,无溶剂、厚膜型和快速固化产品已经出现,使得环氧煤沥青防腐层的涂装只需涂1~3道,淘汰了玻璃布的使用,提高并保证了防腐层的防腐性能。溶剂型环氧煤沥青防腐等级及结构见表9-5,无溶剂型环氧煤沥青防腐等级及结构见表9-6[9]。

表9-5 溶剂型环氧煤沥青防腐等级及结构

等级		结构	总厚度/mm
普通级		1层底漆+3层面漆	≥0.3
加强级	A	1层底漆+2层面漆+1层玻璃布+2层面漆	≥0.4
	B	1层底漆+1层面漆+1层浸渍面漆的玻璃布+1层面漆	
特加强级	A	1层底漆+2层面漆+1层玻璃布+1层面漆+1层玻璃布+2层面漆	≥0.6
	B	1层底漆+1层面漆+1层浸渍面漆的玻璃布+1层浸渍漆的玻璃布+1层面漆	

注:A和B代表两种作业方式,A法适用于手工刷涂和缠绕玻璃布;B法适用于机械缠绕作业,玻璃布浸渍面漆后再缠绕到管子上。

表9-6 无溶剂型环氧煤沥青防腐等级及结构

等级	结构	干膜厚度/mm
普通级	1道底面合一涂层	≥0.35
加强级	1道底面合一涂层	≥0.5
特加强级	1道底面合一涂层	≥0.6

溶剂型环氧煤沥青防腐层材料包括底漆、面漆和玻璃布。涂料的技术指标我国行业标准SY/T 0447—2014有明确的要求,见表9-7。

表9-7　溶剂型环氧煤沥青涂料技术指标

项目		技术指标		试验方法
		底漆	面漆	
黏度/s （涂4-杯，(25±1)℃）	常温型	60~100	80~150	GB/T 1723
	低温型	40~80	50~120	
细度/μm		≤80	≤80	GB/T 1724
固体含量/%	常温型	≥70	≥40	GB/T 1725
	低温型	≥70	≥75	
干燥时间/h	常温型	≤1	≤4(表干)	GB/T 1728
	低温型	≤1/2	≤3(实干)	
	常温型	≤6	≤16(表干)	
	低温型	≤3	≤8(实干)	
颜色及外观		红棕色、无光	黑色、有光	目测
附着力/级		1	1	GB/T 1720
柔韧性/mm		≤2	≤2	GB/T 1731
耐冲击/cm		≥50	≥50	GB/T 1732
硬度		0.4	0.4	GB/T 1730
耐化学介质 （无针孔漆膜试件， 室温，3天）	10% H_2SO_4	漆膜完整、不脱落		—
	10% NaOH	漆膜无变化		
	3% NaCl	漆膜无变化		

环氧煤沥青防腐层加厚用玻璃布宜采用经纬密度为(10×10)/cm^2、厚度为 0.10~0.12mm、中碱或低碱(含碱量不超过12%)，无捻、平纹、两边封边、带芯轴 的玻璃布卷。

无溶剂型环氧煤沥青防腐涂料我国现行没有统一的国家标准与行业标准，在 此引用国内领先的无溶剂环氧煤焦沥青重防腐蚀涂料的性能指标作为参考。具体 技术指标见表9-8。

表9-8　无溶剂环氧煤焦沥青涂料技术指标

项目	技术指标	试验方法
外观	表面应平整、光滑	目测
	无气泡、无划痕	
干燥时间/h	≤4(表干)	GB/T 1728
	≤24(实干)	
不挥发物质量分数/%	≥95	GB/T 1725

项目		技术指标	试验方法
流挂性/μm		≥400	GB/T 9264
附着力/MPa		≥5	GB/T 5210
硬度(3H 铅笔)		表面无划痕	GB/T 6739
耐磨性(750g/1000r/min)/g		≤0.1	GB/T 1768
耐冲击性/(kg·cm)		≥20	GB/T 1732
弯曲试验/mm		≤10	GB/T 1731
抗氯离子渗透性/(mg/(cm^2·d))		≤5×10^{-3}	JTJ 275
耐化学稳定性 (常温 90 天)	10% H$_2$SO$_4$	防腐层完整,无起泡、无脱落	GB/T 9274
	10% NaOH		
	3% NaCl		
耐盐雾性(400h)		1 级	GB/T 1771

3) 厚浆型环氧涂料

厚浆型环氧涂料可以厚膜化施工,一次施工干膜厚度达 400~500μm。与环氧煤沥青涂料相比,不含沥青类致癌物,颜色浅,易于控制施工质量,便于维修检查,厚膜化施工,在 1~2 道即可达到规定的干膜厚度。加入铝粉或者玻璃鳞片,加强了涂层的耐腐蚀性能。厚浆型环氧涂料的防腐层等级与结构见表 9-9。

表 9-9　厚浆型环氧涂料的防腐层等级及结构

等级	结构	干膜厚度/mm
普通级	厚浆型环氧涂料 + 厚浆型环氧涂料	≥0.3
加强级	厚浆型环氧涂料 + 厚浆型环氧涂料	≥0.4
特加强级	厚浆型环氧涂料 + 厚浆型环氧涂料	≥0.6

由于我国行业标准 SY/T 0447—2014 并未规定厚浆型环氧涂料的技术指标,现参照国内领先的涂料生产厂家标准,其涂料技术指标见表 9-10[7]。

表 9-10　厚浆型环氧涂料技术指标

项目	技术指标	试验方法
外观	表面应平整、光滑 无气泡、无划痕	目测
干燥时间/h	≤2(表干) ≤24(实干)	GB/T 1728

续表

项目	技术指标	试验方法
不挥发物质量分数/%	≥85	GB/T 1725
附着力/MPa	≥8	GB/T 5210
硬度(3H 铅笔)	表面无划痕	GB/T 6739
耐磨性(1000g/1000r/min)/g	≤0.1	GB/T 1768
抗氯离子渗透性/(mg/(cm² · d))	≤5×10⁻³	JTJ 275
耐化学稳定性 (常温 180 天) 25% H₂SO₄ 25% NaOH 3% NaCl	防腐层完整、无起泡、无脱落	GB/T 9274
耐盐雾性(4000h)	1 级	GB/T 1771

4）液体环氧涂料

液体环氧涂料是钢质管道内防腐最常用的防护材料,可延长钢质管道的寿命,减少二次污染,同时也可降低管道内壁在输送物料过程中的阻力,适用于输送介质温度不高于80℃的原油、成品油、天然气、水等。液体环氧涂料内防腐层的等级及厚度根据管道工程要求、腐蚀环境和材料性能等因素确定,并应符合表 9 – 11 的规定。

表 9 – 11　管道内防腐层的等级及结构

等级	结构	干膜厚度/mm
普通级	液体环氧涂料	≥0.2
加强级	液体环氧涂料	≥0.3
特加强级	液体环氧涂料 + 液体环氧涂料	≥0.45

液体环氧涂料包括溶剂型和无溶剂型,液体环氧涂料的性能指标应符合《钢质管道液体环氧涂料内防腐层技术标准》(SY/T 0457—2019)的规定,现在市场上推出的厚膜型涂料,由于使用了触变剂、增稠剂等,涂 – 4 杯的测试方法已不能满足其要求,而大多采用旋转黏度计和斯托默黏度计等,故未将黏度列入技术指标中,其技术指标见表 9 – 12。液体环氧防腐层技术指标见表 9 – 13。

表 9 – 12　液体环氧涂料技术指标

项目	技术指标				试验方法
	底漆		面漆		
	溶剂型	无溶剂型	溶剂型	无溶剂型	
细度/μm	≤100	≤100	≤100	≤100	GB/T 1724
干燥时间/h	≤4(表干) ≤24(实干)	≤4(表干) ≤16(实干)	≤4(表干) ≤24(实干)	≤4(表干) ≤16(实干)	GB/T 1728

项目	技术指标				试验方法
	底漆		面漆		
	溶剂型	无溶剂型	溶剂型	无溶剂型	
固体含量/%	≥80	—	≥80	—	GB/T 1725
	—	≥98	—	≥98	
耐磨性 (1000g/1000r,CS17 轮)/mg	—	—	≤120	≤120	GB/T 1768

注:对无溶剂环氧涂料,可采用底面合一型涂料。

表 9 – 13　液体环氧防腐层技术指标

项目[①]	技术指标	试验方法
外观	表面应平整、光滑 无气泡、无划痕	目测
硬度(2H 铅笔)	表面无划痕	GB/T 6739
耐化学稳定性 (常温90天, 圆棒试件) 10% H_2SO_4	防腐层完整、无起泡、无脱落	GB/T 9274
10% NaOH		
3% NaCl		
耐盐雾性(500h)	1 级	GB/T 1771
耐油田污水(80℃,1000h)	防腐层完整、无起泡、无脱落	GB/T 1733
耐原油[②](80℃,30 天)	防腐层完整、无起泡、无脱落	GB/T 9274
附着力/MPa	≥8	GB/T 5210
耐弯曲(1.5°,25℃)	涂层无裂纹	SY/T 0442
耐冲击(25℃)/J	≥6	SY/T 0442

①耐化学稳定性、耐盐雾性、耐油田污水和耐原油试验试件采用复合涂层,涂层干膜厚度(200±50)μm。
②仅适用于输送原油介质的内防腐层。

在此特别强调,对于输水管道内壁涂层除满足以上性能指标外,还须满足饮用水的规范要求,详细请见本书9.2.1小节埋地管道的防腐蚀对策中第5点管道内防腐层保护技术中的饮水舱涂料。

2. 混凝土管道防腐涂料体系设计

常用埋地混凝土管道主要包括钢筋混凝土管道及预应力混凝土管道,管道内外表面由混凝土包裹,管道内部均含有钢筋,钢筋与混凝土紧密结合,一旦一方出现问题,均会对管道结构造成破坏,影响管道的使用。埋地混凝土管道主要用于排水或输水工程,管线距离长、工程量大,防腐蚀涂料使用量大,参照《预应力钢筒混凝土管防腐蚀技术》(GB/T 35490—2017),对管道的内、外壁防腐蚀涂料体系及涂料性能指标进行介绍,如表9-14、表9-15所列。

表9-14　埋地混凝土管道外防腐涂料体系设计

防腐涂料种类	面层颜色	干膜厚度/mm	涂层道数/道
无溶剂环氧煤沥青防腐涂料	黑色	0.6~0.9	1~2

注:1. 除表列的防腐涂料外,还可采用其他替代防腐涂料和涂装工艺,其性能应达到或超过本要求。

　　2. 在强腐蚀的土壤环境中,无溶剂环氧煤沥青防腐涂料的干膜厚度应选择900μm。

依据水腐蚀环境对输送的淡水、海水和污水介质的PCCP内壁混凝土进行防腐设计。管道内壁混凝土防腐涂料的种类、涂层额定干膜厚度、涂层道数见表9-15。

表9-15　埋地混凝土管道内壁防腐涂料体系设计

使用环氧	防腐涂料种类	面层颜色	干膜厚度/mm	涂层道数/道
海水、污水和其他腐蚀性液体介质	环氧防腐涂料体系(含环氧封闭漆)	—	0.4~0.45(不包括环氧封闭漆膜厚)	3
淡水	纯环氧涂料体系(含环氧封闭漆)	浅色	0.2~0.32(不包括环氧封闭漆膜厚)	3

注:1. 饮用水管道内壁涂层应符合卫生安全要求,实际膜厚应满足防护要求。

　　2. 环氧封闭漆干膜厚不大于50μm。

对输送淡水的PCCP内壁混凝土,为降低流动阻力和减轻淡水壳菜的附着(主要发生在我国南方地区),根据各地区的实际情况,可在管道内壁采用符合饮用水卫生标准要求的纯环氧涂料体系。

混凝土管道外防腐的无溶剂环氧煤沥青防腐涂料最低要求技术指标见表9-16,内防腐的纯环氧涂料最低要求技术指标见表9-17。

表9-16　无溶剂环氧煤沥青防腐涂料最低要求技术指标

项目	技术指标	试验方法
VOC(混合后)/(g/L)	≤100	GB/T 23985或GB/T 23986
附着力/MPa	≥1.5或破坏在混凝土砂浆层内	GB/T 35490中附录A
耐盐水性(5% NaCl,(23±2)℃,3000h)	不起泡、不龟裂、不剥落	GB/T 9274—1988中甲法
耐酸性(10% H_2SO_4,(23±2)℃,30天)	不起泡、不龟裂、不剥落	GB/T 9274—1988中甲法
抗氯离子渗透性(600μm)/(mg/(cm²·d))	≤1.0×10⁻³	GB/T 35490—2017中附录B

表 9 – 17　纯环氧涂料最低要求技术指标

项目	技术指标		试验方法
	海水和污水	饮用水	
卫生要求	—	符合	GB 5369
VOC(混合后)/(g/L)	≤250		GB/T 23985 或 GB/T 23986
附着力/MPa	≥1.5 或破坏在混凝土砂浆层内		GB/T 35490—2017 中附录 A
耐盐水性 (5%NaCl,(23±2)℃,3000h)	不起泡、不龟裂、不剥落	—	GB/T 9274—1988 中甲法
耐酸性 (10%H₂SO₄,(23±2)℃,30 天)	不起泡、不龟裂、不剥落	—	GB/T 9274—1988 中甲法
抗氯离子渗透性① /(mg/(cm²·d))(600μm)	≤1.0×10⁻³		GB/T 35490—2017 中附录 B

①不包括环氧封闭漆。

9.3　埋地管道工程防腐蚀涂料涂装

9.3.1　埋地钢质管道防腐蚀涂料涂装

1. 煤焦油瓷漆涂装及质量检查

煤焦油瓷漆外防腐管的制作应在车间内专用机械化防腐作业线上进行,其中除锈、底漆涂敷、淋涂缠绕和出管前检查工序是质量监测的重要节点[9]。

1)煤焦油瓷漆的涂装

(1)钢管表面处理。

如果钢管表面有少量油渍,应采用二甲苯或其他适当的溶剂将其擦拭干净;如果有大量油及油脂沾污,或者涂有石油沥青底漆,需要采用火焰进行燃烧处理,使油污或底漆完全燃烧或炭化。

应采用钢丸、钢砂等磨料进行除锈。除锈后,用手砂轮进行必要的打磨,将各种飞溅物、飞边毛刺等清除干净。钢管表面处理质量应不低于 Sa 2 级,金属表面粗糙度约 50μm 为宜;焊缝表面光滑、无焊瘤、无棱角;应将钢管外表面的灰尘清除干净。

(2)涂底漆。

采用高压无气喷涂机进行底漆的涂装。底漆表干(1h)后进入传动线,送往瓷漆淋涂工序。底漆漆膜应均匀连续,无漏涂、流挂等缺陷,漆膜厚度约 50μm 为宜。

此外,应注意以下两点:新开桶的底漆要充分搅拌,将桶底沉淀完全搅拌起来,混合均匀后才能进行喷涂。涂完底漆后的钢管要进行充分干燥。在环境气温条件下一般需要干燥 45min 以上,使底漆的溶剂充分挥发,达到表干。在底漆表干后应尽快涂装瓷漆,涂装瓷漆的时间间隔最长不得超过 5 天。

（3）瓷漆淋涂及内外缠带缠绕。

瓷漆通常装在 220L 以下的金属容器内,应采用专用破碎设备将瓷漆破碎成重 2kg 以内的小块,严禁混入泥土、砂石、包装桶皮等杂物,严禁不同型号的瓷漆掺和使用。将破碎后的瓷漆加入熔化釜中,盖严釜盖。除烟道外,使熔化釜处于密闭状态。采用直接加热或导热油间接加热的方式缓慢加热熔化釜、熔化瓷漆。在瓷漆开始熔化后,开动搅拌,直至瓷漆温度达到规定要求。将熔化后的瓷漆泵入导热油加热的保温釜中,调节瓷漆温度使之达到适合淋涂的温度,再经过过滤器,泵到淋涂槽。

把瓷漆破碎成小块、搅拌都是为了使瓷漆温度均匀,不产生局部过热、结焦。密闭熔化可以防止瓷漆中轻组分的挥发,避免瓷漆变脆。将瓷漆均匀地淋涂到螺旋的钢管外壁上,要求涂敷匀匀连续,随即螺旋缠绕内缠带,按瓷漆一层、缠带一层,如此作业,直至瓷漆淋涂的层数和内缠带缠绕层数达到设计的防腐层结构规定,最后一层瓷漆淋涂后立即缠绕外缠带。对普通级防腐层,只涂一层瓷漆并缠绕外缠带。

根据钢管的送进速度、防腐层结构与厚度确定瓷漆的流量,保证瓷漆流量恒定,流出稳定。要求内缠带缠绕紧密、无褶皱,压边 15～25mm,接头搭接 100～150mm,带子嵌入瓷漆层中 1/3;外缠带缠绕的要求和内缠带相同,但只要求瓷漆浸润外缠带,不得嵌入瓷漆中。

生产中应注意监测瓷漆的温度,并做好温度记录,掌握好以下几种情况和处理方法:①如果淋涂因故暂停,要及时降低瓷漆温度,并维持搅拌,瓷漆加热及加热温度要求严格控制,防止瓷漆过度加热使性能变差;②如果釜内的瓷漆没有用完,可以和新加入的瓷漆一起熔化、使用,但新加的瓷漆必须占到该混合瓷漆的 90% 以上,尽量将熔化的瓷漆一次用完,以避免瓷漆因二次加热而性能下降;③后处理应注意冷却水的流量是否充足,防腐层通过冷却段后温度是否充分降低,是否具有稳定的形状,能够经受传动轮的辊压而不变形。

（4）其他。

煤焦油瓷漆熔化时产生的烟气具有毒害性,应注意车间的换气设施、瓷漆烟气捕集和处理设施是否工作正常和有效,防止烟气逸散对操作工人身体健康和环境产生影响。接触烟气的工人应佩戴专用口罩和护目镜。瓷漆微粒能够产生光敏反应,造成某些人体的皮肤产生过敏,必要时,作业工人应涂防护油膏。

防腐管应按照标准规定进行码放,地面上应放置软垫、沙袋和管托等,使防腐管离地面 150mm。防腐管露天堆放时应避免暴晒和严寒天气。无防晒漆的防腐管露天存放应加盖苫布,有防晒漆的防腐管露天存放 3 个月以上,也应加盖苫布。温度过低时,瓷漆防腐层的脆性增大,应在规定温度条件下进行防腐管的存放和搬运。

黑色的煤焦油瓷漆防腐层受太阳暴晒,会因大量吸热而温度升高(可达 75℃),塑性加大,在钢管重力作用下有可能产生防腐层受挤变薄、软化和黏连。因此,在日照强烈和气温偏高时,应严格执行防腐管堆放规定,避免防腐层温度升高。

2)煤焦油瓷漆的质量检查

煤焦油瓷漆防腐管检验包括生产过程检验、成品检验和产品出厂检验,检验记录应保存。

(1)生产过程检验。

应检验除湿(除油)、除锈、底漆喷涂、瓷漆淋涂、内外缠带缠绕、预留端清理和修整等整个生产过程。

钢管表面处理质量应不低于 Sa 2 级,金属表面洁净无尘,粗糙度以约 50μm 为宜。底漆漆膜应均匀连续,无漏涂、流痕等缺陷,漆膜厚度约 50μm;漆膜达到表干。在淋涂口取样检查瓷漆的针入度,测定值不得低于瓷漆原有针入度的 50%。检查瓷漆的受热过程,不得超出最高加热温度的规定。检查瓷漆淋涂、内缠带缠绕及外缠带缠绕。要求瓷漆淋涂均匀、连续,内缠带、外缠带张紧力度适中,压边 15 ~ 25mm,无皱褶,瓷漆完全浸润外缠带,并均匀地渗出。

(2)防腐管成品检验。

完成防腐层施工后,进行防腐成品管的外观、漏点、厚度和黏结力的检验。

① 外观检查。需要对防腐管逐根进行检查。防腐层表面应平整,无气泡、皱褶及凸瘤。外缠带缠绕均匀,压边 15 ~ 25mm,瓷漆完全浸润外缠带,并均匀地渗出。外缠带和瓷漆之间不得有空鼓、分层现象。防腐层端面为整齐的斜面,预留段长度符合要求。外观有大面积严重缺陷的防腐管应判为废品。

② 对防腐管逐根进行漏点检查。按照公式计算确定防腐层的检漏电压,以无漏点为合格。按 SY/T 0379—2013 规定,零星针孔允许修补,对有大面积针孔的防腐管应判为废品。

③ 厚度检查。每 20 根管道抽检 1 根(不足 20 根时也应抽检 1 根)。用无损厚度测量仪进行厚度检测,每根管道选 3 个截面,每个截面测上、下、左、右 4 点,最薄点的厚度不应小于表 9 - 1 中规定的厚度。若不合格,再抽查两根管,其中 1 根仍不合格时,应全部进行检查,不合格的防腐管应另行堆放,不得出厂。

④ 黏结力和结构检查。每班组抽查 1 根管。如果瓷漆或底漆批次改变,应对改变后的第一根防腐管进行检查。如果检测结果不合格,再抽查两根管,其中 1 根仍不合格时,应逐根进行检查,确定不合格的防腐管的范围和数量,进行返工。

检测方法:在防腐管上任选一点,使防腐层温度处于 10~27℃时,用刃宽 16~19mm、坚硬且锋利的刀具在防腐层上切出长约 100mm、间距与刀刃宽度相等的两条平行线,应完全切透防腐层。将刀刃置于两条平行线之内并与之垂直,以约 45°的角度把刀具插入瓷漆中,完全切透防腐层。小心对刀具施加均匀的推力,将约 13mm 长的防腐层剥离管体,用拇指将其压在刀具上,缓慢和平稳地向上拉起。检查因瓷漆条拉断而形成的防腐层剥离的长度,以该长度不大于切口宽度为黏结力合格,同时从防腐层完整断面观察,其结构应符合表 9-1 的规定。

如果测试结果不合格,则应在该防腐管测试点 0.9m 之外的位置,左右各选一个点再进行检测。若两次测试结果均合格,该防腐管合格;若结果有不合格,该防腐管不合格。

(3)产品的出厂检验。

防腐管需要进行外观、漏点、厚度、黏结力(及结构)的检验。

产品出厂检验项目和方法与成品检验相同,应进行防腐层的外观、厚度、漏点及黏结力试验,但漏点检验和黏结力检验应按以下方式抽检:以每 20 根防腐管为一批,每批抽查 1 根。若不合格,再抽查两根管,其中 1 根仍不合格,该批防腐管应拒收。

2. 环氧煤沥青涂料涂装及质量检查

环氧煤沥青外防腐管的制作工艺通常是单根管涂覆,不连续作业。其中除锈、底漆涂覆、面漆涂覆(以及玻璃布缠绕)和防腐层检查工序是质量监测的重要部位。

1)环氧煤沥青涂料的涂装

(1)钢管表面处理。

应采用喷(抛)丸除锈机或喷砂除锈机进行除锈。除锈后,用手砂轮进行必要的打磨,将各种飞溅物、飞边毛刺等清除干净。SY/T 0447—2014 规定钢管表面处理质量应不低于 Sa 2 级(经济级),金属表面的粗糙度以 40~60μm 为宜;焊缝表面无毛刺、无焊瘤、无棱角。保持处理后金属表面的状态,及时涂首道涂料,以免再生锈。底漆涂装时应保持钢管表面状况仍符合此要求。

(2)防腐层涂装。

常规溶剂型的涂装比较复杂,而无溶剂涂料多数能够厚涂,施工相对简单。

①溶剂型涂料的涂装。溶剂型涂料按表 9-5 规定的环氧煤沥青防腐层结构进行涂装,根据涂料生产厂的规范进行环氧煤沥青涂料的涂装。

宜采用高压无气喷涂机进行底漆的涂装。底漆应自然干燥达到表干。底漆漆膜应均匀连续,无漏涂、流痕等缺陷;底漆干膜厚度 25μm 以上。预留段不涂漆。宜采用高压无气喷涂或刷涂进行面漆涂装。但要缠绕玻璃布时,则只宜采用刷涂涂敷面漆,以使面漆能够良好浸润玻璃布;如果采用机械缠绕,则宜采用浸满面漆的玻璃布来进行缠绕涂敷。

此外,应注意以下几点。

a. 涂漆准备。新开桶的涂料要充分搅拌,将沉淀完全搅起来,然后按比例加入固化剂,搅拌混合均匀后,一般静置熟化 15 ~ 30min,熟化时间随温度的升高或下降而缩短或延长。熟化后的漆料才能用于涂敷。

b. 如果防腐层为含玻璃布结构,且焊缝高出钢管表面 2mm,应在底漆涂敷后,在焊道两侧刮腻子(腻子用面漆和滑石粉调制而成),使焊道和钢管表面形成平滑过渡的曲面,然后再进行面漆涂装。

c. 涂装间隔时间。涂完底漆的钢管要进行充分干燥。在环境气温条件下一般需要干燥 45min 以上,使底漆中的溶剂充分挥发,达到表干。底漆表干后应尽快涂装面漆,避免底漆表面沾染灰尘。

d. 对普通级防腐层,每道面漆应实干后涂装下一道面漆。对加强级、特加强级防腐层,第一道面漆、倒数第二道面漆应在实干后再涂装后一道面漆。表 9 - 5 中的面漆、玻璃布、面漆应连续涂装,也可以用浸满面漆的玻璃布代替。

e. 应避免上一道漆固化后才涂装下一道漆。

② 无溶剂涂料的涂装。无溶剂液体环氧大多不使用底漆,防腐层厚度严格按照表 9 - 6 的要求喷涂,常采用双组分高压无气喷涂成套设备进行生产线涂装和大面积涂装,防腐层能够一次成型,防腐层和钢管结合好,无针孔。

涂料喷涂时应注意涂料黏度、细度和触变性的影响。无溶剂涂料的黏度一般比溶剂型的要高,喷涂时一般需要将涂料加热(40 ~ 65℃)以降低黏度。细度过大容易堵塞滤网和喷嘴,细度以 60 ~ 80μm 为宜。触变性不足,涂料不能够厚涂,尤其是温度较高时,漆膜出现流挂。因此,正式涂装前应进行工艺试验,选择合适的涂料和工艺。

确定适当的喷涂参数。喷涂机的基本参数包括压力比、压缩空气进气压力、工作压力和喷涂流量。喷涂机的压力比通常是固定的。当双组分喷涂机的缸筒配置确定后,压力比就相应确定,喷涂比例也就确定了。长江牌喷涂机则采用比例阀控制喷涂比例(通过不同缸筒出口阀启闭时间的调节完成)。作业时,首先应保证压缩气体的洁净,避免压缩空气中的水和油影响喷涂机和气动开关正常工作,压缩空气压力应符合喷涂机进气的要求,并保持气压稳定。根据喷涂速度要求设定喷涂机工作气压和空气流量,以获得需要的喷涂流量和喷涂雾化效果,喷涂流量和雾化效果也受喷嘴口径的影响。

掌握喷涂手法。喷枪和钢管表面的距离应符合设备说明书的要求,喷枪与喷涂平面保持垂直,与走枪方向垂直。手持喷涂时,应避免一次走枪所形成的漆膜流淌,可以来回多次走枪;但应尽量减少走枪的次数,这样有利于获得表面光洁的防腐层。

（3）成品防腐管堆放。

防腐层应固化之后，才能够用吊带吊装防腐管并进行运输。

防腐管露天堆放时应避免长期曝晒。环氧煤沥青防腐管应避免受到曝晒。由于太阳长期曝晒能够造成防腐层中环氧树脂和煤沥青分子中的苯环的破坏，致使防腐层表面粉化；环氧煤沥青防腐层中的煤焦油成分短时间内就可能从防腐层中迁移出来，产生针孔。因此，需要时，露天放置应使用苫布遮盖防腐管。

防腐管应按照标准规定，使用软质垫材和管托进行码放，严格超过最大码放层数。

（4）其他。

每次涂漆完毕后应及时用溶剂清洗漆刷等施工工具。如采用喷涂，要及时用溶剂将混合器、混合料输送管路、喷枪及枪嘴洗净，防止涂料在喷涂设备内结渣、固化和堵塞，尤其是加热喷涂作业和涂料固化很快时，应严格按规定定时清洗。

施工时应保持作业场所的空气流通，厂房内作业应设置强制换气设备，注意防爆，严禁火源。涂料应另行存放在阴凉、干燥、通风处。

2）环氧煤沥青涂料的质量检查

防腐管的检验包括生产过程检验、成品检验和产品出厂检验，检验记录应予以保存。

（1）涂装过程质量检验。

应检查除锈、底漆涂覆、面漆涂覆和玻璃布缠绕等整个生产过程。

环氧煤沥青防腐钢管表面处理质量应达到 Sa 2 级，锚纹深度以 $40 \sim 50 \mu m$ 为宜。检查涂料的使用温度、配比。需要时，应检查两组分配好的涂料是否是在熟化后使用，在适用期内用完。漆膜应均匀、连续，无漏涂、流痕等缺陷。每道漆膜的厚度应符合涂装规程的规定。应检查多次涂覆的涂装时间间隔、漆膜干燥程度是否符合规程规定。防腐层为有玻璃布结构，应检查玻璃布是否被面漆浸透，压边是否均匀。防腐层应饱满、平整光亮，无气泡、空鼓和缩孔。

（2）成品质量检验。

成品质量检验应进行防腐管的外观、厚度、漏点和黏结力检查。按 SY/T 0447—2014 的要求，环氧煤沥青防腐层防腐管的成品检验如下。

① 外观检查。对防腐管逐根进行外观检查。防腐层表面应平整，呈光亮的涂膜。有玻璃布结构的防腐层其玻璃布缠绕应均匀、紧密、无皱褶，压边 15 ~ 25mm，涂料完全浸润玻璃布。预留段长度符合要求。外观有大面积严重缺陷的防腐管应判为废品。

② 针孔检查。对防腐管逐根进行检查。以无漏点为合格。普通级防腐层的检漏电压为 2000V，加强级的检漏电压为 2500V，特加强级的检漏电压为 3000V，以无漏点为合格。按 SY/T 0447—2014 的规定，对零星针孔允许修补，对有大面积针

孔的防腐管应判废。

③ 厚度检查。每20根管道抽检1根(不足20根时也应抽检1根),用无损厚度测量仪进行检测,在每根管道两端和中间任选3个截面,每个截面测上、下、左、右4点,最薄点的厚度不应小于表9-5、表9-6的规定。不合格再抽查两根管,其中1根仍不合格时,该20根防腐管为不合格。厚度不合格的防腐层可在固化前进行补涂,使防腐层厚度达到规定要求。

④ 黏结力检查。每20根管抽查1根,1根管上测一个点。如果检测结果不合格,再抽查两根管,其中1根仍不合格时,应逐根进行检查,确定不合格的防腐管的范围和数量,进行返工。

检测方法为:用锋利刀刃垂直划透防腐层,形成两道长约40mm、夹角为45°的交叉切口,用刀尖从切割线交叉点挑剥切口内的防腐层,符合下列条件之一认为防腐层黏结力合格,实干后只能在刀尖作用处被局部挑起,其他部位的防腐层仍和钢管黏结良好,不出现成片挑起或层间剥离的情况;固化后很难将防腐层挑起,挑起处的防腐层呈脆性点状断裂,不出现成片挑起或层间剥离的情况。

无溶剂环氧煤沥青防腐涂层也可采用《色漆和清漆　拉开法附着力试验》(GB/T 5210—2006)进行附着力试验,达到技术指标要求的数值即可。

(3) 出厂检验和交工检验。

出厂检验和成品质量检验相同,应检查液环氧煤沥青防腐层的外观、厚度、漏点和黏结力。其中,漏点检验和黏结力检验每20根管抽查1根,如果检测结果不合格,再抽查两根管,其中1根仍不合格时,应拒收。

在现场,可以根据业主代表和施工方商定的意见,对不合格管道防腐层进行全面检查,确定不合格的防腐管的范围与长度,进行返工处理。

3. 厚浆环氧涂料涂装及质量检查

厚浆型环氧涂料外防腐管的施工常规是采用无气喷涂工艺,施工相对简便,既可在工厂完成预制,也可在现场简易的喷涂房内进行。其中除锈、涂料涂覆和防腐层检查是质量监测的重要工序。

1) 厚浆环氧涂料的涂装

(1) 钢管表面处理。

应采用喷(抛)丸除锈机或喷砂除锈机进行除锈。除锈后,用手持砂轮机进行必要的打磨,将各种飞溅物、飞边毛刺等清除干净,钢管表面达到 Sa 2½ 级(近白级)以上等级。如要采用低等级的表面处理(如铝热焊位置的修补,表面耐受型涂料的使用等),应由涂料生产厂家制定相应的工艺规程,取得合格的结果,且得到业主的许可。表面处理应采用合格磨料,磨料的配比应恰当,使得表面粗糙度达到 50~100μm。

事实上,管道防腐用液体环氧涂料主流产品均要求较为严格的表面处理质量、较大的粗糙度,以提高和发挥防腐层的效能(可在潮湿和结露表面涂装的表面耐受型环氧涂料可以不受上述条件限制)。因此,下列措施也很重要。

① 如果钢管表面温度达不到露点温度 3℃以上,或空气相对湿度在 80% 以上,应采取措施加热钢管,把钢管的温度升高到 40~60℃,有效清除湿气;否则应停止施工。

② 除锈前,如果钢管表面有少量油渍,应采用二甲苯或其他适当的溶剂将其擦拭干净,防止除锈后的钢管表面受到油渍的沾污。影响防腐层和钢管表面的黏结。

③ 如果业主许可或另有规定,涂装前还可以进行其他表面处理。

④ 原有防腐层的边缘应打磨粗糙,采用电动钢丝刷或磨料轻喷或抛射一遍,且与原有防腐层的搭接宽度不小于 100mm。

⑤ 喷射处理用的压缩空气应无油、无水。应使用油水分离器和过滤器,以保证压缩空气中的油、水等污染物不在钢管表面出现。

⑥ 应采用清洁和干燥的鬃毛刷、真空吸尘器或者清洁干燥的压缩空气,将磨料残渣从处理后的钢管表面清除。

⑦ 因潮气和湿度影响而产生浮锈的钢管表面,应重新采用磨料轻喷(抛)射处理。处理后的表面应立即涂装,隔夜后的表面也要采用磨料喷(抛)射快速扫一遍,粗糙度应保持不变。

(2)防腐层涂装。

① 涂料准备。涂料开桶前,应先倒置晃动或旋转振动,然后开桶并搅拌均匀。涂料要按照生产商推荐的工艺文件要求进行准备,熟知涂料的配比、工艺参数、施工条件等要求。

② 管道涂装。涂装一般采用高压无气喷涂工艺,喷枪应匀速行走,涂料保证雾化良好。当采用其他喷涂工艺时,应执行相关喷涂工艺的规定。所形成的涂层应平整、无气泡、无流挂、无划痕。涂装过程中,应采用湿膜测厚仪测量湿膜的厚度,并将测量痕迹涂掉。如发现漆膜厚度不足,应在防腐层硬干前进行补涂。防腐层硬干后,采用磁性测厚仪测量防腐层干膜厚度。

防腐层固化和相关要求应选择适当的固化工艺,保证防腐层充分固化,并应按照涂料生产厂家的推荐方法进行。

防腐管涂装完成后,未固化的防腐层应防止潮气、结露、雨水、霜雪、风沙和尘土的影响,避免和其他物体接触。

防腐层固化的检查现场一般采用指触法进行防腐层的干燥程度检查。表干,用手指轻触防腐层不粘手;实干,用手指推捻防腐层不移动;固化,用手指甲刻防腐层不留刻痕。

(3)成品防腐管堆放

防腐管露天堆放时应避免长期曝晒,由于太阳长时间曝晒可能造成环氧树脂中苯环的破坏,短期内使防腐层表面粉化,长时间则使防腐层性能下降,成品防腐管露天堆放时间不宜超过6个月。若需超过6个月,应使用苫布等遮盖防腐管。

防腐管应按照标准规定进行码放,防腐管底部应该使用至少两道柔性支撑垫,支撑垫的宽度在200mm以上,其高度应高于自然地面100mm。防腐管码放应符合规定层数。

2)厚浆环氧涂料的质量检查

防腐管的检验包括生产过程检验、成品检验和产品出厂检验,检验记录应予以保存。

(1)涂装过程质量检验。

① 应检查除锈、涂料涂覆等整个生产过程。

② 厚浆环氧涂料防腐管表面处理质量应达到 Sa 2½级(近白级)以上等级,粗糙度达到 50~100μm。处理后的金属表面应洁净无尘。

③ 检查涂料的使用温度、配比。需要时,应检查两组分配好的涂料是否是在熟化后使用,在适用期内用完。

④ 漆膜应均匀、连续,无漏涂、流挂等缺陷,每道漆膜的厚度应符合涂装工艺要求。应检查多次涂覆的时间间隔、漆膜干燥程度是否符合工艺规定。

⑤ 防腐层应饱满、平整光亮,无气泡、空鼓和缩孔。

(2)厚浆环氧防腐管的成品检验。

防腐层的固化和黏结检测采用《用刀具测量黏结性的标准试验方法》(ASTM D6677—2018),即交叉切口法,也可采用邵氏硬度测量法测定固化程度。

按照 ASTM D6677—2018 的规定,用刀具在防腐层上划出十字交叉的切口,测量防腐层的粘接性,粘接检验结果判定如下:用刀挑,防腐层无法剥离,或者只有防腐层内聚破坏,为粘接合格;由于气泡的存在,试样表面粘接破坏呈蜂窝状结构,这种破坏应判定为粘接不合格;防腐层分层也应判定为粘接不合格。应根据 ASTM D6677—2018 记录防腐层和金属基底间的粘接破坏程度,划分粘接等级。如粘接检测不合格,应增加检测以确定不合格防腐层的范围。所有被确定为粘接不合格的防腐层应拒收,除掉防腐层后并重涂。

邵氏硬度测试:采用邵氏硬度计测量防腐层硬度,如果读数和产品说明书规定的防腐层硬度值相符,视为防腐层已完全固化。

防腐层的厚度应满足规定防腐层厚度最小值要求,可采用磁性测厚仪进行测量。如果某个测点的防腐层厚度低于规定的厚度最小值,在原测点150mm范围内再测2个点,3个点测量值的平均值应符合防腐层最小值规定,并且任一个点的厚度都不得低于厚度最小值约定数值。如果厚度超过业主认可的最大厚度,可根据业主代表和施工方商定的意见,防腐管防腐层作进一步检验,或者除掉防腐层重新涂装。

针孔检测应采用 NACE 推荐方法标准《250~760μm 厚度的熔结环氧管道外防

腐层漏点的检测》(RP 0490—2001)规定进行防腐层漏点检测,检漏电压按照防腐层厚度进行计算,最小检漏电压不应低于 $3.9V/\mu m$(100V/mil)。防腐层未完全固化不应进行漏点检测。防腐层有漏点应进行修补,漏点和修补均应有记录。

（3）出厂检验和交工检验。

出厂检验和成品质量检验相同,应检查环氧煤沥青防腐层的外观、厚度、漏点和黏结强度。其中,漏点检验和黏结检验每20根管抽查1根,如果检测结果不合格,再抽查两根管,其中1根仍不合格时应拒收。

在现场,可以根据业主代表和施工方商定的意见,对不合格管道防腐层进行全面检查,确定不合格的防腐管的范围与长度,进行必要的返工处理。

4. 液态环氧涂料涂装及质量检查

管道内防腐层的涂装施工应按照设计要求及涂料供应商推荐的施工工艺进行。通常情况下采用无气喷涂工艺或离心式涂装工艺,其中除锈、涂料涂装和出管前检查工序是质量监测的重要工序。

1) 液态环氧涂料的管道内防腐层涂装

（1）钢管表面处理。

管道内表面处理前应清除钢管及管件内表面的油污、泥土等杂质;有焊缝的钢管应清除焊瘤、毛刺、棱角等缺陷。表面处理过程中,钢管表面温度应高于露点3℃以上,如钢管内壁潮湿,可采用热风或不会使管道变形的加热方法祛除潮气,保证内壁干燥。

钢管及管件内表面处理应采用喷(抛)射除锈,除锈等级应达到《涂覆涂料前钢材表面处理　表面清洁度的目视评定　第1部分:未涂覆过的钢材表面和全面清除原有涂层后的钢材表面的锈蚀等级和处理等级》(GB/T 8923.1—2011)中规定的 Sa 2½级,粗糙度应达到35~75μm。

钢管及管件内表面经喷(抛)射处理后,应用清洁、干燥、无油的压缩空气将钢管及管件内部的砂粒、尘埃、锈粉等粉尘清除干净,表面灰尘不应超过《涂覆涂料前钢材表面处理　表面清洁度的评定试验　第3部分:涂覆涂料前钢材表面的灰尘评定(压敏黏带法)》(GB/T 18570.3—2015)规定的3级。

表面处理合格后应在4h内进行涂装施工。表面处理后至喷涂前不应出现浮锈,当出现返锈或表面污染时,必须重新进行表面处理。

钢管内表面处理后,应在钢管两端50~100mm范围留有不涂区。在不涂区宜先涂刷硅酸锌或其他可焊性防锈涂料,可焊性涂料的使用应按《船用车间底漆》(GB/T 6747—2008)的规定执行,干膜厚度应为15~20μm。

（2）防腐层涂装。

① 涂料准备。涂料开桶前,应先倒置晃动或旋转振动,然后开桶并搅拌均匀。管道涂装前应按涂料生产商推荐的工艺进行准备,关注涂料生产商提供的产品说明书给出的配比、工艺参数、施工条件等要求。一般情况下涂料不宜加稀

释剂,但特殊情况下可适当加入配套的稀释剂,加入量不得超过涂料说明书中的规定。

② 工艺准备。正式涂装前,应通过工艺试验确定涂装工艺参数和工艺规程。

③ 管道涂装。涂装采用高压无气喷涂工艺时,喷枪应匀速行走,保证雾化良好。当采用其他喷涂工艺时,应执行相关喷涂工艺的规定。涂层应平整、无气泡、无流挂、无划痕。

当多层涂装时,涂装间隔时间及涂装条件应严格按照确定的涂装工艺参数和工艺规程执行。如果各层涂装间隔时间超过了规定要求,则应按照涂料生产商推荐的方法进行涂层表面处理。涂覆过程中,应对湿膜厚度进行检测。

防腐层的固化应按涂料生产商推荐的固化方法及固化时间进行。

一般情况下,管件涂装采用无气喷涂工艺,但当喷涂工艺条件受限时,也可采用手工刷涂或其他涂装方式。

(3)成品防腐管堆放。

内防腐层钢管堆放应按防腐管的规格、防腐层类型和等级分类存放,排列整齐,并有明显的标识。严禁不同种类、规格和等级的内防腐层钢管混放。检验不合格的防腐管不得与合格成品管混放。

成品管端应加盖管帽或其他保护措施,防止碎石等杂物进入管内破坏涂层。

2)液态环氧涂料的质量检查

内防腐层涂装施工必须进行过程质量检验及出厂检验,检验结果必须有记录。质量检验所用仪器必须经计量部门检定合格,且在检定有效期内。

(1)涂装过程质量检验。

钢管或管件内表面处理后,应采用 GB/T 8923.1—2011 中相应的照片或标准板逐根进行目视比较,表面除锈质量应达到 Sa 2½级的要求;同时采用粗糙度测量仪或锚纹深度测试纸测量粗糙度,粗糙度应达到 35~75μm;钢管表面灰尘每根管应至少检测一次,按照 GB/T 18570.3—2005 规定的方法进行表面灰尘评定,表面灰尘不应超过 3 级。

涂层外观检查:应目测或用内窥镜逐根检查涂层外观质量,其表面应平整、光滑、无气泡、无划痕等外观缺陷。

涂层厚度检测:涂层实干后,应采用无损检测仪在距管口大于150mm 位置沿圆周方向均匀分布的任意4点上测量厚度,每根管分别测两端,结果应符合规定。若管径太小,探头伸不到管内150mm 以上时,可在端头测量。

涂层漏点检测:涂层固化后,应按现行行业标准《管道防腐层检漏试验方法》(SY/T 0063—1999)规定的电阻法逐根检测,以无漏点为合格。

(2)成品管道出厂检测。

液体环氧涂料内防腐管的出厂检验项目一般包括涂层外观、涂层厚度、附着力及管端预留长度检测。

① 涂层外观检验。应目测或用内窥镜逐根检查涂层外观质量,涂层表面应平整、光滑、无气泡、无划痕等外观缺陷。

② 涂层厚度检验。应按《色漆和清漆　漆膜厚度的测定》(GB/T 13452.2—2008)中规定的非破坏性方法抽样检查涂层厚度,抽查率为 5%,且不得少于两根。检查方法应按涂装过程检验涂层厚度的规定执行,不合格时应加倍抽查,抽查结果仍不合格时,则全批管判为不合格品。

③ 涂层附着力检测。在涂层上用尖刀划两道刻痕,间距 3mm,每道长 2 ~ 3mm,然后用刀尖挑两道刻痕之间的涂层,不能从金属基体挑起涂层,只有刀痕划到的地方才能看到金属;部分涂层可被挑起,但 50% 以上的涂层完好,则视为合格。超过 50% 以上的涂层被挑起;或所有涂层都被挑起,裸露出金属基体;或不用刀挑,涂层即和金属基体分离,则视为不合格。每 10km 至少抽查一根;不足 10km 的,按 10km 计。如有不合格时,应加倍抽检;仍有不合格时,则全批管判为不合格。

④ 管端预留长度检测。应抽样检查管端预留长度,抽查率为 5%,且不得少于两根,应用直尺测量,每根管测两端,管端预留长度为 50 ~ 100mm。

9.3.2　埋地混凝土管道防腐蚀涂料涂装

埋地混凝土管道与钢质管道相比,其最大的不同在于混凝土基材的养护及表面处理,防腐涂层的施工可以采用手工涂装和机械化涂装方式,机械化涂装中又可分为干喷和湿喷两种工艺。干喷就是在已完全养护好的混凝土表面喷涂保护涂料,湿喷就是在初凝(未经养护)的混凝土表面直接涂装保护涂料。采用湿喷工艺涂装时,只能选用无溶剂涂料体系。

1. 埋地混凝土管道涂料涂装

1)表面预处理

(1)手工涂装和干喷时(适用于钢筋混凝土及 PCCP 管内外表面)。

钢筋混凝土管道养护完成并待管道表面干燥后,PCCP 管道则需要在保护层砂浆制作完成,水泥砂浆保护层应按照《预应力钢筒混凝土管》(GB/T 19685—2017)的第 6.2.10.4 要求,达到养护要求,表面无浮尘后,按照《建筑防腐蚀工程施工规范》(GB 50212—2014)中第 4 节关于混凝土基层的处理规定进行表面处理,处理后的表面要求达到以下几点。

① 管道外水泥砂浆表面应洁净,应确保无油污、无浮尘,表面如有疏松物,施工前应采用手工或动力工具将其清除,然后用干净毛刷、压缩空气或工业吸尘器等将其表面清理干净。

② 管道外水泥砂浆表面应干燥,当控制表面深度 20mm 的范围内含水率应小于 6%,若含水率偏高,可采用涂刷混凝土湿表面用湿固化涂料作连接过渡。设计对湿度有特殊要求时,应按设计要求进行。

③ 内表面的处理按照 GB/T 19685—2017 中 6.2.6 节要求,PCCP 的管体内壁混凝土应达到养护要求,并验收合格。

④ 涂装前混凝土基面应按 GB 50212—2014 的规定处理。内表面涂装前应进行表面质量检查,表面质量应满足以下要求:管道内表面裂纹缺陷应满足环向裂缝或螺旋转裂缝宽度不大于 0.5mm;距管道插口端 300mm 范围内出现的环向裂缝不大于 1.5mm;沿管道纵轴线的平行线成 15°范围内不得出现长度大于 150mm 的纵向可见裂缝。表面应平整、清洁、干燥,不得有脱皮、麻面、起砂、空鼓、浮尘、浮渣等现象。

⑤ 表面质量检查不合格,应按 GB/T 19685—2005 第 6.4 节要求修补。

(2)湿喷时(仅适用于 PCCP 管道外表面)。

PCCP 保护层砂浆制作完成后,用高压空气吹除表面浮浆和沙砾。管道外水泥砂浆控制表面深度 20mm 的范围内含水率应控制在 6%~9% 之间,表面无明水。

2)防腐层涂装

(1)涂装施工环境条件。

温度为 5℃~38℃;空气相对湿度不大于 85%;混凝土与钢材表面温度应大于露点 3℃;在有雨、雾、雪、大风和较大扬尘的条件下,禁止户外施工。

(2)工艺准备。

根据混凝土外表面的涂装工艺,应专门设计适用于喷涂涂装的工作平台。工作平台应便于施工操作,并且应安全、牢固。

防腐涂装进行工艺评定试验,并提供涂装评定试验报告。通过评定试验确定施工工艺流程、工艺参数、涂料用量等,并评价施工工艺的可靠性和稳定性。评定试验采用的标准管(或管件)数量应不少于 3 件。

(3)涂装工艺。

管道各部位防腐蚀涂料施工方法见表 9-18。

表 9-18 管道各部位防腐蚀涂料施工方法

基体	管外混凝土砂浆保护层	管内壁混凝土
防腐涂料	无溶剂环氧煤沥青涂料	环氧型防腐涂料
施工方法	高压无气喷涂方法	高压无气喷涂方法
涂装设备	加温、双组分的高压无气喷涂机	高压无气喷涂机
局部和修补方法	刷涂	刷涂或辊涂

（4）管道涂装。

喷涂设备压力应达到产品说明书要求,以保证漆膜均匀、平整、光滑。喷枪距构件距离一般为 300 ~ 400mm,喷枪尽可能与基体表面成直角。喷涂结束后如当时不再继续下一节喷涂应及时清洗管路及喷头。

2. 埋地混凝土管道涂层质量检查

1）涂装过程质量检验

（1）目视检查。

涂装施工完成后,逐根进行外观质量检查。涂层的目视检查包括涂层的均匀性、颜色、遮盖力以及漏涂、皱纹、缩孔、气泡、剥落、裂纹和流挂等缺陷内容。

（2）膜厚检查。

喷涂完成后采用湿膜卡,测量涂层湿膜数值,根据涂料的不挥发分体积分数和用量推算出涂层的干膜厚度。

结果判定依据:80/20 规则。80/20 规则是指所有测量点的 80% 测量结果应不小于干膜厚度,余下 20% 测量结果均应达到规定干膜厚度的 80%。结果应符合表 9 – 14 及表 9 – 15 的规定。如果不符合规定要求的厚度,则在涂层实干前进行补喷达到规定的涂层厚度。

2）成品管道出厂检测

出厂质量检查按批验收,每 200 根为一个检验批,不足 200 根也视为一个检验批。每个检验批至少选择 2 根管进行检测。

涂层养护完成后进行最终涂层的质量检测,检测项目包括以下几项。

（1）目视检查。

对两根检验管进行外观目视检查。涂层的目视检查包括涂层的均匀性、颜色、遮盖力以及漏涂、皱纹、缩孔、气泡、剥落、裂纹和流挂等内容。

（2）厚度检测。

涂层完全固化后(常温下 7 天)进行厚度检测。管外混凝土砂浆保护层和管内壁混凝土的防腐涂层膜厚的检测,每根管至少检测 3 个断面,每个断面至少检测 4 个点。承插口钢环和其他钢结构,按照每个管道单元随机检测不宜少于 9 个测点。涂层干膜厚度检测方法通常采用非破坏性方法(见 GB/T 13452.2—2008)。如确实需要进行破坏性检测,检测仪器和方法应得到合同各方的一致认可。由此检测造成的涂层破坏应按照技术规格书进行修补。涂层厚度依据 80/20 规则,计算其算术平均值,结果应符合表 9 – 14 及表 9 – 15 的规定。

（3）附着力检测。

每根管至少取 3 个点进行附着力检测。涂层附着力测定方法依据 GB/T 35490—2017 中 6.4 节和附录 A 要求,每个检测单元随机取 9 个试验点的实测数据,计算其算术平均值,应符合表 9 – 16 及表 9 – 17的规定。

（4）外防腐涂层的轻微老化处置。

已完成防腐涂装的管件在堆场存放期间,因阳光短期曝晒,外防腐涂层会出现轻微变色(变黄或变褐),或者出现轻微失光等轻微老化现象,通常不会严重影响涂层的防腐性能,可采用遮盖方式,以防止阳光长期连续直接曝晒成品管道。

9.4 埋地管道工程涂料应用案例

9.4.1 埋地钢质管道(油气、输水)

1. 厦门市西水东调原水管道工程

厦门市西水东调原水管道工程是厦门市为解决翔安区区域性缺水问题,完善厦门城乡供水格局,提升民生用水保障水平,助力经济社会发展而建设的重大民生基础设施。厦门市西水东调原水管道工程经集美区、同安区过同安湾后至翔安区,管道全长约15km,起于集美乙池旁取水泵站(原水主要取自九龙江),跨同安湾,终于翔安水厂,铺设 DN1600 管道,设计供水量为 $25 \times 10^4 t$/天。埋地管道约13.17km。涉海段主要包括两段:穿越集美北部海湾东侧游艇码头段,长约0.23km,采用顶管法施工;穿越同安湾海域段,长约1.6km,采用沉管法施工。

2. 管道内外防腐涂层的选用

本案例主要采用直缝焊管或螺旋卷管。长距离顶管段采用直缝焊管,其余采用直缝焊管或螺旋卷管。由于管道输送距离远,涉及地形和环境复杂,采用的敷设方式有埋地、顶管及过海沉管。参照《给水排水管道工程施工及验收规范》(GB 50268—2008)、《钢质管道液体环氧涂料内防腐层技术标准》(SY/T 0457—2010)、《生活饮用水输配水设备及防护材料的安全性评价标准》,采用表 9 - 19 和表 9 - 20 所列的防腐配套解决方案。

表 9 - 19　钢质输水管道内壁防腐蚀方案

部位	涂料名称	干膜厚度/μm
内壁	无溶剂饮水舱漆	400

表 9 - 20　钢质输水管道外壁防腐蚀方案

部位	敷设地段	涂料名称	干膜厚度/μm
外壁	埋地	重防腐蚀环氧涂料	500
	顶管及过海沉管	重防腐蚀环氧涂料	800
	明敷	环氧富锌漆	60
		环氧云铁厚浆漆	160
		聚氨酯面漆	80

涂料产品的性能要求如下:重防腐蚀涂料体积固体含量应大于75%,相对密度不大于1.5kg/L,涂膜附着力要求大于5MPa(GB/T 5210—2006),不得含有害的沥青树脂,耐盐雾性(1000h)小于2级(GB/T 9262—2008)。无溶剂饮水舱涂料出具国家卫生部的"涉及饮用水卫生安全产品卫生许可批件"。

3. 涂装

本案例主要采用抛丸系统进行除锈,管道内壁采用内抛丸法,管道外壁采用自动抛丸设备,管道由输送系统控制传输速度,管道表面处理等级均达到 Sa 2½级。管道内喷涂采用高压无气喷涂方式施工,采用悬臂式的结构将数个喷头安装在悬壁喷枪梁上,梁带动喷枪沿管道作轴向运动,通过控制喷枪的速度达到规定的膜厚(图9-2)。为使内壁的涂料尽快干燥,通过加热涂料至65℃的方式喷涂,使产品达到快速干燥和固化的作用。管道外壁也采用高压无气喷涂的方式,但采用半自动化的方式,在管道两端采用辊轮的方式,将管道匀速转动,喷涂工人手持高压无气喷枪,以平行管道轴线的方向匀速地沿着管道方向前进,通过控制行进的速度,达到要求的漆膜厚度(图9-3),内、外壁涂装完毕后运送到堆场进行干燥(图9-4)。

图9-2　内壁悬壁式喷涂结构

图9-3　外壁半自动化喷涂施工

图9-4　内、外壁完成防腐的管道

4. 质量检验

涂层质量检查包括外观、厚度及绝缘和黏附力等项目检测。

9.4.2 埋地混凝土管道(城市给排水)涂装

1. 曹妃甸供水工程

曹妃甸供水工程是河北省重点涉水工程,是通往曹妃甸工业区唯一的水源工程,总投资 7.29 亿元,主要包括取水工程、输水工程、配水工程,工程全部建成后,供水规模为年均 $8200 \times 10^4 m^3$,日供水 $22.5 \times 10^4 m^3$,对工业区实现规模发展具有举足轻重的作用。

其中输水工程主管线为两条压力管道并行铺设,起点为陡河水库取水泵站出口,终点为曹妃甸工业区净水厂,主管线长 99km,采用 3 种管材,钢管及玻璃钢直径为 1200mm,预应力钢筋混凝土管直径为 1400mm,工作压力为 0.6~0.8MPa。

该工程通过技术经济安全工期等分析比较,综合平衡后,确定选用钢管、预应力钢筋混凝土管及玻璃钢管。自取水泵站出水口至石榴河段约 8.3km,该段输水管线工作压力为 0.8MPa,管径 DN1200mm。考虑到凤山等丘陵地区地形起伏较大,部分地段为采煤塌陷区等因素,经分析比较,最后确定选用钢管管线穿越石榴河。进入冀东平原,地区地形平缓,工作压力为 0.8MPa。经技术经济比较,预应力钢筋混凝土管既节省投资又可保证输水安全,因此有 37km 管线段采用预应力钢筋混凝土管,管径 DN1400mm。管线进入唐海县滨海地区后沿线地质条件较差,管道均须埋在淤泥土层中,淤泥厚 10~20m,淤泥土呈饱和、流塑、高压缩性、高灵敏度、承载力低,地下水位一般在地表下 0.5~1m。经过比选,玻璃钢管重量轻、耐腐蚀、内壁光滑、水力损失小、不易淤积和结垢、接头安装方便,与钢管相比造价较低,该段 49.3km 管线采用 DN1200mm 玻璃钢管,刚度 $5000N/m^2$。管线进入曹妃甸海上吹填区后,管道处于海上吹填砂层中,其下为含水量高、孔隙比大、高压缩性的淤泥层和粉土层,其承载力低,该段管线选用管径 DN1200mm 钢管。

2. 管道内外防腐涂层的选用

针对不同种类的管道,钢管的内壁防腐采用使用寿命长、无污染、价格低廉的水泥砂浆防腐衬里,外壁采用"一底三布六油"的环氧煤沥青玻璃布特加强级防腐。此方法施工工艺复杂、次数多,最终整个配套涂层的完成时间长。预应力钢筋混凝土管内壁防腐同样采用水泥砂浆,管道外壁防腐采用超厚膜重防腐蚀环氧煤沥青涂料,一次成型干膜厚度 500μm,方便快速完成施工,有效节约施工时间,提高工程效率。

3. 涂装

项目实施时间为 2007—2008 年,当时机械化程度普遍不高,大部分采用人工高压无气喷涂的方式,管道保养完成后,横卧在枕轨上,先将管道上面及两侧面外壁喷涂完成,待 7 天实干后,吊装管道,将未喷涂部分置于侧上方,喷涂未涂装部分(图 9 – 5)。

图 9 – 5　完成涂装的防腐管道

4. 质量检验

涂层质量检查包括外观、厚度及黏附力等项目检测。

9.4.3　埋地 PCCP(南水北调)涂装

1. 南水北调应急供水工程 (北京段)

南水北调工程是党中央、国务院为解决我国北方地区水资源严重短缺问题而实施的特大型、战略性基础设施项目,也是当今世界规模最大的水利工程。南水北调总体规划东线、中线和西线 3 条调水线路,自南向北跨越长江、淮河、黄河、海河四大流域,构成"四横三纵"的总体布局,以利于实现我国水资源南北调配、东西互济的合理配置格局。工程规划年调水量为 $448 \times 10^8 m^3$,总投资约 4860 亿元,建设期约 50 年。

中线工程采取丹江口水库加坝调水的方案,从陶岔渠首闸引水,经长江流域与淮河流域的分水岭方城垭口,沿唐白河流域和黄淮海平原西部边缘开挖渠道,在郑州铁路大桥以西 30km 处荥阳市王村镇李村穿过黄河,沿京广铁路西侧北上,基本自流到北京、天津,主要解决华北地区包括京、津、冀、豫四省 (市) 水资源严重短缺问题,受水区范围 $15 \times 10^4 km^2$。远景考虑从长江三峡水库或以下长江干流引水增加北调水量。中线工程具有水质好,覆盖面大,自流输水等优点,是解决华北水资源危机的一项重大基础设施。

南水北调中线京石段应急供水工程 (北京段) 惠南庄—大宁段 PCCP 管道工程是继利比里亚大人工河工程之后,国际上又一次大规模使用 4m 直径 PCCP 的工程项目,该工程 PCCP 管道设计、制造、安装均采用美国相关标准,每节标准管道长 5m、内径 4m、外径约 4.8m、重 70 ~ 80t,全长 56km。

2. 外防腐涂层的选用

根据《海港工程混凝土结构防腐蚀技术规范》(JTJ 275—2000)及《埋地钢质管道环氧煤沥青防腐层技术标准》(SY/T 0447—96)相关技术要求,并结合国内外相关工程应用实例以及南水北调(北京段)引水工程的特点,提出表9-21所列的PCCP管外壁防腐的涂料配套方案。

表9-21　PCCP管外防腐涂料

涂料名称	干膜厚度/μm	备注
无溶剂环氧煤焦油重防腐蚀涂料	900±100	用于混凝土管外表面

3. 涂装

(1)基材表面处理:PCCP保护层砂浆制作完成后,用高压空气吹除表面浮浆和沙砾。管道外水泥砂浆控制表面深度20mm的范围内含水率应控制在6%~9%之内,表面无明水。

(2)使用前用专用清洗溶剂进行喷涂设备清洗,确保管路系统清洁。

(3)同时将已预热到40~60℃的无溶剂环氧煤焦油重防腐蚀涂料甲乙组分搅拌均匀。

(4)调节喷涂设备,使无溶剂环氧煤焦油重防腐蚀涂料按甲组分:乙组分=1:1(重量比或体积比)混合。

(5)喷浆机从下向上喷射砂浆后,调节管的转速和升降平台下降速度符合设计值,启动喷涂设备和转盘,按设计值匀速下降,从上向下进行防腐涂料的喷涂。喷涂至管的最低端时一次关闭喷涂设备、升降平台和转盘(图9-6)。

(6)喷涂时,转盘按设计速度旋转,升降平台按设计速度下降,采用同向平行喷涂,以达到规定的漆膜厚度和避免漏涂现象。

(7)施工结束后,马上用清洗剂清洗设备。

(8)喷涂完的管件吊装到堆放位置后,进行漆膜外观检查,发现漏涂的部位及时用同类涂料进行修补(图9-7)。

4. 质量检验

(1)漆膜厚度测量。对混凝土表面采用超声波涂层测厚仪进行涂膜的厚度测量。

(2)漆膜厚度应保持均匀,漆膜总厚度不低于设计要求,若漆膜总厚度达不到上述规定要补涂,直至达到要求的厚度为上。

(3)漆膜附着力测量。测试采用20mm直径的拉拔柱子,用胶黏剂粘在表面,待胶黏剂干燥后用液压附着力测试仪器进行拉拔,测量结果不小于1.5MPa或混凝土破坏。

图 9-6　湿喷工艺施工

图 9-7　成品管道

参考文献

[1] 金晓鸿. 防腐蚀涂装工程手册[M]. 北京:化学工业出版社,2008.

[2] 宋光铃,曹楚南,林海潮,等. 土壤腐蚀性评价方法综述[J]. 腐蚀科学与防护技术,1993,5 (4):2-68.

[3] 李谋成,林海潮,曹楚南. 湿度对钢铁材料在中性土壤中腐蚀行为的影响[J]. 腐蚀科学与防护技术,2000,12(4):220.

[4] 胡士信,廖宇平,王冰怀. 管道防腐层设计手册[M]. 北京:化学工业出版社,2007.

[5] 王强,曲文晶,苗晶明. 管道腐蚀与防护技术[M]. 北京:机械工业出版社,2016.

[6] 国家能源局. 钢制管道液体环氧涂料内防腐技术规范:SY/T 0457—2019[S]. 北京:石油工业出版社,2019.

[7] 国家能源局. 埋地钢制管道环氧煤沥青防腐层技术标准:SY/T 0447—2014[S]. 北京:中国标准出版社,2015.

[8] 全国防腐蚀标准化技术委员会. 预应力钢筒混凝土管防腐蚀技术:GB/T 35490—2017[S]. 北京:中国标准出版社,2017.

[9] 石油工程建设专业标准化委员会. 埋地钢质管道煤焦油瓷漆外防腐层技术规范:SY/T 0379—2013[S]. 北京:石油工业出版社,2014.

第 10 章

石油化工工程防腐蚀涂料体系应用

10.1　石油化工工程结构特点及腐蚀环境分析

10.1.1　我国石油化工工业简介

石油和化学工业(以下简称石油化工)是指以石油、天然气、煤炭、化学矿和生物质等为原料进行化学加工的产业。石油化工是我国国民经济的重要支柱产业，经济总量大，与经济发展、人民生活和国防军工密切相关，在我国工业经济体系中占有重要地位。

我国已成为世界第一大化学品生产国，甲醇、化肥、农药、氯碱、轮胎、无机原料等重要大宗产品产量位居世界首位。我国建成了 22 个千万吨级炼油、10 个百万吨级乙烯基地，形成了长江三角洲、珠江三角洲、环渤海地区三大石化产业集聚区；建成云贵鄂磷肥、青海和新疆钾肥等大型化工基地以及蒙西、宁东、陕北等现代煤化工基地。化工园区建设取得新进展，产业集聚能力持续提升，已建成 32 家新型工业化示范基地。

新时代，石油石化行业将以"绿色化"为产业发展硬性约束，以"集聚化"为产业规划总体布局，以"高端化"为产业升级的重要途径，积极推进能源生产、消费、技术和体制革命，加快突破非常规油气商业化壁垒、提高石化产品价值链地位、深化油气生产加工体系两化融合[1]。

10.1.2　石油化工工程结构特点

石油化工工程非常庞大复杂，多是连续生产的高风险工程，以石油炼化工程为例，石油炼化示意图如图 10-1 所示[2]。多数工艺介质易燃易爆、有毒有害，并且生产过程经常伴随高温、高压等苛刻环境。一个局部钢结构损坏、一台设备发生故障,都可能会影响整套装置的正常运转。

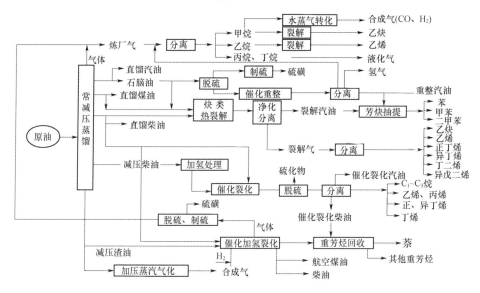

图 10 - 1　石油炼化示意图

　　石油化工工程生产装置主要采用钢结构的形式,如冷换框架、反应器框架、管架、厂房、泵棚及楼梯间等大多采用钢结构,另外生产设备、储罐和管道等也多数使用钢材质,而化工大气腐蚀环境恶劣,因此,石油化工工程因腐蚀造成的损失非常严重。腐蚀不仅会造成厂房、设备、储罐和管道损坏,还会引起产品流失、质量下降、能耗上升、装置非计划停工,严重情况下甚至会引起火灾爆炸、人员伤亡以及环境污染等恶性事故。2015 年中国工程院主持"我国腐蚀状况及控制战略研究"重大咨询项目,对我国基础设施、交通运输、能源、水环境、生产制造及公共事业等几大领域 30 多个行业的腐蚀状况及其防控措施进行了专题调研,调研发现,2014 年中国石化下属 35 家企业腐蚀总成本约 10.9 亿元,约占中国石化当年利润的 1.66%。中国石化炼油板块每年因设备腐蚀导致的非计划停工次数大致占到总次数的 33% ~ 40%[3]。因此,石油化工工程必须对厂房钢结构、设备、储罐和管道等做腐蚀环境分析,针对性做好腐蚀防护措施,提升抗腐蚀能力,确保在运行过程中的可靠性,降低因腐蚀造成的经济损失和安全事故。目前,使用防腐涂层是石油化工行业防腐保护最有效的方法之一。

10.1.3　石油化工工程腐蚀环境分析

1. 大气腐蚀

大气腐蚀的发生基于材料与大气环境的相互作用,腐蚀程度与环境因素密切相关。大气的相对湿度和大气中腐蚀性物质的种类及含量是影响大气腐蚀的主要因素。相对湿度的上升,凝结水的出现,大气污染物总量的上升(腐蚀性污染物能与钢材反应并在表面可能形成沉积物)会导致腐蚀速率的上升。严重腐蚀多发生在相对湿度大于80%且温度高于0℃的气候条件下。但是,如果有污染物质、吸湿盐分的存在,在更低的湿度下腐蚀也会发生。此外,钢结构所处的位置也影响腐蚀。对于那些暴露在露天环境下的钢结构,气候因素如雨水、阳光、气体或悬浮形式的污染物质都能影响钢铁腐蚀。在有遮盖物的地方,气候因素影响也会降低。在室内,尽管大气污染物质的影响减弱,由于通风不足,高湿气或冷凝也会引起严重的局部腐蚀。

根据暴露在不同大气环境下的金属单位面积上质量或厚度损失,大气腐蚀环境可以分为不同的级别。《色漆和清漆 防护涂料体系对钢结构的防腐蚀保护》(ISO 12944)自1998年开始在全世界范围内得到广泛有效的应用。2017年新修订的ISO 12944—2对钢结构所处的大气腐蚀环境分为6类,详见表7－5。

当石油化工企业的生产装置长期暴露在大气中时,若空气相对湿度超过某一临界值,钢材表面就会形成水膜,而一旦形成水膜,化工大气中SO_2、H_2S、NO_x、CO_2、HCl及灰尘中盐类物质等将会溶解在水膜中,使水膜成为导电性良好的电解质溶液,从而加速钢材的腐蚀。钢材表面形成水膜的空气相对湿度临界值与钢材的表面状态有关。当表面洁净时,临界相对湿度接近100%;在接触过SO_2的表面,临界相对湿度为80%;在3%氯化钠溶液中浸泡过的表面,临界相对湿度为55%。处于化工大气中的钢结构,其表面易形成水膜也更易被腐蚀[4]。

沿海的炼化企业,钢材所处的大气环境既含有化工大气的有害杂质,又含有海洋大气环境的钠、钾、钙和镁等氯化物,这些氯化物被海风携带并沉降在钢材的表面上,与钢材表面水膜结合形成强腐蚀介质,使钢材的腐蚀更加严重。

在石油及天然气加工过程中,物料在特定的条件下经过化学反应会产生腐蚀性气体。这些腐蚀性气体的含量因采用的工艺流程和设备的不同而不同。在《石油化工钢结构防腐蚀涂料应用技术规程》(SH/T 3603—2009)中列举了石油化工装置所处气态环境中存在的废气名称及主要来源,见表10－1。

表10－1 石油化工装置所处气态环境中存在的废气名称及主要来源

分类	废气名称	主要污染物	主要来源
石油炼化	含烃废气	总烃	油品储罐,污水处理场隔油池,工艺装置加热炉,压缩机发动机,装卸油设施,烧基化尾气,轻质油品和烃类气体的储运设施及管线、阀门、机泵等的泄漏
	氧化沥青废气	苯并芘	沥青装置
	催化再生烟气	CO_2、CO、SO_2、尘	催化裂化装置

续表

分类	废气名称	主要污染物	主要来源
石油炼化	燃烧废气	CO_2、CO、SO_2、NO_x、尘	工艺装置加热炉,锅炉,焚烧炉,火炬
	含硫废气	SO_2、H_2S、氨	含硫污水汽提,加氢精制,气体脱硫,硫磺回收,硫尾气处理
	臭气	H_2S、硫醇、酚	油品精制,硫磺回收,脱硫,污水处理厂,污泥治理
石油化工	烟气	SO_2、CO_2、CO、NO_x、尘	工艺装置加热炉,裂解炉,锅炉,焚烧炉,火炬
	工艺废气	烷烃、烯烃、环烷烃、醇、芳香烃、醚、酮、醛、酚、酯、卤代烃、氰化物	甲醇装置,乙醛装置,醋酸装置,环氧丙烷装置,苯、甲苯装置,乙基苯,聚乙烯,聚丙烯,氯乙烯,苯乙烯,对苯二甲酸装置,顺丁橡胶,丁苯橡胶装置,丙烯腈装置,环氧氯丙烷
		SO_2、NO_x、CO、卤化物、尘	甲醇生产装置,丁二烯装置,火炬
合成纤维	燃烧废气	SO_2、CO_2、CO、NO_x、尘	工艺装置加热炉,锅炉,焚烧炉,火炬
	含烃废气	总烃	催化重整,芳烃抽取,对二甲苯,常减压装置,轻质油品储罐
	刺激性废气	甲醇、甲醛、乙醛、醋酸、环氧乙烷、己二腈、己二胺、丙烯腈、对苯二甲酸、二甲酯	对苯二甲酸装置,对苯二甲酸二甲酯装置,丙烯腈装置,己二胺装置,硫氰酸钠溶剂回收装置,聚丙烯腈装置,腈纶装置
石油化肥	燃烧废气	SO_2、CO_2、CO、NO_x、尘	工艺装置加热炉,锅炉,焚烧炉,火炬
	工艺废气	CH_4、H_2S、SO_2、CO_2、CO、NO_x、氨、尿素、粉尘	合成氨,硫磺回收尾气,氨冷冻储罐排气,尿素造粒塔排放口,硝酸装置尾气,氨中和器排放口

　　在石油化工装置中,暴露在大气中的储罐、设备、管道及其附属钢结构可能接触的腐蚀性物质种类很多,它们对钢材表面的腐蚀程度与其作用量和环境条件(如温度、湿度、太阳辐射、雨水冲刷等)有着密切的关系。在《石油化工设备和管道涂料防腐蚀设计规范》(SY/T 3022—2011)中,根据设备和管道所处的腐蚀环境和工况条件,对大气中各类腐蚀性物质单独作用时的腐蚀程度进行了分类。具体如下。

　　(1)大气中腐蚀介质可分为腐蚀性气体、酸雾、颗粒物、滴溅液体等,大气中腐蚀性气体和颗粒物分类见表 7-3 和表 10-2。

表 10-2 大气中颗粒物的特性分类

特性	名　称
难溶解	硅酸盐,铝酸盐,磷酸盐,钙、钡、铅的碳酸盐和硫酸盐,镁、铁、铬、铝、硅的氧化物和氢氧化物
易溶解、难吸湿	钠、钾、锂、铵的氯化物,硫酸盐和亚硫酸盐,铵、镁、钠、钾、钡、铅的硝酸盐,钠、钾、铵的碳酸盐和碳酸氢盐
易溶解、易吸湿	钙、镁、锌、铁、钢的氯化物,镉、镁、镍、锰、锌、铜、铁的硫酸盐,钠、锌的亚硝酸盐,钠、钾的氢氧化物,尿素

（2）大气对钢材表面腐蚀可按腐蚀性介质的腐蚀程度分为强腐蚀、中等腐蚀或弱腐蚀 3 类,分类见表 10-3。

表 10-3 大气中腐蚀物质对钢材表面的腐蚀程度

腐蚀性物质及作用条件			腐蚀程度①		
类别	作用量	空气相对湿度/%	强腐蚀	中等腐蚀	弱腐蚀
腐蚀性气体② A	—	<60	—	—	√
B	—	<60	—	—	√
C	—	<60	—	√	—
D	—	<60	√	—	—
A	—	60~70	—	—	√
B	—	60~70	—	√	—
C	—	60~70	—	√	—
D	—	60~70	√	—	—
A	—	>75	—	√	—
B	—	>75	—	√	—
C	—	>75	√	—	—
D	—	>75	√	—	—
酸雾 无机酸	大量	>75	√	—	—
无机酸	少量	>75	√	—	—
	少量	≤75	—	√	—
有机酸	大量	>75	√	—	—
有机酸	少量	>75	√	—	—
	少量	≤75	—	√	—

续表

腐蚀性物质及作用条件			腐蚀程度[1]		
类别		作用量	空气相对湿度/%	强腐蚀	中等腐蚀	弱腐蚀

腐蚀性物质及作用条件		作用量	空气相对湿度/%	强腐蚀	中等腐蚀	弱腐蚀
颗粒物[3]	难溶解	大量	<60	—	—	√
	易溶解、难吸湿			—	—	√
	易溶解、易吸湿			—	√	
	难溶解	大量	60~70	—	—	√
	易溶解、难吸湿			—	√	
	易溶解、易吸湿			—	√	
	难溶解	大量	>75	—	—	√
	易溶解、难吸湿			√		
	易溶解、易吸湿			√		
滴溅液体	工业水	pH>	—	—	√	
		pH≤	—	√		
	盐溶液	—	—	√		
	无机酸	—	—	√		
	有机酸	—	—	√		
	碱溶液	—	—	√		
	一般有机液体	—	—	—	—	√

① 表中"√"表示所在条件下的腐蚀程度。
② 腐蚀性气体的类别见表 7-3。
③ 颗粒物的类别见表 10-2。

从表 10-3 中可以看出,在大气腐蚀环境中,腐蚀性气体、酸雾、易溶解颗粒量越大,空气湿度越大,腐蚀越强烈。此外,滴溅的液体也具有较强的腐蚀性。当大气中含有两类或两类以上腐蚀性介质时,腐蚀程度应取其中腐蚀程度最高的一种。当几类腐蚀性物质的腐蚀程度相同时,腐蚀程度应提高一级;关键或维护困难的设备和管道,防腐蚀程度应提高一级。石油化工设备和管道的腐蚀环境分析可参照表 10-4。在《钢质石油储罐防腐蚀工程技术标准》(GB/T 50393—2017)中,金属储罐在大气环境中的腐蚀等级分类更为直观,通过储罐金属在大气环境下暴露第一年的均匀腐蚀速率进行分类,根据腐蚀速度的不同,大气环境腐蚀等级可分为 4 个等级。金属储罐所处大气环境腐蚀等级分类见表 10-4。与国际标准《色漆和清漆　防护涂料体系对钢结构的防腐蚀保护　第 2 部分:环境分类》(ISO 12944-2:2017)对比,无腐蚀相当于 C2 腐蚀级别,轻腐蚀相当于 C3 腐蚀级别,中腐蚀相当于 C4 腐蚀级别,强腐蚀相当于 C5 腐蚀级别。

表 10 - 4　按适用环境确定的大气环境腐蚀程度分级表

| 腐蚀等级 | 低碳钢每平方米质量和厚度损失（暴露 1 年后） | | 适用环境 | |
	质量损失/（g/m²）	厚度损失/μm	外部	内部
Ⅰ，无腐蚀	<200	<25	乡村大气环境	
Ⅱ，轻腐蚀	200~400	25~50	乡村区域，低污染环境	非供暖区域，会出现冷凝水的环境，如仓库、体育场馆
Ⅲ，中腐蚀	400~1600	50~20	城市及工业大气环境。含中度硫化物、低盐分临海区域	高湿度生产区，如食品加工厂、工业洗衣店、酿造厂、乳品加工厂等
Ⅳ，重腐蚀	≥1600	≥200	含有中等含盐度的工业和沿海区；高湿、高盐和恶劣大气环境的工业区；海洋、临海、河口、高盐度临海区域	化工厂，游泳池、船厂；含有高湿度和冷凝水的区域；永远是高潮湿的严酷大气环境

2. 介质腐蚀

石油化工装置中的设备、储罐和管道等由于加工、输送或贮存的各种介质，内壁还会受到介质腐蚀。

石油化工设备内壁，由于操作条件范围大（最高操作压力超过 100MPa，最高操作温度超过 1000℃、最低操作温度达到 -196℃），介质种类多，腐蚀非常严重。既有无机酸、有机酸、碱和盐的腐蚀和多相流的冲刷腐蚀，又有高温下的氧化、氮化、硫化和氢腐蚀，还存在高温下的金相组织劣化和低温下的材料脆化[3]。如在石油炼化工业中，虽然原油主要由各种烷烃、环烷烃和芳香烃组成，这些烃类物质本身无腐蚀性，但是原油中含有某些杂质则有强烈的腐蚀性，如硫的化合物、无机盐类、环烷酸、氮的化合物和微生物等。这些杂质虽然含量很少，但危害很大。此外，在炼制过程中，加入的溶剂及酸碱化学试剂也会加速设备的腐蚀。水是造成电化学腐蚀的必要条件，若没有水分存在，氯化氢或硫化氢的腐蚀在 120℃ 以下是极轻微的。原油加工过程要引入大量水分，如分馏汽提塔、油品水洗等，尤其是炼油厂还有大量的冷却用水。因此，炼油工业中设备的腐蚀也非常严重。

石油化工储罐内壁介质腐蚀与贮存介质成分、罐体部位有关。一般重质油罐较轻质油罐腐蚀相对轻一些。重质油罐如原油罐、污油罐、润滑油罐底部腐蚀严重，其次是水油界面部位的腐蚀，油、气界面的腐蚀也较重，气面顶部腐蚀则较轻。原油罐腐蚀最严重的部位是罐底水相部分，原因是水中含有大量的无机盐，部分盐可水解产生酸性成分,引起化学腐蚀和电化学腐蚀。另外,罐底的无氧条件很适合硫酸盐还原菌的生长,可引起严重的针状或丝状的细菌腐蚀,原油罐底部的加热管也因此腐蚀较重。轻质油罐如汽油罐、煤油罐、石脑油罐、柴油罐等的腐蚀情况随介质而异。汽油中的四乙基铅、煤油中的硫化物和抗静电添加剂等对碳钢都有腐蚀性。汽油罐顶部和气液面腐蚀严重,而在这些部位煤油引起的腐蚀次之,柴油引起的腐蚀则较轻。无论是轻质油罐还是重质油罐,其顶部腐蚀的主要原因都是由水蒸气、空气中的氧及油品中的挥发性硫化氢造成的电化学腐蚀。罐壁气液交替部位的腐蚀主要是由于氧的浓差电池引起的,氧浓度高的部位为阴极,氧浓度低的部位为阳极。罐底腐蚀主要是由于油析水造成的[5]。

碳钢材质在不同的油罐中的腐蚀速率如表 10 - 5 所列。

表 10 - 5　碳钢材质在不同油品油罐中的腐蚀速率

油罐		原油罐	汽油罐	航煤油罐	柴油罐	蜡油罐	石脑油罐	渣油罐	污油罐
碳钢腐蚀速率/(mm/a)	气相	0.06	0.25	0.16	0.29	0.03	—	0.34	—
	液相	0.05	0.35	0.06	0.20	1.00	0.12 ~ 0.30	0.30	0.20 ~ 0.40
	水相	0.30	—	0.17	0.14	0.07	—	1.00	—

根据 GB/T 50393—2017,介质环境腐蚀等级可按介质对储罐金属的均匀腐蚀速率和点腐蚀速率分为 4 个等级,如表 10 - 6 所列。

表 10 - 6　介质环境腐蚀等级

腐蚀等级	均匀腐蚀速率 v_1/(mm/a)	点腐蚀速率 v_2/(mm/a)	腐蚀程度
I	$v_1 < 0.025$	$v_2 < 0.130$	无腐蚀
II	$0.025 \leqslant v_1 < 0.130$	$0.130 \leqslant v_2 < 0.200$	轻腐蚀
III	$0.130 \leqslant v_1 < 0.250$	$0.200 \leqslant v_2 < 0.380$	中腐蚀
IV	$v_1 \geqslant 0.200$	$v_2 \geqslant 0.380$	强腐蚀

注:以 v_1 和 v_2 两者中的较严重结果确定腐蚀程度和腐蚀等级。

管道内腐蚀主要是由介质所导致的腐蚀。相对于城市市政管道,石油化工的油气管道所处工况更为恶劣,腐蚀介质环境更为复杂。油气管道内腐蚀介质环境有 3 个显著的特点:①气、水、烃、固共存的多相流腐蚀介质;②高温和(或)高压环境;③SO_2、H_2S、O_2、Cl^- 和水分是主要腐蚀介质。与单相介质腐蚀相比,多相介质腐蚀情况比较复杂,以水烃两相存在的情况为例,当油水比大于 70% 时,一般存在油包水情况,腐蚀速率较低;当油水比小于 30% 时,则会出现水包油情况,腐蚀速率较高。此外,温度和压力也是影响材料腐蚀的重要因素。多数情况下,高温高压导致材料更严重的腐蚀,但有时高温状况对材料抗介质腐蚀是有利的,如大于

100℃时材料不会发生硫化物应力腐蚀破裂。另外,油气管道的内腐蚀还有溶解氧腐蚀以及 H_2S、CO_2 腐蚀和微生物腐蚀。

3. 土壤腐蚀

土壤是由固、液、气三相组成的不均一的多相胶体体系。固相部分主要来源于泥、沙、灰、渣以及动植物腐殖质。液相部分就是水,土壤中的水存在于土壤孔隙中,处于流动半流动状态,使得土壤成为导体。气相部分就是空气,主要考虑氧和二氧化碳的作用。土壤由于组分复杂,其作为腐蚀介质时对管材的腐蚀有很大的地域差异性和局部的多变性。土壤腐蚀性影响因素众多(含水量、含盐量、微生物、pH 值和土壤结构),各因素相互关联相互影响,共同决定了土壤的腐蚀性。

土壤中的含水量受降水、渗透、蒸发和土壤持水能力的影响,随着季节的不同,土壤的干湿变化对埋地金属构件的腐蚀有加速作用。土壤含水量极低时,土壤电阻较大,腐蚀性较弱。随着土壤含水率逐渐增大,土壤中的盐分溶解也逐渐增多,土壤腐蚀性增强。但随着土壤含水量增大,土壤中的盐分受到稀释,如果土壤达到水饱和,水分对氧扩散存在抑制作用,土壤腐蚀性开始减弱。土壤含水量越大、含盐量越大,土壤的电阻率越低,土壤的腐蚀性越强。土壤的总盐量指标对土壤的电阻率变化率也有影响,电阻率变化率对防腐层的绝缘性能有显著影响。土壤中对管体腐蚀起作用的无机盐类主要分为硝酸盐、硫酸盐和氯化钠。其中 K^+、Na^+、Ca^{2+}、Mg^{2+}、Al^{3+} 等主要阳性离子不影响土壤腐蚀性,在土壤电解质中主要起到导电作用。Cl^- 离子能够促进土壤腐蚀,因此海边的土壤腐蚀性很强。

微生物腐蚀是因为某些细菌的生物代谢活动产生了氨、硫化物、酸类等具有腐蚀性的代谢产物,为埋地钢质构件的电化学腐蚀提供了发生和发展条件。土壤中 FeS、MnS 等硫化物的产生与硫酸盐还原菌有密切关系。硫化物在土壤中的含量越高,土壤的腐蚀性越强。有氧菌在有氧环境中可以使铁发生氧化反应,形成氧化物,进一步水解后产生氢氧化物。各种微生物的腐蚀产物弥散在钢质材料周围,改变材料周围环境的氧浓度、含盐量和酸度,形成浓差电池,进一步加速电化学腐蚀进程。另外,土壤的 pH 值、土壤的结构和杂散电流等也会对土壤的腐蚀性产生影响。

对于埋在土壤中或部分浸在水里的钢结构,腐蚀通常集中在腐蚀速率很高的一小部分位置,腐蚀级别很难定义,尽管如此,为了各种环境都能被描述,依据 ISO 12944 - 2 标准,水和土壤的腐蚀性分类如表 8 - 4 所列。

土壤的腐蚀性程度主要与电阻率、含盐量、含水量、电流密度和 pH 值有关,在 SY/T 3022—2011 中,土壤腐蚀性程度及防腐蚀等级见表 10 - 7。当土壤腐蚀指标的任何一项超过规定值时,防腐蚀等级应提高一级。埋地管道穿越铁路、道路或沟渠的穿越处及改变埋设深度时的弯管处,防腐蚀等级应为特加强级。

表 10 – 7　土壤腐蚀性程度及防腐蚀等级

土壤腐蚀性程度	土壤腐蚀指标					防腐蚀等级
	电阻率/（Ω·m）	含盐量/%（质量分数）	含水量/%（质量分数）	电流密度/（mA/cm³）	pH 值	
强	<50	>0.75	>12	>0.3	<3.5	特加强级
中	50~100	0.75~0.05	5~12	0.3~0.025	3.5~4.5	加强级
弱	>100	<0.05	<5	<0.025	4.5~5.5	普通级

10.2　石油化工工程防腐蚀涂料体系设计

10.2.1　设计依据与原则

1. 设计依据的主要标准规范

石油化工工程防腐蚀涂料体系设计主要依据以下标准和规范。

（1）《色漆和清漆　防护涂料体系对钢结构的防腐蚀保护》（ISO 12944）

（2）《石油化工设备和管道涂料防腐蚀设计规范》（SY/T 3022—2011）

（3）《石油化工钢结构防腐蚀涂料应用技术规程》（SH/T 3603—2009）

（4）《钢质储罐外防腐层技术标准》（SY/T 0320—2010）

（5）《钢质石油储罐防腐蚀工程技术标准》（GB/T 50393—2017）

（6）《石油化工涂料防腐蚀工程施工技术规程》（SH/T 3606—2011）

（7）《埋地钢质管道聚乙烯涂层》（GB/T 23257—2017）

（8）《埋地钢质管道外壁有机防腐层技术规范》（SY/T 0061—2004）

（9）《埋地钢质管道环氧煤沥青防腐层技术标准》（SY/T 0447—2014）

（10）《埋地钢质管道外防腐层修补技术规范》（SY/T 5918—2017）

2. 设计原则

石油化工工程防腐蚀涂料体系设计要遵循以下原则。

1）与使用环境和设计寿命相适应

防腐涂料耐久性指防护涂料体系从涂装后到第一次维修的预期时间,耐久性是一个技术计划参数,为业主制订维修计划提供参考。

石油化工工程防腐蚀涂料体系耐久性设计必须与使用环境和设计寿命相适应。不同的使用环境、不同的腐蚀等级和设计寿命对涂料种类及厚度的设计不同。一般涂层体系提供的有效保护期比主体工程服役期要短,不易检修部位的设计寿命应与主体工程一致,介质腐蚀环境下的设计寿命不应低于主体工程检修周期。

2）与被涂基材相适应

石油化工工程防腐蚀涂料体系设计必须与被涂基材相适应。一般情况下,碳素钢和低合金钢表面应进行涂装,但不锈钢表面、镀锌表面(镀锌管道标志色漆除外)、已精加工的表面、涂塑或涂示温漆的表面、铭牌、标志板或标签的表面不进行涂装。维修涂装时若无法彻底清理旧涂层,必须考虑涂料与旧涂层的配套性;否则会引起咬起等缺陷。喷锌表面由于疏松多孔,涂装必须进行封闭再进行涂装;否则会引起起泡等缺陷。混凝土多孔表面必须进行封闭再进行涂装;否则会起泡或泛碱。

3)与涂装环境相适应

为确保防腐工程质量,石油化工工程防腐涂料体系设计必须与涂装环境相适应。一般要求,基材表面温度应在露点温度以上3℃,且基材表面干燥清洁方可涂装。但有些特殊环境,如洞穴等封闭环境,由于环境湿度大,通风不畅,基材有些部位很容易结露,普通涂料无法均匀成膜和固化。这种有结露的部位就不能设计常规涂料,应设计湿固化涂料。

4)安全环保、经济合理

在满足使用要求的情况下,石油化工工程防腐蚀涂料宜选用无溶剂、高固体分、水性和粉末涂料,涂料中挥发性有机化合物(VOC)含量小于420g/L。有害重金属铅(Pb)、镉(Cd)、6价铬(Cr^{6+})、汞(Hg)含量符合国家相关标准规定。例如,GB/T 50393—2017中规定油罐用涂料有害金属含量满足《建筑钢结构防腐涂料中有害物质限量》(GB 30981—2020)的标准要求。

此外,石油化工工程防腐蚀涂料体系设计需要综合全面考虑成本因素。有的材料成本低,但防腐寿命短,施工周期长,施工成本高。有的材料成本高,但防腐寿命长,施工周期短,施工成本低。因此,在满足使用要求情况下,需要综合比较防腐寿命、材料成本、施工成本和施工周期对涂装总投资的影响,综合考虑选择最经济合理的涂料设计方案。

10.2.2　石油化工工程钢结构防腐蚀涂料体系设计

钢结构的腐蚀环境主要为大气环境,结合腐蚀环境特点与分级情况,依据SH/T 3603—2009和ISO 12944,低合金碳钢(喷射清理)防腐蚀涂料体系设计分别见表10-8~表10-10。埋地或与水接触的钢结构防腐蚀涂料体系设计见表10-11。上述表格所列为不同腐蚀级别下的防护涂层体系的最低要求,良好的表面处理是防护涂层体系耐久性的重要条件,碳钢基材最低表面处理等级要求达到《涂覆涂料前钢材表面处理　表面清洁度的目视评定　第1部分:未涂覆过的钢材表面和全面清除原有涂层后的钢材表面的锈蚀等级和处理等级》(GB/T 8923.1—2011)规定的Sa 2½级。

在腐蚀级别C3和C4的情况下,可选用醇酸和丙烯酸类涂料,有利于节约材料成本。在腐蚀级别C5情况下,需选用防腐性能优异的环氧、聚氨酯或硅酸乙酯类涂料。

表 10 – 8　腐蚀级别 C3 下碳钢基材(喷砂清理碳钢)用涂料体系

腐蚀级别	体系编号	底涂层				后道涂层	涂层体系		耐久性			
		基料	底漆类型	涂层数	NDFT/μm	基料类型	总涂层数	NDFT/μm	短期效(≤7年)	中期效(7~15年)	长期效(15~25年)	超长期效(>25年)
C3	C3.01	醇酸、丙烯酸	其他	1	80~100	醇酸、丙烯酸	1~2	100	√			
	C3.02			1	60~160		1~2	160	√	√		
	C3.03			1	60~80		2~3	200	√	√	√	
	C3.04			1	60~80		2~4	260	√	√	√	√
	C3.05	环氧、聚氨酯、硅酸乙酯		1	80~120	环氧、聚氨酯、丙烯酸	1~2	120	√	√		
	C3.06			1	80~160		2	180	√	√	√	
	C3.07			1	80~160		2~3	240	√	√	√	
	C3.08		富锌	1	60	—	1	60	√	√		
	C3.09			1	60~80	环氧、聚氨酯、丙烯酸	2	160	√	√	√	
	C3.10			1	60~80		2~3	200	√	√	√	√

注:除了聚氨酯技术外,其他涂层技术也是合适的,如聚硅氧烷、聚天门冬氨酸酯和氟聚合物(氟乙烯/乙烯基醚共聚物 FEVE)。

表 10 – 9　腐蚀级别 C4 下碳钢基材(喷砂清理碳钢)用涂料体系

腐蚀级别	体系编号	底涂层				后道涂层	涂层体系		耐久性			
		基料	底漆类型	涂层数	NDFT/μm	基料类型	总涂层数	NDFT/μm	短期效(≤7年)	中期效(7~15年)	长期效(15~25年)	超长期效(>25年)
C4	C4.01	醇酸、丙烯酸	其他	1	80~160	醇酸、丙烯酸	1~2	100	√			
	C4.02			1	60~80		2~3	160	√	√		
	C4.03			1	60~80		2~4	260	√	√	√	
	C4.04	环氧、聚氨酯、硅酸乙酯		1	80~120	环氧、聚氨酯、丙烯酸	1~2	120	√	√		
	C4.05			1	80~160		2	180	√	√		
	C4.06			1	80~160		2~3	240	√	√	√	
	C4.07			1	80~240		2~4	300	√	√	√	√
	C4.08		富锌	1	60	—	1	60	√	√		
	C4.09			1	60~80	环氧、聚氨酯、丙烯酸	2	160	√	√		
	C4.10			1	60~80		2~3	200	√	√	√	
	C4.11			1	60~80		3~4	260	√	√	√	√

注:除了聚氨酯技术外,其他涂层技术也是合适的,如聚硅氧烷、聚天门冬氨酸酯和氟聚合物(氟乙烯/乙烯基醚共聚物 FEVE)。

表 10 - 10　腐蚀级别 C5 下碳钢基材(喷砂清理碳钢) 用涂料体系

腐蚀级别	体系编号	底涂层				后道涂层	涂层体系		耐久性			
		基料	底漆类型	涂层数	NDFT/μm	基料类型	总涂层数	NDFT/μm	短期效(≤7年)	中期效(7~15年)	长期效(15~25年)	超长期效(>25年)
C5	C5.01	环氧、聚氨酯、硅酸乙酯	其他	1	80~160	环氧、聚氨酯、丙烯酸	2	180	√			
	C5.02			1	80~160		2~3	240	√	√		
	C5.03			1	80~240		2~4	300	√	√	√	
	C5.04			1	80~200		3~4	360	√			√
	C5.05		富锌	1	60~80		2	160	√			
	C5.06			1	60~80		2~3	200	√	√		
	C5.07			1	60~80		3~4	260	√	√	√	
	C5.08			1	60~80		3~4	320	√	√		√

注:除了聚氨酯技术外,其他涂层技术也是合适的,如聚硅氧烷、聚天门冬氨酸酯和氟聚合物(氟乙烯/乙烯基醚共聚物 FEVE)。

表 10 - 11　浸渍腐蚀性级别 Im1、Im2、Im3 下钢结构用涂料体系

腐蚀级别	体系编号	底涂层				后道涂层	涂层体系		耐久性			
		基料	底漆类型	涂层数	NDFT/μm	基料类型	总涂层数	NDFT/μm	短期效(≤7年)	中期效(7~15年)	长期效(15~25年)	超长期效(>25年)
浸渍	I.01	环氧、聚氨酯、硅酸乙酯	富锌	1	60~80	环氧、聚氨酯	2~4	360	√	√	√	
	I.02			1	60~80		2~5	500	√	√		√
	I.03		其他	1	80		2~4	380	√	√	√	
	I.04			1	80		2~4	540	√	√		√
	I.05	—	—	—	—		1~3	400	√	√	√	
	I.06				—		1~3	600	√	√		√

注:1. 水性产品不适合浸渍环境。

2. 根据含有磨料种类和磨蚀力度的不同,可能需要增加体系的 NDFT 以确保耐久性。一般磨料和磨蚀力度下,推荐 NDFT 为 1000μm,极端磨蚀力度下,推荐 NDFT 甚至高达 2000μm。

3. 除了聚氨酯技术外,其他涂层技术也是合适的,如聚硅氧烷、聚天门冬氨酸酯和氟聚合物(氟乙烯/乙烯基醚共聚物 FEVE)。

在同一腐蚀级别下,采用同样的涂料,可通过增加涂层厚度来延长耐久性。但若涂层厚度高于一定程度会因力学性能劣化和溶剂滞留而产生负面影响,增加涂层道数可以降低因溶剂挥发而形成的内应力。为高腐蚀级别设计的防腐蚀涂料用于低腐蚀性级别,可提供更高的耐久性。

由于室外环境不仅有化工大气腐蚀,还有太阳光照射造成涂层破坏,需要采用耐候型的面漆,如醇酸、丙烯酸、丙烯酸聚氨酯、氟碳和聚硅氧烷面漆等。而室内环境对太阳光照射无要求,可不采用耐候型面漆,以节约成本。

热浸锌钢基材和热喷涂金属基材上的金属涂层具有保护作用,在大气环境中,金属涂层会形成具有保护性的氧化膜,抑制金属腐蚀。当金属涂层局部破损时,金属涂层还可以作为牺牲阳极保护基体钢结构。化工大气环境中 SO_2、H_2S、NO、NO_2 等腐蚀性气体含量较高,会加速金属涂层的腐蚀。因此,需要在金属涂层表面涂覆防腐涂料加以保护。

在同等的腐蚀级别和耐久性情况下,由于热喷涂金属涂层具有较好的阴极保护性能,金属涂层表面用的防腐涂料体系总厚度较喷射清理的碳钢基材要低。另外,需要特别注意的是热喷涂金属涂层表面疏松多孔,必须采用封闭漆进行封闭才能进行下道涂层的涂装;否则容易引起起泡和针孔缺陷。

10.2.3　石油化工工程设备和管道防腐蚀涂料体系设计

石油化工工程设备和管道腐蚀环境主要为大气环境、土壤环境和介质环境。其中,外壁主要为大气环境和土壤环境,内壁为介质环境。

在内壁防腐涂料设计时,要考虑介质腐蚀特性和温度,石油化工工程设备和管道内壁介质多为有机溶剂、酸、碱和工业用水等,需要采用耐化学品腐蚀、耐酸碱、耐温、耐温变、耐水和耐溶剂的特种涂料,如改性环氧涂料、酚醛环氧涂料、玻璃鳞片涂料、特种粉末涂料和内减阻涂料。根据 SY/T 0457—2010 的规定,对于输送介质不高于 80℃的原油、天然气、水的钢质管道,要求液体环氧涂料内防腐层具有优异的力学性能、耐化学品性能、耐盐雾、耐油田污水和耐原油性能。内防腐层的等级分为普通级、加强级和特加强级,对应环氧涂料最低干膜厚度分别为 200μm、300μm、450μm。

国内石油化工工程设备和管道防腐蚀涂料体系设计主要依据 SY/T 3022—2011。该规范规定了石油化工设备和管道及附属钢结构外表面的防腐蚀设计,包含地上及埋地设备和管道常用的防腐蚀涂料配套方案。为了避免在设备和管道运行过程中进行防腐蚀维护和修补,选用涂料时应考虑其防腐蚀寿命。石油化工工程设备和管道不同温度和不同腐蚀环境常用配套方案见表 10-12,防腐寿命为 5 年。若要提高防腐寿命,可适当增加涂层厚度,或采用新型高性能涂料。

表 10－12　石油化工设备和管道外壁防腐配套方案

序号	温度/℃	基材材质	涂层构成	涂料名称	涂装道数[1]/道	最小干膜厚度/μm	用途
A－1	－20～80	碳钢、低合金钢	底漆	醇酸防锈底漆	2	80	弱腐蚀环境，一般室外防腐
			面漆	醇酸磁漆	1	40	
A－2	－20～120		底漆	环氧磷酸锌底漆	1	50	弱腐蚀环境，室外防腐
			面漆	脂肪族聚氨酯面漆	2	80	
B－1			底漆	环氧磷酸锌底漆	1	50	中等腐蚀环境，室外防腐
			中间漆	环氧厚浆漆	1	100	
			面漆	脂肪族聚氨酯面漆	1	40	
B－2			底漆	环氧富锌底漆	1	50	
			中间漆	环氧云铁漆	1	100	
			面漆	脂肪族聚氨酯面漆	1	40	
C－1			底漆	环氧磷酸锌底漆	2	100	强腐蚀环境，室外防腐
			中间漆	环氧云铁漆	1	100	
			面漆	脂肪族聚氨酯面漆	2	80	
C－2			底漆	环氧富锌或无机富锌底漆	1	50	
			中间漆	环氧云铁漆	1～2	150	
			面漆	脂肪族聚氨酯面漆	2	80	
D－1	－20～90		防腐漆	环氧厚浆漆	3	300	水下部位防腐涂装[2]
D－2			防腐漆	环氧煤沥青	3	300	
E－1	－20～120		防腐漆	耐磨环氧漆	3	450	干湿交替部位防腐涂装[2]
E－2			防腐漆	环氧玻璃鳞片漆	3	450	
F－1			底漆	环氧富锌底漆	1	50	保温设备、管道防腐
			中间漆	环氧厚浆漆或环氧云铁漆	1	100	
F－2	≤400	碳钢、低合金钢	底漆	无机富锌底漆	1	50	保温/不保温设备、管道防腐
			中间漆	400℃有机硅耐热漆	1	20	
			面漆	400℃有机硅耐热漆	1	20	
F－3	≤500		底漆	500℃有机硅耐热漆	1	20	
			面漆	500℃有机硅耐热漆	1	20	
F－4	≤600		底漆	600℃有机硅耐热漆	1	20	
			面漆	600℃有机硅耐热漆	1	20	
F－5	－50～230		底漆	环氧酚醛漆	1	100	冷热循环工况
			面漆	环氧酚醛漆	1	100	
F－6	231～600		底漆	600℃有机硅耐热漆	2	40	热循环工况
			面漆	600℃有机硅耐热漆	1	20	
F－7	－29～550		底漆	冷喷铝	1	100	保温层下
F－8	－50～230		防腐漆	环氧酚醛漆	2	100	热循环工况
F－9	－100～20		防腐漆	聚氨酯防腐漆	2	40	保冷设备、管道防腐
F－10	－195～20		底漆	冷底子油	2	—	

续表

序号	温度/℃	基材材质	涂层构成	涂料名称	涂装道数①/道	最小干膜厚度/μm	用途
H-1	-20~120	不锈钢	底漆 中间漆 面漆	环氧树脂底漆 环氧云铁漆 脂肪族聚氨酯面漆	1 1 1	40 100 40	强腐蚀环境下防腐涂装(氯化物、氯碱环境等)
H-2			底漆 中间漆	环氧树脂底漆 环氧云铁漆	2 1	80 100	保温设备、管道的防腐(仅用于保温材料氯离子超标的情况)
I-1	-20~80	碳钢、低合金钢	底漆 面漆	醇酸防锈底漆 醇酸磁漆	2 1	80 40	弱腐蚀环境下防腐(室内)
I-2	-20~120		底漆 面漆	环氧磷酸锌底漆 环氧面漆	2 1	100 50	
J-1	-20~80		底漆 面漆	环氧磷酸锌底漆 丙烯酸面漆	2 2	100 60	中等腐蚀环境下防腐(室内)
J-2	-20~120		底漆 面漆	环氧磷酸锌底漆 环氧面漆	2 2	100 100	
K-1	-20~120	碳钢、低合金钢	底漆 中间漆 面漆	环氧磷酸锌底漆 环氧云铁漆 环氧面漆	1 1 1	50 100 50	强腐蚀环境下防腐(室内)
K-2			底漆 中间漆 面漆	环氧富锌底漆 环氧云铁漆 环氧面漆	1 1 2	50 100 100	
K-3			底漆 封闭漆 中间漆 面漆	环氧富锌底漆 环氧封闭漆 环氧云铁漆 环氧面漆	1 1 1 1	50 25 100 50	

① 对于局部环境腐蚀较严重或维修困难部位,可在本规定的厚度基础上适当增加涂装 1~2 道,提高漆膜总厚度。若 1 道达不到规定干膜厚度需增加 1 道。

② 不适合长期露天设备涂装。

③ 保温层下防腐可仅涂底漆及中间漆,也可根据腐蚀环境仅涂底漆,并适当增加厚度。

大气环境中,石油化工工程设备和管道外壁常温区采用的防腐蚀涂料体系与钢结构相似,用于钢结构的醇酸、丙烯酸、聚氨酯和环氧涂料也适用于设备和管道外壁。高温区域则需要采用耐高温涂料,不高于 230℃ 的区域可使用酚醛环氧涂料,不高于400℃的区域可使用无机富锌和有机硅涂料。高于400℃但不高于600℃区域须使用有机硅涂料。低温区域需要使用冷底子油或聚氨酯涂料。

不锈钢表面一般不需要涂装,但在强腐蚀环境下,尤其是氯离子超标情况下则需要涂装。选用涂料时,要特别注意底漆在不锈钢表面的附着力。

埋地管道和设备外壁防腐蚀涂料的选择与涂料配套方案的设计参照表10-13选用。沥青类涂料有毒,环保性差,但便宜实用,常用于埋地管道外表面防腐。

表10-13 埋地管道和设备外壁防腐蚀涂层结构

编号	涂层结构类型	防腐蚀等级	防腐蚀涂层结构	每层沥青厚度/mm	涂层总厚度/mm
M1	石油沥青防腐蚀涂层结构	特加强级	沥青底漆-沥青-玻璃布-沥青-玻璃布-沥青-玻璃布-沥青-玻璃布-沥青-聚乙烯工业膜	≈1.5	≥7.0
M2		加强级	沥青底漆-沥青-玻璃布-沥青-玻璃布-沥青-玻璃布-沥青-聚乙烯工业膜	≈1.5	≥5.5
M3		普通级	沥青底漆-沥青-玻璃布-沥青-玻璃布-沥青-聚乙烯工业膜	≈1.5	≥4.0
M4	环氧煤沥青防腐蚀涂层结构	特加强级	底漆-面漆-玻璃布-面漆-玻璃布-面漆-玻璃布-两层面漆	—	≥0.8
M5		加强级	底漆-面漆-玻璃布-面漆-玻璃布-两层面漆	—	≥0.6
M6		普通级	底漆-面漆-玻璃布-两层面漆	—	≥0.4
M7	改性厚浆型环氧防腐蚀涂层结构	特加强级	改性厚浆型环氧涂料	—	≥0.6
M8			环氧玻璃鳞片涂料	—	≥0.6
M9		加强级	改性厚浆型环氧涂料	—	≥0.4
M10			环氧玻璃鳞片涂料	—	≥0.4
M11		普通级	改性厚浆型环氧涂料	—	≥0.3
M12			环氧玻璃鳞片涂料	—	≥0.3
M13	聚乙烯胶粘带防腐蚀涂层结构	特加强级	环氧类底漆-防腐内带-保护外带		≥1.4
M14		加强级	环氧类底漆-防腐内带-保护外带		≥1.0

聚乙烯胶黏带防腐蚀涂层结构如下:

(1)底漆应与聚乙烯胶黏带配套使用,胶黏带始末搭接长度不小于1/4管道周长,且不小于100mm,焊缝处的防腐层厚度应不低于设计防腐层厚度的85%;

(2)聚乙烯胶黏带的搭接宽度应为胶带宽度的50%~55%;

(3)聚乙烯胶黏带的搭接宽度应为胶带宽度的20%~25%。

10.2.4　石油化工工程储罐防腐蚀涂料体系设计

储罐的腐蚀环境主要为大气环境和介质环境。根据不同的腐蚀环境、腐蚀速率确定腐蚀程度和腐蚀等级,再根据腐蚀程度和腐蚀等级确定防腐蚀方案。储罐本体的设计使用寿命在设计文件中已经明确,一般为 15 年,有的为 20 年,主体工程检修周期一般为 6～8 年。不易进行检修部位的设计防腐寿命宜与主体工程一致,介质腐蚀环境下的设计寿命不应低于主体工程检修周期。结合 GB/T 50393—2017,大气腐蚀环境下的设计寿命可按低(L)、中(M)、高(H)3 级考虑,低(L)指寿命 2～5 年,中(M)值寿命 5～10 年,高(H)指寿命 15 年以上。

1. 大气腐蚀环境防腐蚀涂料体系设计

储罐不同的部位腐蚀环境不同,储罐承受大气环境腐蚀的部位见表 10 - 14。

表 10 - 14　储罐承受大气环境腐蚀的部位

罐 型		大气环境腐蚀部位
内浮顶罐	装配式浮盘	罐外底、外壁、外顶
	钢制焊接式浮盘	罐外底、外壁、外顶,浮舱内部
拱顶罐		罐外底、外壁、外顶
外浮顶罐		罐外底、外壁,储罐内壁上部 2m,浮舱内部,抗风圈、中间抗风圈、浮盘上表面及其附件
所有储罐		梯子平台、开口接管外壁

大气环境直接受日光照射的储罐表面涂层应采用耐候型涂料,储罐保温层下的防腐蚀涂层可不采用耐候型涂料,贮存轻质油品或易挥发有机溶剂介质储罐的防腐宜采用热反射隔热涂料,总干膜厚度不宜小于 $250\mu m$。洞穴等封闭空间内储罐的腐蚀等级应比相应的大气环境提高一级,由于洞穴内环境潮湿,为钢质储罐的防腐蚀施工带来不便,正硅酸酯无机富锌涂料在固化过程中,需要水分参与反应,适合潮湿环境使用。环氧湿固化涂料能够在潮湿甚至有结露的环境中应用。在碱性的环境中,不宜采用酚醛漆和醇酸漆。沿海地区由于受盐雾影响,氯离子含量较高,奥氏体不锈钢储罐需要涂刷防腐涂料。

储罐处于大气腐蚀环境部位的防腐方案与大气环境中钢结构类似。可根据腐蚀环境等级、设计寿命选择涂料种类与干膜厚度。具体可参照《钢质石油储罐防腐蚀工程技术标准》(GB/T 50393—2017)和本章表 10 - 8～表 10 - 10。

2. 介质腐蚀环境防腐蚀涂料体系设计

储罐处于介质环境腐蚀的部位见表 10 - 15。储罐贮存介质可分为原油、中间产品、含硫污水、消防水等。中间产品包括成品油和有机溶剂。成品油是指汽油、柴油、煤油、航空煤油、润滑油等各类油品。有机溶剂指芳香烃、脂肪烃、脂环烃、醇类、醚类等。含硫污水是指贮存各类含酸、碱、盐、污油及各类硫化物的污水。

表 10 –15　储罐处于介质环境腐蚀的部位

罐型		介质环境腐蚀的部位
内浮顶罐	装配式浮盘	罐内底、内壁、内顶
	钢制焊接式浮盘	罐内底、内壁、内顶 浮顶底板下表面、外缘板外表面、接触油品的支柱等附件、浮顶上表面及其附件
拱顶罐		罐内底、内壁、内顶
外浮顶罐		罐内底板 底板上部 1.5m 高的罐壁,浮顶底板下表面、外缘板外表面、接触油品的支柱等附件
所有储罐		加热器(如有)、开口接管内壁

注:盛装油品的拱顶罐罐顶内表面同时受大气环境和介质油气环境腐蚀,一般认为该部位是介质环境腐蚀,腐蚀程度应比罐壁腐蚀程度高。

　　浮盘浮舱内部涂装的防腐蚀涂料应采用水性或无溶剂涂料。介质腐蚀环境下按照涂料性能、使用温度及耐介质性能的不同,可采用玻璃鳞片、环氧、酚醛环氧、无机富锌等涂料。航空燃料类的储罐内表面应采用不含有锌、铜、镉成分的导静电涂料。有机溶剂类储罐防腐蚀涂层不应与介质相容。中间产品储罐宜采用无溶剂环氧、酚醛环氧、无机富锌、玻璃鳞片等涂料。

　　存储一些比较纯净的有机溶剂的储罐内壁可以不采取防腐蚀措施,但有的有机溶剂腐蚀性较强,如苯酚、苯胺等介质偏碱性,丙烯酸是酸性,甲醇遇到铁锈容易产生颜色变化,存储这些有机溶剂的储罐需要采取防腐蚀措施。无机富锌防腐涂料可以使用在温度低于 80℃ 的有机溶剂储罐内壁,特别是用来耐受 C4 以下强极性的小分子化学品,保护贮存介质不受污染,如醇、酮类等。这些化学品极性较强,对一些有机树脂漆膜穿透力较强,很容易造成漆膜溶胀而过早失效。储罐内壁涂料底漆和面漆宜使用同种树脂的涂料,以保证良好的层间结合力,避免在长期浸泡中由于温度波动导致热胀冷缩不一致而影响层间附着力。

　　储罐盛装可燃易爆介质时,在操作过程中易产生的静电荷累积具有较大危险性。在没有导静电措施时,与介质接触部位的防腐蚀涂层应采用表面电阻率为 $10^8 \sim 10^{11} \Omega \cdot m$ 的浅色非碳系导静电型防腐蚀涂料。如果涂料表面电阻率过小,防腐蚀性能将受到较大影响。

　　储罐加热器应根据用途、加热介质的温度、储罐介质选择防腐蚀涂料,加热盘管多用有机硅改性环氧涂料。

常温(≤80℃)原油外浮顶储罐处于不同腐蚀等级环境下,设计寿命为 5～10年,常用防腐蚀方案见表 10－16。

表 10－16　常温(≤80℃)原油外浮顶储罐常用防腐蚀方案

防腐蚀部位	腐蚀等级	防腐蚀涂料	干膜厚度/μm
浮顶底板下表面、外缘板外表面、接触油品的支柱等附件	Ⅲ	环氧涂料 酚醛环氧涂料	≥250
底板上部 1.5m 高的罐壁	Ⅳ	环氧涂料 酚醛环氧涂料 环氧玻璃鳞片涂料	≥300

注:环氧富锌底漆与牺牲阳极阴极保护不可同时使用。

中间油品产品储罐处于不同腐蚀等级环境下,设计寿命为 5～10 年,常用防腐蚀方案见表 10－17。

表 10－17　中间油品产品储罐常用防腐蚀方案

操作温度	防腐蚀部位	腐蚀等级	防腐蚀方案	干膜厚度/μm
常温 (≤80℃)	罐内壁	Ⅱ	环氧涂料 酚醛环氧涂料	≥200
	罐内顶	Ⅲ	环氧涂料 酚醛环氧涂料	≥250
	罐内底	Ⅲ	环氧涂料 酚醛环氧涂料	≥250
	碳钢制内浮盘的浮顶底板下表面、外缘板外表面、接触油品的支柱等附件、浮顶上表面及其附件	Ⅲ	环氧涂料 酚醛环氧涂料	≥250
高温 (80～120℃)	罐内表面①	Ⅲ	酚醛环氧涂料	≥200
		Ⅳ	酚醛环氧涂料	≥250

① 仅限拱顶罐。

注:中间油品产品油罐可采用环氧富锌底漆。

成品油储罐处于不同腐蚀等级环境下,设计寿命为 5～10 年,常用防腐蚀方案见表 10－18。

表 10 –18　成品油储罐常用防腐蚀方案

操作温度	防腐蚀部位	腐蚀等级	防腐蚀方案	干膜厚度/μm
常温 （≤80℃）	罐内壁	I①或II	酚醛环氧涂料	≥200
			无机富锌涂料	≥80
			环氧涂料	≥200
	罐内顶	II	酚醛环氧涂料	≥200
			无机富锌涂料	≥80
			环氧涂料	≥200
		III	酚醛环氧涂料	≥250
			无机富锌涂料	≥100
			环氧涂料	≥250
	罐内底	II	酚醛环氧涂料	≥200
			无机富锌涂料	≥80
			环氧涂料	≥200
常温 （≤80℃）	碳钢制内浮盘的浮顶底板下表面、外缘板外表面、接触油品的支柱等附件、浮顶上表面及其附件	III	酚醛环氧涂料	≥250
			无机富锌涂料	≥100
			环氧涂料	≥250
		I 或 II	酚醛环氧涂料	≥200
			无机富锌涂料	≥80
			环氧涂料	≥200

① I 级可不防腐。

注：成品油罐可采用环氧富锌底漆。

3. 罐底外表面防腐蚀涂料体系设计

储罐基础顶部采用沥青砂垫层，沥青砂垫层与天然土壤成分、物理性能不同，电阻率比周围土壤的电阻率高，可以起到减缓腐蚀的作用。但基础周围的腐蚀性土壤可以通过毛细管作用影响储罐基础，因此，可通过储罐周围土壤的电阻率确定储罐底板下表面的腐蚀等级，如表 10 –19 所列，同时参考储罐所处大气环境和贮存介质的操作温度等因素。

表 10 –19　土壤的电阻率与储罐底板下表面腐蚀等级对应表

土壤电阻率/（Ω·m）	≥20	10 ~ 20	<10
储罐底板下表面的腐蚀等级	II	III	IV

储罐底板外表面防腐蚀方案如表 10 –20 所列，沥青有毒，环保性差，但便宜实用，常用于储罐底板下表面防腐。

表 10 - 20　储罐底板外表面防腐蚀方案

涂料种类	使用温度/℃	腐蚀等级Ⅱ		腐蚀等级Ⅲ		腐蚀等级Ⅳ	
		道数/道	干膜厚度/μm	道数/道	干膜厚度/μm	道数/道	干膜厚度/μm
环氧涂料	≤80	2 ~ 3	≥200	2 ~ 4	≥250	2 ~ 5	≥300
酚醛环氧涂料	≤200	2 ~ 3	≥200	2 ~ 4	≥250	2 ~ 5	≥300
环氧煤沥青	≤80	2 ~ 3	≥300	2 ~ 4	≥400	2 ~ 5	≥500

10.3　石油化工工程防腐蚀涂料技术要求

　　石油化工工程常用的防腐蚀涂料有富锌底漆、环氧涂料、耐候面漆、导静电防腐涂料、耐热涂料、热反射隔热涂料和酚醛环氧涂料等。防腐涂料的发展方向是节能环保、高性能、长效化和功能化,这就要求石油化工工程防腐涂料朝着水性化、无溶剂化、高固体分化、高性能、低表面处理、功能化和绿色无公害化方向发展。本节重点介绍目前石油化工工程常用的防腐涂料的技术要求。

10.3.1　富锌底漆

　　锌的化学性质比较活泼,标准电极电位低于铁的标准电极电位。富锌底漆在腐蚀初期,锌作为牺牲阳极会优先腐蚀,从而达到保护钢铁基材的目的。在腐蚀的中后期,锌的腐蚀产物如氢氧化锌和氧化锌等,充分填充漆膜微小空隙,使漆膜更为致密,提升涂层对腐蚀介质的屏蔽保护作用。富锌底漆是目前重防腐领域最重要的防腐底漆,在很多行业都得到了广泛应用。富锌底漆主要有 3 种,即环氧富锌底漆、水性无机富锌底漆和醇溶性无机富锌底漆。

　　在石油化工防腐工程中,富锌涂料由于其优异的耐腐蚀性和良好的施工性,应用也非常广泛,相关标准对富锌底漆的技术要求均做了详细规定,如《富锌底漆》(HG/T 3668—2020)、SY/T 3022—2011 和 GB/T 50393—2017 等。

10.3.2　环氧涂料

　　环氧涂料附着力优异,耐腐蚀性能好,具有较好的力学性能和电绝缘性,多用于底漆、中间漆,还可用于无太阳光照射区域的防腐面漆。石油化工工程常用的环氧类防腐涂料有环氧铁红底漆、环氧磷酸锌底漆、环氧云铁中间漆和环氧玻璃鳞片涂料等,主要技术指标如表 10 - 21 所列。

表 10 – 21　环氧涂料主要技术指标

项目	技术指标				测试方法
	环氧铁红底漆	环氧磷酸锌底漆	环氧云铁中间漆	环氧玻璃鳞片涂料	
不挥发物质量分数/%	≥60	≥60	≥75	≥80	GB/T 1725
柔韧性/mm	≤2	≤2	≤2	—	GB/T 1731
耐冲击/cm	≥50	≥50	≥50	—	GB/T 1732
附着力/MPa	≥5	≥5	≥5	≥5	GB/T 5210
耐酸性 10% H_2SO_4(720h)	—	—	—	不起泡、不生锈、不开裂、不脱落	GB/T 9274
耐碱性 5% NaOH(720h)	—	—	—		
耐盐水性 10% NaCl(720h)	—	—	—		

10.3.3　耐候面漆

石油化工工程防腐面漆主要有醇酸磁漆、丙烯酸面漆、脂肪族丙烯酸聚氨酯面漆、氟碳面漆和聚硅氧烷面漆。醇酸磁漆和丙烯酸面漆价格较低,均为单组分面漆,使用方便,但两者耐候性和耐腐蚀性能一般,不适合在恶劣腐蚀环境下使用。氟碳面漆和聚硅氧烷面漆耐候性和耐腐蚀性能优异,但价格较高,在石油化工行业防腐应用不多。脂肪族聚氨酯面漆耐候性和防腐性能优异,价格适中,施工性良好,近几年在石油化工工程中得到广泛应用。各类耐候面漆主要技术指标如表 10 –22所列。

表 10 –22　各类耐候面漆主要技术指标

项目	技术指标				测试方法
	醇酸磁漆/丙烯酸面漆	脂肪族丙烯酸聚氨酯面漆	氟碳面漆	聚硅氧烷面漆	
不挥发物质量分数/%	≥40	≥60	≥60	≥75	GB/T 1725
柔韧性/mm	≤2	≤1	≤1	≤1	GB/T 1731
耐冲击/cm	≥40	≥50	≥50	≥50	GB/T 1732
附着力/MPa	≥3	≥8	≥8	≥8	GB/T 5210
耐酸性 5% H_2SO_4(168h)	—	不起泡、不生锈、不开裂、不脱落			GB/T 9274
耐碱性 5% NaOH(168h)	—				
耐盐水性 3% NaCl((60 ±2)℃,168h)	—				
耐盐雾性	300h	1000h			GB/T 1771
人工加速老化	300h,1 级	1000h,1 级	3000h,1 级		GB/T 1865

10.3.4　导静电防腐涂料

储罐盛装可燃易爆介质时,在操作过程中容易产生静电荷累积,可能引起火灾或爆炸事故。在没有导静电措施时,与介质接触部位的防腐蚀涂层应采用表面电阻率为 $10^8 \sim 10^{11} \Omega \cdot m$ 的浅色非碳系导静电型防腐蚀涂料。涂层需要具有良好的力学性能和耐腐蚀性。此外,涂层还要有良好的耐介质浸泡性,能长期浸泡在介质环境中服役。石油储罐导静电防腐涂料涂层主要技术指标如表 10 – 23 所列。

表 10 – 23　石油储罐导静电防腐涂料涂层主要技术指标

项目	技术指标	测试方法
柔韧性/mm	$\leqslant 1$	GB/T 1731
耐冲击/(kg·cm)	$\geqslant 50$	GB/T 1732
表面电阻率/($\Omega \cdot m$)	$10^8 \sim 10^{11}$	GB/T 1410
附着力/MPa	$\geqslant 8$	GB/T 5210
耐盐雾性(1000h)	不起泡、不生锈、不开裂、不脱落	GB/T 1771
耐汽油性((60 ± 2)℃,720h)		SY/T 0319
耐热水性(90~100℃,48h)	不起泡、不生锈、不开裂、不脱落	GB/T 1733
耐酸性(5% H_2SO_4,720h)		GB/T 9274
耐碱性(5% NaOH,720h)		
耐盐水性(5% NaCl,720h)		

10.3.5　耐热涂料

耐热涂料主要用于高温管道及设备外壁,传统的醇酸、环氧和聚氨酯等涂料在高温下受热分解,无法满足防腐要求。一般醇酸涂料使用温度建议不超过80℃,一般环氧涂料和脂肪族聚氨酯涂料使用温度建议不超过120℃。芳香族聚氨酯涂料经过改性后可用于不超过150℃的腐蚀环境。无机富锌底漆可用于不超过400℃的腐蚀环境。

有机硅树脂具有较好的耐热性、耐水性、电绝缘性,但其力学性能不高,耐化学品性较差。为了克服上述缺点,往往需要对有机硅树脂进行改性,使之具有较好的综合的性能。其中环氧改性有机硅是较为重要的一类,它通过引入环氧基、羟基等极性基团,提高了树脂的力学性能,并可采用环氧树脂固化剂进行常温固化。环氧改性有机硅铝粉耐热漆可长期耐受 200~600℃ 的高温。耐热漆主要技术指标如表 10 – 24 所列。

表 10 - 24　环氧改性有机硅耐热漆主要技术指标

项目	技术指标	测试方法
柔韧性/mm	≤2	GB/T 1731
耐冲击/(kg·cm)	≥35	GB/T 1732
附着力/MPa	≥3	GB/T 5210
耐水性(24h)	无变化	GB/T 1733
耐汽油性(24h)	不起泡,不变软	GB/T 1734
耐热性(T±20℃烘3h,测耐冲击性)/cm	≥15	GB/T 1735 GB/T 1732

注:耐热性中 T 为耐热漆耐受温度。

10.3.6　热反射隔热涂料

贮存轻质油品或易挥发有机溶剂介质的储罐宜采用热反射隔热涂料防腐,以降低炎热夏季储罐表面温度,从而减少介质挥发损耗,提升储罐安全性。热反射隔热涂料由底漆、中间漆和面漆组成,底漆主要作用为提供优异的附着力和防腐性能,中间漆含有不同级配的空心微珠,具有较低的导热系数,面漆具有较高的反射性能和耐老化性能,从而实现长效防腐和反射隔热双重功能。热反射隔热涂料主要技术指标如表 10 - 25 所列。

表 10 - 25　热反射隔热涂料主要技术指标

项目		技术指标			测试方法
		底漆	中间漆	面漆	
不挥发物质量分数/%		≥60	≥60	≥60	GB/T 1725
柔韧性/mm		≤2	≤2	≤1	GB/T 1731
附着力/MPa		≥5	≥5	≥5	GB/T 5210
导热系数/(W/(m·K))		—	—	≤0.25	GB/T 22588
太阳反射比	白色	—	—	≥0.80	JG/T 235
	其他色	—	—	≥0.60	
半球发射率		—	—	≥0.85	JG/T 235
近红外反射比		—	—	≥0.60	JG/T 235
耐酸性 5% H_2SO_4(168h)		不起泡、不生锈、不开裂、不脱落			GB/T 9274
耐碱性 5% NaOH(168h)		不起泡、不生锈、不开裂、不脱落			GB/T 9274
耐盐雾性(720h)		不起泡、不生锈、不开裂、不脱落			GB/T 1771
人工加速老化(1000h)		1 级			GB/T 1865

注:后 4 项采用底漆/中间漆和面漆组成的配套涂层进行测试。

10.3.7　酚醛环氧涂料

酚醛环氧树脂属多官能团环氧树脂,与双酚 A 型环氧树脂相比,其固化交联密度更大,结构更紧密,由于分子中引进酚醛结构,固化物耐热性更好。酚醛环氧涂料耐强酸性突出,可耐硫酸、盐酸等强酸,抗渗耐溶剂性更优越,耐腐蚀性、耐水性及机械强度等均大大优于普通双酚 A 型环氧树脂涂料。酚醛环氧防腐涂料主要技术指标如表 10 – 26 所列。

表 10 – 26　酚醛环氧防腐涂料主要技术指标

项目	技术指标	测试方法
不挥发物质量分数/%	≥80	GB/T 1725
附着力/MPa	≥8	GB/T 5210
耐盐雾性(1000h)	不起泡、不生锈、不开裂、不脱落	GB/T 1771
耐汽油性((60±2)℃,720h)	不起泡、不生锈、不开裂、不脱落	SY/T 0319
耐热水性(90~100℃,48h)		GB/T 1733
耐酸性(5% H_2SO_4,720h)	不起泡、不生锈、不开裂、不脱落	GB/T 9274
耐碱性(5% NaOH,720h)		
耐盐水性(5% NaCl,720h)		

10.4　石油化工工程防腐蚀涂料涂装

10.4.1　一般规定

1. 基本要求

涂装企业应具有相应的资质,拥有健全的质量管理体系和责任制度,备齐防腐蚀涂装作业指导文件,并进行技术交底。作业人员应经过技术培训和安全教育。防腐设施安全可靠,原材料、施工设备和设施应齐全,施工用水、电、气应能满足现场连续涂装作业的需求。此外,表面处理经检验合格才能进行涂装。

2. 涂料存放

涂料应存放在通风、干燥的仓库内,防止日光直射,并应隔离光源,远离热源,不得有明火或电火花作业。

3. 作业环境

环境温度宜为 5~45℃,基材表面温度应在露点温度以上 3℃,且基材表面应干燥清洁,环境最大相对湿度不应超过80%。在不利气候条件下,应采取有效的措施,如遮盖、采暖和除湿等,以满足涂装作业要求。施工环境通风较差时,应强制通风。雨、雪及大风天气不宜露天作业。

10.4.2　表面处理

1. 表面处理前准备

钢结构在进行喷射或者手工/动力工具打磨处理之前,应清除焊渣、飞溅等附着物,清洗表面可见的污染物,并符合图10－2及以下要求。

（1）锐边:钢材边上的尖角毛刺,用砂轮打磨至半径为2mm的圆角。

（2）切割边:切割边的峰谷落差超过1mm时,打磨到1mm以下,对坚硬的熔渣表面要进行打磨处理。

（3）咬边:焊缝上深为0.8mm以上的咬口,进行补焊处理。

（4）飞溅:焊接产生的飞溅要打磨光顺。

（5）剥落:钢材表面的剥落,用砂轮修整。

（6）焊缝:焊缝接头,以及表面有2mm以上的凸出或有锋利突出时,砂轮打磨光顺。

（7）火焰切割面:需要打磨掉坚硬层。

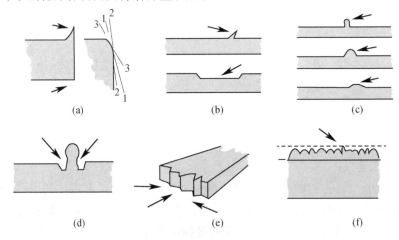

图10－2　钢结构打磨处理示意图

（a）锐边打磨光顺;（b）钢板表面的起鳞应打磨光滑;（c）飞溅的去除;
（d）焊缝咬起应补焊并打磨;（e）钢板切割面要打磨光顺;（f）手工焊缝的毛刺要打磨光顺。

2. 表面除油和除盐

被油脂污染的金属表面除锈前应将油污清除。先采用清洁剂低压喷洗或软刷刷洗,并用洁净淡水或蒸汽冲洗;也可用碱液清洗,碱液清洗要用淡水冲洗至中性。

小面积油污可用溶剂擦洗。表面清除油污的几种方法见表10-27。

　　清除油脂后,表面油污的评定方法有:①用紫外线检测表面的油脂,如有油脂,会发出蓝色的荧光;②用粉笔划过表面,粉笔线变细的地方有油污,如图10-3所示;③洒水法(非标准):如果没有油脂存在,水滴会在表面很快扩散,如果有油脂存在,则会留存在表面形成水珠状。

表 10-27　表面清除油污的几种方法

方法	清洗液配方	质量比/%	清洗液温度/℃	清洗时间/min	适用范围
溶剂法 1	200 号溶剂油	100	常温	洗净为止	一般油污
溶剂法 2	煤油	100			
碱洗法 1	氢氧化钠	3	90	40	少量油污
	磷酸三钠	5			
	硅酸钠	3			
	水	89			
碱洗法 2	氢氧化钠	5	90	40	大量油污
	碳酸钠	10			
	硅酸钠	10			
	水	75			

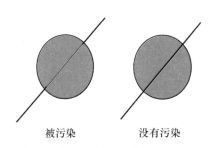

被污染　　　　　没有污染

图 10-3　粉笔线检测油污示意图

表面可溶性氯化物残留量不应高于 $5\mu g/cm^2$,其中罐内液体浸润区域不宜高于 $3\mu g/cm^2$。

3. 旧涂层处理

　　旧涂层处理可采用机械法、酸碱清除法、有机溶剂(脱漆剂)清除法。采用碱液清除时,碱液的配比可参照表10-28。将表中所列的混合物按6%~15%的比例加水配制成碱溶液,并加热至90℃左右,即可进行旧涂层脱除。

表 10 - 28　碱液的配比

原材料	质量比/%
氢氧化钠	77
硝酸钠	10
乳化剂(OP - 10)	3
山梨醇或甘露醇	5
甲酚钠	5

采用有机溶剂(脱漆剂)清除前,应先将物件表面上的灰尘、油污等附着物去除,然后将物件放入脱漆槽中浸泡或将脱漆剂涂抹在物件表面上,使脱漆剂渗到旧漆膜中,并保持"潮湿"状态。浸泡 1 ~ 2h 后或涂抹 10min 左右后,用刮刀等工具轻刮,直至旧漆膜除净为止。脱漆完毕后应用溶剂汽油清洗、擦净,才能进行涂装。

有机溶剂可采用以下配方:①甲苯:乙酸乙酯:丙酮:石蜡,配比为30:15:5:4;②甲苯:乙酸乙酯:丙酮:石蜡:苯酚:乙醇:氨水,配比为30:15:5:4:3:6:4。

4. 表面除锈

表面除锈可采用抛射除锈、喷射除锈、手动和动力工具除锈等方法,优先推荐喷射处理,在喷射处理无法到达的区域可采用动力或手工工具进行处理。钢材表面处理等级按除锈方法和除锈程度确定,符合 GB/T 8923.1 中的 St 2、St 3、Sa 2½ 和 Sa 3 级,具体要求如下。

(1)St 2 级彻底的手工和动力工具清理:在不放大的情况下观察时,表面应无可见的油、脂和污染物,并且没有附着不牢的氧化皮、铁锈、涂层和外来杂质。

(2)St 3 级非常彻底的手工和动力工具清理:同 St 2,表面处理应彻底得多,表面应具有金属底材的光泽。

(3)Sa 2½级非常彻底的喷射清理:在不放大的情况下观察时,表面应无可见的油、脂和污染物,并且没有氧化皮、铁锈、涂层和外来杂质,任何污染物的残留痕迹应仅呈现为点状或条纹状的轻微色斑。

(4)Sa 3 级使钢材表观洁净的喷射清理:在不放大的情况下观察时,表面应无可见的油、脂和污染物,并且无氧化皮、铁锈、涂层和外来杂质,该表面应具有均匀的金属光泽。

(5)底漆为传统的涂料时,表面除锈等级应达到 Sa 2½或 Sa 3 级,当底涂层为金属涂层时,表面除锈等级应达到 Sa 3 级。手工/动力工具处理的局部表面应达到 St 3 级。若因为条件受限无法达到,则至少要达到 St 2 级,并使用低表面处理涂料。

（6）喷射处理后的表面粗糙度应满足设计文件和产品技术文件要求,当设计文件或产品技术文件无规定时,钢材喷（抛）射除锈后的表面粗糙度宜为 40 ~ 75μm。喷射处理后,基材表面应采用洁净的压缩空气吹扫或真空吸尘器清理,并及时进行涂装。若基材表面在未涂装前再次污染或返锈,应进行二次处理至合格。

10.4.3　涂料涂装

1. 涂料配制

在底漆、中间漆和面漆配套使用时,优先选用同一厂家产品。当不同厂家的防腐涂料配套使用时,应进行配套性试验,试验合格后才能使用。

涂料使用前应搅拌均匀方可使用。双组分或多组分涂料配制前,应将各组分搅拌均匀,再按涂料技术文件要求的比例混合,并确保搅拌均匀。使用稀释剂时,应按涂料产品技术文件要求操作。涂料使用应按需分批配制,避免浪费。双组分和多组分涂料混合后若超出适用期则严禁使用。开桶后未配制未使用完的涂料,应密封保存。

2. 涂装施工

涂装前应对标识、焊接坡口、螺纹等特殊部位加以保护。基材表面处理后宜在 4h 内涂装底漆,以免返锈。对于边、角、焊缝及切痕等部位,通常应采用刷子预涂一道涂料,再按工艺要求进行全面涂装。涂装厚度应按照设计文件要求,涂层厚度均匀,不应该有漏涂或者误涂,应对每道涂层厚度进行控制并检测。涂装间隔应按照涂料施工作业指导书的要求进行,在规定时间涂覆底漆、中间漆和面漆。若超出最大涂装间隔,应进行打磨拉毛处理,才能进行下道涂料涂装。涂装完成后应根据涂料技术文件要求进行养护,在养护期间,注意涂层不能受到污染、机械压力和化学品侵蚀等。

10.4.4　过程检查与施工质量控制

1. 原材料检查和质量控制

原材料应具有产品质量合格证及检测报告等产品质量证明文件,性能指标符合设计文件和产品技术文件的规定。

2. 表面处理检查和质量控制

基材表面处理后应全面检查,合格后方可办理隐蔽工程验收,验收合格后方可进行涂装施工。处理后的表面不符合规定时,应重新处理直至符合规定。

3. 涂装过程中检查和质量控制

每道涂层的外观应平整、颜色一致,无漏涂、泛锈、气泡、流挂、皱皮、咬底、剥落和开裂等缺陷。每道厚度应符合设计文件规定。涂装间隔时间应符合涂料施工指导说明书及设计文件的规定。

4. 涂装完成后检查和质量控制

涂层外观应平整、颜色一致,无漏涂、泛锈、气泡、流挂、皱皮、咬底、剥落和开裂等缺陷。若有缺陷,应进行修补或者复涂,修补使用的涂料和厚度应与原涂层相同。涂层总厚度应符合设计文件规定。导静电型防腐蚀涂料表面电阻率宜采用表面电阻率仪进行检测,应满足设计文件要求。

10.5 石油化工工程防腐蚀涂料应用案例

10.5.1 储罐项目防腐蚀涂料应用案例

1. 原油储罐防腐

随着我国石化工业的发展,国家石油战略储备库的建设相继开工,原油储罐防腐蚀也越来越引起人们的重视。原油中含有一定量的 H_2S、SO_2 及氯化物,使得油田产出的原油、油气及油析水混合物具有很强的腐蚀性。在这种环境下,原油储罐易发生腐蚀穿孔等问题,造成原油泄漏,导致重大的财产损失和环境污染事故,甚至危及人们的生命安全。

2020 年中国石化集团石油商业储备有限公司原油商业储备基地工程项目,原油罐区双盘浮顶原油罐的罐体及其平台梯子等钢结构用防腐涂料方案设计如表 10 – 29 所列。

表 10 – 29　原油商业储备基地工程项目防腐涂料方案

部位		涂料名称	干膜厚度/μm
罐内底板及内壁第一圈壁板 2m 以下区域	方案 1	环氧绝缘耐油涂料(底漆)	150
		环氧绝缘耐油涂料(面漆)	250
	方案 2	无溶剂环氧涂料(底漆)	200
		无溶剂环氧涂料(面漆)	200
浮盘下表面、浮盘侧壁及罐内需导静电附件		环氧耐油导静电涂料(底漆)	120
		环氧耐油导静电涂料(面漆)	180
浮舱内(双盘)	方案一	水性无机富锌底漆	100
	方案二	低表面处理水性环氧底漆	50
		水性环氧云铁中间漆	50

续表

部位	涂料名称	干膜厚度/μm
罐外壁、抗风圈、加强圈、顶部平台、盘梯转动扶梯等附件表面罐内壁顶部 2m、浮盘上表面及浮顶上所有附件	环氧富锌底漆	80
	环氧云铁中间漆	100
	丙烯酸聚氨酯面漆	80
罐底板下表面	酚醛环氧涂料(底漆)	150
	酚醛环氧涂料(面漆)	150
地上管道外壁	环氧富锌底漆	50
	环氧云铁中间漆	70
	丙烯酸聚氨酯面漆	70
地下管道外壁	环氧煤沥青防腐涂料(底漆)	60
	环氧煤沥青防腐涂料(面漆)	60
	环氧煤沥青防腐涂料(面漆)	60
	环氧煤沥青防腐涂料(面漆)	60
	环氧煤沥青防腐涂料(面漆)	120
管道支架	环氧富锌底漆	50
	环氧云铁中间漆	70
	丙烯酸聚氨酯面漆	70

2. 二甲苯罐防腐

连云港荣泰化工仓储有限公司罐区一期工程防腐项目包含对二甲苯储罐、醋酸储罐、消防水罐、附属金属结构和埋地管线等。该项目难点为对二甲苯储罐内壁防腐。对二甲苯罐内表面涂层长期浸泡在具有较低闪点的对二甲苯溶剂中,为保障贮存安全性,应采用导静电防腐涂层。对二甲苯为芳烃类溶剂,含有少量苯、甲苯、甲酸等成分,均为强溶解性化学介质,一般环氧类涂层对其长期耐受性不佳。通常环氧涂层对二甲苯耐受情况为"有一定腐蚀,可使用于较低温度,不能超过最高温度40℃,且使用期限较短",对苯、甲苯、甲酸耐受情况为"可能产生强腐蚀,使用须慎重"。酚醛环氧涂层与双酚 A 型环氧涂层相比,固化交联密度更大,结构更紧密,耐强酸性突出,抗渗透、耐溶剂性更优越,耐腐蚀性、耐水性及机械强度等均大大优于普通双酚 A 型环氧涂层。因此,对二甲苯罐内壁采用非碳系酚醛环氧导静电耐溶剂涂料。

3. 液碱罐防腐

液碱是重要的基础化工原料。50% 的液碱对碳钢有较强的腐蚀性,通常采用不锈钢储罐或是做内防腐的碳钢储罐贮存。通过对"酚醛环氧储罐涂料"和"热喷涂不锈钢＋酚醛环氧储罐涂料"进行浸泡720h对比,两种涂层均完好,没有起泡变色等现象。由于涂料树脂(高分子材料)结构以及施工时溶剂挥发使得涂层存在一定的微观孔隙,而联合涂层由于底层不锈钢的存在,即使涂料孔隙导致局部渗透,也会起到一定的隔离作用。由于不锈钢喷涂层的多孔性,第一遍涂料配制成低黏度,使涂料易于渗透到孔隙中,一方面起到封闭孔隙的作用,提高了喷涂层的抗渗性能及耐腐蚀性能;另一方面,涂料嵌入喷涂层表面的微孔中使涂料的附着力有很大的提高。因此,最终决定采用喷涂不锈钢＋酚醛环氧储罐涂料的联合涂层防腐方案。储罐内的加热盘管和进出料管使用不锈钢制造。山东某化工储运企业按此联合方案对碳钢罐进行改造,投运4年以上,涂层基本完好。江苏某化工集团公司新上离子膜烧碱项目采用该联合涂层作为内防腐方案,2008年初投入使用,2018年检查发现涂层基本完好。该联合涂层方案可以使企业节约成本。

10.5.2　石油炼化项目防腐蚀涂料应用案例

江苏斯尔邦石化有限公司醇基多联产项目设备、管道和钢结构防腐涂料方案如表10－30～表10－34所列。

表10－30　不保温碳钢和低合金钢设备与管道的防腐涂料方案

适用范围	除锈等级	涂料名称	涂装道数/道	干膜厚度/μm	干膜总厚度/μm
设计温度: $T \leqslant 120℃$	Sa 2½	底漆:环氧富锌底漆	1	50	280
		中间漆:环氧云铁漆	2	75	
		面漆:脂肪族聚氨酯面漆	2	40	
设计温度: $120℃ < T \leqslant 400℃$	Sa 2½	底漆:无机富锌底漆	1	50	90
		面漆:400℃有机硅耐热漆	2	20	
设计温度: $400℃ < T \leqslant 500℃$	Sa 3	底漆:500℃有机硅铝粉耐热漆	2	20	60
		面漆:500℃有机硅铝粉耐热漆	1	20	
设计温度: $500℃ < T \leqslant 600℃$	Sa 3	底漆:600℃有机硅铝粉耐热漆	2	20	60
		面漆:600℃有机硅铝粉耐热漆	1	20	

表10－31　保温碳钢、低合金钢和不锈钢设备与管道的防腐涂料方案

适用范围	除锈等级	涂料名称	涂装道数/道	干膜厚度/μm	干膜总厚度/μm
碳钢、低合金钢设备与管道,设计温度:$T \leqslant 120℃$	Sa 2½	底漆:环氧富锌底漆	1	50	150
		中间漆:环氧云铁漆	1	100	

续表

适用范围	除锈等级	涂料名称	涂装道数/道	干膜厚度/μm	干膜总厚度/μm
碳钢、低合金钢设备与管道,设计温度:120℃ < T≤400℃	Sa 2½	底漆:无机富锌底漆	1	50	70
		中间漆:400℃有机硅耐热漆	1	20	
碳钢、低合金钢设备与管道,设计温度:400℃ < T≤500℃	Sa 3	底漆:500℃有机硅铝粉耐热漆	2	20	40
碳钢、低合金钢设备与管道,设计温度:500℃ < T≤600℃	Sa 3	底漆:600℃有机硅铝粉耐热漆	2	20	40
不锈钢设备与管道,设计温度:- 20℃≤ T≤120℃	—	底漆:特种环氧树脂底漆	2	40	180
		中间漆:环氧云铁漆	1	100	
不锈钢设备与管道,设计温度:120℃ < T≤450℃	—	底漆:有机硅高温漆(不含锌、铝)	2	25	50

表 10 - 32 保冷碳钢设备与管道的防腐涂料方案

适用范围	除锈等级	涂料名称	涂装道数/道	干膜厚度/μm	干膜总厚度/μm
设计温度:- 50℃≤T≤230℃	Sa 2½	环氧酚醛漆	2	100	200
设计温度:- 100℃≤T≤- 51℃	Sa 2½	聚氨酯防腐漆	2	40	80
设计温度:- 196℃≤T≤- 101℃	Sa 2½	冷底子油	2	—	—

表 10 - 33 埋地管道的防腐涂料方案

防腐蚀等级	防腐蚀层结构	涂层总厚度
特加强级	底漆 - 面漆 - 玻璃布 - 面漆 - 玻璃布 - 面漆 - 玻璃布 - 两层面漆 - CTPU 防水胶	≥3.8mm(其中防水胶厚度为3mm)

表 10-34 钢结构的防腐涂料方案

防腐结构	涂料名称	涂装道数/道	干膜厚度/μm	干膜总厚度/μm
底漆	环氧富锌底漆	2	70	
中间漆	环氧云铁中间漆	1	60	200
面漆	脂肪族聚氨酯防腐面漆	2	70	

10.5.3 煤化工项目防腐蚀涂料应用案例

煤化工行业是腐蚀最严重的行业之一。煤炭经过洗选,含水量高、含硫、氮等元素,呈酸性,容易与接触的金属构件反应产生腐蚀。在加工生产过程中会产生氨气、二氧化硫、氮氧化物、硫化氢等气体和水合物,局部浓度很高,对金属设备和构件都有较强的腐蚀性。硫酸铵、硫磺、硫氢化钠、液氨、含氨废水、脱硫废液等都会对设备产生腐蚀,腐蚀严重的部位一般是高温、潮湿、酸碱或者复合部位,如熄焦塔周围、焦通廊、筛焦楼、鼓冷区、脱硫及脱硫液处理区、污水处理站等。

晋煤天庆公司是山西晋城煤业集团投资建设的大型现代化煤化工企业,主要生产经营液氨、尿素等化肥化工产品。钢结构、常温设备与管道外壁采用环氧富锌底漆、环氧云铁中间漆和脂肪族聚氨酯面漆防腐。高温设备与管道外壁采用有机硅耐热漆进行防腐,低温管道外壁采用冷底子油进行防腐。另外,储罐外壁采用热反射隔热涂料。该配套体系运行多年,防腐效果良好。

青海某公司聚丙烯项目钢结构采用环氧富锌底漆、环氧云铁中间和氯化橡胶面漆。氯化橡胶面漆耐候性不及丙烯酸聚氨酯面漆,属于单组分涂料,具有施工方便的优点,另外防腐性能优异、经济性好。

10.5.4 新型防腐材料应用案例

石油化工行业多数区域腐蚀环境相对恶劣,对防腐涂料的要求也比较高。早些年应用较多的为经济型的醇酸涂料、氯化橡胶涂料、高氯化聚乙烯涂料和环氧煤沥青涂料。近些年随着涂料技术的发展,各建设项目对耐久性和环境保护需求的提升,环氧富锌、无机富锌、环氧云铁、丙烯酸聚氨酯、环氧玻璃鳞片和酚醛环氧玻璃鳞片逐渐得到大面积的应用。近年来,国家在节能减排、环境保护、低碳建设等方面出台的新政策对涂料行业的健康发展起到了很大的推动作用,促使涂料企业开发节能减排涂装新工艺、新技术,限制高耗能的涂装设备与工艺。新政策对防腐涂料行业提出了更高的要求,同时也促使涂料企业开发传统溶剂型涂料的替代品,开发新型高性能或功能型防腐涂料等,如聚苯胺涂层[6]技术、石墨烯防腐涂层[7]技术、低表面处理防腐技术[8]、氟硅树脂防腐技术[9]、水性防腐涂料技术和黏弹体防腐技术[10]等。下面重点介绍水性防腐涂料技术和黏弹体防腐技术应用案例。

1. 水性防腐涂料技术

石化行业传统上用溶剂型防腐涂料较多,涂料闪点低,形成涂装过程中不安全因素。2006 年 10 月底,新疆某石化项目 $10 \times 10^4 m^3$ 原油罐罐顶进行防腐作业时,油漆中有机挥发物发生闪爆,造成 12 人死亡多人受伤的严重安全事故。如何有效控制有机溶剂带来的安全隐患是石化行业迫切需要解决的问题。水性重防腐涂料主要用水做稀释剂,有机挥发物含量极低,没有闪点或闪点非常高,涂装过程中安全风险低,对人体健康和环境的影响也非常小。

目前在石化行业应用较多的是水性无机富锌涂料,但该涂料对基材表面处理要求高,涂料韧性不足,厚涂容易开裂。近几年,随着水性防腐涂料技术的进步,水性环氧涂料、水性丙烯酸聚氨酯涂料和水性导静电耐油防腐涂料的性能得到明显提升。虽然水性涂料在涂装控制及价格方面较溶剂型涂料高,但出于安全、职业健康和环境保护等方面的考虑,国内一些项目逐渐开展水性防腐涂料的应用,如舟山国家石油战略储备基地、黄岛国家石油战略储备库和广州石化中间柴油储罐等。设计院逐渐开始在大型项目中设计水性防腐涂料,中石化洛阳工程有限公司设计的中石化原油储备基地工程项目中,原油罐区的防腐设计为水性防腐涂料,具体方案如表 10 – 35 所列。

表 10 – 35　中石化原油储备基地工程项目原油罐区的防腐涂料方案

部位		涂料名称	干膜厚度/μm
罐底板上表面、罐底以上 2m 罐壁内表面		水性环氧绝缘耐油涂料(底漆)	150
		水性环氧绝缘耐油涂料(面漆)	250
浮顶下表面、浮顶侧壁及罐内导静电附件		水性环氧耐油导静电涂料(底漆)	150
		水性环氧耐油导静电涂料(面漆)	150
浮舱内表面(双盘)	方案一	水性无机富锌底漆	100
	方案二	低表面处理水性环氧底漆	50
		水性环氧云铁中间漆	50
罐壁外表面及所有附件		水性环氧富锌底漆	80
		水性环氧云铁中间漆	100
		水性丙烯酸聚氨酯面漆	80

2. 黏弹体防腐技术

黏弹体是一种独特的聚丙烯类防腐材料,具有单分子非键接的结构特征,这种特征使得其兼具固体和液体的特性,可以长期保持冷流特性[10]。这种特性可以使其浸润到防护基材表面的微小空隙,阻断气体、水分、粒子、微生物的渗透,阻断腐蚀。黏弹体材料能保持 30 年以上不固化,具有优异的黏结性、密封性、耐阴极剥离性和现场易操作性等特点,并且表面处理要求低,无需喷砂除锈,可直接应用于管道和各种异质设备。

1)冷流特性与自我修复特性

黏弹体兼具固、液两相的特点。材料在表面无破损时表现出固体稳定性,某处破损时又表现出液体流动性。在压力不平衡条件下,破损处周围的黏弹体会流向破损点进行自我修复,这种自我修复功能就是冷流性。因此,可以避免管道或设备某处长期遭受腐蚀。

2)优异的黏结力和密封性

黏弹体产品防腐无须涂装底漆,可直接应用于钢、PE、PP、环氧、FBE、沥青等各种表面。黏弹体胶带剥离后,基底仍然被黏弹体胶层完全覆盖,防腐效果良好。

黏弹体多用于长输管道补口防腐以及在役管道防腐修补,还可用于法兰防腐、罐底板边缘板防腐。广东石油化工学院与四川某公司合作在广东沿海相关企业进行工程黏弹体防腐技术应用推广,完成油气管道、储罐底板边缘板、储气站场阀门法兰等设备设施的工程施工项目,防腐效果良好。

参考文献

[1] 余皎,罗佐县,马莉. 改革开放 40 周年石油化工行业回顾与展望[J]. 当代石油化工,2019,27(2):1-9.

[2] 刘新. 石油炼化重防腐涂料的发展应用[J]. 上海涂料,2012,50(5):33-35.

[3] 刘小辉. 石化腐蚀与防护技术[C]//中国腐蚀与防护学会. 第三届(2018)石油化工腐蚀与安全学术交流会论文集. 北京:中国石化出版社,2018:1-7.

[4] 刘刚. 石油化工企业钢结构的腐蚀与防护[J]. 石油化工腐蚀与防护,2019,36(3):13-16.

[5] 秦国治,田志明. 防腐蚀技术及应用实例[M]. 北京:化学工业出版社,2002.

[6] SUYUN L,LI L,YING L,et al. Effect of N-alkylation on anticorrosion performance of doped polyaniline/epoxy coating[J]. Journal of Materials Science & Technology,2020,39(4):48-55.

[7] 沈祖安. 功能性防腐涂层在石化行业应用分析[J]. 炼油技术工程,2019,49(6):58-61.

[8] 王其峰. 防腐蚀涂料在石油工业中的应用探讨[J]. 全面腐蚀控制,2019,33(7):35-36.

[9] 王菲菲,杜汉双,解得省.氟硅树脂防腐技术在煤化工装置中的应用[J]. 燃料与化工,2019,50(1):46-51.

[10] 梁飞华,晋则胜,黄凯亦. 粘弹体在油气管道及贮运设备防腐中的应用研究[J]. 北京石油化工学院学报,2018,2(4)48-57.

第 11 章

电力工业工程防腐蚀涂料体系应用

11.1　电力工业工程结构特点及腐蚀环境分析

11.1.1　电力工业概述

电力工业是世界工业门类中的基础性工业。按照所使用的一次能源类型划分,电力工业可以分为以煤、石油、天然气及生物质等燃料燃烧发电的火力发电厂,以水的势能和动能发电的水力发电厂,以风能发电的风力发电厂,将核能转变为电能的核电厂,以太阳能发电的太阳能电厂,还有地热发电厂、潮汐发电厂、抽水蓄能发电厂等。目前,我国电力工业中占主导地位的是火力发电厂、水力发电厂、核电厂和风力发电厂,其中风力发电厂、太阳能电厂、核电厂等清洁能源电厂,近几年发展迅速,发电量占比处于快速上升阶段。

电力的生产和供应是同时发生的,是一种无贮存的商品,具有即产即用的特点。发电厂的安全稳定运营对于电力安全具有重要作用,统计研究表明,腐蚀破坏是影响发电厂安全稳定运行的主要因素之一。发电设施的多样化决定了发电厂所遭受腐蚀环境的复杂性,整体上发电厂设施所处腐蚀环境均比较恶劣,发电设备设施的腐蚀防护已成为发电厂建设和维护的关键项目之一。

11.1.2　火电工程结构特点及腐蚀环境分析

火力发电是我国最主要的电力生产方式,其发电量占到全国发电量的70%以上。我国火电生产的能源以煤为主,其生产方式主要是利用可燃物燃烧产生的热能加热水,产生高温高压水蒸气,再由水蒸气推动发电机发电。其主要生产设备系统包括汽水系统、燃烧系统、电气系统、发电系统及其他辅助设施。电力生产时,煤燃料燃烧产生的粉尘、灰渣、烟气不可避免地会对周围环境产生不利影响,引起区域内设备的大气腐蚀、设备高温部位的热腐蚀和汽水系统局部介质腐蚀,腐蚀环境恶劣,腐蚀因素多样。根据火电厂设备设施所处腐蚀环境特点,整体上可将火电厂设备设施分为五类:①常规钢结构,包括锅炉钢结构、厂房钢结构等;②冷却水水管内外壁;③高温部位钢结构;④脱硫系统装置及烟道、烟囱;⑤冷却塔。

1. 常规钢结构腐蚀环境

火电厂内的钢结构包括汽轮机岛、锅炉岛、污水处理厂、脱硫系统钢结构附件、卸煤机及输煤系统、厂房钢结构等,这些暴露于大气中的钢结构受区域大气环境和厂区排放环境的双重作用。可燃物燃烧产生的 CO_2、SO_2、煤灰粒子及颗粒物等对钢结构有着严重的腐蚀性,若区域大气环境具有其他腐蚀因子,如处于海边或重工业区的电厂,高湿、高盐或化学腐蚀因子的叠加作用,将进一步加剧钢结构的腐蚀。按照 ISO 12944 – 2 对腐蚀环境的分类,火电厂钢结构所处大气环境属于 C4、C5 高腐蚀环境。

2. 冷却水管内外壁腐蚀环境

火力发电厂由于是采用高温高压蒸汽推动汽轮机做功,需要将做过功的乏汽冷却凝结成水循环使用,因此必须采用冷却循环水系统。冷却循环水管道通常为埋地管道,长度从数百米到数千米不等。根据电厂所处地理位置不同采用的冷却水也不同,靠近大江大河地区的火力发电厂,如长江、黄河、淮河等,大多采用淡水;靠近海洋的火力发电厂则大多采用海水。

1)外壁腐蚀

埋地循环水管的外壁腐蚀包括土壤环境腐蚀、空气环境腐蚀、水浸泡环境腐蚀及水滴冲刷腐蚀等多种腐蚀等环境,由于输送距离长,所处环境复杂多变,复杂的腐蚀环境容易造成管道发生电化学腐蚀,从而导致局部腐蚀穿孔危险的发生。管道一旦破损导致渗漏,势必造成较大经济损失,必须对管道进行科学有效的防腐。

循环水管道产生腐蚀的环境因素是多样的。暴露在空气中管道主要是由于高湿空气及水滴冲击对钢结构的腐蚀,浸泡在水环境中管道主要是受到水渗透及电解质盐的腐蚀。处于这两种环境中的循环水管道可以及时进行防腐维护,对管道运行安全不会造成重要威胁,维护成本相对较低。而埋地管道部分由于掩埋在地下,腐蚀状态不易监测,出现腐蚀破坏维修难度大,其腐蚀状态对整个循环水管道安全运行具有重大影响,因此埋地管道的腐蚀防护是循环水管道防腐的重中之重。埋地管道在土壤中的腐蚀原因可以归纳为 3 个方面。

(1)土壤腐蚀。土壤中有水分和可溶解盐分存在,如硫酸盐、氯盐等,使土壤具有电解液的特征,与埋地管道裸露的金属构成了腐蚀电池。金属腐蚀的严重程

度与土壤电阻率有对应关系,因此通过对土壤电阻率测定,可判断土壤的腐蚀等
级。土壤电阻率与土壤腐蚀性关系见表 11 – 1(《电力工程地下金属性构筑物防腐
技术导则》(DL/T 5394—2007))。

表 11 – 1　土壤电阻率与土壤的腐蚀性

土壤腐蚀性	极弱	较弱	弱
土壤电阻率/(Ω · m)	>50	20 ~ 50	< 20

(2)微生物腐蚀。土壤中的细菌等微生物作用而引起的腐蚀,称为微生物腐
蚀。微生物腐蚀主要通过以下途径发生:①细菌将土壤中的某些有机物转化为盐
类、酸类等腐蚀性介质引起管道腐蚀;②微生物可改变埋地金属结构腐蚀电池的去
极化条件,加快电化学腐蚀的速度;③微生物细菌可深入防腐涂层,从而破坏埋地
管道的防腐层造成腐蚀。

(3)杂散电流腐蚀。杂散电流对埋地冷却水管道的腐蚀不同于土壤的自然腐
蚀,腐蚀是由于外部电流从管道缺陷处进入管道,沿管道流动一段距离后,又从管
道流入到土壤,在电流流出部位以电解电池阳极反应造成管道腐蚀。杂散电流通
常源自电气化铁路、阴极保护设施、交直流高压输电系统接地极等设施所产生,表
现形式有直流杂散电流、交流杂散电流和大地中自然存在的地电流 3 种,其中以直
流杂散电流对埋地管道的危害最为严重。

2)内壁腐蚀

根据电厂采用水源不同,管道的内壁腐蚀环境分为淡水腐蚀环境和海水腐蚀
环境。

(1)淡水腐蚀。钢铁在淡水环境中的腐蚀主要是氧去极化的电化学腐蚀,淡
水中氧的存在是导致钢铁腐蚀的根本原因。腐蚀过程主要受氧向金属表面扩散过
程控制。与海水相比,淡水含盐量相当低,尽管不同区域淡水含盐量差别比较大,
但整体上淡水含盐量为 0. 01% ~ 0. 5%,电导率约为 100 ~ 1000μS/cm,导电性差,
因此淡水腐蚀比海水轻得多。但循环水经喷淋冷却后基本被氧饱和,含氧量大于
8g/L,较自然淡水腐蚀性更强[1]。

(2)海水腐蚀。海水是一种典型的多组分电解质溶液,电解质含量约 3. 5%,
江河入海口处海水含盐量在 1% ~ 3%。海水中电解质以氯化盐居多,其中氯化钠
含量最高,达 2. 72%,占海水中电解质的 77. 8%。高氯离子含量使钢铁在海水中
不能建立钝态,导致钢铁在海水中的快速腐蚀。高电解质含量决定了海水的电导
率远大于淡水的,因此,金属腐蚀电阻滞远低于淡水,海水中不仅微观电池的活性
大,而且宏观电池的活性也较淡水大,因此海水的腐蚀性远超淡水[1]。

冷却水管道内壁除了管内介质的浸泡引起的腐蚀外,管道采用加压输水,水流
对管道的冲刷作用也会加速内壁的腐蚀。

3. 高温部位钢结构腐蚀环境

火力发电厂有些设备处于高温状态,不同区域设备温度不同,甚至同一设备的不同部位也存在不同温度,主要涉及锅炉岛设备、热风道、蒸汽管道、凝结水管道、汽包、脱硫烟囱等部位,一般设备温度区间位于 120 ~ 600℃,个别区域温度大于600℃。电厂高温部位腐蚀环境主要为热腐蚀,钢材与空气中的氧、硫、碳、氮、氯等腐蚀性元素,在高热环境下加速发生反应,造成钢材腐蚀。如果设备内壁有腐蚀介质,同样在热作用下,加速了腐蚀介质对钢材的腐蚀,具有比常温环境更加恶劣的腐蚀强度。

4. 脱硫系统装置、烟道及烟囱腐蚀环境

我国火力发电厂主要以煤为燃料,而我国原煤中灰分和硫分含量较高,大部分燃煤的灰分为 25% ~ 28%,硫分为 0.1% ~ 10%,导致燃煤电厂烟气中主要腐蚀介质为 SO_2[1]。采用烟气脱硫系统(fuel gas desulfurization,FGD)是当今燃煤火电厂控制 SO_2 排放的主要措施。电厂烟气脱硫技术可以分为五大类,即干法、石灰石 - 石膏湿法、半干式旋转喷雾干燥法、电子束法和海水脱硫,其中石灰石 - 石膏湿法是当今最成熟和应用最多的脱硫工艺,也是我国电力工业推荐的火电厂烟气脱硫主导工艺,其典型工艺过程如图 11 - 1 所示[2]。

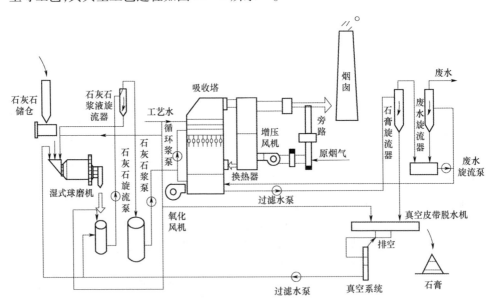

图 11 - 1   典型石灰石 - 石膏湿法脱硫工艺流程

湿法 FGD 装置的腐蚀环境非常复杂,系统内不同部位的腐蚀环境和腐蚀特点各不相同,典型腐蚀工况见表 11 - 2[1]。

表 11 - 2　湿法 FGD 系统内的主要腐蚀工况

部位	腐蚀介质	温度/℃	备注
原烟气侧至 GGH[①] 热侧前（含增压风机）	高温烟气,含有 SO_2、SO_3、HCl、HF、NO_x、水汽等	130～150	烟气温度高于露点,当 FGD 系统停运时烟气可能漏入,需考虑防腐
GGH 入口段、GGH 热侧	部分湿烟气、酸性洗涤物、腐蚀性类（SO_4^{2-}、SO_3^{2-}、F^-、Cl^- 等）	80～150	需防腐
GGH 至吸收塔入口烟道	烟气,含有 SO_2、SO_3、HCl、HF、NO_x、水汽等	80～100	烟气温度低于酸露点,有凝露存在,需防腐
吸收塔入口干湿界面区域	喷淋液（石膏晶体颗粒、SO_4^{2-}、SO_3^{2-}、F^-、Cl^-、盐等）,湿烟气	45～80	pH = 4～6.2,会严重结露,洗涤液易富集,结垢,腐蚀条件恶劣
吸收塔浆液池内	大量的喷淋液（石膏晶体颗粒、SO_4^{2-}、SO_3^{2-}、F^-、Cl^-、盐等）	45～60	pH = 4～6.2,有颗粒物冲刷磨损作用
浆液池上部、喷淋层及支撑梁、除雾器区域	喷淋液（石膏晶体颗粒、SO_4^{2-}、SO_3^{2-}、F^-、Cl^-、盐等）,过饱和湿烟气	45～55	pH = 4～6.2,有颗粒物冲刷磨损作用,温度低于酸露点
吸收塔出口到 GGH 前	饱和水汽,残余的 SO_2、SO_3、HCl、HF、NO_x,携带的 SO_4^{2-}、SO_3^{2-}、盐等	45～55	温度低于露点,会结露、结垢
GGH 冷侧	饱和水汽,残余的 SO_2、SO_3、HCl、HF、NO_x,携带的 SO_4^{2-}、SO_3^{2-}、盐等,热侧进入的飞灰	45～80	温度低于露点会结露、结垢
GGH 出口至 FGD 出口挡板	水汽,残余的 SO_2、SO_3、HCl、HF 等	≥60	会结露、结垢
FGD 出口挡板至烟囱	水汽,残余的 SO_2、SO_3、HCl、HF 等	60～150	FGD 运行时会结露、结垢,停运时要承受高温烟气

部位	腐蚀介质	温度/℃	备注
烟囱	水汽、残余的酸性物	60～150	FGD 运行时会结露、结垢，停运时要承受高温烟气
循环泵及附属管道	喷淋液（石膏晶体颗粒、SO_4^{2-}、SO_3^{2-}、F^-、Cl^-、盐等）	45～55	有颗粒物冲刷磨损作用
石灰石浆供给系统	$CaCO_3$ 颗粒的悬浮液，工艺水中的 Cl^-、盐等，$pH\approx8$	10～30	有颗粒物冲刷磨损作用
石膏浆液处理系统	石膏浆液（石膏晶体颗粒、SO_4^{2-}、SO_3^{2-}、F^-、Cl^-、盐等）	20～55	有颗粒物冲刷磨损作用
排污坑、地沟等其他部位	各种浆液，$pH<7$	<55	需防腐
废水处理系统	浓缩的废水，Cl^- 含量高	常温	需防腐

① GGH 为烟气加热装置。

当含硫烟气处于脱硫工况时，在强制氧化环境作用下，烟气中的 SO_2 首先与水生成 H_2SO_3 及 H_2SO_4，再与碱性吸收剂反应生成硫酸盐沉淀分离。而此阶段，工艺环境温度正好处于稀硫酸活化腐蚀温度区间，其腐蚀速度快，渗透能力强，故中间产物 H_2SO_3 及 H_2SO_4 是导致设备腐蚀的主体。此外，烟气中所含的 NO_x、吸收剂浆液所含的氯离子（海水法氯离子腐蚀影响更大）对金属基体也具有较强的腐蚀性。

稀硫酸属非氧化性酸，对金属材料的腐蚀行为宏观表现为金属对氢的置换反应。从腐蚀学理论上可解释为氢去极化腐蚀过程（也称析氢腐蚀）。就常用材料碳钢及不锈钢而言，两种材料在稀硫酸环境中均处于活化腐蚀状态，但腐蚀机理又略有不同。碳钢在稀硫酸或其他非氧化性酸溶液中的腐蚀属于阳极极化及阴极极化混合控制过程，这是因为铁的溶解反应活化极化较大，同时氢在铁表面析出反应的过电位也不小，两者对腐蚀结果贡献相当，同时对腐蚀过程起控制作用，故腐蚀速度很快。而不锈钢在稀硫酸中的腐蚀属于阳极极化控制过程。这是因为不锈钢在稀硫酸介质中仍能产生一定程度的钝化，金属离子必须穿透氧化膜才能进入溶液，因此有很高的阳极极化过电位，阳极极化作用大于阴极极化。

在湿法烟气脱硫中，为保证生成物结晶效果，必须强制氧化。当介质中有氧存在时，不锈钢等金属表面上钝化膜的缺陷易被修复，因而腐蚀速率降低。但因同时具有固体颗粒磨损作用及介质环境 Cl^- 存在，其钝化膜易被 Cl^- 破坏，从而使腐蚀速率大大增加。Cl^- 的破坏原因可能是由于 Cl^- 具有易极化性质导致的。Cl^- 容易在氧化膜表面吸附,形成含氯离子的化合物,由于这种化合物晶格缺陷较多,且具有较大的溶解度,故会导致氧化膜的局部破裂。此外,吸附在电极表面的离子具有排斥电子能力,也促使金属的离子化,但阳极极化仍是主要的腐蚀方式[3]。

虽然脱硫后烟气中的SO_2含量大大降低,但脱硫系统对烟气中少量SO_3的去除效果不佳,通常为20%~30%。且经湿法脱硫后,烟气的湿度增加,温度降低(通常为45~55℃),因而烟气更容易在烟囱内壁结露,造成烟气中残余的SO_3溶解形成腐蚀性很强的稀硫酸。同时烟气中SO_2的存在,会导致露点升高,有研究显示,当烟气中含量仅为0.008%时,露点可升至171℃,增加了腐蚀性酸液在烟囱内壁的结露,而且随着烟气温度降低,一定程度上造成烟囱处于正压运行状态,从而提高了凝露酸液对筒壁的渗透性,酸液与水泥中的氢氧化钙发生化学反应,破坏钢筋混凝土中钢筋钝化膜的稳定性,导致混凝土层粉化脱落、钢筋锈蚀乃至混凝土结构的破坏。针对这一问题,火力发电厂的FGD装置中设计加装了烟气加热装置(GGH),利用GGH将脱硫后的烟气加热至80℃左右,减轻烟气在烟囱内表面的结露情况,并且保护烟囱维持在一定负压下运行,降低腐蚀产物的生成量和渗透性,同时增加烟气的抬升排放高度和扩散范围[4-6]。然而在实际运行中,许多烟气再热后的温度仍然处于酸露点以下,因此烟囱的防腐主要针对酸凝露和一定的热环境进行防护设计。

5. 冷却塔腐蚀环境

冷却塔是发电厂循环水供应系统中的最重要结构体,我国火力发电厂普遍采用的是双曲线自然通风冷却塔,主要在冷却塔内依靠水的蒸发将水的热量传给空气从而使水冷却,使热力系统实现冷却循环,其运行好坏直接影响机组的运行效能和安全生产,基本构造如图11-2所示[7]。冷却塔属于大型钢筋混凝土构筑物,一般结构特点为双曲线薄壳结构,表面积大,由塔筒、集水池、人字柱、淋水架构等部分组成。

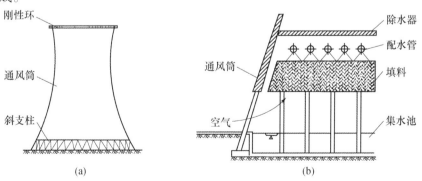

图11-2 双曲线冷却塔示意图及局部剖面图

(a)双曲线冷却塔;(b)局部剖面图

其工作流程是由凝汽器吸热后出来的循环水,经压力管道从冷却塔底部进入冷却塔竖井,送入冷却塔,然后分流到各主水槽,经分水槽流向配水槽,水通过配水槽喷嘴,形成喷溅水花,均匀洒落在淋水填料层上,喷溅水向下流动,造成多层次溅散。随着水的下淋,将热量传给与之逆向流动的空气,同时水不断蒸发气化吸热,使水的温度下降,从而达到冷却循环水的目的。冷却后的循环水落入冷却塔下面的集水池,沿自流渠进入吸水井,由循环水泵升压后再送入凝汽器循环使用。

电厂冷却塔的环境特点为:热电厂以煤为原料,环境中二氧化碳、二氧化硫含量较高,降酸雨的机会较大,内壁表面常年受到水的冲刷。冷却塔混凝土结构的主要腐蚀破坏形式有混凝土开裂和钢筋锈蚀。双曲线自然通风塔和其他混凝土结构一样,其寿命取决于其所在的环境以及抵抗各种恶劣环境对其侵蚀的能力。冷却塔处于二氧化碳和二氧化硫含量高的干湿交替环境,自身钢筋保护层较薄,使其很容易发生腐蚀破坏。内壁防水保护涂层破损,丧失防水功能,酸性含盐水溶液渗入到混凝土中,使钢筋锈蚀膨胀,造成保护层混凝土开裂脱落。钢筋混凝土的耐久性与混凝土的密实性有很大关系,多孔的混凝土为介质的侵入和腐蚀创造了条件,在水的冲刷以及环境老化作用下,混凝土很容易受到腐蚀破坏。另外,由于冷却塔内部潮湿环境,容易滋生微生物,并且大量繁殖,微生物及其代谢产物也对混凝土产生较严重的腐蚀作用。

如果排烟冷却塔作为脱硫烟气的排放通道,脱硫烟气中残余的腐蚀介质(CO_2、SO_2、SO_3、HCl、HF 等)与水蒸气接触,凝结的水滴中含有酸、氯盐等强腐蚀介质,腐蚀环境属于有一定温度的高湿混合酸型腐蚀环境(局部 pH 值可能达到 1),腐蚀强度远高于常规自然通风冷却塔。

11.1.3 风电工程结构特点及腐蚀环境分析

风力发电场是风力发电机利用风能生产电的设备集群。风能是一种清洁无公害的可再生能源,风力发电没有火力发电所产生的烟尘、硫氧化物、氮氧化物等污染物排放,不会对区域环境造成污染,更没有 CO_2 等温室气体排放,其能源转化过程是清洁无污染的。我国风能资源丰富,据中国气象局统计分析,我国风能开发潜力逾 $25 \times 10^8 \, kW$,开发潜力巨大[8],是我国清洁能源的重要发展方向之一。

风力发电设备主要由桨叶、风机和塔架组成,结构示意图如图 11 - 3 所示,其中塔架是主要承重结构,是风电设备安全运行的关键结构,因此,塔架的腐蚀防护是风力发电设备防护的重中之重。风力发电场所处的环境均是自然条件恶劣的户外环境,常年风力在 4 级以上,陆上风电场还伴有风沙侵蚀。风力发电设备受到户外强日光暴晒,经受风雨、冰雪的侵蚀,并受到冷热循环影响。海上或者滨海风力发电场,设备还受到高湿、高盐大气环境侵蚀,处在海水中的塔架还会受到海水浸泡侵蚀,以及潮差和海浪引起的局部干湿交替作用,腐蚀环境更为恶劣。

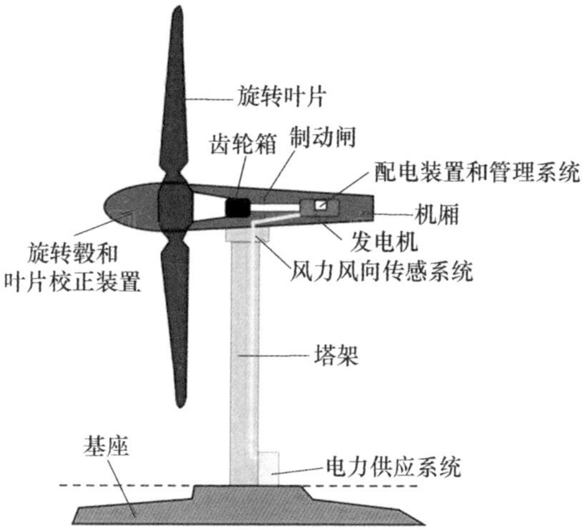

图 11 - 3　风力发电设备结构示意图

1. 陆上风力发电场腐蚀环境

陆上风电场的规划和安装通常都在乡村、城市外围或者滨海地区,其所受腐蚀环境主要为自然气候环境,工业环境对其影响较小。我国幅员辽阔,从南到北跨越多个气候带,而且风能的分布具有明显的地域性规律,根据可利用风能储量,可划分出我国风能区域,见表 11 - 3[9]。

表 11 - 3　我国风能区域划分

风能区域划分	风能丰富区	风能较丰富区	风能可利用区	风能贫乏区
有效风能密度 /(W/m²)	≥200	150 ~ 200	50 ~ 150	≤50
风速 3 ~ 20m/s 年 小时数/h	≥5000	4000 ~ 5000	2000 ~ 4000	≤2000
典型地区	东南沿海及其岛屿、内蒙古北部、山东及辽东沿海	东南沿海近海岸、渤海沿海、河西走廊、青藏高原	两广沿海区、黄河长江中下游、川西南和云贵北部	云贵川、甘南、陕西、鄂西、湘西、两广山区、塔里木盆地等

我国陆上风电分布区域广,腐蚀环境差别较大,主要取决于风电场所处区域的大气环境,如西北地区气候干燥,水汽腐蚀影响小,但西北地区太阳直射时间长、强度高,早晚温差大,而且风中沙尘含量高,沙尘冲刷腐蚀较为严重,见图 11 - 4。而东南沿海区域气温高、湿度大,空气中盐分含量高,对钢结构腐蚀作用强。东北区域气温低、湿度中等,但存在冻融循环问题及覆冰问题,见图 11 - 5。

图 11 - 4　锡林浩特风场　　　　　　图 11 - 5　满都拉风场

2. 海上发电场腐蚀环境

海上风电场包括潮间带和潮下带滩涂风电场、近海风电场和深海风电场,目前我国的海上风电场主要是潮间带风电场和近海风电场。海上风电不同于陆上风电,具有不占用土地资源、风能资源稳定、靠近负荷中心、无消纳问题等优点。根据2009 年国家气候中心的评估,我国 50km 离岸距离、50m 高度的近海风能资源理论技术可开发量为 $7.58 \times 10^8 \mathrm{kW}$,开发前景广阔[10]。海上风电已成为风力发电的重点发展领域,我国海上风能主要集中在东南沿海、山东半岛沿海和辽东半岛沿海。

海上风电设备是利用桩基将风电塔筒、风机和桨叶固定在海洋中,如图 11 - 6所示,根据所受腐蚀环境不同,海上风电设备的腐蚀区域包括大气区、飞溅区、潮差区、全浸区和海泥区[11]。

图 11 - 6　珠海桂山风电设备

1）海洋大气区腐蚀环境

海洋大气与内陆大气有着明显的不同,海洋大气湿度大,易在钢铁表面形成水膜,大气中盐分多,它们沉积在结构表面与水膜一起形成导电良好的液膜电解质,为电化学腐蚀提供有利条件,因此,海洋大气比内陆大气对钢铁的腐蚀程度要严重得多。

2）飞溅区腐蚀环境

飞溅区除了受海盐、湿度、温度等腐蚀因素影响外,还要受到海水飞溅所引起的表面干湿交替作用。飞溅区结构物表面的海盐粒子量要远远高于海洋大气区,而且表面含氧量充足,持续的干湿交替作用,同时还会受到海水及表面漂浮物的冲击。钢材在飞溅区的腐蚀速度要远大于其他区域,腐蚀峰值也出现在该区域。这是因为氧在这一区域供应最充分,氧的去极化作用促进了钢材的腐蚀,同时海水的冲击会不断破坏钢材表面腐蚀产物和保护层,形成磨耗 – 腐蚀联合作用,使腐蚀加速。

3）潮差区腐蚀环境

潮差区钢铁表面与高含氧量海水周期性接触,造成钢材的电化学腐蚀。同时钢铁表面会附着海洋生物,海洋生物分泌物也会对钢材产生一定的腐蚀作用。在冬季有流冰的海域,潮差区的钢铁设施还会受浮冰的撞击影响。

4）全浸区腐蚀环境

海水全浸区结构长期浸泡于海水中,比如桩基的中下部位,海水温度、溶解氧、盐度、pH 值、流速、污染物、海洋生物等随海洋深度不同而变化,所以全浸区不同深度海水对钢材的腐蚀速度不同。由于钢铁在海水中的腐蚀反应受氧的还原反应所控制,所以溶解氧对钢铁腐蚀起着主导作用,由于氧浓差效应,全浸区接近海面部位会出现一个腐蚀峰,然后随海水深度增加,腐蚀速率逐渐降低。

5）海泥区的腐蚀

海泥区含盐度高,电阻率低,但是氧浓度很低,对钢材的腐蚀作用较小。海泥中含有的硫酸盐还原菌对腐蚀起着极其重要的作用。由于硫酸盐还原菌在缺氧环境下能够生长繁殖,若硫酸盐还原菌在海泥中大量繁殖,将大大加速钢材的腐蚀速率。有研究表明,存在大量硫酸盐还原菌的海泥中钢材腐蚀速率要比无菌海泥中快 3.5 倍,碳钢在有菌和灭菌海泥构成宏电池时,在有菌海泥中作为阳极,碳钢的腐蚀速率比自然腐蚀状态下有所增大,加速率为 11.9%。而在灭菌海泥中作为阴极,碳钢的腐蚀速率比自然腐蚀状态下有所减小[12]。

水力发电厂是把水的势能和动能转换成电能的工厂,在我国也称为水电站。

水电是优质的可再生能源和清洁能源，我国河流众多，水电资源集中，据统计，我国水电资源可开发装机容量约 $6.76 \times 10^8 kW$，无论是水能资源储藏量，还是可开发水、电资源量，中国均居世界第一[13]。中国水电资源集中在金沙江、雅砻江、大渡河、澜沧江、乌江、长江上游、南盘江、红水河、黄河上游、湘西、闽浙赣、东北、黄河北干流以及怒江等水电基地，总装机量约占全国技术可开发量的 50.9%，能够实现流域、梯级、滚动开发，有利于建成大型的水电基地，有利于充分发挥水电资源的规模效应，实施"西电东送"。

水电站一般由挡水建筑物（坝）、泄洪建筑物（溢洪道或闸）、引水建筑物（引水渠或隧洞，包括调压井）及电站厂房（包括尾水渠、升压站）四大部分组成。金属钢结构是水利工程的重要组成部分，水工金属结构泛指应用于水利水电工程结构中的各种永久性钢结构和机械设备，包括工作闸门、压力水管、拦污栅、起重机、厂房钢结构、埋件等，是水利水电枢纽中泄水、引水发电和通航等的重要设施。水工混凝土结构包括混凝土大坝、水闸、堤防、隧道和渡槽等。

水工结构的腐蚀环境复杂，首先不同地区、不同时间点的自然环境差别巨大，而且同一水电站的不同结构所处环境也不同，包括室内潮湿大气、室外自然大气、干湿交替环境、静水工况、动水工况、高速含砂水流、泥下环境等环境状况。

当前我国水电工程多处于西南、西北等地区的山林，远离城市，周围大气环境污染程度较小，但由于所处区域环境影响，普遍湿度较大，而且昼夜温差大，极容易产生凝露现象，南方区域还存在高温影响，再加上近些年上下游水体污染和酸雨等因素，自然环境腐蚀日趋加重。

在干湿交替环境中工作的构件很容易发生表面腐蚀破坏，如船闸人字门、闸门门槽埋件、船闸浮式系船柱、泄水表孔闸门和检修门等，该部位波浪起伏，空气中的氧持续扩散到水中，使水中溶解氧浓度增高，高氧含量的水流冲击，在钢材表面持续产生去极化作用，而且干湿交替处上层水面含氧量高，深层水中含氧量低，在构件表面又形成氧浓差腐蚀电池，加剧钢结构的腐蚀，因此水线部位是水工金属结构腐蚀最严重的区域。该区域腐蚀环境和机理与海洋飞溅区的腐蚀环境类似，但水电所处的淡水中含盐量低，钢材腐蚀速度比海上低。

水下区包括静水区和动水区，静水区的钢结构装备有船闸人字门、检修闸门和叠梁门、电站进水口检修门、泄洪坝段深孔和表孔检修门等，动水区的钢结构装备有电站进水口工作闸门、压力钢管、拦污栅、水轮机过流部件等。在水中的腐蚀主要是电化学腐蚀，腐蚀速率主要与水中含盐量、溶解氧含量、pH 值、温度、压力以及水生物等因素有关，但水电工程所处淡水环境，淡水的含盐量低，电阻率高，虽然水中溶解氧与海水类似，但对钢材的腐蚀速率比海水低。

有研究表明,水工金属结构水下部分还存在明显的局部腐蚀现象,表现形式为锈瘤,这种情况在夏季水温较高时发生得更剧烈。这是由于在水流速度较低时,水中的微生物(铁细菌、硫酸盐还原菌等)在钢铁表面代谢繁殖,大量细菌代谢产物加速钢铁表面的去极化作用,使钢材出现点蚀、坑蚀等局部腐蚀现象,对钢结构的安全性造成极大危害。

动水区除了水体浸泡产生的腐蚀外,还存在水流冲刷、泥沙磨损及一定的空化腐蚀作用,动水区的腐蚀强度与水流速度和泥沙含量关系较大,一般来说,水流速度越大,泥沙含量越高,钢结构的腐蚀速率越快。一般而言,动水区拦污栅的过栅流速为 1m/s,压力钢管内流速约 8m/s,船闸输水廊道内流速约 20m/s,深孔、底孔闸门处流速为 30 ~ 35m/s,排沙底孔内流速为 18 ~ 28m/s,水轮机转轮叶片处流速为 30 ~ 40m/s[1],各处的腐蚀速率不同,因此,需对不同流速处的钢结构进行针对性的防护处理。

埋件处于江河流域泥下区,由于泥中含氧量较低,泥下区的腐蚀最轻,大量拔桩实测结果表明,泥下区腐蚀速率为 0.006 ~ 0.03mm/年,所以泥下钢结构一般不做防腐,但靠近泥面处可能会与泥下区构成氧浓差电池腐蚀,泥中氧浓度低的部位成为阳极,产生腐蚀,因此水下区的涂装防护需要向泥下区做一定延伸,从而避免泥下腐蚀的发生。对于污染流域,泥中可能会存在大量硫酸盐还原菌等微生物,会对泥下钢结构造成严重的局部腐蚀,因此对泥下区的防护需要考虑当地土壤化学成分和土质情况,采取有针对性的防护措施[14]。

11.1.5　核电工程结构特点及腐蚀环境分析

核电站是通过适当的装置将核能稳定地转变为电能的设施。核能是一种清洁、高效的能源,单位质量核燃料产生的热量是同等质量煤的 260 万倍、是石油的 160 万倍,与传统火电相比,核电在运营过程中不产生 CO_2 等温室气体,也不产生任何 SO_2、NO_x 等可导致酸雨的气体,大气污染物几乎零排放。基于当前低碳经济发展模式,我国面临巨大碳减排压力,核能反应过程当中没有碳的产生,发展核电是解决我国碳排放减排压力的重要通径之一,符合我国低碳减排的政策。另外,核电站的核废料处理以掩埋为主,体积小、密封措施严密,对环境的污染很小。

同时核电与其他清洁能源相比也有优势。由于有枯水期和丰水期的分别,造成水电电力不够稳定。而太阳能和风能在短期内又不可能在总电力装机容量中占有较大的份额。所以,核能是目前唯一达到工业应用、可以大规模替代化石燃料的能源[15]。

　　核电也是我国大力开发的清洁能源之一,20 世纪 70 年代开始,我国开始陆续建设核电站,包括广东大亚湾核电站、岭澳核电站、秦山核电站、阳江核电站、大连红沿河核电站、江苏田湾核电站、防城港核电站、福清核电站等,中国核电技术经历了国外引进、消化、吸收、再创新的过程,形成了自主知识产权的三代核电技术,进入自主设计、自主制造、自主建设和自主运营的核电"自主创造"新阶段,中国核电具有广阔的发展空间。

　　目前,世界上核电站采用的是核裂变产生能量,按照能量不同、燃料不同、慢化剂和冷却剂不同,反应堆核可分为多种类型,主要有压水堆、沸水堆、重水堆、快堆以及高温气冷堆等,其中压水堆技术是目前技术最成熟、应用最成功的动力堆型。以压水反应堆核电站为例,核电站主要由核岛和常规岛两部分组成,核岛是发生核反应生产蒸汽的区域,包括安全壳、核反应堆、核蒸汽供应系统、安全壳喷淋系统和辅助系统,常规岛是利用蒸汽发电的无核区域,包括汽轮发电机组、汽 - 水循环回路、输变电系统及辅助系统,发电原理流程如图 11 - 7 所示[16]。

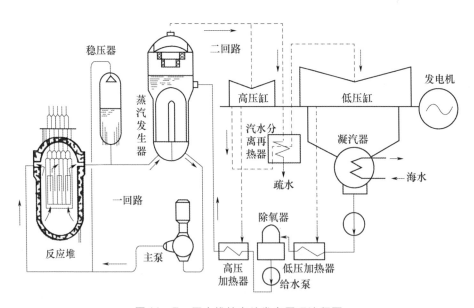

图 11 -7　压水堆核电站发电原理流程图

　　核电站具有非常复杂的结构组成,由于核电辐射危害的特殊性,对核电设施的腐蚀防护要求更为严苛,核电站腐蚀环境可分为大气环境和埋地或液体介质接触环境,中国核电工程有限公司颁布的《核岛机械设备涂装通用技术条件》对不同腐蚀环境的涂层系统进行了划分,并对涂层系统进行了系统化编号,详见表 11 - 4 和表 11 -5。

表 11-4 与大气接触的涂层系统的系列代号

系列代号	使用范围		适用的厂房和环境
PIA	非核区 (无放射性污染)	正常大气	不含酸、碱性气氛
PIB		腐蚀性大气	含酸、碱性气氛
PIE		钠回路房间	含钠的悬浮颗粒(氧化物和氢氧化物),碱性气氛
PIF	核区 (放射性污染)	钠回路房间	一回路(钠)中的裂变产物释放造成的污染;含钠的悬浮颗粒(氧化物和氢氧化物),碱性气氛
PIG		无钠回路房间	一回路(钠)中的裂变产物释放造成的污染
PEC	室外露天环境		海洋性大气环境,海水飞溅,高盐雾和高湿度
PIT	所有厂房	包保温材料的碳钢表面	运行温度不小于120℃

表 11-5 埋入地下或与液体介质接触的涂层系统的系列代号

系列代号	涂层所接触的介质环境
PLA	埋入土中
PLB	硬水(原水)
PLC	软水
PLD	除盐水
PLE	海水
PLF	碳氢化合物
PLG	酸性溶液
PLH	碱性溶液
PLJ	放射性液体

表 11-4 和表 11-5 所列出的环境即核电站不同区域所处环境,由于我国核电站目前都处于沿海区域,核电站不同区域所受到的腐蚀环境与沿海结构物所受腐蚀环境一致,在核岛内增加了具有特殊的核辐射腐蚀因素,设备服役过程中不但会承受阳光暴晒、风雨侵蚀,还受到水汽、盐雾、介质浸泡,个别区域还存在高温、核辐射环境,对设备的服役安全造成巨大威胁,因此必须根据核电站不

同区域的腐蚀特点和特殊要求,有针对性地进行防护处理,保障核电设备的运转安全,延长使用寿命。

11.2 电力工业工程涂料防腐蚀涂料体系设计

11.2.1 火电工程防腐体系设计

我国火力发电厂主要采用含硫煤作为燃料,电厂燃烧产生二氧化碳、硫氧化物、氮氧化物及煤灰粉尘等污染物,尽管现代电厂都有良好的脱硫除尘系统,但电厂周围空气腐蚀环境仍然较自然大气更为恶劣,一般内陆电厂大气腐蚀环境为 C4 环境(ISO 12944 - 2),滨海电厂大气环境为 C5 环境(ISO 12944 - 2)。

防腐体系设计的一般原则:首先确定防腐对象所处腐蚀环境和防腐对象的设计使用年限,然后根据腐蚀环境特点选择满足防腐要求的涂料品种,根据防腐设计年限要求确定涂层厚度,根据这一原则,可以确定火力发电厂各组成部分的防腐配套体系。

1. 常规钢结构防腐体系

不同区域电厂钢结构所处腐蚀环境不同,但主要是 C4 和 C5 环境。C4 环境含盐度中等,或者为高湿度的沿海大气,具有煤灰等颗粒物、二氧化硫等污染物,二氧化碳浓度较高,C5 环境大气含盐度和湿度更高。该环境的腐蚀为大气侵蚀,常规单组分防腐涂料一定程度上能够对钢结构进行防护,但达不到长效防护要求,长效防护需要环氧类涂料、聚酯涂料或聚氨酯涂料等高性能防腐涂料进行防护,通过调整干膜厚度,以适应不同环境条件和不同防腐年限的防腐要求,避免材料的浪费和过盈设计。典型的涂料体系如下。

(1)底漆:环氧富锌底漆或无机富锌底漆。

(2)中间漆:环氧云铁防锈漆或环氧厚浆漆。

(3)面漆:环氧面漆(室内)或聚氨酯面漆(室外)。

对于不同大气腐蚀环境,钢结构用防腐涂料体系是一致的,主要差别在于涂层厚度和防护年限要求不同。按照《色漆和清漆 防护涂料体系对钢结构的防腐蚀保护 第5部分:防护涂料体系》(ISO 12944 - 5:2019)推荐的钢结构防腐体系,比如对于 C4 环境,中等防腐耐久性(M,7 ~ 15 年)要求的涂层厚度不低于 180μm,高耐久性(H,15 ~ 25 年)要求涂层厚度不低于 240μm;对于 C5 环境,中等防腐耐久性(M,7 ~ 15 年)要求的涂层厚度不低于 240μm,高耐久性(H,15 ~ 25 年)要求涂层厚度不低于 300μm。若采用富锌底漆,无论是环氧富锌底漆,还是无机硅酸锌底漆,当涂层干膜金属锌含量不低于 70% 时,涂层总厚度可降低 20 ~ 40μm,典型配套方案如表 11 - 6 所列。

表 11－6　火电厂钢结构防腐涂料典型配套方案

防腐区域	涂层结构	产品类型	干膜厚度/μm			
			C4/M	C4/H	C5/M	C5/H
室内部位	底层	环氧富锌底漆	60	60	60	60
	中间层	环氧云铁防锈漆	60	80	80	140
	面层	环氧面漆	60	60	80	80
室外部分	底层	环氧富锌底漆	60	60	60	60
	中间层	环氧云铁防锈漆	60	80	80	140
	面层	丙烯酸聚氨酯面漆	60	60	80	80

注:M 表示中等防腐耐久性,H 表示高耐久性。

2. 冷却水水管防腐体系

埋地管道防腐层的功能是通过将环境中腐蚀因素与钢管隔离,以避免或减缓腐蚀的发生。选用防腐体系应综合考虑适应性和经济性。埋地管道的防腐方式和防腐措施很多,不同领域具有不同的标准,比如石油化工、市政、水电等都有其相应的规范,电力行业也有埋地管道相应的防腐规范,《电力工程地下金属构筑物防腐蚀技术导则》(DL/T 5394—2007)和《发电厂保温油漆设计规程》(DL/T 5072—2019)对埋地管道防腐均有相应的规定。

1)外壁防腐体系

标准 DL/T 5072—2019 和 DL/T 5394—2007 根据土壤腐蚀性等级推荐相应的防腐涂层设计,土壤腐蚀性等级和防腐等级划分见表 11－7。

表 11－7　土壤腐蚀等级和防腐等级

土壤腐蚀性等级	土壤腐蚀性质				防腐等级
	电阻率/ (Ω·m)	腐蚀电流密度/ (mA/cm²)	氧化还原电位/mV	pH 值	
强	<20	>9	<100	<4.5	特强级
中	20~50	6~9	100~400	4.5~6.5	加强级
弱	>50	3~6	>400	6.5~8.5	普通级

注:其中任何一项超过表列指标,防腐等级应提高一级。

推荐防腐体系为环氧煤沥青－玻璃布防腐层,涂层结构见表 11－8。

表 11 - 8   环氧煤沥青 - 玻璃布防腐层结构

防腐等级	防腐层结构	涂层总厚度/mm
普通级	沥青底漆 - 沥青 3 层夹玻璃布 2 层	0.6
加强级	沥青底漆 - 沥青 4 层夹玻璃布 3 层	0.8
特强级	沥青底漆 - 沥青 5 层夹玻璃布 4 层	1.0

实践证明,环氧煤沥青涂料或沥青玻璃布体系能够对埋地钢管起到良好的保护作用,但随着环保要求的不断提高,沥青涂料由于其安全性问题正逐渐淡出涂料领域,取而代之的是环氧树脂涂料[13],包括高固体分改性环氧树脂涂料、无溶剂环氧重防腐涂料以及环氧粉末涂料。实践证明,这些环保防腐涂料也能够对埋地管道提供良好的防护,高固体分或无溶剂防腐涂料根据腐蚀环境差别,设计两道涂膜,总厚度 $400 \sim 600\,\mu m$,而环氧粉末涂料可以一次成膜,普通级涂层厚度 $300 \sim 400\,\mu m$,加强级和特强级涂层也可一道成膜,涂层厚度 $400 \sim 500\,\mu m$。

对于埋地区域土壤电阻率小于 $20\Omega \cdot m$ 时,还应采用阴极保护协同防腐,处于干扰腐蚀地区的埋地钢管,应额外采取防干扰的排流保护措施,以获得更长的钢管使用寿命。

2)内壁防腐体系

内壁主要采用耐水浸泡性能优异的涂料防腐,要求涂层表面光洁,利于水的输送,具有优异的附着力,在长期浸水的情况下涂层阻隔作用不衰减,不发生起泡或剥落,具有良好的耐磨性,能够抵抗水中泥沙的冲蚀。内壁防腐涂料应该安全环保,不得使用含铅、汞、砷、镉的原材料,液体涂料挥发性有机化合物(VOC)小于 $400g/L$,不得含苯,便于施工。

根据滨海电厂和内陆电厂所用冷却水来源不同,分为海水输送管道和淡水输送管道。海水和淡水两种介质对管道的腐蚀速率差别很大,因此防腐涂层结构选择也有较大差别,DL/T 5394—2007 推荐的输送海水和淡水内壁涂层见表 11 - 9 和表 11 - 10。

表 11 - 9   输送海水管道内壁涂层选用表

涂料	涂层防腐等级	防腐层结构	干膜厚度/μm
环氧煤沥青涂料	特加强级	车间底漆(可省去)	20
		防腐底漆	160
		环氧云铁中间漆	80
		防污面漆	240

注:采用电解海水或通氯气防污时用环氧煤沥青面漆。

表 11 - 10　输送淡水管道内壁涂层选用表

涂料	涂层防腐等级	防腐层结构	干膜厚度/μm
环氧煤沥青涂料	普通级	一底三面	≥300
	加强级	二底三面	≥400
	特加强级	二底四面	≥450
改性环氧涂料	加强级	一底一面	≥400
	特加强级	一底二面	≥600

注:改性环氧涂料是比环氧煤沥青涂料更加环境友好的替代产品,高固体分,单道施工可以达到干膜厚度150~300μm。

　　对于输送海水的管道内壁,该标准推荐采用防污面漆,以防止海洋生物附着。然而采用了普通船用自抛光防污面漆的海水管道,由于管内海水流动速度较慢,达不到防污涂层产生抛光效应的流速要求,所以防污效果往往达不到设计的使用寿命。对于长期埋地的管道来说,防污漆的作用体现不明显。目前一般是选用防腐涂层作为内层防护材料,采用电解海水或通氯气的方式对进管前的海水进行生物杀灭,实现防污和防腐的效果。采用的防腐涂料一般为高固体分改性环氧涂料,甚至无溶剂环氧涂料、粉末涂料都已开始广泛使用,这些环境友好型产品能够为钢管内壁提供更好的防护效果,而且单道成膜厚度大,施工效率更高,典型配套方案见表 11 - 11 和表 11 - 12。

表 11 - 11　输送海水管道内壁防腐典型配套方案

涂层防腐等级		防腐层结构	涂装道数/道	干膜厚度/μm	干膜总厚度/μm
特加强级	1	高固体分环氧涂料	2	250	500
	2	无溶剂环氧重防腐涂料	1	500	500

表 11 - 12　输送淡水管道内壁防腐典型配套方案

涂层防腐等级		防腐层结构	涂装道数/道	干膜厚度/μm	干膜总厚度/μm
加强级	1	高固体分环氧涂料	2	200	400
	2	无溶剂环氧重防腐涂料	1	400	400
	3	环氧粉末涂料	1	300	300
特加强级	1	高固体分环氧涂料	2	250	500
	2	无溶剂环氧重防腐涂料	1	500	500
	3	环氧粉末涂料	1	400	400

3. 高温部位钢结构防腐体系

火力发电厂某些设备处于高温状态,不同区域所处温度不同,甚至同一设备的不同位置温度也存在差别,针对所处温度区间,采用相应耐热性能的防腐涂料进行防护涂装。

常规化学固化型环氧涂料和聚氨酯涂料能够耐受120℃,芳香族聚氨酯涂料可耐受150℃,酚醛改性环氧树脂涂料能够耐受200～230℃,有机硅改性树脂涂料可耐受温度区间300～600℃,有些有机硅耐热涂料可耐受800℃高温,这些都是有机类耐高温涂料,无机类涂料中具有耐高温性能的主要是无机硅酸锌底漆,该涂料既具有优异的防腐性能,还具有优异的耐高温性能,可长期耐受400℃高温,是一种优异的耐高温防腐涂料,推荐的防腐耐热涂料体系见表11-13。

表11-13 高温隔热部位推荐涂料体系

温度范围/℃	涂层结构	产品类型	涂装道数/道	干膜厚度/μm	干膜总厚度/μm
<120	底漆	环氧富锌底漆	1	60	240
	中间漆	环氧云铁中间漆	1	120	
	面漆	丙烯酸聚氨酯面漆	1	60	
<230	底面合一	有机硅耐热漆	2	25	50
	底面合一	酚醛环氧耐热漆	1	100	100
<400	底漆	无机硅酸锌底漆	1	60	110
	面漆	有机硅铝粉耐热漆	2	25	
<600	底面合一	有机硅铝粉耐热漆	4	25	100

4. 湿法烟气脱硫系统防腐

石灰石－石膏湿法烟气脱硫工艺是当今最成熟和应用最多的脱硫工艺,含有硫氧化物等污染性物质的烟气从除尘器进入热交换器降温,再进入吸收塔与石灰石浆液接触脱硫,然后将烟气升温排放,这一过程中烟气脱硫系统所处的腐蚀环境极其恶劣,高酸、高温、应力交变等多因素复合,为烟气脱硫系统防腐设计带来挑战。

为应对烟气脱硫系统严苛的腐蚀环境,可采用的防腐蚀手段包括不锈钢衬里、橡胶衬里、玻璃钢衬里、涂料、岩石衬里等。不锈钢衬里造价高,具有良好的机械强度和一定的耐腐蚀性能,但运行过程中还是会出现点蚀、缝隙腐蚀和冲刷腐蚀,使用效果一般,岩石衬里的耐蚀效果不佳维护周期较短,也没有被广泛采用。现在涂料、橡胶衬里、玻璃钢衬里应用相对较多。和橡胶衬里、玻璃钢衬里相比,涂料具有造价低,施工、维护、修补方便等优点,尤其是近几年各种新技术在涂料中的应用(如鳞片技术)使得其在各项性能指标上都达到或超过了橡胶衬里和玻璃钢衬里。

乙烯基酯树脂玻璃鳞片重防腐涂料体系是由乙烯基酯树脂防锈底漆、乙烯基酯树脂玻璃鳞片重防腐涂料、乙烯基酯树脂耐磨防腐面漆组成的防腐体系。

涂料以乙烯基酯树脂为基料加入功能性填料(如玻璃鳞片等)配制而成的。乙烯基酯树脂是含有乙烯基的甲基丙烯酸与环氧树脂或酚醛环氧树脂的反应物,其结构以环氧树脂或酚醛环氧树脂为中间骨架,两端含有乙烯基团,可在引发剂作用下形成交联密度很高的大分子,因此其耐热性和防腐性能优良。玻璃鳞片涂层的抗水蒸气渗透性比普通环氧树脂涂层高 6 ~ 15 倍,比普通环氧玻璃钢高 4 倍。玻璃鳞片与树脂之间具有极高的黏结强度,玻璃鳞片涂层的剥落强度可高达 105kg/cm,不易产生龟裂、分层或剥离,附着力和冲击强度较高,耐温差(热冲击)性能良好。试验证明,涂层中玻璃鳞片减少了涂层与钢铁之间线膨胀系数的差别,前者为 $11.5 \times 10^{-6}/℃$,后者为 $12 \times 10^{-6}/℃$ [17]。

在涂料干燥后,涂层中的玻璃鳞片在树脂连续相中呈平行重叠排列,从而形成致密的防渗层结构。腐蚀介质在固化涂层中的渗透必须经过无数条曲折的途径,腐蚀渗透距离大大延长,相当于有效地增加了防腐蚀层的厚度。在玻璃鳞片涂料中,由于平行排列的玻璃鳞片能够有效地分割基体树脂连续相中的某些"缺陷",从而能够有效地抑制腐蚀介质的渗透速度,能够有效解决防腐衬里介质渗透、残余应力高的问题,为烟气脱硫系统提供有效的防护。推荐的脱硫塔各部位防腐典型配套方案如表 11 – 14 所列。

表 11 – 14　脱硫塔各部位防腐典型配套方案

部位	涂层结构	涂料名称	涂装道数/道	干膜厚度/μm	干膜总厚度/μm
塔底板(0 ~ 2m 壁板)	底漆	乙烯基酯树脂防锈底漆	2	50	4000
	中间漆	乙烯基酯树脂玻璃鳞片重防腐涂料	2	900	
		高温玻璃钢增强(衬布)	2	1000	
	面漆	乙烯基酯树脂耐磨防腐面漆	2	50	
氧化区	底漆	乙烯基酯树脂防锈底漆	2	50	2000
	中间漆	乙烯基酯树脂玻璃鳞片重防腐涂料	2	900	
	面漆	乙烯基酯树脂耐磨防腐面漆	2	50	
喷淋区	底漆	乙烯基酯树脂防锈底漆	2	50	4000
	中间漆	乙烯基酯树脂玻璃鳞片重防腐涂料	2	900	
		高温玻璃钢增强(衬布)	2	1000	
	面漆	乙烯基酯树脂耐磨防腐面漆	2	50	
喷淋管支撑	底漆	乙烯基酯树脂防锈底漆	2	50	4000
	中间漆	乙烯基酯树脂玻璃鳞片重防腐涂料	2	900	
		高温玻璃钢增强(衬布)	2	1000	
	面漆	乙烯基酯树脂耐磨防腐面漆	2	50	

续表

部位	涂层结构	涂料名称	涂装道数/道	干膜厚度/μm	干膜总厚度/μm
除雾器支撑	底漆	乙烯基酯树脂防锈底漆	2	50	4000
	中间漆	乙烯基酯树脂玻璃鳞片重防腐涂料	2	900	
		高温玻璃钢增强（衬布）	2	1000	
	面漆	乙烯基酯树脂耐磨防腐面漆	2	50	
除雾区	底漆	乙烯基酯树脂防锈底漆	2	50	2000
	中间漆	乙烯基酯树脂玻璃鳞片重防腐涂料	2	900	
	面漆	乙烯基酯树脂耐磨防腐面漆	2	50	
塔顶	底漆	乙烯基酯树脂防锈底漆	2	50	2000
	中间漆	乙烯基酯树脂玻璃鳞片重防腐涂料	2	900	
	面漆	乙烯基酯树脂耐磨防腐面漆	2	50	

5. 冷却塔防腐体系

根据冷却塔的工况条件,将需要防腐的区域大致分成4个部分(表11-15)。冷却塔内防腐的关键在于抗渗,切断冷却水及水汽向塔身混凝土的渗透,从而起到保护混凝土的作用,因此一般选择封闭性良好,同时具有优异力学性能的环氧封闭漆对基材进行封闭,中间漆采用耐酸耐碱性能优异的酚醛改性环氧防腐涂料,能够更好地适应冷却塔温度变化对漆膜的影响。除了防渗和耐腐蚀要求外,在区域一、区域四对面漆的耐光老化性能还具有较高要求,需要选用具有耐蚀、耐水、耐冻融、耐老化性能的聚氨酯面漆。

针对不同部位不同腐蚀环境设计不同的防腐方案,以求在确保防腐效果的前提下取得最优性价比。推荐的防腐典型配套方案如表11-16所列。

表11-15 冷却塔防腐区域分类

区域	部位
区域一	塔内水气接触喉部以上区域
区域二	塔内水气接触喉部以下区域
区域三	塔内与循环水接触区域
区域四	塔外壁区域

表 11-16　冷却塔防腐典型配套方案

防腐区域	涂层结构	产品型号	涂装道数/道	干膜厚度/μm	干膜总厚度/μm
塔内水气接触喉部以上区域	封闭底漆	环氧封闭底漆	1	不计厚度	380
	修补腻子	冷却塔专用腻子	局部	不计厚度	
	中间漆	酚醛改性环氧涂料	2	150	
	面漆	丙烯酸聚氨酯面漆	2	40	
塔内水气接触喉部以下区域	封闭底漆	环氧封闭底漆	1	不计厚度	400
	修补腻子	冷却塔专用腻子	局部	不计厚度	
	防腐漆	酚醛改性环氧涂料	2	200	
塔内与循环水接触区域	封闭底漆	环氧封闭底漆	1	不计厚度	400
	修补腻子	冷却塔专用腻子	局部	不计厚度	
	防腐漆	酚醛改性环氧涂料	2	200	
塔外壁区域	封闭底漆	环氧封闭底漆	1	不计厚度	180
	修补腻子	冷却塔专用腻子	局部	不计厚度	
	中间漆	环氧云铁中间漆	1	100	
	面漆	丙烯酸聚氨酯面漆	2	40	

海水冷却塔最主要是防止海水对钢筋混凝土的腐蚀而进行防腐涂层设计,各部位防腐配套方案见表 11-17。

表 11-17　海水冷却塔各部位防腐配套方案

部位	涂层结构	涂料类型	涂装道数/道	干膜厚度/μm	干膜总厚度/μm
混凝土表干区	底漆	环氧封闭底漆	1	不计厚度	380
	中间漆	环氧玻璃鳞片涂料	2	150	
	面漆	丙烯酸聚氨酯面漆	2	40	
混凝土表湿区	底漆	环氧封闭底漆	1	不计厚度	400
	面漆	环氧玻璃鳞片涂料	2	200	
混凝土外表面区	底漆	环氧封闭底漆	1	不计厚度	230
	中间漆	环氧云铁中间漆	1	150	
	面漆	丙烯酸聚氨酯面漆	2	40	

11.2.2　风电工程防腐体系设计

风力发电设备一般处于常年风力 4 级以上区域,无论是陆上风电场,还是海上风电场,区域环境都十分恶劣,日光暴晒、风沙侵蚀、雨雪冻融、高盐高湿等因素均会对钢结构产生腐蚀作用。由于风电场建设投资大,设备更换维修成本高,因此风电设备设计运行年限较长。一般情况下陆上风电场设计运行年限为 20 年,海上风电场运行设计年限为 25 年。根据《色漆和清漆　防护涂料体系对钢结构的防腐蚀

保护　第1部分:总则》(ISO 12944 - 1:2017)陆上风电防腐涂层系统的设计寿命级别为 H,海上风电防腐涂层系统的设计寿命级别为 VH。

　　风电设备的防腐体系都是以达到长期耐久年限为目的进行设计的,一般陆上风电参考《色漆和清漆　防护涂料体系对钢结构的防腐蚀保护　第5部分:防护涂料体系》(ISO 12944 - 5:2019)、《风力发电设施防护涂装技术规范》(GB/T 31817—2015)等标准,海上风电参考《色漆和清漆　防护涂料体系对钢结构的防腐蚀保护　第9部分:海上建筑及相关结构用防护涂料体系和实验室性能测试方法》(ISO 12944 - 9:2018)、《表面处理与防护涂层》(NORSOK M - 501:2012)、《海港工程钢结构防腐蚀技术规范》(JTS 153 - 3—2007)等标准。目前世界上主要风电公司都有相对成熟的风电设备自有防腐配套体系,针对不同腐蚀环境和耐久性进行防腐配套体系设计,这些配套体系是根据风电场建设过程中积累的实际应用经验,具有较高的可靠性。

1. 陆上风电防腐体系

　　根据风力发电机组的不同部位、不同材质、工作环境和耐候性要求,腐蚀环境可以分为 C3、C4、C5,相应的涂层系统和涂层厚度推荐见表 11 - 18 ~ 表 11 - 24,涂层厚度可以根据风力发电设备所处环境情况进行调整(参考 ISO 12944 - 5:2019)。

表 11 - 18　塔筒外表面及附属钢结构防腐配套方案

配套体系	涂料类型	表面处理方式	涂层厚度/μm					
			C3		C4		C5	
			涂层厚度/μm	涂层总厚度/μm	涂层厚度/μm	涂层总厚度/μm	涂层厚度/μm	涂层总厚度/μm
底漆	环氧富锌底漆	喷砂 Sa 2½级表面粗糙度 40 ~ 75μm	50		60		60	
中间漆	环氧中间漆		80	180	100	210	150	260
面漆	聚氨酯面漆		50		50		50	

表 11 - 19　塔筒内表面防腐配套方案

配套体系	涂料类型	表面处理方式	涂层厚度/μm					
			C3		C4		C5	
			涂层厚度/μm	涂层总厚度/μm	涂层厚度/μm	涂层总厚度/μm	涂层厚度/μm	涂层总厚度/μm
底漆	环氧厚浆漆	喷砂 Sa 2½级表面粗糙度 40 ~ 75μm	200	200	120	240	150	300
面漆	环氧厚浆漆		—		120		150	

表 11 –20　塔架基础环外表面防腐配套方案（不包括法兰面）

配套体系	涂料类型	表面处理方式	涂层厚度/μm					
			C3		C4		C5	
			涂层厚度/μm	涂层总厚度/μm	涂层厚度/μm	涂层总厚度/μm	涂层厚度/μm	涂层总厚度/μm
底漆	环氧富锌底漆	喷砂 Sa 2½级表面粗糙度 40～75μm	50		50		60	
中间漆	环氧中间漆		80	180	140	240	180	300
面漆	聚氨酯面漆		50		50		60	

表 11 –21　塔架基础环内表面防腐配套方案（不包括法兰面）

配套体系	涂料类型	表面处理方式	涂层厚度/μm					
			C3		C4		C5	
			涂层厚度/μm	涂层总厚度/μm	涂层厚度/μm	涂层总厚度/μm	涂层厚度/μm	涂层总厚度/μm
底漆	环氧厚浆漆	喷砂 Sa 2½级表面粗糙度 40～75μm	200	240	180	360	250	500
面漆	环氧厚浆漆		120		180		250	

表 11 –22　法兰接触面及法兰孔防腐配套方案

配套体系	涂料类型	表面处理方式	涂层厚度/μm					
			C3		C4		C5	
			涂层厚度/μm	涂层总厚度/μm	涂层厚度/μm	涂层总厚度/μm	涂层厚度/μm	涂层总厚度/μm
底漆	无机硅酸锌底漆	喷砂 Sa 2½级表面粗糙度 40～75μm	50	50	50	50	60	60

表 11 –23　塔架平台、爬梯、电缆支架等钢结构件防腐配套方案

配套体系	防腐类型	表面处理方	涂层厚度/μm					
			C3		C4		C5	
			涂层厚度/μm	涂层总厚度/μm	涂层厚度/μm	涂层总厚度/μm	涂层厚度/μm	涂层总厚度/μm
热浸锌	热浸锌	遵照《钢铁制品热镀锌层 技术条件与测试方法》（ISO 1461:2009）进行，应关注酸洗和热浸锌过程中氢脆倾向和危害	80		82		80	
底漆	环氧树脂漆		—	80	80	210	130	260
面漆	聚氨酯面漆		—		50		50	

表 11 - 24   叶片防腐配套方案

配套体系	防腐类型	表面处理方式	涂层厚度/μm					
			C3		C4		C5	
			涂层厚度/μm	涂层总厚度/μm	涂层厚度/μm	涂层总厚度/μm	涂层厚度/μm	涂层总厚度/μm
腻子	腻子	玻璃钢表面用砂纸打磨至无光或哑光，并除净表面粉尘	商定	170	商定	170	商定	170
胶衣	聚氨酯胶衣		70		70		70	
面漆	聚氨酯面漆		100		100		100	

陆上风电场所处腐蚀环境相对简单，防护基材主要是碳钢，还有部分铸铁、镀锌件、铝材、玻璃钢等。针对相应的基材和腐蚀环境特点进行涂层配套设计，常规的涂层配套体系一般能够满足风电场的设计防腐年限要求。防护难点主要在于叶片前缘的防护。由于叶片前缘区域速度最大，40~60m 的叶片叶尖速度达到 70~90m/s，与空气中的雨滴、颗粒相互作用，对叶片前缘产生巨大的冲击作用，并造成破坏。目前还没有行之有效的防护方案解决该问题，是叶片防护的重点研究方向之一。

2. 海上风电防腐体系

海上风电场不同于陆上风电场，由于其建设于海上，施工难度大，设备维护困难，而且海上风电场风载荷比陆地高出很多，对风电设施载荷承受能力提出了极高的要求，再加上海上恶劣的腐蚀环境，海上风电场的建设投资远大于陆上风电场。为了确保收益，一般海上风电场的设计年限为 27 年（25 年使用寿命 + 2 年建设期），这些都决定了海上风电场的防腐设计要求比陆上风电场要高得多。

基于海上腐蚀环境分类，大气区腐蚀环境为 CX，全浸区腐蚀环境为 Im4，大气区的叶片、塔筒、风机及附件的防腐设计与陆上类似，只是防护等级更高，大气区部分防腐涂层系统及涂层厚度如表 11 - 25 ~ 表 11 - 27 所列。

表 11 - 25   海上风电塔筒外表面及附属钢结构防腐配套方案

配套体系	涂料类型	表面处理方式	CX 涂层厚度/μm	涂层总厚度/μm
底漆	环氧富锌底漆	喷砂 Sa 2½级 表面粗糙度 40~75μm	60	320
中间漆	环氧中间漆		210	
面漆	聚氨酯面漆		50	

表 11 - 26   海上风电塔筒内表面防腐配套方案

配套体系	涂料类型	表面处理方式	C4 涂层厚度/μm	涂层总厚度/μm
底漆	环氧厚浆漆	喷砂 Sa 2½级 表面粗糙度 40~75μm	150	300
面漆	环氧厚浆漆		150	

表 11 - 27　海上风电叶片防腐配套方案

配套体系	防腐类型	表面处理方式	CX 涂层厚度/μm	涂层总厚度/μm
腻子	腻子	玻璃钢表面用砂纸打磨至无光或哑光，并除净表面粉尘	商定	240
胶衣	聚氨酯胶衣		140	
面漆	聚氨酯面漆		100	

　　海上风电场的防护重点在于风电基础结构的防护,风电基础结构关系着整个风机的结构安全性,而且该结构涉及的腐蚀环境包含了所有的海洋腐蚀环境分区,包括大气区、飞溅区、全浸区和海泥区,所承受的腐蚀情况最为复杂。目前海上风电基础普遍采用桩式基础,无论是单桩、三桩、多桩还是导管架式结构,均采用焊接钢结构作为风电设备承重主体。海上风电基础防腐是依据海洋腐蚀环境分区特点和耐久性要求,参考《海上平台表面处理和防护涂层》(NORSOK M - 501—2012)、《色漆和清漆 - 防护涂料体系对钢结构的防腐蚀保护》(ISO 12944:2018)等国际标准进行防腐涂层设计,所采用的重防腐体系还是以环氧类重防腐涂料为主,配套聚氨酯涂料作为面漆,水下区与阴极保护系统共同作用,为风机基础提供有效的腐蚀防护,珠海桂山海上风电场导管架防腐配套方案如表 11 - 28 所列。

表 11 - 28　珠海桂山海上风电场导管架防腐涂层配套方案

防腐区域	产品类型			涂装道数/道	干膜厚度/μm	干膜总厚度/μm
导管架基础外表面(甲板以下)、外挑钢平台支撑梁、将军柱外表面、斜撑(甲板以上)	大气区		环氧树脂漆	2	400	860
			聚氨酯面漆	1	60	
	浪溅区	方案 1	玻璃鳞片环氧树脂漆	2	500	1060
			聚氨酯面漆	1	60	
		方案 2	环氧重型防腐涂料	2	500	1060
			聚氨酯面漆	1	60	
	水下区		环氧树脂漆	2	400	800
连接段甲板(上表面)			环氧富锌底漆	1	75	1675
			低表面处理、高固含、耐磨环氧漆	1	250	
			防滑砂	1	1100	
			低表面处理、高固含、耐磨环氧漆	1	250	
靠船防撞系统(含内部爬梯)	方案 1		玻璃鳞片环氧树脂漆	2	500	1060
			聚氨酯面漆	1	60	
	方案 2		环氧重型防腐涂料	2	500	1060
			聚氨酯面漆	1	60	

续表

防腐区域	产品类型	涂装道数/道	干膜厚度/μm	干膜总厚度/μm
钢爬梯、电缆 J 型管的表面、栏杆、环梁、连接段甲板(下表面)	环氧富锌底漆	1	75	335
	环氧云铁防锈漆	1	200	
	聚氨酯面漆	1	60	
将军柱内表面以及将军柱内平台	富锌底漆	1	75	275
	环氧云铁防锈漆	1	200	
基础法兰上表面及法兰孔	无机硅酸锌底漆	1	70	70

配套产品性能要求满足 NORSOK M-501 的要求,尤其是飞溅区涂层应通过 ISO 12944-9 规定的耐海水浸泡(4200h)、循环老化试验(4200h)、耐阴极剥离试验(4200h),涂层性能要求极高。海上风电场涂层防护效果不但取决于优异的涂层性能,更取决于高质量的涂装工作,由于海上严苛的腐蚀环境,涂装中的一些缺陷将会对海上风电的安全运行造成极大的威胁,导致严重的腐蚀后果,因此,海上风电涂层系统的涂装应该严格按照涂装施工规范进行,避免出现防腐缺陷,保障海上风电设施的安全运行。

11.2.3 水电工程防腐体系设计

水力发电工程的防腐主要是针对钢结构的防腐。钢结构包括钢闸门、拦污栅、启闭机、压力钢管、清污机及过坝通航金属结构等,一般统称为水工金属结构。水工金属结构分布环境复杂,按所处大环境可分为大气区、水位变动区、水下区及埋地环境。水工金属结构的防腐设计应从整体结构的使用寿命、维修难易程度、所处腐蚀环境、经济性等因素综合考虑。不同的水工金属钢结构的防腐保护年限要求不同,经常处于水下或干湿交替的部位,不易检修或更换,对发电、泄洪、航运等有较大影响时,其防护年限一般要求在 20 年以上;对于比较容易检修,对发电、泄洪、航运等影响不大时,其防护年限要求达到 10~15 年。对于一项具体水利水电工程的水工金属结构防腐设计,首先要调查清楚工程所处地理位置的自然环境,以确定其腐蚀性环境分类,根据金属结构的运行工况明确其对防腐涂层性能的要求,同时了解不同钢结构防腐寿命的要求及相关国家规定,综合所有因素进行针对性的防腐设计,确保防腐设计的科学性、可靠性和经济性。

依据我国多年来水电建设的经验,水工行业形成了一系列行业标准和参考标准,其中主要的行业标准有《水电水利工程金属结构设备防腐蚀技术规程》(DL/T 5358—2006)、《水工金属结构防腐蚀规范》(SL 105—2007)、《水电水利工程压力钢管制造安装及验收规范》(DL/T 5017—2007)、《水电站压力钢管设计规范》(SL 281—2003)

等,主要的参考标准有 ISO 12944 等,这些标准成为钢结构防腐设计的重要依据。

由南京水利科学研究院、水电水利规划设计总院、水利部水工金属结构质量检验测试中心等机构编制的 DL/T 5358 充分考虑水电水利工程金属结构设备腐蚀特点,总结和吸收了国内外水电水利金属结构防腐蚀方面的科技成果和应用经验,全面地考虑了各种腐蚀环境特点,给出了水工金属结构的典型防腐配套,成为水工金属结构防腐设计的重要依据。

大气区的水工金属结构一般处于水上大气环境,要求防腐涂层具有优良的耐盐雾侵蚀、耐酸雨、耐湿热老化和耐光老化性能,依据腐蚀性高低的差别,又分为轻腐蚀性的乡村大气和重腐蚀性的工业大气、城市大气和海洋大气,典型防腐涂料配套方案见表 11 - 29 和表 11 - 30。

表 11 - 29　乡村大气水工金属结构防腐涂料配套方案

设计使用年限/年		配套涂层名称		道数/道	平均涂层厚度/μm
10 ~ 20	1	底层	环氧防锈涂料	1 ~ 2	80
		中间层	环氧树脂涂料	1 ~ 2	80
		面层	聚氨酯涂料	1 ~ 2	80
	2	底层	厚浆型环氧防锈涂料	1	160
		面层	丙烯酸涂料	1	40
	3	底层	厚浆型环氧树脂防锈涂料	1	160
		面层	聚氨酯涂料	1	40
	4	底层	有机富锌涂料	1	40
		中间层	环氧树脂涂料	1 ~ 2	80
		面层	聚氨酯涂料	1 ~ 2	80
	5	底层	无机富锌涂料	1	80
		中间层	环氧树脂涂料	1	40
		面层	聚氨酯涂料	1 ~ 2	80
	6	底层	有机富锌涂料	1	40
		中间层	环氧树脂涂料	1 ~ 2	80
		面层	丙烯酸涂料、氯化橡胶涂料、高氯化聚乙烯涂料	1 ~ 2	80
	7	底层	无机富锌涂料	1	40
		中间层	环氧树脂涂料	1	80
		面层	丙烯酸涂料、氯化橡胶涂料、高氯化聚乙烯涂料	1 ~ 2	80

续表

设计使用年限/年		配套涂层名称		道数/道	平均涂层厚度/μm
5~10	1	底层	环氧防锈涂料	1~2	80
		面层	环氧树脂涂料	1~2	80
	2	底层	环氧防锈涂料	1~2	80
		面层	聚氨酯涂料	1~2	80
	3	底层	有机富锌涂料	1	40
		中间层	环氧树脂涂料	1	40
		面层	丙烯酸树脂涂料	1~2	80
	4	底层	有机富锌涂料	1	40
		中间层	环氧树脂涂料	1	40
		面层	氯化橡胶涂料	1~2	80
	5	底层	有机富锌涂料	1	40
		中间层	环氧树脂涂料	1	40
		面层	高氯化聚乙烯涂料	1~2	80
	6	底层	无机富锌涂料	1~2	80
		中间层	环氧树脂涂料	1	40
		面层	丙烯酸涂料	1~2	40
	7	底层	无机富锌涂料	1~2	80
		中间层	环氧树脂涂料	1	40
		面层	氯化橡胶涂料	1~2	40
	8	底层	无机富锌涂料	1~2	80
		中间层	环氧树脂涂料	1	40
		面层	高氯化聚乙烯涂料	1~2	40
<5	1	底层	醇酸树脂防锈涂料	2	80
		面层	醇酸树脂涂料	1	40
	2	底层	丙烯酸树脂防锈涂料	2	80
		面层	丙烯酸树脂涂料	2	80
	3	底层	氯化橡胶防锈涂料	2	80
		面层	氯化橡胶涂料	2	80
	4	底层	氯磺化聚乙烯防锈涂料	2	80
		面层	氯磺化聚乙烯树脂涂料	2	80

续表

设计使用年限/年		配套涂层名称	道数/道	平均涂层厚度/μm
<5	5	底层　高氯化聚乙烯防锈涂料	2	80
		面层　高氯化聚乙烯涂料	2	80
	6	底层　环氧树脂防锈涂料	1～2	80
		面层　醇酸涂料、丙烯酸涂料、氯化橡胶涂料、氯磺化聚乙烯涂料、高氯化聚乙烯涂料、环氧涂料	1	40

注：1. 设计使用年限 5～10 年、10～20 年表面处理等级为 Sa 2½ 级，设计使用年限小于 5 年表面处理等级为 Sa 2 或 St 3 级。

2. 如对颜色和光泽保持有要求时应考虑使用脂肪族聚氨酯涂料。

表 11 - 30　工业大气、城市大气和海洋大气水工金属结构防腐涂料配套方案

设计使用年限/年		配套涂层名称	工业大气城市大气		海洋大气	
			道数/道	平均涂层厚度/μm	道数/道	平均涂层厚度/μm
10～20	1	底层　有机富锌涂料或无机富锌涂料	1～2	80	1～2	80
		中间层　环氧树脂涂料	1～2	120	1～2	120
		面层　聚氨酯涂料	1～2	80	2～3	120
	2	底层　有机富锌涂料或无机富锌涂料	1～2	80	1～2	80
		中间层　环氧树脂涂料	1～2	120	1～2	120
		面层　氟树脂涂料	1～2	80	2～3	120
	3	底层　有机富锌涂料或无机富锌涂料	1～2	80	1～2	80
		中间层　环氧树脂涂料	1～2	120	1～2	120
		面层　丙烯酸改性有机硅涂料	1～2	80	2～3	120
	4	底层　环氧树脂防锈涂料	2～3	120	2～3	120
		中间层　环氧树脂涂料	1～2	100	2～3	120
		面层　丙烯酸改性有机硅涂料、氟树脂涂料或聚氨酯涂料	1～2	80	2～3	120

设计使用年限/年	配套涂层名称		工业大气城市大气		海洋大气	
			道数/道	平均涂层厚度/μm	道数/道	平均涂层厚度/μm
5~10	1	底层 有机富锌涂料	1	40	1~2	80
		中间层 环氧树脂涂料	1~2	80	1~2	80
		面层 聚氨酯涂料	1~2	80	1~2	80
	2	底层 无机富锌涂料	1	80	1	80
		中间层 环氧树脂涂料	1	40	1~2	80
		面层 聚氨酯涂料	1~2	80	1~2	80
	3	底层 有机富锌涂料	1	40	1~2	80
		中间层 环氧树脂涂料	1~2	80	1~2	80
		面层 丙烯酸涂料、氯化橡胶涂料、高氯化聚乙烯涂料	1~2	80	1~2	80
	4	底层 无机富锌涂料	1~2	80	1~2	80
		中间层 环氧树脂涂料	1	40	1~2	80
		面层 丙烯酸涂料、氯化橡胶涂料、高氯化聚乙烯涂料	1~2	80	1~2	80
	5	底层 环氧树脂防锈涂料	1~2	80	2~3	120
		中间层 环氧树脂涂料	1~2	80	1~2	80
		面层 聚氨酯涂料	1~2	80	1~2	80
<5	1	底层 有机富锌涂料	1	40	1~2	80
		中间层 环氧树脂涂料	1	40	1	40
		面层 聚氨酯涂料	1~2	80	1~2	80
	2	底层 无机富锌涂料	1	80	1	80
		中间层 环氧树脂涂料	1	40	1~2	80
		面层 聚氨酯涂料	1	40	1	40
	3	底层 有机富锌涂料	1	40	1~2	80
		中间层 环氧树脂涂料	1	40	1	40
		面层 丙烯酸涂料、氯化橡胶涂料、高氯化聚乙烯涂料	1~2	80	1~2	80
	4	底层 无机富锌涂料	1	80	1	80
		中间层 环氧树脂涂料	1	40	1~2	80
		面层 丙烯酸树脂涂料、氯化橡胶涂料、高氯化聚乙烯树脂涂料	1	40	1	40

续表

设计使用年限/年		配套涂层名称	工业大气城市大气		海洋大气	
			道数/道	平均涂层厚度/μm	道数/道	平均涂层厚度/μm
<5	5	底层 环氧树脂防锈涂料	1~2	80	1~2	80
		中间 环氧树脂涂料	1	40	1~2	80
		面层 聚氨酯涂料	1~2	80	1~2	80
	6	底层 厚浆型环氧树脂防锈涂料	1	160	1	160
		面层 醇酸树脂涂料、丙烯酸树脂涂料、氯化橡胶涂料、氯磺化聚乙烯树脂涂料、高氯化聚乙烯涂料、环氧树脂涂料	1	40	1~2	80
	7	底层 醇酸树脂防锈涂料	1~2	80	1~2	80
		中间层 醇酸树脂涂料	1	40	1~2	80
		面层 醇酸树脂涂料	1~2	80	1~2	80
	8	底层 丙烯酸树脂防锈涂料、氯化橡胶防锈涂料、高氯化聚乙烯树脂防锈涂料	1~2	80	1~2	80
		中间层 丙烯酸树脂涂料、氯化橡胶涂料、高氯化聚乙烯树脂涂料	1	40	1~2	80
		面层 丙烯酸树脂涂料、氯化橡胶涂料、高氯化聚乙烯树脂涂料	1~2	80	1~2	80

注:1. 表面处理等级为 Sa 2½级。

2. 如对颜色和光泽保持有要求时,应考虑使用脂肪族聚氨酯涂料或氟树脂涂料。

水位变动区水工金属结构长期处于干湿交替工作状况,进行防腐设计应选用具备耐干湿交替性能的防腐涂料,同时还应具有良好的耐盐雾侵蚀、耐水冲刷、耐湿热和耐老化性能,典型防腐配套方案见表 11-31。

表 11 - 31　水位变动区水工金属结构防腐涂料配套方案

设计使用年限/年		配套涂层名称	道数/道	平均涂层厚度/μm
10~20	1	底层　有机或无机富锌涂料	2~3	120
		中间层　环氧树脂类涂料	2~3	120
		面层　环氧树脂类涂料	3~4	160
	2	底层　有机或无机富锌涂料	2~3	120
		中间层　环氧树脂类涂料	3~4	160
		面层　聚氨酯类涂料	2~3	120
	3	底层　厚浆型环氧树脂防锈涂料	1~2	360
		面层　氯化橡胶类涂料、环氧树脂类涂料、聚氨酯类涂料、有机硅丙烯酸树脂涂料	1~2	80
	4	底层　厚浆型环氧煤焦油沥青涂料	1	200
		面层　厚浆型环氧煤焦油沥青涂料或厚浆型聚氨酯煤焦油沥青涂料	1~2	240
5~10	1	底层　有机或无机富锌涂料	1~2	80
		中间层　环氧树脂类涂料	2~3	120
		面层　氯化橡胶类涂料、聚氨酯类涂料、丙烯酸树脂涂料	1~2	80
	2	底层　有机或无机富锌涂料	1~2	80
		中间层　聚氨酯类涂料	2~3	120
		面层　氯化橡胶类涂料、聚氨酯类涂料、丙烯酸树脂涂料	1~2	80
	3	底层　有机或无机富锌涂料	1~2	80
		中间层　氯化橡胶类涂料或高氯化聚乙烯涂料	2~3	120
		面层　氯化橡胶类涂料或高氯化聚乙烯涂料	1~2	80
	4	底层　厚浆型环氧树脂防锈涂料	1~2	240
		面层　氯化橡胶涂料、环氧树脂类涂料、聚氨酯类涂料、有机硅丙烯酸树脂涂料、丙烯酸树脂涂料	2~3	120

设计使用年限/年			配套涂层名称	道数/道	平均涂层厚度/μm
5～10	5	底层	厚浆型氯化橡胶防锈涂料	1～2	240
		面层	氯化橡胶类涂料、高氯化聚乙烯涂料	2～3	120
	6	底层	厚浆型环氧煤焦油沥青涂料	1	200
		面层	厚浆型环氧煤焦油沥青涂料	1	200
	7	底层	厚浆型聚氨酯煤焦油沥青涂料	1	200
		面层	厚浆型聚氨酯煤焦油沥青涂料	1	200
<5	1	底层	环氧树脂防锈涂料	1～2	80
		中间层	环氧树脂类涂料	1～2	80
		面层	环氧树脂类涂料、氯化橡胶类涂料、高氯化聚乙烯树脂涂料、聚氨酯类涂料、丙烯酸树脂涂料	1～2	80
	2	底层	环氧树脂煤焦油沥青涂料	1～2	120
		面层	环氧树脂煤焦油沥青涂料	1～2	120
	3	底层	聚氨酯煤焦油沥青涂料	1～2	120
		面层	聚氨酯煤焦油沥青涂料	1～2	120
	4	底层	有机富锌涂料或无机富锌涂料	1	40
		中间层	环氧树脂类涂料	1	80
		面层	环氧树脂类涂料、氯化橡胶类涂料、高氯化聚乙烯树脂涂料、聚氨酯类涂料、丙烯酸树脂涂料	1～2	80

注：表面处理等级为 Sa 2½级。

水下区及埋地环境的钢结构处于浸没环境,钢结构维修困难,对防腐可靠性要求更高,要求防腐涂料具有较好的耐水性和耐生物侵蚀性能,典型防腐配套方案见表11－32。

表11－32　水下区及埋地水工金属结构防腐涂料配套方案

设计使用年限/年			配套涂层名称	道数/道	平均涂层厚度/μm
10～20	1	底层	有机或无机富锌涂料	1～2	80
		面层	环氧树脂煤焦油沥青涂料	3～4	440

设计使用年限/年		配套涂层名称		道数/道	平均涂层厚度/μm
10~20	2	底层	有机或无机富锌涂料	1~2	80
		面层	聚氨酯煤焦油沥青涂料	3~4	440
	3	底层	环氧树脂防锈涂料	1~2	80
		面层	无溶剂环氧树脂厚浆涂料	1	400
	4	底层	环氧煤焦油沥青防锈涂料	1	120
		面层	环氧煤焦油沥青涂料	3	360
	5	同品种	无溶剂环氧树脂厚浆涂料	1~2	600
	6	底面配套	厚浆型或无溶剂型环氧煤焦油沥青涂料	1	500~800
5~10	1	底层	有机或无机富锌涂料	1~2	80
		中间层	环氧树脂类涂料	1~2	80
		面层	环氧树脂类涂料、聚氨酯类涂料	2~4	200
	2	底层	环氧树脂防锈涂料	1~2	80
		面层	环氧煤焦油沥青涂料	3~4	280
	3	底层	环氧树脂防锈涂料	1~2	80
		中间层	环氧树脂类涂料	1~2	80
	4	面层	环氧树脂类涂料、聚氨酯类涂料	2~4	200
		底层	氯化橡胶防锈涂料	1~2	80
	5	面层	氯化橡胶涂料	3~4	280
		底层	高氯化聚乙烯树脂防锈涂料	1~2	80
	6	面层	高氯化聚乙烯树脂涂料	3~4	280
		底层	环氧煤焦油沥青涂料	1	120
	7	面层	环氧煤焦油沥青涂料	1	240
		底层	聚氨酯煤焦油沥青涂料	1	200
		面层	聚氨酯煤焦油沥青涂料	1	200
<5	1	同品种底面配套	氯化橡胶涂料	2~4	220
	2		高氯化聚乙烯树脂涂料	2~4	220
	3		环氧树脂煤焦油沥青涂料	2~4	260
	4		聚氨酯煤焦油沥青涂料	2~4	260

注:表面处理等级为 Sa 2½级。

　　对于腐蚀环境特殊的压力钢管内部、泄洪洞钢闸门等,则要求涂层具有优异的耐水性和耐磨性,典型防腐配套方案见表 11-33。

表 11 - 33　耐磨要求水工金属结构防腐涂料配套方案

设计使用年限/年	配套涂层名称		道数/道	平均涂层厚度/μm
5 ~ 10	1	同品种底面配套	厚浆型环氧玻璃鳞片涂料	2 ~ 4	700
	2		厚浆型环氧金刚砂涂料	2 ~ 4	700
	3		厚浆型环氧树脂类耐磨涂料	2 ~ 4	700
	4		厚浆型聚氨酯类耐磨涂料	2 ~ 4	700
<5	1	同品种底面配套	厚浆型环氧玻璃鳞片涂料	1 ~ 2	400
	2		厚浆型环氧金刚砂涂料	1 ~ 2	400
	3		厚浆型环氧煤焦油沥青涂料	1 ~ 2	400
	4		厚浆型聚氨酯煤焦油沥青涂料	1 ~ 2	400

注：表面处理等级为 Sa 2½级。

对处于含盐量高或污染介质中的金属结构以及埋地构件还应采用阴极保护与涂层联合保护。

我国目前开发的核电站主要集中在滨海地区,相关设备及厂房不但受到核电生产环境的侵蚀,还要受到滨海自然环境的腐蚀,因此,适宜的涂层防护系统能够屏蔽腐蚀环境对设备及厂房的侵蚀,延长核电设施的使用寿命,关键是能够为整个核电站的安全运行提供重要保障。针对核电站的腐蚀环境特点,应用于核电站的涂料按其使用部位可分为核级涂料和非核级涂料。

核级涂料主要用于存在核辐射的场所和设备,主要为核电站的安全壳内区域,该区域存在大量的放射性物质,受到高辐射及辐射裂变产物的侵蚀和沾污,所处环境还存在高温、高湿状态,涂层还暴露于去除放射性污染的试剂中,特别是失水特殊情况下,瞬间产生高温、高压伴随强辐射,同时接触喷淋的碱液,腐蚀环境极其恶劣。因此,核级涂料除了防腐蚀的基本性能外,主要还应具备耐核辐射性能,并且要容易去污。由此核级涂料必须通过 4 项试验,即耐辐射性能试验、耐化学介质试验、去污染性能试验和设计基准事故试验(DBA 试验)[13]。

非核级涂料针对的是不涉及核辐射的区域,包括室内和室外大气环境,根据 ISO 12944 - 2,室外环境应该处于 C4 ~ C5 腐蚀环境,即高的海洋大气腐蚀环境,室内部分不直接与外部大气自然环境接触,属于 C3 腐蚀环境,按照 ISO 12944 - 5 推荐的长效防腐要求,即可满足使用要求。

由于核电的特殊性,核电工程技术门槛高、难度大,主要掌握在核电技术发展比较早的苏联和欧美国家手中。例如,我国核电早期引进的苏联核电技术、法国核电技术、美国核电技术等。经过多年的引进、吸收和发展,我国已经形成了完全自主知识产权的国际先进的三代核电技术 ACP1000、ACPR1000 +、"华龙一号",在核电工程应用基础上也形成了我国的核电涂料技术标准,由中国原子能科学研究院、核工业标准化研究所、核工业第二研究设计院、中国核电工程有限公司等起草编制的 EJ 核行业标准和 NT 能源行业标准,但涂层系统的要求主要还是沿用法国 NF 和美国 ASTM 标准,目前我国在用的核电涂层标准包括以下几个。

(1)《压水堆核电厂用涂料 漆膜在模拟设计基准事故条件下的评价试验方法》(EJ/T 1086—1998)。

(2)《压水堆核电厂用涂料耐化学介质的测定》(EJ/T 1087—1998)。

(3)《压水堆核电厂用涂料受 γ 射线辐照影响的试验方法》(EJ/T 1111—2000)。

(4)《压水堆核电厂用涂料 漆膜可去污性的测定》(EJ/T 1112—2000)。

(5)《压水堆核电厂设施设备防护涂层规范》(NB/T 20133—2012)。

1. 核电站防腐涂料体系划分及性能要求

根据中国核电工程有限公司《核岛机械设备涂装通用技术条件》的涂层系统划分,各个涂层系统主要性能要求不同

1) 非核区内涂层系统 – PIA、PIB、PIE 系列

PIA 系列涂层系统用于室内非核区正常大气环境下的设备、设施和土建结构,此区域无放射性沾污,不含腐蚀性气氛。

PIB 系列涂层系统用于室内非核区内腐蚀性气氛环境下的设备、设施和土建结构,此区域无放射性沾污。

PIE 系列涂层系统用于室内非核区含钠的悬浮颗粒(氧化物和氢氧化物)、碱性气氛环境下的设备、设施和土建结构,此区域无放射性沾污。

PIA、PIB、PIE 涂层应满足以下要求。

(1)涂料便于施工和修补。

(2)涂层应在正常运行条件下保持稳定。

(3)具有高的附着力和足够的防腐蚀能力,涂层至少在 10 年内锈蚀面积不超过总面积的 0.5%,出现外观缺陷(如起泡、裂纹、粉化等)的面积不超过 5%。

2) 核区钠回路房间涂层系统 – PIF 系列

PIF 系列涂层系统用于核区钠回路房间设备、设施和土建结构。涂层系统应满足以下要求。

(1)涂层应在正常运行条件下保持稳定,要求涂层具有高的附着力和足够的防腐蚀能力,至少在 10 年内锈蚀面积不超过总面积的 0.5%,出现外观缺陷(如起泡、裂纹、粉化等)的面积不超过 5%。

（2）可修补。

（3）光滑且易于清洗。

（4）涂层具有良好的去除放射性沾污性能和耐辐照性能。

（5）涂层应耐含钠悬浮颗粒的碱性气氛环境。

3）核区无钠回路房间涂层系统 – PIG 系列

PIG 系列涂层系统用于核厂房无钠回路房间的设备、设施和土建结构。涂层系统应满足以下要求。

（1）涂层应在正常运行条件下保持稳定,要求涂层具有高的附着力和足够的防腐蚀能力,至少在 10 年内锈蚀面积不超过总面积的 0.5% ,出现外观缺陷（如起泡、裂纹、粉化等）的面积不超过 5% 。

（2）可修补。

（3）光滑且易于清洗。

（4）涂层具有良好的去除放射性沾污性能和耐辐照性能。

4）包保温材料设备、管道的涂层系统 – PIT 系列

PIT 涂层系统用于所有厂房（包括室外）正常运行温度不小于 120℃ 且包保温材料的设备和管道。涂层系统应满足以下几点。

（1）在运行温度保持稳定。

（2）在设备和管道包保温材料前的运输、存放、安装阶段对基材起防腐保护作用,不出现起泡、裂纹、粉化等外观缺陷,且具有高的附着力和足够的防腐蚀能力,涂层至少 3 年内锈蚀面积不超过总面积的 0.5% 。根据设备运输、贮存、安装周期长短,有特殊要求时应在设备规格书中说明。

5）露天海洋性环境下的涂层系统 – PEC 系列

PEC 系列涂层系统用于露天海洋性大气环境下的设备、设施和土建结构。涂层系统应满足:涂层系统应在正常运行条件下保持稳定,具有足够的防腐蚀能力,至少在 10 年内锈蚀面积不超过总面积的 0.5% ,出现外观缺陷（如起泡、裂纹、粉化等）的面积不超过 5% 。

6）埋入土中或与液体介质接触的涂层系统 – PLA ~ PLJ 系列

PLA ~ PLJ 系列涂层系统用于埋入土中或与液体介质接触的设备和设施。涂层系统应满足:涂层系统应在正常运行条件下保持稳定,具有足够的防腐蚀能力,一般应具有 10 年以上的使用寿命。如有特殊要求应在相应的技术文件中说明。

2. 涂层系统性能要求及检测方法

核电站各涂层系统的性能要求见表 11 – 34 和表 11 – 35。

表 11 – 34　与大气接触的涂层系统的试验项目

项目		涂层系统系列							涂层系统
		PIA	PIB	PIE	PIF	PIG	PIT	PEC	
附着力试验		√	√	√	√	√	√	√	所有系统
盐雾试验		√	√	√	√	√	√	√	所有金属表面用涂层系统
	暴露时间(至少)/h	250	250	250	250	250	250	2000	
人工老化试验		√	√	√	√	√	√	√	所有系统
耐温试验	$T=120℃,200h$	√	√	√	√	√	—	√	除做更高温度试验外的所有系统
	$T=400℃,200h$	√	√	√	√	√	√	√	105 和 205 系统
耐液体性能试验	根据使用环境中介质种类、浓度和温度按标准进行测试	√	√	√	√	√	—	√	根据具体环境条件确定具体涂层配套
	34.8%NaOH 溶液	—	—	√	√	—	—	—	
	耐去污液	—	—	—	√	√	—	—	
去污试验^{137}Cs		—	—	—	√	√	—	—	除 154 外的所有系统
耐辐照试验									除 154 外的所有系统
耐磨试验		√	√	√	√	√	—	√	103、155、156、157、203 系统
燃烧总热值和火焰传播比值试验		√	√	√	√	√	—	√	所有系统
抗混凝土开裂性和抗渗性		—	—	—	—	—	—	—	159 系统
卤素、硫含量		—	—	—	√	√	—	—	所有系统

表 11 – 35　埋入土中或与液体介质接触的涂层系统的试验项目

项目		涂层系统系列									涂层系统
		PLA	PLB	PLC	PLD	PLE	PLF	PLG	PLH	PLJ	
附着力试验		√	√	√	√	√	√	√	√	√	所有系统
盐雾试验		√	√	√	√	√	√	√	√	√	所有金属表面用涂层系统
	暴露时间(至少)/h	2000	1000	1000	1000	2000	250	1000	1000	1000	

续表

项目		涂层系统系列									涂层系统
		PLA	PLB	PLC	PLD	PLE	PLF	PLG	PLH	PLJ	
耐液体 性能试验	据使用环境中介质 种类、浓度和温度 按标准进行测试	√	√	√	√	√	√	√	√	√	所有系统
耐温试验 (结合耐 液体试验 一同进行)	试验温度根据具体 介质温度确定	√	√	√	√	√	√	√	√	√	除 304 外的 所有系统
	$T = 80℃$	√	√	√	√	√	√	√	√	√	304 系统
去污试验^{137}Cs		—	—	—	—	—	—	—	—	√	所有系统
耐辐照试验		—	—	—	—	—	—	—	—	√	所有系统
耐磨试验		—	√	√	—	—	—	—	—	√	所有系统
抗混凝土开裂性和抗渗性		√	√	√	—	—	—	—	—	—	351 系统
卤素、硫含量		—	—	—	√	—	—	—	—	√	PLD 的所有 系统、PLJ 的 300 – 322 系统

注:设备或管道设计上有阴极保护系统时,所用涂层系统应与阴极保护系统配套。

1)附着力试验

试验方法:GB/T 5210,金属基底的涂层厚度小于 1mm 时,采用 ϕ20mm 试验柱,其他可采用 ϕ20mm 或 ϕ50mm 试验柱。

验收要求如下。

(1)金属基底涂层的附着力应不低于 3.0MPa。

(2)混凝土基底涂层的附着力应大于 1.5MPa。

(3)与液体接触的涂层系统及 159 系统应大于 2.5MPa。

2)耐盐雾试验

试验方法:GB/T 1771,暴露时间见表 11 – 34 和表 11 – 35。

验收要求如下。

(1)根据 ISO 4628 的要求,开裂 0(S0),剥落 0(S0),生锈 0(S0),起泡 0(S0)。

(2)试验后附着力应大于 1.5MPa;与液体接触的涂层系统应大于 2.5MPa。

3)人工老化试验

试验方法:GB/T 1865,室内涂层系统进行氙灯试验,室外涂层系统进行人工耐候性试验,并按 GB/T 1766 进行评定。对室内涂层试验时间至少 100h,室外设备涂层试验时间至少 1000h。

验收要求如下。

（1）所有涂层试验后不起泡、不剥落、无裂纹。

（2）对混凝土表面用涂层系统，变色和失光不大于2级、粉化程度内墙不大于0级，外墙不大于1级，对溶剂型外墙涂料还应满足GB/T 9757中优等品的要求，当行政区建筑使用合成树脂乳液内外墙涂料时，应分别满足GB/T 9756和GB/T 9755中优等品的要求。对金属表面用涂层系统，变色和失光不大于1级、粉化程度不大于1级。试验后混凝土或金属样板附着力均应大于1.5MPa，与液体接触的涂层系统及159系统应大于2.5MPa。

4）耐温试验

试验方法：GB/T 1735，试验温度按表11-34和表11-35中要求。

验收要求如下。

（1）对于金属基底：同耐盐雾验收要求。

（2）对混凝土基底：不起泡、不剥落、无裂纹。

5）耐液体性试验

试验方法：NB/T 20133.5，试验溶液、浓度和温度应根据涂层的工作条件确定。

对长期与液体接触的涂层系统按NB/T 20133.5程序A进行，PL系列浸泡时间为180天，介质为实际使用介质。159系统浸泡时间为30天，介质为实际使用介质或去离子水，并应满足下列对液体飞溅区域涂层系统要求。对于与大气接触的涂层系统应满足液体飞溅区域要求，按照NB/T 20133.5程序B进行。

（1）对于PIE和PIF涂层系统，NaOH溶液质量分数为34.8%，室温700h。

（2）耐去污溶液试验仅针对PIG和PIF涂层系统，应尽量使用实际去污液进行试验，浸泡时间为10天。

验收要求如下。

（1）允许在颜色和光泽上有轻微的均匀变化。

（2）对于金属基底：同耐盐雾验收要求。

（3）对混凝土基底：不起泡、不剥落、无裂纹。

6）去污试验

试验方法：NB/T 20133.4，沾污液为8kBq/mL ^{137}Cs的0.1N硝酸溶液。

验收要求：去污百分比不低于85%，沾污敏感率不大于20%。

7）耐辐照试验

试验方法：NB/T 20133.3程序A，γ辐照累积剂量1×10^7Gy。

验收要求如下。

（1）无剥落、剥离、粉化、龟裂现象。

（2）允许轻微变色。

8）耐磨试验

（1）中厚地坪涂层（156、157 涂层系统）。

试验方法：GB/T 1768，所用橡胶砂轮的型号为 CS – 17，也可使用磨耗作用与 CS – 17 相当的橡胶砂轮。

验收要求：按 GB/T 22374 中表 4 规定，加载 750g，砂轮旋转 500r，涂层失重：水性地坪涂层失重不大于 0.060g，溶剂型和无溶剂型地坪涂层失重≤0.030g。

（2）PLB、PLE 涂层（长期与原水、海水接触的涂层系统）。

试验方法：GB/T 23988。

验收要求：所用砂粒量应大于 75L。

（3）其他涂层。

试验方法：GB/T 1768。

验收要求：加载 750g，砂轮旋转 500r，聚氨酯类涂层失重不大于 0.030g，环氧类涂层失重不大于 0.040g。

9）燃烧总热值和火焰传播比值试验

（1）燃烧性应满足 GB 50222 中 B1 级材料要求。

（2）燃烧总热值的测定应按照 GB/T 14402 进行。

（3）火焰传播比值试验方法按 GB 12441 附录 B 进行，火焰传播比值应小于 50，最好小于 25。

10）抗混凝土开裂和抗渗性能试验

试验方法：GB/T 16777 中不透水性试验要求进行，试验压力为 0.3MPa。

验收要求：10 次拉伸循环后涂层应无任何损坏。

11）卤素、硫含量

试验方法：NB/T 20001 附录 I。

验收要求：所有与大气接触的涂层配套中硫和卤素的总含量应限制在不大于 1000×10^{-6} mg/kg 的范围内；对 PLD、PLJ 涂层配套中硫和卤素的总含量应限制在不大于 200×10^{-6} mg/kg 的范围内。

11.3　电力工业工程涂料应用案例

11.3.1　烟囱防腐

目前，对于烟囱内筒的防腐蚀方案主要有 4 种，包括耐酸砌体、内衬钛合金复合钢板、泡沫玻璃砖和防腐蚀涂层衬里[1]。

烟囱的耐酸砌体主要有耐酸砌块和耐酸胶泥两种，但该方案防护效果不理想，烟囱防护寿命较短。例如,国内某电厂油改煤过程中,对原耐酸砖烟囱进行检查发现,筒身内出现区域性酥松,无强度,一碰即散,并且存在局部缺失现象。而且,烟囱外壁同时出现了裂缝,部分为贯穿性裂缝,钢筋混凝土出现一定程度破坏,腐蚀情况严重。而且随着湿法脱硫装置的工艺替代,传统的耐酸砌体材料防护性能已经不能满足火电厂烟囱防护的需求。

钛合金复合钢板是一种有效的烟囱防护方案,比如台塑福建漳州后石电厂采用的就是钛合金复合钢板,内层的钛合金耐蚀性能优异,能够抵抗稀酸液的腐蚀,实际防腐应用效果良好,但该方案对钢内筒的制作、焊接、安装的要求都很高,造价成本很高,就台塑福建漳州后石电厂为例,一座 240m 高的烟囱,其防腐造价高达8000 万元,初期投资高。

泡沫玻璃砖也是一种防护效果较好的防腐方式,泡沫玻璃砖是由闭腔式多孔结构的发泡玻璃制成,这种多孔结构对气体和凝结水均具有优异的抗渗透功能,而且密度小、强度高、导热系数小、耐酸、耐碱等特点,可切割,可粘接,其性能稳定、使用寿命长、综合成本低、工程效益高。例如,山西霍州发电厂工程,2 × 300MW 燃煤发电厂,210m 高烟囱,钢内筒不设烟气加热系统条件下,钢内筒内侧加设一层泡沫玻璃砖防腐层(51mm 厚);安徽阜阳华润发电公司 210m 双管烟囱用泡沫玻璃砖做内衬防腐,均达到了较好的防腐效果。

防腐蚀涂层系统主要指耐酸耐高温的乙烯酯玻璃鳞片涂层衬里,可以采用喷涂也可以采用刮涂,施工方便,造价合理,是一种行之有效的经济性防腐方案。例如,广东珠海电厂,该电厂位于珠海市南水岛,常年高温高湿,多年平均气温为22.4℃,历年极端最高气温达 38.5℃,多年平均相对湿度为 80%,这种环境下混凝土烟囱金属衬里会加速腐蚀。珠海电厂一期工程安装两台 600MW 机组,烟囱为双套筒式结构,由两个直径 6.2m、高 245m 的圆形钢质排烟管和一个出口内径15.7m、高 240m 的钢筋混凝土外筒组成,筒顶部 6.2m 范围用厚 6mm 不锈钢作内壁,钢质内筒外壁涂刷耐酸耐热涂料进行防护,设置 80mm 的矿棉保温层,防止内壁结露。珠海电厂 1 号和 2 号机组经锅炉脱硫前后烟尘和硫氧化物大大降低,但脱硫后烟气温度降低,含湿量增大,烟气经脱硫设备后由加热器升温至 80℃ 以上,由烟囱排入大气,从脱硫塔出来的净烟气中含有大量的水蒸气和少量的 SO_2 和 SO_3气体,进入烟囱后随着烟气温度降低,水蒸气会凝结成液滴,与烟气中的 SO_2 和 SO_3结合,生成 H_2SO_3 和 H_2SO_4,在这种工艺环境中,温度正好处于硫酸活化腐蚀的温度区间,其腐蚀速度快、渗透能力强,快速对钢基材形成腐蚀。而且烟气中少量的Cl^- 和 F^-,很容易和水生成 HCl 和 HF,几种酸复合,将大大加速钢基材的腐蚀。该工程烟囱采用乙烯酯玻璃鳞片防腐方案,在钢材内部涂刷底漆两道,然后用耐磨腻子找平,涂中间漆,粘玻璃纤维布,再刷中间漆,粘玻璃纤维布,最后再涂刷两道面漆,总共 9 道工序,总厚度为 650μm,表面要求无针孔、无气泡、无起鼓、均匀平整、表面坚硬。该方案施工简便,投资成本合理,防护效果较好。

11.3.2　冷却塔系统防腐

排烟冷却塔是冷却塔的一种,采用烟塔合一技术可以省去烟囱,同时可以省去烟气再加热系统,具有很好的经济性,是冷却塔主要发展方向之一。由于经过脱硫、脱硝后的净烟气通过烟道直接进入自然通风冷却塔,烟气中的腐蚀介质(CO_2、SO_2、SO_3、HCl 及 HF)将与水蒸气接触,遇冷凝结水滴回落冷却塔,溶有腐蚀介质的酸性液滴,长期的积累效应会对冷却塔的壳体产生严重的腐蚀,而且烟气中的腐蚀介质在紫外线作用下将加剧塔体结构的腐蚀,因此排烟冷却塔对防腐要求极高。

排烟冷却塔的特点和实测数据表明,排烟冷却塔受腐蚀的程度依次为:塔壁内表面喉部以上、塔壁内表面喉部以下、中央竖井及水槽顶部、塔壁外表面。结合排烟冷却塔的结构特征和腐蚀特点进行防腐分区保护,设计相应的防腐保护体系,如表 11 - 36 所列[18]。

表 11 - 36　某排烟冷却塔的防腐涂料体系

部位	涂料类型	涂装道数/道	干膜厚度/μm	干膜总厚度/μm	备注
喉部以上	环氧封闭漆	1	50	400	耐酸、耐阳光照射、表面光滑有助于烟气升腾
	酚醛环氧涂料	2	150		
	脂肪族聚氨酯面漆	1	50		
喉部以下,包括竖井、水槽、淋水构架	环氧封闭漆	1	50	350	耐酸碱、耐冲击、耐磨、耐水渗透性
	酚醛环氧涂料	2	150		
人字柱及水池	环氧封闭漆	1	50	400	耐水渗透、耐冲刷、耐浸泡、耐水处理添加剂侵蚀
	改性环氧涂料	2	150		
	脂肪族聚氨酯面漆	1	50		
塔筒外表面	环氧封闭漆	1	50	150	耐酸雨、耐老化、耐碳化,具有良好的装饰性
	丙烯酸面漆	2	50		

国内排烟冷却塔技术的应用自华能北京热电厂开始,三河电厂二期工程实现了第一次自主设计和制造,为该技术在国内的推广应用创造了有利的条件。此后天津东北郊热电厂、哈尔滨第一热电厂、大唐锦州热电厂、天津军粮城热电厂等一系列工程均采用了排烟冷却塔技术,可以说排烟冷却塔技术在国内正处在方兴未艾的阶段。但是在国内烟塔技术不断发展和应用范围不断扩大的同时,一些问题也开始出现,其中防腐质量问题越来越引起重视。

防腐质量问题的出现主要有以下原因。

（1）国内建设单位对烟塔防腐的特点和重要性认识不足，在招标时往往选用价格低且无烟塔业绩的涂料产品，从而留下了质量隐患。

（2）大部分烟塔工程均采用了防腐涂料供货与施工分开招标的方案，供货商对施工单位无约束权力，无法将涂料施工的技术要求落到实处。

（3）国内防腐施工技术薄弱。传统冷却塔的防腐可随塔筒的土建施工同步，但烟塔的防腐施工要求较高，需对基面做喷砂处理，在塔筒土建施工完成后，施工平台受限，施工难度太大，施工质量难以保证。

但经过严格的质量控制，烟塔的防腐还是能够保障的。以华能北京热电厂为例，该电厂机组容量 4×220MW，经脱硫改造后设 1 座烟塔，4 台机共用，塔高120m，淋水面积约3000m²。该烟塔工程由 GEA 公司设计并总承包，北京国电负责烟塔的土建施工图设计，河北可耐特和冀州中意公司负责玻璃钢烟道的制造安装，德国 MC 公司负责烟塔的防腐工程，工程于 2006 年 9 月投入运行，至 2009 年检查发现，防腐效果良好[19]。

11.3.3　海上风电导管架系统防腐

海上风电导管架属于离岸钢结构，考虑到风机基础暴露于腐蚀环境的实际情况，根据 ISO 12944－2 的要求，风机基础结构平台以下导管架、钢管桩、J 形钢管、爬梯、防撞钢管表面均属于 Im2 腐蚀性环境类别，过渡段、钢平台、平台上的栏杆表面属 C5－M 腐蚀性环境类别。

珠海海上风电场示范项目位于中国南海区域，腐蚀环境恶劣，其风机基础防腐设计年限不低于 27 年（25 年使用寿命＋2 年施工）。根据使用要求，该工程风机导管架基础防腐方案为海工重防腐涂层加牺牲阳极的阴极保护系统联合防腐方案。其牺牲阳极电化学性能如表 11－37 所列。其防腐涂层性能要求如表 11－38 所列。项目采用的防腐方案如表 11－39 所列。

表 11－37　牺牲阳极电化学性能

开路电位/V（相对于 SCE）	工作电位/V（相对于 SCE）	实际电容量/（A·h/kg）	电流效率/%	消耗率/（kg/(A·a)）
－1.18～－1.10	－1.12～－1.05	≥2500	≥90	≤3.37

表 11－38　防腐涂层性能要求

性能参数项目	性能要求	执行标准
漆膜外观	连续、平整、颜色与色卡一致，不得有漏涂、针孔、气泡、裂纹等缺陷	目测
干膜厚度	每10m²取5个基准面，每个基准面采用3点测量，3点厚度的平均值为该基准面局部涂层的厚度值	GB/T 13452.2—2008

性能参数项目	性能要求	执行标准
耐海水浸泡	ISO12944 – 9:2018	符合 9.3 节评定要求
耐循环老化	SO12944 – 9:2018	符合 9.3 节评定要求
附着力,拉开法	待涂层完全固化后(涂装结束后 5～7 天)进行涂层附着力测试,8MPa(除第三方报告外,现场挂板检测,不在原结构上试验)	GB/T 5210—2006
耐磨性(1000g,1000r)/mg	<100	GB/T 1768—2006
抗氯离子渗透性 /(mg/(cm² · d))	$<5 \times 10^{-3}$	JTJ 275—2000
耐阴极剥离性	无明显起泡、无剥离	GB/T 7790—2008 或 ISO 15711

表 11 – 39 防腐配套方案

涂装部位	配套方案	涂装道数/道	干膜厚度/μm	干膜总厚度/μm
导管架基础外表面(大气区)	725L – H53 – 12P 环氧重防蚀涂料(ZF – 101 喷涂型)	2	400	860
	725L – S43 – 2 脂肪族聚氨酯面漆	2	30	
导管架基础外表面(飞溅区)	725L – H53 – 12P 环氧重防蚀涂料(ZF – 101 喷涂型)	2	500	1060
	725L – S43 – 2 脂肪族聚氨酯面漆	2	30	
导管架基础外表面(全浸区)	725L – H53 – 12P 环氧重防蚀涂料(ZF – 101 喷涂型)	2	400	800
连接段甲板(上表面)	725L – H06 – 4 环氧富锌底漆	1	75	1675
	725L – H53 – 13 厚浆高固体分耐磨涂料	1	250	
	防滑砂(40 – 60 目)	1	1100	
	725L – H53 – 13 厚浆高固体分耐磨涂料	1	250	
连接段甲板(标记)	725L – S43 – 2 脂肪族聚氨酯面漆	2	30	60
靠船件(包括爬梯)	725L – H53 – 12P 环氧重防蚀涂料(ZF – 101 喷涂型)	2	500	1060
	725L – S43 – 2 脂肪族聚氨酯面漆	2	30	
外部灌浆管	725L – H06 – 4 环氧富锌底漆	1	75	335
	725L – H53 – 2 超厚浆环氧云铁防锈漆(中间漆)	2	100	
	725L – S43 – 2 脂肪族聚氨酯面漆	2	30	
电缆 J 型管(浪溅区及潮差区)	热镀锌 75μm	1	75	535
	725L – H53 – 12P 环氧重防蚀涂料(ZF – 101 喷涂型)	1	400	
	725L – S43 – 2 脂肪族聚氨酯面漆	2	30	

涂装部位	配套方案	涂装道数/道	干膜厚度/μm	干膜总厚度/μm
电缆 J 型管（全浸区）	热镀锌	1	75	475
	725L - H53 - 12P 环氧重防蚀涂料(ZF - 101 喷涂型)	1	400	
栏杆	725L - H06 - 4 环氧富锌底漆	1	75	335
	725L - H53 - 2 超厚浆环氧云铁防锈漆（中间漆）	2	100	
	725L - S43 - 2 脂肪族聚氨酯面漆	2	30	
连接段甲板(下表面)	725L - H06 - 4 环氧富锌底漆	1	75	335
	725L - H53 - 2 超厚浆环氧云铁防锈漆（中间漆）	1	200	
	725L - S43 - 2 脂肪族聚氨酯面漆	2	30	
将军柱内表面	725L - H06 - 4 环氧富锌底漆	1	75	275
	725L - H53 - 2 超厚浆环氧云铁防锈漆（中间漆）	2	100	
基础法兰上表面及法兰孔	725L - E06 - 7 无机硅酸锌底漆（锌粉含量达到85％）	1	70	70

11.3.4　水工金属结构系统防腐

三峡水利枢纽金属结构规模为世界之最,金属材料用量高达 26×10^4 t,需防腐蚀的表面积为 240×10^4 m²(不含地下厂房部分)。水工金属结构所处的环境及运行工况复杂,金属结构在使用过程中会受到不同环境因素的作用(如化学介质、电化学、微生物、冲刷等),导致钢结构发生腐蚀破坏。环境条件不同其破坏程度也不相同,因此,需要针对不同部位金属结构所处环境及工况,有针对性地采用相对应的防腐蚀材料和防腐技术,确保对水工钢结构的有效防护,延长金属结构的服役寿命,确保三峡枢纽的安全运行[20-21]。

1. 水文气象条件

(1) 降雨。三峡枢纽库区降水比较丰富,并且带有酸雨,年平均降雨量在 1100mm。

(2) 气温和水温。三峡地区大多数平均气温为 $16 \sim 18℃$,库区内在 $21 \sim 22℃$ 范围内,且年际间变幅较少,历年最高气温 42℃,历年最低气温 $-2℃$,多年平均气温 18℃。历年最高水温 29.5℃,历年最低水温 $-1.4℃$,多年平均水温 17.9℃。

(3) 风。年平均风速一般为 $1.0 \sim 1.5$m/s。

(4) 雾。三峡地区是多雾地区,西部重庆 68.9 天为最多,到峡谷为 8.4 天为最小,到坝区则有所增加,宜昌为 23.2 天。

（5）相对湿度和蒸发。三峡库区湿度较大,年平均相对湿度为 76.1,最高达到 80,库区内多年平均水面蒸发量为 800 ~ 1000mm。

2. 水质情况

库区的水体 pH 值在 6.8 ~ 9.1 之间,溶解氧为 8.0mg/L,耗氧量在 1.4 ~ 1.9mg/L,硝酸盐含量大于氨氮和亚硝酸盐,水中有铁细菌及硫酸还原菌及附着生物。

3. 含沙量

多年平均含沙量为 1.19 ~ 1.69kg/m^3,最大含沙量为 10.5kg/m^3。

4. 设计保护年限

（1）对经常处于水下或干湿交替环境,且不易检修或检修对发电、泄洪、航运有较大影响者,其保护年限要求达到 20 年以上。

（2）对经常处于水下或干湿交替环境,但比较易于检修且对发电、泄洪、航运无大影响者,其保护年限应达到 10 ~ 15 年。

（3）对于处于大气环境者,室外的保护年限要求达到 20 年以上,室内要求达到 25 年以上。

（4）对外观质量要求高,考虑到作为旅游景点的需要,涂层应能耐阳光、雨水等侵蚀,保色、保光性好,要求在 5 ~ 8 年内不褪色、不失光。

5. 防腐蚀体系

一期工程主要是临时船闸系统,该系统为临时设备,采用底、中、面 3 层的防腐蚀涂料体系防腐:结构件一般采用环氧富锌底漆或水性无机富锌底漆,中间漆为环氧云铁防锈漆,面漆为氯化橡胶防锈漆,煤焦油环氧聚酰胺防锈漆等,拦污栅采用了牺牲阳极保护。机械设备采用可复涂聚氨酯面漆防护,总厚度为 260 ~ 420μm。

二期工程结构件大部分采用热喷锌、热喷 AC 铝或锌铝合金等长效防腐蚀材料作,再加封闭漆。封闭漆为环氧清漆,中间漆为环氧云铁防锈漆,面漆为改性耐磨环氧面漆或氯化橡胶面漆,总厚度为 300 ~ 340μm。

防护涂料体系一般采用环氧富锌或无机富锌为底漆,环氧云铁为中间漆,改性耐磨环氧漆、可复涂脂肪族丙烯酸聚氨酯漆或氯化橡胶漆为面漆,总厚度为 260 ~ 300μm,压力钢管采用无机富锌防锈漆为底漆,厚浆型环氧沥青防锈漆为面漆,总厚度不低于 450μm,三期工程压力钢管的涂装材料为无溶剂超强耐磨环氧漆,总厚度不低于 800μm。

埋件的外露表面大部分采用热喷锌加涂料联合防腐。埋件的埋入表面(与混凝土结合面)采用涂刷无机改性水泥浆,厚度在 300μm 以上。

闸门的连接轴、支铰轴、吊轴、活塞杆及其他机械轴等一般都采用了镀铬处理,镀铬层一般分硬铬和乳白铬,其厚度各为 40 ~ 50μm。有部分人字门液压启闭机活塞杆表面镀黑色陶瓷防护层。

电站的出线结构架、输电铁塔及闸门的紧固件采用热浸锌处理,其中结构件的热浸锌层一般在 $500g/m^2$ 左右,紧固件的热浸锌层一般在 $400g/m^2$ 左右。

许多特殊而重要的高流速部位为了避免锈蚀、气蚀及冲蚀等而采用了特殊的不锈钢复合材料。

三期金属结构的防腐是在三峡枢纽一期工程和二期工程金属结构的防腐蚀材料、配套体系、涂装工艺及运用效果基础上进行的设计,采用的主要防腐体系见表 11 - 40[1]。

表 11 - 40　三峡枢纽三期工程防腐蚀体系

部位	防腐体系	干膜厚度/μm
重要闸门	热喷锌铝合金	120 ~ 160
	环氧云铁封闭漆	100
	改性耐磨环氧防锈漆	100
一般闸门	无机富锌防锈漆	60
	环氧云铁防锈漆	100
	丙烯酸聚氨酯面漆	140
启闭机结构	环氧富锌防锈漆	100
	环氧云铁防锈漆	150
	丙烯酸聚氨酯面漆	100
压力钢管	超厚浆无溶剂超强耐磨环氧漆	800

参考文献

[1] 刘新. 电力工业防腐涂装技术[M]. 北京:中国电力出版社,2009.

[2] 孙智滨. 大型燃煤火电机组湿法脱硫系统建模与控制研究[D]. 上海:上海电力大学,2019.

[3] 郑卫京,邓徐帧,刘继向. 火电厂烟气脱硫装置腐蚀与防护[J]. 电力环境保护,1999,15(2):23 - 26,41.

[4] 邓宇强,林卫丽,张祥金,等. 火力发电厂烟气脱硫后烟囱的腐蚀与防护[J]. 腐蚀与防护,2011,33(9):721 - 724.

[5] 云虹,徐群杰,赵玉增,等. 电厂烟气脱硫系统烟囱的腐蚀与防护研究进展[J]. 腐蚀与防护,2011,32(4):321 - 325.

[6] 赵毅,沈艳梅. 湿式石灰石/石膏法烟气脱硫系统的防腐蚀措施[J]. 腐蚀与防护,2009,30(7):495 - 498.

[7] 王子瑜,尤凤荣,张洪喜,等. 电厂双曲线冷却塔的新型防腐蚀工艺[J]. 腐蚀与防护,2008,

29(9):552 - 554.

[8]刘毅. 我国风能开发潜力逾25×10⁸kW[N]. 人民日报,2010 - 01 - 05(10).

[9]朱瑞兆,薛桁. 中国风能区划[J]. 太阳能学报,1983,4(2):123 - 132.

[10]崔东岭,摆念宗. 海上风电与陆上风电差异性分析(上)[J]. 风能,2019(5):74 - 76.

[11]刘新. 海上风电场的防腐涂装[J]. 材料保护,2011,44(4):20 - 23.

[12]孙成,韩恩厚,王旭. 海泥中硫酸盐还原菌对碳钢腐蚀行为的影响[J]. 腐蚀科学与防护技术,2003,15(2):104 - 106.

[13]刘登良. 涂料工艺[M]. 4版. 北京:化学工业出版社,2009.

[14]李荣俊,刘礼华,左彬. 水工钢结构防腐涂料与涂装[J]. 现代涂料与涂装,2007,10(2):46 - 50.

[15]杨春,王灵梅,刘丽娟. 我国核电行业现状浅析[J]. 能源与环境,2012(3):25 - 26.

[16]陈君,康凯,冯钜,等. 压水堆核电站结构材料的腐蚀行为研究进展[J]. 西华大学学报(自然科学版),2020,39(3):104 - 112.

[17]李登军,刘在阳. 玻璃鳞片涂料重防腐蚀机理及其应用(上)[J]. 纤维复合材料,2000,17(2):45 - 47.

[18]杨万国,张波,杨朝晖,等. 烟塔合一排烟空冷塔的腐蚀与防护[J]. 全面腐蚀控制,2016,30(5):63 - 68.

[19]刘志刚,王宝福,王欣刚. 冷却塔排烟技术在国内的应用[J]. 电力建设,2009,30(3):55 - 58.

[20]田连治. 三峡二期工程金属结构防腐蚀涂装体系设计[J]. 装备环境工程,2004,3(1):40 - 45.

[21]曾德龙,卜建欣. 三峡金属结构防腐蚀措施研究[J]. 中国三峡建设,2003(2):13 - 15.